科学出版社“十三五”普通高等教育研究生规划教材

现代机械控制工程

罗　忠　王　菲　于清文　编著

科学出版社

北　京

内 容 简 介

本书是按照高等院校“机械工程”专业研究生培养目标编写的，讲述现代机械控制系统的基本原理、设计方法以及在现代机械工程自动控制系统中的应用。全书共七章，内容包括绪论、机械控制系统的数学模型、机械控制系统数学模型求解及分析、机械控制系统的稳定性分析、机械控制系统校正与设计、最优控制理论基础、智能控制理论基础。通过工程应用实例讲述现代机械控制系统的设计方法和理论，并加入了 MATLAB 软件相应的具体应用举例，以便读者学习使用计算机进行相关分析研究。各章设置有习题，书末附有部分习题的参考答案，便于帮助读者事半功倍地学习现代机械控制系统的理论内容、设计步骤与分析方法等。

本书深入浅出，概念清晰，原理简明，方法实用，可作为高等工科院校机械类专业本科高年级学生及研究生的教材，也可供广大科技人员、工程技术人员及高校教师参考。

图书在版编目(CIP)数据

现代机械控制工程/罗忠，王菲，于清文编著. —北京：科学出版社，2020.6

（科学出版社“十三五”普通高等教育研究生规划教材）

ISBN 978-7-03-065319-2

Ⅰ. ①现… Ⅱ. ①罗… ②王… ③于… Ⅲ. ①机械工程－控制系统－研究生－教材 Ⅳ. ①TH-39

中国版本图书馆 CIP 数据核字(2020)第 091986 号

责任编辑：朱晓颖 王晓丽 / 责任校对：王 瑞
责任印制：张 伟 / 封面设计：迷底书装

科 学 出 版 社 出版
北京东黄城根北街 16 号
邮政编码：100717
http://www.sciencep.com

北京建宏印刷有限公司 印刷

科学出版社发行 各地新华书店经销

*

2020 年 6 月第 一 版 开本：787×1092 1/16
2022 年11月第二次印刷 印张：19 1/4
字数：492 000

定价：118.00 元

（如有印装质量问题，我社负责调换）

前　言

科学技术起源于人类对原始机械和力学问题的研究。随着人类社会的发展，机械出现在人们日常生活、生产、交通运输、军事和科研等各个领域。人们不断地要求机械最大限度地代替人的劳动，并产生更多、更好的劳动成果，这就要求机械不断地向自动化和智能化方向发展。如今，具有自动化功能的机器越来越多，如各种数控机床、机器人、柔性自动化生产线、自动导航的大型客机、适合不同用处的运载火箭等。自动化机械不仅具有完成各种功能的机械结构，还具有控制机械结构完成所需动作的自动控制系统。这两部分有机地结合在一起，形成一个具有满足期功能的现代机电一体化系统。如何使自动化机械系统具有优良的性能，是一个复杂的系统工程问题。设计者不仅应该拥有全面的现代机械设计理论知识和丰富的实践经验，同时应该拥有设计自动控制系统的理论和经验。然而自动控制理论的描述离不开数学，在大多数自动控制理论书籍中使用了大量的数学理论，而关于这些理论在实际问题中的应用讲述得相对较少，这就使得大多数机械类学生学习自动控制理论感到抽象和困难，对学习这些理论的目的性缺乏认识，即使学完之后，设计一套机械自动控制系统也会感到无从下手。

本书基于上述背景和问题，力求以新的观点、方式和体系来编写一套适用的现代机械控制工程类教材。本书是在 2008 年出版的《现代机械工程自动控制》教材基础上进行更新和梳理的，以现代机械工程中常见的机电系统为研究对象，注重系统控制理论基本概念的深入理解，强调基本原理和方法的内在联系及其在工程实际中的应用，采用了 MATLAB 软件作为辅助学习工具，帮助读者增强学习效果。为了达到以上目的，本书采取了理论与实际紧密结合的方法，具体做法是：首先给出具有代表性的机械工程自动控制系统的实例；然后提出在设计自动控制系统时要解决的关键问题和步骤，给出解决这些关键问题的途径，即学习相关的技术知识和理论；最后应用这些知识和理论来分析典型系统，让读者马上看到所学理论的用处，帮助读者从整体上掌握现代机械工程控制系统的设计和分析方法。另外，为了进一步帮助读者巩固所学的内容，在每章后面设置有习题，本书最后给出了部分习题参考答案。

近年来，课程组积极开展 MOOC（massive open online course，大规模网络公开课）课程建设，在机械工程控制基础部分，完成了以知识点为单元的 MOOC 课程设计、课件制作和授课视频录制等工作，丰富了机械工程经典控制理论的教学资源。本书加入了知识单元视频资源，读者可以扫描书中二维码观看，高效学习和复习机械工程经典控制理论内容。另外，读者还可以通过“中国大学 MOOC”网站学习机械工程经典控制理论的各个知识点内容。

本书得到东北大学一流大学拔尖创新人才培养项目的支持。书中的数字化资源，我们参考了兄弟院校的同类教材、论文和课件，在此对这些教材和论文的作者和课件的制作者表示诚挚的感谢。特别感谢闻邦椿院士在本书修订过程中给予的指导和支持，使本书的编写水平得到大幅度提高。特别感谢我的导师柳洪义教授为本书的修订奠定的良好基础。同时，对给予我们大力支持的科学出版社、东北大学研究生院、东北大学机械工程与自动化学院和有关专家深表感谢。感谢为本书修订付出辛勤劳动的在读和已毕业的我的博士生和硕士生们。

本书第 1、2、7 章由罗忠负责编写，第 3、4 章由王菲负责编写，第 5、6 章由于清文负责编写。知识点视频由罗忠、郝丽娜、房立金、胡明、马树军、程红太和王菲讲授，在此表示感谢。全书由罗忠统稿。

由于作者水平有限，书中难免有遗漏和不足之处，欢迎读者和同行批评指正。

罗　忠

2020 年 1 月于东北大学

目　　录

第 1 章　绪　　论

随着现代科学技术和智能制造工业的发展，机械自动控制系统的应用越来越广泛。所谓自动控制，是指在没有人直接参与的情况下，利用控制器自动控制机器设备或生产过程(统称为被控对象)的工作状态，使之保持不变或按预定的规律变化。所谓自动控制系统，是指能实现自动控制目标的组合系统(如机-电组合、机-光-电组合、机-电-液组合等)。在日常生活中，需要自动控制室内的温度和湿度；在交通领域，需要自动控制汽车和飞机精确而又安全地从一个地方到达另一个地方；在机械加工中，需要能按预先设定的工艺程序自动加工工件，从而加工出预期几何形状的数控机床或加工中心；在航空航天领域，需要能按照预定航线自动起落和飞行的无人驾驶飞机，以及能自动攻击目标的导弹发射系统和制导系统等，这些都是自动控制系统的应用实例。

近年来，自动控制技术已经渗透到人类社会的各个方面、各个角落，不仅在机械工程、石油化工、交通运输、采矿、冶金、水利电力、环境保护、食品、纺织等行业得到了极为广泛的应用，也积极影响着我们日常生活的每一个方面。

自动控制技术之所以能有如此广泛的应用，是因为它使生产过程具有高度的准确性，能有效地提高产品的性能和质量，同时节约能源和降低材料消耗；能极大地提高劳动生产率，同时改善劳动条件和减轻工人的劳动强度；在国防方面，能有效提高各种武器装备的现代化水平，增强攻击和防御能力等。

电子技术和计算机技术的高速发展使自动控制技术的作用和地位日益突出，绝大部分现代机械系统都已离不开电子和计算机控制设备。本书的主要内容就是解决现代机械系统的自动控制问题，既不是单纯地讨论机械系统，也不是抽象地介绍自动控制理论，而是通过典型的实例，介绍现代机械工程自动控制系统的结构和特点，引出学习现代自动控制理论的必要性和主要学习内容，使读者明确，为了研制出高水平的现代机械工程自动控制系统，所必须具备的理论基础、系统分析方法和设计方法。

1.1　机械工程的发展与控制理论的应用

人类的祖先在制作和使用工具以后，就逐渐开始制作和使用机械了。人类最初使用机械的目的是省力，或者增大人的力量。最古老、最简单的机械是杠杆，通过杠杆，人可以移动直接用手不能移动的重物。发明利用自然力(如风车和水车)是人用机械的动力把自己从繁重的体力劳动中解脱出来的开始。蒸汽机和电动机的发明，为机械提供了有效并且使用方便的动力。机械的不断发展不仅使人类从繁重的体力劳动中解放出来，而且大大提高了劳动效率和产品质量。人类认识到机械在生产中的重要作用，就不断地改进旧机器和发明新机器来满足各种各样不断增长的需要。在机械工程发展过程中，人们一直致力于机器的自动化。因为只有自动化的机器才能生产出更多更好的产品，并能进一步减少人们在生产过程中紧张而繁重的劳动，因此不断提高机器的自动化水平，一直是人类追求的目标。

虽然在几百年前，人类就开始运用自动控制的初步原理，但自动控制理论的形成是在20世纪40年代。由于当时军事技术和工业生产中都出现了许多急待解决的系统控制问题，即要求设计的系统工作稳定、响应迅速，并且精度高。这就需要对系统做深入的理论研究，揭示系统内部的运动规律，即系统性能与系统结构以及参数之间的关系。最初所涉及的系统是单变量输入/输出、用微分方程及传递函数描述的系统，形成的理论称为经典控制论。传递函数从本质上代表了一个系统的特性，建立了单输入单输出系统的输出与输入之间的内在关系，通过对一个系统传递函数的研究，就可以得知该系统的稳定性、快速性和精确性。建立在经典控制理论基础上的模拟量自动控制系统，至今在许多工业部门仍然占有重要地位。经典控制理论的重要性还在于它是现代控制理论的基础。

随着现代科学技术的发展，多输入、多输出的复杂系统越来越多，如各种数控机床和各种用途的机器人等。经典控制理论不能解决这类问题，于是产生了现代控制理论。现代控制理论用状态空间描述系统，所建立的状态空间表达式不仅表达系统输入输出间的关系，还描述系统状态变量随时间的变化规律。现代控制理论在实际应用时需要大量快速的运算，电子技术和计算技术的发展，给现代控制理论的产生和发展提供了在现代化系统中实际应用的技术条件。现代控制理论的基础部分是线性系统理论，它研究如何建立系统的状态方程，如何由状态方程分析系统的时域响应、稳定性、系统状态的可观测性与可控制性，以及如何利用状态反馈或输出反馈改善系统性能等。用状态空间表达一个系统，特别适合用电子计算机对系统进行分析和综合，电子计算机的发展使现代控制理论更具优越性和实际应用价值，所以现代控制论在现代机械工程及许多其他高科技领域得到了普遍的应用。现代控制理论的一个重要部分是最优控制，就是在已知系统的状态方程、初始条件及某些约束条件下，寻求一个最优控制向量，使系统在此最优控制向量作用下的状态或输出满足某种最优准则。电子计算机及计算方法的迅速发展，使最优控制成为应用越来越广泛的自动控制方法。

智能控制是一个方兴未艾的领域。智能控制特别适于以下系统：在现代机械工程及许多其他高科技领域中存在的一些无法建立精确数学模型的系统，或者根本无法建立系统数学模型的系统，或者具有强非线性的复杂系统，或者受外界环境变化、系统本身参数变化、受外界严重干扰的系统。智能控制具有无限的发展空间，是以往任何控制理论和技术无法比拟的。人类可以把所有的知识以及获取知识的方法注入智能控制系统，也可以把聪明人的思维方法(对所获取信息的分析、特性提取、推理、判断、决策、经验的获取、积累与提高等)“教给”智能控制系统。人类的智能在不断发展，智能控制系统也将不断地发展。智能控制近年来发展较快，并在实际工程中开始得到广泛应用。

自适应控制是发展较快的现代控制论分支，与模糊控制、神经网络控制、仿人控制一样，同属于智能控制范畴。自适应控制系统通过调节自身控制律参数，以适应外界环境变化、系统本身参数变化、外界干扰等影响，使整个系统能按某一性能指标运行在最佳状态。

模糊控制、人工神经网络等智能控制方法可以不依赖系统的精确模型，对于强非线性、大时滞及时变系统都可以取得较为满意的控制效果。在计算机控制系统中，控制器的控制作用是通过计算机软件实现的，不但可以方便地进行控制系统的调试，而且可以通过改变控制算法来实现不同的控制作用。模糊控制及人工神经网络控制等智能控制方法都是通过计算机软件实现控制作用的。由于计算机控制系统中对输出量的测试和反馈比较以及控制量的输出等都是数字量，较模拟量控制更能实现高精度控制和增强系统抗干扰的能力，同时使设备与设备、系统与系统组成网络和进行网络化控制成为可能。

表 1.1 简要列出了各个发展阶段的机械系统自动化程度。由该表可以看出，机械系统的发展是一个由简单到复杂的发展过程。随着机械的发展，机械所能完成的工作越来越复杂，在越来越大的程度上帮助人完成越来越高级的工作。机械工程发展到今天，智能机器的出现是发展的必然结果。

表 1.1 各个发展阶段的机械系统自动化程度

发展阶段	使用目的	传感与检测	决策与控制	发展程度	典型例子
简单工具	工作方便、提高效率、省力	人的五官	人	单一操作	扳手、锤子、螺丝刀
简单机械	完成简单工作	人的五官	操作者	简单机械化	小型提升机，除草机
复杂机械	完成复杂工作	人的五官	技术工人	复杂机械化	普通机床，普通汽车
自动机器	自动完成确定工作	传感器	人与控制器	自动机器	数控机床，工业机器人
智能机器	无人操作，自主完成任务	多种传感器	智能控制器	自主机器	各类智能机器人

1.2 控制系统应用举例

在现代机械工程自动控制系统中，系统变得越来越复杂，需要多个变量才能描述一个系统，也常常需要同时控制多个变量。例如，数控机床，为了加工出具有复杂形状的轴件，要同时控制主轴、横向走刀和纵向走刀，所以系统至少要对三个变量同时加以控制。再如，机器人系统，为了使机器人操作手在其工作空间中到达某一位置，必须运用机器人运动学逆问题的知识，计算出机器人各个关节应到达的位置，所以机器人控制系统也需要同时控制多个关节的运动。经典控制理论中的传递函数无法描述多输入多输出系统，所以经典控制理论不能解决多输入多输出控制系统的分析和设计问题。而现代控制理论用状态向量描述系统的状态，用状态空间描述一个系统，所以无论多么复杂的线性定常系统，用现代控制理论的方法都可以准确地描述。现代控制理论也适合解决高阶单输入单输出的控制问题，通过下面的实例分别了解经典控制理论和现代控制理论的基本内容。

1.2.1 工作台位置自动控制系统

图 1.1 表示一个工作台位置自动控制系统，这是一个单输入单输出模拟量控制系统，可以用经典控制理论来解决其系统控制问题。

系统的控制功能是：当操作者把指令电位器的指针设置(拨)到希望的工作台位置上时，工作台自动运动到这个位置上。如果这个系统是一个性能良好的自动控制系统，那么工作台的运动是稳定的、快速的和精确的；如果这个系统是一个性能差的自动控制系统，那么工作台的运动可能是不稳定的、速度慢的或者精度差的，如工作台在指定位置附近来回振动，或者运动速度缓慢，或者不能准确地运动到指定位置。这就提出一个问题：如何才能获得性能良好的自动控制系统呢？首先要根据自动控制理论对系统进行设计。这就需要学习自动控制方面的理论知识，没有自动控制的理论知识，是无法进行自动控制系统设计的。为了设计出性能良好的自动控制系统，我们必须学习好自动控制理论，也是学习本课程的目的。此外，选择具有足够精度和高可靠性的机械及电子元器件与传感器，精细的加工与装配也是重要的。

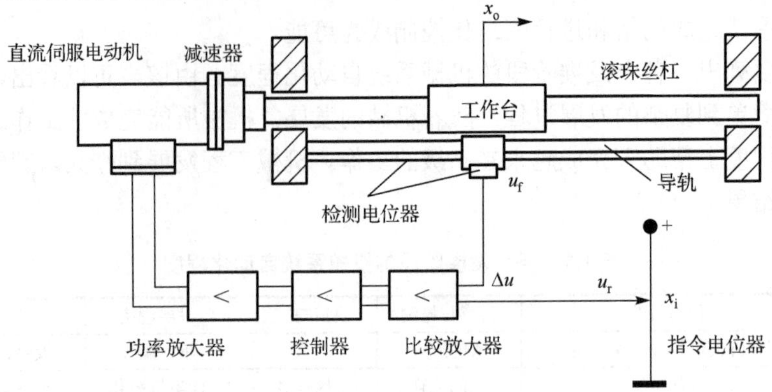

图 1.1　工作台位置控制系统

如图 1.1 所示，系统的驱动装置是直流伺服电动机，它是将电能转换成机械运动的转换装置，是连接机和电的纽带。功率放大器提供给直流伺服电动机定子的直流电压为一定值，形成一个恒定的定子磁场。如果定子是由永久磁铁制成的，则称这种电动机为永磁直流伺服电动机。电动机的转子电枢接受功率放大器提供的直流电，此直流电的电压决定电动机的转速，直流电的电流大小与电动机输出的扭矩成正比。

工作台的传动系统由减速器、滚珠丝杠和导轨等组成。减速器的作用包括放大电动机输出扭矩、使电动机的转动惯量与负载的转动惯量相匹配等。伺服系统中常用的有行星轮减速器和谐波减速器等。行星轮减速器有背隙，改变转动方向时电动机有空回程，因此精度不高。谐波减速器理论上无背隙，但价格较高。滚珠丝杠和导轨是将电动机的转动转换成直线运动的装置。丝杠与减速器输出轴相连，滚珠丝杠的螺母与工作台相连。直流伺服电动机经减速器驱动滚珠丝杠转动，工作台在滚珠丝杠的带动下在导轨上滑动。滚珠丝杠较普通丝杠的优点不仅精度高，而且无回程间隙，有专门厂家生产，可以根据需要选型。

与任何其他闭环机械自动控制系统一样，系统拥有输入控制量和检测控制量的环节——指令电位器和检测电位器。电位器按其结构形式可分成转动电位器和直线电位器，本系统中使用的电位器均为直线电位器。

操作者通过指令电位器将指令输入给系统。在本系统中，操作者通过指令电位器指定工作台运动目标位置，指令电位器将操作者指定的位置转化成相应的电压信号输出。检测电位器用来检测工作台的实际位置，将工作台的实际位置转化成电压信号输出。

在指令电位器面板上应有控制量刻度，刻度要与控制量相对应。例如，工作台的位置范围是 0～1000mm，在指令电位器面板的全量程上可以均匀地刻上 10 个小格(根据需要可以是 100 个或更多小格)，每个小格代表 100mm，并在对应的刻度线上标注数字 0,1,2,3,…,10，如图 1.2 所示。电位器的三个引脚中，一个是直流稳压电源输入端，将它与电源高电位相连；一个是公共端，即接地端；一个是电压信号输出端，电路接法如图 1.2 所示。设电源电压是 10V，则刻线刻度板上的每个小格对应 1V 电压，指令电位器的指针与电压信号输出端相连，这样，指针指到 0 时，输出端电压为 0；指针指到 10 时，输出端电压为 10V。如果操作者把指令电位器的指针指到刻度为 6 的位置，就代表让工作台运动到 600mm 的位置上，这时指令电位器的输出端电压为 6V，如图 1.2 所示。操作者就这样把工作台的位置指令输入给了控制系统。指令电位器是把位置指令转换成电压信号的元件，在控制理论中也称为环节。如果

用 x_i 表示给定的位置，即该环节的输入；用 u_r 表示对应的输出电压。这种转换关系可用图 1.3 所示的框图表示，也可以表示为

$$K_p = \frac{u_r}{x_i} \tag{1.1}$$

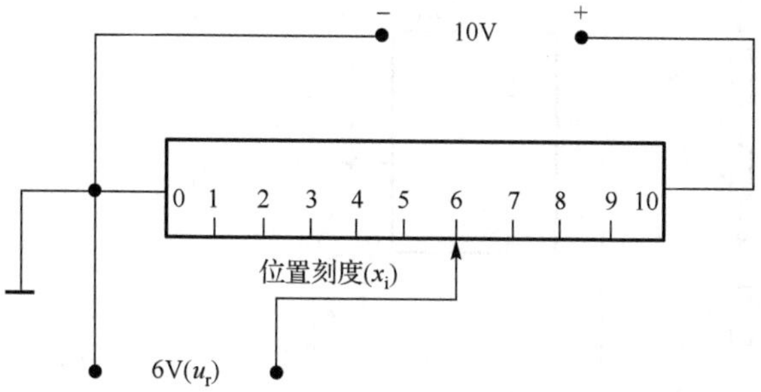

图 1.2　位置指令电位器

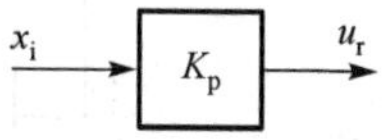

图 1.3　位置指令电位器框图

用于自动控制系统中的电位器应具有很好的线性度。选用具有良好线性度的电位器作为位置指令电位器，使式(1.1)中的 K_p 为常数，在本例中 K_p=0.01V/mm。如果工作台的位置范围是 x，电位器的电源电压为 u，则可以根据 $K_p=u/x$ 来计算 K_p 的值，然后就可以根据式(1.1)计算 x_i 对应的 u_r 了。

检测电位器测量长度应与工作台的运动范围一致，供电电压一般与给定电位器的一样。检测电位器可以安装在导轨的侧面，电位器指针与工作台相连，把工作台的位置转换成相应的电压信号。例如，工作台运动到 500mm 处，检测电位器输出电压为 5V，如图 1.4 所示。检测到的位置 x 和检测电压 u_f 之间的关系如图 1.5 所示。在位置控制系统中，如果系统的输出已经达到控制目标就不需要能量输入了，如本例的情况，让给定电位器电源电压与检测电位器的一样并使 $K_f=K_p$，是较方便的设计方法。

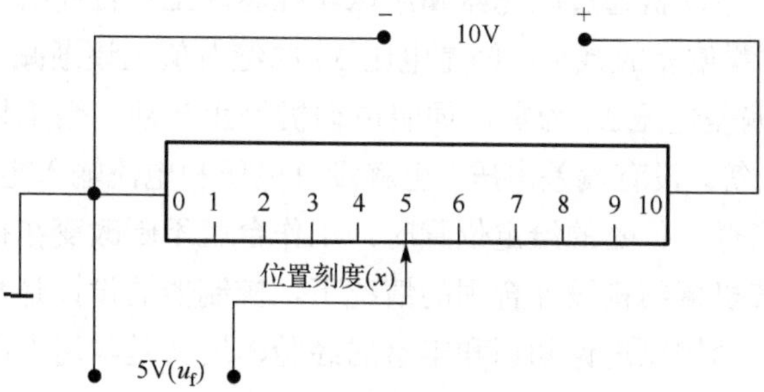

图 1.4　位置检测电位器

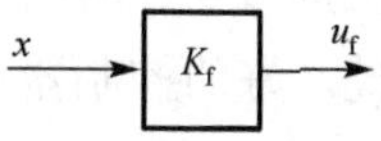

图 1.5　位置检测电位器框图

在了解指令电位器和检测电位器的工作原理以后，就不难理解由图 1.1 表示的位置控制系统的控制原理了：工作台的操作者通过指令电位器发出工作台的位置指令 x_i，指令电位器就对应输出一个电压 u_r。电压 u_r 与位置 x_i 成正比，比例系数为一常数 K_p。工作台在导轨上的实际位置 x 由装在导轨侧向的位置检测电位器检测，位置检测电位器将实际位置 x 转换为电压 u_f 输出。电压 u_f 与工作台的实际位置 x 也成正比，比例系数 $K_f=K_p$。电压 u_f 需要反馈回去与 u_r 进行比较(相减)，产生偏差电压为 $\Delta u = u_r - u_f$，由比较放大器完成这一工作，并同时可将偏差信号加以放大。比较放大器可由高阻抗差动运算电路实现，如图 1.6 所示。

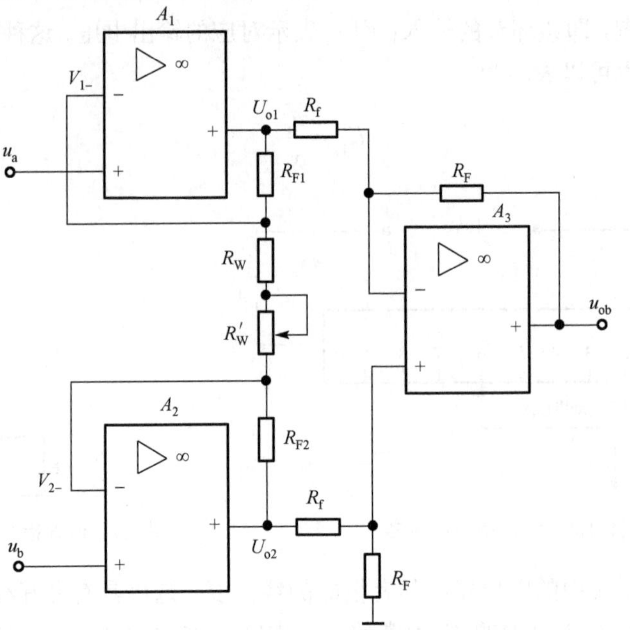

图 1.6　比较放大器电路

由图 1.6 可知，此比较放大器的输入为给定电位器输出 u_r 和检测电位器输出 u_f，其输出为

$$u_{ob} = K_q(u_r - u_f) = K_q \Delta u \tag{1.2}$$

其中，K_q 为比较放大器的增益，$K_q = -\frac{R_F}{R_f}\left(1 + \frac{R_{F1} + R_{F2}}{R_W + R'_W}\right)$。

这样，当 x 和 x_i 有偏差时，对应偏差电压为 $\Delta u = u_r - u_f$，该偏差电压在比较放大器中被放大成 $K_q\Delta u$。经比较放大器放大后的偏差信号进入控制器。通过控制器处理后的信号经功率放大器放大驱动直流伺服电动机转动。电动机通过减速器和滚珠丝杠驱动工作台向给定位置 x_i 运动。随着工作台实际位置与给定位置偏差的减小，偏差电压 Δu 的绝对值也逐渐减小。当工作台实际位置与给定位置重合时，偏差电压 Δu 为零，伺服电动机停止转动。当工作台位置 x 和给定位置 x_i 相等时，u_f 和 u_r 也相等，没有偏差电压，也就没有电压和电流输入电动机，工作台不改变当前位置。当不断改变指令电位器的给定位置时，工作台就不断改变在机座上的位置，以保持 $x = x_i$ 的状态。在系统机械结构设计合理的情况下，控制器的设计是系统性能好坏的关键。好的控制器设计需要自动控制理论知识和丰富的经验，这就是学习本课程的意义所在。

为了研究一个自动控制系统，常常将系统的组成和工作原理用方框图表示。图 1.1 表示的位置控制系统的方框图如图 1.7 所示。

按经典控制理论对该系统的自动控制原理分析如下。由图 1.7 可知，系统的输入量为系统的控制量，是工作台的希望位置 x_i，是通过指令电位器给定的，所以指令电位器为系统的给定环节。给定环节是给定输入信号的环节。此系统的输出量为工作台的实际位置 x_o，也称为被控制量。系统通过检测电位器检测输出量，检测电位器为测量环节。测量环节的输出信号要反馈到输入端，经比较环节与输入信号比较，得出偏差信号 Δu。用于比较模拟量(如连续的电压信号)的比较环节常用运算放大器配以外部电路构成，在比较两个模拟量的同时，对它们的差进行一定的放大，即图中的前置放大器。但是，要比较的物理量必须是同种物理量。若测量环节的输出信号与系统输入信号不是同一物理量，则需将其转化成同一物理量，以便比较。由前置放大器输出的信号经控制器、功率放大器后驱动伺服电动机。功率放大器必须线性度好、工作频率范围宽和响应速度快。现代的功率放大器采用脉宽调制(Pulse Width Modulation，PWM)技术，可以保证自动控制系统对功率放大器的要求。线性度好的放大器在控制系统中作为比例环节。直流伺服电动机为执行环节。执行环节驱动被控对象，使其输出预定的输出量。系统的被控制量被检测并反馈到输入端，构成一个闭环，称这样的系统为闭环控制系统。精确的自动控制系统大多数采用闭环控制。

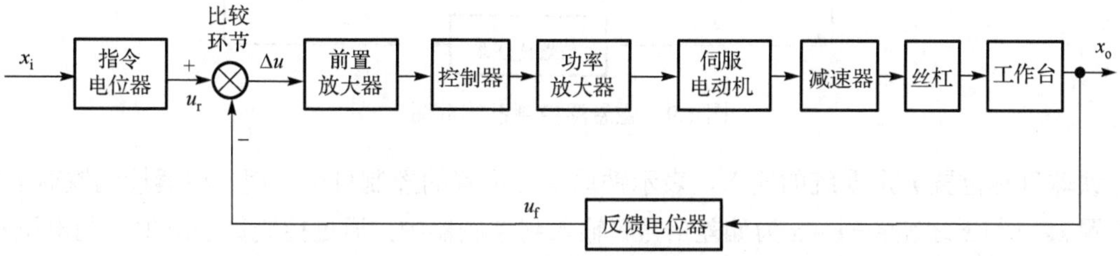

图 1.7 工作台位置控制原理方框图

若系统的被控制量未被检测，或未反馈到输入端参与控制，则系统为开环控制系统。用步进电动机作驱动的开环系统也能实现较好的系统性能。对温度、压力、流量等进行控制时，若采用开环控制就很难保证控制的准确性了。

1.2.2 磁悬浮系统

1. 系统介绍

图 1.8 是一个磁悬浮控制系统。

电磁铁通电后产生磁力，控制电磁铁中的电流就可以将一个质量为 m 的铁球悬浮在一定的设定位置上。如图 1.8 所示，x 表示铁球的中心位置，用位移传感器检测，并将检测的结果反馈给控制器，构成闭环控制系统。若不采用闭环控制，这个系统显然为不稳定系统，铁球不是被电磁铁吸住(与电磁铁端面接触)就是掉下去。闭环系统的自动控制原理为：如果铁球位置偏离了设定位置，如铁球远离电磁铁，位置传感器将此状态反馈给控制器，控制器就加大输出值 u，经放大器放大，提高电磁铁中的激磁电流 i，加强电磁力，将铁球拉回到设定位置；反之，如果铁球靠近电磁铁，控制器输出值 u 减小，减弱电磁铁中的激磁电流 i，降低电磁力，铁球在重力的作用下回到设定位置。当然，铁球只能在平衡位置附近做微小的偏离。

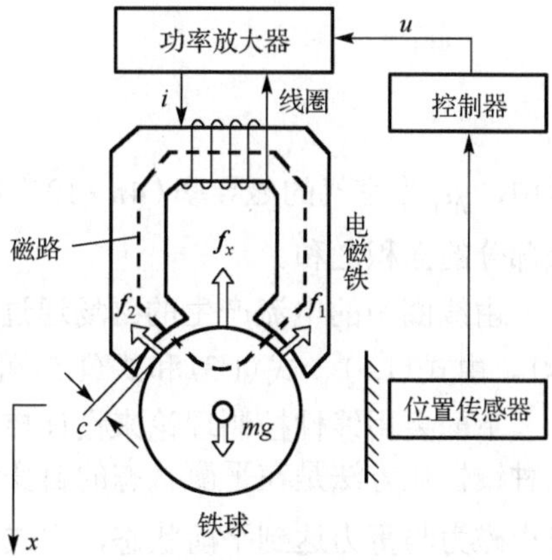

图 1.8 磁悬浮控制系统

2. 系统数学模型的推导

铁球中心位置 x 与球面和电磁铁端面之间的平均间隙 c 有如下线性关系

$$c = ax + b \tag{1.3}$$

其中，a、b 为常数。

电磁铁对铁球的吸引力 $\boldsymbol{f}_x$ 是左右两个端面上的作用力 $\boldsymbol{f}_1$ 和 $\boldsymbol{f}_2$ 的矢量和，可以表示为

$$\boldsymbol{f}_x = \boldsymbol{f}_1 + \boldsymbol{f}_2 \tag{1.4}$$

合力 $\boldsymbol{f}_x$ 的大小是由气隙 c 和电磁铁电流 i 决定的。该系统的控制框图如图 1.9 所示。

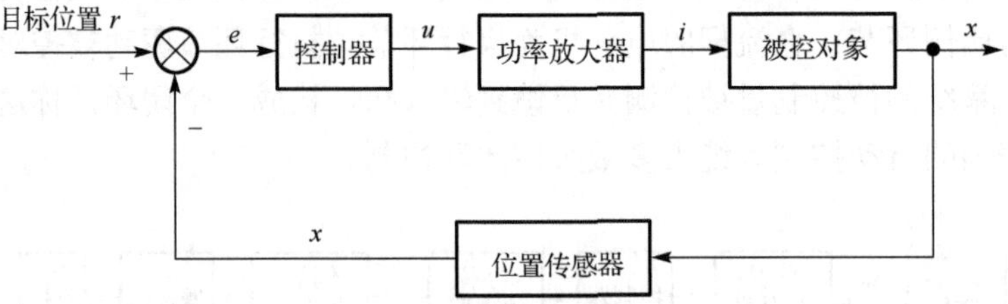

图 1.9　磁悬浮控制系统框图

铁球目标位置 r 是系统的输入，表示铁球中心位置的控制目标。用传感器检测铁球的实际位置 x。r 与 x 之差 $e = r - x$ 为偏差信号，输入到控制器中，通过控制算法产生控制电压 u，将 u 作为输入信号送给电流放大器。由电流放大器产生驱动电流 i 输入到电磁铁上。由电流 i 和位置 x 决定的吸引力 f_x 与重力矢量的合力，按运动定律来控制铁球的中心位置。在图 1.8 所示的铁球磁悬浮系统中，铁球的动力学方程为

$$m\ddot{x} = -f_x + mg \tag{1.5}$$

其中，f_x 与线圈的电流 i 和气隙 c 的关系为

$$\begin{cases} f_x = \dfrac{k_L}{2}\left(\dfrac{i}{c}\right)^2 \\ k_L = \dfrac{\mu_0 N^2 A}{2} \end{cases} \tag{1.6}$$

其中，μ_0 为空气的磁导率（$4\pi \times 10^{-7}$ H/m）；N 为线圈的匝数；A 为电磁铁端面上的两个磁极部分的面积之和。

由线圈中的电流产生的磁场通过电磁铁、铁球和气隙形成闭合回路（如图 1.8 中虚线所示）。由式(1.6)、式(1.3)和式(1.5)可知，气隙 c 与 x 和 i 之间呈非线性关系。

下面要用线性控制理论来设计控制系统，所以，必须对非线性方程作线性化处理。其中一种线性化方法是在平衡状态的自变量附近作近似的线性展开。现假设气隙为 c_0、电流为 i_0 时电磁力与重力达到平衡状态，由式(1.6)、式(1.5)和式(1.3)可知下面的关系式成立

$$\begin{cases} -\dfrac{k_L}{2}\left(\dfrac{i_0}{c_0}\right)^2 + mg = 0 \\ c_0 = ax_0 + b \end{cases} \tag{1.7}$$

若引入平衡状态的偏离量，则 x、c、i 可以用下面的式子来表示

$$\begin{cases} x = x_0 + x' \\ c = c_0 + c' \\ i = i_0 + i' \end{cases} \tag{1.8}$$

这些偏离量与平衡状态的变量值相比要小得多，即假设$|x'/x_0| \ll 1$，$|c'/c_0| \ll 1$，$|i'/i_0| \ll 1$，将式(1.8)代入式(1.6)，并忽略2次以上的高阶无穷小量，可以得到下面的式子

$$f_x = \frac{k_L}{2}\left(\frac{i_0}{c_0}\right)^2 \left[\frac{1+(i'/i_0)}{1+(c'/c_0)}\right]^2 \approx \frac{k_L}{2}\left(\frac{i_0}{c_0}\right)^2 + k_L\left(\frac{i_0}{c_0^2}\right)i' - k_L\left(\frac{i_0^2}{c_0^3}\right)c' \tag{1.9}$$

将式(1.9)代入式(1.5)，并考虑式(1.7)及$c' = ax'$，可以得到如下关系

$$\ddot{x}' = -k_i i' + k_c x' \tag{1.10}$$

其中，$k_i = \dfrac{k_L i_0}{mc_0^2}$，$k_c = \dfrac{ak_L i_0^2}{mc_0^3}$。

式(1.10)是在假定平衡状态的偏离量为微小量条件下推导出来的。

在状态方程中，一般习惯用$\boldsymbol{x}$表示状态向量，用$\dot{\boldsymbol{x}}$表示$\boldsymbol{x}$的一阶微分。在磁悬浮系统中，输入电流放大器的电压u是一个变量，输出的位移传感器的检测量y也是一个变量。也就是说，这个系统是单输入单输出的控制系统。

如果引入一个向量$\boldsymbol{x} = [x_1 \quad x_2]^{\mathrm{T}}$，$x_1 = x'$，$x_2 = \dot{x}'$，其中，$x'$和$\dot{x}'$分别表示铁球的位置偏差和速度偏差。此外，简化图1.8的电流放大器，即对于输入电压u，用$i'=ku$(k为电导率)表示电流i'，则可以得到下面的状态方程

$$\begin{cases} \dot{x}_1 = x_2 \\ \dot{x}_2 = k_c x_1 - k_i k u \end{cases} \tag{1.11}$$

如果用向量表示，可以得到下面的标准形式

$$\dot{\boldsymbol{x}} = \begin{bmatrix} 0 & 1 \\ k_c & 0 \end{bmatrix}\boldsymbol{x} + \begin{bmatrix} 0 \\ -k_i k \end{bmatrix}u \tag{1.12}$$

在这个磁悬浮系统中，用位移传感器检测出铁球的中心位置x(不是向量$\boldsymbol{x}$)，从而得知铁球的位置偏差x'，那么输出量y可以用下面的式子来表示

$$y = [1 \quad 0]\boldsymbol{x} \tag{1.13}$$

式(1.12)和式(1.13)分别是关于铁球磁悬浮系统的状态方程和输出方程，合起来称为系统的状态空间表达式。关于状态空间表达式的概念在第2章有详细阐述。

1.2.3 简单机械手

图1.10所示的是一种两关节机械手。在该系统中，同时对末端执行器在工作表面上位置r_{e}和工件表面作用力f_{e}进行控制。关节1由伺服电动机1驱动，同时电动机上的编码器检测关节转角θ_1。同样，关节2由伺服电动机2驱动，电动机上的编码器检测关节转角θ_2。对于这个两关节机械手，已知θ_1和θ_2，就可以利用运动学知识求得末端执行器的位置r_{e}。

关于位置控制，用末端执行器位置r_{e}与目标位置r_{d}进行比较，记为位置偏差$e_{\mathrm{p}} = r_{\mathrm{d}} - r_{\mathrm{e}}$，如果位置偏差$e_{\mathrm{p}} \neq 0$，分别得到两个伺服电动机的位置控制电压$u_{1\mathrm{p}}$和$u_{2\mathrm{p}}$输入到功率放大器1和功率放大器2，直至使位置偏差$e_{\mathrm{p}} = r_{\mathrm{d}} - r_{\mathrm{e}}$趋于0。关于力控制，用末端执行器作用力$f_{\mathrm{e}}$与期望作用力$f_{\mathrm{d}}$进行比较，记为作用力偏差$e_{\mathrm{f}} = f_{\mathrm{d}} - f_{\mathrm{e}}$，如果作用力偏差$e_{\mathrm{f}} \neq 0$，分别得到两个伺服电动机的力矩控制电压$u_{1\mathrm{f}}$和$u_{2\mathrm{f}}$输入到功率放大器1和功率放大器2，直至使作用力

偏差 $e_f = f_d - f_e$ 趋于 0。图 1.10 所示的两个功率放大器上的控制电压分别为 $u_1 = u_{1p} + u_{1f}$，$u_2 = u_{2p} + u_{2f}$。

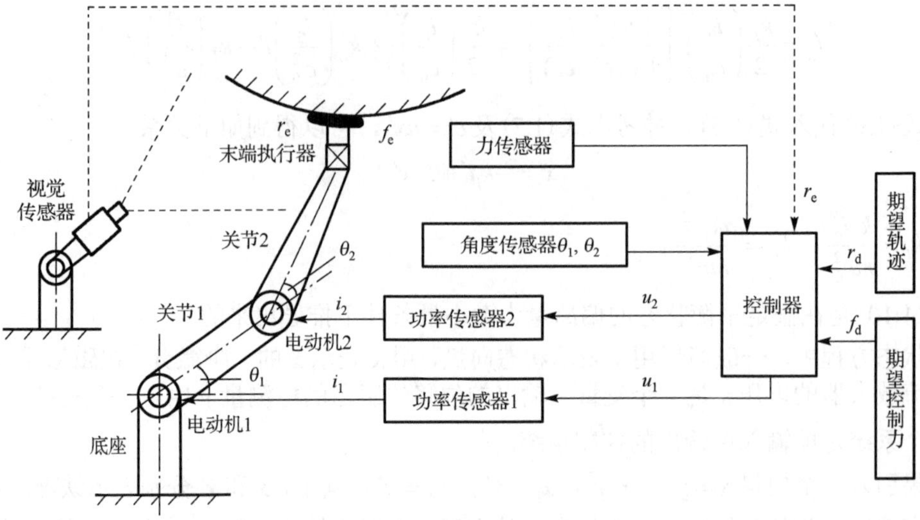

图 1.10　两关节机械手的位置/力混合控制系统示意图

该控制系统的框图如图 1.11 所示。从图中可以看出，为了实现目标位置 r_d 和目标作用力 r_d，分别采用了两个反馈电路。这两个反馈电路所产生的控制输入量 u_{1p} 和 u_{1f} 进行叠加得到 u_1。同样，将 u_{2p} 和 u_{2f} 进行叠加得到 u_2，详细的讨论见后面各章。

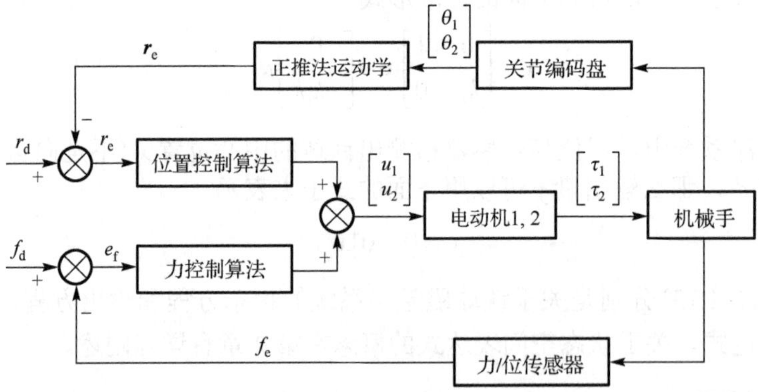

图 1.11　位置/力混合控制系统框图

1.3　机械自动控制系统的分类

自动控制系统有许多类型及分类方法，在此仅介绍如下几种。

(1) 按控制系统有无反馈划分，可分为闭环控制系统和开环控制系统。如果检测系统检测输出量，并将检测结果反馈到前向通路，参加控制运算，这样的系统称为闭环控制系统。如果在控制系统的输出端与输入端之间没有反馈，则称此系统为开环控制系统。开环控制系统的控制作用不受系统输出的影响。如果系统受到干扰，使输出偏离了正常值，系统不能使输出返回到预定值。所以，一般开环控制系统很难实现高精度控制。前面列举的自动控制例子均为闭环控制系统。自动控制理论主要研究闭环系统的性能分析和系统设计问题。

(2)按控制系统中的信号类型划分，可分为连续控制系统和离散控制系统。如果控制系统各部分的信号均为时间的连续函数，如电流、电压、位置、速度及温度等，则称为连续量控制系统，也称为模拟量控制系统。如果控制系统中有离散信号，则为离散控制系统。计算机处理的是数字量，是离散量，所以计算机控制系统为离散控制系统，也称为数字控制系统。

(3)按控制变量的多少划分，可分为单变量控制系统和多变量控制系统。如果系统的输入、输出变量都是单个的，则称为单变量控制系统。前面所举的前两个例子均属单变量控制系统问题。如果系统有多个输入、输出变量，则称为多变量控制系统。前面所举的第三个例子(简单机械手)属多变量控制系统问题。多变量控制系统是现代控制理论的主要研究对象。

(4)按系统参数变化规律划分，可分为定常控制系统和时变控制系统。如果组成系统的所有元件参数不随时间变化，那么描述系统运动规律的数学模型(传递函数或状态空间表达式)中的各个系数也不会随时间变化，这样的系统称为定常系统。在研究工程实际中的系统时，绝大多数按定常系统处理。但也有少数系统的组成元件参数是随时间变化的，从而导致描述系统动态特性的数学模型中的某个(或某些)系数是时间的函数，这种系统称为时变系统。运载火箭就是时变系统的一个例子，它的质量随时间而变化。

(5)按系统本身的动态特性划分，可分为线性控制系统和非线性控制系统。如果控制系统的数学模型是线性微分方程，则称为线性控制系统；如果控制系统中存在非线性元器件，系统的数学模型是非线性方程，则称为非线性控制系统。线性系统控制理论是自动控制理论的基础，也是本书的主要讲解内容。

(6)按系统采用的控制方法划分。在模拟量控制系统中，按控制器的类型可分为比例微分(PD)、比例积分(PI)和比例积分微分(PID)控制等。在计算机控制系统中，由于控制作用是通过控制软件实现的，所以可以方便地实现各种智能的控制方法，如模糊控制、人工神经网络控制等。

1.4　对自动控制系统的基本要求

由于控制目的不同，不可能对所有控制系统有完全一样的要求。但是，对控制系统有一些共同的基本要求，可归结为稳定性、快速性和准确性。

(1)稳定性。线性定常控制系统的稳定性是指系统在受到外部作用之后的动态过程的倾向和恢复平衡状态的能力。如果系统的动态过程是发散的或由于振荡而不能稳定到平衡状态，则系统是不稳定的。不稳定的系统是无法工作的。因此，控制系统的稳定性是控制系统分析和设计的首要内容。

(2)快速性。系统在稳定的前提下，响应的快速性是指系统消除实际输出量与稳态输出量之间误差的快慢程度。

(3)准确性。准确性是指在系统达到稳定状态后，系统实际输出量与给定的希望输出量之间的误差大小，又称为稳态精度。

对于一个自动化系统来说，最重要的是系统的稳定性，这是使自动控制系统能正常工作的首要条件。要使一个自动控制系统满足稳定性、准确性和快速性，除了要求组成此系统的所有元器件的性能都是稳定、准确和快速之外，更重要的是应用自动控制理论对整个系统进行分析和校正，以保证系统整体性能指标的实现。一个性能优良的机械工程自动控制系统绝不是机械和电气的简单组合，而是经过对整个系统进行仔细分析和精心设计的结果。自动控制理论为机械工程自动控制系统分析和设计提供理论依据与方法。

习　题

1.1　什么是自动控制和自动控制系统？

1.2　通过实际应用例子说明开环控制系统和闭环控制系统的原理、特点及适应范围。

1.3　自动控制系统有许多类型及分类方法，试简要说明。

1.4　现代机械工程控制系统具有什么控制特点？试举例说明。

1.5　机械自动控制系统的基本要求是什么？

第 2 章　机械控制系统的数学模型

把客观存在的物体按一定关系联系在一起的集合称为物理系统。而工程系统(包括机械系统、电气系统、液压系统以及它们的综合系统，即机电液一体化系统)是物理系统的一个分支。对于复杂的物理系统，为了对其动态特性进行分析和综合，必须首先用数学表达式来描述该系统，这个表达式称为该系统的数学模型。机械工程自动控制系统的数学模型，是描述系统在一定的输入情况下，输出变量与系统内部各物理量之间动态关系的数学表达式。常用的数学模型有微分方程、差分方程、传递函数、状态空间表达式等。用理论分析建立连续控制系统的数学模型时，常常首先建立系统的微分方程，然后根据建立起来的微分方程建立系统的传递函数或状态空间表达式。

2.1　微 分 方 程

在机械系统中，主要根据牛顿第二定律、达朗贝尔原理来建立数学模型，也可以用拉格朗日方程等方法建立数学模型。对于电气系统，主要利用基尔霍夫定律来建立数学模型。由于电动机是把电能变成机械能的转换元件，因此在建立机电一体化系统的数学模型时，常常用到电动机的特性方程。下面通过例子来说明建立自动控制系统微分方程的方法。

例 2.1　在如图 2.1 所示的无源网络中，$u_i(t)$ 为输入电压，$u_o(t)$ 为输出电压，试建立其微分方程。

解： 根据基尔霍夫定律和欧姆定律有

$$u_i - u_o = i_r R_1 \tag{2.1}$$

$$u_i - u_o = \frac{1}{C}\int i_C \, dt \tag{2.2}$$

$$u_o = (i_r + i_C) R_2 \tag{2.3}$$

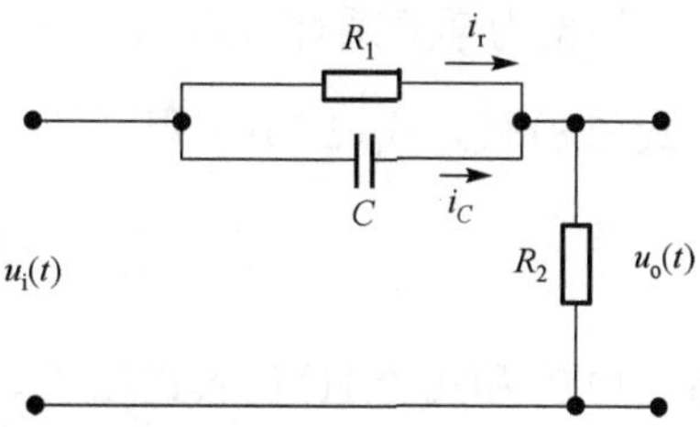

图 2.1　无源电路网络

由式(2.2)得

$$i_C = \dot{u}_i - \dot{u}_o \tag{2.4}$$

由式(2.1)得

$$i_r = (u_i - u_o) / R_1 \tag{2.5}$$

将式(2.4)和式(2.5)代入式(2.3)，整理后，得到

$$CR_1R_2\dot{u}_o + (R_1 + R_2)u_o = CR_1R_2\dot{u}_i + R_2u_i \tag{2.6}$$

式(2.6)即为所求微分方程。

微分方程的表达方式一般是，将含有输出量及其导数的项写在方程左侧，将含有输入量及其导数的项写在方程右侧。

例 2.2　图 2.2 为电枢控制式直流电动机的控制系统图。电动机为他励式，且励磁电流为恒值。$e_i(t)$ 为电动机电枢的输入电压，它是输入信号经伺服放大而给出的直流伺服电动机的输入量，用来控制电动机的输出转角 $\theta_o(t)$，所以该系统为伺服系统。

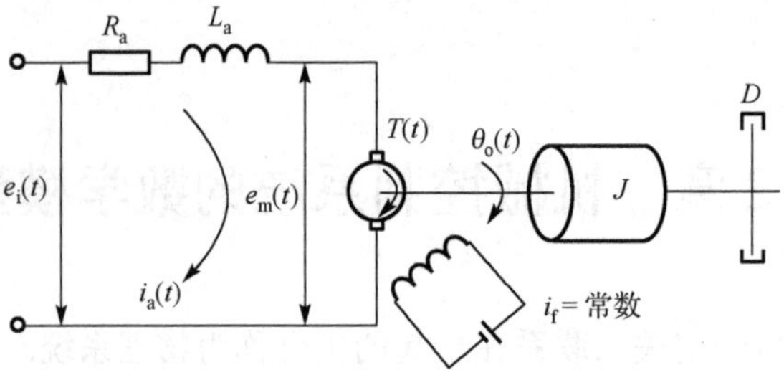

图 2.2　直流电动机的伺服控制系统

其中，R_a 为电枢绕组的电阻；L_a 为电枢绕组的电感；$i_a(t)$ 为流过电枢绕组的电流；$e_m(t)$ 为电动机的感应电动势；$T(t)$ 为电动机转矩；J 为电动机转子及负载折合到电动机轴上的转动惯量；D 为电动机转子及负载折合到电动机轴上的黏性阻尼系数。若把电动机的输出转角 $\theta_o(t)$ 作为输出量，试建立该系统的微分方程。

解：由动态电压平衡方程式有

$$e_i(t) = R_a i_a(t) + L_a \dot{i}_a(t) + e_m(t) \tag{2.7}$$

由电动机转矩方程有

$$T(t) = K_T i_a(t) \tag{2.8}$$

其中，K_T 为电动机的力矩常数，对于确定的直流电动机，当励磁一定时，K_T 为常数，它取决于电动机的结构。

根据电磁感应定律，有

$$e_m(t) = K_e \dot{\theta}_o(t) \tag{2.9}$$

其中，K_e 为反电动势常数。

根据力学关系有

$$T(t) = J\ddot{\theta}_o(t) + D\dot{\theta}_o(t) \tag{2.10}$$

把式(2.8)代入式(2.10)，得

$$i_a(t) = \frac{1}{K_T}[J\ddot{\theta}_o(t) + D\dot{\theta}_o(t)] \tag{2.11}$$

将式(2.9)和式(2.11)代入式(2.7)，得

$$L_a J\dddot{\theta}_o(t) + (L_a D + R_a J)\ddot{\theta}_o(t) + (R_a D + K_T K_e)\dot{\theta}_o(t) = K_T e_i(t) \tag{2.12}$$

式(2.12)就是直流伺服电动机以电枢电压 $e_i(t)$ 为输入，以转子转角 $\theta_o(t)$ 为输出的数学模型，它是一个三阶线性常微分方程。由于数学模型中输出量 $\theta_o(t)$ 对时间导数的最高阶数是 3，所以称此系统为三阶系统。

电动机的电感 L_a 通常较小，若忽略，则式(2.10)可简化为

$$R_a J\ddot{\theta}_o(t) + (R_a D + K_T K_e)\dot{\theta}_o(t) = K_T e_i(t) \tag{2.13}$$

这是一个二阶线性常微分方程，此时系统为二阶定常系统。当电枢电阻 R_a 也较小可忽略时，式(2.13)可进一步简化为一阶线性常微分方程：

$$K_e\dot{\theta}_o(t) = e_i(t) \tag{2.14}$$

此时系统可称为一阶系统。由此可以看出，由于对系统简化的程度不同，同一个系统可以有不同的数学模型，这里是不同阶数的微分方程。

若用 $\omega(t)=\dot{\theta}_o(t)$ 表示电动机转子的角速度，则式(2.12)、式(2.13)和式(2.14)分别变为

$$L_aJ\ddot{\omega}(t)+(L_aD+R_aJ)\dot{\omega}(t)+(R_aD+K_TK_e)\omega(t)=K_Te_i(t) \tag{2.15}$$

$$R_aJ\dot{\omega}(t)+(R_aD+K_TK_e)\omega(t)=K_Te_i(t) \tag{2.16}$$

$$K_e\omega(t)=e_i(t) \tag{2.17}$$

式(2.15)～式(2.17)分别是输入为电枢输入电压，输出为转子转速的直流电动机拖动系统的数学模型。从而说明，如果把原系统输出量的导数作为输出量(其他一切不变)而构成的新系统，则新系统的微分方程较原系统的微分方程只是方程的阶数相应地降低一阶。

对于复杂的系统，建立系统微分方程形式的数学模型可采用的步骤如下。

(1)根据物理系统的特点将系统划分为若干个环节，确定各个环节的输入输出信号和输入输出关系。

(2)根据物理定律或通过实验等方法得出物理规律，对各个环节分别建立方程，并考虑适当简化，如线性化。

(3)将各环节的方程式联立，消去中间变量，得出只含输入变量、输出变量以及系统参量的系统微分方程。

由以上的例子可见，单输入、单输出线性定常系统的微分方程可写成如下一般形式：

$$a_nx_o^{(n)}(t)+a_{n-1}x_o^{(n-1)}(t)+\cdots+a_1\dot{x}_o(t)+a_0x_o(t)=b_mx_i^{(m)}(t)+b_{m-1}x_i^{(m-1)}(t)+\cdots+b_1\dot{x}_i(t)+b_0x_i(t) \tag{2.18}$$

其中，$n\geqslant m$；$x_o(t)$ 和 $x_i(t)$ 分别为系统的输出变量和输入变量。式(2.18)中没有出现常数项。事实上，常数项的作用只是改变动态系统的平衡位置。

2.2　非线性数学模型的线性化

严格地讲，系统或元件都有不同程度的非线性，即输入与输出之间的关系不是严格的一次关系，而是二次或高次关系，也可能是其他函数关系。例如，机械系统中的减振器，在低速时，阻尼可以看成线性的，但在高速时，阻尼则与运动速度的平方成正比，是非线性函数关系。电路中的电感，由于磁路中铁心受饱和的影响，电感值与流过的电流呈非线性函数关系。由于对非线性系统的分析和综合比较复杂，所以在一定条件下对那些非本质性非线性系统进行线性化，即将其非线性数学模型线性化为线性微分方程。

线性化这种近似，用数学方法来处理就是将变量的非线性函数展开成泰勒级数，分解成这些变量在某工作状态附近的小增量表达式，然后略去高于一次小增量的那些项，就可获得近似的线性函数。

对于以一个自变量作为输入量的非线性函数 $y=f(x)$，在平衡工作点 (x_0,y_0) 附近展开成泰勒级数为

$$y=f(x)=f(x_0)+\frac{\mathrm{d}f(x_0)}{\mathrm{d}x}(x-x_0)+\frac{1}{2!}\frac{\mathrm{d}^2f(x_0)}{\mathrm{d}x^2}(x-x_0)^2+\frac{1}{3!}\frac{\mathrm{d}^3f(x_0)}{\mathrm{d}x^3}(x-x_0)^3+\cdots \tag{2.19}$$

略去高于一次增量 $\Delta x=x-x_0$ 的项，便有

$$y=f(x)=f(x_0)+\frac{\mathrm{d}f(x_0)}{\mathrm{d}x}(x-x_0) \tag{2.20}$$

可写成
$$y - y_0 = \Delta y = K\Delta x \tag{2.21}$$

其中，$y_0 = f(x_0)$，$K = \dfrac{\mathrm{d}f(x_0)}{\mathrm{d}x}$。

式(2.20)或式(2.21)就是非线性系统的线性化数学模型。式(2.21)为增量形式的方程。

线性化时要注意如下几点。

(1)必须明确系统处于平衡状态的工作点，因为不同的工作点所得线性化方程的系数不同。即非线性曲线上的各点的斜率(导数)是不同的。

(2)如果变量在较大范围内变化，则用这种线性化方法建立的数学模型，除工作点外的其他工况势必有较大的误差。所以非线性模型线性化是有条件的，即变量偏离预定工作点很小。

(3)对于某些典型的本质非线性，如非线性函数是不连续的(即非线性特性是不连续)，则在不连续点附近不能得到收敛的泰勒级数，这时就不能线性化。

(4)线性化后的微分方程是以增量为基础的增量方程。

例 2.3　设一个倒立摆系统，如图 2.3 所示，摆杆铰接在只能沿 x 方向移动的小车上。图中，M 为小车质量，m 为摆的质量，l 为摆长。当小车受到外力 $u(t)$ 作用时，试求以 $\varphi(t)$ 为输出、$u(t)$ 为输入的系统动力学方程，并在 $\varphi(t)=0$ 处线性化。

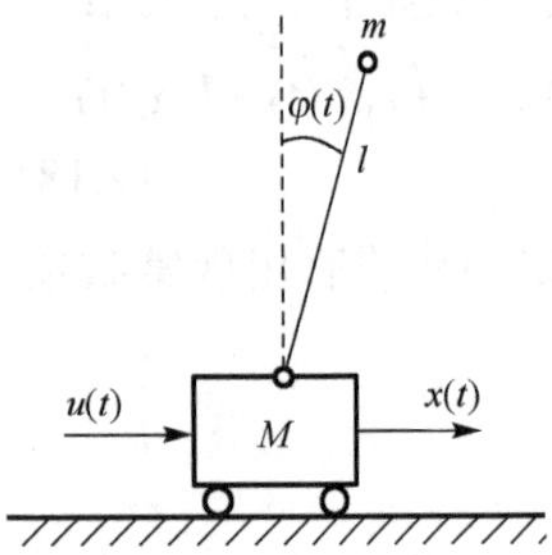

图 2.3　倒立摆系统示意图

解：当小车在外力 $u(t)$ 作用下的位移为 $x(t)$ 时，摆的角位移是 $\varphi(t)$，则摆的中心位置是 $x(t)+l\sin\varphi(t)$。以整个系统为研究对象，根据牛顿第二定律，在水平方向的动力学方程为

$$u(t) = M\frac{\mathrm{d}x^2(t)}{\mathrm{d}t^2} + m\frac{\mathrm{d}^2}{\mathrm{d}t^2}\left[x(t) + l\sin\varphi(t)\right]$$

同样，以摆为研究对象，摆在垂直于摆杆方向的动力学方程为

$$mg\sin\varphi(t) = ml\frac{\mathrm{d}\varphi^2(t)}{\mathrm{d}t^2} + m\frac{\mathrm{d}x^2}{\mathrm{d}t^2}\cos\varphi(t)$$

即
$$u(t) = (M+m)\ddot{x}(t) + ml\ddot{\varphi}(t)\cos\varphi(t) - ml\dot{\varphi}^2(t)\sin\varphi(t)$$

$$mg\sin\varphi(t) = ml\ddot{\varphi}(t) + m\ddot{x}(t)\cos\varphi(t)$$

这是一个非线性微分方程，若将位移 $x(t)$ 消去，就可以得到输入与输出的关系式，即

$$\ddot{x}(t) = \frac{u(t) - ml\ddot{\varphi}(t)\cos\varphi(t) + ml\dot{\varphi}^2(t)\sin\varphi(t)}{M+m}$$

从而
$$(M+m)g\sin\varphi(t) = (M+m)l\ddot{\varphi}(t) + \left[u(t) - ml\ddot{\varphi}(t)\cos\varphi(t) + ml\dot{\varphi}^2(t)\sin\varphi(t)\right]\cos\varphi(t)$$

即
$$(M+m)l\ddot{\varphi}(t)\frac{1}{\cos\varphi(t)} - ml\ddot{\varphi}(t)\cos\varphi(t) - (M+m)g\frac{\sin\varphi(t)}{\cos\varphi(t)} + ml\dot{\varphi}^2(t)\sin\varphi(t) = -u(t)$$

上式包含了 $\varphi(t)$ 的二次项和三角函数，为非线性方程。$\varphi(t)$ 的平衡工作点为 $\varphi(t)=0$，将其用泰勒级数在 $\varphi(t)=0$ 处展开，略去高次项，可得线性化后的数学模型为

$$Ml\ddot{\varphi}(t) - (M+m)g\varphi(t) = -u(t)$$

2.3　传 递 函 数

建立了系统或元器件的微分方程之后，就可对其求解，得到输出量的变化规律，以便对系统进行分析。但是高阶微分方程的求解非常复杂。对微分方程进行拉普拉斯变换，即变成代数方程(在复域中)，这将使方程的求解大为简化。传递函数就是在拉普拉斯变换的基础上得到的，用它描述零初始条件下的单输入单输出系统方便、直观，是对元器件及系统进行分析、研究与综合的有力工具。传递函数是经典控制理论的基础，是极其重要的基本概念。

2.3.1　拉普拉斯变换

时间函数 $x(t)$，当 $t<0$ 时，$x(t)=0$；在 $t\geqslant 0$ 时，定义函数 $x(t)$ 的拉普拉斯变换为

$$X(s)=L[x(t)]=\int_0^{\infty} x(t)\mathrm{e}^{-st}\mathrm{d}t \tag{2.22}$$

其中，L 为拉普拉斯变换算符；$s=\sigma+\mathrm{j}\omega$ 是一个复数；$x(t)$ 称为原函数；$X(s)$ 为像函数。拉普拉斯变换是在一定条件下，把实数域中的实变函数 $x(t)$ 变换到复数域内与之等价的复变函数 $X(s)$。

显然，拉普拉斯变换(亦可简称为拉氏变换)是否存在取决于上述定义所规定的积分是否收敛，如果 $x(t)$ 满足下面的条件，则拉普拉斯变换存在：

(1) 当 $t\geqslant 0$ 时，$x(t)$ 分段连续，只有有限个间断点。

(2) 当 $t\to\infty$ 时，$x(t)$ 的增长速度不超过某一指数函数，即满足

$$|x(t)|\leqslant M\mathrm{e}^{at}$$

其中，M、a 为实常数。在复平面上，对于 $\mathrm{Re}(s)>a$ 的所有复数 s ($\mathrm{Re}(s)$ 表示 s 的实部)都使积分绝对收敛，故 $\mathrm{Re}(s)>a$ 是拉普拉斯变换的定义域，a 称为收敛坐标。

表 2.1 为常用函数的拉普拉斯变换表。

表 2.1　常用函数的拉普拉斯变换表

序号	原函数	拉普拉斯变换像函数
1	单位脉冲 $\delta(t)$ 在 $t=0$ 时	1
2	单位阶跃 $1(t)$ 在 $t=0$ 时	$\dfrac{1}{s}$
3	K	$\dfrac{K}{s}$
4	$\dfrac{1}{r!}t^r$	$\dfrac{1}{s^{r+1}}$
5	$u(t-a)$ 在 $t=a$ 开始的单位阶跃	$\dfrac{1}{s}\mathrm{e}^{-as}$
6	e^{at}	$\dfrac{1}{s-a}$
7	e^{-at}	$\dfrac{1}{s+a}$
8	$\dfrac{1}{(n-1)!}t^{n-1}\mathrm{e}^{-at}$	$\dfrac{1}{(s+a)^n}$
9	$\sin\omega t$	$\dfrac{\omega}{s^2+\omega^2}$
10	$\cos\omega t$	$\dfrac{s}{s^2+\omega^2}$

续表

序号	原函数	拉普拉斯变换像函数
11	$\frac{1}{a}(1-e^{-at})$	$\frac{1}{s(s+a)}$
12	$\frac{1}{a}\left[a_0-(a_0-a)e^{-at}\right]$	$\frac{s+a_0}{s(s+a)}$
13	$\frac{1}{a^2}(at-1+e^{-at})$	$\frac{1}{s^2(s+a)}$
14	$\frac{a_0 t}{a}+\left(\frac{a_0}{a^2}-t\right)(e^{-at}-1)$	$\frac{s+a_0}{s^2(s+a)}$
15	$\frac{1}{a^2}\left[a_0 at+a_1 a-a_0+(a_0-a_1 a+a^2)e^{-at}\right]$	$\frac{s^2+a_1 s+a_0}{s^2(s+a)}$
16	$e^{-at}\sin\omega t$	$\frac{\omega}{(s+a)^2+\omega^2}$
17	$e^{-at}\cos\omega t$	$\frac{s+a}{(s+a)^2+\omega^2}$

已知函数 $x(t)$ 的拉普拉斯变换 $X(s)$，求函数 $x(t)$，称为拉普拉斯逆变换。拉普拉斯逆变换可以表示为已知函数 $f(t)$ 的拉普拉斯变换 $F(s)$，求原函数 $f(t)$ 的运算。其公式为

$$f(t)=\frac{1}{2\pi j}\int_{a-\infty}^{a+\infty}F(s)e^{st}ds \tag{2.23}$$

简写为 $f(t)=L^{-1}[F(s)]$。

拉普拉斯逆变换方法可用于求解微分方程，也是对控制系统进行时域分析的重要手段。根据定义计算拉普拉斯逆变换要进行复变函数积分，一般很难直接计算。通常用部分分式展开法将复变函数展开成有理分式函数之和，然后由拉普拉斯变换表分别查出对应的逆变换函数，即得所求的原函数。

2.3.2　传递函数的定义

线性定常系统传递函数的定义为：在零初始条件下(初始输入和输出及其各阶导数均为零)，系统输出的拉普拉斯变换 $X_o(s)$ 与输入的拉普拉斯变换 $X_i(s)$ 之比，用 $G(s)$ 表示，即

$$G(s)=\frac{X_o(s)}{X_i(s)} \tag{2.24}$$

对单输入、单输出线性定常系统的数学模型一般式(参见式(2.18))的两边取拉普拉斯变换，并设输入 $x_i(t)$ 和输出 $x_o(t)$ 及其各阶导数的初始值均为零，可得

$$(a_n s^n+a_{n-1}s^{n-1}+\cdots+a_1 s+a_0)X_o(s)=(b_m s^m+b_{m-1}s^{m-1}+\cdots+b_1 s+b_0)X_i(s) \tag{2.25}$$

则系统的传递函数为

$$G(s)=\frac{X_o(s)}{X_i(s)}=\frac{b_m s^m+b_{m-1}s^{m-1}+\cdots+b_1 s+b_0}{a_n s^n+a_{n-1}s^{n-1}+\cdots+a_1 s+a_0} \tag{2.26}$$

因此，系统输出的拉普拉斯变换可写为

$$X_o(s)=G(s)X_i(s) \tag{2.27}$$

系统在时域中的输出为

$$x_o(t)=L^{-1}\left[G(s)X_i(s)\right] \tag{2.28}$$

例 2.4　如图 2.4 所示不计质量($m=0$)的阻尼-弹簧系统，试求该系统的传递函数。

解：当质量忽略时，由达朗贝尔原理可知

$$(x_i - x_o)k - c\dot{x}_o = 0$$

由此得其数学模型为　$c\dot{x}_o + kx_o = kx_i$

经拉普拉斯变换，求得其传递函数为

$$G(s) = \frac{X_o(s)}{X_i(s)} = \frac{k}{cs+k} = \frac{1}{Ts+1}$$

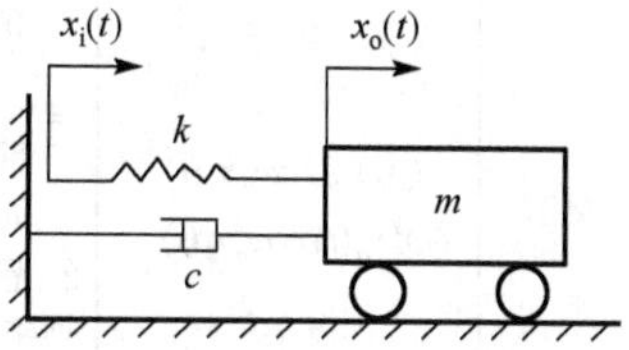

图 2.4　忽略质量的阻尼-弹簧系统

其中，$T=c/k$ 为时间常数；弹簧 k 为储能元件；阻尼器 c 为耗能元件。由于系统有储能元件和耗能元件，所以其输出总是滞后于输入，说明系统具有惯性，是一个典型的惯性环节，并且时间常数 T 越大，系统的惯性也越大。

2.3.3　典型环节的传递函数

在线性定常单输入单输出控制系统中，常见的典型环节有比例环节、惯性环节、微分环节、积分环节、振荡环节和延时环节，典型环节的微分方程、传递函数、主要特点和应用情况如表 2.2 所示。

表 2.2　典型环节的传递函数

典型环节	微分方程	传递函数	主要特点	应用情况
比例环节	$x_o(t)=Kx_i(t)$ 输出变量 $x_o(t)$，输入变量 $x_i(t)$	$G(s)=K$	①输出量与输入量成正比； ②不失真，不延迟	例：运算放大器和电阻构成的比例环节 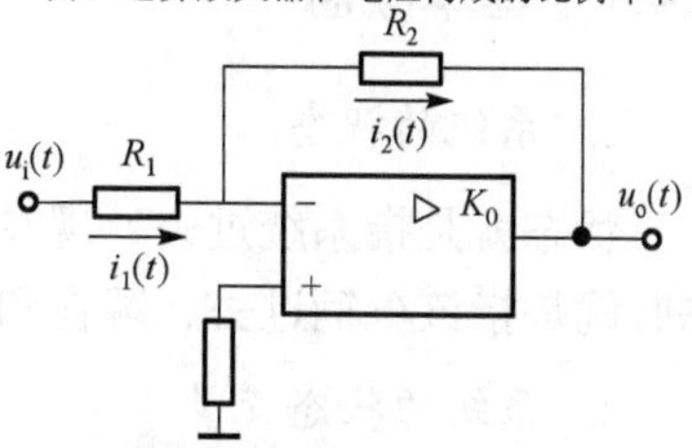
惯性环节	$T\dot{x}_o(t)+x_o(t)$ $=Kx_i(t)$ T 称为惯性环节的时间常数，K 称为惯性环节的放大系数	$G(s)=\dfrac{K}{Ts+1}$	①存在储能组件和耗能组件； ②在阶跃输入下，输出不能立即达到稳态值	例：低通滤波电路 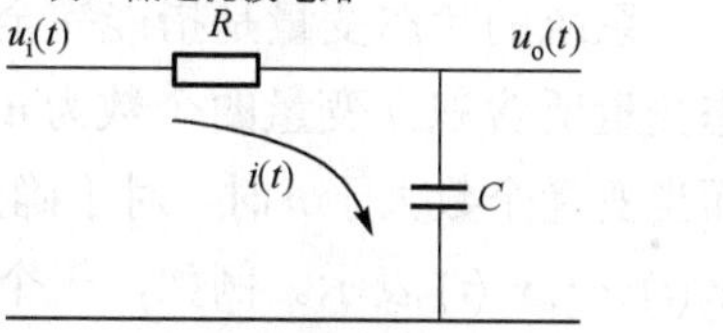
微分环节	$x_o(t)=T\dot{x}_i(t)$ T 为微分时间常数	$G(s)=Ts$	①不能单独存在； ②反映输入的变化趋势； ③增加系统阻尼； ④抗高频干扰能力弱	例：他励直流发电机 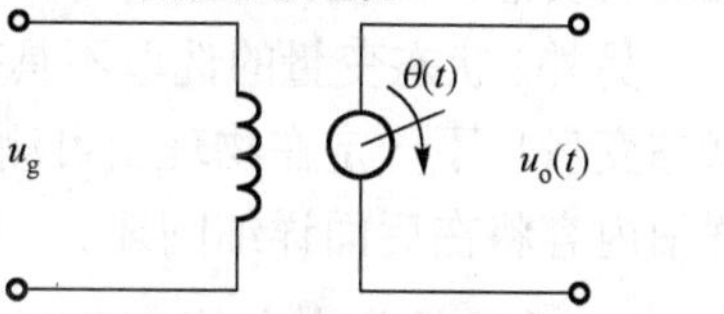
积分环节	$x_o(t)=K\int x_i(t)\mathrm{d}t$	$G(s)=K\dfrac{1}{s}$	①输出累加特性； ②输出的滞后作用； ③记忆功能	例：运算放大器构成的积分环节 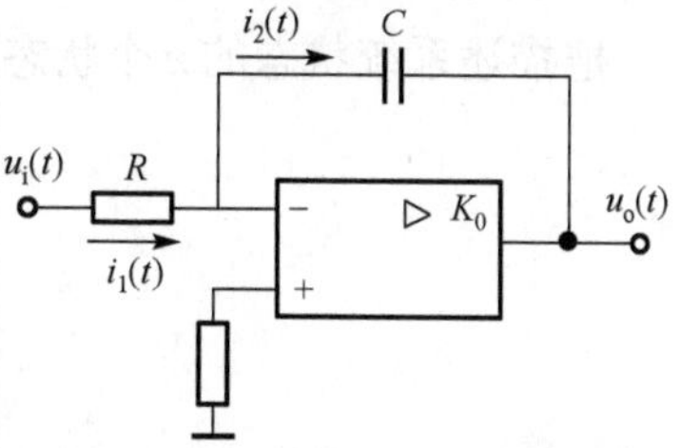

续表

典型环节	微分方程	传递函数	主要特点	应用情况
振荡环节	$\ddot{x}_o(t)+2\xi\omega_n\dot{x}_o(t)$ $+\omega_n^2x_o(t)=\omega_n^2x_i(t)$	$G(s)$ $=\dfrac{\omega_n^2}{s^2+2\xi\omega_ns+\omega_n^2}$ ω_n 为振荡环节的无阻尼固有振荡频率，ξ 称为阻尼系数或阻尼比	存在振荡，ξ 越小振荡越剧烈	例：质量-弹簧-阻尼系统 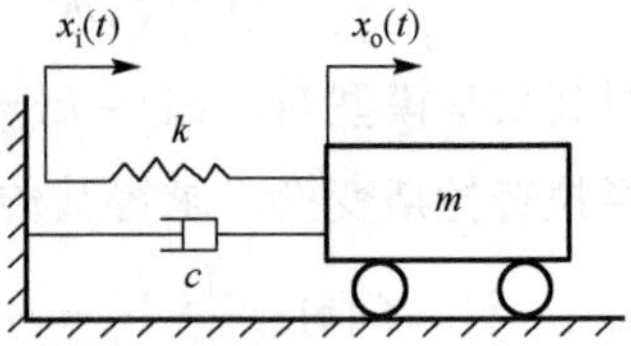
延时环节	$x_o(t)=x_i(t-\tau)$	$G(s)=e^{-\tau s}$ τ 为延迟时间	输出是输入的简单滞后	例：轧机系统 $\Delta h_2=\Delta h_1(t-\tau)$ 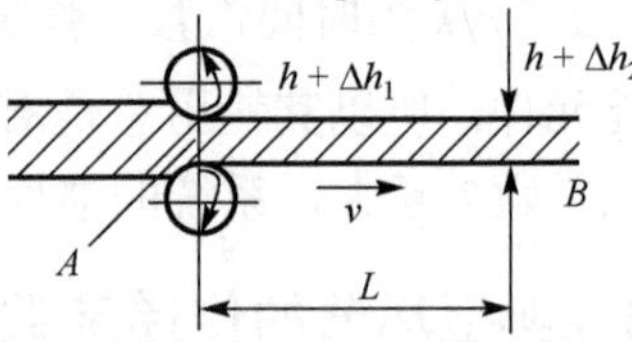

2.4 状态空间表达式

现代控制理论与经典控制理论形成鲜明的对照，现代控制理论适用于多输入多输出系统和单输入单输出系统，系统可以是线性的或非线性的，也可以是定常的或时变的；经典控制理论则仅仅适用于线性定常单输入单输出系统。在学习现代控制理论之前，需要定义几个基本概念。

2.4.1 基本概念

1. 系统的状态

状态就是指系统过去、现在和将来的状况。以正在行驶的车辆为例，描述车辆系统的状态时就是指该车辆过去、现在和将来的位置、速度和加速度等。

2. 系统的状态变量

系统的状态变量是指能完全表征系统运动状态独立(数目最少)的一组变量。n 阶系统状态变量所含独立变量的个数为 n。当变量个数小于 n 时，便不能完全确定 n 阶系统的状态，而当变量个数大于 n 时，对于确定系统的状态有的变量则是多余的。状态变量常用符号 $x_1(t)$，$x_2(t),\cdots,x_n(t)$ 表示。例如，一个六自由度机械手，它需要有三个变量描述其位置，三个变量描述其姿态，故确定该机械手共需要六个状态变量。

另外，状态变量的选取不具有唯一性，同一个系统可能有多种不同的状态变量选取方法。状态变量也不一定在物理上可测，有时只具有数学意义，而无任何物理意义。关于这方面的详细内容将在后面详细阐述。

3. 系统的状态向量

把描述系统状态的 n 个状态变量 $x_1(t),x_2(t),\cdots,x_n(t)$ 看作向量 $\boldsymbol{x}(t)$ 的分量，即

$$\boldsymbol{x}(t)=\begin{bmatrix}x_1(t)\\x_2(t)\\\vdots\\x_n(t)\end{bmatrix} \tag{2.29}$$

则向量 $\boldsymbol{x}(t)$ 称为 n 维状态向量。若给定 $t=t_0$ 时的初始状态向量 $\boldsymbol{x}(t_0)$ 和 $t\geqslant t_0$ 的输入向量 $\boldsymbol{u}(t)$，则 $t\geqslant t_0$ 的状态由状态向量 $\boldsymbol{x}(t)$ 唯一确定。

4. 状态空间

以状态变量 $x_1(t), x_2(t), \cdots, x_n(t)$ 为坐标轴构成的 n 维空间称为状态空间。系统在任何时刻的状态，都可以用状态空间中的一个点来表示。如给定了初始时刻 t_0 时的状态 $\boldsymbol{x}(t_0)$，就得到状态空间的初始点，随着时间的推移，$\boldsymbol{x}(t)$ 将在状态空间中描绘出一条轨迹，称为状态轨线。如图 2.5 所示的三维状态空间中，初始状态是点 $O(x_{10}, x_{20}, x_{30})$，在输入 $\boldsymbol{u}(t)$ 的作用下，系统的状态开始变化，其运动规律一目了然。因此，在状态空间中表示状态向量，可将向量的代数结构和几何概念联系起来。

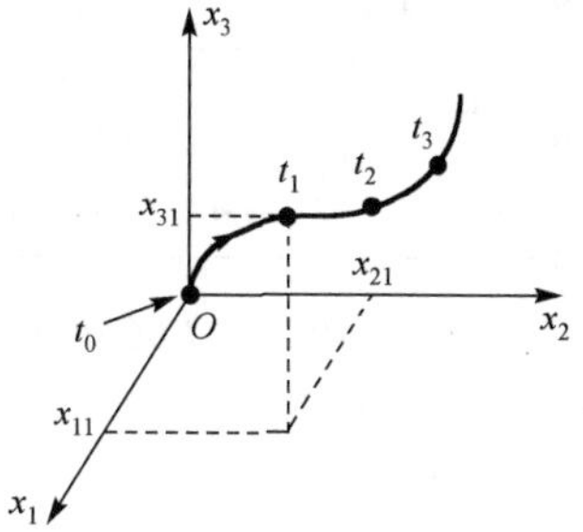

图 2.5　三维状态空间

2.4.2 状态空间表达式的定义

在现代控制理论中，描述多输入多输出系统的状态要用系统的状态向量。对于线性系统，系统的状态与系统本身的固有特性以及输入有关。由于输入常为多个变量，所以也用向量表示，称为控制向量，就是上面提到的 $\boldsymbol{u}(t)$。

系统的状态空间表达式是在状态空间下建立起来的数学模型，由状态方程和输出方程两部分组成，完整地描述了系统内部与外部的动态行为。

1. 状态方程

控制系统的状态方程是描述系统状态向量与控制向量之间关系的方程，是状态向量 $\boldsymbol{x}(t)$ 的一阶微分方程。一般形式可写为

$$\dot{\boldsymbol{x}}(t)=f\left[\boldsymbol{x}(t),\quad \boldsymbol{u}(t),\quad t\right]$$

其中，$\boldsymbol{x}(t)$ 为状态向量；$\boldsymbol{u}(t)$ 为输入向量，即控制向量；t 为时间。

线性定常系统的状态方程可写成如下形式

$$\dot{\boldsymbol{x}}=\boldsymbol{A}\boldsymbol{x}+\boldsymbol{B}\boldsymbol{u} \tag{2.30}$$

其中

$$\boldsymbol{x}=\begin{bmatrix}x_1\\x_2\\\vdots\\x_n\end{bmatrix},\quad \dot{\boldsymbol{x}}=\begin{bmatrix}\dot{x}_1\\\dot{x}_2\\\vdots\\\dot{x}_n\end{bmatrix},\quad \boldsymbol{u}=\begin{bmatrix}u_1\\u_2\\\vdots\\u_m\end{bmatrix},\quad \boldsymbol{A}=\begin{bmatrix}a_{11}&a_{12}&\cdots&a_{1n}\\a_{21}&a_{22}&\cdots&a_{2n}\\\vdots&\vdots&&\vdots\\a_{n1}&a_{n2}&\cdots&a_{nn}\end{bmatrix},\quad \boldsymbol{B}=\begin{bmatrix}b_{11}&b_{12}&\cdots&b_{1m}\\b_{21}&b_{22}&\cdots&b_{2m}\\\vdots&\vdots&&\vdots\\b_{n1}&b_{n2}&\cdots&b_{nm}\end{bmatrix}$$

式(2.30)中，$\boldsymbol{x}$、$\dot{\boldsymbol{x}}$ 和 $\boldsymbol{u}$ 都是时间 t 的函数矩阵(即为 $\boldsymbol{x}(t)$、$\dot{\boldsymbol{x}}(t)$ 和 $\boldsymbol{u}(t)$)，在本书中常常简写。$\boldsymbol{A}$ 称为系数矩阵，$\boldsymbol{B}$ 称为输入矩阵。$\boldsymbol{A}$ 和 $\boldsymbol{B}$ 均由系统本身参数组成，即一个确定的线性定常控制系统，其系数矩阵 $\boldsymbol{A}$ 和输入矩阵 $\boldsymbol{B}$ 就是确定的了。

例 2.5　在图 2.6 表示的 RLC 串联电路中，电流 $i(t)$ 和电压 $v_c(t)$ 是这个系统的一组状态变量，输入为 $v(t)$，试写出系统的状态方程。

解：根据基尔霍夫定律，可得此网络的微分方程为

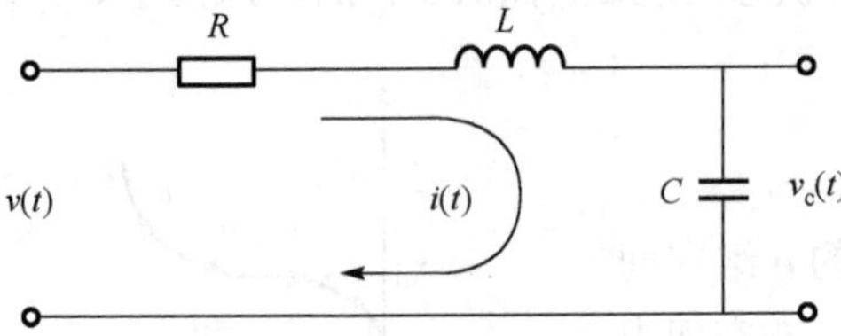

图 2.6　*RLC* 串联电路

$$\begin{cases} L\dfrac{\mathrm{d}i(t)}{\mathrm{d}t}+Ri(t)+v_c(t)=v(t) \\ C\dfrac{\mathrm{d}v_c(t)}{\mathrm{d}t}=i(t) \end{cases}$$

显然，这是一个微分方程组，可另写为

$$\begin{cases} \dot{i}(t)=\dfrac{1}{L}[-Ri(t)-v_c(t)+v(t)] \\ \dot{v}_c(t)=\dfrac{1}{C}i(t) \end{cases}$$

用状态方程可表示为

$$\begin{bmatrix} \dot{i}(t) \\ \dot{v}_c(t) \end{bmatrix}=\begin{bmatrix} -\dfrac{R}{L} & -\dfrac{1}{L} \\ \dfrac{1}{C} & 0 \end{bmatrix}\begin{bmatrix} i(t) \\ v_c(t) \end{bmatrix}+\begin{bmatrix} \dfrac{1}{L} \\ 0 \end{bmatrix}v(t)$$

令 $x_1(t)=i(t)$，$x_2(t)=v_c(t)$，$u(t)=v(t)$，则上式可写成状态方程式(2.30)的形式，即

$$\begin{bmatrix} \dot{x}_1(t) \\ \dot{x}_2(t) \end{bmatrix}=\begin{bmatrix} -\dfrac{R}{L} & -\dfrac{1}{L} \\ \dfrac{1}{C} & 0 \end{bmatrix}\begin{bmatrix} x_1(t) \\ x_2(t) \end{bmatrix}+\begin{bmatrix} \dfrac{1}{L} \\ 0 \end{bmatrix}u(t)$$

也可用下面的方法表示

$$\dot{\boldsymbol{x}}=\boldsymbol{A}\boldsymbol{x}+\boldsymbol{B}u$$

其中，$\boldsymbol{x}=\begin{bmatrix} x_1(t) \\ x_2(t) \end{bmatrix}$，$\boldsymbol{A}=\begin{bmatrix} -\dfrac{R}{L} & -\dfrac{1}{L} \\ \dfrac{1}{C} & 0 \end{bmatrix}$，$\boldsymbol{B}=\begin{bmatrix} \dfrac{1}{L} \\ 0 \end{bmatrix}$。

2. 输出方程

输出量与状态变量和输入量之间的代数方程称为系统的输出方程。系统的输出变量可以是某一个或几个状态变量，但状态变量和输出量的意义不一样。状态变量是描述系统动态行为的信息，而输出量则是系统被控制的响应。线性定常系统的输出方程为

$$\boldsymbol{y}=\boldsymbol{C}\boldsymbol{x}+\boldsymbol{D}\boldsymbol{u} \tag{2.31}$$

其中

$$\boldsymbol{y}=\begin{bmatrix} y_1 \\ y_2 \\ \vdots \\ y_m \end{bmatrix},\quad \boldsymbol{C}=\begin{bmatrix} c_{11} & c_{12} & \cdots & c_{1n} \\ c_{21} & c_{22} & \cdots & c_{2n} \\ \vdots & \vdots & & \vdots \\ c_{m1} & c_{m2} & \cdots & c_{mn} \end{bmatrix},\quad \boldsymbol{D}=\begin{bmatrix} d_{11} & d_{12} & \cdots & d_{1r} \\ d_{21} & d_{22} & \cdots & d_{2r} \\ \vdots & \vdots & & \vdots \\ d_{m1} & d_{m2} & \cdots & d_{mr} \end{bmatrix}$$

式(2.31)中，$\boldsymbol{x}$ 和 $\boldsymbol{y}$ 均为时间 t 的函数矩阵(严格写应为 $\boldsymbol{x}(t)$ 和 $\boldsymbol{y}(t)$)，在本书中常常简写。其中 $\boldsymbol{C}$ 称为输出矩阵，它表达输出变量与状态变量之间的关系；$\boldsymbol{D}$ 称为直接转移矩阵，它表达输入变量通过矩阵 $\boldsymbol{D}$ 所示的关系直接转移到输出。在大多数实际系统中，$\boldsymbol{D}=\boldsymbol{0}$。

例 2.5 中图 2.6 所示的 *RLC* 串联电路，当选取状态变量 $v_c(t)$ 作为输出时，有

$$y(t) = v_c(t)$$

根据解题时的设定（$x_2(t) = v_c(t)$），输出的向量矩阵表达形式为

$$y(t) = \begin{bmatrix} 0 & 1 \end{bmatrix} \begin{bmatrix} x_1(t) \\ x_2(t) \end{bmatrix}$$

也可表示为

$$y = \boldsymbol{C}\boldsymbol{x} + Du$$

其中，$\boldsymbol{x} = \begin{bmatrix} x_1(t) \\ x_2(t) \end{bmatrix}$，$\boldsymbol{C} = \begin{bmatrix} 0 & 1 \end{bmatrix}$，$D = 0$。

3. 状态空间表达式

状态方程和输出方程一起称为状态空间表达式(也称为动态方程)。状态空间表达式可以简记为

$$\begin{cases} \dot{\boldsymbol{x}} = \boldsymbol{A}\boldsymbol{x} + \boldsymbol{B}\boldsymbol{u} \\ \boldsymbol{y} = \boldsymbol{C}\boldsymbol{x} + \boldsymbol{D}\boldsymbol{u} \end{cases} \tag{2.32}$$

用方框图表示如图 2.7 所示，方框图内的积分符号表示变量间的积分关系。

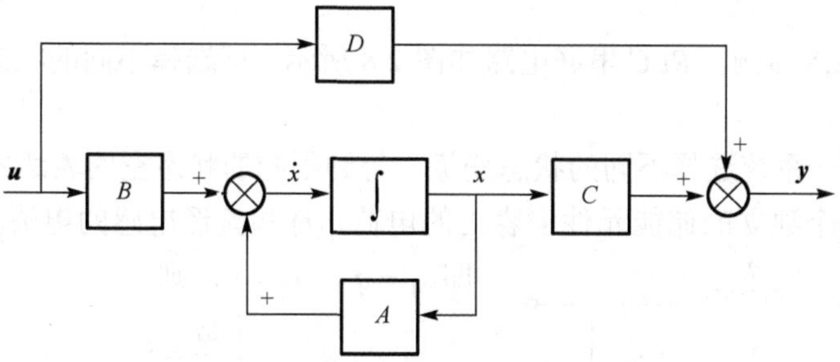

图 2.7　系统状态空间表达式框图

实际上，状态方程和输出方程所描述的关系式，无异于一般系统运动方程的原始方程组，因此，根据状态变量的定义，只要给定了 t_0 时刻状态向量的初值 $\boldsymbol{x}(t_0)$，并给定了 $t \geqslant t_0$ 时刻的输入向量 $\boldsymbol{u}(t)$，就可以从状态方程唯一地解出 $t \geqslant t_0$ 的任一时刻的状态向量 $\boldsymbol{x}(t)$，进而从输出方程求出输出向量 $\boldsymbol{y}(t)$。

2.5　状态空间表达式的建立

不论用经典控制理论还是用现代控制理论解决控制问题，都是从数学模型着手进行研究，现代控制理论针对的数学模型主要是状态空间表达式，所以状态空间表达式的建立是用现代控制理论研究控制系统的第一步。根据控制系统给出的形式不同，状态空间表达式的建立方法可分为三种：①从分析控制系统各部分运动机理入手，直接推导其状态空间表达式，该方法也称为直接法；②已知控制系统的微分方程，由微分方程解出状态空间表达式；③已知控制系统的传递函数，由传递函数解出状态空间表达式。现将三种方法逐一介绍。

2.5.1　建立状态空间表达式的直接法

这里所说的直接法，是从分析系统各部分运动机理入手，直接写出描述各部分运动的原

始微分方程，然后从原始微分方程导出状态方程和输出方程的方法。根据其物理规律，如牛顿定律、能量守恒定律、基尔霍夫定律等建立系统的状态方程。当指定系统的输出时，也很容易写出系统的输出方程。其一般步骤如下。

步骤 1：确定系统的输入变量和输出变量。

步骤 2：根据基本定律列写相关方程组。

步骤 3：根据研究问题的需要，选取状态变量。

步骤 4：消去状态变量之外的中间变量，得出各状态变量的一阶微分方程式及各输出变量的代数方程式。

步骤 5：将方程整理成状态空间表达式的标准形式。

1. 单输入单输出系统举例

前面我们曾提到，现代控制理论不仅能分析多输出多输入控制系统，也能分析单输入单输出控制系统。对于单输入单输出线性定常控制系统，建模的关键是确定独立状态变量的个数。一般要根据系统中独立储能元件的个数来确定，但有时并非轻而易举，对于一个复杂系统，很难一下子就看出含有多少独立储能元件。只有在原始方程式全部列出之后，通过仔细分析后才能确定。

例 2.6 以例 2.5 为例，*RLC* 串联电路如图 2.8 所示，试选择不同的状态变量，写出系统的状态空间表达式。

解： 下面对同一系统选择不同的状态变量，得到不同的状态空间表达式。

首先，选择两个独立的储能元件电容上的电荷 $q(t)$ 和流经电感的电流 $i(t)$ 为状态变量，

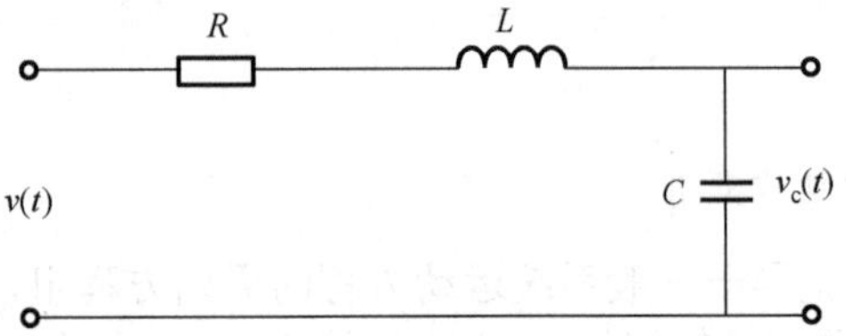

图 2.8 *RLC* 串联电路(例 2.6)

即 $x_1 = q$， $x_2 = i$，则

$$\begin{cases} \dfrac{\mathrm{d}q}{\mathrm{d}t} = i \\ Ri + L\dfrac{\mathrm{d}i}{\mathrm{d}t} + \dfrac{1}{C}q = v \end{cases}$$

整理得系统的状态方程为

$$\begin{cases} \dfrac{\mathrm{d}q}{\mathrm{d}t} = i \\ \dfrac{\mathrm{d}i}{\mathrm{d}t} = -\dfrac{1}{LC}q - \dfrac{R}{L}i + \dfrac{1}{L}v \end{cases} \quad \text{或} \quad \begin{cases} \dot{x}_1 = x_2 \\ \dot{x}_2 = -\dfrac{1}{LC}x_1 - \dfrac{R}{L}x_2 + \dfrac{1}{L}v \end{cases}$$

令 $u = v$，写成矩阵形式

$$\begin{bmatrix} \dot{x}_1 \\ \dot{x}_2 \end{bmatrix} = \begin{bmatrix} 0 & 1 \\ -1/LC & -R/L \end{bmatrix} \begin{bmatrix} x_1 \\ x_2 \end{bmatrix} + \begin{bmatrix} 0 \\ 1/L \end{bmatrix} u$$

输出方程为

$$y = v_c = \frac{q}{C} = \frac{x_1}{C} = \begin{bmatrix} 1/C & 0 \end{bmatrix} \begin{bmatrix} x_1 \\ x_2 \end{bmatrix}$$

其次，选状态变量为流经电感中的电流 $x_1 = i$，电容上的电压 $x_2 = \dfrac{q}{C} = \dfrac{1}{C}\int i(t)\mathrm{d}t$，则

$$\begin{cases} \dot{x}_2 = \dfrac{1}{C}x_1 \\ x_1 R + L\dot{x}_1 + x_2 = v \end{cases} \quad \text{或} \quad \begin{cases} \dot{x}_1 = -\dfrac{R}{L}x_1 - \dfrac{1}{L}x_2 + \dfrac{1}{L}v \\ \dot{x}_2 = \dfrac{1}{C}x_1 \end{cases}$$

令 $u=v$，状态空间表达式为

$$\begin{bmatrix}\dot{x}_1\\ \dot{x}_2\end{bmatrix}=\begin{bmatrix}-R/L & -1/L\\ 1/C & 0\end{bmatrix}\begin{bmatrix}x_1\\ x_2\end{bmatrix}+\begin{bmatrix}1/L\\ 0\end{bmatrix}u$$

$$y=v_c=x_2=\begin{bmatrix}0 & 1\end{bmatrix}\begin{bmatrix}x_1\\ x_2\end{bmatrix}$$

再次，选状态变量为 $x_1=Li+R\int i(t)\mathrm{d}t$， $x_2=\int i(t)\mathrm{d}t$。注意，这里选择的状态变量虽然符合状态变量的条件，但是没有明显的物理意义，也是不可测的量。

对状态变量 x_1 求导得
$$\dot{x}_1=L\frac{\mathrm{d}i}{\mathrm{d}t}+Ri$$

而系统的方程为
$$L\frac{\mathrm{d}i}{\mathrm{d}t}+Ri+\frac{1}{C}\int i(t)\mathrm{d}t=v$$

所以
$$\dot{x}_1=-\frac{1}{C}\int i(t)\mathrm{d}t+v=-\frac{1}{C}x_2+v$$

对状态变量 x_2 求导得
$$\dot{x}_2=i=\frac{1}{L}x_1-\frac{R}{L}\int i(t)\mathrm{d}t=\frac{1}{L}x_1-\frac{R}{L}x_2$$

令 $u=v$，所以系统的状态方程
$$\begin{cases}\dot{x}_1=-\dfrac{1}{C}x_2+u\\[2mm] \dot{x}_2=\dfrac{1}{L}x_1-\dfrac{R}{L}x_2\end{cases}$$

系统的输出方程为
$$y=\frac{1}{C}\int i(t)\mathrm{d}t=\frac{1}{C}x_2$$

最后，状态空间表达式为

$$\begin{bmatrix}\dot{x}_1\\ \dot{x}_2\end{bmatrix}=\begin{bmatrix}0 & -1/C\\ 1/L & -R/L\end{bmatrix}\begin{bmatrix}x_1\\ x_2\end{bmatrix}+\begin{bmatrix}1\\ 0\end{bmatrix}u$$

$$y=\begin{bmatrix}0 & 1/C\end{bmatrix}\begin{bmatrix}x_1\\ x_2\end{bmatrix}$$

从这个例题可以看出，对于同一个系统：

(1) 状态变量的选择不唯一，因此状态方程也不唯一(但在相似意义下是唯一的)。

(2) 状态变量的个数是一定的。

(3) 状态变量可以是有明显物理意义的量，也可以是没有明显物理意义的量，状态变量可以是可测的量，也可以是不可测的量。

2. 多输入多输出系统举例

状态空间表达式最突出的特点是可以方便地描述多输入多输出系统，而不增加方程的复杂程度。

例 2.7　图 2.9 表示一种常见的单轴驱动系统，J 为电动机转子的转动惯量，R 为小齿轮节圆半径，m 为工作台的质量(小齿轮的质量转化到工作台上)，k 为轴的扭转刚度，τ_a 为电动机输出转矩，B_1、B_2 为黏性阻尼系数，θ 和 θ_r 分别为转子和小齿轮的转角，以 τ_a 为输入，

θ 和 x 为输出，写出系统的状态空间表达式。

解： 系统的输入量和输出量题目中已给定。

步骤 1：列写此系统的运动微分方程。

以电动机为研究对象，则有

$$J\ddot{\theta}+B_1\dot{\theta}+k(\theta-\theta_r)=\tau_a$$

以小齿轮为研究对象，则有

$$m\ddot{x}+B_2\dot{x}=k(\theta-\theta_r)/R$$

步骤 2：选状态变量为

$$x_1=y_1=\theta\,,\quad x_2=\dot{\theta}\,,\quad x_3=x=y_2\,,\quad x_4=\dot{x}_3=\dot{x}$$

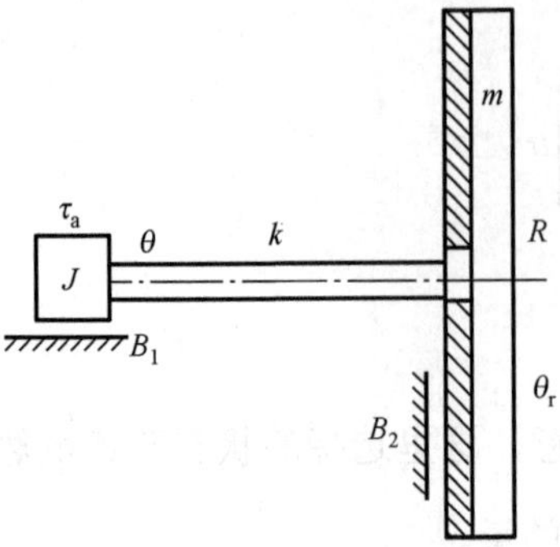

图 2.9　单轴驱动系统

步骤 3：将状态变量代入以上两个方程，又因为 $\theta_r=x/R$，整理得

$$\begin{cases}\dot{x}_1=\dot{\theta}=x_2\\ \dot{x}_2=\ddot{\theta}=\dfrac{1}{J}\left[\tau_a-B_1x_2-k\left(x_1-\dfrac{x_3}{R}\right)\right]\\ \dot{x}_3=\dot{x}=x_4\\ \dot{x}_4=\dfrac{1}{m}\left[\dfrac{k}{R}\left(x_1-\dfrac{1}{R}x_3\right)-B_2x_4\right]\end{cases}$$

步骤 4：令 $u=\tau_a$，写成状态空间表达式为

$$\begin{bmatrix}\dot{x}_1\\ \dot{x}_2\\ \dot{x}_3\\ \dot{x}_4\end{bmatrix}=\begin{bmatrix}0&1&0&0\\ -k/J&-B_1/J&k/(JR)&0\\ 0&0&0&1\\ k/(mR)&0&-k/(mR^2)&-B_2/m\end{bmatrix}\begin{bmatrix}x_1\\ x_2\\ x_3\\ x_4\end{bmatrix}+\begin{bmatrix}0\\ 1/J\\ 0\\ 0\end{bmatrix}u$$

$$\begin{bmatrix}y_1\\ y_2\end{bmatrix}=\begin{bmatrix}1&0&0&0\\ 0&0&1&0\end{bmatrix}\begin{bmatrix}x_1\\ x_2\\ x_3\\ x_4\end{bmatrix}$$

例 2.8　求图 2.10 所示网络的状态空间表达式。

解：

步骤 1：设输入量为 $u_1(t)$ 和 $u_2(t)$，输出量为 $y(t)$。

步骤 2：根据基尔霍夫定律列写微分方程：

$$\begin{cases}L_1\dfrac{\mathrm{d}i_1}{\mathrm{d}t}+R_1i_1+u_c=u_1\\ L_2\dfrac{\mathrm{d}i_2}{\mathrm{d}t}+R_2i_2+u_2=u_c\\ i_1=i_2+C\dfrac{\mathrm{d}u_c}{\mathrm{d}t}\\ y=R_2i_2+u_2\end{cases}$$

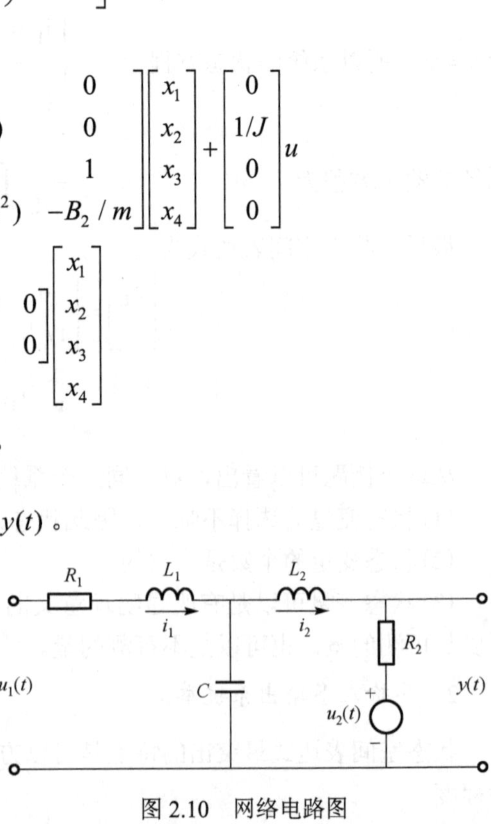

图 2.10　网络电路图

步骤 3：选状态变量：网络中有三个独立的储能元件，即电感 L_1、L_2 和电容 C，选储能元件的物理量 i_1、i_2 和 u_c 作为状态变量，即 $x_1=i_1$，$x_2=i_2$，$x_3=u_c$。

步骤 4：将状态变量代入并整理，得

$$\begin{cases}\dot{x}_1=-\dfrac{R_1}{L_1}x_1-\dfrac{1}{L_1}x_3+\dfrac{1}{L_1}u_1\\ \dot{x}_2=-\dfrac{R_2}{L_2}x_2+\dfrac{1}{L_2}x_3-\dfrac{1}{L_2}u_2\\ \dot{x}_3=\dfrac{1}{C}x_1-\dfrac{1}{C}x_2\end{cases}$$

$$y=R_2x_2+u_2$$

步骤 5：写成状态空间表达式为

$$\begin{bmatrix}\dot{x}_1\\ \dot{x}_2\\ \dot{x}_3\end{bmatrix}=\begin{bmatrix}-R_1/L_1 & 0 & -1/L_1\\ 0 & -R_2/L_2 & 1/L_2\\ 1/C & -1/C & 0\end{bmatrix}\begin{bmatrix}x_1\\ x_2\\ x_3\end{bmatrix}+\begin{bmatrix}1/L_1 & 0\\ 0 & -1/L_2\\ 0 & 0\end{bmatrix}\begin{bmatrix}u_1\\ u_2\end{bmatrix}$$

$$y=\begin{bmatrix}0 & R_2 & 0\end{bmatrix}\begin{bmatrix}x_1\\ x_2\\ x_3\end{bmatrix}+\begin{bmatrix}0 & 1\end{bmatrix}\begin{bmatrix}u_1\\ u_2\end{bmatrix}$$

即

$$\begin{cases}\dot{\boldsymbol{x}}=\boldsymbol{Ax}+\boldsymbol{Bu}\\ y=\boldsymbol{Cx}+\boldsymbol{Du}\end{cases}$$

值得注意的是，采用直接法建立状态空间表达式的过程中，状态变量的选取，应最终保证每一个方程式满足以下两条要求：①至多只含有一个状态变量的一阶导数项，而不含有更高阶导数项；②不含输入量的导数项。这样，才可能方便地写出状态空间表达式的标准形式，且保证方程有唯一解。

2.5.2　由微分方程建立状态空间表达式

研究一个系统的动态响应时，一般首先根据它的物理本质写出系统的运动微分方程，如在前面的几个例题中所进行的工作。但在那些题目中，微分方程组中的微分方程只是一阶微分方程，可以直接写成状态方程的形式。如果微分方程组中的微分方程是高阶微分方程，则需要一些变换，将高阶微分方程写成一阶方程组的形式，再组合成系统的状态空间表达式形式。

高阶微分方程可分为作用函数(即系统输入)中不含导数项和含导数项两种情况，下面根据这两种不同的情况，分别介绍如何将它们转化成一阶微分方程组的形式。

1. 微分方程作用函数中不含导数项的情况

设系统微分方程为

$$y^{(n)}+a_{n-1}y^{(n-1)}+\cdots+a_1\dot{y}+a_0y=bu \tag{2.33}$$

其中，u 和 y 分别为系统的输入变量(作用函数)和输出变量。

根据微分方程的性质，若初始时刻 t_0 的初始值 $y(t_0)$，$\dot{y}(t_0)$，$\cdots$，$y^{(n-1)}(t_0)$ 已知，又给定了 $t\geqslant t_0$ 时的输入 $u(t)$，则微分方程将有唯一解。因此，选系统 n 个状态变量，可直接按输出变

量 y 和 y 的各阶导数选取一组状态变量，通常称为相变量。这组变量物理意义明确，且初始状态容易确定。

设状态变量 x_i $(i=1,2,\cdots,n)$ 为

$$\begin{cases} x_1 = y \\ x_2 = \dot{y} \\ \quad\vdots \\ x_n = y^{(n-1)} \end{cases} \tag{2.34}$$

根据式(2.33)和式(2.34)可写成如下一阶微分方程组的形式

$$\begin{cases} \dot{x}_1 = x_2 \\ \dot{x}_2 = x_3 \\ \quad\vdots \\ \dot{x}_{n-1} = x_n \\ \dot{x}_n = -a_0 x_1 - a_1 x_2 - \cdots - a_{n-1} x_n + bu \end{cases} \tag{2.35}$$

此方程组可写成矩阵形式，即系统的状态方程

$$\begin{bmatrix} \dot{x}_1 \\ \dot{x}_2 \\ \dot{x}_3 \\ \vdots \\ \dot{x}_n \end{bmatrix} = \begin{bmatrix} 0 & 1 & 0 & \cdots & 0 \\ 0 & 0 & 1 & \cdots & 0 \\ \vdots & \vdots & \vdots & & \vdots \\ 0 & 0 & 0 & \cdots & 1 \\ -a_0 & -a_1 & -a_2 & \cdots & -a_{n-1} \end{bmatrix} \begin{bmatrix} x_1 \\ x_2 \\ x_3 \\ \vdots \\ x_n \end{bmatrix} + \begin{bmatrix} 0 \\ 0 \\ \vdots \\ 0 \\ b \end{bmatrix} u \tag{2.36}$$

输出方程

$$\boldsymbol{y} = \begin{bmatrix} 1 & 0 & 0 & \cdots & 0 \end{bmatrix} \begin{bmatrix} x_1 \\ x_2 \\ x_3 \\ \vdots \\ x_n \end{bmatrix} \tag{2.37}$$

简写为

$$\begin{cases} \dot{\boldsymbol{x}} = \boldsymbol{A}\boldsymbol{x} + \boldsymbol{B}u \\ y = \boldsymbol{C}\boldsymbol{x} \end{cases} \tag{2.38}$$

其中 $\boldsymbol{x} = \begin{bmatrix} x_1 \\ x_2 \\ x_3 \\ \vdots \\ x_n \end{bmatrix}$，$\boldsymbol{A} = \begin{bmatrix} 0 & 1 & 0 & \cdots & 0 \\ 0 & 0 & 1 & \cdots & 0 \\ \vdots & \vdots & \vdots & & \vdots \\ 0 & 0 & 0 & \cdots & 1 \\ -a_0 & -a_1 & -a_2 & \cdots & -a_{n-1} \end{bmatrix}$，$\boldsymbol{B} = \begin{bmatrix} 0 \\ 0 \\ \vdots \\ 0 \\ b \end{bmatrix}$，$\boldsymbol{C} = \begin{bmatrix} 1 & 0 & 0 & \cdots & 0 \end{bmatrix}$

由上述形式的 $\boldsymbol{A}$ 和 $\boldsymbol{B}$ 所组成的状态方程称为可控标准型，关于可控标准型的概念在后面的章节专门介绍。这种形式的系统矩阵 $\boldsymbol{A}$ 的特点是紧挨着主对角线上方的对角线上的元素都是 1，最后一行是系统微分方程式的各个系数的相反数，$\boldsymbol{A}$ 的其余各元素均为零(注意原系统

微分方程首项系数为 1)。

由此可知，对一个 n 阶常微分方程，选择 n 个状态变量，便可得到 n 个一阶微分方程，从而组成一个 n 维状态方程。方程(2.27)表示的状态方程和输出方程可用框图 2.11 表示。

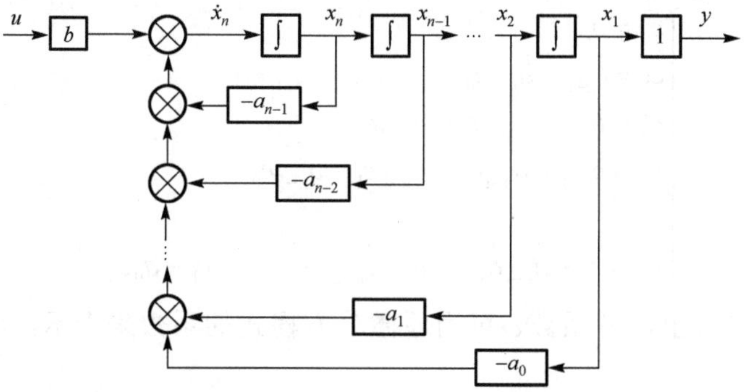

图 2.11　作用函数中不含导数项的系统状态框图

例 2.9　系统的微分方程为

$$\dddot{y}+6\ddot{y}+41\dot{y}+7y=6u$$

求此系统的状态空间表达式。

解：系统的输出变量和输入变量分别为 y 和 u。选择 y 及其各阶导数为状态变量。原微分方程是三阶的，即 n=3，选三个状态变量 x_1、x_2、x_3。与式(2.33)对应有 $a_0=7$，$a_1=41$，$a_2=6$，$b=6$。由式(2.36)和式(2.37)得此系统的状态方程和输出方程为

$$\begin{bmatrix}\dot{x}_1\\ \dot{x}_2\\ \dot{x}_3\end{bmatrix}=\begin{bmatrix}0&1&0\\0&0&1\\-7&-41&-6\end{bmatrix}\begin{bmatrix}x_1\\x_2\\x_3\end{bmatrix}+\begin{bmatrix}0\\0\\6\end{bmatrix}u$$

$$y=\begin{bmatrix}1&0&0\end{bmatrix}\begin{bmatrix}x_1\\x_2\\x_3\end{bmatrix}$$

2. *微分方程作用函数中含导数项的情况*

当输入函数包含导数项时，系统微分方程的形式如下

$$y^{(n)}+a_{n-1}y^{(n-1)}+\cdots+a_1\dot{y}+a_0y=b_nu^{(n)}+b_{n-1}u^{(n-1)}+\cdots+b_1\dot{u}+b_0u \tag{2.39}$$

显然，当 b_i=0 (i = 1,2,⋯,n)时，式(2.39)表示作用函数中不含导数项的情况，所以式(2.39)具有一般意义，另外，为了理论推倒方便，特设定 y 的最高导数和 u 的最高导数相同都为 n，实际系统这两个变量的最高导数次数不一定相同。在此情况下，选状态变量如下：

$$\begin{cases}x_1=y-c_0u\\ x_2=\dot{x}_1-c_1u=\dot{y}-c_0\dot{u}-c_1u\\ x_3=\dot{x}_2-c_2u=\ddot{y}-c_0\ddot{u}-c_1\dot{u}-c_2u\\ \qquad\cdots\\ x_n=\dot{x}_{n-1}-c_{n-1}u=y^{(n-1)}-c_0u^{(n-1)}-c_1u^{(n-2)}-\cdots-c_{n-2}\dot{u}-c_{n-1}u\end{cases} \tag{2.40}$$

令

$$x_{n+1}=\dot{x}_n-c_nu=y^{(n)}-c_0u^{(n)}-c_1u^{(n-1)}-\cdots-c_{n-1}\dot{u}-c_nu \tag{2.41}$$

式(2.40)和式(2.41)中的c_i $(i=1,2,\cdots,n)$为待定系数。

由式(2.40)和式(2.41)解出$y,\dot{y},\cdots,y^{(n)}$，然后全部代入式(2.41)，由等式两端$u,\dot{u},\cdots,u^{(n)}$的系数分别对应相等，可求得

$$\begin{cases}c_0=b_n\\c_1=b_{n-1}-a_{n-1}c_0\\c_2=b_{n-2}-a_{n-1}c_1-a_{n-2}c_0\\c_3=b_{n-3}-a_{n-1}c_2-a_{n-2}c_1-a_{n-3}c_0\\\quad\cdots\\c_n=b_0-a_{n-1}c_{n-1}-a_{n-2}c_{n-2}-\cdots-a_1c_1-a_0c_0\end{cases}\tag{2.42}$$

从式(2.42)可以看出，各系数c_i可用原微分方程式的系数来表示，将其代入式(2.40)和式(2.41)得

$$\begin{bmatrix}\dot{x}_1\\\dot{x}_2\\\vdots\\\dot{x}_{n-1}\\\dot{x}_n\end{bmatrix}=\begin{bmatrix}0&1&0&\cdots&0\\0&0&1&\cdots&0\\&\cdots&&\cdots&\vdots\\0&0&0&\cdots&1\\-a_0&-a_1&-a_2&\cdots&-a_{n-1}\end{bmatrix}\begin{bmatrix}x_1\\x_2\\x_3\\\vdots\\x_n\end{bmatrix}+\begin{bmatrix}c_1\\c_2\\c_3\\\vdots\\c_n\end{bmatrix}u\tag{2.43}$$

由式(2.40)第一式得输出方程

$$y=\begin{bmatrix}1&0&0&\cdots&0\end{bmatrix}\begin{bmatrix}x_1\\x_2\\x_3\\\vdots\\x_n\end{bmatrix}+c_0u\tag{2.44}$$

简写为

$$\begin{cases}\dot{\boldsymbol{x}}=\boldsymbol{A}\boldsymbol{x}+\boldsymbol{B}u\\y=\boldsymbol{C}\boldsymbol{x}+Du\end{cases}\tag{2.45}$$

其中

$$\boldsymbol{x}=\begin{bmatrix}x_1\\x_2\\x_3\\\vdots\\x_n\end{bmatrix},\quad\boldsymbol{A}=\begin{bmatrix}0&1&0&\cdots&0\\0&0&1&\cdots&0\\\vdots&\vdots&\vdots&&\vdots\\0&0&0&\cdots&1\\-a_0&-a_1&-a_2&\cdots&-a_{n-1}\end{bmatrix}$$

$$\boldsymbol{B}=\begin{bmatrix}c_1\\c_2\\c_3\\\vdots\\c_n\end{bmatrix},\quad\boldsymbol{C}=\begin{bmatrix}1&0&0&\cdots&0\end{bmatrix},\quad D=c_0$$

式(2.43)和式(2.44)可用框图2.12表示。

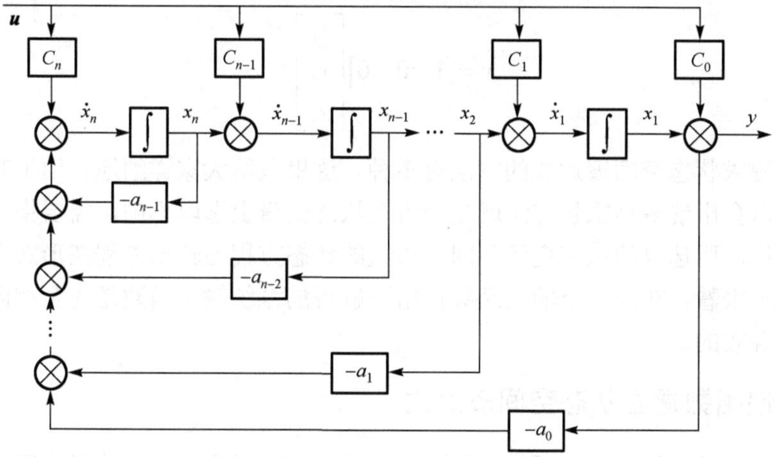

图 2.12　作用函数中含导数项的系统状态框图

例 2.10　系统的微分方程为

$$\dddot{y}+2\ddot{y}+3\dot{y}+4y=2\dot{u}+6u$$

求此系统的状态空间表达式。

解：将上式与式(2.39)对照得

$$n=3,\ a_0=4,\ a_1=3,\ a_2=2,\ b_0=6,\ b_1=2,\ b_2=b_3=0$$

按式(2.42)得

$$c_0=b_n=b_3=0,\ c_1=b_2-a_2c_0=0,\ c_2=b_1-a_2c_1-a_1c_0=2,\ c_3=b_0-a_2c_2-a_1c_1-a_0c_0=2$$

由式(2.43)和式(2.44)得系统的状态方程和输出方程为

$$\begin{bmatrix}\dot{x}_1\\\dot{x}_2\\\dot{x}_3\end{bmatrix}=\begin{bmatrix}0&1&0\\0&0&1\\-4&-3&-2\end{bmatrix}\begin{bmatrix}x_1\\x_2\\x_3\end{bmatrix}+\begin{bmatrix}0\\2\\2\end{bmatrix}u$$

$$y=\begin{bmatrix}1&0&0\end{bmatrix}\begin{bmatrix}x_1\\x_2\\x_3\end{bmatrix}$$

例 2.11　系统的微分方程为

$$\dddot{y}+9\ddot{y}+8\dot{y}=\ddot{u}+4\dot{u}+u$$

求此系统的状态空间表达式。

解：将上式与式(2.39)对照得

$$n=3,\ a_0=0,\ a_1=8,\ a_2=9,\ b_0=1,\ b_1=4,\ b_2=1,\ b_3=0$$

按式(2.42)得

$$c_0=b_n=b_3=0,\ c_1=b_2-a_2c_0=1,\ c_2=b_1-a_2c_1-a_1c_0=-5,\ c_3=b_0-a_2c_2-a_1c_1-a_0c_0=38$$

由式(2.43)和式(2.44)得系统的状态方程和输出方程为

$$\begin{bmatrix}\dot{x}_1\\\dot{x}_2\\\dot{x}_3\end{bmatrix}=\begin{bmatrix}0&1&0\\0&0&1\\0&-8&-9\end{bmatrix}\begin{bmatrix}x_1\\x_2\\x_3\end{bmatrix}+\begin{bmatrix}1\\-5\\38\end{bmatrix}u$$

$$y=\begin{bmatrix}1 & 0 & 0\end{bmatrix}\begin{bmatrix}x_1\\x_2\\x_3\end{bmatrix}$$

由微分方程求状态空间表达式的方法有多种，这里只给大家详细地介绍了其中的一种求解方法。之所以会出现多种求解方法就是因为在状态变量上选取不同，需要指出的是，对于同一个微分方程，所选取的状态变量不同，求出的状态方程与输出方程在形式上是不同的，但从外部特性上来看，在同一个输入函数作用下解得的系统输出函数是完全相同的，也就是说外部描述是等效的。

2.5.3 由传递函数建立状态空间表达式

对于单输入单输出线性定常系统，其状态变量也可能是多个，对此类问题也可以用现代控制理论的方法研究，在一些情况下往往可以先得到系统的传递函数，本节讨论由传递函数写出状态方程的方法。

与微分方程对应，系统的传递函数也是经典控制理论中描述系统的一种常用的数学模型。对于实际中物理过程比较复杂、相互之间的数量关系又不太清楚的系统，用解析法很难建立起数学模型，这时往往先通过试验法确定系统的传递函数，然后再建立状态空间表达式。由于状态变量的非唯一性，同样，由传递函数求得的状态空间表达式可以有多种形式。但为了分析和说明问题简便，下面介绍一种常见的求取方法。

设系统的传递函数为
$$\frac{Y(s)}{U(s)}=\frac{b_m s^m+b_{m-1}s^{m-1}+\cdots+b_1 s+b_0}{s^n+a_{n-1}s^{n-1}+\cdots+a_1 s+a_0} \tag{2.46}$$

其中，如果分子分母的阶次相同($m=n$)，称为正常型；如果分子阶次低于分母阶次($m<n$)，则称为严格正常型，大多数实际系统为严格正常型；如果分子阶次高于分母阶次，则称为非正常型，即实际控制系统中不单独存在。

对于由系统传递函数写出状态空间表达式，其中比较简单的方法是把系统的传递函数转换为微分方程，然后按照 2.5.2 节的方法求解。

例 2.12 已知系统的传递函数为

$$\frac{Y(s)}{U(s)}=\frac{2s+6}{s^3+2s^2+3s+4}$$

求该系统的状态方程和输出方程。

解： 将上式与式(2.46)对照得

$$n=3,\quad a_0=4,\quad a_1=3,\quad a_2=2,\quad b_0=6,\quad b_1=2,\quad b_2=b_3=0$$

按式(2.42)得

$$c_0=b_n=b_3=0,\quad c_1=b_2-a_2c_0=0,\quad c_2=b_1-a_2c_1-a_1c_0=2,\quad c_3=b_0-a_2c_2-a_1c_1-a_0c_0=2$$

由式(2.43)和式(2.44)得系统的状态方程和输出方程为

$$\begin{bmatrix}\dot{x}_1\\\dot{x}_2\\\dot{x}_3\end{bmatrix}=\begin{bmatrix}0 & 1 & 0\\0 & 0 & 1\\-4 & -3 & -2\end{bmatrix}\begin{bmatrix}x_1\\x_2\\x_3\end{bmatrix}+\begin{bmatrix}0\\2\\2\end{bmatrix}u$$

$$y=\begin{bmatrix}1 & 0 & 0\end{bmatrix}\begin{bmatrix}x_1\\x_2\\x_3\end{bmatrix}$$

2.6　由状态空间表达式求传递函数矩阵

对于单输入单输出线性定常系统，传递函数表达系统输入与输出之间的传递关系。而对于多输入多输出线性定常系统，每一个输出都是所有输入同时作用的结果。每一个输入同时对所有的输出起作用。多输入多输出系统可用传递函数矩阵描述输入输出的关系。矩阵的每一个元素都是一个传递函数，它表示一个输入对一个输出的影响关系。

2.6.1　传递函数矩阵的概念

一个双输入双输出线性系统如图 2.13 所示。其中，$U_1(s)$、$U_2(s)$ 为输入；$Y_1(s)$、$Y_2(s)$ 为输出。当初始条件为零时，可写出如下关系，即

$$\begin{cases}Y_1(s)=G_{11}(s)U_1(s)+G_{12}(s)U_2(s)\\Y_2(s)=G_{21}(s)U_1(s)+G_{22}(s)U_2(s)\end{cases}\tag{2.47}$$

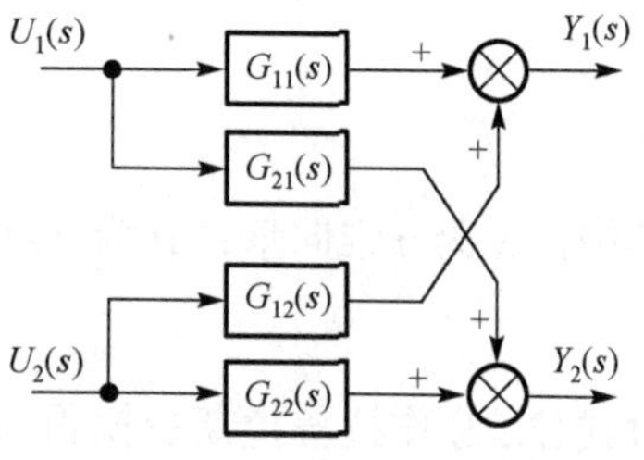

图 2.13　双输入双输出线性系统

其中，$G_{ij}(s)$（$i=1, 2$；$j=1, 2$）为第 i 个输出与第 j 个输入之间的传递关系。若将方程组用矩阵方程表示，得

$$\begin{bmatrix}Y_1(s)\\Y_2(s)\end{bmatrix}=\begin{bmatrix}G_{11}(s) & G_{12}(s)\\G_{21}(s) & G_{22}(s)\end{bmatrix}\begin{bmatrix}U_1(s)\\U_2(s)\end{bmatrix}\tag{2.48}$$

或简记为

$$\boldsymbol{Y}(s)=\boldsymbol{G}(s)\boldsymbol{U}(s)\tag{2.49}$$

其中，$\boldsymbol{U}(s)$ 为输入向量的拉普拉斯变换；$\boldsymbol{Y}(s)$ 为输出向量的拉普拉斯变换；$\boldsymbol{G}(s)$ 整体反映了双输入与双输出之间的传递关系，因此，称为系统的传递函数矩阵。

对于有 r 个输入，m 个输出的多变量线性定常系统，按以上概念延伸，则传递函数矩阵可表示为

$$\boldsymbol{G}(s)=\begin{bmatrix}G_{11}(s) & G_{12}(s) & \cdots & G_{1r}(s)\\G_{21}(s) & G_{22}(s) & \cdots & G_{2r}(s)\\\vdots & \vdots & & \vdots\\G_{m1}(s) & G_{m2}(s) & \cdots & G_{mr}(s)\end{bmatrix}\tag{2.50}$$

式(2.50)是 $m\times r$ 维传递函数矩阵，它的每一个元素 $G_{ij}(s)$ 表示第 j 个输入 $U_j(s)$ 对第 i 个输出 $Y_i(s)$ 的影响。而第 i 个输出 $Y_i(s)$ 是全部 r 个输入 $U_j(s)$（$j=1,2,\cdots,r$）通过各自的传递函数 $G_{i1},G_{i2},\cdots,G_{ir}$ 综合作用的结果。

如果选择系统输入与输出个数相同，则传递函数矩阵 $\boldsymbol{G}(s)$ 为一方阵（$m=r$）。通过适当的线性变换，将传递函数矩阵化为对角矩阵，称为传递函数矩阵的解耦形式，即

$$\tilde{\boldsymbol{G}}(s)=\begin{bmatrix}\tilde{G}_{11}(s) & 0 & \cdots & 0\\ 0 & \tilde{G}_{22}(s) & \ddots & \vdots\\ \vdots & & \ddots & 0\\ 0 & \cdots & 0 & \tilde{G}_{mm}(s)\end{bmatrix} \tag{2.51}$$

可见，所谓解耦形式，即表示系统的第 i 个输出只与第 i 个输入有关，与其他输入无关，就相当于 m 个相互独立的单输入单输出系统，实现了分离性控制，可以比较方便地控制各个输出，使之达到了满意的指标。

2.6.2　由状态空间表达式求传递函数矩阵

传递函数矩阵和状态空间表达式两种模型之间是可以互相转换的。由于传递函数是传递函数矩阵的一种简单情况，而状态空间表达式的形式可以包括多变量系统，因此，以下讨论多变量情况下状态空间表达式求传递函数矩阵的方法，自然就包括了求单变量传递函数的方法。

设多输入多输出线性定常系统的状态空间表达式为

$$\begin{cases}\dot{\boldsymbol{x}}=\boldsymbol{A}\boldsymbol{x}+\boldsymbol{B}\boldsymbol{u}\\ \boldsymbol{y}=\boldsymbol{C}\boldsymbol{x}+\boldsymbol{D}\boldsymbol{u}\end{cases} \tag{2.52}$$

其中，$\boldsymbol{x}$ 为 n 维向量；$\boldsymbol{u}$ 为 r 维向量；$\boldsymbol{y}$ 为 m 维向量。设初值为零，即

$$\boldsymbol{x}(0)=\boldsymbol{x}_0=0 \tag{2.53}$$

对式(2.52)作拉普拉斯变换得

$$\begin{cases}s\boldsymbol{X}(s)=\boldsymbol{A}\boldsymbol{X}(s)+\boldsymbol{B}\boldsymbol{U}(s)\\ \boldsymbol{Y}(s)=\boldsymbol{C}\boldsymbol{X}(s)+\boldsymbol{D}\boldsymbol{U}(s)\end{cases} \tag{2.54}$$

解出

$$\boldsymbol{X}(s)=(s\boldsymbol{I}-\boldsymbol{A})^{-1}\boldsymbol{B}\boldsymbol{U}(s) \tag{2.55}$$

代入 $\boldsymbol{Y}(s)$ 关系式，得

$$\boldsymbol{Y}(s)=\left[\boldsymbol{C}(s\boldsymbol{I}-\boldsymbol{A})^{-1}\boldsymbol{B}+\boldsymbol{D}\right]\boldsymbol{U}(s)=\boldsymbol{G}(s)\boldsymbol{U}(s) \tag{2.56}$$

其中，$\boldsymbol{G}(s)$ 称为传递函数矩阵

$$\boldsymbol{G}(s)=\boldsymbol{C}(s\boldsymbol{I}-\boldsymbol{A})^{-1}\boldsymbol{B}+\boldsymbol{D} \tag{2.57}$$

它是一个 $m\times r$ 维矩阵函数。在控制系统中，更多见的是 $\boldsymbol{D}=\boldsymbol{0}$ 的情况，表示输入与输出之间没有直接联系，于是有

$$\boldsymbol{G}(s)=\boldsymbol{C}(s\boldsymbol{I}-\boldsymbol{A})^{-1}\boldsymbol{B} \tag{2.58}$$

例 2.13　已知系统的状态方程为

$$\begin{bmatrix}\dot{x}_1\\ \dot{x}_2\\ \dot{x}_3\end{bmatrix}=\begin{bmatrix}0 & 1 & 0\\ 0 & 0 & 1\\ -24 & -26 & -9\end{bmatrix}\begin{bmatrix}x_1\\ x_2\\ x_3\end{bmatrix}+\begin{bmatrix}1 & 0\\ 2 & -1\\ 0 & 2\end{bmatrix}\begin{bmatrix}u_1\\ u_2\end{bmatrix}$$

输出方程为

$$\begin{bmatrix}y_1\\ y_2\end{bmatrix}=\begin{bmatrix}1 & -1 & 0\\ 0 & 1 & -1\end{bmatrix}\begin{bmatrix}x_1\\ x_2\\ x_3\end{bmatrix}$$

初值为零，求此系统的传递函数矩阵。

解：因为

$$(s\boldsymbol{I}-\boldsymbol{A})^{-1}=\frac{(s\boldsymbol{I}-\boldsymbol{A})^{*}}{|s\boldsymbol{I}-\boldsymbol{A}|}=\frac{1}{s^3+9s^2+26s+24}\begin{bmatrix} s^2+9s+26 & s+9 & 1 \\ -24 & s^2+9s & s \\ -24s & -(26s+24) & s^2 \end{bmatrix}$$

其中，$(s\boldsymbol{I}-\boldsymbol{A})^{*}$ 为矩阵 $(s\boldsymbol{I}-\boldsymbol{A})$ 的伴随矩阵；$|s\boldsymbol{I}-\boldsymbol{A}|$ 为对应行列式的值。

按照式(2.58)得系统的传递函数矩阵

$$\boldsymbol{G}(s)=\begin{bmatrix} \dfrac{-s^2-7s+68}{s^3+9s^2+26s+24} & \dfrac{s^2+6s-7}{s^3+9s^2+26s+24} \\ \dfrac{2s^2+84s+24}{s^3+9s^2+26s+24} & \dfrac{-3s^2-33s-24}{s^3+9s^2+26s+24} \end{bmatrix}$$

将两个输出量写出得

$$Y_1(s)=G_{11}(s)U_1(s)+G_{12}(s)U_2(s)=\frac{-s^2-7s+68}{s^3+9s^2+26s+24}U_1(s)+\frac{s^2+6s-7}{s^3+9s^2+26s+24}U_2(s)$$

$$Y_2(s)=G_{21}(s)U_1(s)+G_{22}(s)U_2(s)=\frac{2s^2+84s+24}{s^3+9s^2+26s+24}U_1(s)+\frac{-3s^2-33s-24}{s^3+9s^2+26s+24}U_2(s)$$

从上面两式可看出，每个输入通过各自的传递函数影响到每个输出。

下面举一个例子来说明求机械系统传递函数矩阵的另一种方法。

例 2.14　如图 2.14 所示，u_1、u_2 为外力；m_1、m_2 为质量；x_1、x_2 为位移；k_1、k_2 为弹簧刚度系数，B 为黏性阻尼系数；u_1、u_2 为输入；x_1、x_2 为输出。初始位移和初始速度为零，即 $x_1(0)=x_2(0)=\dot{x}_1(0)=\dot{x}_2(0)=0$。试求该系统的传递函数矩阵。

解：系统的运动方程为

$$\begin{aligned} m_1\ddot{x}_1+B(\dot{x}_1-\dot{x}_2)+k_1x_1&=u_1 \\ m_2\ddot{x}_2+B(\dot{x}_2-\dot{x}_1)+k_2x_2&=u_2 \end{aligned}$$

上式可写成矩阵形式　$\boldsymbol{M}\ddot{\boldsymbol{x}}+\boldsymbol{B}\dot{\boldsymbol{x}}+\boldsymbol{K}\boldsymbol{x}=\boldsymbol{U}$

其中

$$\boldsymbol{M}=\begin{bmatrix} m_1 & 0 \\ 0 & m_2 \end{bmatrix},\ \boldsymbol{B}=\begin{bmatrix} B & -B \\ -B & B \end{bmatrix},\ \boldsymbol{K}=\begin{bmatrix} k_1 & 0 \\ 0 & k_2 \end{bmatrix},\ \boldsymbol{U}=\begin{bmatrix} u_1 \\ u_2 \end{bmatrix}$$

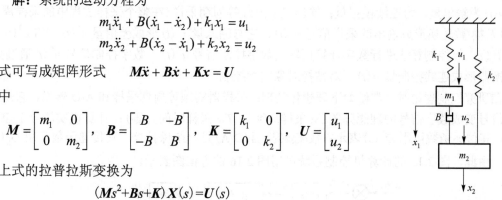

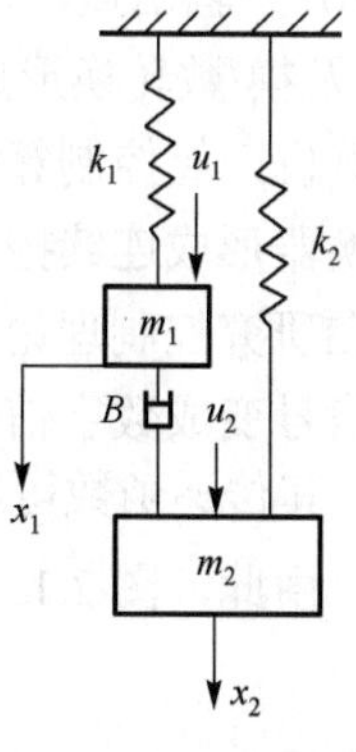

图 2.14　机械系统结构图

取上式的拉普拉斯变换为

$$(\boldsymbol{M}s^2+\boldsymbol{B}s+\boldsymbol{K})\boldsymbol{X}(s)=\boldsymbol{U}(s)$$

所以

$$\boldsymbol{X}(s)=(\boldsymbol{M}s^2+\boldsymbol{B}s+\boldsymbol{K})^{-1}\boldsymbol{U}(s)$$

显然传递函数矩阵为

$$\boldsymbol{G}(s)=(\boldsymbol{M}s^2+\boldsymbol{B}s+\boldsymbol{K})^{-1}=\begin{bmatrix} m_1s^2+Bs+k_1 & -Bs \\ -Bs & m_2s^2+Bs+k_2 \end{bmatrix}^{-1}=\begin{bmatrix} \dfrac{m_2s^2+Bs+k_2}{\varDelta} & \dfrac{Bs}{\varDelta} \\ \dfrac{Bs}{\varDelta} & \dfrac{m_1s^2+Bs+k_1}{\varDelta} \end{bmatrix}$$

其中，$\varDelta$ 为矩阵 $(\boldsymbol{M}s^2+\boldsymbol{B}s+\boldsymbol{K})$ 的行列式。

可以进一步利用传递函数矩阵求出系统的响应：

$$\boldsymbol{X}(s)=\boldsymbol{G}(s)\boldsymbol{U}(s)$$

2.7 离散控制系统的数学模型

2.7.1 离散控制系统概述

前面讨论的内容是关于连续量控制系统的数学模型，本节讨论离散控制系统的数学模型。如果在一个控制系统中有一处或几处信号是脉冲序列或数字信号，则称为离散控制系统。通常把信号为脉冲序列形式的离散控制系统称为采样控制系统；把数字序列形式的离散控制系统称为数字控制系统或计算机控制系统。采样控制系统和计算机控制系统都属于离散控制系统。图 2.15 为计算机控制系统示意图，下面以该图为例，介绍离散控制系统的基本特点。

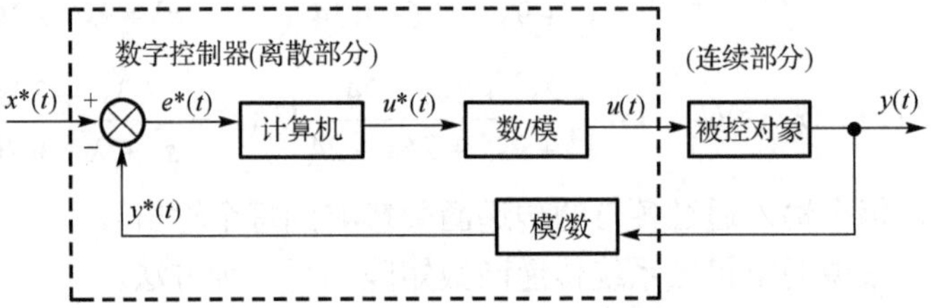

图 2.15　计算机控制系统示意图

如图 2.15 所示，计算机控制系统的控制器由数字计算机、模/数转换器(A/D)和数/模(D/A)转换器组成，而被控对象是连续工作形式的。$x^*(t)$为数字输入量，一般为来自上位机的给定量；$y(t)$为输出量，为连续模拟量；输出量$y(t)$经等周期采样(在整个采样过程中的采样周期相等)及模/数转换形成输出的采样信号$y^*(t)$，它与输入量$x^*(t)$形成差值量$e^*(t)$，将$e^*(t)$输入计算机，经控制算法进行数字计算后输出数字控制信号$u^*(t)$。数字控制信号$u^*(t)$通过数/模转换器形成连续控制量$u(t)$，对被控对象实行控制。

在研究控制理论时，常做如下理想化处理：采样器实施等周期采样和 A/D 转换，它是把连续信号变成数字信号的理想开关(其采样周期为 T，采样时间为零)；计算机实施数字控制运算，其传递函数可用$D^*(s)$表示；数/模转换器(D/A)是一个保持器，其传递函数可用$G_h(s)$表示。由此，图 2.15 的计算机控制系统可用图 2.16 的方框图表示。

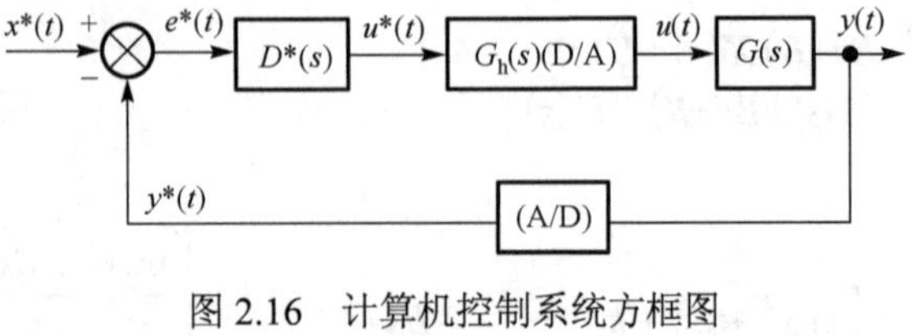

图 2.16　计算机控制系统方框图

由于离散控制系统的特点是系统中有离散信号，所以研究离散控制系统应该首先解决离散信号的数学描述问题。

1. 离散信号

连续信号 $x(t)$ 是时间 t 的连续函数。信号的幅值代表一定物理量的大小，因而称这种信号为模拟信号，如图 2.17(a) 所示。连续信号 $x(t)$ 经过等周期采样，就变成一个脉冲序列信号 $x^*(t)$，它只在离散时刻 $t=nT$ $(n=0,1,2,\cdots)$ 上有值，值的大小为连续信号 $x(t)$ 在采样时刻 $t=nT$ 时的值 $x(nT)$，如图 2.17(b) 所示。脉冲序列信号经 A/D 转换成为数字信号，就可用计算机处理了。数字信号也用 $x^*(t)$ 表示，并统称为离散信号。

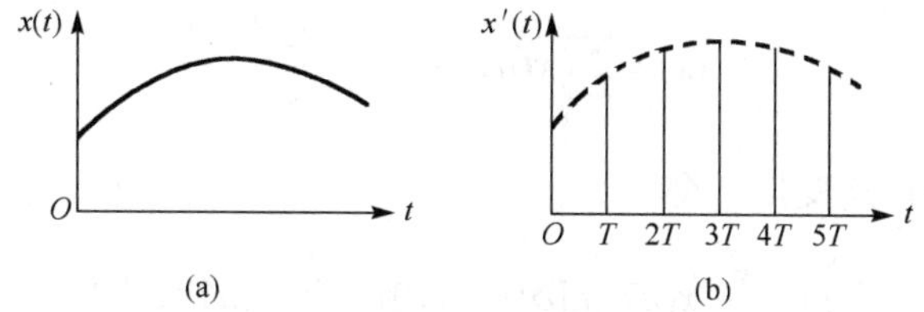

图 2.17　连续信号与离散信号

利用 $\delta(t)$ 函数的性质，即

$$\delta(t)=\begin{cases}1, & t=0\\ 0, & t\neq 0\end{cases} \tag{2.59}$$

可将离散信号写为

$$x^*(t)=x(t)\sum_{n=0}^{\infty}\delta(t-nT)=\sum_{n=0}^{\infty}x(nT)\delta(t-nT) \tag{2.60}$$

式(2.60)表示在时刻 $t=nT$ $(n=0,1,2,\cdots)$ 时有一脉冲信号，其幅值为模拟信号在此时刻的值。

2. 采样保持器

通过数字控制器运算后，输出的数字信号必须转换成模拟信号，以便控制系统的连续部分(被控对象)。这可以应用各种形式的保持电路来完成，这种电路(或装置)称为保持器，保持器是一种时域外推装置，即由过去和现在的采样值外推。

在 nT 邻域内，将连续信号 $x(t)$ 写成泰勒级数

$$x(t)\big|_{nT+\Delta t}=x(nT)+x'(nT)\Delta t+\frac{x''(nT)}{2!}\Delta t^2+\cdots+\frac{x^{(k)}(nT)}{k!}\Delta t^k+\cdots,\quad 0\leqslant\Delta t<T \tag{2.61}$$

在式(2.61)中，根据 k 的取值不同，保持器分为零阶保持器(k=0)、一阶保持器(k=1)、二阶保持器(k=2)和高阶保持器(k≥3)。最常用的是零阶保持器，零阶保持器是一种按恒值规律外推的保持器，将前一时刻采样值，保持到下一采样时刻，如图 2.18 所示。

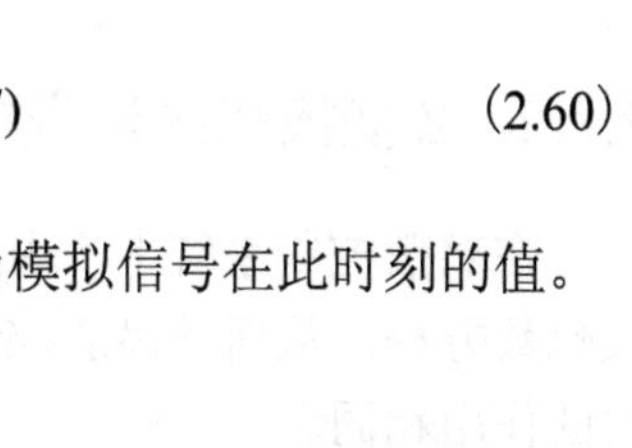

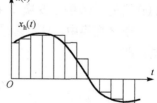

图 2.18　零阶保持器信号

在讨论离散控制系统时，需要保持器的传递函数。下面推导零阶保持器的传递函数。

零阶保持器的时域特性 $g_h(t)$ 如图 2.19(a) 所示。它是高度为 1、宽度为 T 的方波。

$g_h(t)$ 可由图 2.19(b) 所示的两个阶跃函数的合成表示。因此，零阶保持器的时域表达式可写为

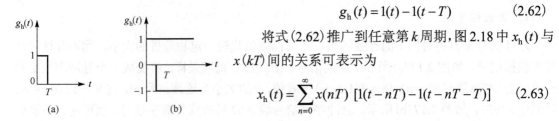

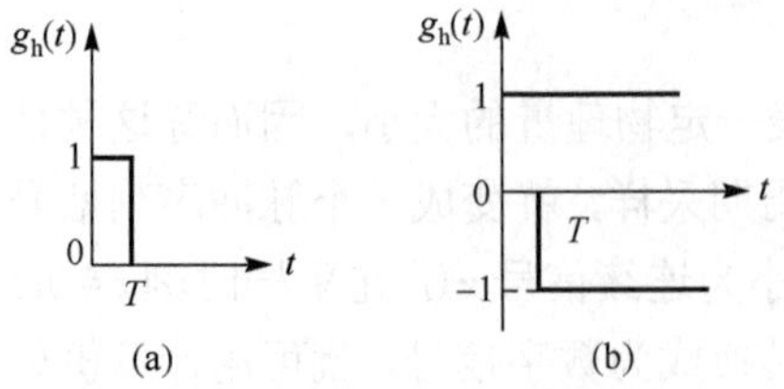

图 2.19　零阶保持器的时域特性

$$g_h(t) = 1(t) - 1(t-T) \tag{2.62}$$

将式(2.62)推广到任意第 k 周期，图 2.18 中 $x_h(t)$ 与 $x(kT)$ 间的关系可表示为

$$x_h(t) = \sum_{n=0}^{\infty} x(nT)\ [1(t-nT) - 1(t-nT-T)] \tag{2.63}$$

将式(2.63)进行拉普拉斯变换，得

$$X_h(s) = \sum_{n=0}^{\infty} x(nT) e^{-nTs} \frac{1-e^{-Ts}}{s} \tag{2.64}$$

对式(2.60)求拉普拉斯变换，得

$$X^*(s) = \sum_{n=0}^{\infty} x(nT) L[\delta(t-nT)] = \sum_{n=0}^{\infty} x(nT) e^{-nTs} \tag{2.65}$$

因为 $X^*(s)$ 和 $X_h(s)$ 分别为零阶保持器的输入和输出，所以利用上面两式可得零阶保持器的传递函数为

$$G_h(s) = \frac{X_h(s)}{X^*(s)} = \frac{1-e^{-Ts}}{s} \tag{2.66}$$

2.7.2　Z 变换和 Z 逆变换

在离散控制系统中，用差分方程来描述系统的动态行为，应用 Z 变换可以使差分方程变成代数方程，从而使离散控制系统的分析大为简化，其作用与拉普拉斯变换在连续系统研究中的作用相同。

1. *Z 变换的定义*

参看式(2.60)，对离散信号取拉普拉斯变换得

$$X^*(s) = L[x^*(t)] = L[\sum_{n=0}^{\infty} x(nT)\delta(t-nT)] = \sum_{n=0}^{\infty} x(nT) e^{-nTs} \tag{2.67}$$

设 $e^{Ts} = z$，并将 $X^*(s)$ 写成 $X(z)$，则式(2.67)变为

$$X(z) = X^*(s) = \sum_{n=0}^{\infty} x(nT) z^{-n} \tag{2.68}$$

$X(z)$ 就是 $x^*(t)$ 的 Z 变换，并且以 $Z[x^*(t)]$表示 $x^*(t)$ 的 Z 变换。

在 Z 变换中，只考虑采样时刻的信号值，故 $x(t)$ 的 Z 变换与 $x^*(t)$ 的 Z 变换有相同的结果，即

$$Z[x(t)] = Z[x(nT)] = X(z) = \sum_{n=0}^{\infty} x(nT) z^{-n} \tag{2.69}$$

因为 $X(z)$ 只取决于 $x(t)$ 在 $t = nT(n = 0,1,2,\cdots)$ 上的数值，所以 $X(z)$ 的 Z 逆变换只给出 $x(t)$ 在采样时刻的信息。一些函数的 Z 变换可从表 2.3 中查到。

表 2.3　常用函数的拉普拉斯变换和 Z 变换表

序号	原函数 $x(t)$ 或 $x(k)$	拉普拉斯变换 $X(s)$	Z 变换 $X(z)$
1	$\delta(t)$	1	1
2	$\delta(t-kT)$	e^{-kTs}	z^{-k}
3	$1(t)$	$\dfrac{1}{s}$	$\dfrac{z}{z-1}$
4	t	$\dfrac{1}{s^2}$	$\dfrac{Tz}{(z-1)^2}$
5	e^{-at}	$\dfrac{1}{s+a}$	$\dfrac{z}{z-e^{-aT}}$
6	$1-e^{-at}$	$\dfrac{a}{s(s+a)}$	$\dfrac{(1-e^{-aT})z}{(z-1)(z-e^{-aT})}$
7	$\sin\omega t$	$\dfrac{\omega}{s^2+\omega^2}$	$\dfrac{z\sin\omega T}{z^2-2z\cos\omega T+1}$
8	$\cos\omega t$	$\dfrac{s}{s^2+\omega^2}$	$\dfrac{z(z-\cos\omega T)}{z^2-2z\cos\omega T+1}$
9	te^{-at}	$\dfrac{1}{(s+a)^2}$	$\dfrac{Tze^{-aT}}{(z-e^{-aT})^2}$
10	$e^{-at}\sin\omega t$	$\dfrac{\omega}{(s+a)^2+\omega^2}$	$\dfrac{ze^{-aT}\sin\omega T}{z^2-2ze^{-aT}\cos\omega T+e^{-2aT}}$
11	$e^{-at}\cos\omega t$	$\dfrac{s+a}{(s+a)^2+\omega^2}$	$\dfrac{z^2-ze^{-aT}\cos\omega T}{z^2-2ze^{-aT}\cos\omega T+e^{-2aT}}$
12	t^2	$\dfrac{2}{s^3}$	$\dfrac{T^2z(z+1)}{(z-1)^3}$

下面求一些简单函数的 Z 变换。

例 2.15　求单位阶跃函数 $1(t)$ 的 Z 变换。

解：

$$Z[1(t)]=\sum_{n=0}^{\infty}1(nT)z^{-n}=1+z^{-1}+z^{-2}+\cdots=\frac{z}{z-1}$$

例 2.16　求函数 $x(t)$ 的 Z 变换。

$$x(t)=\begin{cases}0, & t<0\\ e^{-at}, & t\geqslant 0\end{cases}$$

解：

$$Z[e^{-at}]=\sum_{n=0}^{\infty}e^{-anT}z^{-n}=1+e^{-aT}z^{-1}+e^{-2aT}z^{-2}+\cdots=\frac{z}{z-e^{-aT}}$$

例 2.17　求函数 $x(t)$ 的 Z 变换。

$$x(t)=\begin{cases}0, & t<0\\ \sin\omega t, & t\geqslant 0\end{cases}$$

解： 由例 2.16 或查表 2.3 可知　$Z[e^{-at}]=\dfrac{z}{z-e^{-aT}}$

所以得

$$Z[\sin\omega t]=Z\left[\frac{e^{j\omega t}-e^{-j\omega t}}{2j}\right]=\frac{1}{2j}\left(\frac{z}{z-e^{j\omega T}}-\frac{z}{z-e^{-j\omega T}}\right)=\frac{z\sin\omega T}{z^2-2z\cos\omega T+1}$$

例 2.18　已知函数 $x(t)$ 的拉普拉斯变换

$$X(s)=L[x(t)]=\frac{1}{s(s+1)}$$

求函数 $x(t)$ 的 Z 变换 $X(z)$。

解：先将上式化成部分分式，得

$$X(s)=\frac{1}{s(s+1)}=\frac{1}{s}-\frac{1}{s+1}$$

上式右边两项分别是 $1(t)$ 和 e^{-t} 的拉普拉斯变换，利用例 2.15 和例 2.16 所得结果，所以得

$$X(z)=Z[x(t)]=\frac{z}{z-1}-\frac{z}{z-e^{-T}}$$

2. *Z* 逆变换

Z 逆变换是由 Z 变换表达式 $X(z)$ 求原函数 $x^*(t)$ 的变换。常用的有直接法和部分分式法。

(1) 直接法。直接法是将 $X(z)$ 展开成 z^{-1} 的幂级数，通过对比，直接得到采样点上的函数值 $x(nT)$。由

$$X(z)=\sum_{n=0}^{\infty}x(nT)z^{-n}=x(0)+x(T)z^{-1}+x(2T)z^{-2}+\cdots+x(nT)z^{-n}+\cdots \tag{2.70}$$

可知 z^{-1} 幂级数的系数就是 $x(nT)$ 的值。如果 $X(z)$ 是有理分式，则可用长除法得出无穷级数的展开式。

例 2.19 求下列 Z 表达式的原函数 $x(nT)$。

$$X(z)=\frac{-3z^2+z}{z^2-2z+1}$$

解：用分母除分子，得 $X(z)=-3-5z^{-1}-7z^{-2}-9z^{-3}-\cdots$

因为

$$X(z)=\sum_{n=0}^{\infty}x(nT)z^{-n}=x(0)+x(1)z^{-1}+x(2)z^{-2}+x(3)z^{-3}-\cdots$$

将以上两式比较，得

$$x(0)=-3,\quad x(T)=-5,\quad x(2T)=-7,\quad x(3T)=-9,\ \cdots$$

(2) 部分分式法。部分分式法是将 $X(z)$ 展开成部分分式，再查 Z 变换表，找出相应的原函数。由于在 Z 变换表中绝大多数函数的 Z 变换都含因子 Z，所以对 $X(z)/Z$ 进行部分分式展开，然后给每个部分分式增加一个因子 Z。

例 2.20 求下式的原函数 $x(nT)$。

$$X(z)=\frac{z}{(z-1)(z-2)}$$

解：将 $X(z)/z$ 展开成部分分式

$$\frac{X(z)}{z}=-\frac{1}{z-1}+\frac{1}{z-2}$$

因此

$$X(z)=-\frac{z}{z-1}+\frac{z}{z-2}$$

查表 2.3，得

$$x(nT)=-1+2^n$$

根据上式，可知数字序列 $x(nT)$ 为

$$x(0)=0,\quad x(T)=1,\quad x(2T)=3,\quad x(3T)=7,\quad x(4T)=15,\ \cdots$$

2.7.3 离散控制系统的差分方程

线性定常连续系统的动态行为可用线性常微分方程或传递函数描述。与此相似，线性定常离散控制系统可用差分方程或离散控制系统传递函数描述。本节讨论线性定常离散控制系统的差分方程及其解。

1. *差分方程*

如图 2.20 所示的一个开环离散控制系统，输入信号为 $x(t)$，采样后的离散信号为 $x(nT)$ $(n=0,1,2,\cdots)$，系统的输出信号为 $y(t)$，输出的采样信号为 $y(nT)$。

图 2.20　一个开环离散控制系统

在时刻 nT 输出的采样值 $y(nT)$ 不但与 nT 时刻的输入 $x(nT)$ 有关，而且与 nT 以前的输入 $x[(n-1)T]$，$x[(n-2)T]$，… 有关，同时也与 nT 时刻以前的输出值 $y[(n-1)T]$，$y[(n-2)T]$，… 有关。由于离散控制系统的连续部分可以用线性常微分方程描述，所以上述关系可用下列 m 阶常系数线性差分方程表示

$$\begin{aligned}&y(nT)+a_1y[(n-1)T]+a_2y[(n-2)T]+\cdots+a_my[(n-m)T]\\&=b_0x(nT)+b_1x[(n-1)T]+b_2x[(n-2)T]+\cdots+b_mx[(n-m)T]\end{aligned}\tag{2.71}$$

其中，m 的大小取决于系统的动态特性。

若省略方程中的 T，则上述方程可写成如下形式

$$y(n)=-\sum_{k=1}^{m}a_ky(n-k)+\sum_{k=0}^{m}b_kx(n-k)\tag{2.72}$$

式(2.60)和式(2.61)为线性定常离散控制系统差分方程的一般形式。

2. *差分方程的解法*

连续系统的数学模型是微分方程，微分方程的解表示此连续系统的输出量，它是时间的连续函数；离散控制系统的数学模型是差分方程，差分方程的解表示此离散控制系统的输出量，它是随采样时刻变化的离散变量。

求解差分方程常用的方法有递推法和 Z 变换法。

1) 递推法解差分方程

递推法是将给定的初始条件代入原方程，依次递推而得到差分方程的解。这种方法特别适合在计算机上解差分方程。

例 2.21　设一阶差分方程为 $y(n+1)+0.2y(n)=2x(n)$，输入为单位阶跃函数，即

$$x(n)=\begin{cases}1, & n\geqslant 0\\0, & n<0\end{cases}$$

初始条件为：当 $n<0$ 时，$y(n)=0$。求差分方程的解。

解：原方程可写为　$y(n+1) = -0.2y(n) + 2x(n)$

将初始条件和输入信号代入上式，依次计算当 n=0,1,2,3,…时的 $y(n)$ 值：

$$y(1) = -0.2y(0) + 2x(0) = 2$$
$$y(2) = -0.2y(1) + 2x(1) = 1.6$$
$$y(3) = -0.2y(2) + 2x(2) = 1.68$$
$$y(4) = -0.2y(3) + 2x(3) = 1.664$$
$$\cdots$$

2)用 Z 变换法解差分方程

用 Z 变换法解差分方程就是先对差分方程取 Z 变换，解出输出的 Z 变换 $Y(z)$，然后对 $Y(z)$ 进行 Z 逆变换，求出 $y(n)$。在对差分方程取 Z 变换时，要用到平移定理

$$Z[x(n+m)] = z^m X(z) - \sum_{k=0}^{m-1} x(k) z^{m-k}$$

例 2.22　用 Z 变换法解下面的差分方程。

$$y(n+2) + 3y(n+1) + 2y(n) = 0$$
$$y(0) = 0,\ y(1) = 1$$

解：将上式两边取 Z 变换并代入初始条件，得

$$z^2 Y(z) - z + 3zY(z) + 2Y(z) = 0$$

解出输出的 Z 变换　$Y(z) = \dfrac{z}{z^2+3z+2} = \dfrac{z}{z+1} - \dfrac{z}{z+2}$

查 Z 变换表 2.3，得　$y(n) = (-1)^n - (-2)^n,\quad n = 0,1,2,\cdots$

虽然差分方程的解给出了线性定常系统在给定输入作用下的输出，但不便于研究系统参数与系统特性之间的关系。在连续系统中，利用传递函数研究系统特性与系统参数之间的关系；在离散控制系统中，同样可以利用离散控制系统的传递函数研究系统特性与系统参数之间的关系。因此，有必要讨论离散控制系统的传递函数。

2.7.4　离散控制系统的传递函数

离散控制系统除了可用差分方程描述，还可用传递函数描述。离散控制系统的传递函数简称为离散传递函数，它在离散控制系统的分析和设计中都具有重要作用。

1.　离散传递函数的定义

设开环离散控制系统如图 2.21 所示。

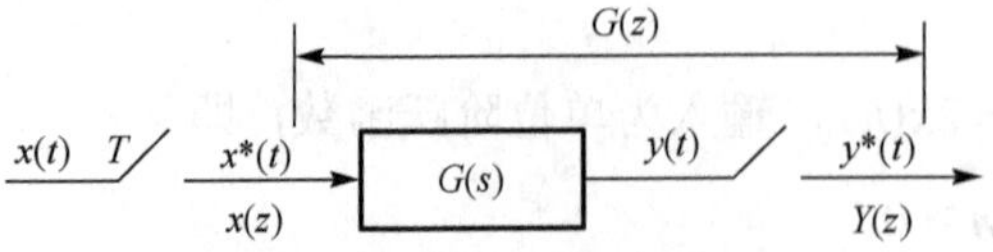

图 2.21　开环离散控制系统

如果系统的初始条件为零，输入信号为 $x(t)$，采样后 $x^*(t)$ 的 Z 变换为 $X(z)$，系统连续部分的输出为 $y(t)$，采样后 $y^*(t)$ 的 Z 变换为 $Y(z)$，则离散传递函数的定义为系统输出信号的 Z 变换 $Y(z)$ 与输入信号的 Z 变换 $X(z)$ 之比，即

$$G(z)=\frac{Y(z)}{X(z)} \tag{2.73}$$

它与连续系统传递函数 $G(s)$ 的定义相类似。

2. 离散传递函数的求法

对于线性定常离散控制系统，如果在 $t=0$ 时刻(设此刻为控制系统的第一个采样时刻)输入一个单位脉冲 $\delta(t)$，则在 $t=nT$ 时刻，系统的输出称为离散控制系统的单位脉冲响应，记为 $y(n)=g(n)$，其中 $g(n)=g(t)|_{t=nT}$，而 $g(t)$ 为单位脉冲连续时域响应。当输入的单位脉冲沿时间轴后移 k 个采样周期，即变为 $\delta(t-kT)$ 时，系统的单位脉冲响应(即在第 n 个采样周期时的输出)变为 $y(n)=g(n-k)$。如果系统离散输入信号为一个在[0，nT]间的单位脉冲序列，即为

$$x^*(t)=\sum_{k=0}^{n}\delta(t-kT)$$

由系统响应的叠加性，可知其响应为

$$y(n)=\sum_{k=0}^{n}g(n-k)$$

如果系统离散输入信号为一个在[0，nT]间的任意脉冲序列，即为

$$x^*(t)=\sum_{k=0}^{n}x(kT)\delta(t-kT) \tag{2.74}$$

则系统在任意脉冲序列输入作用下的输出为

$$y(n)=\sum_{k=0}^{n}g(n-k)x(k)=g(n)*x(n) \tag{2.75}$$

对式(2.75)取 Z 变换，利用卷积定理得

$$Y(z)=G(z)X(z)$$

将式(2.75)与式(2.73)比较可知，$G(z)$ 是系统单位脉冲响应函数 $g(n)$ 的 Z 变换，所以也称离散控制系统传递函数 $G(z)$ 为离散控制系统的脉冲传递函数。按上述原理，离散传递函数 $G(z)$ 应按下述步骤求出：①求系统连续部分的传递函数 $G(s)$；②用传递函数 $G(s)$ 求系统脉冲响应函数 $g(t)$，将其离散化得 $g(n)$；③计算 $g(n)$ 的 Z 变换得 $G(z)$。显然，该过程比较麻烦。

由于连续系统单位脉冲响应函数 $g(t)$ 的拉普拉斯变换与系统传递函数 $G(s)$ 相同，因此可在 Z 变换表中以 $g(t)$ (表中的 $x(t)$)为纽带，建立起 $G(z)$ (表中 $X(z)$)与 $G(s)$ (表中的 $X(s)$)的关系。由系统连续部分传递函数 $G(s)$ 直接查到对应的离散传递函数 $G(z)$。

例 2.23　求图 2.22 所示系统的 Z 传递函数。

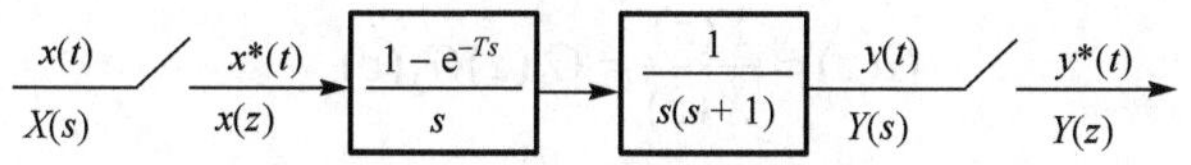

图 2.22　离散控制系统框图

解：在离散控制系统中，离散控制信号通过保持器输入给系统的被控对象，所以保持器与系统被控对象一起作为系统的连续部分。本题连续部分的传递函数为

$$G(s)=\frac{1-\mathrm{e}^{-Ts}}{s}\cdot\frac{1}{s(s+1)}=\frac{1}{s^2(s+1)}-\frac{\mathrm{e}^{-Ts}}{s^2(s+1)}$$

查表 2.3，得 $G_1(z)=Z\left[\dfrac{1}{s^2(s+1)}\right]=Z\left[\dfrac{1}{s^2}-\dfrac{1}{s}+\dfrac{1}{s+1}\right]=\dfrac{Tz}{(z-1)^2}-\dfrac{z}{z-1}+\dfrac{z}{z-\mathrm{e}^{-T}}$

又由于 $L[f(t-T)]=F(s)\mathrm{e}^{-Ts}$，$Z[f(t-T)]=z^{-1}F(z)$

可得

$$G(z)=G_1(z)-z^{-1}G_1(z)=(1-z^{-1})G_1(z)=(1-z^{-1})\left[\frac{Tz}{(z-1)^2}-\frac{z}{z-1}+\frac{z}{z-\mathrm{e}^{-T}}\right]$$
$$=\frac{(T-1+\mathrm{e}^{-T})z+(1-\mathrm{e}^{-T}-T\mathrm{e}^{-T})}{(z-1)(z-\mathrm{e}^{-T})}$$

对系统的差分方程进行 Z 变换，也可得到此离散控制系统的传递函数。

若把系统的差分方程写为

$$y(n)=-\sum_{k=1}^{m}a_k y(n-k)+\sum_{k=0}^{m}b_k x(n-k)$$

对上式两边取 Z 变换，得 $Y(z)=-\sum\limits_{k=1}^{m}a_k Y(z)z^{-k}+\sum\limits_{k=0}^{m}b_k X(z)z^{-k}$

由此式解得系统的传递函数为 $G(z)=\dfrac{Y(z)}{X(z)}=\dfrac{\sum\limits_{k=0}^{m}b_k z^{-k}}{1+\sum\limits_{k=1}^{m}a_k z^{-k}}$

3. 开环系统的脉冲传递函数

当开环离散控制系统由几个环节串联组成时，其脉冲传递函数的求法与求连续系统传递函数的情况不同。例如，在求由两个串联环节组成的开环离散控制系统的脉冲传递函数时，就必须注意在串联环节之间是否有采样器，因为两种情况具有不同的脉冲传递函数。下面举例说明这一点。

在图 2.23(a)中，两个串联环节之间有采样器。由图 2.23(a)可知

$$C(z)=G_1(z)X(z),\quad Y(z)=G_2(z)C(z)$$

其中，$G_1(z)$和 $G_2(z)$分别为 $G_1(s)$和 $G_2(s)$的脉冲传递函数。

由上两式可得 $Y(z)=G_1(z)G_2(z)X(z)$

故此开环离散控制系统总的脉冲传递函数为

$$G(z)=\frac{Y(z)}{X(z)}=G_1(z)G_2(z) \tag{2.76}$$

式(2.76)表明，当两个串联环节间有采样器时，其总的脉冲传递函数等于这两个环节各自的脉冲传递函数之积。这个结论可推广到 n 个环节串联的情况：当每两个相邻环节之间都有采样器时，其总脉冲传递函数等于被串联环节各自的脉冲传递函数之积。

在图 2.23(b)中，两个串联环节之间无采样器，系统连续部分的传递函数为

$$G(s) = G_1(s)G_2(s)$$

$G(s)$的 Z 变换为

$$G(z) = Z[G_1(s)G_2(s)] = G_1G_2(z) \tag{2.77}$$

其中，$G_1G_2(z)$是一个符号，它代表连续部分为 $G_1(z)$和 $G_2(z)$串联的离散控制系统脉冲传递函数，如图 2.23(b)所示。一般来说，系统连续部分为几个环节串联的开环离散控制系统的脉冲传递函数不等于被串联环节各自的脉冲传递函数之积，例如，$G_1G_2(z) \neq G_1(z)G_2(z)$。

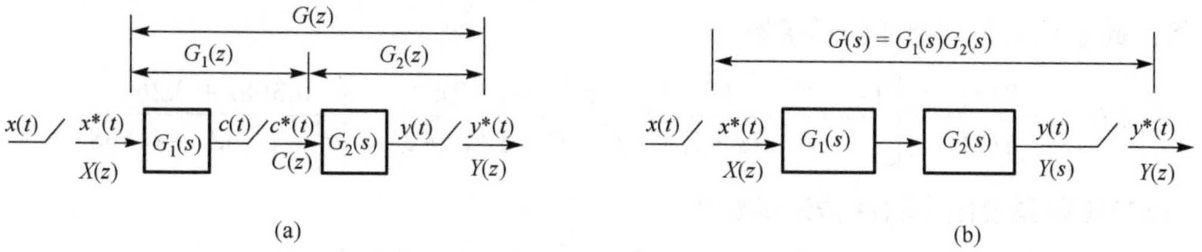

图 2.23　环节串联的脉冲传递函数

4. 闭环系统的脉冲传递函数

采样器在闭环系统中配置情况不同，形成不同形式的离散闭环系统，因而有不同的闭环脉冲传递函数。图 2.24 表示一种闭环离散控制系统，下面通过确定它的闭环脉冲传递函数，说明确定离散闭环系统脉冲传递函数的一般过程。图 2.24 中虚线所示的采样开关是为了便于分析而虚设的。

由图 2.24 可见

$$E(s) = X(s) - B(s)$$

逐项求 Z 变换，得

$$E(z) = X(z) - B(z) \tag{2.78}$$

参考式(2.77)知

$$B(z) = E(z)GH(z) \tag{2.79}$$

将式(2.79)代入式(2.78)，得

$$E(z) = \frac{X(z)}{1+GH(z)} \tag{2.80}$$

又因为

$$Y(z) = E(z)G(z)$$

将式(2.80)代入，得

$$Y(z) = \frac{G(z)X(z)}{1+GH(z)} \tag{2.81}$$

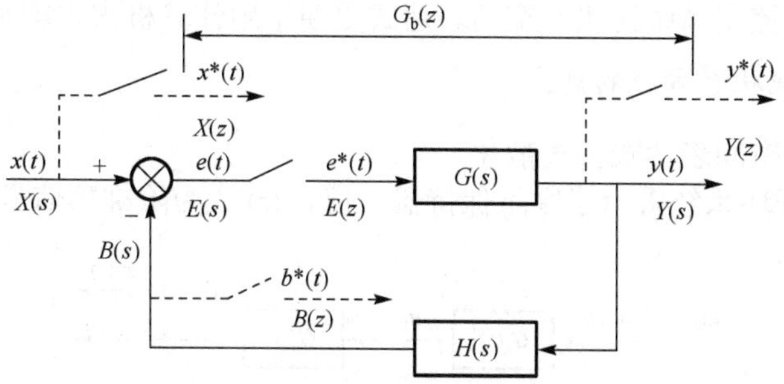

图 2.24　一种闭环离散控制系统

由式(2.81)可知，此闭环离散控制系统的脉冲传递函数为

$$G_b(z) = \frac{Y(z)}{X(z)} = \frac{G(z)}{1+GH(z)} \tag{2.82}$$

例 2.24　求图 2.25 所示离散控制系统的单位阶跃响应(T=1s)。

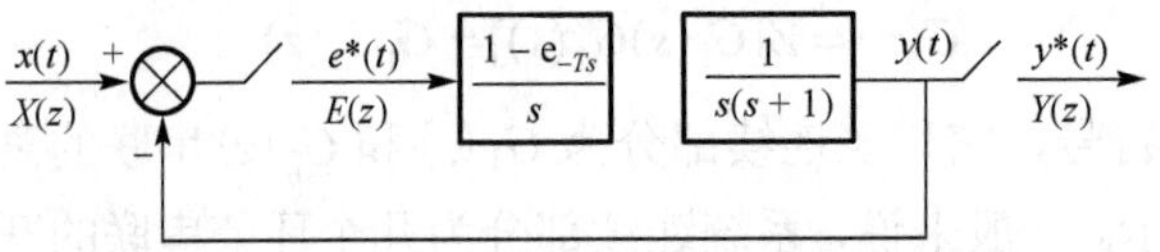

图 2.25　离散控制系统框图

解： 此系统的开环脉冲传递函数为

$$G(z)=\frac{Y(z)}{E(z)}=Z\left[\frac{1-\mathrm{e}^{-Ts}}{s}.\frac{1}{s(s+1)}\right]=\frac{\mathrm{e}^{-1}z+1-2\mathrm{e}^{-1}}{z^2-(1+\mathrm{e}^{-1})z+\mathrm{e}^{-1}}=\frac{0.368z+0.264}{z^2-1.368z+0.368}$$

由式(2.82)可得系统闭环脉冲传递函数为

$$G_{\mathrm{b}}(z)=\frac{Y(z)}{X(z)}=\frac{G(z)}{1+G(z)}=\frac{0.368z+0.264}{z^2-z+0.632}$$

输入为单位阶跃函数，　其 Z 变换为　$X(z)=\dfrac{z}{z-1}$

所以系统输出为

$$Y(z)=\frac{0.368z+0.264}{z^2-z+0.632}\cdot\frac{z}{z-1}=\frac{0.368z^2+0.264z}{z^3-2z^2+1.632z-0.632}$$
$$=0.37z^{-1}+z^{-2}+1.4z^{-3}+1.4z^{-4}+1.15z^{-5}+0.90z^{-6}+\cdots$$

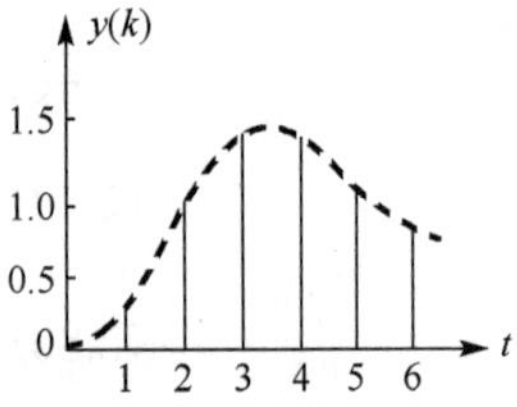

图 2.26　离散系统的输出

由 Z 变换的定义可知，上式各项系数即为输出量在采样时刻的值，即

$y(0)=0$，　$y(1)=0.37$，　$y(2)=1$，　$y(3)=1.4$，
$y(4)=1.4$，　$y(5)=1.15$，　$y(6)=0.90$，　$\cdots$

将输出曲线画出，如图 2.26 所示。

2.7.5　离散控制系统的状态空间表达式

用状态空间表达式描述和分析离散控制系统具有用状态空间描述和分析连续系统同样的优点，此外，离散控制系统的状态空间表达式更便于用计算机来求解和处理。

1.　离散控制系统状态方程的建立

1) 连续部分状态空间表达式的离散化

图 2.27 所示的开环系统采用了零阶保持器，使 $\boldsymbol{u}_{\mathrm{h}}(t)$ 成为阶梯形信号。

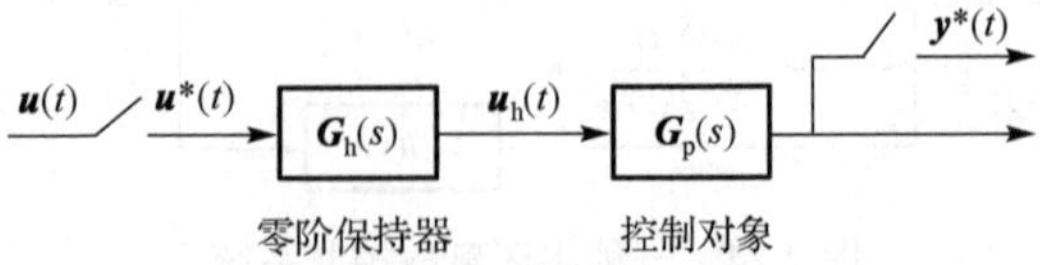

图 2.27　离散开环系统

在两个采样周期之间的信号为恒值，其值为采样时刻 $\boldsymbol{u}(t)$ 的值，即

$$\boldsymbol{u}_{\mathrm{h}}(t)=\boldsymbol{u}(kT),\quad kT\leqslant t\leqslant(k+1)T$$

系统中控制对象的状态空间表达式为

$$\dot{\boldsymbol{x}}(t)=\boldsymbol{A}\boldsymbol{x}(t)+\boldsymbol{B}\boldsymbol{u}(t) \tag{2.83}$$

$$\boldsymbol{y}(t)=\boldsymbol{C}\boldsymbol{x}(t) \tag{2.84}$$

将式(2.83)和式(2.84)离散化，离散化的状态空间表达式为

$$\begin{cases}\boldsymbol{x}[(k+1)T]=\boldsymbol{G}\boldsymbol{x}(kT)+\boldsymbol{H}\boldsymbol{u}(kT)\\ \boldsymbol{y}(kT)=\boldsymbol{C}\boldsymbol{x}(kT)\end{cases} \tag{2.85}$$

其中，$\boldsymbol{G}$ 为 $n\times n$ 系统矩阵；$\boldsymbol{H}$ 为 $n\times r$ 输入矩阵；$\boldsymbol{C}$ 为 $1\times n$ 输出矩阵；T 为采样周期，在括号中的 T 常不写出。

将式(2.85)画成方框图如图 2.28 所示。

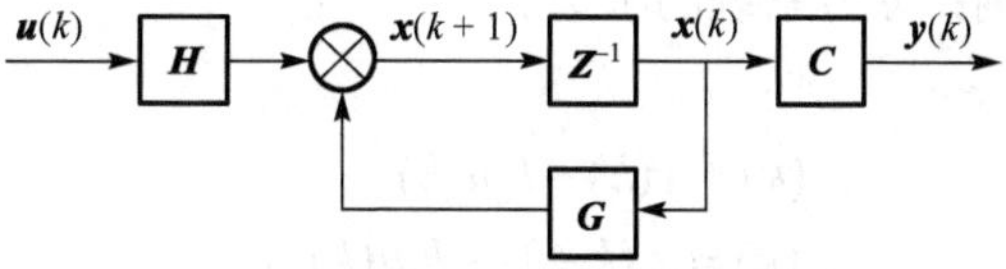

图 2.28　离散化系统的状态空间表达式

将式(2.85)离散化就是建立起 $\boldsymbol{G}$ 、$\boldsymbol{H}$ 和 $\boldsymbol{A}$ 、$\boldsymbol{B}$ 之间的关系。式(2.85)的解为

$$\boldsymbol{x}(t)=\boldsymbol{\Phi}(t-t_0)\boldsymbol{x}(t_0)+\int_{t_0}^{t}\boldsymbol{\Phi}(t-\tau)\boldsymbol{B}\boldsymbol{u}_h(\tau)\mathrm{d}\tau \tag{2.86}$$

其中，$\boldsymbol{\Phi}(t-t_0)$ 称为转移矩阵，用来表示转移关系 $\boldsymbol{\Phi}(t-t_0)=\mathrm{e}^{\boldsymbol{A}(t-t_0)}$ 。

令 $t_0=kT$ ，$t=(k+1)T$ ，则 $\boldsymbol{u}_h(\tau)=\boldsymbol{u}(kT)=$ 定值，代入式(2.86)得

$$\boldsymbol{x}[(k+1)T]=\boldsymbol{\Phi}(T)\boldsymbol{x}(kT)+\int_{kT}^{(k+1)T}\boldsymbol{\Phi}[(k+1)T-\tau]\boldsymbol{B}\mathrm{d}\tau\cdot\boldsymbol{u}(kT) \tag{2.87}$$

将式(2.87)与式(2.85)比较得

$$\boldsymbol{G}=\boldsymbol{\Phi}(T)=\mathrm{e}^{\boldsymbol{A}T} \tag{2.88}$$

$$\boldsymbol{H}=\int_{kT}^{(k+1)T}\boldsymbol{\Phi}[(k+1)T-\tau]\boldsymbol{B}\mathrm{d}\tau \tag{2.89}$$

对式(2.89)作变换，令 $\lambda=(k+1)T-\tau$ ，则有 $\mathrm{d}\tau=-\mathrm{d}\lambda$ ，当 τ 由 kT 变至 $(k+1)T$ 时，相当于 λ 由 T 变至 0，所以代入式(2.89)得

$$\boldsymbol{H}=-\int_{T}^{0}\mathrm{e}^{\boldsymbol{A}\lambda}\boldsymbol{B}\mathrm{d}\lambda=\int_{0}^{T}\mathrm{e}^{\boldsymbol{A}\lambda}\boldsymbol{B}\mathrm{d}\lambda \tag{2.90}$$

例 2.25　如图 2.27 所示，连续性控制对象 $\boldsymbol{G}_{\mathrm{p}}(s)$ 的状态空间表达式为

$$\begin{bmatrix}x_1\\x_2\end{bmatrix}=\begin{bmatrix}0&1\\0&-2\end{bmatrix}\begin{bmatrix}x_1\\x_2\end{bmatrix}+\begin{bmatrix}0\\1\end{bmatrix}u_{\mathrm{h}}，\quad y=\begin{bmatrix}1&0\end{bmatrix}\boldsymbol{x}$$

求离散化的状态方程和输出方程（$T=1$）。

解：按式(2.88)得

$$\boldsymbol{G}=\mathrm{e}^{\boldsymbol{A}T}=\begin{bmatrix}1&(1-\mathrm{e}^{-2T})/2\\0&\mathrm{e}^{-2T}\end{bmatrix}=\begin{bmatrix}1&0.432\\0&0.135\end{bmatrix}$$

按式(2.90)得

$$\boldsymbol{H}=\int_0^T\begin{bmatrix}1 & (1-\mathrm{e}^{-2\lambda})/2\\0 & \mathrm{e}^{-2\lambda}\end{bmatrix}\begin{bmatrix}0\\1\end{bmatrix}\mathrm{d}\lambda=\begin{bmatrix}\left[T+(\mathrm{e}^{-2T})/2\right]/2\\(1-\mathrm{e}^{-2T})/2\end{bmatrix}=\begin{bmatrix}0.284\\0.432\end{bmatrix}$$

离散状态方程为 $\boldsymbol{x}(k+1)=\boldsymbol{G}\boldsymbol{x}(k)+\boldsymbol{H}u(k)$

或写成

$$\begin{bmatrix}x_1(k+1)\\x_2(k+1)\end{bmatrix}=\begin{bmatrix}1 & 0.432\\0 & 0.135\end{bmatrix}\begin{bmatrix}x_1(k)\\x_2(k)\end{bmatrix}+\begin{bmatrix}0.284\\0.432\end{bmatrix}u(k)$$

2) 由差分方程求离散状态空间表达式

设系统的差分方程为

$$y(k+n)+a_{n-1}y(k+n-1)+\cdots+a_0y(k)=b_nu(k+n)+b_{n-1}u(k+n-1)+\cdots+b_0u(k) \tag{2.91}$$

其中，k 为第 k 个采样时刻；n 为系统的阶数。

设

$$\begin{aligned}x_1(k)&=y(k)-h_0u(k)\\x_2(k)&=x_1(k+1)-h_1u(k)\\x_3(k)&=x_2(k+1)-h_2u(k)\\&\cdots\\x_n(k)&=x_{n-1}(k+1)-h_{n-1}u(k)\end{aligned} \tag{2.92}$$

其中

$$\begin{aligned}h_0&=b_n\\h_1&=b_{n-1}-a_{n-1}h_0\\h_2&=b_{n-2}-a_{n-1}h_1-a_{n-2}h_0\\&\cdots\\h_n&=b_0-a_{n-1}h_{n-1}-\cdots-a_1h_1-a_0h_0\end{aligned} \tag{2.93}$$

式(2.92)可写成离散状态方程和输出方程的形式为

$$\begin{bmatrix}x_1(k+1)\\x_2(k+1)\\\vdots\\x_{n-1}(k+1)\\x_n(k+1)\end{bmatrix}=\begin{bmatrix}0 & 1 & 0 & \cdots & 0\\0 & 0 & 1 & \cdots & 0\\ & \cdots & & \cdots & \cdots\\0 & 0 & 0 & \cdots & 1\\-a_0 & -a_1 & -a_2 & \cdots & -a_{n-1}\end{bmatrix}\begin{bmatrix}x_1(k)\\x_2(k)\\\vdots\\x_{n-1}(k)\\x_n(k)\end{bmatrix}+\begin{bmatrix}h_1\\h_2\\\vdots\\h_{n-1}\\h_n\end{bmatrix}u(k) \tag{2.94}$$

$$y(k)=\begin{bmatrix}1 & 0 & \cdots & 0\end{bmatrix}\begin{bmatrix}x_1(k)\\x_2(k)\\\vdots\\x_n(k)\end{bmatrix}+h_0u(k) \tag{2.95}$$

式(2.94)和式(2.95)可简写成

$$\begin{cases}\boldsymbol{x}(k+1)=\boldsymbol{G}\boldsymbol{x}(k)+\boldsymbol{H}u(k)\\y(k)=\boldsymbol{C}\boldsymbol{x}(k)+Du(k)\end{cases} \tag{2.96}$$

例 2.26 写出下面的差分方程的状态空间表达式。

$$y(k+2)+y(k+1)+0.16y(k)=u(k+1)+2u(k)$$

解：将上式与式(2.91)比较得

$$n=2,\ a_1=1,\ a_0=0.16,\ b_2=0,\ b_1=1,\ b_0=2$$

代入式(2.93)和式(2.92)得

$$\begin{aligned} x_1(k)&=y(k) \\ x_2(k)&=x_1(k+1)-u(k) \end{aligned}$$

可得状态空间表达式为

$$\begin{aligned} x_1(k+1)&=x_2(k)+u(k) \\ x_2(k+1)&=-0.16x_1(k)-x_2(k)+u(k) \\ y(k)&=x_1(k) \end{aligned}$$

以矩阵形式表达为

$$\begin{bmatrix} x_1(k+1) \\ x_2(k+1) \end{bmatrix}=\begin{bmatrix} 0 & 1 \\ -0.16 & -1 \end{bmatrix}\begin{bmatrix} x_1(k) \\ x_2(k) \end{bmatrix}+\begin{bmatrix} 1 \\ 1 \end{bmatrix}u(k)$$

$$y(k)=\begin{bmatrix} 1 & 0 \end{bmatrix}\begin{bmatrix} x_1(k) \\ x_2(k) \end{bmatrix}$$

3) 由 Z 传递函数求离散状态空间表达式

设离散控制系统 Z 传递函数的形式为

$$G(z)=\frac{b_{n-1}z^{n-1}+b_{n-2}z^{n-2}+\cdots+b_1 z}{z^n+a_{n-1}z^{n-1}+\cdots+a_1 z+a_0} \tag{2.97}$$

采用直接实现的方法，可得到可控标准型的状态方程和输出方程为

$$\begin{bmatrix} x_1(k+1) \\ x_2(k+1) \\ \vdots \\ x_n(k+1) \end{bmatrix}=\begin{bmatrix} 0 & 1 & 0 & \cdots & 0 \\ 0 & 0 & 1 & & 0 \\ & \cdots & & \cdots & \cdots \\ -a_0 & -a_1 & -a_2 & \cdots & -a_{n-1} \end{bmatrix}\begin{bmatrix} x_1(k) \\ x_2(k) \\ \vdots \\ x_n(k) \end{bmatrix}+\begin{bmatrix} 0 \\ 0 \\ \vdots \\ b_0 \end{bmatrix}u(k) \tag{2.98}$$

$$y(k)=\begin{bmatrix} b_0 & b_1 & \cdots & b_{n-1} \end{bmatrix}\begin{bmatrix} x_1(k) \\ x_2(k) \\ \vdots \\ x_n(k) \end{bmatrix} \tag{2.99}$$

或写成矩阵形式

$$\begin{cases} \boldsymbol{x}(k+1)=\boldsymbol{G}\boldsymbol{x}(k)+\boldsymbol{H}\boldsymbol{u}(k) \\ \boldsymbol{y}(k)=\boldsymbol{C}\boldsymbol{x}(k) \end{cases} \tag{2.100}$$

2. 离散控制系统的传递函数矩阵

由多输入多输出系统的状态方程和输出方程可求出系统的 z 传递函数矩阵。对于单输入单输出系统求出的是 z 传递函数。

设多输入多输出离散控制系统的状态方程和输出方程为

$$\begin{cases} \boldsymbol{x}(k+1)=\boldsymbol{Gx}(k)+\boldsymbol{Hu}(k) \\ \boldsymbol{y}(k)=\boldsymbol{Cx}(k) \end{cases} \tag{2.101}$$

对式(2.101)作 Z 变换得

$$z\boldsymbol{X}(z)-z\boldsymbol{x}(0)=\boldsymbol{GX}(z)+\boldsymbol{HU}(z) \tag{2.102}$$

$$\boldsymbol{Y}(z)=\boldsymbol{CX}(z) \tag{2.103}$$

如果 $\boldsymbol{x}(0)=0$，则式(2.102)可写为

$$\boldsymbol{X}(z)=(z\boldsymbol{I}-\boldsymbol{G})^{-1}\boldsymbol{HU}(z) \tag{2.104}$$

将式(2.104)代入式(2.103)得

$$\boldsymbol{Y}(z)=\boldsymbol{C}(z\boldsymbol{I}-\boldsymbol{G})^{-1}\boldsymbol{HU}(z)=\boldsymbol{W}(z)\boldsymbol{U}(z) \tag{2.105}$$

其中

$$\boldsymbol{W}(z)=\boldsymbol{C}(z\boldsymbol{I}-\boldsymbol{G})^{-1}\boldsymbol{H} \tag{2.106}$$

为系统的传递函数矩阵。

2.8 MATLAB 的运用与分析

2.8.1 系统数学模型的 MATLAB 表示

1. 传递函数

对于系统

$$G(s)=\frac{Y(s)}{U(s)}=\frac{b_m s^m+b_{m-1}s^{m-1}+\cdots+b_1 s+b_0}{a_n s^n+a_{n-1}s^{n-1}+\cdots+a_1 s+a_0}, \quad n\geqslant m \tag{2.107}$$

在 MATLAB 中，用其分子和分母多项式的系数(按 s 的降幂排列)所构成的两个向量 num 和 den，就可以轻易地将以上传递函数(Transfer Function，TF)模型输入到 MATLAB 环境中，命令格式为

$$\text{num}=[\,b_m,\ b_{m-1},\ \cdots,\ b_0\,]$$
$$\text{den}=[\,a_n,\ a_{n-1},\ \cdots,\ a_0\,]$$
$$\text{sys}=\text{tf}\ (\text{num},\ \text{den})$$

例 2.27　给出一个简单的传递函数模型，试在 MATLAB 中将 $G(s)$ 创建为 TF 模型。

$$G(s)=\frac{s+5}{s^4+2s^3+3s^2+4s+5}$$

解：在 MATLAB 命令窗(Command Window)依次写入下列程序。

```
>> num = [1, 5];                      %输入传递函数分子多项式
>> den = [1, 2, 3, 4, 5];             %输入传递函数分母多项式
>> sys = tf (num, den)                %创建 sys 为 TF 对象
```

运行结果：

```
Transfer function:
      s + 5
```

```
   ……………………………
   s^4 + 2s^3 +3s^2 +4s + 5
```

这时，对象 sys 用来描述给定传递函数的 TF 模型，可作为其他函数调用的变量。

例 2.28　一个稍微复杂一些的传递函数模型，试在 MATLAB 中将 $G(s)$ 创建为 TF 模型。

$$G(s)=\frac{6(s+5)}{(s^2+3s+1)^2(s+6)}$$

解：在 MATLAB 命令窗依次写入下列程序。

```
>> num = 6*[1, 5];                                    %输入传递函数分子多项式
>> den = conv(conv([1, 3, 1], [1, 3, 1]), [1, 6]);    %输入传递函数分母多项式
>> tf(num, den)                                        %创建 G(s)为 TF 对象
```

运行结果：

```
Transfer function:
              6s + 30
  ……………………………………………………………
  s^5 + 12s^4 + 47s^3 +72s^2 +37s + 6
```

其中，conv()函数用来计算两个向量的卷积，多项式乘法当然也可以用这个函数来计算。该函数允许任意地多层嵌套，从而表示复杂的计算。

对于离散时间系统，通过 Z 变换可得系统的脉冲传递函数

$$G(z)=\frac{Y(z)}{U(z)}=\frac{f_m z^m+f_{m-1}z^{m-1}+\cdots+f_1 s+f_0}{g_n z^n+g_{n-1}z^{n-1}+\cdots+g_1 s+g_0} \tag{2.108}$$

类似地，其 MATLAB 表示为

$$\text{num}=[\,f_m,\ f_{m-1},\ \cdots,\ f_0\,]$$

$$\text{den}=[\,g_n,\ g_{n-1},\ \cdots,\ g_0\,]$$

$$\text{sys}=\text{tf}\,(\text{num},\ \text{den},\ T)$$

其中，T 为采样周期。

2. 状态空间表达式

对于以状态空间形式表述的系统

$$\dot{\boldsymbol{x}}=\boldsymbol{Ax}+\boldsymbol{Bu}$$

$$\boldsymbol{y}=\boldsymbol{Cx}+\boldsymbol{Du}$$

在 MATLAB 中，可用

$$\text{sys}=\text{ss}\,(A, B, C, D)$$

表示，其中，A、B、C、D 为系统状态空间表达式系数矩阵。在 MATLAB 中可直接将状态空间表达式输入到相应的四个常数矩阵 A、B、C、D 中作为状态空间(State Space，SS)模型。

例 2.29　设线性系统的状态空间表达式为

$$\begin{bmatrix}\dot{x}_1\\ \dot{x}_2\end{bmatrix}=\begin{bmatrix}0 & 1\\ -2 & -3\end{bmatrix}\begin{bmatrix}x_1\\ x_2\end{bmatrix}+\begin{bmatrix}1 & 0\\ 2 & 0\end{bmatrix}\begin{bmatrix}u_1\\ u_2\end{bmatrix}$$

$$\begin{bmatrix}\dot{y}_1\\ \dot{y}_2\end{bmatrix}=\begin{bmatrix}0 & 3\\ 1 & 3\end{bmatrix}\begin{bmatrix}x_1\\ x_2\end{bmatrix}+\begin{bmatrix}1 & 0\\ 0 & 2\end{bmatrix}\begin{bmatrix}u_1\\ u_2\end{bmatrix}$$

在 MATLAB 中创建状态空间模型。

解：可以由下面 MATLAB 语句创建为 SS 模型。

```
>> A = [0  1; -2, -3];                    %输入状态空间矩阵
>> B = [1  0; 2  0];
>> C = [0  3; 1  3];
>> D = [1  0; 0  2];
>> sys = ss ( A,B,C,D)                    %创建状态空间 SS 对象
```

运行结果：

```
      a =                                 b =
                x1      x2                          u1     u2
         x1     0       1                   x1      1      0
         x2    -2      -3                   x2      2      0
      c =                                 d =
                x1      x2                          u1     u2
         y1     0       3                   y1      1      0
         y2     1       3                   y2      0      2
      Continuous-time model
```

同样，对于离散控制系统的状态空间模型

$$\boldsymbol{X}(k+1)=\boldsymbol{Fx}(k)+\boldsymbol{Gu}(k)$$
$$\boldsymbol{Y}(k+1)=\boldsymbol{Cx}(k)+\boldsymbol{Du}(k)$$

可以表示为 $\mathrm{sys}=\mathrm{ss}(F, G, C, D, T)$

其中，T 为采样周期。

2.8.2 数学模型间的转换

在前述内容已经知道，对于同一个系统可以采用微分方程、传递函数、状态空间表达式等不同形式的数学模型来表示，这些不同形式的数学模型可能分别对不同的场合更为适宜，进行模型之间的相互转换是必要的。

在 MATLAB 中，数学模型各种表达形式间的相互转换可通过一组专用函数进行。

1. 微分方程转为状态空间表达式

由于状态变量选择的非唯一性，对于同一系统，可实现许多状态空间表达式。以下讨论由微分方程转换为状态空间表达式的 MATLAB 命令只给出一种可能的状态空间表达式。

在控制系统工具箱中，定义的 ss( ) 函数，不仅可以直接创建 SS 模型，而且可以从给定的对象 G 得出等效的状态空间 SS 对象。

函数 ss( )的调用格式为

$$\mathrm{sys}=\mathrm{ss}(G)$$

其具体用法举例说明。

例 2.30 已知系统微分方程为

$$\dddot{y}+3\ddot{y}+2\dot{y}+y=\ddot{u}+2\dot{u}+u$$

求该系统的状态空间表达式。

解：可以由下面的 MATLAB 语句实现。

```
>> num = [ 1  2  1];                    %输入微分方程右侧多项式
>> den = [ 1  3  2  1];                 %输入微分方程左侧多项式
>> G = tf ( num, den );                 %创建 G(s)为 TF 对象
>> sys = ss ( G )                       %将 TF 对象转换为 SS 对象
```

运行结果：

```
    a =                                         b =
               x1     x2      x3                        u1
        x1     -3    -0.5   -0.25               x1      1
        x2     4      0       0                 x2      0
        x3     0      1       0                 x3      0
    c =                                         d =
               x1     x2      x3                       u1
        y1     1      0.5    0.25               y1      0
Continuous-time model
```

由结果显示可知，系统的状态空间表达式为

$$\begin{bmatrix}\dot{x}_1\\ \dot{x}_2\\ \dot{x}_3\end{bmatrix}=\begin{bmatrix}-3 & -0.5 & -0.25\\ 4 & 0 & 0\\ 0 & 1 & 0\end{bmatrix}\begin{bmatrix}x_1\\ x_2\\ x_3\end{bmatrix}+\begin{bmatrix}1\\ 0\\ 0\end{bmatrix}u$$

$$y=\begin{bmatrix}1 & 0.5 & 0.25\end{bmatrix}\begin{bmatrix}x_1\\ x_2\\ x_3\end{bmatrix}$$

2. 传递函数转为状态空间表达式

在数学上，如果已有系统的状态空间模型

$$\begin{aligned}\dot{\boldsymbol{x}}&=\boldsymbol{A}\boldsymbol{x}+\boldsymbol{B}\boldsymbol{u}\\ \boldsymbol{y}&=\boldsymbol{C}\boldsymbol{x}+\boldsymbol{D}\boldsymbol{u}\end{aligned} \tag{2.109}$$

系统传递函数矩阵为

$$\boldsymbol{G}(s)=\boldsymbol{C}(s\boldsymbol{I}-\boldsymbol{A})^{-1}\boldsymbol{B}+\boldsymbol{D} \tag{2.110}$$

式(2.110)意味着如果系统模型($\boldsymbol{A},\boldsymbol{B},\boldsymbol{C},\boldsymbol{D}$)已知，就可求出其相应的唯一传递函数矩阵$\boldsymbol{G}(s)$。反过来，也可以从传递函数模型转换为状态空间模型，只不过由于系统的状态变量可以有不同的选择方式，因此，从传递函数矩阵到状态方程的转换并不是唯一的。

从传递函数模型转为状态空间模型的调用格式为

$$[A, B, C, D]=\text{tf2ss}(\text{num}，\text{den})$$

上式将把传递函数模型[num，den]转换为系统状态空间模型的系数矩阵[$\boldsymbol{A},\boldsymbol{B},\boldsymbol{C},\boldsymbol{D}$]返回。

例 2.31　已知系统的闭环传递函数为

$$G(s)=\frac{s^3+12s^2+44s+48}{s^4+16s^3+86s^2+176s+105}$$

在 MATLAB 中创建状态空间模型。

解：根据传递函数的多项式形式 TF 模型，状态空间 SS 对象可用以下命令得出：

```
>> num = [ 1  12  44  48 ];                          %输入传递函数分子多项式
>> den = [ 1  16  86  176  105];                     %输入传递函数分母多项式
>> [ A,B,C,D ] = tf2ss ( num, den );                 %创建 G(s)为 TF 对象
```

运行结果：

```
      A =                                                  B =
               x1      x2       x3       x4                          u1
         x1   -16   -2.688  -0.6875  -0.2051              x1         1
         x2    32      0        0        0                x2         0
         x3    0       8        0        0                x3         0
         x4    0       0        2        0                x4         0
      C =                                                  D =
               x1      x2       x3       x4                          u1
         y1    1     0.375   0.1719  0.09375              y1         0
      Continuous-time model
```

由结果显示可知，系统的状态空间表达式为

$$\dot{\boldsymbol{x}}=\begin{bmatrix}-16 & -2.688 & -0.6875 & -0.2051\\ 32 & 0 & 0 & 0\\ 0 & 8 & 0 & 0\\ 0 & 0 & 2 & 0\end{bmatrix}\boldsymbol{x}+\begin{bmatrix}1\\0\\0\\0\end{bmatrix}u$$

$$y=\begin{bmatrix}1 & 0.375 & 0.1719 & 0.09375\end{bmatrix}\boldsymbol{x}$$

3. 由状态空间表达式求传递函数

在控制系统工具箱中，定义的 tf( )函数不仅能把 TF 的向量(num，den)创建为 TF 对象，也可以将 SS 对象的矩阵($\boldsymbol{A}, \boldsymbol{B}, \boldsymbol{C}, \boldsymbol{D}$)转换为 TF 对象，调用的格式为

G = tf (sys)

例 2.32　已知系统的状态空间表达式为

$$\begin{bmatrix}\dot{x}_1\\ \dot{x}_2\\ \dot{x}_3\end{bmatrix}=\begin{bmatrix}0 & 1 & 0\\ -4 & -1 & 1\\ 0 & 0 & -20\end{bmatrix}\begin{bmatrix}x_1\\ x_2\\ x_3\end{bmatrix}+\begin{bmatrix}0\\0\\20\end{bmatrix}u$$

$$y=\begin{bmatrix}1 & 0 & 0\end{bmatrix}\begin{bmatrix}x_1\\ x_2\\ x_3\end{bmatrix}$$

求其相应的 TF 模型。

解：可由下面的 MATLAB 命令得出。

```
>> A = [0  1  0; -4  -1  1; 0  0  -20];              %输入状态空间矩阵
>> B = [0; 0; 20];
>> C = [1  0  0];
>> D = 0;
```

```
>> sys = ss (A,B,C,D);                          %创建状态空间 SS 对象
>> G=tf ( sys )                                 %将 SS 对象转换成 TF 对象
```

运行结果：

```
 Transfer function:
           20
 ............................................
   s^3 + 21s^2 + 24s + 80
```

2.9　工程实例中的数学模型建立

2.9.1　工作台位置自动控制系统

前面讨论了工作台位置自动控制系统的系统组成和工作原理。将第 1 章的图 1.7 进一步简化，并将其中的方框名称用相应的传递函数代替，如图 2.29 所示。

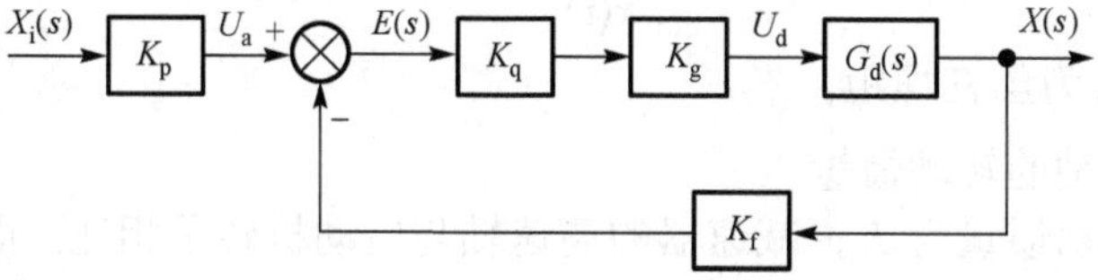

图 2.29　工作台位置控制系统方框图

1. 指令放大器

指令放大器为比例环节，输入为期望的位置 $x_i(t)$，输出为 $u_a(t)$，它们之间的关系为

$$u_a(t) = K_p x_i(t)$$

传递函数为

$$K_p = \frac{U_a(s)}{X_i(s)}$$

2. 前置放大器

前置放大器为比例环节，其输入为电压 $\Delta u(t)$，输出为电压 $u_{ob}(t)$，它们之间的关系为

$$u_{ob}(t) = K_q \Delta u(t)$$

传递函数为

$$K_q = \frac{U_{ob}(s)}{E(s)}$$

3. 功率放大器

功率放大器为比例环节，其输入为电压 $u_{ob}(t)$，输出为电压 $u_d(t)$，它们之间的关系为

$$u_d(t) = K_g u_{ob}(t)$$

传递函数为

$$K_g = \frac{U_d(s)}{U_{ob}(s)}$$

4. 直流伺服电动机、减速机、丝杠和工作台

将直流伺服电动机的输入电压 u_d 作为输入，减速机、丝杠和工作台相当于电动机的负载，则可得

$$R_a J\ddot{\theta}_0(t) + (R_a D + K_T K_e)\dot{\theta}_0(t) = K_T u_d(t) \tag{2.111}$$

其中，R_a 为电枢绕组的电阻；J 为电动机转子及负载折合到电动机轴上的转动惯量；$\theta_0(t)$ 为电动机的输出转角；D 为电动机转子及负载折合到电动机轴上的黏性阻尼系数；K_T 为电动机的力矩常数，对于确定的直流电动机，当激磁一定时，K_T 为常数，它取决于电动机的结构；K_e 为反电动势常数；$u_d(t)$ 为输出电压。

这里需要注意的是，上面的数学模型是对电动机转轴所建立的，需将减速器、滚珠丝杠、工作台的转动惯量和阻尼系数等效到电动机轴上。首先需要建立电动机转角至工作台位移的对应关系。

若减速器的减速比为 i_1，丝杠到工作台的减速比为 i_2，则从电动机转子到工作台的减速比为

$$i = \frac{\theta_0(t)}{x(t)} = i_1 i_2 \tag{2.112}$$

其中，$i_2 = 2\pi / L$，L 为丝杠螺距。

1) 等效到电动机轴的转动惯量

电动机转子的转动惯量为 J_1；减速器的高速轴与电动机转子相连，而且，通常产品样本所给出的减速器的转动惯量为在高速轴上的，减速器的转动惯量为 J_2；滚珠丝杠的转动惯量为 J_s (定义在丝杠轴上)，滚珠丝杠的转动惯量等效到电动机转子上为 $J_3 = J_s / i_1^2$。

工作台的运动为平移，若工作台的质量为 m_t，其等效到转子的转动惯量为 $J_4 = m_t / i^2$。从而，电动机、减速器、滚珠丝杠和工作台等效到电动机转子上总转动惯量为

$$J = J_1 + J_2 + J_3 + J_4 = J_1 + J_2 + J_s / i_1^2 + m_t / i^2$$

2) 等效到电动机轴的阻尼系数

在电动机、减速器、滚珠丝杠和工作台上分别有黏性(库仑摩擦)阻力，可以通过阻尼系数来考虑。根据等效前后阻尼耗散能量相等的原则，等效到电动机轴的阻尼系数为

$$D = D_d + D_i + D_s / i_1^2 + D_t / i^2$$

其中，D_t 为工作台与导轨间的黏性阻尼系数；D_s 为丝杠转动黏性阻尼系数；D_i 为减速器的黏性阻尼系数；D_d 为电动机的黏性阻尼系数。

3) 输入为电动机电枢电压，输出为工作台位置时的数学模型

将式(2.112)代入式(2.111)即可得电动机至工作台的数学模型

$$R_a J\ddot{x}(t) + (R_a D + K_T K_e)\dot{x}(t) = K_T u_d(t) / i \tag{2.113}$$

4) 输入为电动机电枢电压，输出为工作台位置时的传递函数

对式(2.113)两边取拉普拉斯变换得

$$G_d(s) = \frac{X(s)}{U_d(s)} = \frac{K_T / i}{R_a D + K_e K_T} \cdot \frac{1}{s\left(\dfrac{R_a J}{R_a D + K_e K_T} s + 1\right)} = \frac{K}{s(Ts+1)}$$

其中，$T = \dfrac{R_a J}{R_a D + K_e K_T}$，$K = \dfrac{K_T / i}{R_a D + K_e K_T}$。

5. 检测电位器

检测电位器将所得到的位置信号变换为电压信号，相当于比例环节，其输入为工作台的位移 $x(t)$，输出为电压 u_b，数学模型为

$$u_b(t) = K_f x(t)$$

反馈通道的传递函数为 $$K_f = \frac{U_b(s)}{X(s)}$$

根据系统方框图 2.29，系统的开环传递函数为

$$G_k(s) = \frac{U_b(s)}{X_i(s)} = K_p K_q K_g G_d(s) K_f = \frac{K_p K_q K_g K_f K}{s(Ts+1)}$$

系统闭环传递函数为 $$G_b(s) = \frac{K_p K_q K_g K}{Ts^2 + s + K_q K_g K_f K}$$

常取 $K_p = K_f$，此时上式可简化为

$$G_b(s) = \frac{\omega_n^2}{s^2 + 2\xi\omega_n s + \omega_n^2}$$

其中，$\omega_n = \sqrt{\dfrac{K_q K_g K_f K}{T}}$，$\xi = \dfrac{1}{2\sqrt{K_q K_g K_f KT}}$。

可见，该位置控制系统为二阶系统，有关该系统的性能分析以及控制器的设计将在后续章节讨论。

2.9.2 倒立振子/台车控制系统

如图 2.30 所示，倒立振子为一长度 $2L$、质量 m 的刚性棒(惯性矩为 I)，台车质量为 M，其中央的支撑点与倒立振子之间的摩擦不计，台车与轨道之间的摩擦亦不计。建立该系统的数学模型就是建立控制力 u 与振子转动的角度 ψ、台车位置 y 之间的关系。而图中的倒立振子支点的力分水平力 H 和垂直力 V 均为建立该系统的数学模型过程的中间变量。

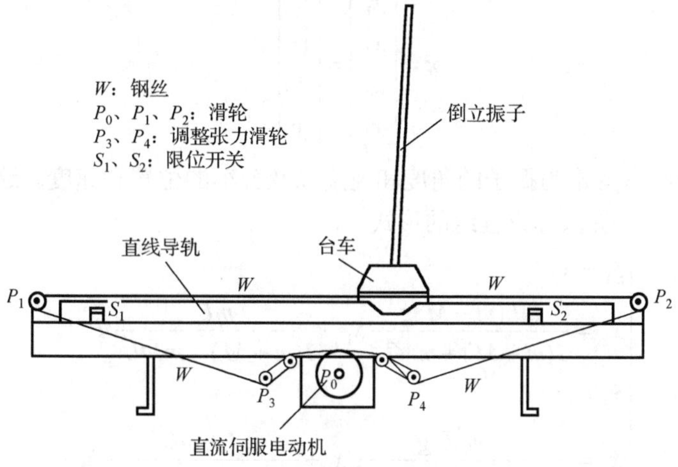

图 2.30　倒立振子系统

根据牛顿第二定律和力/力矩平衡原理可得如下方程

$$\begin{cases} I\dfrac{\mathrm{d}^2\psi}{\mathrm{d}t^2} = VL\sin\psi - HL\cos\psi \\ H = m\dfrac{\mathrm{d}^2}{\mathrm{d}t^2}(y + L\sin\psi) \\ V - mg = m\dfrac{\mathrm{d}^2}{\mathrm{d}t^2}(L\cos\psi) \\ u - H = M\dfrac{\mathrm{d}^2 y}{\mathrm{d}t^2} \end{cases} \tag{2.114}$$

三角函数 $\sin\psi$ 和 $\cos\psi$ 是非线性函数，因此，式(2.114)表达倒立振子 / 台车系统的数学模型是非线性的。必须将系统的非线性模型线性化，才能应用线性控制理论。对本系统，振子的转角 ψ 应当是较小的，如果较大，显然不可能实现控制。当 $\psi < 10^\circ$ 时， $\sin\psi \approx \psi$ ， $\cos\psi \approx 1$ 。利用这一关系，非线性方程(2.114)就简化成如下线性方程

$$\begin{cases} I\ddot{\psi} = VL\psi - HL \\ H = m\ddot{y} + mL\ddot{\psi} \\ V - mg = 0 \\ u - H = M\ddot{y} \end{cases} \tag{2.115}$$

当振子的转角 $\psi < 10^\circ$ 时，倒立振子 / 台车系统都可以用此模型较精确地描述。将用微分方程表达的数学模型式(2.115)转换成状态空间表达式，首先消去中间变量 H 和 V，再将最高阶微分变量变成显式

$$\begin{cases} \ddot{\psi} = \dfrac{mL(m+M)g}{I(m+M)+mML^2}\psi - \dfrac{mL}{I(m+M)+mML^2}u \\ \ddot{y} = -\dfrac{m^2L^2g}{I(m+M)+mML^2} + \dfrac{I+mL^2}{I(m+M)+mML^2}u \end{cases} \tag{2.116}$$

式(2.116)是二元联立二阶常微分方程，由此可知该倒立振子 / 台车系统是四阶系统。因此状态变量也必须是四个。最合适的状态变量选择为

$$\boldsymbol{x} = \begin{bmatrix} x_1 \\ x_2 \\ x_3 \\ x_4 \end{bmatrix} = \begin{bmatrix} \psi \\ \dot{\psi} \\ y \\ \dot{y} \end{bmatrix} \tag{2.117}$$

显然，这四个状态变量为振子的角度和速度以及台车的位置和速度。这样二阶微分方程组(2.116)可写成如下一阶微分方程组的形式

$$\begin{cases} \dot{x}_1 = x_2 \\ \dot{x}_2 = \dfrac{mL(m+M)g}{I(m+M)+mML^2}x_1 - \dfrac{mL}{I(m+M)+mML^2}u \\ \dot{x}_3 = x_4 \\ \dot{x}_4 = -\dfrac{m^2L^2g}{I(m+M)+mML^2}x_1 + \dfrac{I+mL^2}{I(m+M)+mML^2}u \end{cases} \tag{2.118}$$

若将式(2.118)改写成向量和矩阵的形式，就成为线性系统的状态方程

$$\dot{\boldsymbol{x}}=\begin{bmatrix}0&1&0&0\\a&0&0&0\\0&0&0&1\\b&0&0&0\end{bmatrix}\boldsymbol{x}+\begin{bmatrix}0\\c\\0\\d\end{bmatrix}u \tag{2.119}$$

其中，$\dot{\boldsymbol{x}}$ 为四维的状态向量，参数 a、b、c、d 为下列表达式确定的常数。

$$\begin{cases}a=\dfrac{mL(m+M)\mathrm{g}}{I(m+M)+mML^2}\\[2ex] b=-\dfrac{m^2L^2\mathrm{g}}{I(m+M)+mML^2}\\[2ex] c=-\dfrac{mL}{I(m+M)+mML^2}\\[2ex] d=\dfrac{I+mL^2}{I(m+M)+mML^2}\end{cases} \tag{2.120}$$

下面分析系统的输出。选择振子的倾斜角度 ψ 和台车的水平位置 y 作为倒立振子/台车系统的输出最为合适，因为这些都是容易检测且都是与控制目标有直接关系的变量。ψ 和 y 对应状态变量的 x_1 和 x_3，所以系统的输出方程可写为

$$\boldsymbol{y}=\begin{bmatrix}\psi\\y\end{bmatrix}=\begin{bmatrix}1&0&0&0\\0&0&1&0\end{bmatrix}\begin{bmatrix}x_1\\x_2\\x_3\\x_4\end{bmatrix}=\boldsymbol{C}\boldsymbol{x} \tag{2.121}$$

式(2.119)和式(2.121)统称为倒立振子/台车系统的状态空间表达式，关于状态空间表达式的概念在后面的章节专门介绍，有了状态空间表达式就可以用控制理论的知识进行相关设计和分析了，如进行可控性和可观测性的判断、状态反馈设计以及根据极点配置法确定反馈系数等。

2.9.3　简单机械手

如第 1 章的图 1.10 所示，下面引入向量分别表示末端执行器位置 $\boldsymbol{r}$ 和关节变量 $\boldsymbol{\theta}$，即 $\boldsymbol{r}=\begin{bmatrix}x_{\mathrm{e}}\\y_{\mathrm{e}}\end{bmatrix}$，$\boldsymbol{\theta}=\begin{bmatrix}\theta_1\\\theta_2\end{bmatrix}$ 来研究二自由度机械手的运动学。

末端执行器位置的各分量按几何学可表示为

$$\begin{cases}x_{\mathrm{e}}=L_1\cos\theta_1+L_2\cos(\theta_1+\theta_2)\\ y_{\mathrm{e}}=L_1\sin\theta_1+L_2\sin(\theta_1+\theta_2)\end{cases} \tag{2.122}$$

其中，L_1 和 L_2 分别为机械手关节臂 1 和关节 2 的长度。

式(2.122)用向量表示，一般可表成为

$$\boldsymbol{r}=\boldsymbol{f}(\boldsymbol{\theta})$$

其中，$\boldsymbol{f}$ 为向量函数。

1. 拉格朗日方程计算

系统参数设定如图 2.31 所示，把 θ_1 和 θ_2 当作广义坐标，τ_1 和 τ_2 当作广义力，将之代入拉格朗日运动方程式。

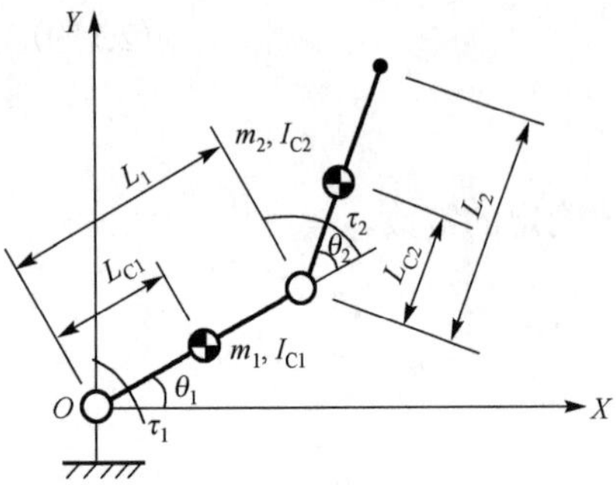

图 2.31　二自由度机械手

第 $i\,(i=1, 2)$ 个连杆的动能 K_i、势能 P_i 可分别表示为

$$K_1 = \frac{1}{2} m_1 \dot{\boldsymbol{p}}_{C1}^{\mathrm{T}} \dot{\boldsymbol{p}}_{C1} + \frac{1}{2} I_{C1} \dot{\theta}_1^2 \tag{2.123}$$

$$P_1 = m_1 g L_{C1} \sin\theta_1 \tag{2.124}$$

$$K_2 = \frac{1}{2} m_2 \dot{\boldsymbol{p}}_{C2}^{\mathrm{T}} \dot{\boldsymbol{p}}_{C2} + \frac{1}{2} I_{C2} (\dot{\theta}_1 + \dot{\theta}_2)^2 \tag{2.125}$$

$$P_2 = m_2 g [L_1 \sin\theta_1 + L_{C2} \sin(\theta_1 + \theta_1)] \tag{2.126}$$

其中，$\boldsymbol{p}_{Ci} = [p_{Cix} \quad p_{Ciy}]^{\mathrm{T}}$ $(i=1, 2)$ 为第 i 个连杆质量中心的位置向量。

$$p_{C1x} = L_{C1} \cos\theta_1 \tag{2.127}$$

$$p_{C1y} = L_{C1} \sin\theta_1 \tag{2.128}$$

$$p_{C2x} = L_1 \cos\theta_1 + L_{C2} \cos(\theta_1 + \theta_2) \tag{2.129}$$

$$p_{C2y} = L_1 \sin\theta_1 + L_{C2} \sin(\theta_1 + \theta_2) \tag{2.130}$$

应该注意到各连杆的动能可用质量中心平移运动的动能和绕质量中心回转运动的动能之和来表示。

由式(2.127)～式(2.130)，得到式(2.123)、式(2.125)的质量中心速度平方和为

$$\dot{\boldsymbol{p}}_{C1}^{\mathrm{T}} \dot{\boldsymbol{p}}_{C1} = L_{C1}^2 \dot{\theta}_1^2 \tag{2.131}$$

$$\dot{\boldsymbol{p}}_{C2}^{\mathrm{T}} \dot{\boldsymbol{p}}_{C2} = L_1^2 \dot{\theta}_1^2 + L_{C2}^2 (\dot{\theta}_1 + \dot{\theta}_2)^2 + 2 L_1 L_{C2} \cos\theta_2 (\dot{\theta}_1^2 + \dot{\theta}_1 \dot{\theta}_2) \tag{2.132}$$

利用式(2.123)～式(2.126)、式(2.131)和式(2.132)，通过

$$L = K_1 + K_2 - P_1 - P_2 \tag{2.133}$$

可求出拉格朗日函数 L，代入拉格朗日-欧拉方程，即

$$\frac{\mathrm{d}}{\mathrm{d}t}\left(\frac{\partial L}{\partial \dot{q}_i}\right) - \frac{\partial L}{\partial q_i} = \tau_i, \quad i = 1, 2 \tag{2.134}$$

其中，τ_i 为系统广义力；q_i 为系统变量，即 θ_i；$\dot{q}_i$ 为系统变量的一阶导数，即 $\dot{\theta}_i$。

整理得

$$\boldsymbol{M}(\boldsymbol{\theta})\ddot{\boldsymbol{\theta}} + \boldsymbol{c}(\boldsymbol{\theta}, \dot{\boldsymbol{\theta}}) + \boldsymbol{g}(\boldsymbol{\theta}) = \boldsymbol{\tau} \tag{2.135}$$

其中，$\boldsymbol{M}(\boldsymbol{\theta})\ddot{\boldsymbol{\theta}}$ 为惯性力；$\boldsymbol{c}(\boldsymbol{\theta}, \dot{\boldsymbol{\theta}})$ 为离心力；$\boldsymbol{g}(\boldsymbol{\theta})$ 为加在末端执行器上的重力；惯性矩阵 $\boldsymbol{M}(\boldsymbol{\theta})$ 与关节位置 $\boldsymbol{\theta}$ 有关，这与物理理解是一致的(因为伸长的臂比折叠的臂惯性大)，离心力随着每个关节速度平方的变化和两个不同关节速度乘积的变化而变化。其具体值为

$$\boldsymbol{M}(\boldsymbol{\theta}) = \begin{bmatrix} M_{11} & M_{12} \\ M_{21} & M_{22} \end{bmatrix}, \quad \boldsymbol{c}(\boldsymbol{\theta}, \dot{\boldsymbol{\theta}}) = \begin{bmatrix} c_1 \\ c_2 \end{bmatrix}, \quad \boldsymbol{g}(\boldsymbol{\theta}) = \begin{bmatrix} g_1 \\ g_2 \end{bmatrix}$$

$$M_{11} = m_1 L_{C1}^2 + I_{C1} + m_2 (L_1^2 + L_{C2}^2 + 2L_1 L_{C2} \cos\theta_2) + I_{C2}$$
$$M_{12} = m_2 (L_{C2}^2 + L_1 L_{C2} \cos\theta_2) + I_{C2}$$
$$M_{21} = M_{12}$$
$$M_{22} = m_2 L_{C2}^2 + I_{C2}$$
$$c_1 = -m_2 L_1 L_{C2} \sin\theta_2 (\dot\theta_2^2 + 2\dot\theta_1 \dot\theta_2)$$
$$c_2 = m_2 L_1 L_{C2} \dot\theta_1^2 \sin\theta_2$$
$$g_1 = m_1 g L_{C1} \cos\theta_1 + m_2 g [L_1 \cos\theta_1 + L_{C2} \cos(\theta_1 + \theta_2)]$$
$$g_2 = m_2 g L_{C2} \cos(\theta_1 + \theta_2)$$

2. 状态空间表达式建立

式(2.135)中惯性矩阵 $\boldsymbol{M}(\boldsymbol{\theta})$ 为正定、对称、有界矩阵，所以可以定义一个非线性函数 $\boldsymbol{\phi}(t,\boldsymbol{\theta},\dot{\boldsymbol{\theta}})$，即

$$\boldsymbol{\phi}(t,\boldsymbol{\theta},\dot{\boldsymbol{\theta}}) = -\boldsymbol{M}^{-1}(\boldsymbol{\theta})[\boldsymbol{c}(\boldsymbol{\theta},\dot{\boldsymbol{\theta}}) + \boldsymbol{g}(\boldsymbol{\theta})] \tag{2.136}$$

利用式(2.136)，将系统(2.135)变成如下的形式

$$\ddot{\boldsymbol{\theta}} = \boldsymbol{\phi}(t,\boldsymbol{\theta},\dot{\boldsymbol{\theta}}) + \boldsymbol{M}^{-1}(\boldsymbol{\theta})\boldsymbol{\tau}(t) \tag{2.137}$$

将该系统写成状态空间表达式为
$$\begin{cases} \dot{\boldsymbol{x}} = \boldsymbol{\varphi}(t,\boldsymbol{x}) + \boldsymbol{B}(\boldsymbol{x})\boldsymbol{\tau}(t) \\ \boldsymbol{y} = \boldsymbol{C}\boldsymbol{x} \end{cases} \tag{2.138}$$

其中

$$\boldsymbol{x} = [x_1 \quad x_2 \quad x_3 \quad x_4]^{\mathrm{T}} = [\theta_1 \quad \theta_2 \quad \dot\theta_1 \quad \dot\theta_2]^{\mathrm{T}}$$
$$\boldsymbol{\varphi}(t,\boldsymbol{x}) = [\dot{\boldsymbol{\theta}} \quad \boldsymbol{\phi}(t,\boldsymbol{\theta},\dot{\boldsymbol{\theta}})]_{4\times1}^{\mathrm{T}}$$
$$\boldsymbol{y} = [\theta_1 \quad \theta_2]^{\mathrm{T}}$$
$$\boldsymbol{C} = \begin{bmatrix} 1 & 0 & 0 & 0 \\ 0 & 1 & 0 & 0 \end{bmatrix}$$
$$\boldsymbol{B}(\boldsymbol{x}) = [\boldsymbol{0} \quad \boldsymbol{M}^{-1}(\boldsymbol{\theta})]_{4\times2}^{\mathrm{T}}$$
$$\boldsymbol{\tau}(t) = [\tau_1(t) \quad \tau_2(t)]^{\mathrm{T}}$$

显然，该状态空间表达式是非线性的。

为了达到跟踪控制任务，可以用下面的控制规律

$$\boldsymbol{\tau} = \boldsymbol{M}(\boldsymbol{\theta})\boldsymbol{v} + \boldsymbol{c}(\boldsymbol{\theta},\dot{\boldsymbol{\theta}}) + \boldsymbol{g}(\boldsymbol{\theta}) \tag{2.139}$$

其中，$\boldsymbol{v} = [v_1 \quad v_2]^{\mathrm{T}}$ 为等价输入，$\boldsymbol{v} = \ddot{\boldsymbol{\theta}}_{\mathrm{d}} - 2\lambda\dot{\tilde{\boldsymbol{\theta}}} - \lambda^2\tilde{\boldsymbol{\theta}}$；$\tilde{\boldsymbol{\theta}} = \boldsymbol{\theta} - \boldsymbol{\theta}_{\mathrm{d}}$ 为位置跟踪误差；λ 为一个正数。

跟踪误差 $\tilde{\boldsymbol{\theta}}$ 满足方程
$$\ddot{\tilde{\boldsymbol{\theta}}} + 2\lambda\dot{\tilde{\boldsymbol{\theta}}} + \lambda^2\tilde{\boldsymbol{\theta}} = \boldsymbol{0}$$

因此，$\tilde{\boldsymbol{\theta}}$ 指数收敛到 $\boldsymbol{0}$。

由控制规律式(2.139)得
$$\ddot{\boldsymbol{\theta}} = \boldsymbol{v} \tag{2.140}$$

所以由式(2.138)和式(2.140)得线性状态空间表达式为

$$\begin{cases}\dot{x}_1 = x_3 \\ \dot{x}_2 = x_4 \\ \dot{x}_3 = v_1 \\ \dot{x}_4 = v_2\end{cases}, \quad \boldsymbol{y} = \begin{bmatrix} y_1 \\ y_2 \end{bmatrix} = \begin{bmatrix} x_1 \\ x_2 \end{bmatrix} \tag{2.141}$$

即

$$\begin{bmatrix}\dot{x}_1\\\dot{x}_2\\\dot{x}_3\\\dot{x}_4\end{bmatrix} = \begin{bmatrix}0&0&1&0\\0&0&0&1\\0&0&0&0\\0&0&0&0\end{bmatrix}\begin{bmatrix}x_1\\x_2\\x_3\\x_4\end{bmatrix} + \begin{bmatrix}0&0\\0&0\\1&0\\0&1\end{bmatrix}\begin{bmatrix}v_1\\v_2\end{bmatrix}, \quad y = \begin{bmatrix}1&0&0&0\\0&1&0&0\end{bmatrix}\begin{bmatrix}x_1\\x_2\\x_3\\x_4\end{bmatrix} \tag{2.142}$$

习　　题

2.1　由转动惯量为 J 的飞轮和质量相对较小的轴及支撑轴承组成的机械回转系统，如题 2.1 图(a)所示。给飞轮施加激励力矩 $T(t)$，它即产生回转运动。试建立以 $T(t)$ 为输入量，以飞轮回转运动角位移为输出量的运动微分方程。

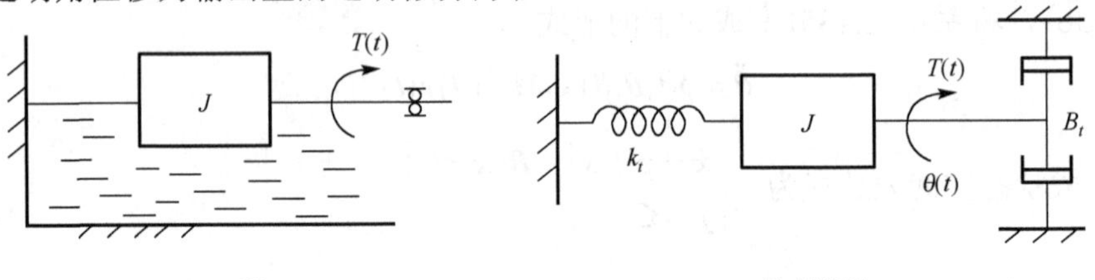

题 2.1 图　机械回转系统

2.2　如题 2.2 图(a)所示为某机器的传动示意图，已知电动机输出扭矩为 T_m，工作机负载扭矩为 T_L，两级齿轮传动的传动比分别为 i_1 和 i_2。假设各轴系的等效转动惯量分别为 J_1、J_2 和 J_3，各轴均为绝对刚性(扭转变形为零)，各轴系回转运动所受阻尼作用的阻尼系数分别为 B_1、B_2 和 B_3。试建立以电动机输出扭矩 T_m 为输入量，以电动机轴角位移 θ_1 为输出量的系统运动微分方程。

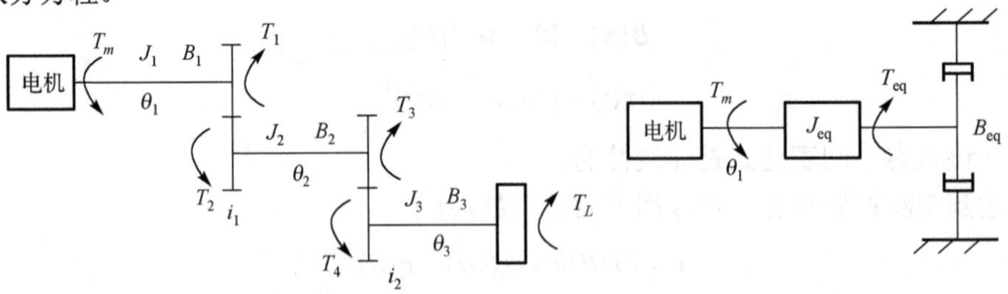

题 2.2 图　机械传动系统

2.3　人造地球卫星的近似线性方程为

$$\begin{aligned}&J\ddot{\theta}_1(t) + \omega_0 J\dot{\theta}_3(t) = L_1(t)\\&J\ddot{\theta}_2(t) = L_2(t)\\&J\ddot{\theta}_3(t) - \omega_0 J\dot{\theta}_1(t) = L_3(t)\end{aligned}$$

其中，$\theta_1(t)$、$\theta_2(t)$、$\theta_3(t)$ 分别为卫星与定向轴位置的角偏差；$L_1(t)$、$L_2(t)$、$L_3(t)$ 分别为作用于它的力矩；J 为惯性矩；ω_0 为定向轴的角频率。试写出系统状态空间表达式。

2.4　RLC 网络如题 2.4 图所示，图中电源电压 $u(t)$ 为输入，电容电压 u_C 为输出，试写出此网络的状态空间表达式。

2.5　试列写出题 2.5 图所示的机械运动模型中，在力 f 的作用下质量块 M_1 和 M_2 的位移 y_1 和 y_2 的状态空间表达式。

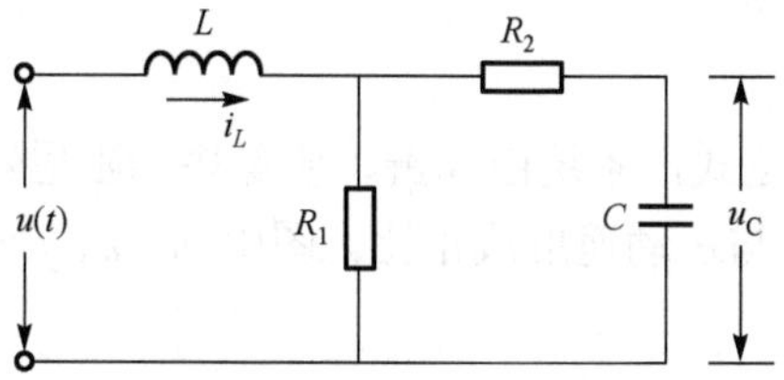

题 2.4 图　系统结构图

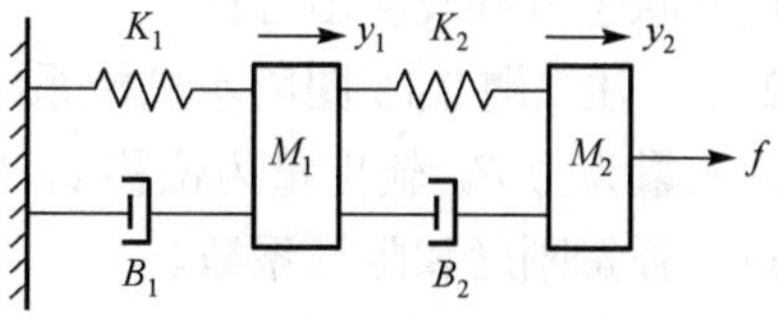

题 2.5 图　系统结构图

2.6　设控制系统的微分方程为 $\ddot{y}+3\dot{y}+2y=\dot{u}+3u$，试写出该系统的状态空间表达式。

2.7　在题 2.7 图所示的系统中，若选取 x_1、x_2、x_3 作为状态变量，试写出状态空间表达式。

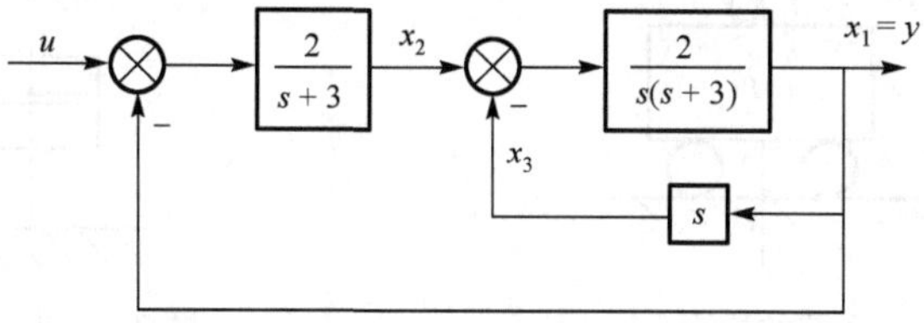

题 2.7 图　系统方框图

2.8　适当选择状态变量，写出下列常系数微分方程表示的系统的状态空间表达式。

$$a_n\frac{\mathrm{d}^n y}{\mathrm{d}t^n}+a_{n-1}\frac{\mathrm{d}^{n-1} y}{\mathrm{d}t^{n-1}}+\cdots+a_1\frac{\mathrm{d}y}{\mathrm{d}t}+a_0 y=u$$

2.9　由下列微分方程导出状态空间表达式

$$\ddot{y}_1+3\dot{y}_1+2\dot{y}_2=u_1$$
$$\ddot{y}_2+\dot{y}_1-3\dot{y}_2=u_2$$

2.10　垂直飞行的火箭的运动方程式为

$$m\frac{\mathrm{d}^2 h}{\mathrm{d}t^2}+k\left(\frac{\mathrm{d}h}{\mathrm{d}t}\right)^2+mg=c\frac{\mathrm{d}m}{\mathrm{d}t}$$

其中，m 为火箭的质量；h 为高度；g 为重力加速度；$c\dfrac{\mathrm{d}m}{\mathrm{d}t}$ 为推进力；k, c 为常数。试导出这时以推进力为输入、以火箭的速度为输出的状态方程和输出方程。(不必使用向量或矩阵。)

2.11　在题 2.11 图所示的电路图中，设线圈中的电流 i、电容器上的电荷 q 为状态变量，电压 e 为输入，电路中的电流 i_0 为输出，试导出状态空间表达式。

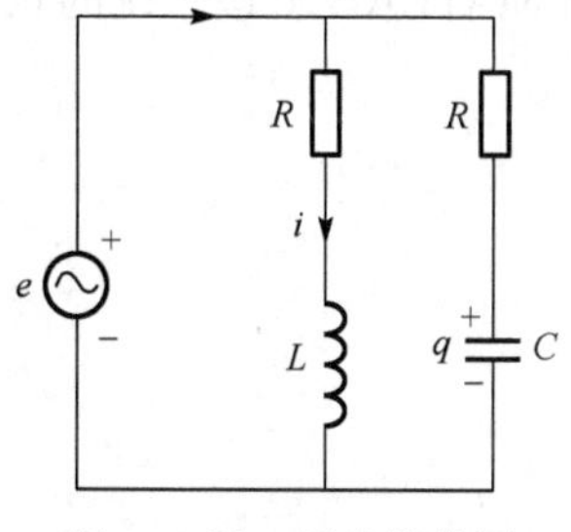

题 2.11 图　系统结构图

2.12　如题 2.12 图所示，在质量为 M 的小车上有一质量为 m 长为 $2l$ 的均匀棒以 A 点为中心自由旋转。设以 x 方向作用于台车上的力 f 为输入，以 θ、$\dot{\theta}$、x、$\dot{x}$ 为状态变量，导出状态方程。假设 θ 是很小的量。

2.13　求下列传递函数表示的系统的状态方程式。

$$G(s)=\frac{10(s+4)}{s(s+1)(s+2)}$$

2.14　设某控制系统的动态特性可用下述微分方程描述：

$$\ddot{y}+4\dot{y}+3y=u$$

试写出其状态方程及输出方程。

2.15　建立题 2.15 图所示机械系统的状态空间表达式，系统由弹簧、质量块和阻尼器组成。输入量为力 F，输出量为位移 y。阻尼器的摩擦力与运动速度成正比。图中 m、k、f 分别为质量、弹簧刚度和阻尼系数。

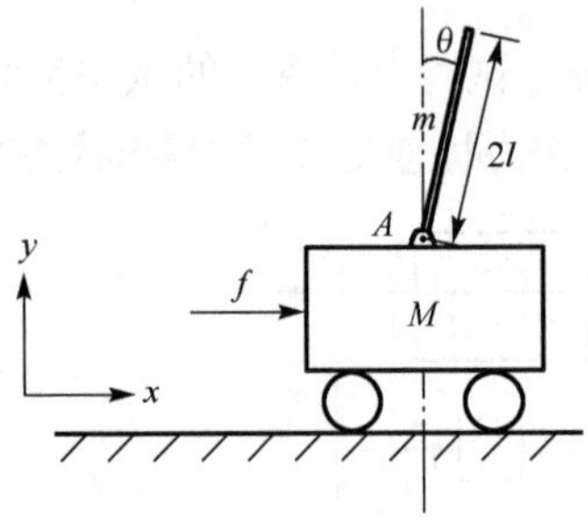

题 2.12 图　系统结构图

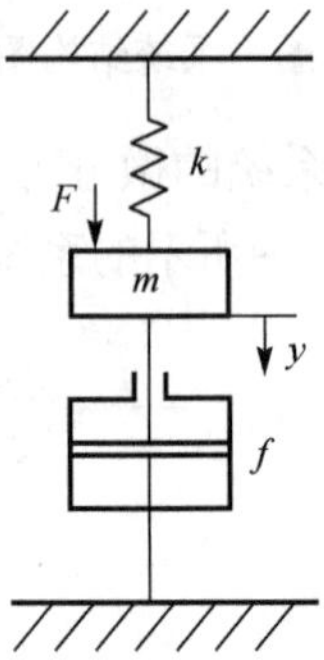

题 2.15 图　系统结构图

2.16　设有某控制系统，其传递函数为

$$\frac{Y(s)}{U(s)}=\frac{1}{s^3+3s^2+2s+1}$$

试用 MATLAB 数学模型转换函数转换成系统状态方程。

2.17　设系统传递函数为　$\dfrac{Y(s)}{U(s)}=\dfrac{s^2+4s+3}{s^3+8s^2+16s}$

试利用 MATLAB 数学模型转换函数转换成系统状态方程。

2.18　考虑传递函数　$\dfrac{Y(s)}{U(s)}=\dfrac{25.04s+5.008}{s^3+5.03247s^2+25.1026s+5.008}$

用 MATLAB 求该系统的状态空间表达式。

第 3 章　机械控制系统数学模型求解及分析

建立系统的数学模型之后，接下来的内容是系统分析。本章介绍根据微分方程、传递函数、状态空间表达式和差分方程等数学模型来研究系统时域响应、频率特性、可控性、可观测性等动态性能。经典控制理论研究单输入单输出系统，而现代控制理论则研究多输入多输出系统。

时域分析法是根据系统的数学模型(微分方程、状态空间表达式等)，采用拉普拉斯变换直接求出系统的时间响应，再根据响应表达式和对应的曲线来分析系统，研究系统的输出信号和输入信号之间的关系，其特点是直观、准确，适用于单输入单输出系统和多输入多输出系统的控制过程。频域分析法则将传递函数从复数域引到频率域，建立系统的时间响应与其频谱之间的关系，特别适合单输入单输出机械系统动态特性的研究。

3.1　单输入单输出系统时域分析

单输入单输出线性定常系统常用的系统分析方法主要有时域分析法、频域分析法和根轨迹分析法。时域分析法指根据系统的时域响应分析系统的性能。时域分析法虽然直观，但分析高阶系统非常困难，因此，工程中广泛采用频域分析法将传递函数从复数域引到具有明确物理概念的频率域进行分析。根轨迹就是闭环系统某一参数(如开环增益 K)由零至无穷大变化时，闭环系统特征根在[s]平面上移动的轨迹。通过根轨迹研究系统特性随参数变化而变化的规律的方法就是根轨迹分析法。

3.1.1　典型输入信号

工程上常用的典型输入信号如表 3.1 所示。

表 3.1　常用的典型输入信号

输入信号	数学表达式	图形	说明
脉冲信号	$x_i(t)=\begin{cases}\dfrac{a}{h}, & 0<t<h\\ 0, & 其他\end{cases}$	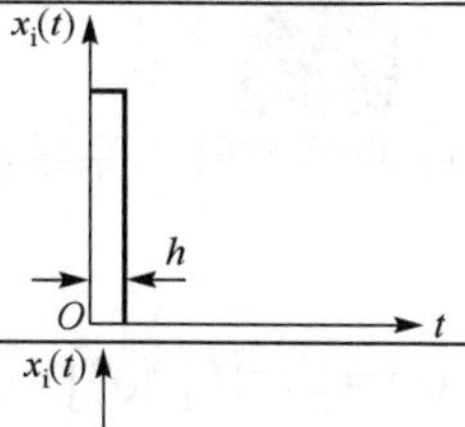	脉冲高度为 a/h，持续时间为 h，脉冲面积为 a。当面积 $a=1$ 时，脉冲函数称为单位脉冲函数
阶跃信号	$x_i(t)=\begin{cases}a, & t\geqslant 0\\ 0, & t<0\end{cases}$	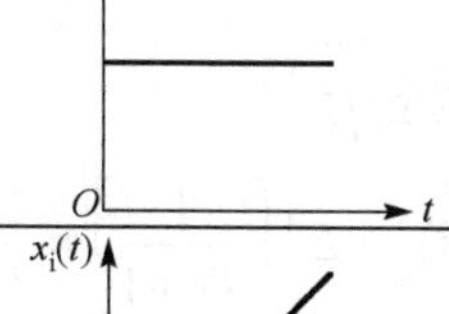	a 为常数，当 $a=1$ 时，称为单位阶跃函数，常用 $u(t)$ 表示。阶跃函数的数值在 t=0 时发生突变，当 t>0 时保持不变
斜坡信号	$x_i(t)=\begin{cases}at, & t\geqslant 0\\ 0, & t<0\end{cases}$	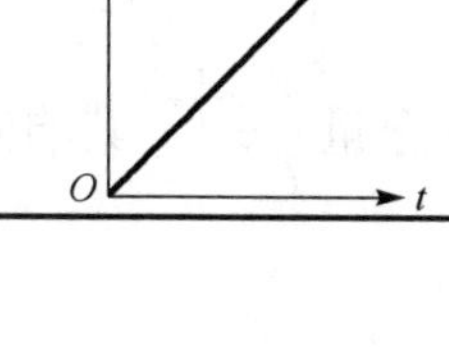	a 是常数。当 $a=1$ 时，称为单位斜坡函数

续表

输入信号	数学表达式	图形	说明
加速度信号	$x_i(t)=\begin{cases}\frac{1}{2}at^2, & t\geqslant 0\\ 0, & t<0\end{cases}$	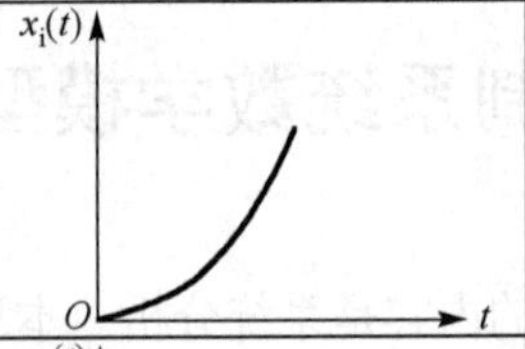	输入信号是按等加速度变化的
正弦信号	$x_i(t)=\begin{cases}a\sin\omega t, & t\geqslant 0\\ 0, & t<0\end{cases}$	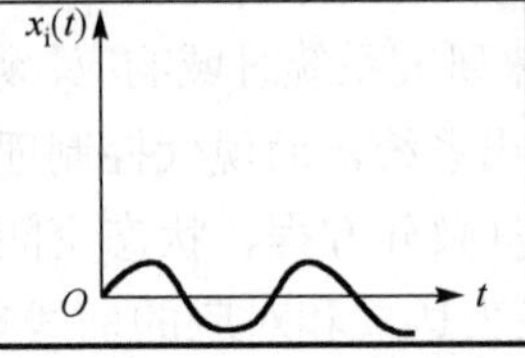	当系统在工作中受到简谐变化的信号激励时，应采用正弦函数作为典型输入信号

选择输入信号的原则为：①符合系统的正常工作情况；②在形式上应尽量简单便于对系统进行分析；③应能够满足系统在最恶劣条件下正常工作。

通常以阶跃信号作为典型输入，以便在一个统一的基础上比较和研究各种控制系统的性能。

3.1.2　一阶系统的时域响应

数学模型为一阶微分方程的系统称为一阶系统。一阶系统又称为惯性系统。其传递函数为

$$G(s)=\frac{X_o(s)}{X_i(s)}=\frac{1}{Ts+1} \tag{3.1}$$

其中，T 为一阶系统的时间常数。T 是一阶系统的特征参数，表达了一阶系统本身的固有特性，与外界作用无关。图 3.1 所示的两个物理系统都是一阶系统。

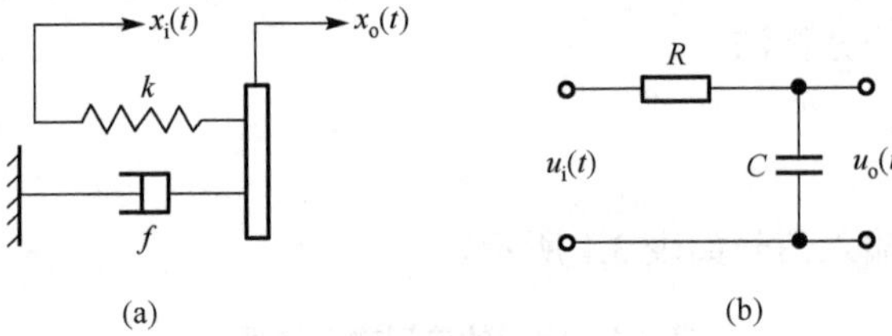

图 3.1　一阶系统的两个例子

1. 一阶系统的单位脉冲响应

当系统的输入信号 $x_i(t)$ 为理想单位脉冲函数时，系统的输出 $x_o(t)$ 称为单位脉冲响应函数(简称单位脉冲响应)。由式(3.1)可知

$$X_o(s)=G(s)X_i(s)=G(s)L[\delta(t)]=\frac{1}{Ts+1}$$

对上式进行拉普拉斯逆变换，得其时域响应为

$$x_o(t)=L^{-1}[G(s)]=L^{-1}\left[\frac{1}{Ts+1}\right]=\frac{1}{T}e^{-\frac{t}{T}} \tag{3.2}$$

一阶系统的单位脉冲响应只包含瞬态分量 $\frac{1}{T}e^{-\frac{t}{T}}$，其响应曲线如图 3.2 所示，是一单调下

降曲线。当时间 t 为 $4T$ 时，响应值衰减到大约为响应初始值的 2%，一般把时间 $4T$ 称为系统的过渡过程。系统的时间常数 T 越小，其过渡过程的持续时间越短，表明系统的惯性越小，系统对输入信号反应的快速性能越好。

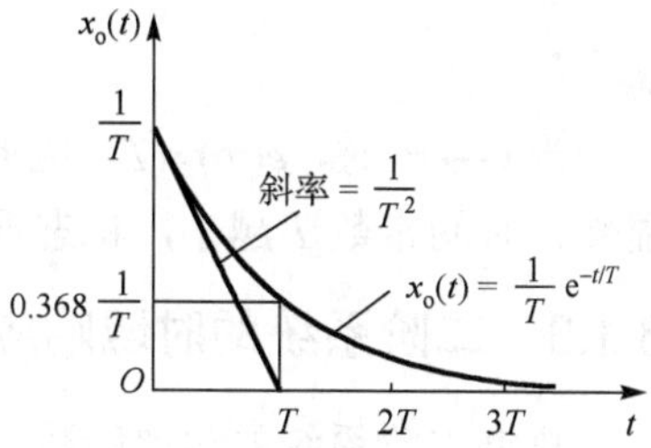

图 3.2　一阶系统单位脉冲响应

在对系统进行实际测试时，由于理想的脉冲信号不可能得到，故常以具有一定脉冲宽度和有限高度的脉冲信号来代替。为了得到较高的测试精度，希望脉冲信号的宽度 h 比系统的时间常数 T 足够小，一般要求 $h<0.1T$。

2. 一阶系统的单位阶跃响应

设系统的输入 $x_i(t)=1(t)$，则 $X_i(s)=\dfrac{1}{s}$。于是有

$$X_o(s)=G(s)X_i(s)=\frac{1}{Ts+1}\cdot\frac{1}{s}=\frac{1}{s}-\frac{T}{Ts+1} \tag{3.3}$$

对式(3.3)求拉普拉斯逆变换，可求得系统的单位阶跃响应为

$$x_o(t)=L^{-1}\left[\frac{1}{s}-\frac{T}{Ts+1}\right]=1-e^{-\frac{t}{T}},\qquad t\geqslant 0 \tag{3.4}$$

由式(3.4)可知，一阶系统的单位阶跃响应中的稳态项为 1，瞬态项为 $-e^{-t/T}$，其响应曲线如图 3.3 所示，是一条单调上升曲线，稳态值为 1。当响应值达到稳态值的 98%时，所对应的时间大约等于 $4T$，即系统的过渡过程时间等于 $4T$。由图可知，曲线上有两个特征点：一个是 A 点，其对应的时间 $t=T$ 时，系统响应 $x_o(t)$ 达到了稳态值的 63.2%；另一个是 $t=0$ 时，系统响应 $x_o(t)$ 的切线斜率(它表示系统的响应速度)等于 $1/T$。这两个特征点都直接地与系统的时间常数 T 相关，都包含了与一阶系统的固有特性有关的信息。

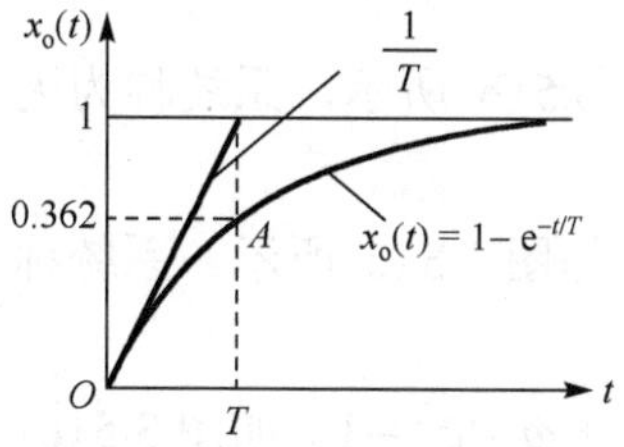

图 3.3　一阶系统单位阶跃响应

若用实验的方法求一阶系统的传递函数，可以先对系统输入一单位阶跃信号，并测出它的响应曲线和稳态值 $x_o(\infty)$。然后从响应曲线上找出 $0.632\,x_o(\infty)$ 处(即特征点 A)所对应的时间 t，这个 t 就是系统的时间常数 T。

3. 一阶系统的单位斜坡响应

设系统的输入 $x_i(t)=t$，则 $X_i(s)=\dfrac{1}{s^2}$。于是有

$$X_o(s)=G(s)X_i(s)=\frac{1}{Ts+1}\cdot\frac{1}{s^2}=\frac{1}{s^2}-\frac{T}{s}+\frac{T^2}{Ts+1}$$

对上式求拉普拉斯逆变换，可求得

$$x_o(t)=t-T+Te^{-\frac{t}{T}},\qquad t\geqslant 0 \tag{3.5}$$

其响应曲线如图 3.4 所示，随着时间的增加，输出量总落后于输入量。两者之间的误差为

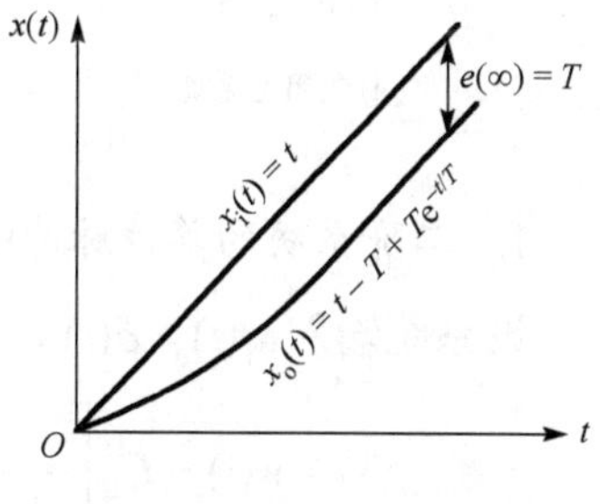

图 3.4　一阶系统单位斜坡响应

$$e(t) = x_{\rm i}(t) - x_{\rm o}(t) = T(1 - {\rm e}^{-\frac{t}{T}})$$

当$t \to \infty$时，$e(\infty) = T$。因此，当输入信号为单位斜坡函数时，一阶系统的稳态误差为T。显然，时间常数T越小，稳态误差越小。

3.1.3　二阶系统的时域响应

典型二阶系统的传递函数为

$$G(s) = \frac{\omega_{\rm n}^2}{s^2 + 2\xi\omega_{\rm n}s + \omega_{\rm n}^2} \tag{3.6}$$

其中，ξ为阻尼比；$\omega_{\rm n}$为无阻尼固有频率。它们是二阶系统的特征参数，体现了系统本身的固有特性。

由式(3.6)的分母可得到二阶系统的特征方程为

$$s^2 + 2\xi\omega_{\rm n}s + \omega_{\rm n}^2 = 0$$

此方程的两个特征根是　　$s_{1,2} = -\xi\omega_{\rm n} \pm \omega_{\rm n}\sqrt{\xi^2 - 1}$

阻尼比ξ取值不同，二阶系统的特征根也不相同。下面逐一加以说明。

(1) 当$0 < \xi < 1$时，两特征根为共轭复数，即$s_{1,2} = -\xi\omega_{\rm n} \pm {\rm j}\omega_{\rm n}\sqrt{1 - \xi^2}$，此时，二阶系统传递函数的极点是一对位于复数[s]平面的左半平面内的共轭复数极点，如图3.5(a)所示，系统称为欠阻尼系统。

(2) 当$\xi = 0$时，两特征根为共轭纯虚根，即$s_{1,2} = \pm {\rm j}\omega_{\rm n}$，如图3.5(b)所示，系统称为无阻尼系统。

(3) 当$\xi = 1$时，特征方程有两个相等的负实根，即$s_{1,2} = -\omega_{\rm n}$，如图3.5(c)所示，系统称为临界阻尼系统。

(4) 当$\xi > 1$时，特征方程有两个不相等的负实根，即$s_{1,2} = -\xi\omega_{\rm n} \pm \omega_{\rm n}\sqrt{\xi^2 - 1}$，如图3.5(d)所示，系统称为过阻尼系统。实质上，二阶过阻尼系统就相当于两个一阶惯性环节的组合，既可视为两个一阶环节的并联组合，也可视为两个一阶环节的串联组合。

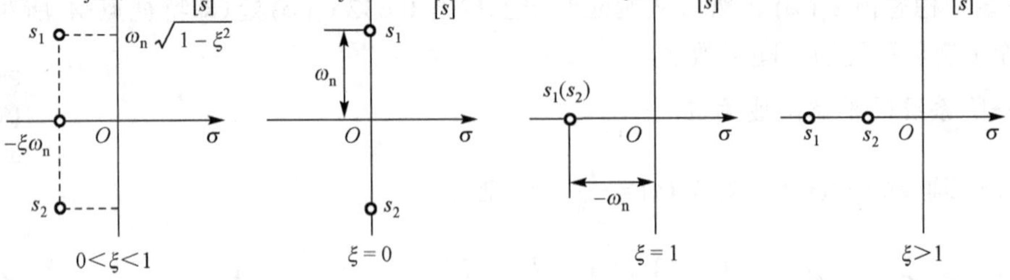

(a) 欠阻尼系统　(b) 无阻尼系统　(c) 临界阻尼系统　(d) 过阻尼系统工程

图 3.5　二阶系统特征根的分布

1. 二阶系统的单位脉冲响应

设系统输入$x_{\rm i}(t) = \delta(t)$，则有$X_{\rm i}(s) = 1$。则可求得二阶系统的单位脉冲响应函数为

$$w(t) = L^{-1}\left[\frac{\omega_{\rm n}^2}{s^2 + 2\xi\omega_{\rm n}s + \omega_{\rm n}^2}\right] = L^{-1}\left[\frac{\omega_{\rm n}^2}{(s + \xi\omega_{\rm n})^2 + (\omega_{\rm n}\sqrt{1 - \xi^2})^2}\right] \tag{3.7}$$

记 $\omega_d = \omega_n\sqrt{1-\xi^2}$，称 ω_d 为二阶系统的有阻尼固有频率，则二阶系统的单位脉冲响应函数可分为下面四种情况。

(1) 当 $0<\xi<1$ 时，系统为欠阻尼系统，由式(3.7)可得

$$w(t) = L^{-1}\left[\frac{\omega_n}{\sqrt{1-\xi^2}}\cdot\frac{\omega_d}{(s+\xi\omega_n)^2+\omega_d^2}\right] = \frac{\omega_n}{\sqrt{1-\xi^2}}\mathrm{e}^{-\xi\omega_n t}\sin\omega_d t \tag{3.8}$$

(2) 当 $\xi=0$ 时，系统为无阻尼系统，由式(3.7)可得

$$w(t) = L^{-1}\left[\frac{\omega_n^2}{s^2+\omega_n^2}\right] = \omega_n\sin\omega_n t \tag{3.9}$$

(3) 当 $\xi=1$ 时，系统为临界阻尼系统，由式(3.7)可得

$$w(t) = L^{-1}\left[\frac{\omega_n^2}{(s+\omega_n)^2}\right] = \omega_n^2 t\,\mathrm{e}^{-\omega_n t} \tag{3.10}$$

(4) 当 $\xi>1$ 时，系统为过阻尼系统，由式(3.7)可得

$$w(t) = \frac{\omega_n}{2\sqrt{\xi^2-1}}\left(\mathrm{e}^{-\left(\xi-\sqrt{\xi^2-1}\right)\omega_n t} - \mathrm{e}^{-\left(\xi+\sqrt{\xi^2-1}\right)\omega_n t}\right) \tag{3.11}$$

由式(3.11)可知，过阻尼系统的单位脉冲响应函数可视为两个并联一阶系统的单位脉冲响应函数的叠加。

当 ξ 取不同值时，二阶欠阻尼系统单位脉冲响应如图 3.6 所示。由图可知，欠阻尼系统的单位脉冲响应曲线是减幅的正弦振荡曲线，且 ξ 越小，衰减越慢，振荡频率 ω_d 越大。故欠阻尼系统又称为二阶振荡系统，其幅值衰减的快慢取决于 $\xi\omega_n$ 的乘积。

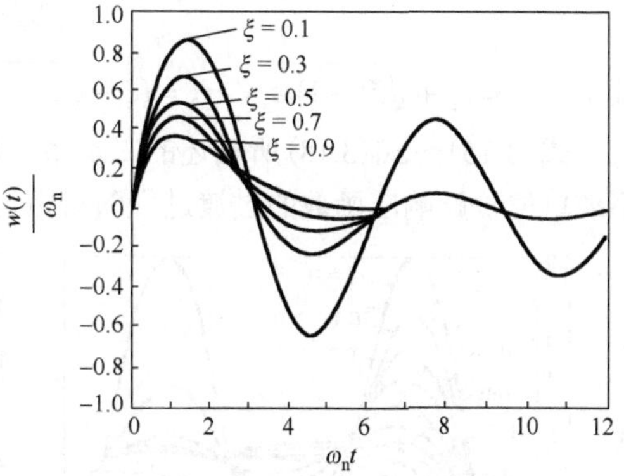

图 3.6　二阶欠阻尼系统单位脉冲响应

对于欠阻尼系统，单位脉冲响应的最大值可由式(3.8)求得。令 $\frac{\mathrm{d}w(t)}{\mathrm{d}t}=0$，可得

$$t_{w\max} = \frac{1}{\omega_n\sqrt{1-\xi^2}}\arctan\frac{\sqrt{1-\xi^2}}{\xi}$$

将此值代入式(3.8)得

$$w_{\max} = \omega_n\,\mathrm{e}^{-\xi\omega_n t_{w\max}} \tag{3.12}$$

2. 二阶系统的单位阶跃响应

若系统的输入信号为单位阶跃函数，即 $x_i(t)=1(t)$，则有 $X_i(s)=\frac{1}{s}$。则二阶系统的阶跃响应函数的拉普拉斯变换式为

$$X_o(s) = \frac{\omega_n^2}{s^2+2\xi\omega_n s+\omega_n^2}\cdot\frac{1}{s} \tag{3.13}$$

其响应函数可讨论如下。

(1) 当 $0<\xi<1$ 时，系统为欠阻尼系统，由式(3.13)可得

$$x_o(t)=1-e^{-\xi\omega_n t}\cos\omega_d t-\frac{\xi}{\sqrt{1-\xi^2}}e^{-\xi\omega_n t}\sin\omega_d t \tag{3.14}$$

也可写成

$$x_o(t)=1-\frac{e^{-\xi\omega_n t}}{\sqrt{1-\xi^2}}\sin\left(\omega_d t+\arctan\frac{\sqrt{1-\xi^2}}{\xi}\right) \tag{3.15}$$

由式(3.15)可知，二阶欠阻尼系统的单位阶跃响应是一减幅正弦振荡函数，其稳态值为 1。它的振幅随着时间的增大而减小；随着 ξ 的减小而增大。

(2) 当 $\xi=0$ 时，系统为无阻尼系统，由式(3.13)可得

$$x_o(t)=1-\cos\omega_n t \tag{3.16}$$

(3) 当 $\xi=1$ 时，系统为临界阻尼系统，由式(3.13)可得

$$x_o(t)=1-(1+\omega_n t)e^{-\omega_n t} \tag{3.17}$$

(4) 当 $\xi>1$ 时，系统为过阻尼系统，由式(3.13)可得

$$x_o(t)=1+\frac{\omega_n}{2\sqrt{\xi^2-1}}\left(\frac{e^{-s_1 t}}{s_1}-\frac{e^{-s_2 t}}{s_2}\right) \tag{3.18}$$

其中，$s_1=(\xi+\sqrt{\xi^2-1})\omega_n$，$s_2=(\xi-\sqrt{\xi^2-1})\omega_n$。

式(3.15)～式(3.18)所描述的二阶系统单位阶跃响应如图 3.7 所示。由图 3.7 可知，二阶系统单位阶跃响应函数的过渡过程随着阻尼比 ξ 的减小，其振荡特性表现得更加强烈，但仍为衰减振荡。当 ξ=0 时，达到等幅振荡；当 ξ=1 和 ξ>1 时，二阶系统的过渡过程具有单调上升的特性。从过渡过程的持续时间看，在无振荡单调上升的曲线中，以 ξ=1 时的过渡过程时间 t_s 最短。在欠阻尼系统中，当 ξ=0.4～0.8 时，不仅其过渡过程时间比 ξ=1 时的更短，而且振荡不太严重。因此，一般希望二阶系统工作在 ξ=0.4～0.8 的欠阻尼状态，因为这个工作状态有一个振荡特性适度而持续时间又较短的过渡过程。应该指出，过渡过程特性是由系统本身特性决定的，选择合适的过渡过程，实际上就是选择合适的特征参数 ω_n 和 ξ 值。

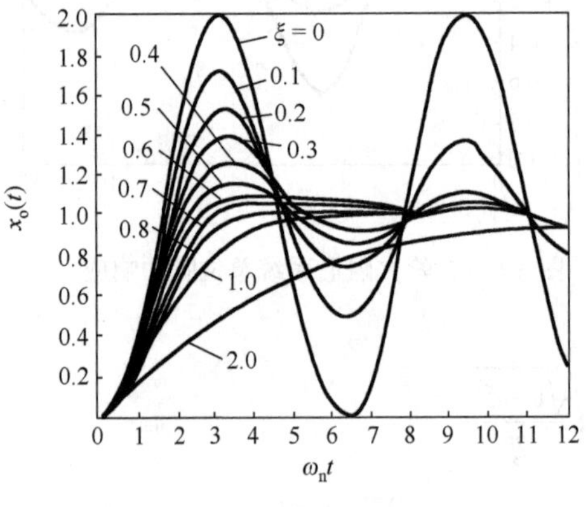

图 3.7　二阶系统单位阶跃响应

与一阶系统相比，二阶系统的过渡时间较短，并且也能同时满足对振荡性能的要求。所以，在根据给定的性能指标设计系统时，通常选择二阶系统，而不用一阶系统。

3. 二阶系统的单位斜坡响应

当输入函数为单位斜坡函数时，即

$$x_i(t)=t,\quad X_i(s)=\frac{1}{s^2},\quad X_o(s)=\frac{\omega_n^2}{s^2+2\xi\omega_n s+\omega_n^2}\cdot\frac{1}{s^2}$$

(1) 当 $0<\xi<1$ 时，有

$$x_{\rm o}(t)=t-\frac{2\xi}{\omega_{\rm n}}+\frac{{\rm e}^{-\xi\omega_{\rm n}t}}{\omega_{\rm d}}\sin\left(\omega_{\rm d}t+\arctan\frac{2\xi\sqrt{1-\xi^2}}{2\xi^2-1}\right) \tag{3.19}$$

当 $t\to\infty$ 时，输入与输出间的偏差为

$$e(\infty)=\lim_{t\to\infty}\left[x_{\rm i}(t)-x_{\rm o}(t)\right]=\frac{2\xi}{\omega_{\rm n}}$$

其响应曲线如图 3.8 所示。

(2) 当 $\xi=1$ 时，有

$$x_{\rm o}(t)=t-\frac{2}{\omega_{\rm n}}+t{\rm e}^{-\omega_{\rm n}t}+\frac{2}{\omega_{\rm n}}{\rm e}^{-\omega_{\rm n}t}$$

当 $t\to\infty$ 时，输入与输出间的偏差为

$$e(\infty)=\lim_{t\to\infty}\left[x_{\rm i}(t)-x_{\rm o}(t)\right]=\frac{2}{\omega_{\rm n}}$$

其响应曲线如图 3.9 所示。

(3) 当 $\xi>1$ 时，有

$$x_{\rm o}(t)=t-\frac{2\xi}{\omega_{\rm n}}+\frac{2\xi^2-1+2\xi\sqrt{\xi^2-1}}{2\omega_{\rm n}\sqrt{\xi^2-1}}{\rm e}^{-s_2t}-\frac{2\xi^2-1-2\xi\sqrt{\xi^2-1}}{2\omega_{\rm n}\sqrt{\xi^2-1}}{\rm e}^{-s_1t}$$

其中 s_1、s_2 同前。当 $t\to\infty$ 时，输入与输出间的偏差为

$$e(\infty)=\lim_{t\to\infty}\left[x_{\rm i}(t)-x_{\rm o}(t)\right]=\frac{2\xi}{\omega_{\rm n}}$$

其响应曲线如图 3.10 所示。

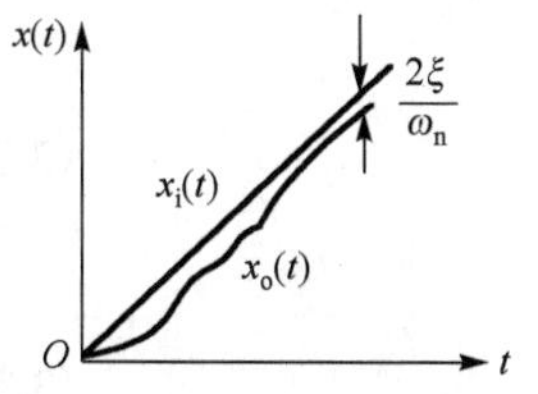

图 3.8　二阶欠阻尼系统斜坡响应

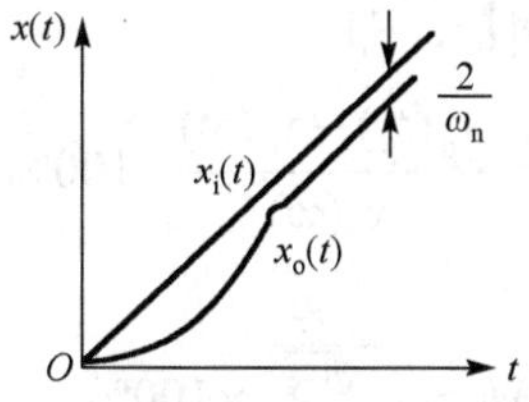

图 3.9　二阶临界阻尼系统斜坡响应

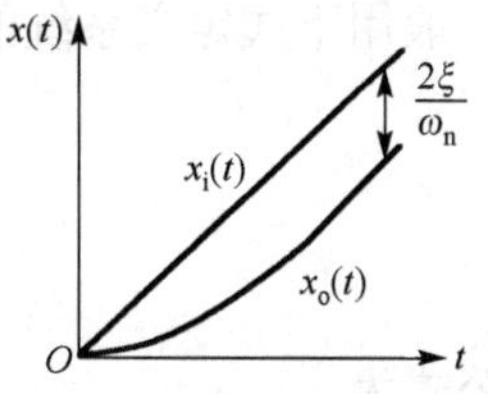

图 3.10　二阶过阻尼系统斜坡响应

4. 二阶系统时间响应的性能指标

通常，系统的时域性能指标是根据系统对单位阶跃输入的响应给出的。其原因有两个：①产生阶跃输入比较容易，而且从系统对单位阶跃输入的响应也较容易求得对任何输入的响应；②在实际中，许多输入与阶跃输入相似，而且阶跃输入又往往是实际中最不利的输入情况。

应当指出，因为完全无振荡单调过程的过渡过程时间太长，所以除了那些不允许产生振荡的系统外，通常都允许系统有适度振荡，其目的是获得较短的过渡过程时间。这就是在设计二阶系统时，常使系统在欠阻尼状态下工作的原因。因此，除特别说明之外，下面有关二阶系统响应的性能指标的定义及计算公式都是针对欠阻尼二阶系统而言的。更确切地说，是针对欠阻尼二阶系统的单位阶跃响应的过渡过程而言的。

为了说明欠阻尼二阶系统的单位阶跃响应过渡过程的特性，通常采用上升时间t_r，峰值时间t_p，最大超调量M_p，调整时间t_s等性能指标，如图 3.11 所示。

下面给出它们的计算公式，分析它们与系统特征参数ω_n和ξ之间的关系。

1) 上升时间t_r

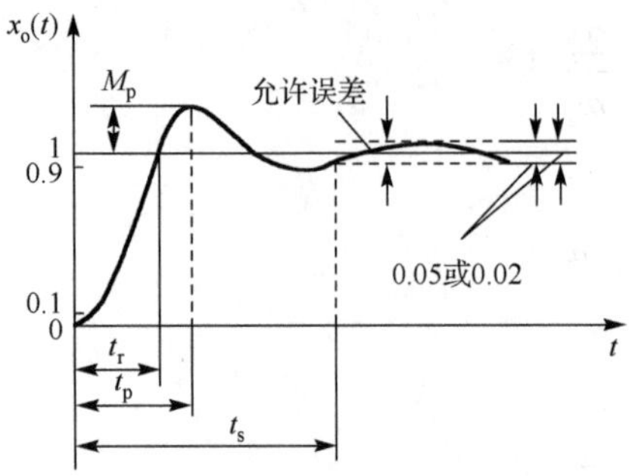

图 3.11　二阶系统单位阶跃响应性能指标

响应曲线从原工作状态出发，第一次达到输出稳态值所需的时间定义为上升时间t_r (对于过阻尼系统，一般将响应曲线从稳态值的10%上升到90%所需的时间称为上升时间)。计算公式为

$$t_r = \frac{\pi - \beta}{\omega_d} \tag{3.20}$$

其中，$\beta = \arctan\dfrac{\sqrt{1-\xi^2}}{\xi}$，$\omega_d = \omega_n\sqrt{1-\xi^2}$。

由关系式$\omega_d = \omega_n\sqrt{1-\xi^2}$及式(3.20)可知，当$\xi$一定时，$\omega_n$增大，$t_r$减小；当$\omega_n$一定时，$\xi$增大，$t_r$增大。

2) 峰值时间t_p

响应曲线达到第一个峰值所需的时间定义为峰值时间。计算公式为

$$t_p = \frac{\pi}{\omega_d} = \frac{\pi}{\omega_n\sqrt{1-\xi^2}} \tag{3.21}$$

可见，峰值时间是有阻尼振荡周期$2\pi/\omega_d$的一半。当ξ一定时，ω_n增大，t_p减小；当ω_n一定时，ξ增大，t_p增大。此情况与t_r的相同。

3) 最大超调量M_p

一般用下式定义系统的最大超调量，即

$$M_p = \frac{x_o(t_p) - x_o(\infty)}{x_o(\infty)} \times 100\% \tag{3.22}$$

计算公式为

$$M_p = e^{-\frac{\xi\pi}{\sqrt{1-\xi^2}}} \times 100\% \tag{3.23}$$

可见，超调量M_p只与阻尼比ξ有关，而与无阻尼固有频率ω_n无关，所以，M_p的大小直接说明系统的阻尼特性。也就是说，当二阶系统阻尼比ξ确定后，即可求得与其相对应的超调量M_p；反之，如果给出了系统所要求的M_p，也可由此确定相应的阻尼比。

4) 调整时间t_s

在过渡过程中，$x_o(t)$的取值满足下面不等式时所需的时间，定义为调整时间t_s。不等式为

$$\left|x_o(t) - x_o(\infty)\right| \leqslant \Delta \cdot x_o(\infty), \quad t \geqslant t_s \tag{3.24}$$

其中，Δ为指定的误差限度系数，一般取Δ=0.02～0.05。式(3.24)表明，在$t = t_s$之后，系统的输出将完全落在$x_o(\infty) \pm \Delta \cdot x_o(\infty)$两条直线范围内。当$0 < \xi < 0.7$时，可取近似值为

$$t_s \approx \frac{4}{\xi\omega_n}, \quad \Delta = 0.02 \tag{3.25}$$

$$t_s \approx \frac{3}{\xi\omega_n}, \quad \Delta = 0.05 \tag{3.26}$$

在实际设计二阶系统时，一般取 $\xi=0.707$。这是因为此时不仅 t_s 小，而且超调量 M_p 也不大。

在具体设计控制系统时，通常根据对最大超调量 M_p 的要求确定阻尼比 ξ，所以调整时间 t_s 主要根据系统的 ω_n 来确定。由此可见，二阶系统的特征参数 ω_n 和 ξ 决定了系统的调整时间 t_s 和最大超调量 M_p；反之，根据对 t_s 和 M_p 的要求，也能确定二阶系统的特征参数 ω_n、ξ。

由以上讨论可得出如下结论。

(1)要使二阶系统具有满意的动态性能指标，必须选择合适的阻尼比 ξ 和无阻尼固有频率 ω_n。提高 ω_n，可以提高二阶系统的响应速度，减少上升时间 t_r、峰值时间 t_p 和调整时间 t_s；增大 ξ，可以减弱系统的振荡性能，即降低超调量 M_p，但增大上升时间 t_r 和峰值时间 t_p。一般情况下，系统在欠阻尼$(0<\xi<1)$状态下工作，若 ξ 过小，则系统的振动性能不符合要求，瞬态特性差。因此，通常要根据允许的超调量来选择阻尼比 ξ。

(2)系统的响应速度与振荡性能之间存在矛盾。因此，若既要减弱系统振荡，又要系统具有一定的响应速度，则只有选取合适的 ξ 和 ω_n 值才能实现。

例 3.1 如图 3.12(a)所示的机械系统，在质量块 m 上施加 $x_i(t)=8.9\text{N}$ 阶跃力后 m 的时间响应 $x_o(t)$ 如图 3.12(b)所示，试求系统的 m，k 和 c 值。

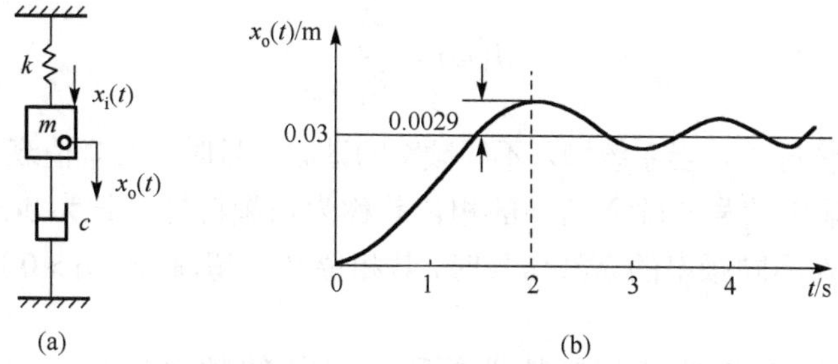

图 3.12　机械系统及响应曲线

解： 由图可知，$x_i(t)$ 是阶跃力输入，$x_o(t)$ 是输出位移。系统的稳态输出 $x_o(\infty)=0.03\,\text{m}$，$x_o(t_p)-x_o(\infty)=0.0029\,\text{m}$。显然，此系统的传递函数为

$$G(s)=\frac{X_o(s)}{X_i(s)}=\frac{1}{ms^2+cs+k}$$

(1)求 k：由拉普拉斯变换的终值定理可知

$$x_o(\infty)=\lim_{t\to\infty}x_o(t)=\lim_{s\to 0}sX(s)=\lim_{s\to 0}s\cdot\frac{1}{ms^2+cs+k}\cdot\frac{8.9}{s}=\frac{8.9}{k}$$

而 $x_o(\infty)=0.03\,\text{m}$，因此 $k=297\text{ N/m}$。

(2)求 m：由题意知，最大超调量为

$$M_p=\mathrm{e}^{-\frac{\xi\pi}{\sqrt{1-\xi^2}}}=\frac{0.0029}{0.03}\times 100\%=9.6\%$$

求得 $\xi\approx 0.6$，将 $t_p=2\text{s}$，$\xi=0.6$ 代入 $t_p=\dfrac{\pi}{\omega_d}=\dfrac{\pi}{\omega_n\sqrt{1-\xi^2}}$ 中，得 $\omega_n=1.96\text{s}^{-1}$。再由 $\omega_n^2=\dfrac{k}{m}$ 可求得 $m=77.3\text{kg}$。

(3) 求 c。根据 $\xi = \dfrac{c}{2\sqrt{mk}} = 0.6$ 得

$$c = 2\xi\sqrt{mk} = 2\times 0.6\times\sqrt{77.3\times 297} \approx 182(\text{kg/s})$$

3.2　单输入单输出系统频域分析

时域分析法虽然直观，但分析高阶系统非常困难。因此，工程中广泛采用频域分析法将传递函数从复数域引到具有明确物理概念的频率域进行分析。频率特性分析可建立起系统的时间响应与其频谱之间的直接关系，特别适合于机械工程系统动态特性的研究。

3.2.1　频率特性的概念

对于一个稳定的单输入单输出线性定常系统，当输入某一频率的正弦信号 $x_i(t) = X_i \sin\omega t$，系统的稳态响应仍是一个频率相同、幅值和相位不同的正弦信号 $x_o(t) = X_o \sin(\omega t + \varphi)$。

(1) 频率响应。系统对谐波输入的稳态响应随输入信号的频率而变化的特性称为系统的频率响应。

(2) 幅频特性。输出信号与输入信号的幅值比称为幅频特性，记为

$$A(\omega) = \frac{X_o}{X_i}$$

它描述了在稳态情况下，当系统输入不同频率的谐波信号时，其幅值衰减或增大的特性。

(3) 相频特性。输出信号与输入信号的相位差称为相频特性，记为 $\phi(\omega)$。它描述了在稳态情况下，当系统输入不同频率的谐波信号时，其相位产生超前（$\phi(\omega) > 0$）或滞后（$\phi(\omega) < 0$）的特性。

(4) 频率特性。幅频特性和相频特性总称为系统的频率特性，记做 $A(\omega)\cdot\angle\phi(\omega)$ 或 $A(\omega)\cdot \mathrm{e}^{\mathrm{j}\phi(\omega)}$。

3.2.2　频率特性的求法

1. 利用频率特性的定义求取

例 3.2　已知系统的传递函数为　$G(s) = \dfrac{K}{Ts+1}$

试求其频率特性。

解： 因为 $x_i(t) = X_i \sin\omega t, X_i(s) = L[x_i(s)] = \dfrac{X_i\omega}{s^2+\omega^2}$

所以

$$X_o(s) = G(s)X_i(s) = \frac{K}{Ts+1}\cdot\frac{X_i\omega}{s^2+\omega^2}$$

再取拉普拉斯逆变换并整理，得

$$x_o(t) = \frac{X_i K}{\sqrt{1+T^2\omega^2}}\sin(\omega t - \arctan T\omega) + \frac{X_i K T\omega}{1+T^2\omega^2}\mathrm{e}^{-t/T}$$

其中第二项随着时间的增大而逐渐衰减为零，是瞬态响应，第一项即为由输入引起的频率响应，由频率特性的定义可知，该系统的频率特性为

$$\begin{cases} A(\omega)=\dfrac{X_o}{X_i}=\dfrac{K}{\sqrt{1+T^2\omega^2}} \\ \varphi(\omega)=-\arctan T\omega \end{cases}$$

或表示为

$$\frac{K}{\sqrt{1+T^2\omega^2}}\mathrm{e}^{-\mathrm{j}\arctan T\omega}$$

2. 将传递函数中的 s 换为 $\mathrm{j}\omega$ 求取

例 3.3　求例 3.2 所述系统的频率特性和稳态输出。

解：系统的频率特性为

$$G(\mathrm{j}\omega)=G(s)\big|_{s=\mathrm{j}\omega}=\frac{K}{1+\mathrm{j}T\omega}$$

又

$$A(\omega)=|G(\mathrm{j}\omega)|=\frac{K}{\sqrt{1+T^2\omega^2}}$$

$$\varphi(\omega)=\angle G(\mathrm{j}\omega)=-\arctan T\omega$$

因此

$$G(\mathrm{j}\omega)=\frac{K}{\sqrt{1+T^2\omega^2}}\mathrm{e}^{-\arctan T\omega}$$

系统的稳态输出

$$x_o(t)=X_i|G(\mathrm{j}\omega)|\sin[\omega t+\angle G(\mathrm{j}\omega)]=\frac{KX_i}{\sqrt{1+T^2\omega^2}}\sin(\omega t-\arctan T\omega)$$

3. 用试验方法求取

当系统的传递函数或微分方程等数学模型未知时，可以通过试验求得频率特性后求出传递函数。

根据频率特性定义，首先改变输入谐波信号 $X_i\mathrm{e}^{\mathrm{j}\omega t}$ 的频率 ω，并测出与此相应的输出幅值 X_o 与相位 $\varphi(\omega)$；然后做出幅值比 X_o/X_i 对频率 ω 的函数曲线，即幅频特性曲线，做出相位 $\varphi(\omega)$ 对频率 ω 的函数曲线，此即相频特性曲线。

3.2.3　频率特性的图形表达

1. 频率特性的奈奎斯特图

将频率特性画在复平面或极坐标平面上，则该图称为奈奎斯特图又称极坐标图。频率特性 $G(\mathrm{j}\omega)$ 是复变函数，当 ω 取某一定值时，它代表复平面上的一个复矢量，模长为 $|G(\mathrm{j}\omega)|$，而幅角为 $\angle G(\mathrm{j}\omega)$。当 ω 从 $0\to\infty$ 时，该矢量的末端就形成一条曲线，这条曲线就称为频率特性的奈奎斯特图。

例如，对例 3.2 与例 3.3 中 $G(\mathrm{j}\omega)=K/(1+\mathrm{j}T\omega)$，当 $\omega=\omega_1$ 时，$G(\mathrm{j}\omega_1)$ 可以用一矢量或其端点(坐标)来表示，如图 3.13 所示。由图可知

$$G(\mathrm{j}\omega_1)=U(\omega_1)+\mathrm{j}V(\omega_1)$$

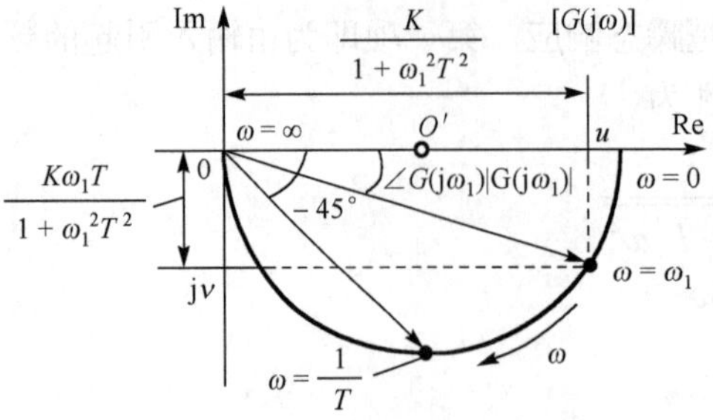

图 3.13　频率特性的奈奎斯特图

则

$$|G(j\omega_1)| = \sqrt{U^2(\omega_1) + V^2(\omega_1)}$$

$$\angle G(j\omega_1) = \arctan\frac{V(\omega_1)}{U(\omega_1)}$$

当 ω 从 $0 \to \infty$ 时，$G(j\omega)$ 端点的轨迹即频率特性的奈奎斯特图。它不仅表示了实频特性和虚频特性，而且也表示幅频特性和相频特性。图中 ω 的箭头方向为 ω 从小到大的方向。

表 3.2 列出了部分典型环节的奈奎斯特图。

表 3.2　典型环节的奈奎斯特图

典型环节	幅频特性	相频特性	奈奎斯特图
比例环节 $G(s)=K$	$\lvert G(j\omega)\rvert = K$	$\angle G(j\omega) = 0°$	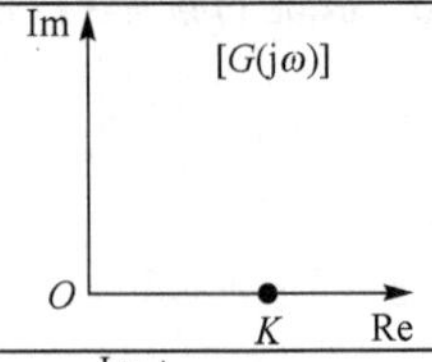
积分环节 $G(s)=\frac{1}{s}$	$\lvert G(j\omega)\rvert = \frac{1}{\omega}$	$\angle G(j\omega) = -90°$	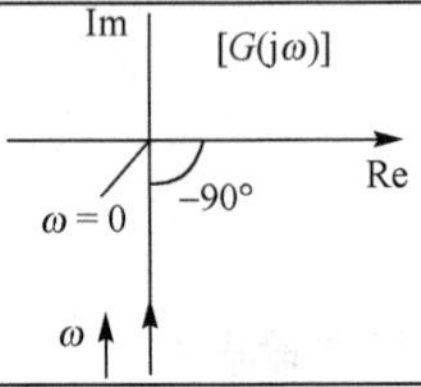
微分环节 $G(s)=s$	$\lvert G(j\omega)\rvert = \omega$	$\angle G(j\omega) = 90°$	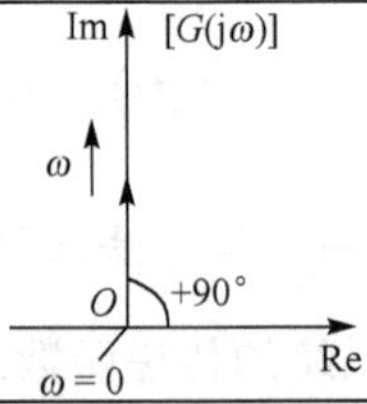
惯性环节 $G(s)=\frac{K}{Ts+1}$	$\lvert G(j\omega)\rvert = \frac{K}{\sqrt{1+T^2\omega^2}}$	$\angle G(j\omega) = -\arctan T\omega$	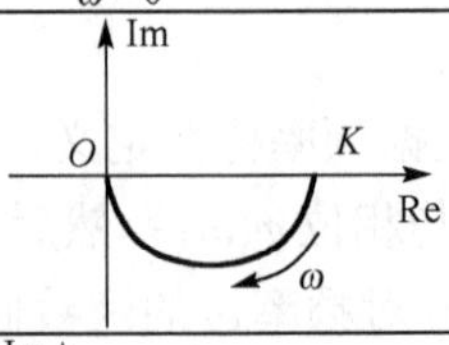
一阶微分环节（导前环节）$G(s)=Ts+1$	$\lvert G(j\omega)\rvert = \sqrt{1+T^2\omega^2}$	$\angle G(j\omega) = \arctan T\omega$	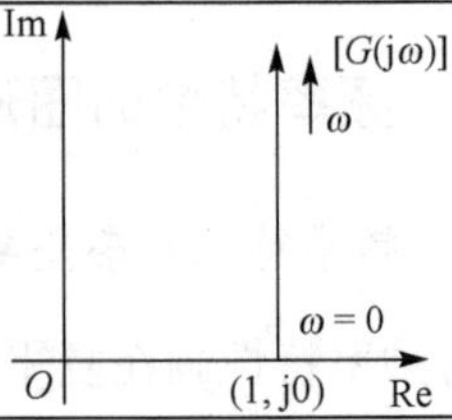
振荡环节 $G(s)=\frac{\omega_n^2}{s^2+2\xi\omega_n s+\omega_n^2}$	$\lvert G(j\omega)\rvert = \frac{1}{\sqrt{\left(1-\frac{\omega^2}{\omega_n^2}\right)^2 + 4\xi^2\frac{\omega^2}{\omega_n^2}}}$	$\angle G(j\omega) = -\arctan\frac{2\xi\frac{\omega}{\omega_n}}{1-\frac{\omega^2}{\omega_n^2}}$	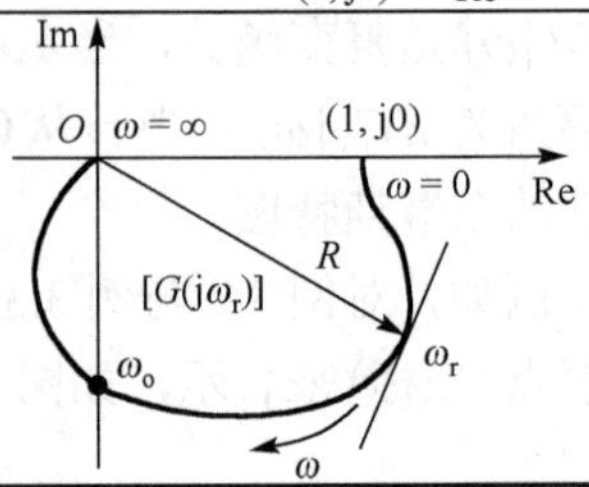

续表

典型环节	幅频特性	相频特性	奈奎斯特图
二阶微分环节 $G(s)=\dfrac{s^2}{\omega_n^2}+\dfrac{2\xi}{\omega_n}s+1$	$\lvert G(j\omega)\rvert$ $=\sqrt{\left(1-\dfrac{\omega^2}{\omega_n^2}\right)^2+4\xi^2\dfrac{\omega^2}{\omega_n^2}}$	$\angle G(j\omega)$ $=\arctan\dfrac{2\xi\dfrac{\omega}{\omega_n}}{1-\dfrac{\omega^2}{\omega_n^2}}$	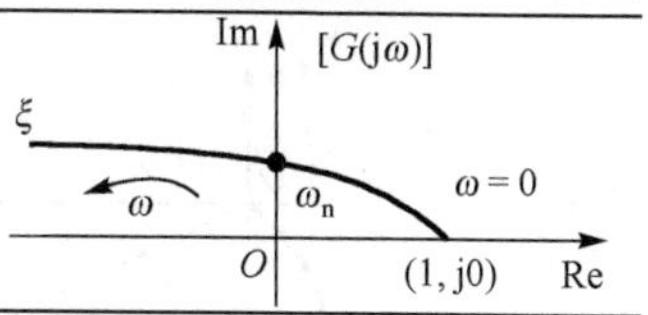
延时环节 $G(s)=e^{-\tau s}$	$\lvert G(j\omega)\rvert=1$	$\angle G(j\omega)=-\tau\omega$	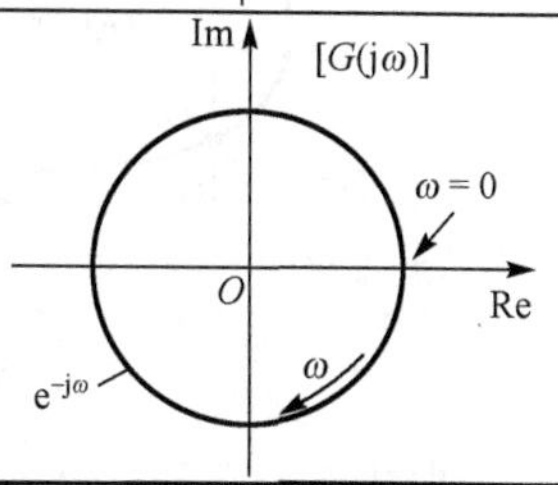

例 3.4 典型振荡环节的奈奎斯特图的绘制。

解： 由于典型振荡环节的传递函数为

$$G(s)=\frac{\omega_n^2}{s^2+2\xi\omega_n s+\omega_n^2} \tag{3.27}$$

即

$$G(j\omega)=\frac{\omega_n^2}{-\omega^2+\omega_n^2+j2\xi\omega\omega_n},\qquad 0<\xi<1$$

对 $G(j\omega)$ 表达式的分子分母同除以 ω_n^2，并令 $\omega/\omega_n=\lambda$，得

$$G(j\omega)=\frac{1}{(1-\lambda^2)+j2\xi\lambda}=\frac{1-\lambda^2}{(1-\lambda^2)^2+4\xi^2\lambda^2}-j\frac{2\xi\lambda}{(1-\lambda^2)^2+4\xi^2\lambda^2}$$

显然，实频特性恒为 $\dfrac{1-\lambda^2}{(1-\lambda^2)^2+4\xi^2\lambda^2}$，虚频特性为 $\dfrac{-2\xi\lambda}{(1-\lambda^2)^2+4\xi^2\lambda^2}$，故

幅频特性
$$\lvert G(j\omega)\rvert=\frac{1}{\sqrt{(1-\lambda^2)^2+4\xi^2\lambda^2}}$$

相频特性
$$\angle G(j\omega)=-\arctan\frac{2\xi\lambda}{1-\lambda^2}$$

由此，有

当 $\lambda=0$ 时，即 $\omega=0$ 时，$\lvert G(j\omega)\rvert=1$，$\angle G(j\omega)=0°$；

当 $\lambda=1$ 时，即 $\omega=\omega_n$ 时，$\lvert G(j\omega)\rvert=\dfrac{1}{2\xi}$，$\angle G(j\omega)=-90°$；

当 $\lambda=\infty$时，即 $\omega=\infty$ 时，$\lvert G(j\omega)\rvert=0$，$\angle G(j\omega)=-180°$。

可见，当 ω 从 $0\to\infty$ 时，(即 λ 由 $0\to\infty$)，$G(j\omega)$ 的幅值由 1→0，其相位由 0°→−180°，振荡环节频率特性的奈奎斯特图始于点(1，j0)，而终于点(0，j0)。曲线与虚轴的交点的频率就是无阻尼固有频率 ω_n，此时的幅值为 $1/(2\xi)$，曲线在第三、四象限，如图 3.14 所示。

图 3.15 所示为 ξ 取不同值时，振荡环节的奈奎斯特图。由图可见，ξ 取值不同，奈奎斯特图的形状也不同。在阻尼比 ξ 较小时，幅频特性 $\lvert G(j\omega)\rvert$ 在频率为 ω_r（或频率比 $\lambda_r=\omega_r/\omega_n$）

处出现峰值，如图 3.14(b)所示。此峰值称为谐振峰值 M_r，频率 ω_r 称为谐振频率。ω_r 可如下求出。

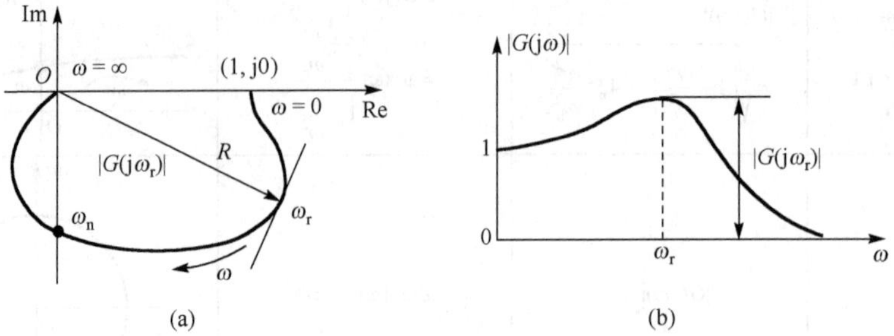

图 3.14　振荡环节的奈奎斯特图与幅频特性图

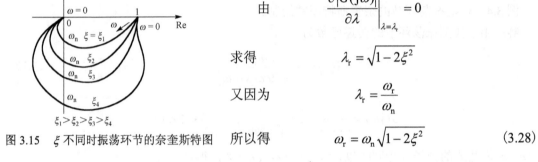

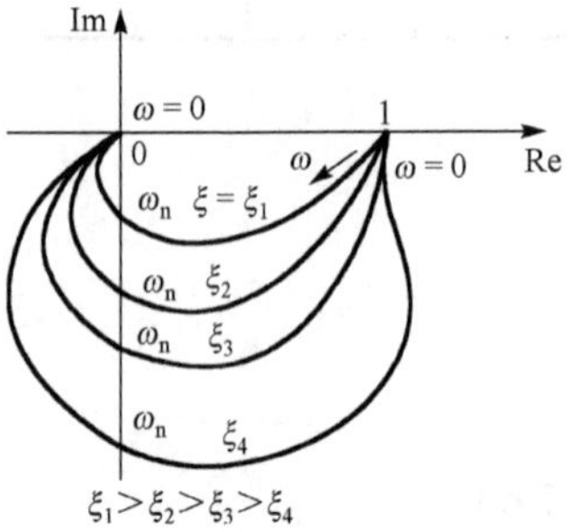

图 3.15　ξ 不同时振荡环节的奈奎斯特图

由
$$\left.\frac{\partial|G(\mathrm{j}\omega)|}{\partial\lambda}\right|_{\lambda=\lambda_r}=0$$

求得
$$\lambda_r=\sqrt{1-2\xi^2}$$

又因为
$$\lambda_r=\frac{\omega_r}{\omega_n}$$

所以得
$$\omega_r=\omega_n\sqrt{1-2\xi^2} \tag{3.28}$$

从而可求得谐振峰值 M_r
$$M_r=|G(\mathrm{j}\omega_r)|=\frac{1}{2\xi\sqrt{1-\xi^2}} \tag{3.29}$$

$$\angle G(\mathrm{j}\omega_r)=-\arctan\frac{\sqrt{1-2\xi^2}}{\xi}$$

当 $\frac{\sqrt{2}}{2}\leqslant\xi<1$ 时，一般认为 ω_r 不再存在；ξ 越小，ω_r 就越大；ξ=0 时，$\omega_r=\omega_n$。其实，在令 $|G(\mathrm{j}\omega)|$ 对 λ 的导数为零时，可求得另一 λ_r 值为零，即另一 ω_r 值为零，故也可认为当 $\frac{\sqrt{2}}{2}\leqslant\xi<1$ 时，有 λ_r=0 或 ω_r=0，$|G(\mathrm{j}\omega)|$=1。

由于 $\omega_d=\omega_n\sqrt{1-\xi^2}$，对于欠阻尼系统($0<\xi<1$)，谐振频率 ω_r 总小于有阻尼固有频率 ω_d。

对于过阻尼系统(ξ>1)，二阶环节就不再是振荡环节，而转化为两个惯性环节组合。对于临界阻尼系统(ξ=1)，可将二阶环节看作两个相同的惯性环节的组合。

2. 频率特性的伯德图

伯德图又称对数坐标图，是将幅频特性和相频特性分别画在两张图上，并用半对数坐标纸绘制。频率坐标按对数分度，幅值和相位坐标则按线性分度。幅频特性图的纵坐标(线性分度)表示 $G(\mathrm{j}\omega)$ 的幅值，单位是分贝(dB)；横坐标(对数分度)表示 ω 值，单位是弧度/秒或秒$^{-1}$(rad/s 或 s^{-1})。相频特性图的纵坐标(线性分度)表示 $G(\mathrm{j}\omega)$ 的相位，单位是度(°)；横坐标(对数分度)表示 ω 值，单位是弧度/秒或秒$^{-1}$(rad/s 或 s^{-1})。

图 3.16 表示伯德图的坐标。为了方便，其横坐标虽然是对数分度，但习惯上其刻度值不标 $\lg\omega$ 值，而标真数 ω 值，对数幅频特性图纵坐标的单位是 dB。

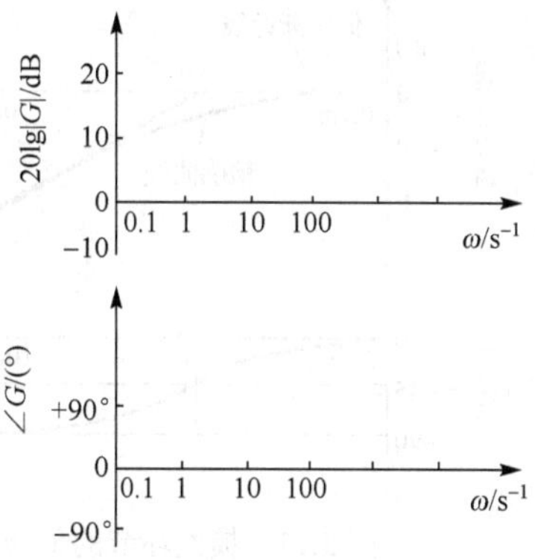

图 3.16　伯德图

例如，对例 3.2 与例 3.3 中 $G(s)=\dfrac{1}{Ts+1}$，即 $G(\mathrm{j}\omega)=\dfrac{1}{1+\mathrm{j}T\omega}$，如令 $\omega_\mathrm{T}=\dfrac{1}{T}$，有

$$G(\mathrm{j}\omega)=\frac{1}{1+\mathrm{j}\dfrac{\omega}{\omega_\mathrm{T}}}=\frac{\omega_\mathrm{T}}{\omega_\mathrm{T}+\mathrm{j}\omega}$$

幅频特性
$$|G(\mathrm{j}\omega)|=\frac{\omega_\mathrm{T}}{\sqrt{\omega_\mathrm{T}^2+\omega^2}}$$

相频特性
$$\angle G(\mathrm{j}\omega)=-\arctan\frac{\omega}{\omega_\mathrm{T}}$$

对数幅频特性
$$20\lg|G(\mathrm{j}\omega)|=20\lg\omega_\mathrm{T}-20\lg\sqrt{\omega_\mathrm{T}^2+\omega^2} \tag{3.30}$$

当 $\omega\ll\omega_\mathrm{T}$ 时，对数幅频特性为

$$20\lg|G(\mathrm{j}\omega)|\approx 20\lg\omega_\mathrm{T}-20\lg\omega_\mathrm{T}=0 \tag{3.31}$$

所以，对数幅频特性在低频段近似为 0 水平线，它止于点(ω_T，0)，0 水平线称为惯性环节的低频渐近线。

当 $\omega\gg\omega_\mathrm{T}$ 时，对数幅频特性

$$20\lg|G(\mathrm{j}\omega)|\approx 20\lg\omega_\mathrm{T}-20\lg\omega \tag{3.32}$$

对于上述近似式，将 $\omega=\omega_\mathrm{T}$ 代入，得

$$20\lg|G(\mathrm{j}\omega)|=0$$

所以，对数幅频特性在高频段近似是一条斜线，它始于点(ω_T，0)，斜率为−20dB/dec。此斜线称为惯性环节的高频渐近线。显然，ω_T 是低频渐近线与高频渐近线交点处的频率，称为转角频率。

惯性环节的伯德图如图 3.17 所示。由图 3.17 所示的对数幅频特性可知，惯性环节具有低通滤波器的特性。当输入频率 $\omega>\omega_\mathrm{T}$ 时，其输出很快衰减，即滤掉输入信号的高频部分；在低频段，输出能较准确地反映输入。

渐近线与精确的对数幅频特性曲线之间有误差 $e(\omega)$，如图 3.18 所示。由图可知，最大误差发生在转角频率 ω_T 处，其误差为−3dB。

惯性环节的对数相频特性取值如下。

当 $\omega=0$ 时，$\angle G(\mathrm{j}\omega)=0^\circ$。

当 $\omega=\omega_\mathrm{T}$ 时，$\angle G(\mathrm{j}\omega)=-45^\circ$。

当 $\omega=\infty$ 时，$\angle G(\mathrm{j}\omega)=-90^\circ$。

由图 3.17 知，对数幅频特性经过点(ω_T，−45°)，而且在 $\omega\ll\omega_\mathrm{T}$ 时，$\angle G(\mathrm{j}\omega)\to 0$，在 $\omega\gg\omega_\mathrm{T}$ 时，$\angle G(\mathrm{j}\omega)\to -90^\circ$。

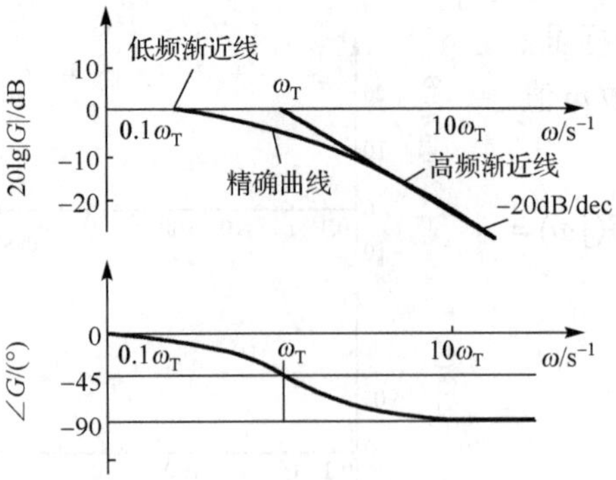

图 3.17　惯性环节的伯德图

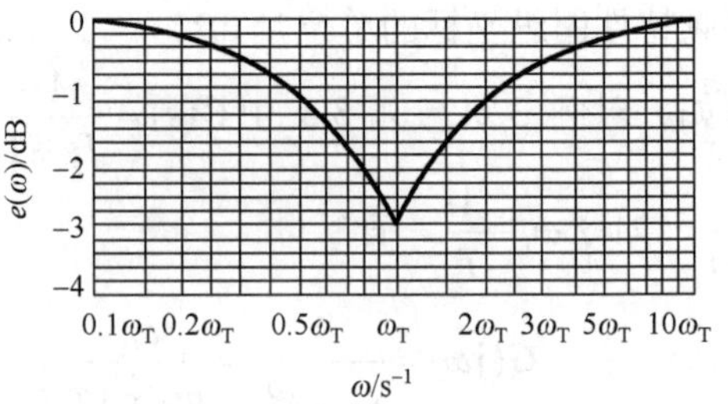

图 3.18　惯性环节伯德图的误差修正曲线

表 3.3 列出了部分典型环节的伯德图。

表 3.3　典型环节的伯德图

典型环节频率特性	对数幅频特性渐近线	对数相频特性曲线
比例环节 $G(s)=K$	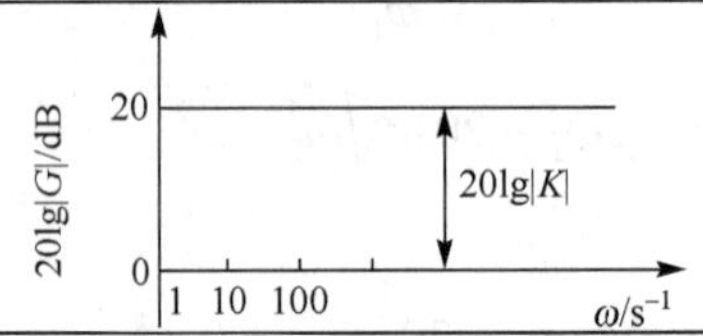	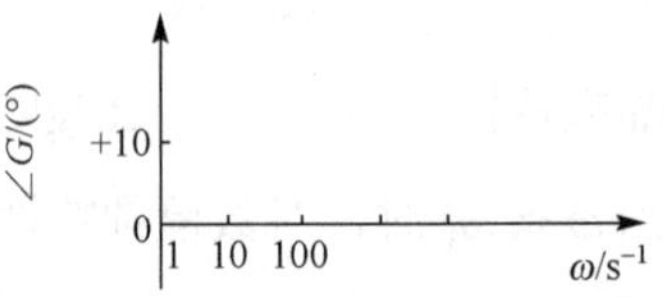
积分环节 $G(s)=\frac{1}{s}$	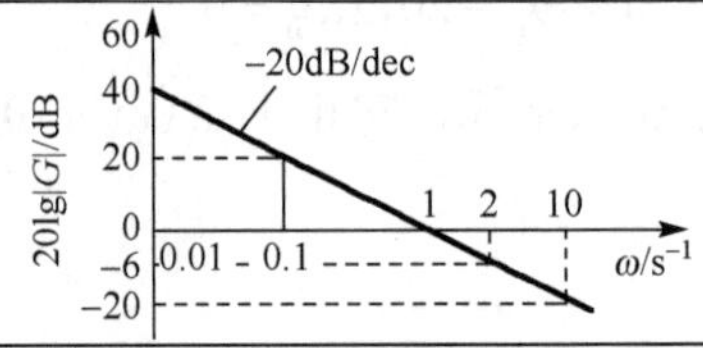	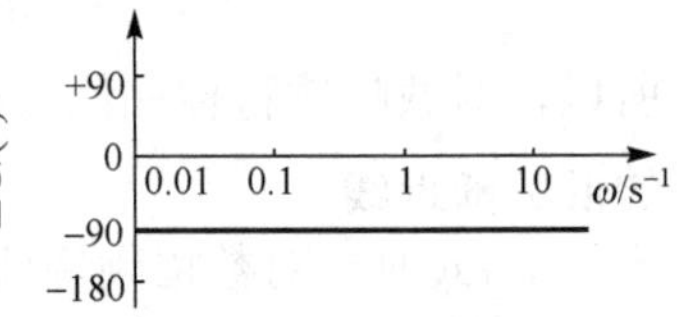
微分环节 $G(s)=s$	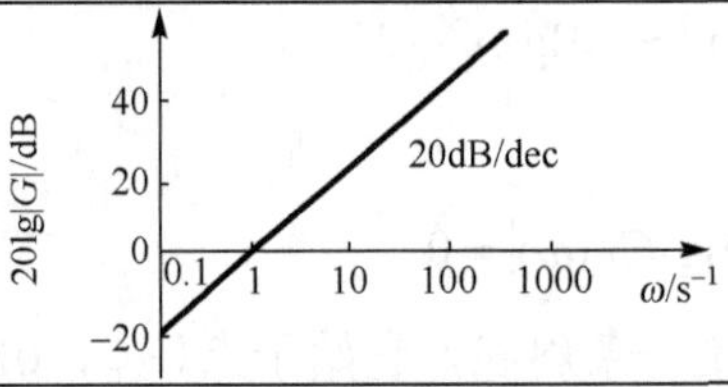	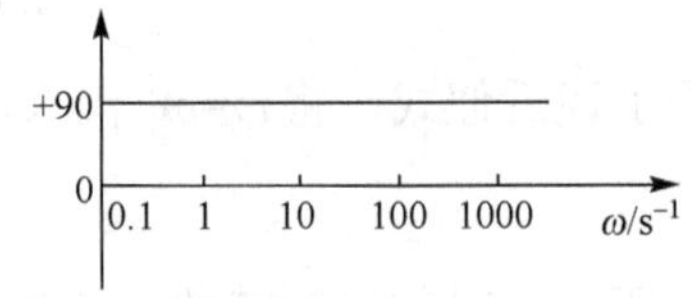
惯性环节 $G(s)=\frac{K}{Ts+1}$ $\omega_T=\frac{1}{T}$	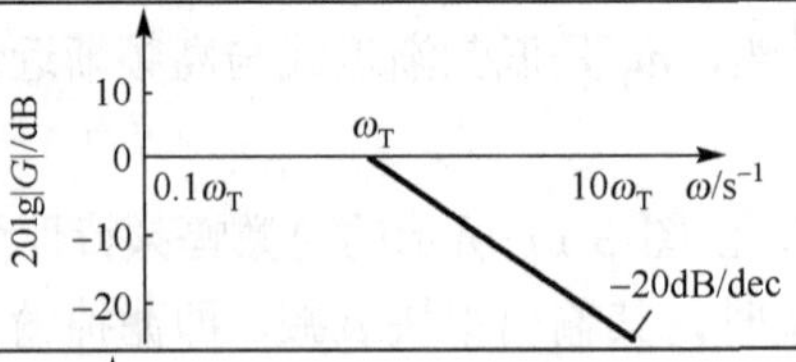	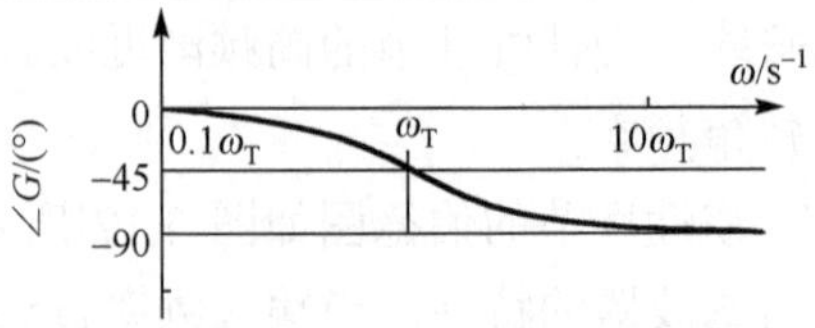
一阶微分环节(或称导前环节) $G(s) = Ts + 1$ $\omega_T = \frac{1}{T}$	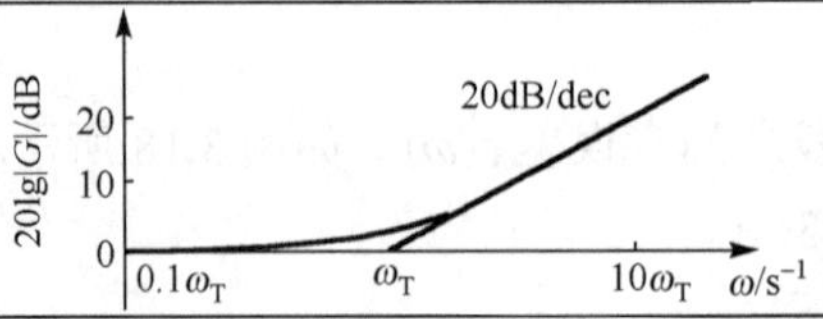	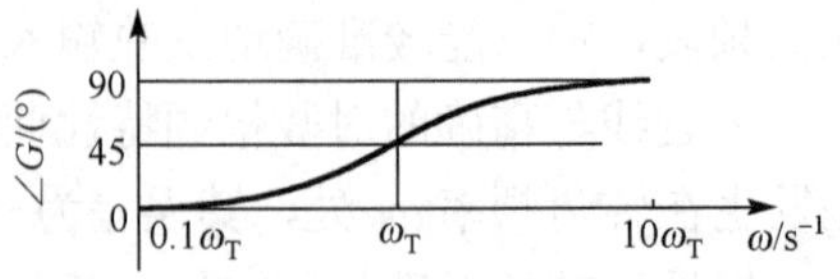
振荡环节 $G(s)=\frac{\omega_n^2}{s^2+2\xi\omega_n s+\omega_n^2}$ $\omega_T=\omega_n$	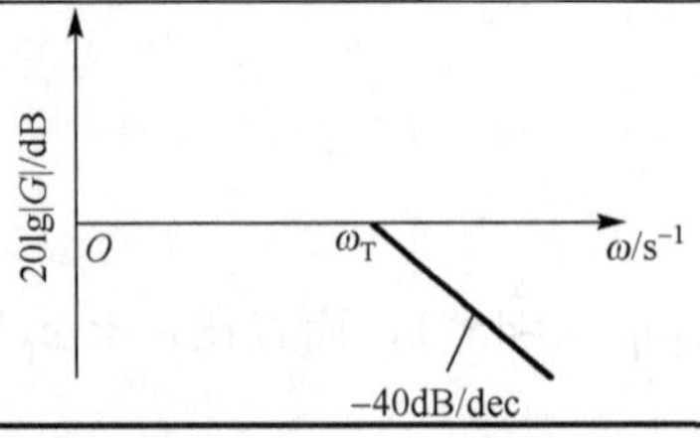	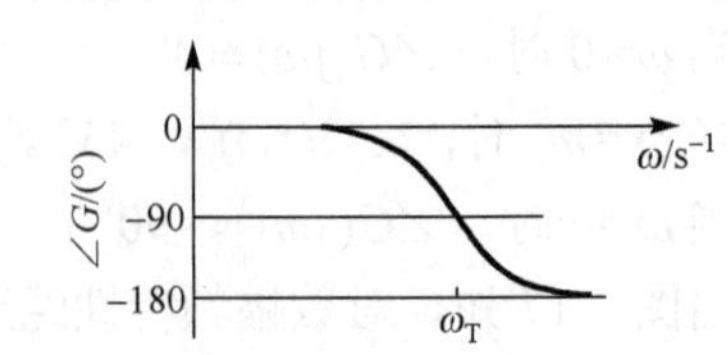

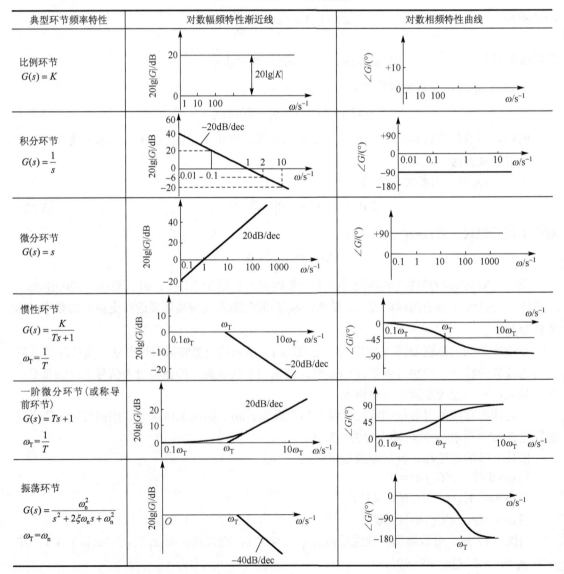

续表

典型环节频率特性	对数幅频特性渐近线	对数相频特性曲线
二阶微分环节 $G(s)=\frac{s^2}{\omega_n^2}+\frac{2\xi}{\omega_n}s+1$， $\omega_T=\omega_n$	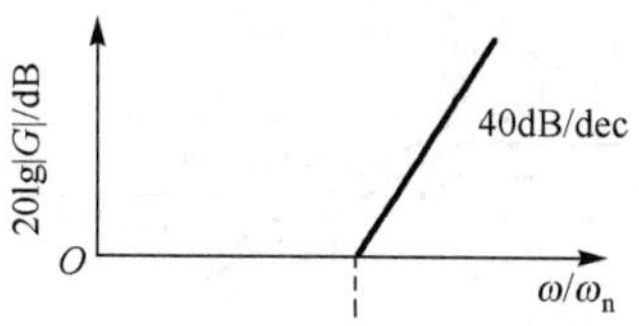	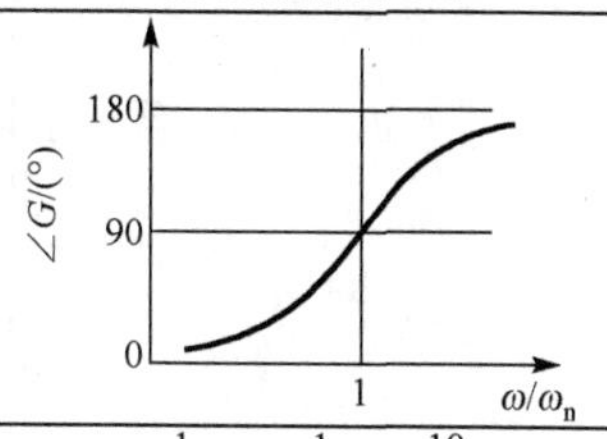
延时环节 $G(s)=e^{-\tau s}$	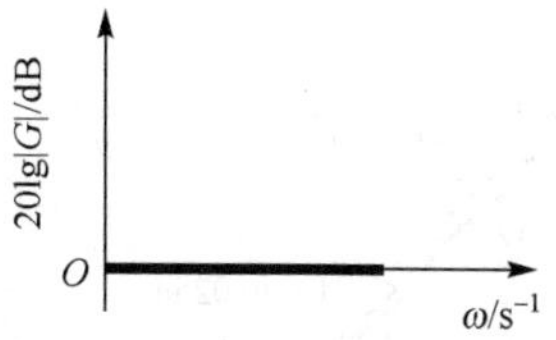	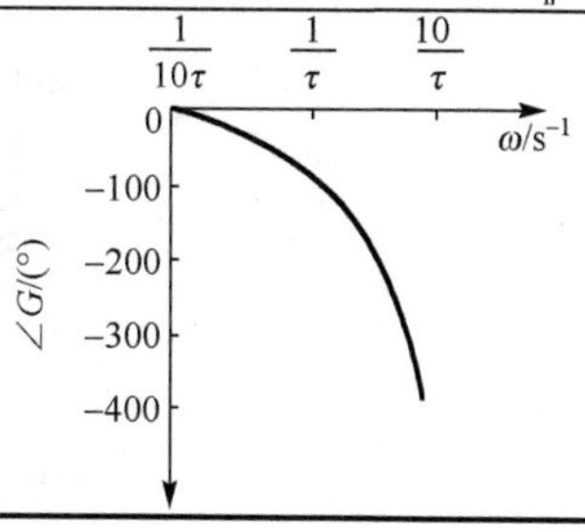

例 3.5　已知某系统的传递函数为

$$G(s)=\frac{24(0.25s+0.5)}{(5s+2)(0.05s+2)}$$

试绘制其伯德图。

解：(1)为了避免绘图时出现错误，应把传递函数化为标准形式(惯性、一阶微分、振荡和二阶微分环节的常数项均为 1)，得

$$G(s)=\frac{3(0.5s+1)}{(2.5s+1)(0.025s+1)}$$

上式表明，系统由一个比例环节(K=3 亦为系统总增益)、一个导前环节、两个惯性环节串联组成。

(2)系统的频率特性为

$$G(\mathrm{j}\omega)=\frac{3(1+\mathrm{j}0.5\omega)}{(1+\mathrm{j}2.5\omega)(1+\mathrm{j}0.025\omega)}$$

(3)求各环节的转角频率 ω_T 。

惯性环节 $\frac{1}{1+\mathrm{j}2.5\omega}$ 的 $\omega_{T_1}=\frac{1}{2.5}=0.4$；

惯性环节 $\frac{1}{1+\mathrm{j}0.025\omega}$ 的 $\omega_{T_2}=\frac{1}{0.025}=40$；

导前环节 $1+\mathrm{j}0.5\omega$ 的 $\omega_{T_3}=\frac{1}{0.5}=2$ 。

注意：各环节的时间常数 T 的单位为 s/h，其倒数 $1/T=\omega_T$ 的单位为 s^{-1}。

(4)做各环节的对数幅频特性渐近线，如图 3.19 所示。

(5)对渐近线用误差修正曲线修正(本题省略这一步)

(6)除比例环节外，将各环节的对数幅频特性叠加得折线 a' 。

(7)将 a' 上移 9.5dB(等于 20lg3，是系统总增益的分贝数)，得系统对数幅频特性 a 。

(8) 做各环节的对数相频特性曲线，叠加后得系统的对数相频特性，如图 3.19 所示。

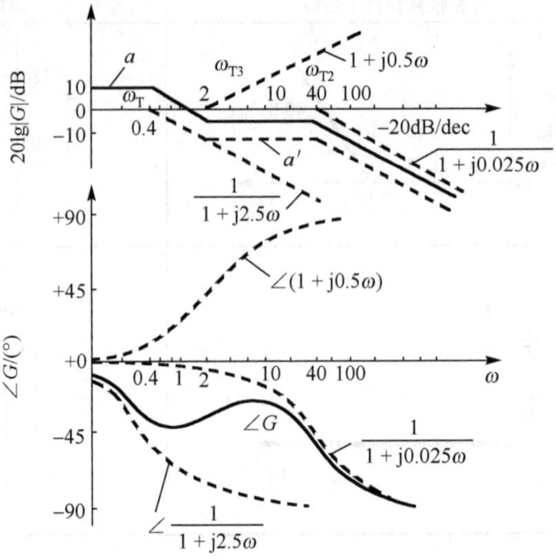

图 3.19　例 3.5 伯德图

3.2.4　频率特性的性能指标

在时间响应分析中，介绍了衡量过渡过程的一些时域性能指标。下面介绍在频域分析时要用到的一些有关频率的特征量或称频域性能指标，如图 3.20 所示。

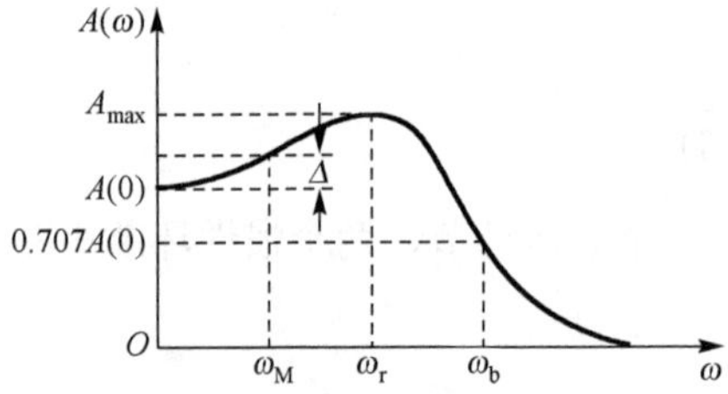

图 3.20　系统的频域性能指标

1. 零频值 $A(0)$

零频值 $A(0)$ 表示频率趋近于零时，系统输出幅值与输入幅值之比。在频率极低时，对单位反馈系统而言，若输出幅值能完全准确地反映输入幅值，则 $A(0)=1$。$A(0)$ 越接近于 1，系统的稳态误差越小。

2. 复现频率 ω_M 与复现带宽 $0\sim\omega_M$

若事先规定一个 Δ 作为反映低频响应的允许误差，那么 ω_M 就是幅频特性值与 $A(0)$ 的差第一次达到 Δ 时的频率值，称为复现频率。当频率超过 ω_M 时，输出就不能准确地“复现”输入，所以，$0\sim\omega_M$ 表征复现低频输入信号的带宽，称为复现带宽。

3. 谐振频率 ω_r 及相对谐振峰值 $M_r\left(\dfrac{A_{max}}{A(0)}\right)$

在 $A(0)=1$ 时，M_r 与 A_{max} 在数值上相同（A_{max} 为最大幅值）。一般在二阶系统中，希望选取 $M_r<1.4$，因为这时阶跃响应的最大超调量 $M_p<25\%$，系统能有较满意的过渡过程。由式 (3.29) 知，M_r 与 ξ 的关系是：ξ 越小，M_r 越大，因此，若 M_r 太大，即 ξ 太小，则 M_p 过大；若 M_r 太小，即 ξ 太大，则过渡过程时间 t_s 过长。因此，若既要减弱系统的振荡性能，又不失一定的快速性，只有适当地选取 M_r 值。

4. 截止频率 ω_b 和截止带宽 $0 \sim \omega_b$

一般规定 $A(\omega)$ 由 $A(0)$ 下降 3dB 时的频率，亦即 $A(\omega)$ 由 $A(0)$ 下降到 0.707 $A(0)$ 时的频率称为系统的截止频率，以 ω_b 表示。因为对单位反馈系统，$A(0)=1$ 时，有 20lg0.707=–3dB。截止频率的计算公式为

$$\begin{cases} \omega_b = \omega_n, & \xi > 0.707 \\ \omega_b = \omega_n\sqrt{1-2\xi^2+\sqrt{4\xi^4-4\xi^2+2}}, & \xi \leqslant 0.707 \end{cases} \tag{3.33}$$

频率 $0 \sim \omega_b$ 的范围称为系统的截止带宽或简称带宽。它表示超过此频率后，输出亦急剧衰减，跟不上输入，形成系统响应的截止状态。对于随动系统来说，系统的带宽表征系统允许工作的最高频率范围，若此带宽大，则系统的动态性能好。对于低通滤波器，希望带宽要小，即只允许频率较低的输入信号通过系统，而频率稍高的输入信号均被滤掉。对系统响应的快速而言，可以证明，带宽越大，响应的快速性越好，即过渡过程的调整时间越小。

3.3　单输入单输出系统根轨迹分析

根轨迹法是一种图解方法，可以直观地描述系统特征根在[s]平面上的分布，在工程实践中，特别是高阶系统和多回路系统的分析中应用广泛。

3.3.1　根轨迹定义

根轨迹就是闭环系统某一参数(如开环增益 K)由零至无穷大变化时，闭环系统特征根在[s]平面上移动的轨迹。系统特性主要取决于其特征根在复平面上的分布，所以可以通过根轨迹研究系统特性随参数变化而变化的规律，这种方法称为根轨迹法。

系统开环传递函数是组成系统向前通道和反馈通道各串联环节传递函数的乘积，在复数域内其分子和分母均可写为 s 的一次因式的积，可以直接从系统开环传递函数得到系统开环零点和极点，于是 Evans 在 1948 年提出根据开环零点和极点绘制闭环系统根轨迹的方法，为手工绘制根轨迹提供了方便，建立了经典控制理论的根轨迹法。当然，如今可以应用 MATLAB 软件提供的根轨迹函数方便而准确地绘制出所需要的根轨迹。

例 3.6　某一单位负反馈系统的开环传递函数为

$$G(s) = \frac{K}{s(0.5s+1)}$$

试绘出当系统的开环增益 $K = 0 \to \infty$ 的根轨迹，并根据根轨迹分析系统特性。

解： 由于该系统是二阶系统，可以直接解出系统两个特征根的解析表达式，有了特征根的解析表达式就可以方便地画出系统的根轨迹。为此，首先写出系统特征方程为

$$1 + G(s) = s^2 + 2s + 2K = 0$$

其根为 $s_1 = -1+\sqrt{1-2K}$, $s_2 = -1-\sqrt{1-2K}$ 。

当 $K=0$ 时，$s_1 = 0$，$s_2 = -2$；

当 $K=0.5$ 时，$s_1 = -1$，$s_2 = -1$；

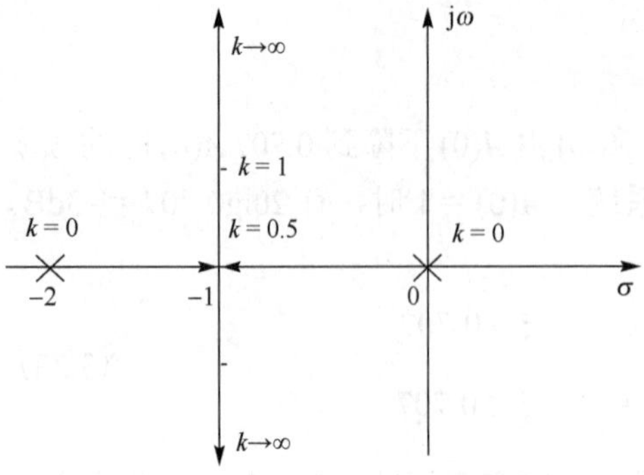

图 3.21 二阶系统的根轨迹

当$K=1$时，$s_1=-1+\mathrm{j}$，$s_2=-1-\mathrm{j}$；

当$K=\infty$时，$s_1=-1+\mathrm{j}\infty$，$s_2=-1-\mathrm{j}\infty$。

显然，当系统的开环增益$K=0\to\infty$变化时，系统的特征根在复平面上随之变化而形成根轨迹。此二阶系统的根轨迹如图 3.21 所示。

有了根轨迹，就可以分析系统性能随开环增益变化的规律。

(1) 当开环增益 K 由 $0\to\infty$时，根轨迹均在[s]平面左半部，因此，对于任何 K 值，系统都是稳定的。

(2) 当 $0<K<0.5$ 时，闭环特征根为负实根，系统呈过阻尼状态，其阶跃响应为非周期衰减，响应速度慢，没有超调。

(3) 当 $K=0.5$ 时，系统处于临界阻尼状态，响应速度较过阻尼状态快，仍没有超调。

(4) 当 $K>0.5$ 时，其根为共轭复数，系统呈欠阻尼状态，其阶跃响应为振荡衰减。当$k=1$时特征根为$s_{1,2}=-1\pm\mathrm{j}$，系统具有最佳阻尼比$\xi=0.707$。随着 K 值的增大系统响应速度快，但超调增大，过大的 K 值对系统稳定性不利。

由此例可见，绘出系统的根轨迹后，就可以看出系统特征根随 K 值变化的情况，进而可知系统特性随 K 值变化的情况。我们也可以根据对系统特性的要求选择特征根的位置从而确定 K 值的大小，为调试系统提供理论依据，这就是研究根轨迹法的意义。

3.3.2 根轨迹的幅值条件和相角条件

为了可靠地绘制系统的根轨迹，首先应明确给出根轨迹上的点应满足的条件。根据定义，根轨迹上的任意一点都必须满足系统的特征方程

$$1+H(s)G(s)=0$$

由此方程得

$$H(s)G(s)=-1 \tag{3.34}$$

由式(3.34)两边幅值和相角分别相等可得

$$|H(s)G(s)|=1 \tag{3.35}$$

$$\angle H(s)G(s)=\pm180^\circ(2k+1),\qquad k=0,1,2,\cdots \tag{3.36}$$

式(3.35)、式(3.36)分别为根轨迹的幅值条件和相角条件。在[s]平面上，凡是同时满足这两个条件的点就是系统特征根，就必定在根轨迹上，所以这两个条件是绘制根轨迹的重要依据。

由于系统开环传递函数是组成系统向前通道和反馈通道各串联环节传递函数的乘积，所以在复数域内其分子和分母均可写为 s 的一次因式积的形式

$$H(s)G(s)=\frac{K_{\mathrm{g}}\prod_{j=1}^{m}(s-z_j)}{\prod_{i=1}^{n}(s-p_i)} \tag{3.37}$$

其中，K_{g}为根轨迹增益；z_j和p_i分别为系统的开环零点和极点，在经典控制理论中主要根据它们绘制根轨迹。

将式(3.37)分别代入式(3.35)和式(3.36)中，得根轨迹的幅值条件和相角条件的具体表达式为

$$\frac{K_g \prod_{j}^{m} |s - z_j|}{\prod_{i}^{n} |s - p_i|} = 1 \tag{3.38}$$

$$\sum_{j=1}^{m} \angle(s - z_j) - \sum_{i=1}^{n} \angle(s - p_i) = \pm 180^\circ (2k+1), \qquad k = 0,1,2,\cdots \tag{3.39}$$

由于根轨迹增益 K_g 可以在 $0 \to \infty$ 的范围内任意取值，所以在[s]平面内任意一点，只要满足式(3.39)表示的相角条件，就可以通过调节 K_g 的大小使其同时满足式(3.38)表示的幅值条件。因此可以利用式(3.39)绘制根轨迹图，利用式(3.38)确定对应的根轨迹增益 K_g，这样就可以利用系统开环零点和开环极点绘制闭环根轨迹了。

3.3.3　绘制根轨迹的基本规则

根据闭环系统特征根的特点和根轨迹的相角条件与幅值条件，总结出绘制根轨迹时应遵循的基本规则，参照这些规则绘制根轨迹将简化绘制过程，提高绘制精度及可靠性。

1. 规则一：根轨迹的条数

n 阶系统的特征方程为 n 次方程，有 n 个根。当 K_g 在 $0 \to \infty$ 的范围内连续变化时，这 n 个根在复平面上也将连续变化，形成 n 条根轨迹，所以根轨迹的条数等于系统阶数。

2. 规则二：根轨迹的对称性

系统特征根不是实数就是成对的共轭复数，而共轭复数对称于实轴，所以由特征根形成的根轨迹必定对称于实轴。

3. 规则三：根轨迹的起点和终点

根据根轨迹的幅值条件式(3.38)可知，当 $K_g = 0$ 时，只有当 $s = p_i \ (i = 1, 2, \cdots, n)$ 时式(3.38)才能成立，所以根轨迹始于 p_i 点，而 p_i 为系统开环极点，可见系统的 n 条根轨迹始于系统的 n 个开环极点。

而当 $K_g \to \infty$ 时，只有当 $s = z_j (j = 1, 2, \cdots, m)$ 时式(3.38)才能成立，所以根轨迹终止于点 z_j，而 z_j 为系统开环零点，可见系统有 m 条根轨迹的终点为系统的 m 个开环零点。

4. 规则四：实轴上的根轨迹

在实轴的某一段上存在根轨迹的条件为：在这一线段右侧的开环极点与开环零点的个数之和为奇数。

例 3.7　设系统的开环传递函数为

$$G_k(s) = \frac{K(s+0.5)}{s^2(s+1)(s+5)(s+20)}$$

试求实轴上的根轨迹。

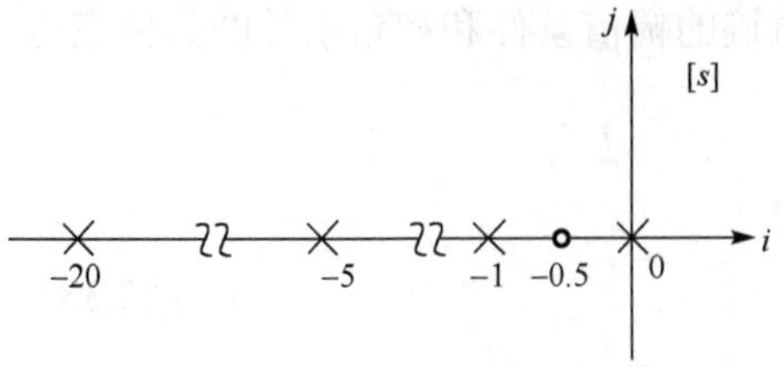

图 3.22　系统开环零极点分布

解：系统的开环零点为−0.5，开环极点为−1，−5，−20 和原点（双重极点），如图 3.22 所示。

由图可见，实轴右侧零极点数之和为奇数的区间为[−20，−5]、[−1，−0.5]。

5. 规则五：根轨迹的渐近线

如果开环零点个数 m 小于开环极点个数 n，则系统根轨迹增益 $K_g \to \infty$ 时，共有 $n-m$ 条根轨迹趋向无穷远处，它们的方位可由渐近线决定。

(1) 根轨迹中 $n-m$ 条趋向无穷远处的分支的渐近线倾角

$$\varphi = \pm\frac{180^\circ(2k+1)}{n-m}, \qquad k = 0,1,2,\cdots,n-m-1 \tag{3.40}$$

(2) 根轨迹中 ($n-m$) 条趋向无穷远处的分支的渐近线与实轴的交点坐标为 $(\sigma_a, \mathrm{j}0)$，其中

$$\sigma_a = -\frac{\sum_{i=1}^{n} p_i - \sum_{j=1}^{m} z_j}{n-m} \tag{3.41}$$

例 3.8　已知四阶系统的特征方程为

$$1+G(s)H(s) = 1+\frac{K_g(s+1)}{s(s+2)(s+4)^2} = 0$$

试大致绘制根轨迹。

解：先在复平面上表示出开环零、极点的位置，极点用“×”表示，零点用“。”表示，并根据实轴上根轨迹的确定方法绘制系统在实轴上的根轨迹，如图 3.23(a) 所示。

根据式 (3.41) 和题目给出的特征方程确定系统渐近线与实轴的交点和夹角如下

$$\sigma = \frac{(-2)+2(-4)-(-1)}{4-1} = -3$$

$$\varphi_{\mathrm{a}1} = 60^\circ(k=0)\text{，}\quad \varphi_{\mathrm{a}2} = 180^\circ(k=1)\text{，}\quad \varphi_{\mathrm{a}3} = 300^\circ(k=2)$$

结合实轴上的根轨迹，绘制系统根轨迹如图 3.23(b) 所示。

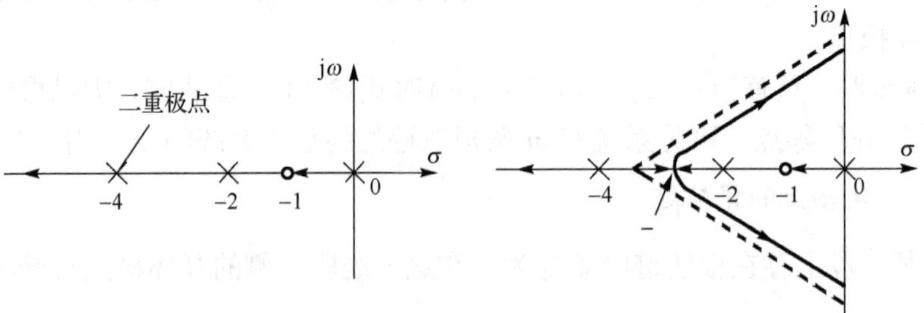

(a)　　(b)

图 3.23　根轨迹图

6. 规则六：确定根轨迹与虚轴的交点

根轨迹与虚轴相交，说明控制系统有位于虚轴上的闭环极点，即特征方程含有纯虚数的根。将 $s = \mathrm{j}\omega$ 代入特征方程 (3.34) 则有

$$1+G(\mathrm{j}\omega)H(\mathrm{j}\omega)=0$$

将上式分解为实部和虚部两个方程。即

$$\begin{cases}\mathrm{Re}\left[1+G(\mathrm{j}\omega)H(\mathrm{j}\omega)\right]=0\\ \mathrm{Im}\left[1+G(\mathrm{j}\omega)H(\mathrm{j}\omega)\right]=0\end{cases} \tag{3.42}$$

解式(3.42)，就可以求得根轨迹与虚轴的交点坐标 ω，以及此交点相对应的 K_g。

例 3.9　求例 3.8 中给出特征方程的系统根轨迹与虚轴的交点坐标。

解：将 $s=\mathrm{j}\omega$ 代入特征方程，得出的系统的特征方程

$$\omega^4-\mathrm{j}10\omega^3-32\omega^2+\mathrm{j}(32+K_g)\omega+K_g=0$$

写出实部和虚部方程

$$\omega^4-32\omega^2+K_g=0$$

$$10\omega^3-(32+K_g)\omega=0$$

由此求得根轨迹与虚轴的交点坐标为 $\omega_{12}=\pm4.834$，即 $(0,\ \pm\mathrm{j}4.834)$，相应的 $K_g=201.68$。

7. 规则七：根轨迹的出射角和入射角

所谓根轨迹的出射角(或入射角)，指的是根轨迹离开开环复数极点处(或进入开环复数零点处)的切线方向与实轴正方向的夹角。图 3.24 中的 θ_{p_1}，θ_{p_2} 为出射角，θ_{z_1}、θ_{z_2} 为入射角。

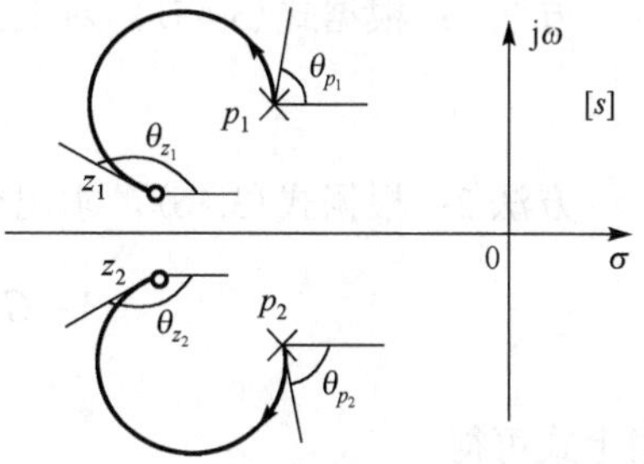

图 3.24　根轨迹出射角和入射角

由于根轨迹的对称性，对应于同一对极点(或零点)的出射点(或入射点)互为相反数。因此，在图中有 $\theta_{p_1}=-\theta_{p_2}$，$\theta_{z_1}=-\theta_{z_2}$。由相角条件可以推出如下根轨迹出射角和入射角的计算公式。

根轨迹从复数极点 p_r 出发的出射角为

$$\theta_{p_r}=\pm180^\circ(2k+1)-\sum_{j=1,j\neq r}^{n}\arg(p_r-p_j)+\sum_{i=1}^{m}\arg(p_r-z_i) \tag{3.43}$$

根轨迹到达复数零点 z_r 的入射角为

$$\theta_{z_r}=\pm180^\circ(2k+1)+\sum_{j=1}^{n}\arg(z_r-p_j)-\sum_{i=1,i\neq r}^{m}\arg(z_r-z_i) \tag{3.44}$$

其中，$\arg(\bullet)$ 为复数的相角(幅角)。

8. 规则八：根轨迹上的分离点坐标

根轨迹上的分离点：有两条或两条以上的根轨迹分支在 s 平面上相遇又立即分开的点。可见，分离点就是特征方程出现重根的点。分离点的坐标 d 可用下列方程之一解得

$$\frac{\mathrm{d}}{\mathrm{d}s}[G(s)H(s)]=0 \tag{3.45}$$

$$\frac{\mathrm{d}K_g}{\mathrm{d}s}=0 \tag{3.46}$$

其中
$$K_g = -\frac{\prod_{j=1}^{n}(s - p_j)}{\prod_{i=1}^{m}(s - z_i)} \tag{3.47}$$

$$\sum_{j=1}^{m}\frac{1}{d - z_j} = \sum_{i=1}^{n}\frac{1}{d - p_i} \tag{3.48}$$

根据根轨迹的对称性法则，根轨迹的分离点一定在实轴上或以共轭形式成对出现在复平面上。

例 3.10　已知系统开环传递函数

$$G(s)H(s) = \frac{K_g(s+1)}{s^2 + 3s + 3.25}$$

试求系统闭环根轨迹分离点坐标。

解：
$$G(s)H(s) = \frac{K_g(s+1)}{s^2 + 3s + 3.25} = \frac{K_g(s+1)}{(s+1.5+\mathrm{j})(s+1.5-\mathrm{j})}$$

方法 1：根据式(3.45)，对上式求导，即 $\frac{\mathrm{d}}{\mathrm{d}s}[G(s)H(s)] = 0$，可得

$$d_1 = -2.12, \qquad d_2 = 0.12$$

方法 2：根据式(3.46)，求出闭环系统特征方程

$$1 + G(s)H(s) = 1 + \frac{K_g(s+1)}{s^2 + 3s + 3.25} = 0$$

由上式可得
$$K_g = -\frac{s^2 + 3s + 3.25}{s+1}$$

对上式求导，即 $\frac{\mathrm{d}K_g}{\mathrm{d}s} = 0$，可得

$$d_1 = -2.12, \qquad d_2 = 0.12$$

方法 3：根据式(3.48)有

$$\frac{1}{d+1.5+\mathrm{j}} + \frac{1}{d+1.5-\mathrm{j}} = \frac{1}{d+1}$$

解此方程得

$$d_1 = -2.12, \qquad d_2 = 0.12$$

d_1 在根轨迹上，即为所求的分离点，d_2 不在根轨迹上，则舍弃。此系统根轨迹如图 3.25 所示。

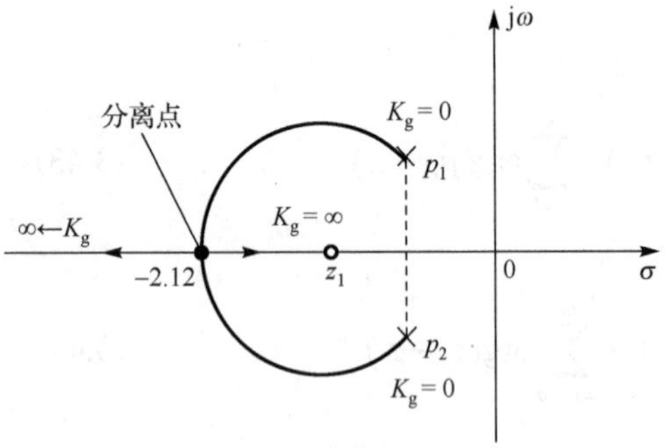

图 3.25　根轨迹图

以上介绍了八条绘制根轨迹的一般规则。为了熟练应用上述八条规则，并能绘制复杂系统根轨迹，下面再举一例说明如何绘制一个复杂系统的完整根轨迹图。

例 3.11　设系统的开环传递函数为

$$G(s)H(s) = \frac{K_1}{6s\left(\frac{1}{3}s+1\right)\left(\frac{1}{2}s^2+s+1\right)}$$

试绘制概略根轨迹图。

解：由题所示，系统的开环增益为 $K=\dfrac{K_1}{6}$。将开环传递函数化为式(3.37)的形式，即

$$G(s)H(s)=\frac{K_1}{s(s+3)(s^2+2s+2)}=\frac{K_1}{s(s+3)(s+1+\mathrm{j})(s+1-\mathrm{j})}$$

容易得出根轨迹增益为 $K_g=K_1$，则根轨迹增益和开环增益的关系为 $K=\dfrac{K_g}{6}$。

根轨迹绘制步骤如下。

(1)根据上式求出系统的开环极点为 $p_1=0$，$p_2=-3$，$p_{3,4}=-1\pm\mathrm{j}$，开环极点数为 $n=4$，开环零点数为 $m=0$。这些开环零、极点如图 3.26 所示分布于复平面[s]上。

由于开环极点数为 $n=4$，故根据规则一，根轨迹有四条分支。当 $K_g=K=0$ 时，四条根轨迹分支分别从四个开环极点出发，当 $K_g\to\infty$ 时，四条根轨迹均趋于无穷远处(即无限开环零点处)。

(2)根据规则四，在实轴上取试验点，确定实轴上的根轨迹。在开环极点 $p_1=0$ 和 $p_2=-3$ 之间的那段实轴的右侧，零、极点数之和为奇数，则这段实轴上存在根轨迹，如图 3.26 所示。

(3)根据规则五，确定渐近线。

四条根轨迹渐近线与实轴的交点坐标及交角分别为

$$\sigma_a=\frac{\sum_{i=1}^{4}p_i}{n-m}=\frac{-5}{4}=-1.25$$

$$\varphi_{aq}=\frac{(-2q-1)\pi}{n-m},\qquad q=1,\ 2,\ 3,\ 4$$

即 $\varphi_{a1}=\dfrac{\pi}{4}$，$\varphi_{a2}=\dfrac{3\pi}{4}$，$\varphi_{a3}=\dfrac{5\pi}{4}$，$\varphi_{a4}=\dfrac{7\pi}{4}$。

(4)根据规则八，确定根轨迹在实轴上的分离的坐标

$$\sum_{i=1}^{4}\frac{1}{s-p_i}=\frac{1}{s}+\frac{1}{s+3}+\frac{1}{s+1+\mathrm{j}}+\frac{1}{s+1-\mathrm{j}}=0$$

解方程得 $s=-2.3$，$s=0.725\pm\mathrm{j}0.365$。验证这些分离点是否存在，即看其是否在实轴的根轨迹上。因为在开环极点 $p_1=0$ 和 $p_2=-3$ 之间存在根轨迹，所以分离点坐标应为 $s=-2.3$。

(5)根据规则七，确定根轨迹的出射角。四条根轨迹的四个出射角为

$$\begin{aligned}\theta_{p_1}&=180^\circ+\left(0-\sum_{j=2}^{4}\theta_{p_jp_1}\right)\\&=180^\circ-(\theta_{p_2p_1}+\theta_{p_3p_1}+\theta_{p_4p_1})\\&=180^\circ-\left[\arctan\frac{0-0}{0-(-3)}+\arctan\frac{0-1}{0-(-1)}+\arctan\frac{0-(-1)}{0-(-1)}\right]\\&=180^\circ\end{aligned}$$

$$\begin{aligned}\theta_{p_2}&=180^\circ+\left(0-\sum_{\substack{j=2\\j\neq 2}}^{4}\theta_{p_jp_2}\right)\\&=180^\circ-(\theta_{p_1p_2}+\theta_{p_3p_2}+\theta_{p_4p_2})\end{aligned}$$

$$
\begin{aligned}
&= 180° - \left[\arctan\frac{0-0}{-3-0} + \arctan\frac{0-1}{-3-(-1)} + \arctan\frac{0-(-1)}{-3-(-1)}\right] \\
&= 0°
\end{aligned}
$$

$$
\begin{aligned}
\theta_{p_3} &= 180° + \left(0 - \sum_{\substack{j=2 \\ j\neq 3}}^{4} \theta_{p_j p_3}\right) \\
&= 180° - (\theta_{p_1p_3} + \theta_{p_2p_3} + \theta_{p_4p_3}) \\
&= 180° - \left[\arctan\frac{1-0}{-1-0} + \arctan\frac{1-0}{-1-(-3)} + \arctan\frac{1-(-1)}{-1-(-1)}\right] \\
&= 180° - (135° + 26.6° + 90°) \\
&= -71.6°
\end{aligned}
$$

因为根轨迹存在于实轴，故$\theta_{p_4} = +71.6°$。以上方法为计算法。用作图法可量得$\theta_{p_1p_3} = 135°$，$\theta_{p_2p_3} = 26.6°$，$\theta_{p_4p_3} = 90°$。这和计算结果是一样的。

(6) 根据规则六，确定根轨迹与虚轴的交点。将$s = \mathrm{j}\omega$代入闭环特征方程$1 + G(s)H(s) = 0$得

$$
\omega^4 - 5\mathrm{j}\omega^3 - 8\omega^2 + 6\mathrm{j}\omega + K_1 = 0，则
$$

$$
\begin{cases}
6\omega - 5\omega^3 = 0 \\
\omega^4 - 8\omega^2 + K_1 = 0
\end{cases}
$$

求得与虚轴交点为$s = \pm\mathrm{j}1.1$，与之对应的根轨迹增益为$K_{\mathrm{g}} = \dfrac{204}{25}$。

(7) 对于根轨迹曲线部分的绘制，可在原点附近取试验点，如果其满足相角条件，则在根轨迹上。

根据以上各项，可绘出概略根轨迹图，如图 3.26 所示。

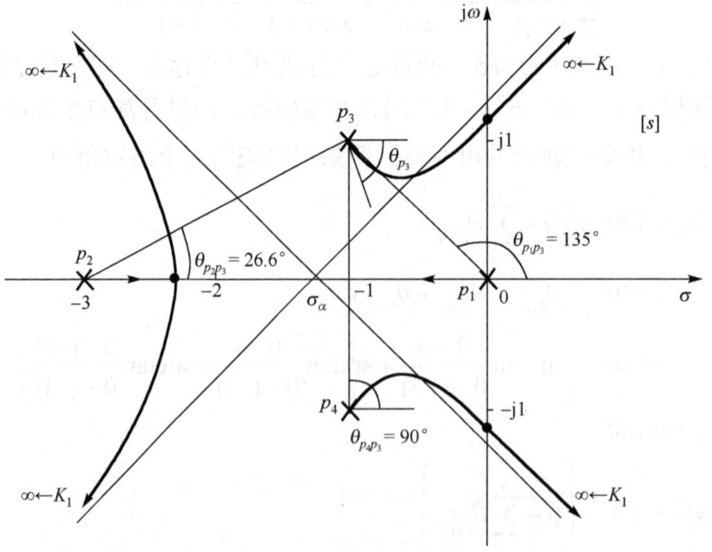

图 3.26　例 3.11 根轨迹图

3.3.4　根轨迹与系统性能的关系

利用根轨迹图，了解系统闭环极点的分布情况，可分析系统很多性能，如图 3.27 所示。

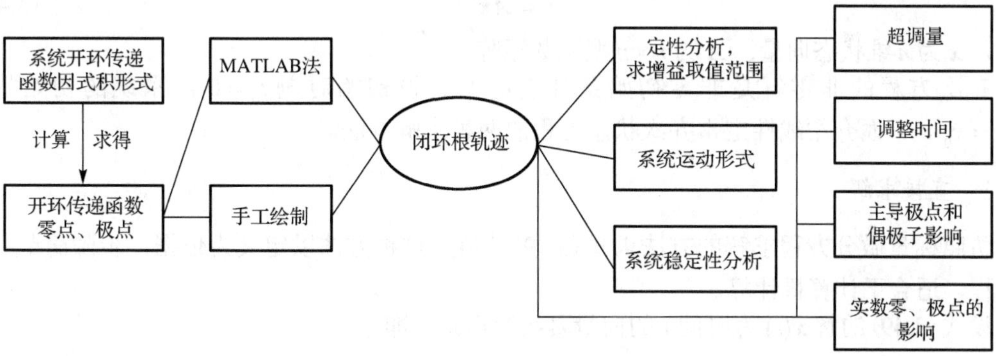

图 3.27　根轨迹法分析系统性能

(1) 确定增益取值范围。根据系统特征根随增益的变化规律，引入闭环极点，依据对系统性能的具体要求，确定增益的取值范围。

(2) 运动形式。如果根轨迹图中无闭环零点，且闭环极点皆为实数，则时间响应一定是单调的；如果闭环极点皆为复数，则系统时间响应为振荡的。

(3) 稳定性分析。如闭环极点全部位于左半部，则系统是稳定的；反正，为不稳定的。还可利用根轨迹和虚轴的交点确定系统的临界稳定参数。根据在坐标原点处的开环极点数可确定系统为几次型，指定闭环极点的开环增益，根据稳态误差与结构参数之间的关系，还可确定系统的动态性能。

(4) 超调量。主要取决于闭环复数主导极点的衰减率 $\dfrac{\xi}{\sqrt{1-\xi^2}}$，并与其他闭环零、极点接近坐标原点的程度有关。

(5) 调整时间。主要取决于闭环复数主极点的实部绝对值；若实数极点距虚轴最近，且附近没有零点，则调整时间主要取决于实数极点的模值。

(6) 主导极点和偶极子的影响。凡实部比主导极点实部大 5 倍以上的其他闭环零、极点对系统的影响可忽略。远离原点的偶极子，其影响可忽略；接近原点的偶极子，其影响必须考虑。

(7) 实数零、极点的影响。若除主导极点外，系统还有若干实数零、极点，则存在零点会减小系统阻尼，使响应加快，增加超调量；存在极点则相反。它们的作用强弱与其接近原点的程度有关。

3.4　多输入多输出系统时域分析

现代控制理论是建立在用状态空间表达式描述系统基础上的，可以通过系统的可控性和可观测性来判断最优控制问题解的存在性。其中，可控性指的是控制作用对被控系统状态进行控制的可能性，可观测性则反映由系统输出的量值确定系统状态的可能性。

3.4.1 线性定常齐次状态方程的解

如果系统的输入向量为零向量，所对应的状态方程为齐次方程：

$$\dot{\boldsymbol{x}} = \boldsymbol{A}\boldsymbol{x} \tag{3.49}$$

其中，$\boldsymbol{x}$ 为 n 维状态向量；$\boldsymbol{A}$ 为 $n\times n$ 型系数矩阵。

齐次方程的非零解是非零初始条件引起的。设初始时刻 $t_0=0$，系统的初始状态 $\boldsymbol{x}|_{t=0}=\boldsymbol{x}_0$。下面介绍线性定常齐次状态方程的两种求解方法。

1. 直接求解

仿照标量微分方程求解的方法求式(3.49)的解。这种方法以定义为依据，步骤简单，便于编程，适合于计算机计算。

设式(3.49)的解 $\boldsymbol{x}(t)$ 为时间 t 的向量幂级数形式，即

$$\boldsymbol{x}(t) = \boldsymbol{b}_0 + \boldsymbol{b}_1 t + \boldsymbol{b}_2 t^2 + \cdots + \boldsymbol{b}_k t^k + \cdots \tag{3.50}$$

其中，$\boldsymbol{b}_i\ (i=1,2,\cdots)$ 为 n 维待定向量。当 $t=0$ 时

$$\boldsymbol{x} = \boldsymbol{x}_0 = \boldsymbol{b}_0 \tag{3.51}$$

式(3.51)说明，变量的初始值是解中的常数项。

将式(3.50)代入原方程式(3.49)得

$$\boldsymbol{b}_1 + 2\boldsymbol{b}_2 t + 3\boldsymbol{b}_3 t^2 + \cdots + k\boldsymbol{b}_k t^{k-1} + \cdots = \boldsymbol{A}(\boldsymbol{b}_0 + \boldsymbol{b}_1 t + \boldsymbol{b}_2 t^2 + \cdots) \tag{3.52}$$

由于式(3.52)对于所有的时间 t 都成立，所以式(3.52)两边 t 的同次幂的系数相等，得

$$\begin{aligned}
\boldsymbol{b}_0 &= \boldsymbol{x}_0 \\
\boldsymbol{b}_1 &= \boldsymbol{A}\boldsymbol{b}_0 = \boldsymbol{A}\boldsymbol{x}_0 \\
\boldsymbol{b}_2 &= \frac{1}{2}\boldsymbol{A}\boldsymbol{b}_1 = \frac{1}{2!}\boldsymbol{A}^2\boldsymbol{x}_0 \\
\boldsymbol{b}_3 &= \frac{1}{3}\boldsymbol{A}\boldsymbol{b}_2 = \frac{1}{3!}\boldsymbol{A}^3\boldsymbol{x}_0 \\
&\vdots \\
\boldsymbol{b}_k &= \frac{1}{k}\boldsymbol{A}\boldsymbol{b}_k = \frac{1}{k!}\boldsymbol{A}^k\boldsymbol{x}_0
\end{aligned} \tag{3.53}$$

把上面求出的系数代入式(3.50)中，得

$$\boldsymbol{x}(t) = \left(\boldsymbol{I} + \boldsymbol{A}t + \frac{1}{2!}\boldsymbol{A}^2t^2 + \frac{1}{3}\boldsymbol{A}^3t^3 + \cdots + \frac{1}{k!}\boldsymbol{A}^kt^k + \cdots\right)\boldsymbol{x}_0 \tag{3.54}$$

对于 $n\times n$ 型方阵 $\boldsymbol{A}$，定义矩阵指数如下

$$\mathrm{e}^{\boldsymbol{A}t} = \boldsymbol{I} + \boldsymbol{A}t + \frac{1}{2!}\boldsymbol{A}^2t^2 + \frac{1}{3!}\boldsymbol{A}^3t^3 + \cdots + \frac{1}{k!}\boldsymbol{A}^kt^k + \cdots \tag{3.55}$$

所以式(3.54)可写为

$$\boldsymbol{x}(t) = \mathrm{e}^{\boldsymbol{A}t}\boldsymbol{x}_0 \tag{3.56}$$

如果初始时刻 $t_0\neq 0$，初始状态为 $\boldsymbol{x}(t_0)$，则齐次状态方程的解为

$$\boldsymbol{x}(t) = \mathrm{e}^{\boldsymbol{A}(t-t_0)}\boldsymbol{x}(t_0) \tag{3.57}$$

式(3.57)是式(3.49)的解的正确性可以通过证明式(3.57)满足方程(3.49)及初始条件$\boldsymbol{x}(t_0)$加以证明。

因为
$$\dot{\boldsymbol{x}}(t)=\frac{\mathrm{d}}{\mathrm{d}t}\boldsymbol{x}(t)=\boldsymbol{A}\mathrm{e}^{\boldsymbol{A}(t-t_0)}\boldsymbol{x}(t_0)=\boldsymbol{A}\boldsymbol{x}(t) \tag{3.58}$$

和
$$\boldsymbol{x}(t)\big|_{t=t_0}=\mathrm{e}^{\boldsymbol{A}(t-t_0)}\boldsymbol{x}(t_0)\big|_{t=t_0}=\boldsymbol{x}(t_0) \tag{3.59}$$

故$\boldsymbol{x}(t)=\mathrm{e}^{\boldsymbol{A}(t-t_0)}\boldsymbol{x}(t_0)$是$\dot{\boldsymbol{x}}=\boldsymbol{A}\boldsymbol{x}$满足$\boldsymbol{x}(t)\big|_{t=t_0}=\boldsymbol{x}(t_0)$的解。

由式(3.57)可知，系统在状态空间中任一时刻t的状态$\boldsymbol{x}(t)$，可视为系统的初始状态$\boldsymbol{x}(t_0)$通过矩阵指数函数$\mathrm{e}^{\boldsymbol{A}(t-t_0)}$的转移而得到的。因此，矩阵指数函数$\mathrm{e}^{\boldsymbol{A}(t-t_0)}$又称为状态转移矩阵，记成$\boldsymbol{\Phi}(t-t_0)$。

由于系统没有输入向量，系统的运动$\boldsymbol{x}(t)$是由系统初始状态$\boldsymbol{x}(t_0)$激励的。因此系统的运动称为自由运动。而自由运动轨线的形态是由$\mathrm{e}^{\boldsymbol{A}(t-t_0)}$决定的，即是由$\boldsymbol{A}$矩阵唯一决定的。很显然，$\mathrm{e}^{\boldsymbol{A}(t-t_0)}$包含了系统自由运动形态的全部信息，完全表征了系统自由运动的动态特征。

例 3.12　线性定常系统齐次状态方程为
$$\dot{\boldsymbol{x}}=\begin{bmatrix}0 & 1\\ -2 & -3\end{bmatrix}\boldsymbol{x}\text{，且 }\boldsymbol{x}_0=\begin{bmatrix}1\\ 0\end{bmatrix}$$
试求齐次状态方程的解。

解：将$\boldsymbol{A}$阵代入式(3.55)，即
$$\begin{aligned}\mathrm{e}^{\boldsymbol{A}t}&=I+\boldsymbol{A}t+\frac{1}{2!}\boldsymbol{A}^2t^2+\frac{1}{3!}\boldsymbol{A}^3t^3+\cdots\\&=\begin{bmatrix}1 & 0\\ 0 & 1\end{bmatrix}+\begin{bmatrix}0 & 1\\ -2 & -3\end{bmatrix}t+\frac{1}{2!}\begin{bmatrix}0 & 1\\ -2 & -3\end{bmatrix}^2t^2+\frac{1}{3!}\begin{bmatrix}0 & 1\\ -2 & -3\end{bmatrix}^3t^3+\cdots\\&=\begin{bmatrix}1-t^2+t^3-\cdots & t-\dfrac{3t^2}{2}+\dfrac{7t^3}{6}-\cdots\\ -2t+3t^2-\dfrac{7t^3}{3}+\cdots & 1-3t+\dfrac{7t^2}{2}-\dfrac{5t^3}{2}+\cdots\end{bmatrix}\end{aligned}$$

所以，
$$\boldsymbol{x}(t)=\mathrm{e}^{\boldsymbol{A}t}\boldsymbol{x}_0=\begin{bmatrix}1-t^2+t^3-\cdots & t-\dfrac{3t^2}{2}+\dfrac{7t^3}{6}-\cdots\\ -2t+3t^2-\dfrac{7t^3}{3}+\cdots & 1-3t+\dfrac{7t^2}{2}-\dfrac{5t^3}{2}+\cdots\end{bmatrix}\begin{bmatrix}1\\ 0\end{bmatrix}=\begin{bmatrix}1-t^2+t^3-\cdots\\ -2t+3t^2-\dfrac{7t^3}{3}+\cdots\end{bmatrix}$$

2. 利用拉普拉斯变换求解

这种方法实际上是用拉普拉斯变换法来求齐次状态方程的解。

对式(3.49)两边取拉普拉斯变换得
$$s\boldsymbol{X}(s)-\boldsymbol{x}_0=\boldsymbol{A}\boldsymbol{X}(s) \tag{3.60}$$

所以
$$\boldsymbol{X}(s)=(s\boldsymbol{I}-\boldsymbol{A})^{-1}\boldsymbol{x}_0 \tag{3.61}$$

对式(3.61)取拉普拉斯逆变换得
$$\boldsymbol{x}(t)=L^{-1}[(s\boldsymbol{I}-\boldsymbol{A})^{-1}]\boldsymbol{x}_0 \tag{3.62}$$

式(3.56)和式(3.62)都是微分方程的解，由解的唯一性得

$$e^{At} = L^{-1}[(s\boldsymbol{I}-\boldsymbol{A})^{-1}] \tag{3.63}$$

例 3.13　试用拉普拉斯变换法求系统矩阵 $\boldsymbol{A}=\begin{bmatrix}0 & 1\\ -2 & -3\end{bmatrix}$ 的矩阵指数 e^{At} 。

解：由 $(s\boldsymbol{I}-\boldsymbol{A})=\begin{bmatrix}s & -1\\ 2 & s+3\end{bmatrix}$，得

$$(s\boldsymbol{I}-\boldsymbol{A})^{-1}=\frac{(s\boldsymbol{I}-\boldsymbol{A})^*}{|s\boldsymbol{I}-\boldsymbol{A}|}=\frac{1}{s(s+3)+2}\begin{bmatrix}s+3 & 1\\ -2 & s\end{bmatrix}=\begin{bmatrix}\dfrac{s+3}{(s+1)(s+2)} & \dfrac{1}{(s+1)(s+2)}\\ \dfrac{-2}{(s+1)(s+2)} & \dfrac{s}{(s+1)(s+2)}\end{bmatrix}$$

由此便得

$$e^{At}=L^{-1}\begin{bmatrix}\dfrac{2}{s+1}-\dfrac{1}{s+2} & \dfrac{1}{s+1}-\dfrac{1}{s+2}\\ -\dfrac{2}{s+1}+\dfrac{2}{s+2} & -\dfrac{1}{s+1}+\dfrac{2}{s+2}\end{bmatrix}=\begin{bmatrix}2e^{-t}-e^{-2t} & e^{-t}-e^{-2t}\\ -2e^{-t}+2e^{-2t} & -e^{-t}+2e^{-2t}\end{bmatrix}$$

3.4.2　矩阵指数

对于 $n\times n$ 型方阵 $\boldsymbol{A}$，矩阵指数的定义式为

$$e^{At}=\boldsymbol{I}+\boldsymbol{A}t+\frac{1}{2!}\boldsymbol{A}^2t^2+\frac{1}{3!}\boldsymbol{A}^3t^3+\cdots+\frac{1}{k!}\boldsymbol{A}^kt^k+\cdots \tag{3.64}$$

1. 矩阵指数的一般性质

矩阵指数在解状态方程中起重要作用，它有如下性质。

性质 1：设 t 和 τ 为独立的自变量，则有

$$e^{At}\cdot e^{A\tau}=e^{A(t+\tau)} \tag{3.65}$$

性质 2：$e^{A0}=\boldsymbol{I}$　(3.66)

性质 3：$e^{At}\cdot e^{-At}=\boldsymbol{I}$，亦即 $e^{-At}=[e^{At}]^{-1}$　(3.67)

性质 4：矩阵指数 e^{At} 对时间 t 求导一次，有

$$\frac{d}{dt}e^{At}=\boldsymbol{A}e^{At}=e^{At}\boldsymbol{A} \tag{3.68}$$

性质 4 的结论表明，矩阵 $\boldsymbol{A}$ 和与之对应的矩阵指数 e^{At} 是可以交换的。且可用来从给定的 e^{At} 矩阵中求出系统矩阵 $\boldsymbol{A}$，即

$$\boldsymbol{A}=[e^{At}]^{-1}\cdot\frac{d}{dt}e^{At}=e^{-At}\cdot\frac{d}{dt}e^{At} \tag{3.69}$$

例 3.14　已知某系统的矩阵指数为 $e^{At}=\begin{bmatrix}1 & \dfrac{1-e^{-2t}}{2}\\ 0 & e^{-2t}\end{bmatrix}$，试求系统矩阵 $\boldsymbol{A}$ 。

解：根据式(3.69)，则有

$$\boldsymbol{A}=[\mathrm{e}^{\boldsymbol{A}t}]^{-1}\cdot\frac{\mathrm{d}}{\mathrm{d}t}\mathrm{e}^{\boldsymbol{A}t}=\begin{bmatrix}1 & \dfrac{1-\mathrm{e}^{2t}}{2}\\ 0 & \mathrm{e}^{2t}\end{bmatrix}\begin{bmatrix}0 & \mathrm{e}^{-2t}\\ 0 & -2\mathrm{e}^{-2t}\end{bmatrix}=\begin{bmatrix}0 & 1\\ 0 & -2\end{bmatrix}$$

性质 5：对于 $n\times n$ 阶方阵 $\boldsymbol{A}$ 和 $\boldsymbol{B}$，如果 $\boldsymbol{A}$ 和 $\boldsymbol{B}$ 是可交换的，即 $\boldsymbol{AB}=\boldsymbol{BA}$，则有

$$\mathrm{e}^{(\boldsymbol{A}+\boldsymbol{B})t}=\mathrm{e}^{\boldsymbol{A}t}\cdot\mathrm{e}^{\boldsymbol{B}t} \tag{3.70}$$

2. 特殊矩阵指数的性质

性质 1：若 $\boldsymbol{A}$ 是由不相等的特征值 $\lambda_1,\lambda_2,\cdots,\lambda_n$ 组成的对角矩阵，即

$$\boldsymbol{A}=\begin{bmatrix}\lambda_1 & & & 0\\ & \lambda_2 & & \\ & & \ddots & \\ 0 & & & \lambda_n\end{bmatrix} \tag{3.71}$$

则 $\mathrm{e}^{\boldsymbol{A}t}$ 也是对角矩阵，即

$$\mathrm{e}^{\boldsymbol{A}t}=\begin{bmatrix}\mathrm{e}^{\lambda_1 t} & & & 0\\ & \mathrm{e}^{\lambda_2 t} & & \\ & & \ddots & \\ 0 & & & \mathrm{e}^{\lambda_n t}\end{bmatrix} \tag{3.72}$$

性质 2：如果矩阵 $\boldsymbol{A}$ 有不相等的特征值 $\lambda_1,\lambda_2,\cdots,\lambda_n$，那么存在非奇异矩阵 $\boldsymbol{P}$，使得

$$\boldsymbol{P}^{-1}\mathrm{e}^{\boldsymbol{A}t}\boldsymbol{P}=\begin{bmatrix}\mathrm{e}^{\lambda_1 t} & & & 0\\ & \mathrm{e}^{\lambda_2 t} & & \\ & & \ddots & \\ 0 & & & \mathrm{e}^{\lambda_n t}\end{bmatrix} \tag{3.73}$$

或者

$$\mathrm{e}^{\boldsymbol{A}t}=\boldsymbol{P}\,\mathrm{e}^{\bar{\boldsymbol{A}}t}\boldsymbol{P}^{-1} \tag{3.74}$$

其中，$\boldsymbol{P}$ 为可把 $\boldsymbol{A}$ 变成对角矩阵 $\bar{\boldsymbol{A}}$ 的模态矩阵。式(3.74)经常用来求 $\mathrm{e}^{\boldsymbol{A}t}$。

例 3.15　已知矩阵 $\boldsymbol{A}=\begin{bmatrix}0 & 1 & -1\\ -6 & -11 & 6\\ -6 & -11 & 5\end{bmatrix}$，试求矩阵指数 $\mathrm{e}^{\boldsymbol{A}t}$。

解：首先求 $\boldsymbol{A}$ 的特征值

由

$$|\lambda\boldsymbol{I}-\boldsymbol{A}|=\begin{vmatrix}\lambda & -1 & 1\\ 6 & \lambda+11 & -6\\ 6 & 11 & \lambda-5\end{vmatrix}=(\lambda+1)(\lambda+2)(\lambda+3)=0$$

所以 $\boldsymbol{A}$ 的特征值为 $\lambda_1=-1$，$\lambda_2=-2$，$\lambda_3=-3$。

设 $\boldsymbol{P}=\begin{bmatrix}\boldsymbol{P}_1 & \boldsymbol{P}_2 & \boldsymbol{P}_3\end{bmatrix}$，然后根据 $(\lambda_i\boldsymbol{I}-\boldsymbol{A})\boldsymbol{P}_i=\boldsymbol{0}$（$i=1, 2, 3$）求出对应的一组特征向量（$\boldsymbol{P}_1,\boldsymbol{P}_2,\boldsymbol{P}_3$ 有无穷组特征向量），可得

$$\boldsymbol{P}_1=\begin{bmatrix}1\\0\\1\end{bmatrix},\qquad \boldsymbol{P}_2=\begin{bmatrix}1\\2\\4\end{bmatrix},\qquad \boldsymbol{P}_3=\begin{bmatrix}1\\6\\9\end{bmatrix}$$

由此求得模态矩阵 $\boldsymbol{P}=\begin{bmatrix}1&1&1\\0&2&6\\1&4&9\end{bmatrix}$，即 $\boldsymbol{P}^{-1}=\begin{bmatrix}3&\frac{5}{2}&-2\\-3&-4&3\\1&\frac{3}{2}&-1\end{bmatrix}$。

所以由式(3.74)，得矩阵指数

$$\mathrm{e}^{At}=\boldsymbol{P}\begin{bmatrix}\mathrm{e}^{-t}&0&0\\0&\mathrm{e}^{-2t}&0\\0&0&\mathrm{e}^{-3t}\end{bmatrix}\boldsymbol{P}^{-1}$$

$$=\begin{bmatrix}3\mathrm{e}^{-t}-3\mathrm{e}^{-2t}+\mathrm{e}^{-3t}&\frac{5}{2}\mathrm{e}^{-t}-4\mathrm{e}^{-2t}+\frac{3}{2}\mathrm{e}^{-3t}&-2\mathrm{e}^{-t}+3\mathrm{e}^{-2t}-\mathrm{e}^{-3t}\\-6\mathrm{e}^{-t}+6\mathrm{e}^{-3t}&-8\mathrm{e}^{-2t}+9\mathrm{e}^{-3t}&6\mathrm{e}^{-2t}-6\mathrm{e}^{-3t}\\3\mathrm{e}^{-t}-12\mathrm{e}^{-2t}+9\mathrm{e}^{-3t}&\frac{5}{2}\mathrm{e}^{-t}-16\mathrm{e}^{-2t}+\frac{27}{2}\mathrm{e}^{-3t}&-2\mathrm{e}^{-t}+12\mathrm{e}^{-2t}-9\mathrm{e}^{-3t}\end{bmatrix}$$

性质 3：如果 $\boldsymbol{J}$ 为如下形式的 $m\times m$ 阶矩阵子块

$$\boldsymbol{J}=\begin{bmatrix}\lambda&1&&0\\&\lambda&\ddots&\\&&\ddots&1\\0&&&\lambda\end{bmatrix}_{m\times m}\tag{3.75}$$

则称为**若尔当块**，其矩阵指数为

$$\mathrm{e}^{\boldsymbol{J}t}=\mathrm{e}^{\lambda t}\begin{bmatrix}1&t&\frac{t^2}{2}&\cdots&\frac{t^{m-1}}{(m-1)!}\\&1&t&\cdots&\frac{t^{m-2}}{(m-2)!}\\&&1&\ddots&\vdots\\&&&\ddots&t\\0&&&&1\end{bmatrix}_{m\times m}\tag{3.76}$$

性质 4：如果若尔当矩阵 $\boldsymbol{J}$ 有如下形式

$$\boldsymbol{J}=\begin{bmatrix}\boldsymbol{J}_1&&&0\\&\boldsymbol{J}_2&&\\&&\ddots&\\0&&&\boldsymbol{J}_k\end{bmatrix}$$

式中，$\boldsymbol{J}_i\ (i=1,2,\cdots,k)$ 是若尔当块，那么

$$\mathrm{e}^{\boldsymbol{J}t}=\begin{bmatrix}\mathrm{e}^{\boldsymbol{J}_1t}&&&0\\&\mathrm{e}^{\boldsymbol{J}_2t}&&\\&&\ddots&\\0&&&\mathrm{e}^{\boldsymbol{J}_kt}\end{bmatrix}\tag{3.77}$$

例 3.16　求下列若尔当矩阵的矩阵指数 e^{At}。

$$\boldsymbol{A}=\begin{bmatrix}-2 & 1 & 0\\ 0 & -2 & 0\\ 0 & 0 & -1\end{bmatrix}$$

解：矩阵 $\boldsymbol{A}$ 中有一个 2×2 的若尔当块和一个 1×1 的若尔当块，其中，$\lambda_1=-2$，$\lambda_2=-1$。根据上述矩阵指数性质 3，有

$$e^{\boldsymbol{J}_1 t}=\begin{bmatrix}e^{-2t} & te^{-2t}\\ 0 & e^{-2t}\end{bmatrix},\qquad e^{\boldsymbol{J}_2 t}=[e^{-t}]$$

所以由性质 4 可得 $\boldsymbol{A}$ 的矩阵指数

$$e^{\boldsymbol{A}t}=\begin{bmatrix}e^{\boldsymbol{J}_1 t} & \\ & e^{\boldsymbol{J}_2 t}\end{bmatrix}=\begin{bmatrix}e^{-2t} & te^{-2t} & 0\\ 0 & e^{-2t} & 0\\ 0 & 0 & e^{-t}\end{bmatrix}$$

性质 5：如果 $n\times n$ 矩阵 $\boldsymbol{A}$ 有重特征值，可将 $\boldsymbol{A}$ 变换成若尔当矩阵 $\boldsymbol{J}$，即

$$\boldsymbol{J}=\boldsymbol{P}_{\mathrm{J}}^{-1}\boldsymbol{A}\boldsymbol{P}_{\mathrm{J}} \tag{3.78}$$

其中，$\boldsymbol{P}_{\mathrm{J}}$ 为能把 $\boldsymbol{A}$ 变换成若尔当矩阵 $\boldsymbol{J}$ 的变换矩阵，那么

$$e^{\boldsymbol{A}t}=\boldsymbol{P}_{\mathrm{J}}e^{\boldsymbol{J}t}\boldsymbol{P}_{\mathrm{J}}^{-1} \tag{3.79}$$

例 3.17　求下列矩阵 $\boldsymbol{A}$ 的矩阵指数

$$\boldsymbol{A}=\begin{bmatrix}0 & 1 & 0\\ 0 & 0 & 1\\ -4 & -8 & -5\end{bmatrix}$$

解：由 $|\boldsymbol{A}-\lambda\boldsymbol{I}|=0$ 求得 $\boldsymbol{A}$ 的特征值为 $\lambda_1=\lambda_2=-2$，$\lambda_3=-1$，故其若尔当矩阵及其指数为

$$\boldsymbol{J}=\begin{bmatrix}-2 & 1 & 0\\ 0 & -2 & 0\\ 0 & 0 & -1\end{bmatrix},\quad e^{\boldsymbol{J}t}=\begin{bmatrix}e^{-2t} & te^{-2t} & 0\\ 0 & e^{-2t} & 0\\ 0 & 0 & e^{-t}\end{bmatrix}$$

设 $\boldsymbol{P}_{\mathrm{J}}=\begin{bmatrix}\boldsymbol{P}_1 & \boldsymbol{P}_2 & \boldsymbol{P}_3\end{bmatrix}$，然后根据

$$\begin{cases}(\lambda_1\boldsymbol{I}-\boldsymbol{A})\boldsymbol{P}_1=\boldsymbol{0}\\ (\lambda_1\boldsymbol{I}-\boldsymbol{A})\boldsymbol{P}_2=-\boldsymbol{P}_1\\ (\lambda_2\boldsymbol{I}-\boldsymbol{A})\boldsymbol{P}_3=\boldsymbol{0}\end{cases}$$

求出对应的特征向量，可求得 $\boldsymbol{P}_{\mathrm{J}}$ 及 $\boldsymbol{P}_{\mathrm{J}}^{-1}$ 为

$$\boldsymbol{P}_{\mathrm{J}}=\begin{bmatrix}1 & 1 & 1\\ -2 & -1 & -1\\ 4 & 0 & 1\end{bmatrix},\quad \boldsymbol{P}_{\mathrm{J}}^{-1}=\begin{bmatrix}-1 & -1 & 0\\ -2 & -3 & -1\\ 4 & 4 & 1\end{bmatrix}$$

故由性质 5 可得

$$
e^{At}=\begin{bmatrix}1&1&1\\-2&-1&-1\\4&0&1\end{bmatrix}\begin{bmatrix}e^{-2t}&te^{-2t}&0\\0&e^{-2t}&0\\0&0&e^{-t}\end{bmatrix}\begin{bmatrix}-1&-1&0\\-2&-3&-1\\4&4&1\end{bmatrix}
$$

$$
=\begin{bmatrix}-3e^{-2t}-2te^{-2t}&-2e^{-2t}-3te^{-2t}+4e^{-t}&-e^{-2t}-te^{-2t}+e^{-t}\\4e^{-2t}+4te^{-2t}-4e^{-t}&5e^{-2t}+6te^{-2t}-4e^{-t}&e^{-2t}+2te^{-2t}-e^{-t}\\-4e^{-2t}-8te^{-2t}+4e^{-t}&-4e^{-2t}-12te^{-2t}+4e^{-t}&-4te^{-2t}+e^{-t}\end{bmatrix}
$$

性质 6：设 $\boldsymbol{A}=\begin{bmatrix}\sigma&\omega\\-\omega&\sigma\end{bmatrix}$，则有

$$
e^{\boldsymbol{A}t}=\begin{bmatrix}\cos\omega t&\sin\omega t\\-\sin\omega t&\cos\omega t\end{bmatrix}e^{\sigma t} \tag{3.80}
$$

性质 7：矩阵指数 $e^{\boldsymbol{A}t}$ 可表示为有限项之和

$$
e^{\boldsymbol{A}t}=\sum_{i=0}^{n-1}\boldsymbol{A}^i\alpha_i(t) \tag{3.81}
$$

其中，当 $\boldsymbol{A}$ 的 n 个特征根互不相等时，$\alpha_i(t)$ 满足：

$$
\begin{bmatrix}\alpha_0(t)\\\alpha_1(t)\\\vdots\\\alpha_{n-1}(t)\end{bmatrix}=\begin{bmatrix}1&\lambda_1&\cdots&\lambda_1^{n-1}\\1&\lambda_2&\cdots&\lambda_2^{n-1}\\\vdots&\vdots&\vdots&\vdots\\1&\lambda_n&\cdots&\lambda_n^{n-1}\end{bmatrix}\begin{bmatrix}e^{\lambda_1 t}\\e^{\lambda_2 t}\\\vdots\\e^{\lambda_n t}\end{bmatrix} \tag{3.82}
$$

3.4.3　状态转移矩阵

在状态空间分析中，状态转移矩阵是一个十分重要的概念。采用状态转移矩阵可以对线性系统的运动给出一个清晰的描述。

1. 基本概念

齐次定常系统状态方程的解 $\boldsymbol{x}(t)=e^{\boldsymbol{A}(t-t_0)}\boldsymbol{x}(t_0)$ 反映了两方面的问题：$\boldsymbol{x}(t)$ 是由状态初始值所引起的系统状态的自由解；它反映了从初始状态向量 $\boldsymbol{x}(t_0)$ 到任意 $t>t_0$ 时，向量 $\boldsymbol{x}(t)$ 的一种向量变换关系。变换矩阵是 $\boldsymbol{x}(t_0)$ 左边的时间函数矩阵。随着时间的推移，它将不断地把状态的初始值 $\boldsymbol{x}(t_0)$ 变换为其他时间的值，从而在状态空间中形成一条轨迹。在这个意义上说，这个变换矩阵起着一种状态转移的作用，所以把 $e^{\boldsymbol{A}(t-t_0)}$ 称为状态转移矩阵，用符号 $\boldsymbol{\Phi}(t-t_0)$ 表示。它不仅是时间 t 的函数，而且是初始时刻 t_0 的函数。因此它是一个 $n\times n$ 的二元时变函数矩阵。

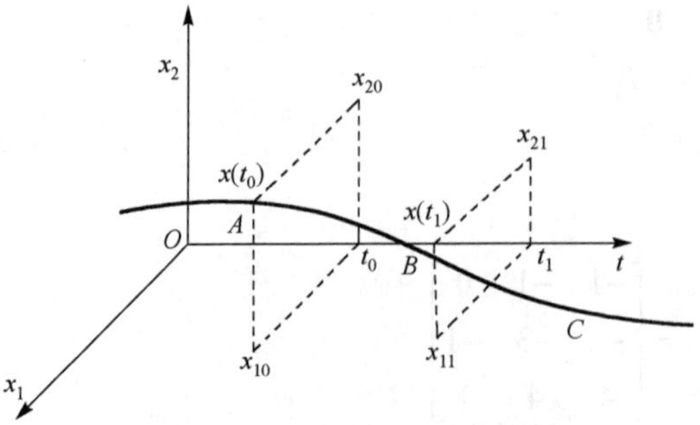

图 3.28　状态空间中的运动轨迹

$\dot{\boldsymbol{x}}(t)=\boldsymbol{A}\boldsymbol{x}(t)$ 的解可表示为如下状态转移的形式。

$$
\boldsymbol{x}(t)=\boldsymbol{\Phi}(t-t_0)\boldsymbol{x}(t_0) \tag{3.83}
$$

它的几何意义若以二维状态向量为例，则可用图形表示，如图 3.28 所示。

由图可知，在 $t=t_0$ 时，$x(t)=\begin{bmatrix} x_{10} \\ x_{20} \end{bmatrix}$，以此为初始条件，则弧线 AB 表示状态从 $x(t_0)$ 变化到 $x(t_1)=\begin{bmatrix} x_{11} \\ x_{21} \end{bmatrix}$，即

$$\boldsymbol{x}(t_1)=\boldsymbol{\Phi}(t_1-t_0)\boldsymbol{x}(t_0) \tag{3.84}$$

在 $t=t_2$ 的状态将为

$$\boldsymbol{x}(t_2)=\boldsymbol{\Phi}(t_2-t_0)\boldsymbol{x}(t_0) \tag{3.85}$$

弧线 BC 表示状态从 $\boldsymbol{x}(t_1)$ 转移到 $\boldsymbol{x}(t_2)$ 的过程。系统状态从 $\boldsymbol{x}(t_0)$ 开始，随着时间的推移，它将按 $\boldsymbol{\Phi}(t_1-t_0)$ 和 $\boldsymbol{\Phi}(t_2-t_0)$ 转移到 $\boldsymbol{x}(t_1)$，继而转移到 $\boldsymbol{x}(t_2)$，在状态空间中描绘出一条运动轨线。

2. 状态转移矩阵的性质

性质 1：状态转移矩阵 $\boldsymbol{\Phi}(t-t_0)$ 满足矩阵微分方程

$$\frac{\mathrm{d}}{\mathrm{d}t}\boldsymbol{\Phi}(t-t_0)=\boldsymbol{A}(t)\boldsymbol{\Phi}(t-t_0) \tag{3.86}$$

和初始条件

$$\boldsymbol{\Phi}(t_0-t_0)=\boldsymbol{I} \tag{3.87}$$

性质 2：

$$\boldsymbol{\Phi}(t_2-t_1)\boldsymbol{\Phi}(t_1-t_0)=\boldsymbol{\Phi}(t_2-t_0) \tag{3.88}$$

性质 3：$\boldsymbol{\Phi}(t-t_0)$ 有逆，且其逆为 $\boldsymbol{\Phi}(t_0-t)$，即

$$\boldsymbol{\Phi}^{-1}(t-t_0)=\boldsymbol{\Phi}(t_0-t) \tag{3.89}$$

性质 3 说明，状态转移矩阵是可逆的，当系统从 $\boldsymbol{x}(t_0)$ 转换到 $\boldsymbol{x}(t)$ 的状态转移矩阵表示为从 $\boldsymbol{x}(t)$ 转移到 $\boldsymbol{x}(t_0)$ 的转移矩阵的逆阵。

3.4.4　线性常系数非齐次状态方程的解

当系统具有输入控制作用时，用非齐次状态方程对系统进行描述。线性常系数非齐次状态方程为

$$\dot{\boldsymbol{x}}(t)=\boldsymbol{A}\boldsymbol{x}(t)+\boldsymbol{B}\boldsymbol{u}(t) \tag{3.90}$$

式中，$\boldsymbol{x}(t)$ 为 n 维状态向量；$\boldsymbol{u}(t)$ 为 r 维输入向量；$\boldsymbol{A}$ 为 $n\times n$ 维常数矩阵；$\boldsymbol{B}$ 为 $n\times r$ 维常数矩阵。

设初始时刻 t_0 时的初始状态为 $\boldsymbol{x}(t_0)$。非齐次状态方程描述系统在作用向量 $\boldsymbol{u}(t)$ 下的动态过程，其初始状态 $\boldsymbol{x}(t_0)$ 可以是平衡状态，也可以是非平衡状态。下面介绍解方程(3.90)的两种方法。

1. 直接求解法

将式(3.90)的两边左乘 $\mathrm{e}^{-\boldsymbol{A}t}$，得

$$\mathrm{e}^{-\boldsymbol{A}t}\left[\dot{\boldsymbol{x}}(t)-\boldsymbol{A}\boldsymbol{x}(t)\right]=\mathrm{e}^{-\boldsymbol{A}t}\boldsymbol{B}\boldsymbol{u}(t) \tag{3.91}$$

上式可写成

$$\frac{\mathrm{d}}{\mathrm{d}t}\left[\mathrm{e}^{-\boldsymbol{A}t}\boldsymbol{x}(t)\right]=\mathrm{e}^{-\boldsymbol{A}t}\boldsymbol{B}\boldsymbol{u}(t) \tag{3.92}$$

两边积分得
$$\mathrm{e}^{-A\tau}\boldsymbol{x}(\tau)\Big|_{t_0}^{t}=\int_{t_0}^{t}\mathrm{e}^{-A\tau}\boldsymbol{B}\boldsymbol{u}(\tau)\mathrm{d}\tau \tag{3.93}$$

所以
$$\mathrm{e}^{-At}\boldsymbol{x}(t)-\mathrm{e}^{-At_0}\boldsymbol{x}(t_0)=\int_{t_0}^{t}\mathrm{e}^{-A\tau}\boldsymbol{B}\boldsymbol{u}(\tau)\mathrm{d}\tau \tag{3.94}$$

两边左乘 e^{At}，得方程(3.90)的解为
$$\boldsymbol{x}(t)=\mathrm{e}^{A(t-t_0)}\boldsymbol{x}(t_0)+\int_{t_0}^{t}\mathrm{e}^{A(t-\tau)}\boldsymbol{B}\boldsymbol{u}(\tau)\mathrm{d}\tau \tag{3.95}$$

或记为
$$\boldsymbol{x}(t)=\boldsymbol{\Phi}(t-t_0)\boldsymbol{x}(t_0)+\int_{t_0}^{t}\boldsymbol{\Phi}(t-t_0)\boldsymbol{B}\boldsymbol{u}(\tau)\mathrm{d}\tau \tag{3.96}$$

它表示系统状态 $\boldsymbol{x}(t)$ 随时间变化的规律。

当初始时刻 $t_0=0$ 时，式(3.95)变为
$$\boldsymbol{x}(t)=\mathrm{e}^{At}\boldsymbol{x}(0)+\int_{0}^{t}\mathrm{e}^{A(t-\tau)}\boldsymbol{B}\boldsymbol{u}(\tau)\mathrm{d}\tau \tag{3.97}$$

从式(3.95)和式(3.97)可知，非齐次状态方程(3.90)的解由两部分组成，第一部分是在初始状态 $\boldsymbol{x}(t_0)$ 或 $\boldsymbol{x}(0)$ 作用下的自由运动，第二部分为在系统输入 $\boldsymbol{u}(t)$ 作用下的强制运动。

当 $\boldsymbol{u}(t)$ 为几种典型的控制输入时，式(3.97)有如下形式。

【脉冲信号输入】即 $u(t)=K\delta(t)$
$$\begin{aligned}\boldsymbol{x}(t)&=\mathrm{e}^{At}\boldsymbol{x}_0+\int_{0}^{t}\mathrm{e}^{At}\mathrm{e}^{-A\tau}\boldsymbol{B}K\delta(\tau)\mathrm{d}\tau=\mathrm{e}^{At}\boldsymbol{x}_0+\mathrm{e}^{At}\left[\int_{0}^{t}\mathrm{e}^{-A\tau}\delta(\tau)\mathrm{d}\tau\right]\boldsymbol{B}K\\&=\mathrm{e}^{At}\boldsymbol{x}_0+\mathrm{e}^{At}\left[\int_{0-}^{0+}\boldsymbol{I}\cdot\delta(\tau)\mathrm{d}\tau\right]\boldsymbol{B}K=\mathrm{e}^{At}\boldsymbol{x}_0+\mathrm{e}^{At}\boldsymbol{B}K\end{aligned} \tag{3.98}$$

即
$$\boldsymbol{x}(t)=\mathrm{e}^{At}(\boldsymbol{x}_0+\boldsymbol{B}K) \tag{3.99}$$

【阶跃信号输入】即 $u(t)=K\cdot 1(t)$
$$\begin{aligned}\boldsymbol{x}(t)&=\mathrm{e}^{At}\boldsymbol{x}_0+\int_{0}^{t}\mathrm{e}^{At}\mathrm{e}^{-A\tau}\boldsymbol{B}K\cdot 1(\tau)\mathrm{d}\tau=\mathrm{e}^{At}\boldsymbol{x}_0+\mathrm{e}^{At}\left[\int_{0}^{t}\mathrm{e}^{-A\tau}\mathrm{d}\tau\right]\boldsymbol{B}K\\&=\mathrm{e}^{At}\boldsymbol{x}_0+\mathrm{e}^{At}\left[\boldsymbol{I}-\mathrm{e}^{-At}\right]\boldsymbol{A}^{-1}\boldsymbol{B}K=\mathrm{e}^{At}\boldsymbol{x}_0+(\mathrm{e}^{At}-\boldsymbol{I})\boldsymbol{A}^{-1}\boldsymbol{B}K\end{aligned} \tag{3.100}$$

即
$$\boldsymbol{x}(t)=\mathrm{e}^{At}\boldsymbol{x}_0+(\mathrm{e}^{At}-\boldsymbol{I})\boldsymbol{A}^{-1}\boldsymbol{B}K \tag{3.101}$$

【斜坡信号输入】即 $u(t)=Kt$，可以求得
$$\boldsymbol{x}(t)=\mathrm{e}^{At}\boldsymbol{x}_0+[\boldsymbol{A}^{-2}(\mathrm{e}^{At}-\boldsymbol{I})-\boldsymbol{A}^{-1}t]\boldsymbol{B}K \tag{3.102}$$

例 3.18 求下列状态方程在单位阶跃函数作用下的输出。
$$\dot{\boldsymbol{x}}(t)=\begin{bmatrix}0 & 1\\-2 & -3\end{bmatrix}\boldsymbol{x}(t)+\begin{bmatrix}0\\1\end{bmatrix}u(t)，\quad \boldsymbol{x}(0)=\boldsymbol{0}$$

解：根据式(3.101)
$$\boldsymbol{x}(t)=\mathrm{e}^{At}\boldsymbol{x}_0+(\mathrm{e}^{At}-\boldsymbol{I})\boldsymbol{A}^{-1}\boldsymbol{B}K$$

其中，$\boldsymbol{x}_0=\begin{bmatrix}0\\0\end{bmatrix}$，$\boldsymbol{B}=\begin{bmatrix}0\\1\end{bmatrix}$，$K=1$，$\boldsymbol{A}^{-1}=\begin{bmatrix}0 & 1\\-2 & -3\end{bmatrix}^{-1}=\begin{bmatrix}-\dfrac{3}{2} & -\dfrac{1}{2}\\1 & 0\end{bmatrix}$。

在例 3.13 中已求得
$$e^{At}=\begin{bmatrix}2e^{-t}-e^{-2t} & e^{-t}-e^{-2t}\\ -2e^{-t}+2e^{-2t} & -e^{-t}+2e^{-2t}\end{bmatrix}$$

故
$$x(t)=\begin{bmatrix}2e^{-t}-e^{-2t}-1 & e^{-t}-e^{-2t}\\ -2e^{-t}+2e^{-2t} & -e^{-t}+2e^{-2t}-1\end{bmatrix}\begin{bmatrix}-\dfrac{3}{2} & -\dfrac{1}{2}\\ 1 & 0\end{bmatrix}\begin{bmatrix}0\\1\end{bmatrix}\cdot 1=\begin{bmatrix}\dfrac{1}{2}-e^{-t}+\dfrac{1}{2}e^{-2t}\\ e^{-t}-e^{-2t}\end{bmatrix}$$

其状态轨迹图可以 MATLAB 方便地绘出，如图 3.29 所示。

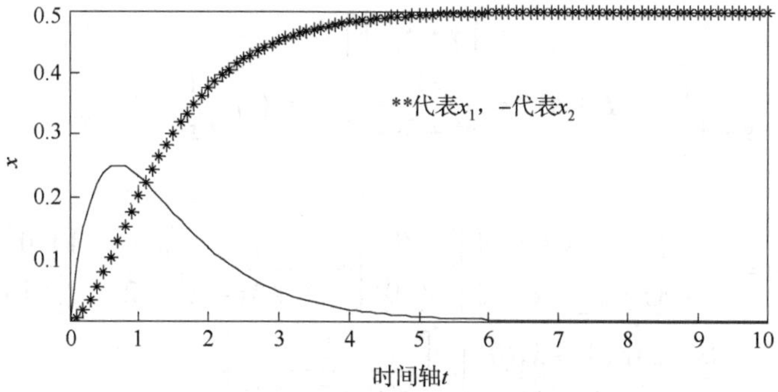

图 3.29　系统状态轨迹图

具体程序如下：

```
t = 0:0.1:10;
x1 = 0.5-exp(-t)+0.5*exp(-2*t);
x2 = exp(-t)-exp(-2*t);
plot (t, x1, ' x ', t, x2, ' * ')
grid;
xlabel (' 时间轴 t ');
ylabel (' **代表 x1, -代表 x2');
end
```

2. 利用拉普拉斯变换求解

对式(3.90)两边取拉普拉斯变换，得
$$sX(s)-X(0)=AX(s)+BU(s) \tag{3.103}$$

因此得
$$X(s)=[sI-A]^{-1}X(0)+[sI-A]^{-1}BU(s) \tag{3.104}$$

取拉普拉斯逆变换即得状态方程的解为
$$x(t)=L^{-1}[(sI-A)^{-1}X(0)]+L^{-1}[(sI-A)^{-1}BU(s)] \tag{3.105}$$

从解的表达式可以看出，非齐次状态方程的解由两部分组成，第一部分是系统自由运动引起的，它是系统初始状态的转移；第二部分是由控制输入引起的，它与输入函数的性质和大小有关。这表明，只要知道系统的初始状态和 $t \geqslant t_0$ 的输入函数，就能求出系统在任意时刻 t 的状态。而输入函数是可以人为控制的，因此可以根据最优控制规律选择 $u(t)$，使系统的状态在状态空间中获得最优轨线。

例 3.19　设系统的状态方程为

$$\begin{bmatrix}\dot{x}_1\\ \dot{x}_2\end{bmatrix}=\begin{bmatrix}0 & 1\\ -2 & -3\end{bmatrix}\begin{bmatrix}x_1\\ x_2\end{bmatrix}+\begin{bmatrix}0\\ 1\end{bmatrix}u$$

初值为$\boldsymbol{x}(0)=\begin{bmatrix}x_1(0)\\ x_2(0)\end{bmatrix}$，输入$u$为单位阶跃函数，试利用拉普拉斯变换法求此系统状态方程的解。

解：根据式(3.104)，有

$$\boldsymbol{X}(s)=[s\boldsymbol{I}-\boldsymbol{A}]^{-1}\boldsymbol{X}(0)+[s\boldsymbol{I}-\boldsymbol{A}]^{-1}\boldsymbol{B}\boldsymbol{U}(s)$$

其中，$s\boldsymbol{I}-\boldsymbol{A}=\begin{bmatrix}s & -1\\ 2 & s+3\end{bmatrix}$，$(s\boldsymbol{I}-\boldsymbol{A})^{-1}=\dfrac{\begin{bmatrix}s+3 & 1\\ -2 & s\end{bmatrix}}{s^2+3s+2}$，$U(s)=\dfrac{1}{s}$。

所以，得

$$\begin{aligned}\boldsymbol{X}(s)&=\frac{1}{s^2+3s+2}\begin{bmatrix}s+3 & 1\\ -2 & s\end{bmatrix}\begin{bmatrix}x_1(0)\\ x_2(0)\end{bmatrix}+\frac{1}{s^2+3s+2}\begin{bmatrix}s+3 & 1\\ -2 & s\end{bmatrix}\begin{bmatrix}0\\ 1\end{bmatrix}\frac{1}{s}\\ &=\begin{bmatrix}\dfrac{(s+3)x_1(0)+x_2(0)}{s^2+3s+2}\\ \dfrac{-2x_1(0)+sx_2(0)}{s^2+3s+2}\end{bmatrix}+\begin{bmatrix}\dfrac{1}{s(s^2+3s+2)}\\ \dfrac{s}{s(s^2+3s+2)}\end{bmatrix}\end{aligned}$$

两边取拉普拉斯逆变换，得状态方程的解为

$$\begin{bmatrix}x_1(t)\\ x_2(t)\end{bmatrix}=\begin{bmatrix}1/2+[2x_1(0)+x_2(0)-1]\mathrm{e}^{-t}-[x_1(0)-x_2(0)-1/2]\mathrm{e}^{-2t}\\ -[2x_1(0)+x_2(0)-1]\mathrm{e}^{-t}+[2x_1(0)+2x_2(0)-1]\mathrm{e}^{-2t}\end{bmatrix}$$

3.4.5　线性系统的可控性与可观测性

系统的可控性和可观测性是现代控制理论中两个很重要的基本概念，是由卡尔曼(Kalman)于20世纪60年代初首先提出的。对于一个控制系统，特别是多变量系统，必须回答如下两个基本问题。

(1)在有限时间内，控制作用能否使系统从初始状态转移到要求的状态？

(2)在有限时间内，能否通过对系统输出的测定来估计系统的初始状态？

前面一个问题是指控制作用对状态变量的支配能力，称为状态的可控性问题；后面一个问题是指系统的输出量(或观测量)能否反映状态变量，称为状态的可观测性问题。先通过图3.30所示的RC电路了解这两个概念的粗略意思。在该电路中，改变输入u可以改变电容C_1两端的电压u_1，但不能改变电容C_2两端的电压u_2，因为输出端是开路。因此，变量u_1对输入u是可控的，而u_2对u是不可控的。可是通过输出y，能检测到u_2却不能检测到u_1，故而，变量u_1对输出y是不可观测的，而u_2对y是可观测的。

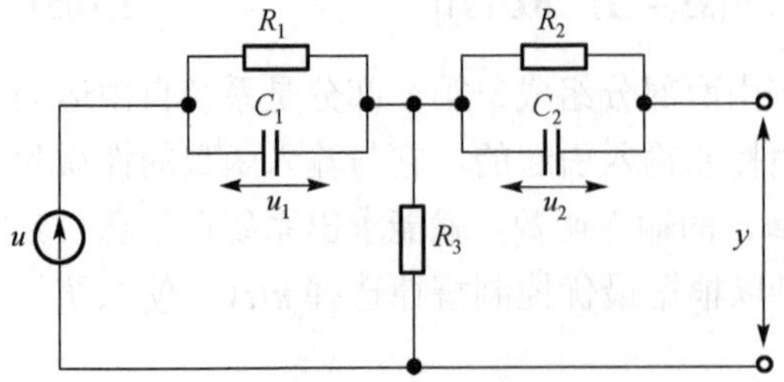

图3.30　RC电路

现代控制理论是建立在用状态空间描述的基础上，状态方程描述了输入$\boldsymbol{u}(t)$引起状态$\boldsymbol{x}(t)$的变化过程；输出方程则描述了由状态$\boldsymbol{x}(t)$变

化引起的输出 $\boldsymbol{y}(t)$ 的变化。可控性指的是控制作用对被控系统状态进行控制的可能性；可观测性则反映由系统输出的量值确定系统状态的可能性。对状态的控制能力和测辨能力两个方面，揭示了控制系统构成中的两个基本问题。在经典控制理论中只限于讨论控制系统输入量和输出量之间的关系，可以唯一地由系统传递函数所确定，只要系统满足稳定性条件，输出量就可以按一定的要求进行控制；对于一个实际的物理系统而言，它同时也是能观测到的。所以，无论从理论上和实践上，一般均不涉及可否控制和可否观测的问题。而在现代控制理论中，我们着眼于对状态的控制。状态向量的每个分量能否被输入所控制，而状态能否通过输出量的量值来获得，这些完全取决于被控系统的内部特性。事实上，可控性与可观测性通常决定了最优控制问题解的存在性。例如，在极点配置问题中，状态反馈的存在性将由系统的可控性决定；在观测器设计和最优估计中，将涉及系统的可观测性条件，关于这方面的内容在后面有详细介绍。

1. 线性连续系统的可控性判别准则

可控性是讨论系统的状态或输出与控制作用间的关系。众所周知，不是任意系统都可以加以控制的，因而就有必要研究什么样的系统是能够控制的。或者说，一个系统具备可控的性质究竟要满足哪些条件。

设线性定常连续系统的状态方程为

$$\dot{\boldsymbol{x}}(t)=\boldsymbol{A}\boldsymbol{x}(t)+\boldsymbol{B}\boldsymbol{u}(t) \tag{3.106}$$

式中，$\boldsymbol{x}(t)$ 为 n 维状态向量；$\boldsymbol{u}(t)$ 为 r 维输入向量；$\boldsymbol{A}$ 为 $n\times n$ 维系统矩阵；$\boldsymbol{B}$ 为 $n\times r$ 维输入矩阵。

对于系统(3.106)，如果在有限的时间内，在某种控制向量 $\boldsymbol{u}(t)$ 作用下，系统状态向量 $\boldsymbol{x}(t)$ 可由初始状态 $\boldsymbol{x}(t_0)$ 达到任意一种目标状态 $\boldsymbol{x}(t_{\mathrm{f}})$，则称此系统是可控的。也就是说，这个系统是可控的，就是在理论上存在这样的控制向量 $\boldsymbol{u}(t)$，使系统从当前状态转变为所希望的状态，简称可控。

上述定义可以在二阶系统的状态平面上来说明(图 3.31)。假定状态平面中的 P 点能在输入的作用下被驱动到任一指定状态 $P_1,P_2,P_3,\cdots,P_n$，那么状态平面的 P 点是可控状态。假如可控状态“充满”整个状态空间，即对于任意初始状态都能找到相应的控制输入 $\boldsymbol{u}(t)$，使得在有限的时间区间(t_0，t_{f})内，将状态转移到状态空间的任一指定状态，则该系统称为状态完全可控。读者可以看出，系统中某一状态的可控和系统的状态完全可控在含义上是不同的。系统是否可控可由系统的可控性判据判别。

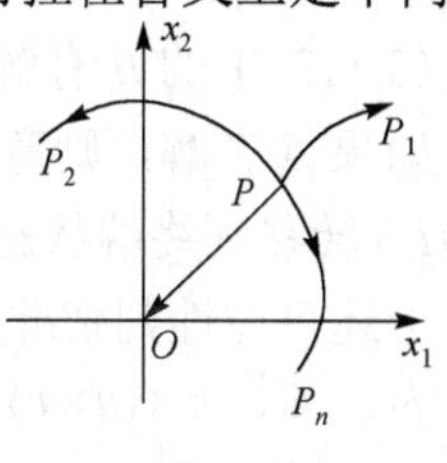

图 3.31　系统可控性示意图

1)第一种形式的可控性判据

设系统的状态方程为

$$\dot{\boldsymbol{x}}=\boldsymbol{A}\boldsymbol{x}+\boldsymbol{B}u \tag{3.107}$$

在该系统中，设定 $\boldsymbol{B}$ 为 $n\times1$ 列阵，u 为单输入信号。

为了方便地推导可控性判据，设定初始时间 t_0，初始状态是任意的 $\boldsymbol{x}(t_0)$，终端时间为 t_{e}，终端状态(即目标状态)设在状态空间的原点上，即 $\boldsymbol{x}(t_{\mathrm{e}})=\boldsymbol{0}$。在本节设定的前提下，根据前面的式(3.95)，式(3.107)状态方程的解可写为

$$\boldsymbol{x}(t)=\mathrm{e}^{\boldsymbol{A}(t-t_0)}\boldsymbol{x}(t_0)+\int_{t_0}^{t}\mathrm{e}^{\boldsymbol{A}(t-\tau)}\boldsymbol{B}u(\tau)\mathrm{d}\tau$$

由于 $\boldsymbol{x}(t_e)=\boldsymbol{0}$，上式变为

$$e^{\boldsymbol{A}(t_e-t_0)}\boldsymbol{x}(t_0)+\int_{t_0}^{t_e}e^{\boldsymbol{A}(t_e-\tau)}\boldsymbol{B}\boldsymbol{u}(\tau)d\tau=0 \tag{3.108}$$

两边左乘 $e^{-\boldsymbol{A}(t_e-t_0)}$ 得

$$\boldsymbol{x}(t_0)=-\int_{t_0}^{t_e}e^{\boldsymbol{A}(t_0-\tau)}\boldsymbol{B}\boldsymbol{u}(\tau)d\tau \tag{3.109}$$

根据式(3.64)矩阵指数的定义，$e^{\boldsymbol{A}(t_0-\tau)}$ 可写成如下形式

$$e^{\boldsymbol{A}(t_0-\tau)}=\sum_{i=0}^{n-1}\boldsymbol{A}^i\alpha_i(t_0-\tau) \tag{3.110}$$

其中，$\alpha_i(t_0-\tau)$ 为 τ 的函数，是线性无关的标量函数。

将式(3.110)代入式(3.109)得

$$\boldsymbol{x}(t_0)=-\sum_{i=0}^{n-1}\boldsymbol{A}^i\boldsymbol{B}\int_{t_0}^{t_e}\alpha_i(t_0-\tau)\,u(\tau)\,d\tau \tag{3.111}$$

令

$$\int_{t_0}^{t_e}\alpha_i(t_0-\tau)u(\tau)d\tau=\beta_i,\qquad i=0,1,2,\cdots,n-1 \tag{3.112}$$

将式(3.112)代入式(3.111) 并作变换，得

$$\begin{aligned}\boldsymbol{x}(t_0)&=-\sum_{i=0}^{n-1}\boldsymbol{A}^i\boldsymbol{B}\beta_i=-\left[\boldsymbol{B}\beta_0+\boldsymbol{A}\boldsymbol{B}\beta_1+\boldsymbol{A}^2\boldsymbol{B}\beta_2+\cdots+\boldsymbol{A}^{n-1}\boldsymbol{B}\beta_{n-1}\right]\\&=-\left[\boldsymbol{B}\quad\boldsymbol{A}\boldsymbol{B}\quad\boldsymbol{A}^2\boldsymbol{B}\quad\cdots\quad\boldsymbol{A}^{n-1}\boldsymbol{B}\right]\begin{bmatrix}\beta_0\\\beta_1\\\beta_2\\\cdots\\\beta_{n-1}\end{bmatrix}\end{aligned} \tag{3.113}$$

式(3.113)是关于 $\beta_i\ (i=1,2,3,\cdots,n-1)$ 的非齐次方程。根据线性代数的知识，若 $n\times n$ 矩阵

$$\boldsymbol{Q}_c=\left[\boldsymbol{B}\quad\boldsymbol{A}\boldsymbol{B}\quad\boldsymbol{A}^2\boldsymbol{B}\quad\cdots\quad\boldsymbol{A}^{n-1}\boldsymbol{B}\right] \tag{3.114}$$

满秩，即

$$\text{Rank}\boldsymbol{Q}_c=n \tag{3.115}$$

则式(3.113)中的 β_i 有解。

如果 β_i 有解，则意味着从式(3.112)中可找到 $u(t)$，使系统在时间[t_0，t_e]内，由初始状态 $\boldsymbol{x}(t_0)$ 转移到终端状态 $\boldsymbol{x}(t_e)=0$，根据前面的定义，这样的系统是可控的，否则不可控。

上述可控性判别准则可推广到控制向量为 r 维的多输入多输出系统。此时，可控性判别准则为：如果 $n\times(n\times r)$ 矩阵

$$\boldsymbol{Q}_c=\left[\boldsymbol{B}\quad\boldsymbol{A}\boldsymbol{B}\quad\boldsymbol{A}^2\boldsymbol{B}\quad\cdots\quad\boldsymbol{A}^{n-1}\boldsymbol{B}\right] \tag{3.116}$$

满秩，则系统可控，否则不可控。

例 3.20　设系统的状态方程为

$$\begin{bmatrix}\dot{x}_1\\ \dot{x}_2\end{bmatrix}=\begin{bmatrix}-2 & 1\\ 0 & -1\end{bmatrix}\begin{bmatrix}x_1\\ x_2\end{bmatrix}+\begin{bmatrix}1\\ 0\end{bmatrix}u$$

试确定它的可控性。

解： 由式(3.114)得

$$\boldsymbol{Q}_{\mathrm{c}}=[\boldsymbol{B}\quad \boldsymbol{AB}]=\begin{bmatrix}1 & -2\\ 0 & 0\end{bmatrix}，\ \mathrm{Rank}\ \boldsymbol{Q}_{\mathrm{c}}=1<n=2$$

所以此系统不可控。

2)第二种形式的可控性判据

本小节对状态方程中系数矩阵 $\boldsymbol{A}$ 为对角阵的情况给出判别准则。根据线性代数的知识，线性等效变换不改变矩阵的秩，即线性等价变换后系统的可控性不变。所以可对状态方程进行线性变换，使不为对角矩阵的系数矩阵 $\boldsymbol{A}$ 变为对角矩阵(或称作对角标准型)。

如果状态方程式(3.85)的系数矩阵 $\boldsymbol{A}$ 无重特征值，那么它可等效变换成如下形式

$$\dot{\boldsymbol{x}}=\begin{bmatrix}\lambda_1 & & & \\ & \lambda_2 & & \\ & & \ddots & \\ & & & \lambda_n\end{bmatrix}\boldsymbol{x}+\boldsymbol{Bu} \tag{3.117}$$

其中，$\lambda_i\ (i=1,2,\cdots,n)$ 为系统矩阵 $\boldsymbol{A}$ 的相互不等的特征值。

对如式(3.117)所示系统的可控性判据是：如果系统的输入矩阵 B 中没有一行是全为零的，则系统是可控的，否则不可控。

上述准则是容易理解的，如果输入矩阵 $\boldsymbol{B}$ 中有一行的元素全为零，则控制作用 $\boldsymbol{u}$ 就不能对这一行的状态变量起控制作用，并且由于系数矩阵 $\boldsymbol{A}$ 为对角的，各状态变量之间没有关系，$\boldsymbol{u}$ 不可能通过其他状态变量对这一行有任何影响，所以系统是不可控的。

例 3.21　确定下述系统的可控性

$$\begin{bmatrix}\dot{x}_1\\ \dot{x}_2\\ \dot{x}_3\end{bmatrix}=\begin{bmatrix}-7 & 0 & 0\\ 0 & -5 & 0\\ 0 & 0 & -3\end{bmatrix}\begin{bmatrix}x_1\\ x_2\\ x_3\end{bmatrix}+\begin{bmatrix}2\\ 0\\ 7\end{bmatrix}u$$

解： 由于输入矩阵 $\boldsymbol{B}$ 的第二行为 0，根据可控性第二判据知该系统不可控。即系统输入 u 不可能对 x_2 起控制作用，所以系统是不可控的。

3)第三种形式的可控性判据

本小节对状态方程中系统矩阵 A 为若尔当标准型的情况给出判别准则。如果状态方程式(3.106)的系数矩阵 $\boldsymbol{A}$ 有重特征值，则状态方程可变成如下若尔当标准型或者系统状态方程本身就是如下形式

$$\dot{\boldsymbol{x}}=\begin{bmatrix}\boldsymbol{J}_1 & & & \\ & \boldsymbol{J}_2 & & \\ & & \ddots & \\ & & & \boldsymbol{J}_k\end{bmatrix}\boldsymbol{x}+\boldsymbol{Bu} \tag{3.118}$$

对如式(3.118)所示系统的可控性判据是：如果系统的输入矩阵 B 中对应每个若尔当块 $\boldsymbol{J}_i\ (i=1,2,\cdots,k)$ 最后一行的元素不全为零，则系统可控，否则不可控。

例 3.22 确定下列系统是否可控。

$$(1)\ \begin{bmatrix}\dot{x}_1\\ \dot{x}_2\\ \dot{x}_3\end{bmatrix}=\begin{bmatrix}-1 & 1 & 0\\ 0 & -1 & 0\\ 0 & 0 & -2\end{bmatrix}\begin{bmatrix}x_1\\ x_2\\ x_3\end{bmatrix}+\begin{bmatrix}4 & 2\\ 0 & 0\\ 3 & 0\end{bmatrix}\begin{bmatrix}u_1\\ u_2\end{bmatrix}$$

$$(2)\ \begin{bmatrix}\dot{x}_1\\ \dot{x}_2\\ \dot{x}_3\\ \dot{x}_4\\ \dot{x}_5\end{bmatrix}=\begin{bmatrix}-2 & 1 & 0 & 0 & 0\\ 0 & -2 & 1 & 0 & 0\\ 0 & 0 & -2 & 0 & 0\\ 0 & 0 & 0 & -5 & 1\\ 0 & 0 & 0 & 0 & -5\end{bmatrix}\begin{bmatrix}x_1\\ x_2\\ x_3\\ x_4\\ x_5\end{bmatrix}+\begin{bmatrix}4\\ 2\\ 1\\ 3\\ 0\end{bmatrix}u$$

解：在系统(1)中，系数矩阵 $\boldsymbol{A}$ 由两个若尔当块组成，而输入矩阵 $\boldsymbol{B}$ 中第二行元素全为零，对应第一个若尔当块的最后一行元素，所以此系统不可控。

在系统(2)中，系数矩阵 $\boldsymbol{A}$ 由两个若尔当块组成，而输入矩阵 $\boldsymbol{B}$ 中第五行的元素为零，对应第二个若尔当块的最后一行元素，所以第二个系统也不可控。

关于第二、第三种形式的可控性判据，只要我们熟练掌握了其具体的判据内容，用观察法就可以直接进行可控性判断。

2. 线性连续系统的可观测性判别准则

在现代控制理论中，控制系统的反馈信息是由系统的状态变量组合而成的。但并非所有系统的状态变量在物理上都能测取到，于是提出能否通过对输出量获得全部状态变量的信息。

假设线性连续系统的状态空间表达式为

$$\begin{cases}\dot{\boldsymbol{x}}(t)=\boldsymbol{A}\boldsymbol{x}(t)+\boldsymbol{B}\boldsymbol{u}(t)\\ \boldsymbol{y}(t)=\boldsymbol{C}\boldsymbol{x}(t)+\boldsymbol{D}\boldsymbol{u}(t)\end{cases} \tag{3.119}$$

其中，$\boldsymbol{x}(t)$ 为 n 维状态向量；$\boldsymbol{u}(t)$ 为 r 维输入向量；$\boldsymbol{y}(t)$ 为 m 维输出向量；$\boldsymbol{A}$ 为 $n\times n$ 系统矩阵；$\boldsymbol{B}$ 为 $n\times r$ 输入矩阵；$\boldsymbol{C}$ 为 $m\times n$ 输出矩阵；$\boldsymbol{D}$ 为 $m\times r$ 直接转移矩阵。

对任意给定的输入信号 $\boldsymbol{u}(t)$，在有限时间 $t_f>t_0$，能够根据输出量 $\boldsymbol{y}(t)$ 在 $[t_0,\ t_f]$ 内的测量值，唯一地确定系统在时刻 t_0 的初始状态 $\boldsymbol{x}(t_0)$，则称此系统的状态是完全可观测的，或简称系统可观测。

1) 第一种形式的可观测性判据

由系统的状态方程和输出方程(3.119)可知，当系统的初始时刻为 t_0，观测时刻为 t_f 时，系统的输出为

$$\boldsymbol{y}(t_f)=\boldsymbol{C}\boldsymbol{x}(t_f) \tag{3.120}$$

根据状态方程的解知，系统观测时刻状态 $\boldsymbol{x}(t_f)$ 的表达式为

$$\boldsymbol{x}(t_f)=e^{\boldsymbol{A}(t_f-t_0)}\boldsymbol{x}(t_0)+\int_{t_0}^{t_f}e^{\boldsymbol{A}(t_f-\tau)}\boldsymbol{B}\boldsymbol{u}(\tau)d\tau \tag{3.121}$$

将式(3.121)代入式(3.120)，得

$$\boldsymbol{y}(t_{\mathrm{f}})=\boldsymbol{C}\mathrm{e}^{\boldsymbol{A}(t_{\mathrm{f}}-t_0)}\boldsymbol{x}(t_0)+\boldsymbol{C}\int_{t_0}^{t_{\mathrm{f}}}\mathrm{e}^{\boldsymbol{A}(t_{\mathrm{f}}-\tau)}\boldsymbol{B}\boldsymbol{u}(\tau)\mathrm{d}\tau \tag{3.122}$$

系统状态变量的初始值 $\boldsymbol{x}(t_0)$ 能否可知，取决于能否从式(3.122)中解出 $\boldsymbol{x}(t_0)$。很显然，式(3.122)右边第二项是已知的，它不影响对 $\boldsymbol{x}(t_0)$ 的求解。令

$$\boldsymbol{K}(t_{\mathrm{f}})=\boldsymbol{y}(t_{\mathrm{f}})-\boldsymbol{C}\int_{t_0}^{t_{\mathrm{f}}}\mathrm{e}^{\boldsymbol{A}(t_{\mathrm{f}}-\tau)}\boldsymbol{B}\boldsymbol{u}(\tau)\mathrm{d}\tau \tag{3.123}$$

由式(3.123)可见，$\boldsymbol{K}(t_{\mathrm{f}})$ 是观测值 $\boldsymbol{y}(t_{\mathrm{f}})$ 减去一个已知值，所以 $\boldsymbol{K}(t_{\mathrm{f}})$ 仍为已知值，把式(3.122)代入式(3.123)得

$$\boldsymbol{K}(t_{\mathrm{f}})=\boldsymbol{C}\mathrm{e}^{\boldsymbol{A}(t_{\mathrm{f}}-t_0)}\boldsymbol{x}(t_0) \tag{3.124}$$

根据式(3.64)矩阵指数性质知，$\mathrm{e}^{\boldsymbol{A}(t_{\mathrm{f}}-t_0)}$ 可写成如下形式

$$\mathrm{e}^{\boldsymbol{A}(t_{\mathrm{f}}-t_0)}=\sum_{i=0}^{n-1}\boldsymbol{A}^i\alpha_i(t_{\mathrm{f}}-t_0) \tag{3.125}$$

将式(3.125)代入式(3.124)，得

$$\boldsymbol{K}(t_{\mathrm{f}})=\boldsymbol{C}\sum_{i=0}^{n-1}\alpha_i\boldsymbol{A}^i\boldsymbol{x}(t_0)=\begin{bmatrix}\alpha_0\boldsymbol{I} & \alpha_1\boldsymbol{I} & \cdots & \alpha_{n-1}\boldsymbol{I}\end{bmatrix}\begin{bmatrix}\boldsymbol{C}\\ \boldsymbol{C}\boldsymbol{A}\\ \vdots\\ \boldsymbol{C}\boldsymbol{A}^{n-1}\end{bmatrix}\begin{bmatrix}x_1(t_0)\\ x_2(t_0)\\ \vdots\\ x_n(t_0)\end{bmatrix} \tag{3.126}$$

式(3.126)是关于 $\boldsymbol{x}(t_0)$ 的线性非齐次方程组，根据线性代数的知识，$\boldsymbol{x}(t_0)$ 有确定解的条件是下列矩阵满秩

$$\boldsymbol{Q}_{\mathrm{o}}=\begin{bmatrix}\boldsymbol{C}\\ \boldsymbol{C}\boldsymbol{A}\\ \vdots\\ \boldsymbol{C}\boldsymbol{A}^{n-1}\end{bmatrix} \tag{3.127}$$

即

$$\operatorname{Rank}\boldsymbol{Q}_{\mathrm{o}}=n \tag{3.128}$$

因此，系统可观测性的判据为矩阵 $\boldsymbol{Q}_{\mathrm{o}}$ 是否满秩。

例 3.23　确定下列系统的可观测性。

$$\begin{bmatrix}\dot{x}_1\\ \dot{x}_2\end{bmatrix}=\begin{bmatrix}2 & -1\\ 1 & -3\end{bmatrix}\begin{bmatrix}x_1\\ x_2\end{bmatrix}+\begin{bmatrix}-1\\ 1\end{bmatrix}u$$

$$\begin{bmatrix}y_1\\ y_2\end{bmatrix}=\begin{bmatrix}1 & 0\\ -1 & 0\end{bmatrix}\begin{bmatrix}x_1\\ x_2\end{bmatrix}$$

解：根据式(3.127)得

$$\boldsymbol{Q}_{\mathrm{o}}=\begin{bmatrix}\boldsymbol{C}\\ \boldsymbol{C}\boldsymbol{A}\end{bmatrix}=\begin{bmatrix}1 & 0\\ -1 & 0\\ 2 & -1\\ -2 & 1\end{bmatrix}$$

显然

$$\operatorname{Rank} \boldsymbol{Q}_o = 2$$

满秩，此系统可观测。

2) 第二种形式的可观测性判据

如果系数矩阵有不等特征值，其状态空间表达式可写成

$$\dot{\boldsymbol{x}} = \begin{bmatrix} \lambda_1 & & & 0 \\ & \lambda_2 & & \\ & & \ddots & \\ 0 & & & \lambda_n \end{bmatrix} \boldsymbol{x} + \boldsymbol{B}\boldsymbol{u} \qquad (3.129)$$

$$\boldsymbol{y} = \boldsymbol{C}\boldsymbol{x} + \boldsymbol{D}\boldsymbol{u}$$

则此系统可观测性判据为：在输出矩阵 C 中没有全为零的列，则系统是可观测的。

例 3.24 试确定下列系统是否可观测。

$$\begin{bmatrix} \dot{x}_1 \\ \dot{x}_2 \\ \dot{x}_3 \end{bmatrix} = \begin{bmatrix} -7 & 0 & 0 \\ 0 & -5 & 0 \\ 0 & 0 & -1 \end{bmatrix} \begin{bmatrix} x_1 \\ x_2 \\ x_3 \end{bmatrix}, \quad y = \begin{bmatrix} 0 & 4 & 5 \end{bmatrix} \begin{bmatrix} x_1 \\ x_2 \\ x_3 \end{bmatrix}$$

解：根据第二种形式的可观测性判据，因为输出矩阵的有一列(第一列)全为零，所以此系统不可观测。

3) 第三种形式的可观测性判据

如果系统有重根，其状态方程和输出方程可写成

$$\dot{\boldsymbol{x}} = \begin{bmatrix} \boldsymbol{J}_1 & & & 0 \\ & \boldsymbol{J}_2 & & \\ & & \ddots & \\ 0 & & & \boldsymbol{J}_k \end{bmatrix} \boldsymbol{x} + \boldsymbol{B}\boldsymbol{u} \qquad (3.130)$$

$$\boldsymbol{y} = \boldsymbol{C}\boldsymbol{x} + \boldsymbol{D}\boldsymbol{u}$$

对于上述系统的可观测性判据为：输出矩阵 C 中与各若尔当块 J_i $(i = 1,2,\cdots,k)$ 首列相对应列的元素不全为零，则系统是可观测的。

例 3.25 试确定下列系统是否可观测

$$\begin{bmatrix} \dot{x}_1 \\ \dot{x}_2 \end{bmatrix} = \begin{bmatrix} -3 & 1 \\ 0 & -3 \end{bmatrix} \begin{bmatrix} x_1 \\ x_2 \end{bmatrix}, \qquad y = \begin{bmatrix} 1 & 0 \end{bmatrix} \begin{bmatrix} x_1 \\ x_2 \end{bmatrix}$$

解：根据第三种形式的可观测性判据，因为输出矩阵 $\boldsymbol{C}$ 中第一列不为零，所以系统可观测。

3. 可控性与可观测性的对偶关系

从前面几节的讨论中可以看出控制系统的可控性和可观测性，无论从定义或其判据方面都是很相似的。这种相似关系决非偶然的巧合，而是有着内在的必然联系，这种必然的联系即为对偶性原理。

设系统 I 的状态空间表达式为

$$\begin{aligned} \dot{\boldsymbol{x}}_1(t) &= \boldsymbol{A}\boldsymbol{x}_1(t) + \boldsymbol{B}\boldsymbol{u}_1(t) \\ \boldsymbol{y}_1(t) &= \boldsymbol{C}\boldsymbol{x}_1(t) \end{aligned} \qquad (3.131)$$

若系统Ⅱ的状态空间表达式为

$$\begin{aligned}\dot{\boldsymbol{x}}_2(t) &= \boldsymbol{A}^{\mathrm{T}}\boldsymbol{x}_2(t)+\boldsymbol{C}^{\mathrm{T}}\boldsymbol{u}_2(t)\\ \boldsymbol{y}_2(t) &= \boldsymbol{B}^{\mathrm{T}}\boldsymbol{x}_2(t)\end{aligned} \tag{3.132}$$

其中，$\boldsymbol{x}_1(t)$ 为 n 维状态向量；$\boldsymbol{x}_2(t)$ 为 n 维状态向量；$\boldsymbol{u}_1(t)$ 为 r 维控制向量；$\boldsymbol{u}_2(t)$ 为 m 维控制向量；$\boldsymbol{y}_1(t)$ 为 m 维输出向量；$\boldsymbol{y}_2(t)$ 为 r 维输出向量；$\boldsymbol{A}$ 为 $n\times n$ 系统矩阵；$\boldsymbol{A}^{\mathrm{T}}$ 为 $\boldsymbol{A}$ 的转置矩阵；$\boldsymbol{B}$ 为 $n\times r$ 输入矩阵；$\boldsymbol{B}^{\mathrm{T}}$ 为 $\boldsymbol{B}$ 的转置矩阵；$\boldsymbol{C}$ 为 $m\times n$ 输出矩阵；$\boldsymbol{C}^{\mathrm{T}}$ 为 $\boldsymbol{C}$ 的转置矩阵。

称系统Ⅱ和系统Ⅰ是互为对偶的，即系统Ⅱ是系统Ⅰ的对偶系统，反之，系统Ⅰ是系统Ⅱ的对偶系统。

系统Ⅰ和系统Ⅱ的结构图如图 3.32(a) 和 (b) 所示。

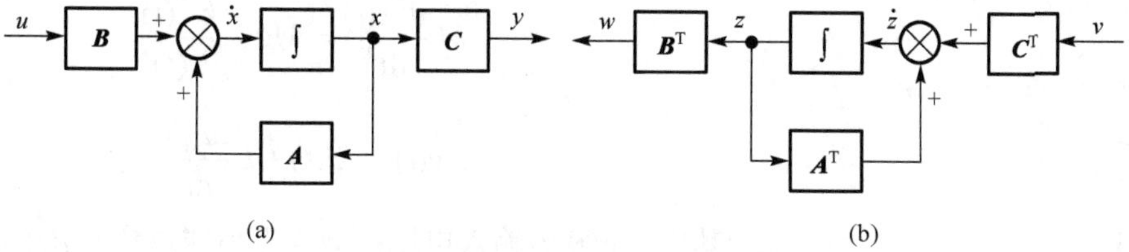

图 3.32　系统Ⅰ和系统Ⅱ的结构图

从图中比较可看出，两个互为对偶的系统，不仅系数矩阵 $\boldsymbol{A}$、输入矩阵 $\boldsymbol{B}$、输出矩阵 $\boldsymbol{C}$ 是其对偶系统相应矩阵的转置，而且输入端与输出端互换，信号传递方向相反。

通过上述对比，我们得出如下结论。

对偶原理：系统Ⅰ状态完全可控的充要条件是对偶系统Ⅱ的状态完全可观测；系统Ⅰ状态完全可观测的充要条件是对偶系统Ⅱ状态完全可控。

证明：系统Ⅰ的可控性和可观测性矩阵分别为

$$\boldsymbol{Q}_{c1}=\begin{bmatrix}\boldsymbol{B} & \boldsymbol{AB} & \boldsymbol{A}^2\boldsymbol{B} & \cdots & \boldsymbol{A}^{n-1}\boldsymbol{B}\end{bmatrix},\quad \boldsymbol{Q}_{o1}=\begin{bmatrix}\boldsymbol{C}\\ \boldsymbol{CA}\\ \vdots\\ \vdots\\ \boldsymbol{CA}^{n-1}\end{bmatrix}$$

系统Ⅱ的可控性和可观测性矩阵分别为

$$\boldsymbol{Q}_{c2}=\begin{bmatrix}\boldsymbol{C}^{\mathrm{T}} & \boldsymbol{A}^{\mathrm{T}}\boldsymbol{C}^{\mathrm{T}} & \cdots & (\boldsymbol{A}^{\mathrm{T}})^{n-1}\boldsymbol{C}^{\mathrm{T}}\end{bmatrix}=\begin{bmatrix}\boldsymbol{C}\\ \boldsymbol{CA}\\ \vdots\\ \vdots\\ \boldsymbol{CA}^{n-1}\end{bmatrix}^{\mathrm{T}}$$

$$\boldsymbol{Q}_{o2}=\begin{bmatrix}\boldsymbol{B}^{\mathrm{T}}\\ \boldsymbol{B}^{\mathrm{T}}\boldsymbol{A}^{\mathrm{T}}\\ \vdots\\ \boldsymbol{B}^{\mathrm{T}}(\boldsymbol{A}^{\mathrm{T}})^{n-1}\end{bmatrix}=\begin{bmatrix}\boldsymbol{B} & \boldsymbol{AB} & \cdots & \boldsymbol{A}^{n-1}\boldsymbol{B}\end{bmatrix}^{\mathrm{T}}$$

所以

$$\mathrm{Rank}\ \boldsymbol{Q}_{c1}=\mathrm{Rank}\ \boldsymbol{Q}_{c2}；\quad \mathrm{Rank}\ \boldsymbol{Q}_{o1}=\mathrm{Rank}\ \boldsymbol{Q}_{o2}$$

根据这一原理，一个系统的状态可观测性可以借助其对偶系统的状态可控性来研究。事实上，系统的可控性与可观测性的对偶特征，只是线性系统对偶原理的一种体现，而最优控制与最佳估计之间也有类似的对偶特性。利用这一特征，不仅可作相互的校验，而且在线性系统的设计中也是很有用的。

4. *磁球悬浮系统分析实例*

以图 3.33 所示的磁球悬浮系统为例，说明如何判断系统的可控性和可观测性。该系统的目的是调节电磁铁的电流使得小球能和电磁铁底端保持固定的距离。系统的动态方程为

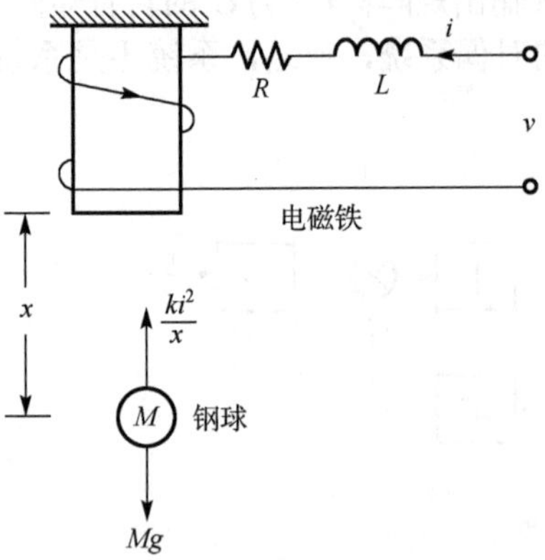

图 3.33　磁球悬浮系统

$$M\frac{\mathrm{d}^2x(t)}{\mathrm{d}t^2}=Mg-\frac{ki^2(t)}{x(t)}$$

$$v(t)=Ri(t)+L\frac{\mathrm{d}i(t)}{\mathrm{d}t}$$

其中，$v(t)$ 为输入电压；$x(t)$ 为小球位置；$i(t)$ 为线圈电流；k 为比例常数；R 为线圈阻抗；L 为线圈感应系数；M 为小球质量；g 为重力加速度。

定义状态变量如下：$x_1(t)=x(t)$，$x_2(t)=\frac{\mathrm{d}x(t)}{\mathrm{d}t}$，$x_3(t)=i(t)$。得到下面的状态方程：

$$\begin{cases}\frac{\mathrm{d}x_1(t)}{\mathrm{d}t}=x_2(t)\\ \frac{\mathrm{d}x_2(t)}{\mathrm{d}t}=g-\frac{kx_3^2(t)}{Mx_1(t)}\\ \frac{\mathrm{d}x_3(t)}{\mathrm{d}t}=-\frac{R}{L}x_3(t)+\frac{v(t)}{L}\end{cases}$$

利用线性化方法对上面的非线性状态方程进行线性化，得到线性化的方程

$$\dot{\boldsymbol{x}}'(t)=\boldsymbol{A}\boldsymbol{x}'(t)+\boldsymbol{B}\boldsymbol{u}'(t)$$

其中，$\boldsymbol{x}'(t)$ 为线性化后的系统状态变量；$\boldsymbol{u}'(t)$ 为相应的输入变量，假设各系数矩阵为

$$\boldsymbol{A}=\begin{bmatrix}0 & 1 & 0\\ 64.4 & 0 & -16\\ 0 & 0 & -100\end{bmatrix},\quad \boldsymbol{B}=\begin{bmatrix}0\\ 0\\ 100\end{bmatrix}$$

下面分别推导其可控性和可观测性。

1) 可控性

可控性判断矩阵为 $\boldsymbol{Q}_\mathrm{c}=\begin{bmatrix}\boldsymbol{B} & \boldsymbol{AB} & \boldsymbol{A}^2\boldsymbol{B}\end{bmatrix}=\begin{bmatrix}0 & 0 & -1600\\ 0 & -1600 & 160000\\ 100 & -10000 & 1000000\end{bmatrix}$

因为矩阵 $\boldsymbol{Q}_\mathrm{c}$ 的秩为满秩，即　　$\mathrm{Rank}\boldsymbol{Q}_\mathrm{c}=3$

因此系统完全可控。

2) 可观测性

系统的可观测性依赖于所定义的输出变量。通常需要考虑选择哪个状态变量作为输出可以避免使得系统不可观测。$y(t)$ =小球位置= $x(t)$，则 $\boldsymbol{C}=[1\quad 0\quad 0]$。此时可观测性矩阵

$$\boldsymbol{Q}_{\mathrm{o}}=\begin{bmatrix}\boldsymbol{C}\\ \boldsymbol{CA}\\ \boldsymbol{CA}^2\end{bmatrix}=\begin{bmatrix}1&0&0\\0&1&0\\64.4&0&-16\end{bmatrix}$$

因为矩阵 $\boldsymbol{Q}_{\mathrm{o}}$ 的秩为满秩，即 $\mathrm{Rank}\boldsymbol{Q}_{\mathrm{o}}=3$

因此系统完全可观测。

$y(t)$=小球速度=$\dot{x}(t)$，则 $\boldsymbol{C}=[0\quad 1\quad 0]$。此时可观测性矩阵

$$\boldsymbol{Q}_{\mathrm{o}}=\begin{bmatrix}\boldsymbol{C}\\ \boldsymbol{CA}\\ \boldsymbol{CA}^2\end{bmatrix}=\begin{bmatrix}0&1&0\\64.4&0&-16\\0&64.4&1600\end{bmatrix}$$

因为矩阵 $\boldsymbol{Q}_{\mathrm{o}}$ 的秩为满秩，即 $\mathrm{Rank}\boldsymbol{Q}_{\mathrm{o}}=3$

因此系统完全可观测。

$y(t)$ =线圈电流=$i(t)$，则 $\boldsymbol{C}=[0\quad 0\quad 1]$。此时可观测性矩阵

$$\boldsymbol{Q}_{\mathrm{o}}=\begin{bmatrix}\boldsymbol{C}\\ \boldsymbol{CA}\\ \boldsymbol{CA}^2\end{bmatrix}=\begin{bmatrix}0&0&1\\0&0&-100\\0&0&-10000\end{bmatrix}$$

因为矩阵 $\boldsymbol{Q}_{\mathrm{o}}$ 的秩为 1，即 $\mathrm{Rank}\boldsymbol{Q}_{\mathrm{o}}=1$

所以系统此时是不可观测的。

这个结论的物理含义是，如果选择电流 $i(t)$ 作为观测输出，则无法通过观测得到的信息重新构造得到需要的状态变量。

3.4.6 线性系统的可控标准型与可观测标准型

标准型亦称规范型，它是系统的系数在一组特定的状态空间基底下导出的标准形式。而系统的可控标准型和可观测标准型，指的是系统的状态方程和输出方程若能变换成某一种标准形式，即可说明这一系统必是可控的或可观测的，那么这一标准形式就称为可控标准型或可观测标准型。由于可控标准型常用于极点的最优配置，而可观测标准型常用于观测器的状态重构，所以这两种标准型对系统的分析和综合有着十分重要的意义。

1. 系统的可控标准型

1) 单输入单输出系统的可控标准型

设单输入单输出系统的状态空间表达式为

$$\begin{aligned}\dot{\boldsymbol{x}}(t)&=\boldsymbol{Ax}(t)+\boldsymbol{B}u(t)\\ y(t)&=\boldsymbol{Cx}(t)+Du(t)\end{aligned}\tag{3.133}$$

设 $\boldsymbol{A}$ 的特征多项式为

$$\boldsymbol{F}(\lambda)=|\lambda\boldsymbol{I}-\boldsymbol{A}|=\lambda^n+a_{n-1}\lambda^{n-1}+\cdots+a_1\lambda+a_0\tag{3.134}$$

如果状态空间表达式(3.133)中的状态方程有

$$\boldsymbol{A}=\begin{bmatrix}0 & 1 & 0 & \cdots & 0\\ 0 & 0 & 1 & \cdots & 0\\ \vdots & \vdots & \vdots & & \vdots\\ 0 & 0 & 0 & \cdots & 1\\ -a_0 & -a_1 & -a_2 & \cdots & -a_{n-1}\end{bmatrix},\quad \boldsymbol{B}=\begin{bmatrix}0\\0\\ \vdots\\0\\1\end{bmatrix} \tag{3.135}$$

则该状态空间表达式称为可控标准型。

由于线性变换不改变系统的传递函数，所以设可控标准型的输出矩阵$\boldsymbol{C}=\begin{bmatrix}\beta_0 & \beta_1 & \cdots & \beta_{n-1}\end{bmatrix}$，则可直接写出系统的传递函数$G(s)$应为

$$G(s)=\frac{\beta_{n-1}s^{n-1}+\beta_{n-2}s^{n-2}+\cdots+\beta_1 s+\beta_0}{s^n+a_{n-1}s^{n-1}+\cdots+a_1 s+a_0}+D \tag{3.136}$$

其中，$a_i\ (i=1,2,\cdots,n-1)$为系数矩阵$\boldsymbol{A}$的特征多项式系数；D为系统直接转移矩阵(这里是一个数)。

如果一个系统是可控的，但不是标准型，则可通过线性变换将其变成标准型，其变换方法是令

$$\boldsymbol{T}=\begin{bmatrix}\boldsymbol{B} & \boldsymbol{AB} & \boldsymbol{A}^2\boldsymbol{B} & \ldots & \boldsymbol{A}^{n-1}\boldsymbol{B}\end{bmatrix}\begin{bmatrix}a_1 & a_2 & \ldots & a_{n-1} & 1\\ a_2 & a_3 & \ldots & 1 & 0\\ \ldots & \ldots & & \ldots & \ldots\\ a_{n-1} & 1 & \ldots & 0 & 0\\ 1 & 0 & \ldots & 0 & 0\end{bmatrix} \tag{3.137}$$

其中，$a_i\ (i=1,2,\cdots,n-1)$为系数矩阵$\boldsymbol{A}$的特征多项式系数。

线性等效变换后，可控标准型为

$$\begin{aligned}\dot{\bar{\boldsymbol{x}}}(t)&=\bar{\boldsymbol{A}}\bar{\boldsymbol{x}}(t)+\bar{\boldsymbol{B}}u(t)\\ y(t)&=\bar{\boldsymbol{C}}\bar{\boldsymbol{x}}(t)+Du(t)\end{aligned} \tag{3.138}$$

其中

$$\begin{aligned}\bar{\boldsymbol{A}}&=\boldsymbol{T}^{-1}\boldsymbol{AT}\\ \bar{\boldsymbol{B}}&=\boldsymbol{T}^{-1}\boldsymbol{B}\\ \bar{\boldsymbol{C}}&=\boldsymbol{CT}\\ \bar{\boldsymbol{x}}&=\boldsymbol{T}^{-1}\boldsymbol{x}\end{aligned} \tag{3.139}$$

注意，经线性等效变换后，状态变量$\boldsymbol{x}$也发生了变化，关注这一点，对于解决实际问题非常重要，而对于单纯的解题，状态变量只是一个标记的代号，不用具体求出$\bar{\boldsymbol{x}}$。另外，系数矩阵$\bar{\boldsymbol{A}}$和输入矩阵$\bar{\boldsymbol{B}}$也不用按式(3.139)计算，直接可根据式(3.135)写出。系统的输出y和直接转移矩阵D都没有变化，当然系统输入$u(t)$不可能随着系统模型线性等效变换而发生改变。

例 3.26　已知可控的线性定常系统为

$$\dot{\boldsymbol{x}}=\begin{bmatrix}1 & 0 & 1\\ 0 & 1 & 0\\ 1 & 0 & 0\end{bmatrix}\boldsymbol{x}+\begin{bmatrix}0\\1\\1\end{bmatrix}u,\quad y=\begin{bmatrix}1 & 1 & 0\end{bmatrix}\boldsymbol{x}$$

试将其变换成可控标准型。

解：已知该系统是可控的，下面开始将其化成可控标准型。(注意：如果不知其是否可控，必须首先判断其可控性，因为不可控系统是不存在可控标准型的。)

(1) $\boldsymbol{A}$ 的特征多项式为　　$F(\lambda)=|\lambda I-A|=\lambda^3-2\lambda^2+1$

由特征多项式的系数可知：　$a_0=1$，$a_1=0$，$a_2=-2$，$a_3=1$

(2) 计算变换矩阵 $\boldsymbol{T}$ 和 $\boldsymbol{T}^{-1}$：

$$\boldsymbol{T}=\begin{bmatrix}\boldsymbol{B} & \boldsymbol{AB} & \boldsymbol{A}^2\boldsymbol{B}\end{bmatrix}\begin{bmatrix}a_1 & a_2 & 1\\ a_2 & 1 & 0\\ 1 & 0 & 0\end{bmatrix}=\begin{bmatrix}0 & 1 & 1\\ 1 & 1 & 1\\ 1 & 0 & 1\end{bmatrix}\begin{bmatrix}0 & -2 & 1\\ -2 & 1 & 0\\ 1 & 0 & 0\end{bmatrix}=\begin{bmatrix}-1 & 1 & 0\\ -1 & -1 & 1\\ 1 & -2 & 1\end{bmatrix}$$

$$\boldsymbol{T}^{-1}=\begin{bmatrix}-1 & 1 & 0\\ -1 & -1 & 1\\ 1 & -2 & 1\end{bmatrix}^{-1}=\begin{bmatrix}1 & -1 & 1\\ 2 & -1 & 1\\ 3 & -1 & 2\end{bmatrix}$$

(3) 计算 $\bar{\boldsymbol{C}}$　　$$\bar{\boldsymbol{C}}=\boldsymbol{CT}=\begin{bmatrix}1 & 1 & 0\end{bmatrix}\begin{bmatrix}-1 & 1 & 0\\ -1 & -1 & 1\\ 1 & -2 & 1\end{bmatrix}=\begin{bmatrix}-2 & 0 & 1\end{bmatrix}$$

(4) 可控标准型为

$$\dot{\bar{\boldsymbol{x}}}=\begin{bmatrix}0 & 1 & 0\\ 0 & 0 & 1\\ -1 & 0 & 2\end{bmatrix}\bar{\boldsymbol{x}}+\begin{bmatrix}0\\ 0\\ 1\end{bmatrix}u$$

$$y=\begin{bmatrix}-2 & 0 & 1\end{bmatrix}\bar{\boldsymbol{x}}$$

根据式(3.136)得该系统的传递函数为 $G(s)=\dfrac{s^2-2}{s^3-2s^2+1}$。

2) 多输入多输出系统的可控标准型

线性定常系统的状态空间表达式为

$$\begin{aligned}\dot{\boldsymbol{x}}(t)&=\boldsymbol{Ax}(t)+\boldsymbol{Bu}(t)\\ \boldsymbol{y}(t)&=\boldsymbol{Cx}(t)+\boldsymbol{Du}(t)\end{aligned}\tag{3.140}$$

其中，$\boldsymbol{x}(t)$ 为 n 维状态向量；$\boldsymbol{u}(t)$ 为 r 维输入向量；$\boldsymbol{y}(t)$ 为 m 维输出向量；$\boldsymbol{A}$ 为 $n\times n$ 系统矩阵；$\boldsymbol{B}$ 为 $n\times r$ 输入矩阵；$\boldsymbol{C}$ 为 $m\times n$ 输出矩阵；$\boldsymbol{D}$ 为 $m\times r$ 直接转移矩阵。

设 $\boldsymbol{A}$ 的特征多项式为

$$\boldsymbol{F}(\lambda)=|\lambda\boldsymbol{I}-\boldsymbol{A}|=\lambda^n+a_{n-1}\lambda^{n-1}+\cdots+a_1\lambda+a_0\tag{3.141}$$

如果状态空间表达式(3.140)中的状态方程满足

$$\boldsymbol{A}=\begin{bmatrix}\boldsymbol{0}_r & \boldsymbol{I}_r & \cdots & \boldsymbol{0}_r\\ \vdots & \vdots & \ddots & \vdots\\ \boldsymbol{0}_r & \boldsymbol{0}_r & \cdots & \boldsymbol{I}_r\\ -a_0\boldsymbol{I}_r & -a_1\boldsymbol{I}_r & \cdots & -a_{n-1}\boldsymbol{I}_r\end{bmatrix},\quad \boldsymbol{B}=\begin{bmatrix}\boldsymbol{0}_r\\ \vdots\\ \boldsymbol{0}_r\\ \boldsymbol{I}_r\end{bmatrix}\tag{3.142}$$

其中，$\boldsymbol{0}_r$ 和 $\boldsymbol{I}_r$ 分别为 $r\times r$ 零矩阵和单位矩阵。则该状态空间表达式称为可控标准型。

2. 系统的可观测标准型

1) 单输入单输出系统的可观测标准型

设单输入单输出系统的状态空间表达式为

$$\begin{aligned}\dot{\boldsymbol{x}}(t)&=\boldsymbol{A}\boldsymbol{x}(t)+\boldsymbol{B}u(t)\\ y(t)&=\boldsymbol{C}\boldsymbol{x}(t)+Du(t)\end{aligned} \tag{3.143}$$

设 $\boldsymbol{A}$ 的特征多项式为　$F(\lambda)=|\lambda\boldsymbol{I}-\boldsymbol{A}|=\lambda^n+a_{n-1}\lambda^{n-1}+\cdots+a_1\lambda+a_0$　(3.144)

如果状态空间表达式(3.143)中的状态方程有

$$\boldsymbol{A}=\begin{bmatrix}0&0&\cdots&0&-a_0\\1&0&\cdots&0&-a_1\\0&1&\cdots&0&-a_2\\\vdots&\vdots&&\vdots&\vdots\\0&0&\cdots&1&-a_{n-1}\end{bmatrix},\quad \boldsymbol{C}=\begin{bmatrix}0&0&\cdots&1\end{bmatrix} \tag{3.145}$$

则该状态空间表达式称为可观测标准型。

如果系统是可观测的，但状态空间表达式不是可观测标准型，则可通过线性变换将其变成标准型，其变换方法是令

$$\boldsymbol{P}=\left[\begin{bmatrix}a_1&a_2&\cdots&a_{n-1}&1\\a_2&a_3&\cdots&1&0\\&\cdots&&\cdots&\\&\cdots&&\cdots&\\1&0&\cdots&0&0\end{bmatrix}\begin{bmatrix}\boldsymbol{C}\\\boldsymbol{CA}\\\vdots\\\vdots\\\boldsymbol{CA}^{n-1}\end{bmatrix}\right]^{-1} \tag{3.146}$$

其中，$a_i\ (i=1,2,\cdots,n-1)$ 为系数矩阵 $\boldsymbol{A}$ 的特征多项式系数。

线性等效变换后，可观测标准型为

$$\begin{aligned}\dot{\overline{\boldsymbol{x}}}(t)&=\overline{\boldsymbol{A}}\overline{\boldsymbol{x}}(t)+\overline{\boldsymbol{B}}u(t)\\ \boldsymbol{y}(t)&=\overline{\boldsymbol{C}}\overline{\boldsymbol{x}}(t)+Du(t)\end{aligned} \tag{3.147}$$

其中

$$\begin{aligned}\overline{\boldsymbol{A}}&=\boldsymbol{P}^{-1}\boldsymbol{AP}\\ \overline{\boldsymbol{B}}&=\boldsymbol{P}^{-1}\boldsymbol{B}\\ \overline{\boldsymbol{C}}&=\boldsymbol{CP}\\ \overline{\boldsymbol{x}}&=\boldsymbol{P}^{-1}\boldsymbol{x}\end{aligned} \tag{3.148}$$

系数矩阵 $\overline{\boldsymbol{A}}$ 和输出矩阵 $\overline{\boldsymbol{C}}$ 也不用按式(3.148)计算，直接可根据式(3.145)写出。系统的输出 y 和直接转移矩阵 D 都没有变化，当然系统输入 $u(t)$ 不可能随着系统模型线性等效变换而发生改变。

例 3.27　将下列系统的状态空间表达式变成可观测标准型。

$$\dot{\boldsymbol{x}}=\begin{bmatrix}1&0\\1&2\end{bmatrix}\boldsymbol{x}+\begin{bmatrix}1\\1\end{bmatrix}u,\quad y=\begin{bmatrix}0&1\end{bmatrix}\boldsymbol{x}$$

解：首先判断其可观测性，由式(3.147)得

$$Q_o = \begin{bmatrix} C \\ CA \end{bmatrix} = \begin{bmatrix} 0 & 1 \\ 1 & 2 \end{bmatrix},\quad \text{Rank}\ Q_o = 2$$

满秩，所以系统是可观测的。

由式(3.148)，得

$$P = \left[\begin{bmatrix} -3 & 1 \\ 1 & 0 \end{bmatrix}\begin{bmatrix} 0 & 1 \\ 1 & 2 \end{bmatrix}\right]^{-1} = \begin{bmatrix} 1 & -1 \\ 0 & 1 \end{bmatrix}^{-1} = \begin{bmatrix} 1 & 1 \\ 0 & 1 \end{bmatrix},\quad P^{-1} = \begin{bmatrix} 1 & -1 \\ 0 & 1 \end{bmatrix}$$

所以

$$\bar{A} = P^{-1}AP = \begin{bmatrix} 1 & -1 \\ 0 & 1 \end{bmatrix}\begin{bmatrix} 1 & 0 \\ 1 & 2 \end{bmatrix}\begin{bmatrix} 1 & 1 \\ 0 & 1 \end{bmatrix} = \begin{bmatrix} 0 & -2 \\ 1 & 3 \end{bmatrix}$$

$$\bar{B} = P^{-1}B = \begin{bmatrix} 1 & -1 \\ 0 & 1 \end{bmatrix}\begin{bmatrix} 1 \\ 1 \end{bmatrix} = \begin{bmatrix} 0 \\ 1 \end{bmatrix}$$

$$\bar{C} = \begin{bmatrix} 0 & 1 \end{bmatrix}$$

当然，$\bar{A}$ 可以根据特征多项式求解，结果一定是一样的。

这样，此系统的可控标准型可写为

$$\dot{\bar{x}} = \begin{bmatrix} 0 & -2 \\ 1 & 3 \end{bmatrix}\bar{x} + \begin{bmatrix} 0 \\ 1 \end{bmatrix}u$$

$$y = \begin{bmatrix} 0 & 1 \end{bmatrix}\bar{x}$$

2) 多输入多输出系统的可观测标准型

线性定常系统的状态空间表达式为

$$\begin{aligned} \dot{x}(t) &= Ax(t) + Bu(t) \\ y(t) &= Cx(t) + Du(t) \end{aligned} \tag{3.149}$$

其中，$x(t)$ 为 n 维状态向量；$u(t)$ 为 r 维输入向量；$y(t)$ 为 m 维输出向量；A 为 $n\times n$ 维系统矩阵；B 为 $n\times r$ 输入矩阵；C 为 $m\times n$ 输出矩阵；D 为 $m\times r$ 直接转移矩阵。

设 A 的特征多项式为

$$F(\lambda) = |\lambda I - A| = \lambda^n + a_{n-1}\lambda^{n-1} + \ldots + a_1\lambda + a_0 \tag{3.150}$$

如果状态空间表达式(3.149)中的 A 满足

$$A = \begin{bmatrix} 0_m & \cdots & 0_m & -a_0 I_m \\ I_m & \cdots & 0_m & -a_1 I_m \\ \vdots & & \vdots & \vdots \\ 0_m & \cdots & I_m & -a_{n-1} I_m \end{bmatrix},\quad C = \begin{bmatrix} 0_m & \cdots & 0_m & I_m \end{bmatrix} \tag{3.151}$$

其中，0_m 和 I_m 分别为 $r\times r$ 零矩阵和单位矩阵。则该状态空间表达式称为可观测标准型。

3.5　离散控制系统数学模型求解及分析

离散控制系统指系统组成部分的变量有离散信号形式。由于用差分方程进行求解分析存在一定困难，通常采用 Z 变换将离散系统的时域数学模型转化为频域数学模型(即将差分方程转化为代数方程)。

3.5.1　离散控制系统时域分析

单输入单输出离散控制系统的时域性能可通过对离散系统的脉冲时间响应来进行分析。

1. 离散控制系统的时间响应

在已知离散系统结构和参数的情况下，应用 Z 变换法分析系统动态性能时，通常假定外作用为单位阶跃函数 $1(t)$。

如果可以求出离散系统的闭环脉冲传递函数 $W_B(z)=\dfrac{X_c(z)}{X_r(z)}$，其中 $X_r(z)=\dfrac{z}{z-1}$。

则系统输出量的 Z 变换为

$$X_c(z)=W_B(z)\frac{z}{z-1}$$

将上式展开成幂级数，通过 Z 逆变换，可以求出输出信号的脉冲序列 $x_c^*(t)$。

例 3.28　设有零阶保持器的离散系统如图 3.34 所示，其中 $x_r(t)=1(t), T=1s, k=1$，试分析该系统的动态性能。

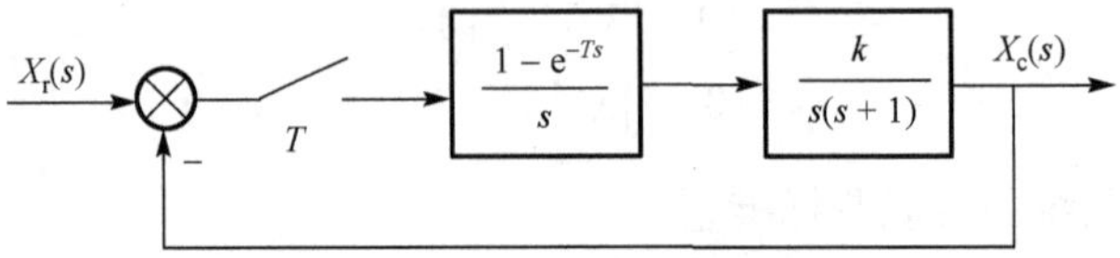

图 3.34　零阶保持器离散系统

解：先求开环脉冲传递函数 $W(z)$。因为

$$W(s)=\frac{1}{s^2(s+1)}(1-e^{-s})$$

对上式取 Z 变换，并由 Z 变换的实数位移定理，可得

$$W(z)=(1-z^{-1})Z[\frac{1}{s^2(s+1)}]$$

查 Z 变换表，求出　　$$W(z)=\frac{0.368z+0.264}{(z-1)(z-0.368)}$$

闭环脉冲传递函数为　　$$W_B(s)=\frac{W(z)}{1+W(z)}=\frac{0.368z+0.264}{z^2-z+0.632}$$

又知 $X_r(z)=\dfrac{z}{z-1}$，则输出脉冲序列的 Z 变换为

$$X_c(z)=W_B(s)X_r(z)=\frac{0.368z^{-1}+0.264z^{-2}}{1-2z^{-1}+1.632z^{-2}-0.632z^{-3}}$$

通过多项式除法，将上式展开成无穷幂级数为

$$X_c(z)=0.368z^{-1}+z^{-2}+1.4z^{-3}+1.4z^{-4}+1.147z^{-5}+0.895z^{-6}+0.802z^{-7}+0.868z^{-8}+\cdots$$

基于 Z 变换的定义，由上式求得系统在单位阶跃外作用下的输出序列 $x_c(nT)$。根据 $x_c(nT)$ 数值，可以绘出离散系统的单位阶跃响应 $x_c^*(t)$，如图 3.35 所示。由图可以求出系统的近似性能指标：上升时间 $t_r = 2\text{s}$，峰值时间 $t_p = 4\text{s}$，调节时间 $t_s = 12\text{s}$。

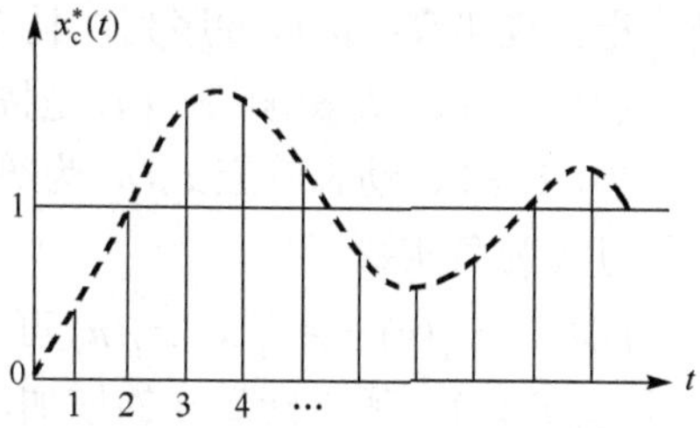

图 3.35　离散系统的单位阶跃响应

应当指出，由于离散系统的时域性能指标只能按采样周期整数倍的采样值来计算，所以是近似的。

2. 闭环脉冲传递函数的零、极点与暂态分量的关系

设
$$W_B(z) = \frac{b_0 z^m + b_1 z^{m-1} + b_2 z^{m-2} + \cdots + b_m}{a_0 z^n + a_1 z^{n-1} + a_2 z^{n-2} + \cdots + a_n}, \quad n \geqslant m \tag{3.152}$$

也可写成
$$W_B(z) = \frac{b_0}{a_0} \frac{(z-z_1)(z-z_2)\cdots(z-z_m)}{(z-\lambda_1)(z-\lambda_2)\cdots(z-\lambda_n)} = \frac{b_0}{a_0} \frac{\prod_{j=1}^{m}(z-z_j)}{\prod_{i=1}^{n}(z-\lambda_i)} \tag{3.153}$$

设所有的闭环脉冲传递函数的极点 λ_i 各不相同，若系统稳定，所有 λ_i 都位于 z 平面上的单位圆内，即 $|\lambda_i| < 1$。有
$$X_c(z) = W_B(s) X_r(z) \tag{3.154}$$

设输入为单位阶跃函数，将 $\dfrac{X_c(z)}{z}$ 展开成部分分式，有
$$\frac{X_c(z)}{z} = \frac{A_0}{z-1} + \sum_{i=1}^{n} \frac{A_i}{z-\lambda_i} \tag{3.155}$$

其中
$$A_0 = \lim_{z\to 1} W_B(z), \quad A_i = \lim_{z\to\lambda_i}[W_B(z)\frac{1}{z-1}(z-\lambda_i)]$$

则
$$X_c(z) = \frac{A_0 z}{z-1} + \sum_{i=1}^{n} \frac{A_i z}{z-\lambda_i} = X_{c1}(z) + X_{c2}(z) \tag{3.156}$$

则稳态响应为
$$x_{c1}^*(t) = Z^{-1}[X_{c1}(z)] = A_0 \tag{3.157}$$

暂态响应为
$$x_{c2}^*(t) = Z^{-1}[X_{c2}(z)] \tag{3.158}$$

当 λ_i 在单位圆内外的位置不同时，它所对应的暂态分量的形式也不同。

1) λ_i 为正实数

λ_i 所对应的暂态响应分量的 Z 变换为
$$X_{ci}(z) = \frac{A_i z}{z-\lambda_i} \tag{3.159}$$

所以，其暂态响应分量(写成序列形式)为
$$x_{ci}(n) = A_i \lambda_i^n, \quad n = 0, 1, 2, \cdots \tag{3.160}$$

(1) $0 < \lambda_i < 1$，即闭环脉冲传递函数的极点 λ_i 位于单位圆内正实轴上，故动态响应 $x_{ci}(n)$

是按指数规律衰减的脉冲序列，且 λ_i 越接近原点，$x_{ci}(n)$ 衰减越快。

(2) $\lambda_i > 1$，动态响应 $x_{ci}(n)$ 是按指数规律发散的脉冲序列。

(3) $\lambda_i = 1$，动态响应 $x_{ci}(n)$ 为等幅脉冲序列。

2) λ_i 为负实数

此时，$x_{ci}(n) = A_i \lambda_i^n$，$x_{ci}(n)$ 可为正也可为负，取决于 n，n 为奇数时 $x_{ci}(n) < 0$，n 为偶数时 $x_{ci}(n) > 0$，所以随着 n 的增加，输出 $x_{ci}(n)$ 的符号交替变化，呈振荡规律。

(1) 当 $-1 < \lambda_i < 0$ 时，动态响应 $x_{ci}(n)$ 为交替变号的衰减脉冲序列，λ_i 离原点越近，输出下降越快。

(2) 当 $\lambda_i < -1$ 时，动态响应 $x_{ci}(n)$ 为交替变号的发散脉冲序列。

(3) 当 $\lambda_i = -1$ 时，动态响应 $x_{ci}(n)$ 为交替变号的等幅脉冲序列。

闭环实数极点分布与相应动态响应形式的关系，如图 3.36 所示。由图可见：若闭环实数极点位于右半 z 平面，则输出动态响应形式为单向正脉冲序列。实数极点位于单位圆内，脉冲序列收敛，且实数极点越接近原点，收敛越快；实数极点位于单位圆上，脉冲序列等幅变化；实数极点位于单位圆外，脉冲序列发散。

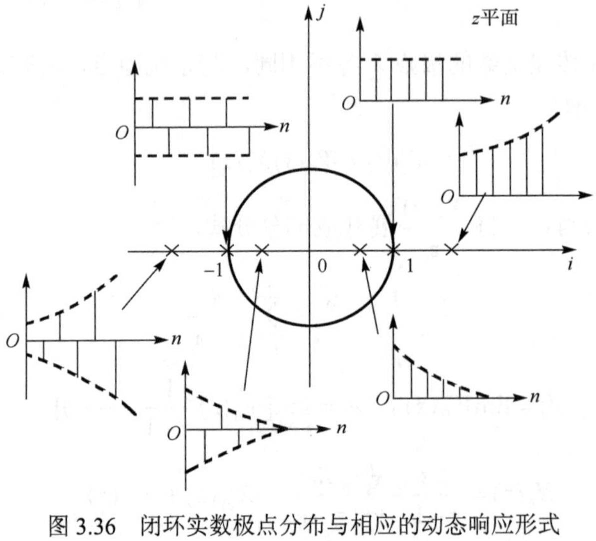

图 3.36　闭环实数极点分布与相应的动态响应形式

若闭环实数极点位于左半 z 平面，则输出动态响应形式为双向交替脉冲序列。实数极点位于单位圆内，双向脉冲序列收敛；实极点位于单位圆上，双向脉冲序列等幅变化；实数极点位于单位圆外，双向脉冲序列发散。

3) z 平面上的闭环共轭复数极点

设 λ_i 和 $\bar{\lambda}_i$ 为一对共轭复数极点，其表达式为

$$\lambda_i, \bar{\lambda}_i = |\lambda_i| e^{\pm j\theta_i} \tag{3.161}$$

其中，θ_i 为共轭复数极点 λ_i 的相角，从 z 平面上的正实轴起算，逆时针为正。显然，由式(3.159)知，一对共轭复数极点所对应的瞬态分量为

$$x_{ci,\bar{i}}^{\ *}(t) = Z^{-1}\left[\frac{A_i z}{z-\lambda_i} + \frac{\bar{A}_i z}{z-\bar{\lambda}_i}\right] \tag{3.162}$$

对式(3.162)求 Z 逆变换的结果为

$$x_{\mathrm{ci},\bar{i}}(n)=A_i\lambda_i^n+\bar{A}_i\bar{\lambda}_i^n \tag{3.163}$$

由于 $W_\mathrm{B}(z)$ 的分子多项式与分母多项式的系数均为实数，故 A_i 和 $\bar{A}_i$ 也一定是共轭复数，令

$$A_i=|A_i|\mathrm{e}^{\mathrm{j}\phi_i},\quad \bar{A}_i=|A_i|\mathrm{e}^{-\mathrm{j}\phi_i} \tag{3.164}$$

并将式代入，可得

$$x_{\mathrm{ci},\bar{i}}(n)=|A_i|\mathrm{e}^{\mathrm{j}\phi_i}|\lambda_i|^n\mathrm{e}^{\mathrm{j}n\theta_i}+|A_i|\mathrm{e}^{-\mathrm{j}\phi_i}|\lambda_i|^n\mathrm{e}^{-\mathrm{j}n\theta_i}=|A_i||\lambda_i|^n[\mathrm{e}^{\mathrm{j}(n\theta_i+\phi_i)}+\mathrm{e}^{-\mathrm{j}(n\theta_i+\phi_i)}]=2|A_i||\lambda_i|^n\cos(n\theta_i+\phi_i) \tag{3.165}$$

可见，一对共轭复数极点对应的瞬态分量 $x_{\mathrm{ci},\bar{i}}(n)$ 按振荡规律变化。

(1) 当 $|\lambda_i|>1$ 时，动态响应 $x_{\mathrm{ci},\bar{i}}(n)$ 为发散振荡脉冲序列。

(2) 当 $|\lambda_i|<1$ 时，动态响应 $x_{\mathrm{ci},\bar{i}}(n)$ 为衰减振荡脉冲序列，且 $|\lambda_i|$ 越小，即复数极点越靠近原点，衰减得越快。

(3) 当 $|\lambda_i|=1$ 时，动态响应 $x_{\mathrm{ci},\bar{i}}(n)$ 为等幅振荡脉冲序列。

闭环共轭复数极点分布与相应动态响应形式的关系，如图 3.37 所示。由图可见：位于 z 平面上单位圆内的共轭复数极点，对应输出动态响应的形式为衰减振荡脉冲序列，但复数极点位于左半单位圆内所对应的振荡频率，要高于右半单位圆内的情况。

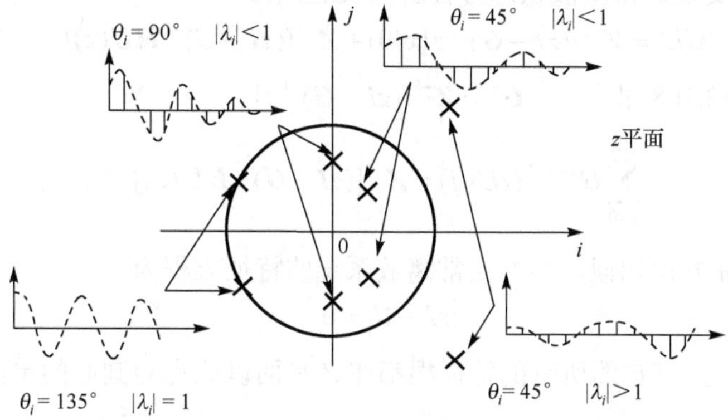

图 3.37　闭环复数极点分布与相应的动态响应形式

有限时间响应的缺点如下。

(1) 调整时间太短，作用于对象的控制需要很强。

(2) 系统会受饱和特性的影响，从而改变系统的实际性能。

(3) 所有极点均在 z 平面的原点，条件太苛刻。而且系统参数的稍微变化会使系统的性能变得很差。

(4) 系统对输入信号的适应性很差。

3.5.2　离散状态方程的解

离散状态方程的求解可采用递推法和 Z 变换法。

1. 递推法

将状态变量的初始值 $\boldsymbol{x}(0)$ 代入方程式(3.165)，求出 $\boldsymbol{x}(1)$，再由 $\boldsymbol{x}(1)$ 求出 $\boldsymbol{x}(2)$，依次递推，便可得到所有采样时刻的值：

$$x(1) = Gx(0) + Hu(0)$$
$$x(2) = Gx(1) + Hu(1) = G^2 x(0) + GHu(0) + Hu(1)$$
$$x(3) = Gx(2) + Hu(2) = G^3 x(0) + G^2 Hu(0) + GHu(1) + Hu(2)$$
$$\cdots \qquad \cdots$$

上述 $x(1), x(2), x(3), \cdots$ 即为状态方程在各采样时刻的解，可表示为

$$x(k) = G^k x(0) + \sum_{j=0}^{k-1} G^{k-j-1} Hu(j) \tag{3.166}$$

式(3.166)表明，时刻 kT 的状态变量 $x(kT)$ 由两部分组成：一部分由初始值 $x(0)$ 通过状态转移矩阵 $\Phi(k) = G^k$ 转移而来；另一部分是由输入 $u(j)$（j=1,2,…,k–1）的作用造成的。

2. *Z* 变换法

对方程 $x(k+1) = Gx(k) + Hu(k)$ 两边作 *Z* 变换，得

$$zX(z) - zx(0) = GX(z) + HU(z)$$

即
$$X(z)(zI - G) = zx(0) + HU(z)$$

所以
$$X(z) = (zI - G)^{-1} zx(0) + (zI - G)^{-1} HU(z) \tag{3.167}$$

对式(3.167)作 *Z* 逆变换，得离散状态方程解的表达式为

$$x(k) = Z^{-1}[(zI - G)^{-1} z]x(0) + Z^{-1}[(zI - G)^{-1} HU(z)] \tag{3.168}$$

比较式(3.166)和式(3.168)得
$$G^k = Z^{-1}[(zI - G)^{-1} z] \tag{3.169}$$

$$\sum_{j=0}^{n-1} G^{k-j-1} HU(j) = Z^{-1}[(zI - G)^{-1} HU(z)] \tag{3.170}$$

与连续系统特征方程相似，线性定常离散系统的特征方程为

$$|zI - G| = 0 \tag{3.171}$$

它的根即为特征根，只有它的所有的特征根都在 *Z* 平面以原点为圆心的单位圆内，系统才是稳定的。

例 3.29　求下列离散系统的单位阶跃响应

$$x(k+1) = Gx(k) + Hu(k)$$

其中，$G = \begin{bmatrix} 0 & 1 \\ -0.16 & -1 \end{bmatrix}$，$H = \begin{bmatrix} 1 \\ 1 \end{bmatrix}$；初始条件为 $x(0) = \begin{bmatrix} x_1(0) \\ x_2(0) \end{bmatrix} = \begin{bmatrix} 1 \\ -1 \end{bmatrix}$。

解： 因为 $(zI - G)^{-1} = \begin{bmatrix} z & -1 \\ 0.16 & z+1 \end{bmatrix}^{-1}$，所以可求 $G^k = Z^{-1}[(zI - G)^{-1} z]$。

由式(3.167)得

$$X(z) = (zI - G)^{-1}\left[zx(0) + HU(z)\right]$$

其次计算 $\left[zx(0) + HU(z)\right]$。因为 $u(k)$ 为单位阶跃函数，所以

$$U(z) = Z\left[u(k)\right] = \frac{z}{z-1}$$

因此 $\left[zx(0) + HU(z)\right]$ 可求。进而可求 $X(k)$，最后求 $X(k) = Z^{-1}\left[X(z)\right]$。

3.5.3　离散系统的可控性与可观测性

设离散系统的状态方程和输出方程为

$$\begin{aligned} \boldsymbol{y}(k+1) &= \boldsymbol{G}\boldsymbol{x}(k) + \boldsymbol{H}\boldsymbol{u}(k) \\ \boldsymbol{y}(k) &= \boldsymbol{C}\boldsymbol{x}(k) \end{aligned} \tag{3.172}$$

1. 线性离散系统的可控性

如果在有限个采样间隔内 $0 < k\boldsymbol{T} \leqslant n\boldsymbol{T}$，存在阶梯形控制信号 $\boldsymbol{u}(k)$，使状态 $\boldsymbol{x}(k)$ 由任意初始状态开始，在 $k\boldsymbol{T} = n\boldsymbol{T}$ 时变为零，那么式(3.172)所示系统是状态可控的。

系统可控性的判别准则可导出如下。

离散系统解的形式为　$\boldsymbol{x}(k) = \boldsymbol{G}^k\boldsymbol{x}(0) + \sum_{j=0}^{k-1}\boldsymbol{G}^{k-j-1}\boldsymbol{H}\boldsymbol{u}(j)$

因终点状态 $\boldsymbol{x}(n) = 0$，所以上式变为

$$0 = \boldsymbol{G}^n\boldsymbol{x}(0) + \sum_{j=0}^{n-1}\boldsymbol{G}^{n-j-1}\boldsymbol{H}\boldsymbol{u}(j)$$

因 $\boldsymbol{G}$ 是非奇异矩阵，上式可写成

$$\begin{aligned} \boldsymbol{x}(0) &= -\sum_{j=0}^{n-1}\boldsymbol{G}^{-j-1}\boldsymbol{H}\boldsymbol{u}(j) = -\left[\boldsymbol{G}^{-1}\boldsymbol{H}\boldsymbol{u}(0) + \boldsymbol{G}^{-2}\boldsymbol{H}\boldsymbol{u}(1) + \cdots + \boldsymbol{G}^{-n}\boldsymbol{H}\boldsymbol{u}(n-1)\right] \\ &= -\boldsymbol{G}^{-1}\left[\boldsymbol{H} \quad \boldsymbol{G}^{-1}\boldsymbol{H} \quad \cdots \quad \boldsymbol{G}^{-n+1}\boldsymbol{H}\right]\begin{bmatrix} \boldsymbol{u}(0) \\ \boldsymbol{u}(1) \\ \vdots \\ \boldsymbol{u}(n-1) \end{bmatrix} \end{aligned}$$

上式是关于 $\boldsymbol{u}(0), \boldsymbol{u}(1), \cdots, \boldsymbol{u}(n-1)$ 的非齐次方程组。因为 $\boldsymbol{G}$ 是非奇异矩阵，上式有解的条件是下面的矩阵满秩

$$\boldsymbol{Q}_{\mathrm{c}} = [\boldsymbol{H} \quad \boldsymbol{G}^{-1}\boldsymbol{H} \quad \cdots \quad \boldsymbol{G}^{-n+1}\boldsymbol{H}]$$

或

$$\boldsymbol{Q}_{\mathrm{c}} = [\boldsymbol{H} \quad \boldsymbol{G}\boldsymbol{H} \quad \cdots \quad \boldsymbol{G}^{n-1}\boldsymbol{H}] \tag{3.173}$$

式(3.173)表明，若 $\boldsymbol{Q}_{\mathrm{c}}$ 满秩，则在没有任何附加条件的情况下，最多经过 n 个采样周期，系统就可以由任意初始状态转移到终点状态(状态空间的原点)。

如果系统的输入是 r 维向量 $\boldsymbol{u}(k)$，那么，$\boldsymbol{H}$ 是 $n \times r$ 矩阵，系统可控的充要条件是下列 $[n \times (n \times r)]$ 矩阵 $\boldsymbol{Q}_{\mathrm{c}}$ 满秩。

$$\boldsymbol{Q}_{\mathrm{c}} = [\boldsymbol{H} \quad \boldsymbol{G}^{-1}\boldsymbol{H} \quad \cdots \quad \boldsymbol{G}^{n-1}\boldsymbol{H}] \tag{3.174}$$

2. 线性离散系统的可观测性

如果已经测得 n 个采样时刻的输出向量的值 $\boldsymbol{y}(k)$ (k=0,1,$\cdots$,$n-1$)，就能确定状态向量的初始值 $\boldsymbol{x}(0)$，那么系统就是可观测的。

系统可观测性判据推导如下。

设离散系统的状态方程为

$$\begin{aligned} \boldsymbol{x}(k+1) &= \boldsymbol{G}\boldsymbol{x}(k) \\ \boldsymbol{y}(k) &= \boldsymbol{C}\boldsymbol{x}(k) \end{aligned} \tag{3.175}$$

其中，$\boldsymbol{x}(k)$ 为 n 维向量；$\boldsymbol{y}(k)$ 为 m 维向量。

在分析可观测性问题时，与连续系统一样，只需要分析式(3.175)所示的齐次方程即可。方程(3.175)的解为

$$\boldsymbol{x}(k) = \boldsymbol{G}^k \boldsymbol{x}(0)$$

因此可得

$$\boldsymbol{y}(k) = \boldsymbol{C}\boldsymbol{G}^k \boldsymbol{x}(0) \tag{3.176}$$

将已测出的输出向量值 $\boldsymbol{y}(0), \boldsymbol{y}(1), \cdots, \boldsymbol{y}(n-1)$ 代入式(3.176)得

$$\begin{cases} \boldsymbol{y}(0) = \boldsymbol{C}\boldsymbol{x}(0) \\ \boldsymbol{y}(1) = \boldsymbol{C}\boldsymbol{G}\boldsymbol{x}(0) \\ \qquad\cdots \\ \boldsymbol{y}(n-1) = \boldsymbol{C}\boldsymbol{G}^{n-1}\boldsymbol{x}(0) \end{cases} \tag{3.177}$$

式(3.177)是关于 $\boldsymbol{x}(0)$ 的非齐次方程，$\boldsymbol{x}(0)$ 有解的条件是如下 $(n\times m)\times n$ 矩阵 $\boldsymbol{Q}_{\mathrm{o}}$ 满秩。

$$\boldsymbol{Q}_{\mathrm{o}} = \begin{bmatrix} \boldsymbol{C} \\ \boldsymbol{C}\boldsymbol{G} \\ \vdots \\ \boldsymbol{C}\boldsymbol{G}^{n-1} \end{bmatrix} \tag{3.178}$$

例 3.30　判断下述系统的可控性与可观测性。

$$\begin{bmatrix} \boldsymbol{x}_1(k+1) \\ \boldsymbol{x}_2(k+1) \end{bmatrix} = \begin{bmatrix} 1 & 1 \\ 2 & -1 \end{bmatrix} \begin{bmatrix} \boldsymbol{x}_1(k) \\ \boldsymbol{x}_2(k) \end{bmatrix} + \begin{bmatrix} 0 \\ 1 \end{bmatrix} \boldsymbol{u}(k), \quad \boldsymbol{y}(k) = \begin{bmatrix} 1 & 0 \end{bmatrix} \begin{bmatrix} \boldsymbol{x}_1(k) \\ \boldsymbol{x}_2(k) \end{bmatrix}$$

解：因为可控性的判别式

$$\boldsymbol{Q}_{\mathrm{o}} = \begin{bmatrix} \boldsymbol{H} & \boldsymbol{G}\boldsymbol{H} \end{bmatrix} = \begin{bmatrix} 0 & 1 \\ 1 & -1 \end{bmatrix}$$

是满秩的，所以系统是可控的。

可观测性判别矩阵为

$$\boldsymbol{Q}_{\mathrm{o}} = \begin{bmatrix} \boldsymbol{C} \\ \boldsymbol{C}\boldsymbol{G} \end{bmatrix} = \begin{bmatrix} 1 & 0 \\ 1 & 1 \end{bmatrix}$$

满秩，所以系统是可观测的。

3.6　MATLAB 在状态空间分析的应用

下面介绍用 MATLAB 对系统进行状态空间分析的方法。

3.6.1　矩阵指数函数的计算

矩阵指数函数的计算问题有两类，一类是数值计算，即给定矩阵 $\boldsymbol{A}$ 和具体的时间 t 的值，计算矩阵指数 $\mathrm{e}^{\boldsymbol{A}t}$ 的值；另一类是符号计算，即在给定矩阵 $\boldsymbol{A}$ 下，计算矩阵指数函数 $\mathrm{e}^{\boldsymbol{A}t}$ 的解析矩阵函数表达式。

1. 矩阵指数的数值计算

在 MATLAB 中，给定矩阵 $\boldsymbol{A}$ 和时间 t 的值，计算矩阵指数 e^{At} 的值可以直接采用基本矩阵函数 expm()。其调用格式为

```
>> y=expm(x)
```

其中，x 为需计算矩阵指数的矩阵；y 为计算结果。

例 3.31　试用 MATLAB 计算矩阵 $\boldsymbol{A}=\begin{bmatrix}0 & 1\\-2 & -3\end{bmatrix}$ 在 $t=0.3\text{s}$ 时的矩阵指数 e^{At} 的值。

解：在 MATLAB 命令窗(Command Window)依次写入下列程序

```
>> A =[0 1; -2 -3];                    %输入矩阵 A
>> t =0.3;                             %输入时间 t
>> eAt=expm(A*t)                       %计算矩阵 A 对应的矩阵指数值
```

运行结果:

```
eAt=  0.9328   0.1920
     -0.3840   0.3568
```

MATLAB 中有三个计算矩阵指数的函数，分别是 expmdemo1()，expmdemo2() 和 expmdemo3()。其中，expmdemo1() 就是 expm()，expmdemo2() 的计算精度最低，expmdemo3() 的计算精度最高，但 expmdemo3() 只能计算矩阵的独立特征向量数等于矩阵的维数，因此，在不能判断矩阵是否能变换为对角线矩阵时，应尽量采用函数 expm()。

2. 矩阵指数函数的符号计算

在 MATLAB 中，对给定矩阵 $\boldsymbol{A}$，可用符号计算工具箱的函数 expm() 计算变量 t 的矩阵指数 e^{At} 的表达式。符号计算函数 expm() 的调用格式为

```
>> expA=expm(A)
```

其中，输入矩阵 A 为 MATLAB 的符号矩阵；输出矩阵 expA 为计算所得的 e^{At} 的 MATLAB 符号矩阵。

例 3.32　试用 MATLAB 计算矩阵 $\boldsymbol{A}=\begin{bmatrix}0 & 1\\-2 & -3\end{bmatrix}$ 的矩阵指数 e^{At}。

解：在 MATLAB 命令窗(Command Window)依次写入下列程序

```
>> syms t;                             %定义符号变量 t
>> A =[0 1; -2 -3];                    %输入矩阵 A
>> eAt=expm(A*t)                       %计算矩阵 A 对应的矩阵指数函数
```

运行结果:

```
    eAt =
        [  -exp(-2*t)+2*exp(-t),       exp(-t)-exp(-2*t) ]
        [ -2*exp(-t)+2*exp(-2*t),     2*exp(-2*t)-exp(-t)]
```

上述计算结果与例 3.20 的计算结果完全一致。

3.6.2　连续系统的状态空间模型求解

MATLAB 提供了丰富的线性定常连续系统的状态空间模型求解的功能，主要的函数由初

始状态响应函数 initial()、阶跃响应函数 step()以及可计算任意输入的系统响应函数 lsim()，它们主要是计算其系统响应的数值解。

1. 初始状态响应函数 initial()

初始状态响应函数 initial()主要是计算状态空间模型 $\sum(\boldsymbol{A},\boldsymbol{B},\boldsymbol{C},\boldsymbol{D})$ 的初始状态响应，其主要调用格式为

```
>> initial(sys, x0, t) 或 >> [y, t, x]=initial(sys, x0, t)
```

其中，sys 为输入的状态空间模型；x0 为给定的初始状态；t 为指定仿真计算状态响应的时间区间变量(数组)。

例 3.33　试用 MATLAB 计算下列系统在[0，5s]的初始状态响应。

$$\dot{\boldsymbol{x}}=\begin{bmatrix}0 & 1\\ -2 & -3\end{bmatrix}\boldsymbol{x}，\quad \boldsymbol{x}_0=\begin{bmatrix}1\\ 2\end{bmatrix}$$

解：在 MATLAB 命令窗(Command Window)依次写入下列程序

```
>> A =[0 1; -2 -3];                    %输入矩阵 A
>> B =[ ]; C =[ ]; D =[ ];             %输入状态空间模型各矩阵，若没有相应值，可赋空矩阵
>> x0 =[1; 2];                         %输入初始状态
>> sys=ss(A, B, C, D);                 %定义系统
>> [y, t, x]=initial(sys, x0, 0:0.1:5);  %求系统在[0, 5s]的初始状态响应
>> plot(t, x)                          %绘制以时间为横坐标的状态响应曲线图
```

其运行结果如图 3.38 所示。

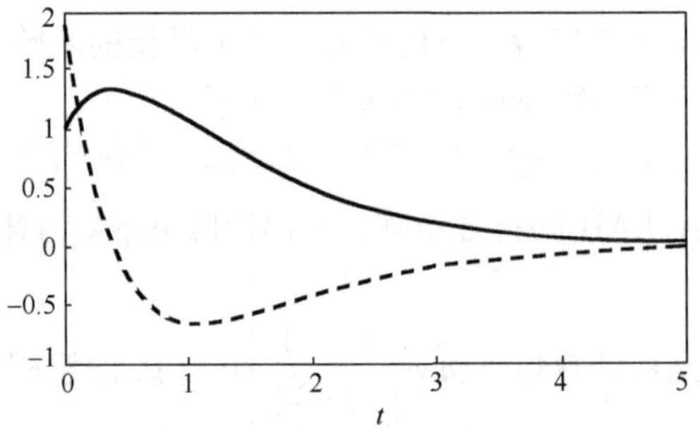

图 3.38　状态响应曲线图

2. 阶跃响应函数 step()

阶跃响应函数 step()可用于计算在单位阶跃输入和零初始状态(条件)下传递函数模型的输出响应，或状态空间模型的状态和输出响应，其主要调用格式为

```
>> step(sys, t) 或 >> [y, t]= step(sys, t) 或 [y, t, x]= step(sys, t)
```

其使用方法与前面介绍的 initial()函数相似，这里不再举例说明。

3. 任意输入的系统响应函数 lsim()

任意输入的系统响应函数 lsim()可用于计算在给定的输入信号序列(输入信号函数的采样值)下传递函数模型的输出响应，或状态空间模型的状态和输出响应，其主要调用格式为

```
>> lsim(A, B, C, D, u, t, x0) 或 >> [y, t, x]= lsim(A, B, C, D, u, t, x0)
```

其中，A，B，C 和 D 分别为系统的系数矩阵、输入矩阵、输出矩阵和直接转移矩阵；x0 为给定的初始状态；t 为指定仿真计算状态响应的时间区间变量(数组)；u 为输入信号 $u(t)$ 对应于时间坐标数组 t 的各时刻输入信号采样值组成的数组，是求解系统响应必须给定的。

例 3.34　已知系统状态方程

$$\dot{\boldsymbol{x}}=\begin{bmatrix}0 & 1\\ -2 & -3\end{bmatrix}\boldsymbol{x}+\begin{bmatrix}0\\ 1\end{bmatrix}u\,,\quad y=[1\quad 0]\boldsymbol{x}$$

试求 $\boldsymbol{x}(0)=0$，$u(t)=1(t)$ 时，系统的状态响应和输出响应。

解： 在 MATLAB 命令窗(Command Window)依次写入下列程序

```
>> A =[0 1; -2 -3];                               %输入系数矩阵 A
>> B =[0; 1];                                     %输入输入矩阵 B
>> C =[1 0];                                      %输入输出矩阵 C
>> D =0;                                          %输入直接转移矩阵 D
>> x0 =[0; 0];                                    %输入初始状态
>> t=0:100;                                       %设定时间
>> [y, x]=lsim(A, B, C, D, 1+0*t, t, x0);         %计算系统在输入序列 u 下的响应
>> figure                                         %打开一个新的图框
>> plot(x)                                        %绘制以时间为横坐标的状态响应曲线图
>> figure                                         %打开另一个新的图框
>> plot(y)                                        %绘制以时间为横坐标的输出响应曲线图
```

程序响应如图 3.39 所示，其中，图 3.39(a)为系统的状态响应曲线，图 3.39(b)为系统的输出响应曲线。

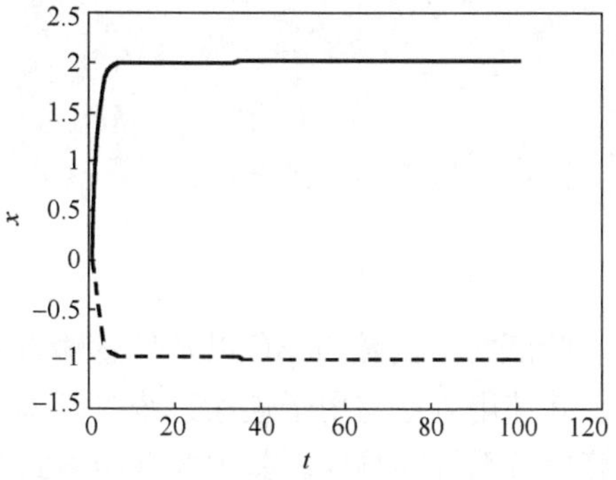

(a) 状态响应曲线

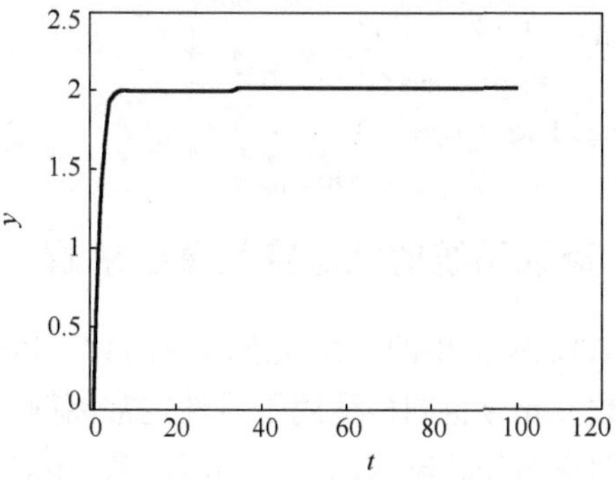

(b) 输出响应曲线

图 3.39　响应曲线

3.6.3　连续系统的离散化

MATLAB 提供了连续系统经采样而进行离散化的函数 c2d()。该函数的功能为将连续系统的传递函数模型和状态空间模型变换为离散系统的传递函数模型和状态空间模型，其主要调用格式为

```
>> sysd=c2d(sys, Ts) 或 >> sysd=c2d(sys, Ts, method)
```

其中，sys 为输入的连续系统传递函数模型或状态空间模型；sysd 为离散化所得的离散系统

传递函数模型或状态空间模型；T 为采样周期；method 为离散化方法选择变量，它可以为'zoh'、'foh'、'tustin'或'matched'等，分别对应于基于零阶和一阶保持器的离散化法、双线性法和零极点匹配法。

例 3.35　试求线性定常连续系统状态方程 $\dot{\boldsymbol{x}}=\begin{bmatrix}0 & 1\\ 0 & 1\end{bmatrix}\boldsymbol{x}+\begin{bmatrix}0\\ 1\end{bmatrix}u$，在 T=0.1 时的离散化方程。

解：在 MATLAB 命令窗(Command Window)依次写入下列程序

```
>> A =[0 1; 0 1];                  %输入矩阵 A
>> B =[0; 1];                      %输入矩阵 B
>> C =[ ];                         %输入矩阵 C
>> D =[ ];                         %输入矩阵 D
>> sys=ss(A, B, C, D);             %定义系统
>> T=0.1;                          %设定时间
>> sys_d=c2d(sys, T, 'zoh');       %计算系统在输入序列 u 下的响应
```

程序运行结果如下：

```
   a =
              x1     x2
       x1     1    0.1052
       x2     0     1.105
  b =
               u1
       x1   0.005171
       x2     0.1052
   c =
       Empty matrix: 0-by-2
   d =
       Empty matrix: 0-by-1
Sampling time: 0.1
Discrete-time model.
```

3.6.4　离散系统的状态空间模型求解

MATLAB 提供的初始状态响应函数 initial()、阶跃响应函数 step()以及任意输入的系统响应函数 lsim()也同样适用于线性定常离散系统，其使用方法与用于连续系统时基本一致。下面举例说明任意输入的系统响应函数 lsim()计算离散系统的响应。其主要调用格式为

```
>> lsim(sys, u, t, x0, type) 或 >> [yt, t, xt]= lsim(sys, u, t, x0, type)
```

其中，sys 为输入的状态空间模型；x0 为初始状态；t 为时间坐标数组；u 为时间坐标数组 t 指定时刻的输入信号序列，其采样周期需与离散系统模型 sys 的采样周期定义一致。type 为输入信号'采样保持器的选择变量，type=‘zoh’和‘foh’分别表示为零阶和一阶采样信号保持器。若 type 缺省，MATLAB 将采用高阶保持器对输入的采样信号进行光滑处理后，再进行系统响应求解。

例 3.36　已知系统的状态方程和状态初始值分别为

$$\boldsymbol{x}(k+1)=\begin{bmatrix}0 & 1\\ -0.16 & -1\end{bmatrix}\boldsymbol{x}(k)+\begin{bmatrix}1\\ 1\end{bmatrix}\boldsymbol{u}(k),\quad \boldsymbol{x}(0)=\begin{bmatrix}1\\ -1\end{bmatrix}$$

试求系统在采样周期为 T=0.1s，系统输入为 $\sin(\pi t)$ 时的[0,6s]的状态响应。

解：在 MATLAB 命令窗(Command Window)依次写入下列程序

```
>> G =[0 1; -0.16 -1];                      %输入矩阵 G
>> H =[1; 1];                               %输入矩阵 H
>> C =[ ];                                  %输入矩阵 C
>> D =[ ];                                  %输入矩阵 D
>> x0 =[1;-1];                              %输入初始值
>> Ts=0.1;                                  %定义采样周期
>> sys=ss(G, H, C, D, Ts);                  %建立离散系统状态空间模型
>> [u, t]=gensig('sin', 2, 6, Ts);          %产生周期为 2s，时间为 6s 的正弦信号
>> [y, t, x]=lsim(sys, u, t, x0, 'zoh');    %计算离散系统在给定输入下的响应
>> plot(t, u, t, x)                         %将输入与状态绘于一张图内
```

程序运行结果如图 3.40 所示。

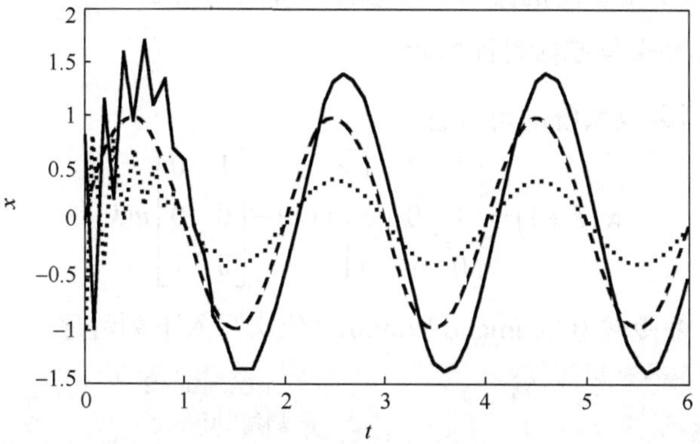

图 3.40 状态响应曲线

3.6.5 系统可控性和可观测性判断

MATLAB 提供的 rank() 函数可以求解矩阵的秩，inv() 函数可以求矩阵的逆，所以，用这两个函数可以判别连续系统和离散系统的可控性与可观测性，现举例说明。

1. 连续系统的可控性和可观测性判断

例 3.37 试判别系统 $\dot{\boldsymbol{x}}=\begin{bmatrix}1 & 2 & 1\\0 & 1 & 0\\1 & 0 & 3\end{bmatrix}\boldsymbol{x}+\begin{bmatrix}1 & 0\\0 & 1\\0 & 0\end{bmatrix}\boldsymbol{u}$ 的可控性。

解：在 MATLAB 命令窗(Command Window)依次写入下列程序

```
>> A=[1 2 1; 0 1 0; 1 0 3];                 %输入矩阵 A
>> B=[1 0; 0 1; 0 0];                       %输入矩阵 B
>> U=[B  A*B  A* A*B];                      %输入可控性判断矩阵
>> r=rank(U)                                %求解可控性判断矩阵的秩
```

程序运行结果如下：

```
r =
    3
```

可控性判断矩阵的秩和系统的维数相等，所以系统可控。

例 3.38 考虑如下系统 $\dot{\boldsymbol{x}}=\begin{bmatrix}-4 & 5\\ 1 & 0\end{bmatrix}\begin{bmatrix}x_1\\ x_2\end{bmatrix}+\begin{bmatrix}1\\ 0\end{bmatrix}u$，$y=\begin{bmatrix}1 & -1\end{bmatrix}\begin{bmatrix}x_1\\ x_2\end{bmatrix}$ 的可观测性。

解：在 MATLAB 命令窗(Command Window)依次写入下列程序

```
>> A=[-4 5; 1 0];                    %输入矩阵 A
>> C=[1 -1];                         %输入矩阵 C
>> U=[C; C*A];                       %输入可观测性判断矩阵
>> r=rank(U)                         %求解可观测性判断矩阵的秩
```

程序运行结果如下：

```
r =
    1
```

可观测性判断矩阵的秩小于系统的维数，所以系统不可观测。

2. 离散系统的可控性和可观测性判断

例 3.39 考虑下列离散系统的可控性。

$$\boldsymbol{x}(k+1)=\begin{bmatrix}1 & 2 & 1\\ 1 & 0 & 2\\ 0 & 1 & 0\end{bmatrix}\boldsymbol{x}(k)+\begin{bmatrix}1 & 0\\ 0 & 0\\ 0 & 1\end{bmatrix}\boldsymbol{u}(k)$$

解：在 MATLAB 命令窗(Command Window)依次写入下列程序

```
>> G=[1 2 1; 1 0 2; 0 1 0];              %输入矩阵 G
>> H=[1 0; 0 0; 0 1];                    %输入矩阵 H
>> U=[H  G*H  G* G*H];                   %输入可控性判断矩阵
>> r=rank(U)                             %求解可控性判断矩阵的秩
```

程序运行结果如下：

```
r =
    3
```

可控性判断矩阵的秩和系统的维数相等，所以系统可控。

例 3.40 试判别离散系统的可观测性。

$$\boldsymbol{x}(k+1)=\begin{bmatrix}2 & 0 & 3\\ -1 & -2 & 0\\ 0 & 1 & 2\end{bmatrix}\boldsymbol{x}(k)，\quad \boldsymbol{y}(k)=\begin{bmatrix}1 & 0 & 0\\ 0 & 1 & 0\end{bmatrix}\boldsymbol{x}(k)$$

解：在 MATLAB 命令窗(Command Window)依次写入下列程序

```
>> G=[2 0 3; -1 -2 0; 0 1 2];            %输入矩阵 G
>> C=[1 0 0; 0 1 0];                     %输入矩阵 C
>> U=[C; C*G; C*G*G];                    %输入可观测性判断矩阵
>> r=rank(U)                             %求解可观测性判断矩阵的秩
```

程序运行结果如下：

```
r =
    3
```

可观测性判断矩阵的秩等于系统的维数，所以系统可观测。

另外，可用 MATLAB 中专门的可控矩阵计算函数 ctrb() 来判断系统的可控性。即 ctrb $(\boldsymbol{A}, \boldsymbol{B}) = [\boldsymbol{B} \quad \boldsymbol{AB} \quad \boldsymbol{A}^2\boldsymbol{B} \quad \cdots \quad \boldsymbol{A}^{n-1}\boldsymbol{B}]$。如果 rank (ctrb $(\boldsymbol{A}, \boldsymbol{B})) = n$，则系统可控。

例 3.41　已知系统的状态方程如下：

$$\dot{\boldsymbol{x}} = \begin{bmatrix} 1 & 2 & 0 \\ 1 & 1 & 0 \\ 0 & 0 & 1 \end{bmatrix} \boldsymbol{x} + \begin{bmatrix} 0 & 1 \\ 1 & 0 \\ 1 & 1 \end{bmatrix} \boldsymbol{u}$$

试确定该系统的可控性。

解： 在 MATLAB 命令窗(Command Window)依次写入下列程序

```
>> A=[1 2 0; 1 1 0; 0 0 1];              %输入矩阵 A
>> B=[0 1; 1 0; 1 1];                    %输入矩阵 B
>> n=3;                                  %给出系统维数大小
>> Qc=ctrb(A, B);                        %计算系统的可控性矩阵
>> rn=rank(Qc);                          %求解可控性判断矩阵的秩
>>if rn==n                               %判断可控性矩阵的秩是否等于系统的维数，从而
     disp('System is controlled')        %判断系统是否可控
>>else
     disp('System is not controlled')
>>end
```

程序运行结果如下：

```
System is controlled
```

即表示该系统是可控的。

在 MATLAB 中计算可观测性判别矩阵的函数为 obsv()，即 obsv(A, C)=$[\boldsymbol{C} \quad \boldsymbol{CA} \quad \cdots \quad \boldsymbol{CA}^{n-1}]^{\mathrm{T}}$，如果 rank(obsv (A, C)) $= n$，则系统可观测。现举例说明。

例 3.42　已知系统

$$\dot{\boldsymbol{x}}(t) = \begin{bmatrix} 1 & 1 \\ -2 & -1 \end{bmatrix} \boldsymbol{x}(t) + \begin{bmatrix} 0 \\ 1 \end{bmatrix} u(t)$$

$$\boldsymbol{y}(t) = \begin{bmatrix} 1 & 0 \end{bmatrix} \boldsymbol{x}(t)$$

试判断该系统的可观测性。

解： 在 MATLAB 命令窗(Command Window)依次写入下列程序

```
>> A=[1 1; -2 -1];                %输入矩阵 A
>> C=[1 0];                       %输入矩阵 C
>> Qo=ctrb(A, C)                  %计算系统的可观测性矩阵
>> rn=rank(Qo)                    %求解可观测性判断矩阵的秩
```

程序运行结果如下：

```
Qo =
     1     0
     1    -1
rn =
     2
```

可观测性判断矩阵的秩和系统的维数相等，所以系统可观测。

在 MATLAB 中同样也可以完成系统可控标准型和可观测标准型的变换，这里不再赘述，感兴趣的读者请查阅相关文献。

3.7 工程实例中的时域分析

下面通过几个工程实例来熟悉控制系统的时域分析方法。

3.7.1 工作台位置自动控制系统

由第 2 章得知工作台位置自动控制系统闭环传递函数为

$$G_b(s)=\frac{K_pK_qK_gK}{Ts^2+s+K_qK_gK_fK}$$

常取 $K_p=K_f$，此时上式可简化为

$$G_b(s)=\frac{\omega_n^2}{s^2+2\xi\omega_n s+\omega_n^2}$$

其中，$\omega_n=\sqrt{\dfrac{K_qK_gK_fK}{T}}$，$\xi=\dfrac{1}{2\sqrt{K_qK_gK_fKT}}$。

又因为 $$T=\frac{R_aJ}{R_aD+K_eK_T}=\frac{4\times0.004}{4\times0.005+0.15\times0.2}=0.32$$

其中，J 为电动机、减速器、滚珠丝杠和工作台等效到电动机转子上总转动惯量，$J=0.004\text{kg}\cdot\text{m}^2$；$D$ 为折合到电动机转子上的总阻尼系数，$D=0.005\text{N}\cdot\text{m}\cdot\text{s/rad}$；$R_a$ 为电动机转子线圈的电阻，$R_a=4\Omega$；K_T 为电动机的力矩常数，$K_T=0.2\text{N}\cdot\text{m/A}$；$K_e$ 为反电动势常数，$K_e=0.15\text{V}\cdot\text{s/rad}$。

又因为

$$K=\frac{K_T/i}{R_aD+K_eK_T}=\frac{0.2/4000}{4\times0.005+0.15\times0.2}=0.001$$

其中，i 为传动比，$i=4000$；K_g 为功率放大器的放大倍数，$K_g=10$；K_p 为指令放大器的放大倍数，$K_p=10$；K_f 为反馈通道传递函数，$K_f=10$。

此外，K_q 为前置放大系数，在控制系统中常制成可调的，以便在系统调试时调整。为了计算系统的时域性能指标，我们暂时设定它的大小为 5。则

系统无阻尼固有频率为

$$\omega_n=\sqrt{\frac{K_qK_gK_fK}{T}}=\sqrt{\frac{10\times10\times10\times0.001}{0.32}}=1.77$$

系统的阻尼比为

$$\xi=\frac{1}{2\sqrt{K_qK_gK_fKT}}=\frac{1}{2\times\sqrt{10\times10\times10\times0.001}}=0.5$$

下面计算工作台位置自动控制系统的性能指标。

(1) 上升时间 t_r：

$$t_r = \frac{\pi - \beta}{\omega_d} = \frac{\pi - \arctan\frac{\sqrt{1-\xi^2}}{\xi}}{\omega_n\sqrt{1-\xi^2}} = \frac{3.14 - \left(\arctan\frac{\sqrt{1-0.5^2}}{0.5} \times 60\right)/180}{1.77 \times \sqrt{1-0.5^2}} = 1.4$$

(2) 峰值时间 t_p：

$$t_p = \frac{\pi}{\omega_d} = \frac{\pi}{\omega_n\sqrt{1-\xi^2}} = \frac{3.14}{1.77 \times \sqrt{1-0.5^2}} = 2$$

(3) 最大超调量 M_p：

$$M_p = e^{-\frac{\xi\pi}{\sqrt{1-\xi^2}}} \times 100\% = e^{-\frac{0.5\times 3.14}{\sqrt{1-0.5^2}}} \times 100\% = 16.3\%$$

(4) 调整时间 t_s：

$$t_s = \begin{cases} \dfrac{4}{\xi\omega_n} = \dfrac{4}{0.5\times 1.77} = 4.52, & \varDelta = 0.02 \\ \dfrac{3}{\xi\omega_n} = \dfrac{3}{0.5\times 1.77} = 3.39, & \varDelta = 0.05 \end{cases}$$

3.7.2　倒立振子/台车控制系统

对于一个多输入多输出控制系统，确认其是否可控是很重要的。对不可控系统进行控制是徒劳的。对于第 2 章中图 2.30 所示的倒立振子/台车控制系统，进行可控性和可观测性判断。已知系统的维数 n 是 4，控制力 u 有一个，所以可控制性矩阵 $\boldsymbol{Q}_c$ 为 4×4 矩阵，如果 $\boldsymbol{Q}_c$ 的秩数是 4，系统是可控的。矩阵 $\boldsymbol{Q}_c$ 可依下式求得。

$$\boldsymbol{Q}_c = [\boldsymbol{B}\ \ \boldsymbol{AB}\ \ \boldsymbol{A}^2\boldsymbol{B}\ \ \boldsymbol{A}^3\boldsymbol{B}]$$

其中元素可求出如下

$$\boldsymbol{B} = \begin{bmatrix} 0 \\ c \\ 0 \\ d \end{bmatrix}, \quad \boldsymbol{AB} = \begin{bmatrix} c \\ 0 \\ d \\ 0 \end{bmatrix}, \quad \boldsymbol{A}^2\boldsymbol{B} = \begin{bmatrix} 0 \\ ac \\ 0 \\ bc \end{bmatrix}, \quad \boldsymbol{A}^3\boldsymbol{B} = \begin{bmatrix} ac \\ 0 \\ bc \\ 0 \end{bmatrix}$$

因此，$\boldsymbol{Q}_c$ 表示为

$$\boldsymbol{Q}_c = \begin{bmatrix} 0 & c & 0 & ac \\ c & 0 & ac & 0 \\ 0 & d & 0 & bc \\ d & 0 & bc & 0 \end{bmatrix}$$

由上式可知，这个 4×4 矩阵所有的列都是相互独立的，所以秩数是 4，这样就可确认该系统是可控的。

下面分析该系统的可观测性。可观测性表示通过检测该系统的输出，判断能否推测所有状态变量的值。现在，系统的输出有振子的角度 ψ 和台车的位置 y 两个，而状态变量有振子

的角度、角速度以及台车的位置、速度四项。在四项状态变量中有两项是输出，另两项是以输出的微分形式给出的。显然，该系统是可观测的。下面就用可观测性矩阵来确认其可观测性。

可观测性矩阵$\boldsymbol{Q}_{\mathrm{o}}$为

$$\boldsymbol{Q}_{\mathrm{o}}=\begin{bmatrix}\boldsymbol{C}\\\boldsymbol{CA}\\\boldsymbol{CA}^2\\\boldsymbol{CA}^3\end{bmatrix}$$

其中，$\boldsymbol{C}=\begin{bmatrix}1&0&0&0\\0&0&1&0\end{bmatrix}$。

其中的矩阵子块可计算得

$$\boldsymbol{CA}=\begin{bmatrix}0&1&0&0\\0&0&0&1\end{bmatrix},\ \boldsymbol{CA}^2=\begin{bmatrix}a&0&0&0\\b&0&0&0\end{bmatrix},\ \boldsymbol{CA}^3=\begin{bmatrix}0&a&0&0\\0&b&0&0\end{bmatrix}$$

因此，可观测性矩阵$\boldsymbol{Q}_{\mathrm{o}}$写成

$$\boldsymbol{Q}_{\mathrm{o}}=\begin{bmatrix}1&0&0&0\\0&0&1&0\\0&1&0&0\\0&0&0&1\\a&0&0&0\\b&0&0&0\\0&a&0&0\\0&b&0&0\end{bmatrix}$$

第一行至第四行是相互独立的，由此可知该矩阵的秩数是 4，可观测性矩阵的秩数与系统维数 $n=4$ 一致，所以该系统是可观测的。即由输出ψ和y可观测全部的状态变量是有理论保证的。

综上所述，可知本节讨论的倒立振子 / 台车系统是可控和可观测的。有了以上这些准备后，现在可以进行“如何控制才能使振子垂直竖立，并使台车保持在基准位置上”这一问题的研究了。

3.7.3　简单机械手

对于第 1 章中图 1.10 所示的简单机械手控制系统，根据经线性化得出的线性状态空间表达式，现对其进行可控性和可观测性判断。已知系统的维数 n 是 4，系统等价输入为$\boldsymbol{v}=[v_1\quad v_2]^{\mathrm{T}}$，所以可控性矩阵$\boldsymbol{Q}_{\mathrm{c}}$为 4×8 矩阵，如果$\boldsymbol{Q}_{\mathrm{c}}$的秩数是 4，系统是可控的。矩阵$\boldsymbol{Q}_{\mathrm{c}}$可依下式求得。

$$\boldsymbol{Q}_{\mathrm{c}}=\begin{bmatrix}\boldsymbol{B}&\boldsymbol{AB}&\boldsymbol{A}^2\boldsymbol{B}&\boldsymbol{A}^3\boldsymbol{B}\end{bmatrix}$$

其中元素可求出如下

$$\boldsymbol{B}=\begin{bmatrix}0&0\\0&0\\1&0\\0&1\end{bmatrix},\quad \boldsymbol{AB}=\begin{bmatrix}1&0\\0&1\\0&0\\0&0\end{bmatrix},\quad \boldsymbol{A}^2\boldsymbol{B}=\boldsymbol{A}^3\boldsymbol{B}=\begin{bmatrix}0&0\\0&0\\0&0\\0&0\end{bmatrix}$$

因此，$\boldsymbol{Q}_{\mathrm{c}}$ 表示为

$$\boldsymbol{Q}_{\mathrm{c}}=\begin{bmatrix}0&0&1&0&0&0&0&0\\0&0&0&1&0&0&0&0\\1&0&0&0&0&0&0&0\\0&1&0&0&0&0&0&0\end{bmatrix}$$

由上式可知，这个 4×8 矩阵的秩是 4，这样就可确认该系统是可控的。

下面分析该系统的可观测性。可观测性表示通过检测该系统的输出，判断能否推测所有状态变量的值。现在，系统的输出为两个关节的位置 $\boldsymbol{\theta}$ 两项，而状态变量是两个关节的位置 $\boldsymbol{\theta}$ 和速度 $\dot{\boldsymbol{\theta}}$ 四项。在四项状态变量中有两项是输出，另两项是输出的微分。显然，该系统是可观测的。下面就用可观测性矩阵来确认其可观测性。

可观测性矩阵 $\boldsymbol{Q}_{\mathrm{o}}$ 为

$$\boldsymbol{Q}_{\mathrm{o}}=\begin{bmatrix}\boldsymbol{C}\\\boldsymbol{CA}\\\boldsymbol{CA}^2\\\boldsymbol{CA}^3\end{bmatrix}$$

其中，$\boldsymbol{C}=\begin{bmatrix}1&0&0&0\\0&1&0&0\end{bmatrix}$。

其中的矩阵子块可计算得

$$\boldsymbol{CA}=\begin{bmatrix}0&0&1&0\\0&0&0&1\end{bmatrix},\quad \boldsymbol{CA}^2=\boldsymbol{CA}^3=\begin{bmatrix}0&0&0&0\\0&0&0&0\end{bmatrix}$$

因此，可观测性矩阵 $\boldsymbol{Q}_{\mathrm{o}}$ 写成

$$\boldsymbol{Q}_{\mathrm{o}}=\begin{bmatrix}1&0&0&0\\0&1&0&0\\0&0&1&0\\0&0&0&1\\0&0&0&0\\0&0&0&0\\0&0&0&0\\0&0&0&0\end{bmatrix}$$

第一行至第四行是相互独立的，由此可知该矩阵的秩数是 4，可观测性矩阵的秩数与系统维数 $n=4$ 一致，所以该系统是可观测的。即由输出 $\boldsymbol{\theta}$ 可观测全部的状态变量是有理论保证的。

综上所述，可知本节讨论的双关节机械手控制系统是可控和可观测的。

习　题

3.1　设单位负反馈控制系统的开环传递函数为 $G(s)=\dfrac{1}{s(s+1)}$。试求该系统的上升时间、峰值时间、超调量和调整时间。

3.2　题 3.2 图中给出了两个系统的方块图，试求：①各系统的阻尼比 ξ 及无阻尼固有频

率 ω_n。②系统的单位阶跃响应曲线及超调量、上升时间、峰值时间和调整时间，并进行比较，说明系统结构情况是如何影响过渡性能指标的。

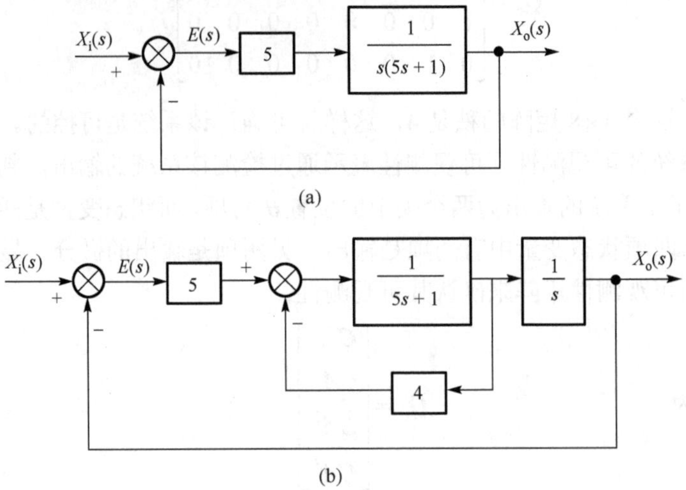

题 3.2 图

3.3　试用拉普拉斯变换法求解下列线性连续系统齐次状态方程。

(1) $\dot{\boldsymbol{x}}=\begin{bmatrix}0 & 1\\ -3 & -4\end{bmatrix}\boldsymbol{x}$；(2) $\dot{\boldsymbol{x}}=\begin{bmatrix}0 & 1 & 0\\ 0 & 0 & 1\\ 0 & -2 & -3\end{bmatrix}\boldsymbol{x}$。

3.4　线性定常系统的非齐次状态方程为

$$\begin{bmatrix}\dot{x}_1\\ \dot{x}_2\end{bmatrix}=\begin{bmatrix}0 & 1\\ -3 & -4\end{bmatrix}\begin{bmatrix}x_1\\ x_2\end{bmatrix}+\begin{bmatrix}0\\ 1\end{bmatrix}u$$

试求当作用函数 $u(t)=1(t)$ 时非齐次状态方程的解。

3.5　应用拉普拉斯变换法求线性定常系统非齐次状态方程

$$\dot{\boldsymbol{x}}=\begin{bmatrix}0 & 1 & 0\\ 0 & 0 & 1\\ 0 & -2 & -3\end{bmatrix}\boldsymbol{x}+\begin{bmatrix}0\\ 0\\ 1\end{bmatrix}u$$

当作用函数为 $u(t)=1(t)$ 时的解。

3.6　已知下列系统和给定初始条件：

$$\begin{bmatrix}\dot{x}_1\\ \dot{x}_2\end{bmatrix}=\begin{bmatrix}0 & 1\\ -10 & -5\end{bmatrix}\begin{bmatrix}x_1\\ x_2\end{bmatrix},\qquad \begin{bmatrix}x_1(0)\\ x_2(0)\end{bmatrix}=\begin{bmatrix}2\\ 1\end{bmatrix}$$

试用 MATLAB 求系统对初始条件的响应。

3.7　解下列状态方程：　$\dot{\boldsymbol{x}}=\begin{bmatrix}-1 & 2\\ -1 & -3\end{bmatrix}\boldsymbol{x}+\begin{bmatrix}0\\ 1\end{bmatrix}u$

已知 $u(t)=1$，初始条件为 $\boldsymbol{x}(0)=\begin{bmatrix}-1\\ 0\end{bmatrix}$。

3.8　试证明 $x(t)=\mathrm{e}^{At}x(0)+\int_0^t \mathrm{e}^{A(t-\tau)}\boldsymbol{B}(\tau)\mathrm{d}\tau$ 就是状态方程 $\dot{\boldsymbol{x}}=\boldsymbol{A}\boldsymbol{x}+\boldsymbol{B}\boldsymbol{u}$ 的解。

3.9　已知系统状态方程为

$$\dot{\boldsymbol{x}}=\begin{bmatrix}\lambda & 1 & 0 & 0\\ 0 & \lambda & 0 & 0\\ 0 & 0 & \sigma & 1\\ 0 & 0 & 0 & \sigma\end{bmatrix}\boldsymbol{x}$$

试求在初始条件 $x(t)=[2\quad 0\quad 1\quad 1]^{\mathrm{T}}$ 时系统的响应。

3.10　已知系统状态方程：$\begin{bmatrix}\dot{x}_1\\ \dot{x}_2\end{bmatrix}=\begin{bmatrix}0 & 1\\ -2 & -3\end{bmatrix}\begin{bmatrix}x_1\\ x_2\end{bmatrix}$，初值为 $\begin{bmatrix}x_1(0)\\ x_2(0)\end{bmatrix}=\begin{bmatrix}1\\ 0\end{bmatrix}$，求系统方程的解。

3.11　已知系统的状态方程如下，试判断其是否可控。

(1) $\dot{\boldsymbol{x}}=\begin{bmatrix}-4 & 5\\ 1 & 0\end{bmatrix}\boldsymbol{x}+\begin{bmatrix}-5\\ 1\end{bmatrix}u$；(2) $\begin{bmatrix}\dot{x}_1\\ \dot{x}_2\end{bmatrix}=\begin{bmatrix}1 & 1\\ 0 & -1\end{bmatrix}\begin{bmatrix}x_1\\ x_2\end{bmatrix}+\begin{bmatrix}0\\ 1\end{bmatrix}u$；

(3) $\begin{bmatrix}\dot{x}_1\\ \dot{x}_2\end{bmatrix}=\begin{bmatrix}1 & 1\\ 2 & -1\end{bmatrix}\begin{bmatrix}x_1\\ x_2\end{bmatrix}+\begin{bmatrix}0\\ 1\end{bmatrix}u$；(4) $\begin{bmatrix}\dot{x}_1\\ \dot{x}_2\end{bmatrix}=\begin{bmatrix}-3 & 1\\ -2 & 1.5\end{bmatrix}\begin{bmatrix}x_1\\ x_2\end{bmatrix}+\begin{bmatrix}1\\ 4\end{bmatrix}u$；

(5) $\begin{bmatrix}\dot{x}_1\\ \dot{x}_2\\ \dot{x}_3\end{bmatrix}=\begin{bmatrix}-1 & 1 & 1\\ 2 & 1 & 0\\ 0 & -1 & 1\end{bmatrix}\begin{bmatrix}x_1\\ x_2\\ x_3\end{bmatrix}+\begin{bmatrix}1 & 0\\ 1 & 1\\ -2 & 1\end{bmatrix}u$；(6) $\dot{\boldsymbol{x}}=\begin{bmatrix}1 & 2 & 1\\ 0 & 1 & 0\\ 1 & 0 & 3\end{bmatrix}\boldsymbol{x}+\begin{bmatrix}1 & 0\\ 0 & 1\\ 0 & 0\end{bmatrix}u$。

3.12　已知系统的状态方程如下，试判断其是否可控。

(1) $\begin{bmatrix}\dot{x}_1\\ \dot{x}_2\\ \dot{x}_3\end{bmatrix}=\begin{bmatrix}5 & 0 & 0\\ 0 & -3 & 0\\ 0 & 0 & 2\end{bmatrix}\begin{bmatrix}x_1\\ x_2\\ x_3\end{bmatrix}+\begin{bmatrix}3 & 0\\ -1 & 2\\ 0 & 0\end{bmatrix}u$；(2) $\begin{bmatrix}\dot{x}_1\\ \dot{x}_2\\ \dot{x}_3\\ \dot{x}_4\\ \dot{x}_5\end{bmatrix}=\begin{bmatrix}2 & 1 & 0 & 0 & 0\\ 0 & 2 & 0 & 0 & 0\\ 0 & 0 & -3 & 1 & 0\\ 0 & 0 & 0 & -3 & 1\\ 0 & 0 & 0 & 0 & -3\end{bmatrix}\begin{bmatrix}x_1\\ x_2\\ x_3\\ x_4\\ x_5\end{bmatrix}+\begin{bmatrix}0 & 1\\ 1 & 0\\ 3 & 2\\ -1 & 0\\ 0 & 0\end{bmatrix}u$；

(3) $\begin{bmatrix}\dot{x}_1\\ \dot{x}_2\end{bmatrix}=\begin{bmatrix}-1 & 0\\ 0 & -2\end{bmatrix}\begin{bmatrix}x_1\\ x_2\end{bmatrix}+\begin{bmatrix}2\\ 5\end{bmatrix}u$；(4) $\begin{bmatrix}\dot{x}_1\\ \dot{x}_2\end{bmatrix}=\begin{bmatrix}-1 & 0\\ 0 & -2\end{bmatrix}\begin{bmatrix}x_1\\ x_2\end{bmatrix}+\begin{bmatrix}2\\ 0\end{bmatrix}u$；

(5) $\begin{bmatrix}\dot{x}_1\\ \dot{x}_2\\ \dot{x}_3\end{bmatrix}=\begin{bmatrix}-1 & 1 & 0\\ 0 & -1 & 0\\ 0 & 0 & -2\end{bmatrix}\begin{bmatrix}x_1\\ x_2\\ x_3\end{bmatrix}+\begin{bmatrix}0\\ 4\\ 3\end{bmatrix}u$；(6) $\begin{bmatrix}\dot{x}_1\\ \dot{x}_2\\ \dot{x}_3\end{bmatrix}=\begin{bmatrix}-1 & 1 & 0\\ 0 & -1 & 0\\ 0 & 0 & -2\end{bmatrix}\begin{bmatrix}x_1\\ x_2\\ x_3\end{bmatrix}+\begin{bmatrix}4 & 2\\ 0 & 0\\ 3 & 0\end{bmatrix}u$；

(7) $\begin{bmatrix}\dot{x}_1\\ \dot{x}_2\\ \dot{x}_3\\ \dot{x}_4\\ \dot{x}_5\end{bmatrix}=\begin{bmatrix}-2 & 1 & 0 & 0 & 0\\ 0 & -2 & 1 & 0 & 0\\ 0 & 0 & -2 & 0 & 0\\ 0 & 0 & 0 & -5 & 1\\ 0 & 0 & 0 & 0 & -5\end{bmatrix}\begin{bmatrix}x_1\\ x_2\\ x_3\\ x_4\\ x_5\end{bmatrix}+\begin{bmatrix}0 & 1\\ 0 & 0\\ 3 & 0\\ 0 & 0\\ 2 & 1\end{bmatrix}u$；

(8) $\begin{bmatrix}\dot{x}_1\\ \dot{x}_2\\ \dot{x}_3\\ \dot{x}_4\\ \dot{x}_5\end{bmatrix}=\begin{bmatrix}-2 & 1 & 0 & 0 & 0\\ 0 & -2 & 1 & 0 & 0\\ 0 & 0 & -2 & 0 & 0\\ 0 & 0 & 0 & -5 & 1\\ 0 & 0 & 0 & 0 & -5\end{bmatrix}\begin{bmatrix}x_1\\ x_2\\ x_3\\ x_4\\ x_5\end{bmatrix}+\begin{bmatrix}4\\ 4\\ 8\\ 4\\ 0\end{bmatrix}u$。

3.13　判断 $\begin{cases}\dot{x}_1=-3x_1+x_2+u\\ \dot{x}_2=-2x_1+1.5x_2+4u\end{cases}$ 的可控性。

3.14　用 MATLAB 判断下列系统状态的可控性。

$$\dot{\boldsymbol{x}}=\begin{bmatrix}-3&-2&-1\\0&-1&1\\-1&0&1\end{bmatrix}\boldsymbol{x}+\begin{bmatrix}0\\2\\1\end{bmatrix}u$$

3.15　确定下列系统的可观测性。

(1) $\begin{bmatrix}\dot{x}_1\\\dot{x}_2\end{bmatrix}=\begin{bmatrix}-4&8\\-3&6\end{bmatrix}\begin{bmatrix}x_1\\x_2\end{bmatrix}+\begin{bmatrix}-1&2\\0&1\end{bmatrix}u$，$\begin{bmatrix}y_1\\y_2\end{bmatrix}=\begin{bmatrix}1&-2\\-1&2\end{bmatrix}\begin{bmatrix}x_1\\x_2\end{bmatrix}$；

(2) $\begin{bmatrix}\dot{x}_1\\\dot{x}_2\\\dot{x}_3\end{bmatrix}=\begin{bmatrix}3&0&0\\0&-2&0\\0&0&4\end{bmatrix}\begin{bmatrix}x_1\\x_2\\x_3\end{bmatrix}+\begin{bmatrix}1\\0\\1\end{bmatrix}u$，$y=\begin{bmatrix}-1&0&4\end{bmatrix}\begin{bmatrix}x_1\\x_2\\x_3\end{bmatrix}$；

(3) $\begin{bmatrix}\dot{x}_1\\\dot{x}_2\\\dot{x}_3\\\dot{x}_4\\\dot{x}_5\end{bmatrix}=\begin{bmatrix}-2&1&0&0&0\\0&-2&0&0&0\\0&0&3&1&0\\0&0&0&3&1\\0&0&0&0&3\end{bmatrix}\begin{bmatrix}x_1\\x_2\\x_3\\x_4\\x_5\end{bmatrix}+\begin{bmatrix}1&2\\3&-2\\4&3\\-1&4\\0&5\end{bmatrix}u$，$\begin{bmatrix}\dot{y}_1\\\dot{y}_2\end{bmatrix}=\begin{bmatrix}-1&0&-1&0&0\\2&0&2&-3&0\end{bmatrix}\begin{bmatrix}x_1\\x_2\\x_3\\x_4\\x_5\end{bmatrix}$。

3.16　判断下列系统的可观测性。

(1) $\begin{bmatrix}\dot{x}_1\\\dot{x}_2\end{bmatrix}=\begin{bmatrix}-1&0\\0&-2\end{bmatrix}\begin{bmatrix}x_1\\x_2\end{bmatrix}$，$y=\begin{bmatrix}1&3\end{bmatrix}\begin{bmatrix}x_1\\x_2\end{bmatrix}$；

(2) $\begin{bmatrix}\dot{x}_1\\\dot{x}_2\\\dot{x}_3\end{bmatrix}=\begin{bmatrix}2&1&0\\0&2&1\\0&0&2\end{bmatrix}\begin{bmatrix}x_1\\x_2\\x_3\end{bmatrix}$，$\begin{bmatrix}y_1\\y_2\end{bmatrix}=\begin{bmatrix}3&0&0\\4&0&0\end{bmatrix}\begin{bmatrix}x_1\\x_2\\x_3\end{bmatrix}$；

(3) $\begin{bmatrix}\dot{x}_1\\\dot{x}_2\\\dot{x}_3\\\dot{x}_4\\\dot{x}_5\end{bmatrix}=\begin{bmatrix}2&1&0&0&0\\0&2&1&0&0\\0&0&2&0&0\\0&0&0&-3&1\\0&0&0&0&-3\end{bmatrix}\begin{bmatrix}x_1\\x_2\\x_3\\x_4\\x_5\end{bmatrix}$，$\begin{bmatrix}y_1\\y_2\end{bmatrix}=\begin{bmatrix}1&1&1&0&0\\0&1&1&1&0\end{bmatrix}\begin{bmatrix}x_1\\x_2\\x_3\\x_4\\x_5\end{bmatrix}$。

3.17　判断下列系统的可观测性。

(1) $\begin{bmatrix}\dot{x}_1\\\dot{x}_2\end{bmatrix}=\begin{bmatrix}-1&0\\0&-2\end{bmatrix}\begin{bmatrix}x_1\\x_2\end{bmatrix}$，$y=\begin{bmatrix}0&3\end{bmatrix}\begin{bmatrix}x_1\\x_2\end{bmatrix}$；

(2) $\begin{bmatrix}\dot{x}_1\\\dot{x}_2\\\dot{x}_3\end{bmatrix}=\begin{bmatrix}2&1&0\\0&2&1\\0&0&2\end{bmatrix}\begin{bmatrix}x_1\\x_2\\x_3\end{bmatrix}$，$\begin{bmatrix}y_1\\y_2\end{bmatrix}=\begin{bmatrix}0&5&4\\0&3&5\end{bmatrix}\begin{bmatrix}x_1\\x_2\\x_3\end{bmatrix}$；

(3) $\begin{bmatrix}\dot{x}_1\\\dot{x}_2\\\dot{x}_3\\\dot{x}_4\\\dot{x}_5\end{bmatrix}=\begin{bmatrix}2&1&0&0&0\\0&2&1&0&0\\0&0&2&0&0\\0&0&0&-3&1\\0&0&0&0&-3\end{bmatrix}\begin{bmatrix}x_1\\x_2\\x_3\\x_4\\x_5\end{bmatrix}$，$\begin{bmatrix}y_1\\y_2\end{bmatrix}=\begin{bmatrix}1&1&1&0&0\\0&1&1&0&0\end{bmatrix}\begin{bmatrix}x_1\\x_2\\x_3\\x_4\\x_5\end{bmatrix}$。

3.18　证明下列系统不是完全可观测的

$$\dot{\boldsymbol{x}}=\boldsymbol{A}\boldsymbol{x}+\boldsymbol{B}u$$
$$y=\boldsymbol{C}\boldsymbol{x}$$

式中，$\boldsymbol{x}=\begin{bmatrix}x_1\\x_2\\x_3\end{bmatrix},\boldsymbol{A}=\begin{bmatrix}0&1&0\\0&0&1\\-6&-11&-6\end{bmatrix},\boldsymbol{B}=\begin{bmatrix}0\\0\\1\end{bmatrix},\boldsymbol{C}=\begin{bmatrix}4&5&1\end{bmatrix}$。

3.19　判断由方程　$\begin{bmatrix}\dot{x}_1\\\dot{x}_2\end{bmatrix}=\begin{bmatrix}-1&0\\0&-2\end{bmatrix}\begin{bmatrix}x_1\\x_2\end{bmatrix}+\begin{bmatrix}2\\0\end{bmatrix}u$

描述的系统是否可控和可观测。

3.20　已知线性定常系统

$$\begin{cases}\dot{\boldsymbol{x}}=\begin{bmatrix}-3&1\\1&-3\end{bmatrix}\boldsymbol{x}+\begin{bmatrix}1&1\\1&1\end{bmatrix}u\\ \boldsymbol{y}=\begin{bmatrix}1&1\\1&-1\end{bmatrix}\boldsymbol{x}\end{cases}$$

用 MATLAB 判断系统的可控性和可观测性。

3.21　一个可控标准型系统的状态空间表达式为

$$\begin{bmatrix}\dot{x}_1\\\dot{x}_2\end{bmatrix}=\begin{bmatrix}0&1\\-0.4&-1.3\end{bmatrix}\begin{bmatrix}x_1\\x_2\end{bmatrix}+\begin{bmatrix}0\\1\end{bmatrix}u\text{，}\quad y=\begin{bmatrix}0.8&1\end{bmatrix}\begin{bmatrix}x_1\\x_2\end{bmatrix}$$

同一个系统的可观测标准型的状态空间表达式为

$$\begin{bmatrix}\dot{x}_1\\\dot{x}_2\end{bmatrix}=\begin{bmatrix}0&-0.4\\1&-1.3\end{bmatrix}\begin{bmatrix}x_1\\x_2\end{bmatrix}+\begin{bmatrix}0.8\\1\end{bmatrix}u\text{，}\quad y=\begin{bmatrix}0&1\end{bmatrix}\begin{bmatrix}x_1\\x_2\end{bmatrix}$$

试证明：前一个状态空间表达式给出了一个状态可控但不是可观测的系统；后一个状态空间表达式给出了一个不是状态完全可控却可观测的系统。试解释同一系统可控性和可观测性之间的这种显著差别的原因。

3.22　试将下列系统变换为可控标准型

$$\dot{\boldsymbol{x}}=\begin{bmatrix}1&2&0\\3&-1&1\\0&2&0\end{bmatrix}\boldsymbol{x}+\begin{bmatrix}2\\1\\1\end{bmatrix}u\text{，}\quad y=\begin{bmatrix}0&0&1\end{bmatrix}\boldsymbol{x}$$

3.23　将下列方程化成可控标准型

$$\begin{bmatrix}\dot{x}_1\\\dot{x}_2\end{bmatrix}=\begin{bmatrix}0&1\\1&-1\end{bmatrix}\begin{bmatrix}x_1\\x_2\end{bmatrix}+\begin{bmatrix}2\\1\end{bmatrix}u$$

3.24　系统的状态方程如下，如果系统状态可控，试将它们变成可控标准型。

(1) $\dot{\boldsymbol{x}}=\begin{bmatrix}-1 & 0\\ 0 & -2\end{bmatrix}\boldsymbol{x}+\begin{bmatrix}2\\ 5\end{bmatrix}u$；(2) $\dot{\boldsymbol{x}}=\begin{bmatrix}-1 & 1 & 0\\ 0 & -1 & 0\\ 0 & 0 & -2\end{bmatrix}\boldsymbol{x}+\begin{bmatrix}0\\ 4\\ 3\end{bmatrix}u$

3.25　将下列方程化成可观测标准型。

$$\begin{bmatrix}\dot{x}_1\\ \dot{x}_2\end{bmatrix}=\begin{bmatrix}-2 & 0\\ 1 & 1\end{bmatrix}\begin{bmatrix}x_1\\ x_2\end{bmatrix}+\begin{bmatrix}1\\ 0\end{bmatrix}u,\quad y=\begin{bmatrix}1 & 1\end{bmatrix}\begin{bmatrix}x_1\\ x_2\end{bmatrix}$$

第 4 章　机械控制系统的稳定性分析

一个机械自动控制系统要能正常工作，它首先必须是一个稳定的系统，即系统应具有这样的性能：在它受到外界扰动后，虽然其原平衡状态被打破，但在扰动消失之后，它有能力自动地恢复原平衡状态或者趋于另一新的平衡状态继续工作。换句话说，所谓系统的稳定性，就是系统在受到小的外界扰动后，被控量与期望值之间偏差值的过渡过程收敛性。显然，稳定性是系统的一个动态属性。在控制系统设计过程中需要考虑的众多性能指标中，最重要的是系统的稳定性指标。不稳定的系统是无法使用的。对于不同的系统，如线性的、非线性的、定常的以及时变的等，其稳定性的定义也不尽相同。从分析和设计的角度来说，稳定性可以分为绝对稳定性和相对稳定性。绝对稳定性是指系统是否稳定。相对稳定性是在明确系统稳定的前提下，进一步考察系统的稳定程度。

随着控制理论与工程所涉及的领域，由线性时不变系统扩展为时变和非线性系统，稳定性分析的复杂程度也在急剧地增长。本章首先给出稳定性的定义，通过分析得出线性控制系统稳定的条件。介绍稳定性的赫尔维茨(Hurwitz)判据和劳斯(Routh)判据，以及李雅普诺夫(Lyapunov)稳定性理论和它在线性系统及非线性系统中的应用。

4.1　系统稳定性的基本概念

如果一个线性定常系统处于平衡状态，那么当它受到外界或内部一些因素的扰动时，它将离开其平衡位置。当扰动消失后，稳定系统能够以足够的精度逐渐恢复到原来的平衡状态；而不稳定系统则不能恢复到原平衡状态。

控制系统在实际工作过程中，不可避免地会受到各种类型的扰动，因此，不稳定的控制系统显然无法正常工作。稳定性是系统去掉扰动后本身自由运动的性质，是系统的一种固有特性。对于线性系统，这种固有特性只取决于系统的结构参数，而与初始条件及干扰作用无关。

下面讨论闭环控制系统的稳定条件，即闭环系统具有什么样的条件才是稳定的。首先将系统稳定性做如下数学上的定义：设单输入单输出线性系统在零初始条件下输入一个理想脉冲函数 $\delta(t)$，这相当于系统在零位置平衡状态时受到一个脉冲扰动，系统输出为单位脉冲响应函数 $x_o(t)$。如果 $x_o(t)$ 随着时间的推移趋于零，即 $\lim_{t\to\infty} x_o(t)=0$，则系统稳定；若 $\lim_{t\to\infty} x_o(t)=\infty$，则系统不稳定。

由于系统的传递函数代表系统的固有特性，所以根据图 4.1 所示的一般闭环控制系统框图写出系统的传递函数为

$$G_b(s)=\frac{X_o(s)}{X_i(s)}=\frac{G(s)}{1+G(s)H(s)} \tag{4.1}$$

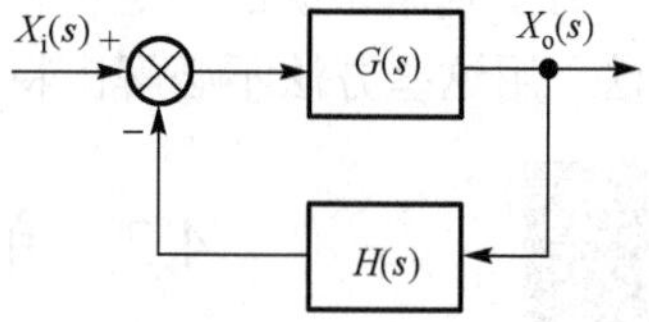

图 4.1　闭环控制系统的一般形式

系统的特征方程由闭环系统传递函数的分母等于零得出，即

$$1+G(s)H(s)=0 \tag{4.2}$$

此方程的根称为系统的特征根。系统的稳定性取决于系统的特征根在[s]平面上的位置：如果一个系统的特征根全部落在[s]平面的左半部分(即所有特征根具有负实部)，则该系统是稳定的；否则，系统不稳定。下面证明这个稳定条件。

如图 4.1 所示系统的单位脉冲响应为

$$X_o(s)=\frac{G(s)}{1+G(s)H(s)}=\frac{G(s)}{(s-s_1)(s-s_2)\cdots(s-s_n)} \tag{4.3}$$

其中，$s_i(i=1, 2, \cdots, n)$为系统特征根，也称系统的闭环极点。设特征方程无重根，将式(4.3)分解成部分分式之和的形式，得

$$X_o(s)=\frac{c_1}{s-s_1}+\frac{c_2}{s-s_2}+\cdots+\frac{c_n}{s-s_n}=\sum_{i=1}^{n}\frac{c_i}{s-s_i} \tag{4.4}$$

其中，$c_i\ (i=1, 2, \cdots, n)$为待定系数，其值可确定。

对式(4.4)进行拉普拉斯逆变换，得到系统的时域脉冲响应为

$$x_o(t)=\sum_{i=1}^{n}c_i\,\mathrm{e}^{s_i t} \tag{4.5}$$

由式(4.5)可见，要满足系统稳定条件$\lim\limits_{t\to\infty}x_o(t)=0$，只有当系统的特征根$s_i(i=1, 2, \cdots, n)$全部具有负实部时才能实现。如果其中有正实部的特征根，则$\lim\limits_{t\to\infty}x_o(t)=\infty$，系统必定不稳定。

当特征方程有重根时，不失一般性，设特征方程的n个根为$s_i=\sigma_i+\mathrm{j}\omega_i, i=1,2,\cdots,n$，$m$个是单根，其他均为重根，则$x_o(t)$可写成如下形式：

$$x_o(t)=\sum_{i=1}^{m}c_i\,\mathrm{e}^{s_i t}+\sum_{i=0}^{n-m-1}L_i t^i\,\mathrm{e}^{s_i t} \tag{4.6}$$

其中，c_i和L_i均为常系数。

式(4.6)中的指数项$\mathrm{e}^{s_i t}$决定着$t\to\infty$时的输出响应$x_o(t)$，因此如果系统稳定，则s_i的实部必须都为负。换言之，特征方程所有的根都必须在[s]平面的左半部分。

因此，得到系统稳定的必要且充分条件为：若系统特征方程根全部具有负实部，则系统是稳定的；系统稳定的充要条件也可以描述为：系统传递函数的极点全部位于[s]复平面的左半部。

若有部分闭环极点位于虚轴上，而其余极点全部位于[s]平面左半部时，便会出现临界稳定状态。系统处于临界稳定状态时，从数学角度看，系统处于等幅振荡状态；从系统设计角度看，这样的系统是不可取的，因为这样的系统很容易转化成不稳定系统。

为了判断系统的稳定性，除了直接求出系统特征根外，还有许多其他判断系统稳定性的方法，用这些方法不必解出特征根就能确定系统的稳定性。

4.2　单输入单输出系统的稳定性分析

对单输入单输出系统的稳定性可采用代数稳定性判据或几何稳定性判据进行判断。代数

稳定性判据通过闭环特征方程判断系统特征根的分布，从而判断系统的稳定性；几何稳定性判据则通过系统频率特性的极坐标图和对数坐标图来判断系统的稳定性。此外，稳定系统的误差分析方法也将在本节中介绍。

4.2.1　代数稳定性判据

线性定常系统稳定的条件是其特征根全部具有负实部，因此可以通过求解出特征方程的根之后判别系统的稳定性。但是，当系统的阶数高于四阶时，一般情况下，没有统一的解析方法求解。为此，考虑通过特征方程的系数和特征根的关系，来判断系统的特征根是否全部具有负实部，用以判断系统的稳定性。1875 年英国数学家劳斯建立了采用特征方程系数组成的劳斯表判别系统的稳定性判据，1895 年德国数学家赫尔维茨建立了由特征方程的系数组成的赫尔维茨矩阵，根据计算各阶主子式的值来判断系统的稳定性。理论研究表明：劳斯系数表和赫尔维茨矩阵的判定方法是等价的，因而称为劳斯-赫尔维茨判据。劳斯-赫尔维茨稳定性判据可以通过李雅普诺夫稳定性条件证明。由于劳斯表和赫尔维茨矩阵方法在使用中各有特点，下面将分别予以介绍。

1. 赫尔维茨判据

赫尔维茨判据采用矩阵表示形式，其特点是便于记忆，但对于高阶系统计算过程较为复杂。设线性系统的特征方程为

$$D(s)=a_n s^n + a_{n-1}s^{n-1}+\cdots+a_1 s+a_0=0,\quad a_n>0 \tag{4.7}$$

系统稳定的必要条件是：系统特征方程(4.7)的各项系数全部为正值，即 $a_i>0$ (i=0,1,2,⋯,n)。

构造赫尔维茨矩阵如式(4.8)所示，为 $n\times n$ 矩阵，其排列规则为：首先在主对角线上从 a_{n-1} 开始，按脚标依次减少的顺序写进特征方程的系数，写到 a_0 为止。然后由主对角线上系数出发，写出每一列的各元素：每列由上向下，系数 a 的脚标依次递增；由下向上，系数 a 的脚标依次递减。当写到特征方程中不存在的系数脚标时，以零替代。

$$\begin{bmatrix} a_{n-1} & a_{n-3} & a_{n-5} & \cdots & 0 \\ a_n & a_{n-2} & a_{n-4} & \cdots & 0 \\ 0 & a_{n-1} & a_{n-3} & \cdots & 0 \\ 0 & a_n & a_{n-2} & \cdots & 0 \\ 0 & 0 & \cdots & 0 & 0 \\ \cdots & \cdots & \cdots & \cdots & \cdots \\ 0 & \cdots & \cdots & a_1 & 0 \\ 0 & \cdots & \cdots & a_2 & a_0 \end{bmatrix} \tag{4.8}$$

根据赫尔维茨稳定性判据，线性系统稳定的充分必要条件应是：由系统特征方程各项系数所构成赫尔维茨矩阵的各阶主子式行列式的值全部为正。即

$$\Delta_1=a_{n-1}>0,\quad \Delta_2=\begin{vmatrix} a_{n-1} & a_{n-3} \\ a_n & a_{n-2} \end{vmatrix}>0$$

$$\Delta_3=\begin{vmatrix} a_{n-1} & a_{n-3} & a_{n-5} \\ a_n & a_{n-2} & a_{n-4} \\ 0 & a_{n-1} & a_{n-3} \end{vmatrix}>0\,,\ \cdots,\ \Delta_n=\begin{vmatrix} a_{n-1} & a_{n-3} & a_{n-5} & \cdots & 0 \\ a_n & a_{n-2} & a_{n-4} & \cdots & 0 \\ 0 & a_{n-1} & a_{n-3} & \cdots & 0 \\ 0 & a_n & a_{n-2} & \cdots & 0 \\ 0 & 0 & \cdots & 0 & 0 \\ \cdots & \cdots & \cdots & \cdots & \cdots \\ 0 & \cdots & \cdots & a_1 & 0 \\ 0 & \cdots & \cdots & a_2 & a_0 \end{vmatrix}>0 \tag{4.9}$$

下面举例说明应用此判据判断系统稳定性的过程。

例 4.1　系统的特征方程为

$$2s^4+s^3+3s^2+5s+10=0$$

试用赫尔维茨判据判别系统的稳定性。

解：由特征方程知各项系数为

$$a_4=2,\quad a_3=1,\quad a_2=3,\quad a_1=5,\quad a_0=10$$

均为正值。满足判据的必要条件 $a_i>0$ 。再检查第二个条件，赫尔维茨行列式为四阶

$$\Delta_4=\begin{vmatrix} a_3 & a_1 & 0 & 0 \\ a_4 & a_2 & a_0 & 0 \\ 0 & a_3 & a_1 & 0 \\ 0 & a_4 & a_2 & a_0 \end{vmatrix}$$

$$\Delta_2=\begin{vmatrix} a_3 & a_1 \\ a_4 & a_2 \end{vmatrix}=a_3a_2-a_1a_4=1\times3-5\times2<0$$

由于 $\Delta_2<0$，不满足赫尔维茨矩阵全部主子式均为正的条件，故系统不稳定。其他主子式可不再计算。

为了减少行列式的计算工作量，已经证明，如果满足 $a_i>0$ 条件，若所有奇次顺序赫尔维茨矩阵的主子式为正，则所有偶次顺序赫尔维茨矩阵的主子式必为正；反之亦然。所以只需要根据情况选择计算各次顺序的主子式。

例 4.2　单位负反馈系统的开环传递函数为

$$G(s)=\frac{K}{s(0.1s+1)(0.25s+1)}$$

试求使系统稳定的 K 值范围。

解：系统闭环的特征方程为

$$1+G(s)=1+\frac{K}{s(0.1s+1)(0.25s+1)}=0$$

即

$$0.025s^3+0.35s^2+s+K=0$$

特征方程各项系数为　$a_3=0.025,\quad a_2=0.35,\quad a_1=1,\quad a_0=K$

根据赫尔维茨稳定性判据的条件：

(1) $a_i>0$，则要求 $K>0$；

(2) 只需满足 $\Delta_2>0$。

由 $\Delta_3=\begin{vmatrix} a_2 & a_0 & 0 \\ a_3 & a_1 & 0 \\ 0 & a_2 & a_0 \end{vmatrix}$ 知，$\Delta_2=\begin{vmatrix} a_2 & a_0 \\ a_3 & a_1 \end{vmatrix}=a_1a_2-a_3a_0=0.35\times1-0.025K>0$。

可得 $K<14$，所以保证系统稳定的 K 值范围是 $0<K<14$。

上述说明，此判据不仅可以判断系统是否稳定，还可以根据稳定性的要求确定系统参数的允许范围。应注意的是，系统特征方程是闭环系统的闭环传递函数分母为零。

2. 劳斯判据

将线性定常单输入单输出系统的特征方程写成如下形式：

$$D(s)=a_ns^n+a_{n-1}s^{n-1}+\cdots+a_1s+a_0=0,\quad a_n>0 \tag{4.10}$$

其中，所有的系数均为实数。这个方程的根没有正实部的必要(但并非充分)条件为：

(1) 方程各项系数的符号一致；

(2) 方程各项系数非 0。

判断特征根是否全部具有负实部的充要条件首先列出下面的劳斯表

$$\begin{array}{c|ccccc}
s^n & a_n & a_{n-2} & a_{n-4} & a_{n-6} & \cdots \\
s^{n-1} & a_{n-1} & a_{n-3} & a_{n-5} & a_{n-7} & \cdots \\
s^{n-2} & b_1 & b_2 & b_3 & b_4 & \cdots \\
s^{n-3} & c_1 & c_2 & c_3 & c_4 & \cdots \\
\cdots & \cdots & \cdots & \cdots & \cdots & \cdots \\
s^2 & e_1 & e_2 & & & \\
s^1 & f_1 & & & & \\
s^0 & g_1 & & & &
\end{array}$$

其中，前两列中不存在的系数可以填 0，元素 $b_1,b_2,b_3,b_4,\cdots,c_1,c_2,c_3,c_4,\cdots,e_1,e_2,f_1,g_1$ 根据下列公式计算得出

$$b_1=-\frac{1}{a_{n-1}}\begin{vmatrix} a_n & a_{n-2} \\ a_{n-1} & a_{n-3} \end{vmatrix}=-\frac{a_na_{n-3}-a_{n-1}a_{n-2}}{a_{n-1}}$$

$$b_2=-\frac{1}{a_{n-1}}\begin{vmatrix} a_n & a_{n-4} \\ a_{n-1} & a_{n-5} \end{vmatrix}=-\frac{a_na_{n-5}-a_{n-1}a_{n-4}}{a_{n-1}}$$

$$b_3=-\frac{1}{a_{n-1}}\begin{vmatrix} a_n & a_{n-6} \\ a_{n-1} & a_{n-7} \end{vmatrix}=-\frac{a_na_{n-7}-a_{n-1}a_{n-6}}{a_{n-1}}$$

$$\cdots$$

计算 b_i 时所用二阶行列式是由劳斯表右侧前两行组成的二行阵的第 1 列与第 $i+1$ 列构成的。系数 b 的计算一直进行到其余值为零。

$$c_1=-\frac{1}{b_1}\begin{vmatrix} a_{n-1} & a_{n-3} \\ b_1 & b_2 \end{vmatrix}=-\frac{a_{n-1}b_2-b_1a_{n-3}}{b_1}$$

$$c_2 = -\frac{1}{b_1}\begin{vmatrix} a_{n-1} & a_{n-5} \\ b_1 & b_3 \end{vmatrix} = -\frac{a_{n-1}b_3 - b_1 a_{n-5}}{b_1}$$

$$c_3 = -\frac{1}{b_1}\begin{vmatrix} a_{n-1} & a_{n-7} \\ b_1 & b_4 \end{vmatrix} = -\frac{a_{n-1}b_4 - b_1 a_{n-7}}{b_1}$$

$$\cdots$$

显然计算c_i时所用的二阶行列式是由劳斯表右侧第二、三行组成的二行阵的第 1 列与第$i+1$列构成的，同样，系数c的计算一直进行到其余值为零。在计算出劳斯表之后，判据的最后一步就是根据表第一列各项系数的正负符号来判断系统是否稳定。

如果劳斯表第一列各项元素的正负符号一致，则方程的根均在复平面的左半平面。第一列元素符号的改变次数等于方程在复平面右半平面的根的个数。

通过下面这个简单的例子来说明如何应用劳斯判据。

例 4.3　系统的特征方程为

$$2s^4 + s^3 + 3s^2 + 5s + 10 = 0$$

用劳斯判据判断系统是否稳定。

解：因为方程各项系数非零且符号一致，满足方程的根在复平面左半平面的必要条件，但仍然需要检验它是否满足充分条件。计算其劳斯表中各个参数如下

$$n = 4\text{，}\ a_4 = 2\text{，}\ a_3 = 1\text{，}\ a_2 = 3\text{，}\ a_1 = 5\text{，}\ a_0 = 10$$

劳斯表为

$$\begin{array}{c|ccc} s^4 & a_4 & a_2 & a_0 \\ s^3 & a_3 & a_1 & 0 \\ s^2 & b_1 & b_2 & 0 \\ s^1 & c_1 & c_2 & 0 \\ s^0 & d_1 & 0 & 0 \end{array}$$

$$b_1 = -\frac{1}{a_3}\begin{vmatrix} a_4 & a_2 \\ a_3 & a_1 \end{vmatrix} = -\frac{2\times5 - 1\times3}{1} = -7$$

$$b_2 = -\frac{1}{a_3}\begin{vmatrix} a_4 & a_0 \\ a_3 & 0 \end{vmatrix} = -\frac{2\times0 - 1\times10}{1} = 10$$

$$c_1 = -\frac{1}{b_1}\begin{vmatrix} a_3 & a_1 \\ b_1 & b_2 \end{vmatrix} = -\frac{1\times10 - (-7)\times5}{-7} = 6.43$$

$$c_2 = -\frac{1}{b_1}\begin{vmatrix} a_3 & 0 \\ b_1 & b_3 \end{vmatrix} = 0$$

$$d_1 = -\frac{1}{c_1}\begin{vmatrix} b_1 & b_2 \\ c_1 & c_2 \end{vmatrix} = -\frac{(-7)\times0 - 10\times6.43}{6.43} = 10$$

劳斯表为

$$
\begin{array}{c|cccl}
s^4 & 2 & 3 & 10 & \\
s^3 & 1 & 5 & 0 & \\
s^2 & -7 & 10 & 0 & \text{符号改变} \\
s^1 & 6.43 & 0 & 0 & \text{符号改变} \\
s^0 & 10 & 0 & 0 &
\end{array}
$$

表格第一列元素的符号改变两次，因此方程有两个根在复平面的右半部分。求解特征方程，可以得到四个根，分别为：$s_{1,2}=-1.005\pm \mathrm{j}0.933$ 和 $s_{3,4}=0.755\pm \mathrm{j}1.444$。显然，后面一对复根在复平面右半平面，因而系统不稳定。

在应用劳斯判据进行稳定性判断时，有时会遇到一些特殊情况，而无法得到完整的劳斯表格。一般有以下两种情况。

(1) 劳斯表任意一行的第一项元素为零，其他项元素均为非零。

(2) 劳斯表某一行元素全为零。

在第一种情形中，某一行第一项元素为零，则后续行的各项元素为无穷，这样就无法继续计算劳斯表。为了克服这一困难，将等于零的那一行第一项元素替换为任意小的正数 ε。然后就可以继续计算劳斯表后续行元素。

例 4.4　已知线性系统的特征方程为

$$s^4+s^3+2s^2+2s+3=0$$

用劳斯判据判断系统稳定性。

解：各项系数非零且同号，因此可以进一步用劳斯判据。计算劳斯表如下：

$$
\begin{array}{c|ccc}
s^4 & 1 & 2 & 3 \\
s^3 & 1 & 2 & 0 \\
s^2 & 0 & 3 &
\end{array}
$$

因为 s^2 行的第一项元素为 0，则 s^1 行的各项元素将为无穷。要克服这一困难，可以将 s^2 行中的 0 元素替换为一小的正数 ε，然后继续计算劳斯表。从 s^2 行开始，各行元素依次为

$$
\begin{array}{c|ccl}
s^2 & \varepsilon & 3 & \\
s^1 & (2\varepsilon-3)/\varepsilon & 0 & \text{改变符号} \\
s^0 & 3 & 0 & \text{改变符号}
\end{array}
$$

因为劳斯表第一列元素中有两次符号改变，则特征方程在右半复平面有两个根，计算特征方程的根，得到：$s_{1,2}=-0.091\pm \mathrm{j}0.902$ 和 $s_{3,4}=0.406\pm \mathrm{j}1.293$，显然后一对复根在右半复平面。

需要指出的是，如果方程有纯虚根，上面的 ε 可能无法得到正确结果。

第二种特殊情形是在劳斯表正常结束前某一行元素全部为 0，这意味着往往存在下列一种或多种情形：

(1) 方程至少有一对实根，幅值相同但符号相反。

(2) 方程至少一对或多对虚根。

(3) 方程有成对以复平面原点对称的复共扼根，如 $s=-1\pm \mathrm{j}1$，$s=1\pm \mathrm{j}1$。

可以用辅助方程的方法来解决整行 0 元素的情形，辅助方程可以用劳斯表中整行 0 元素

的上一行各项元素系数来得到。辅助方程的根也是原方程的根。因此，求解辅助方程的根可以得到原方程的部分根。当劳斯表中出现整行 0 元素时，可以采用下面的步骤。

第一步：用 0 元素行的上一行元素写出辅助方程 $A(s)=0$。

第二步：计算辅助方程对 s 的导数，即 $\mathrm{d}A(s)/\mathrm{d}s=0$。

第三步：用 $\mathrm{d}A(s)/\mathrm{d}s=0$ 各项系数替换 0 元素行。

第四步：用替换 0 元素行新得到的元素行后继续计算劳斯表。

第五步：根据劳斯表中第一列各元素的符号改变情况判断系统的稳定性。

例 4.5 已知线性控制系统的特征方程为

$$s^5+4s^4+8s^3+8s^2+7s+4=0$$

判断系统的稳定性。

解：计算劳斯表为

$$\begin{array}{c|ccc} s^5 & 1 & 8 & 7 \\ s^4 & 4 & 8 & 4 \\ s^3 & 6 & 6 & 0 \\ s^2 & 4 & 4 & \\ s^1 & 0 & 0 & \end{array}$$

因为 s^1 行所有元素为 0，根据 s^2 行元素得到辅助方程

$$A(s)=4s^2+4=0$$

$A(s)$ 对 s 的导数为

$$\frac{\mathrm{d}A(s)}{\mathrm{d}s}=8s+0$$

用系数 8 和 0 替换原表中 s^1 行中的 0 元素的劳斯表为

$$\begin{array}{c|ccc} s^5 & 1 & 8 & 7 \\ s^4 & 4 & 8 & 4 \\ s^3 & 6 & 6 & 0 \\ s^2 & 4 & 4 & \\ s^1 & 8 & 0 & \text{替换后的系数} \\ s^0 & 4 & & \end{array}$$

因为整个劳斯表第一列元素符号没有改变，特征方程没有根在右半复平面。求解辅助方程，得到两个根 $s=\pm\mathrm{j}$，它们也是特征方程的两个根。因此方程有两个根在 $\mathrm{j}\omega$ 轴上，系统是临界稳定的。正是这些虚根使得最初的劳斯表在 s^1 行出现整行 0 元素。

因为 s 的奇次幂对应的行的元素均为 0，这使得辅助方程只有 s 的偶次幂项，辅助方程的根因此可能都在虚轴 $\mathrm{j}\omega$ 轴上。在设计中，可以利用 0 元素行的条件来求得系统稳定性的临界值，下面举例说明这一设计方法。

例 4.6 已知一个三阶控制系统的特征方程

$$s^3+3408.3s^2+1204000s+1.5\times10^7K=0$$

用劳斯判据确定稳定性的临界值 K，也就是说，使得至少一个特征根在虚轴上，但都不在右半复平面上的 K 值。

解：计算特征方程的劳斯表如下：

$$\begin{array}{c|cc} s^3 & 1 & 1204000 \\ s^2 & 3408.3 & 1.5\times10^7 K \\ s^1 & \dfrac{410.36\times10^7-1.5\times10^7 K}{3408.3} & 0 \\ s^0 & 1.5\times10^7 K & \end{array}$$

如果系统要稳定，劳斯表中的第一列元素必须同号。因此得到下列两个不等式条件：

$$\frac{410.36\times10^7-1.5\times10^7 K}{3408.3}>0 \quad 和 \quad 1.5\times10^7 K>0$$

从而可得系统稳定条件是 $0<K<273.57$。

如果取 $K=273.57$，则特征方程将有两个根在虚轴上。这两个根为 $s_{3,4}=\pm \mathrm{j}1097$。

例 4.7　已知一个闭环控制系统的特征方程为

$$s^3+3Ks^2+(K+2)s+4=0$$

求出使得系统稳定的 K 值范围。

解：可以计算出劳斯表

$$\begin{array}{c|cc} s^3 & 1 & K+2 \\ s^2 & 3K & 4 \\ s^1 & \dfrac{3K(K+2)-4}{3K} & 0 \\ s^0 & 4 & \end{array}$$

在 s^2 行，系统稳定的条件是 $K>0$，在 s^1 行，稳定条件则是

$$3K^2+6K-4>0$$

即 $K<-2.528$，或者 $K>0.528$。

因此，为使闭环系统稳定，必须满足 $K>0.528$。

需要指出的是，劳斯-赫尔维茨判据只适用于特征方程是实系数的代数方程，经典控制理论所研究的线性时不变系统的特征方程均为实系数代数方程。赫尔维茨判据的局限性是只适用于判断特征方程的根是位于复平面的左半平面还是右半平面，而劳斯判据可以解决处于临界稳定的情况。

4.2.2　几何稳定性判据

对于系统稳定性的判断不但可以采用代数方法，而且可以采用几何判据。几何稳定性判据主要有奈奎斯特稳定性判据和对数频率特性稳定性判据。代数判据较难判别系统稳定的程度及各参数对稳定性的影响。几何判据根据闭环系统的开环传递函数的奈奎斯特图或伯德图来判断系统的稳定性及稳定裕度。

1. 奈奎斯特判据

奈奎斯特稳定性判据需要用到复变函数中的辐角原理，首先介绍有关知识：若在 $[s]$ 平面

上任意选择一条按顺时针方向的封闭曲线 L_s，只要曲线 L_s 不经过 $F(s)$ 的奇点和零点，则在像平面 $[F(s)]$ 上的像也为一条封闭曲线，记为 L_F。若 L_F 绕原点按顺时针转 N 周，则

$$N = Z - P \tag{4.11}$$

其中，Z 和 P 分别为包含在 L_s 内的 $F(s)$ 的零点和极点个数。

上面的表述就是辐角原理，应用复变函数的理论可以给出辐角原理的严格证明，有兴趣的读者可参见有关复变函数的教材。下面仅对其进行简要说明。

根据复数性质可知，两个复数积的辐角等于它们辐角的和。$F(s)$ 的辐角为

$$\angle F(s) = \sum_{j=1}^{m} \angle(s - z_j) - \sum_{i=1}^{n} \angle(s - p_i) \tag{4.12}$$

定义奈奎斯特路径为包围 $[s]$ 平面右半面的顺时针方向的封闭曲线 L_s，它由两段有向线 L_1、L_2 构成，其中 L_1 为沿 $[s]$ 的虚轴由 $-\infty$ 到 $+\infty$ 的直线，L_2 为以 $+\infty$ 为半径从虚轴的正向顺时针转 π 角到虚轴负向半径为无穷大的半圆。L_1 和 L_2 两段线包围了复平面 $[s]$ 的右半面。

当已知系统有 Z 个零点时，即当系统的传递函数可以表示为

$$G_b(s) = \frac{(s - z_1)(s - z_2)\cdots(s - z_Z)}{a_n s^n + a_{n-1}s^{n-1} + \cdots + a_1 s + a_0} \tag{4.13}$$

绘制出 L_s 由 $G_b(s)$ 映象曲线绕原点按顺时针转的周数 N 来判断系统的稳定性，当 $N = Z$ 时，系统是稳定的；当 $N < Z$ 时，系统是不稳定的(注意，不可能出现 $N > Z$)。

在通常情况下，并不能容易地得到系统传递函数为式(4.13)的形式，而只能得到闭环系统的开环传递函数的形式为

$$G_k(s) = G(s)H(s) = \frac{b_m s^m + b_{m-1}s^{m-1} + \cdots + b_1 s + b_0}{(s - p_1)(s - p_2)\cdots(s - p_n)} \tag{4.14}$$

对于图 4.2 所示的闭环控制系统，其传递函数为 $G_b(s)$，即

$$G_b(s) = \frac{G(s)}{1 + G(s)H(s)} = \frac{G(s)}{F(s)}$$

系统的特征方程由闭环系统传递函数的分母等于零得出，即系统的特征方程为

$$F(s) = 1 + G(s)H(s) = 0$$

设
$$G(s)H(s) = \frac{B(s)}{A(s)}$$

可得
$$F(s) = \frac{A(s) + B(s)}{A(s)} = 0，\quad G_b(s) = \frac{G(s)}{1 + G(s)H(s)} = \frac{G(s)}{F(s)} = \frac{A(s)G(s)}{A(s) + B(s)}$$

可见，闭环系统的开环传递函数 $G(s)H(s)$ 的极点就是 $G_b(s)$ 的零点，而 $F(s)$ 的零点数就是闭环系统的极点。所以系统稳定的充要条件是：$F(s)$ 函数在 L_s 内有 P 个极点时，其像曲线绕 $F(s)$ 像平面原点逆时针转 P 圈。

注意到，$F(s) = 1 + G(s)H(s)$，从而可以将对 $[F(s)]$ 平面上包围复平面 $[F(s)]$ 原点转的周数变换为对 $[G(s)H(s)]$ 平面的映射曲线 L_s 包围 $(-1, \mathrm{j}0)$ 点转的周数，如图 4.3 所示。因此，奈奎斯特稳定性判据可以表述为：当开环传递函数 $G_k(s)$ 在复平面 $[s]$ 的右半面内没有极点时，闭环系统的稳定性的充要条件是：$G(s)H(s)$ 平面上的映射围线 Γ_L 不包围 $(-1, \mathrm{j}0)$ 点。

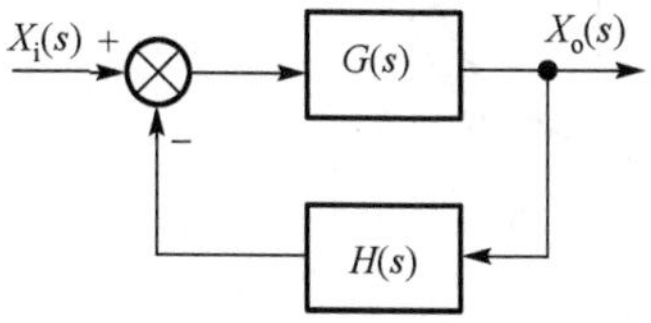

图 4.2　闭环控制系统

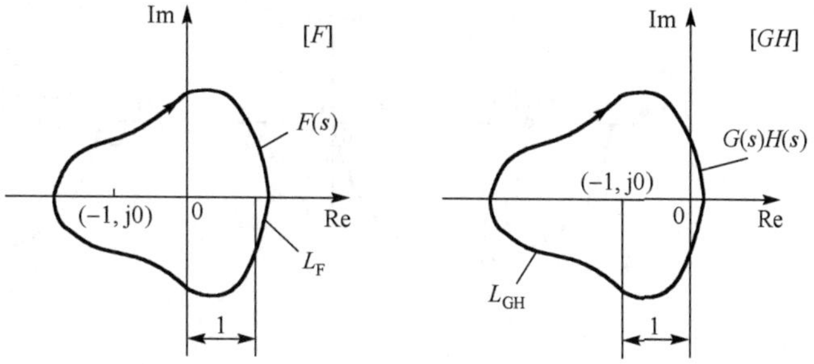

图 4.3　[F(s)]平面和[L(s)]平面的奈奎斯特图关系

如果 $G(s)H(s)$ 在 $[s]$ 的右半平面有极点，则奈奎斯特判据可一般地表示为：闭环控制系统稳定的充分必要条件为：开环传递函数 $G(s)H(s)$ 的奈奎斯特周线 L_s 的映射围线沿逆时针方向包围(−1, j0)点的周数等于 $G(s)H(s)$ 在复平面 $[s]$ 的右半面内极点的个数。

即，由 $N=-P$，得 $Z=0$。

例 4.8　设闭环系统的开环传递函数为

$$G(s)H(s)=\frac{K(T_n s+1)(T_b s+1)}{(T_1^2 s^2+2\xi T_1 s+1)(T_2 s-1)(T_3 s+1)}$$

其中，T_1、T_2、T_3、T_a、T_b 均为正实数，如图 4.4 所示为 L_s 在 $[L(s)]$ 平面上的像。L_s 在 $[G(s)H(s)]$ 平面上的像曲线包围点(−1, j0)逆时针转一圈，试问此闭环系统是否稳定。

解：由已知条件可知 $G(s)H(s)$ 只有一个极点 $s=1/T_2$ 在 $[s]$ 平面右边，即 $P=1$。由在 $[G(s)H(s)]$ 平面上的奈奎斯特稳定性判据可知此闭环系统是稳定的。

2. 伯德判据

对数频率特性稳定性判据，实质上是奈奎斯特稳定性判据的另一种形式，就是利用系统开环伯德图来判别闭环系统的稳定性。

1)奈奎斯特图中的“穿越”概念

注意到，$-\infty\to+\infty$ 的像是关于实轴对称的，故可只画出 ω 由 0 到 $+\infty$ 所对应的像轨迹 $G_k(j\omega)$，特别是当开环奈奎斯特曲线逆时针方向包围(−1, j0)点转动的周数比较多时，如图 4.5 所示，可引入“穿越”的概念。频率特性曲线 $G_k(j\omega)$ 穿过(−1, j0)点左边的实轴时，称为“穿越”。当 ω 增大时，奈奎斯特曲线由上而下穿过实轴的 $-1\to-\infty$ 区间(相角增大)时称“正穿越”；奈奎斯特曲线由下而上穿过时(相角减小)称“负穿越”。穿过 $-1\to-\infty$ 区间实轴一次，则穿越次数为 1。若曲线始于实轴的此区段上，则穿越次数为 1/2，如图 4.6 所示。

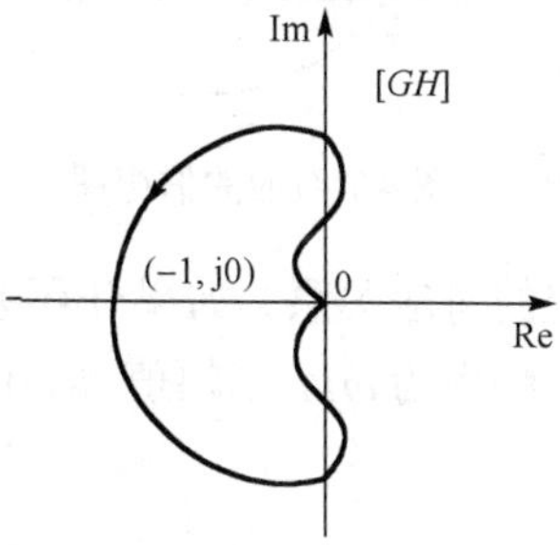

图 4.4　例 4.8 图

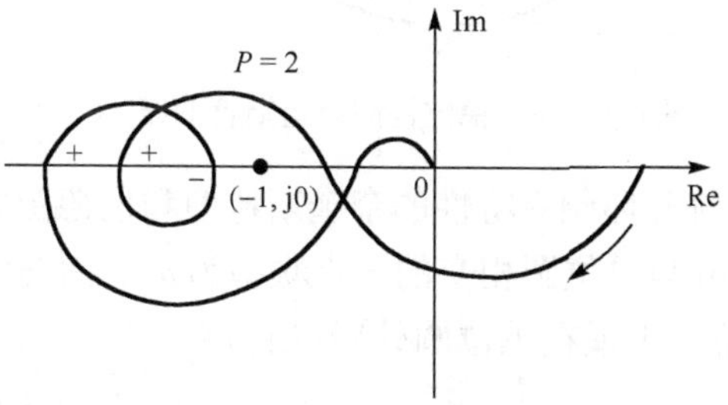

图 4.5　复杂的频率特性曲线

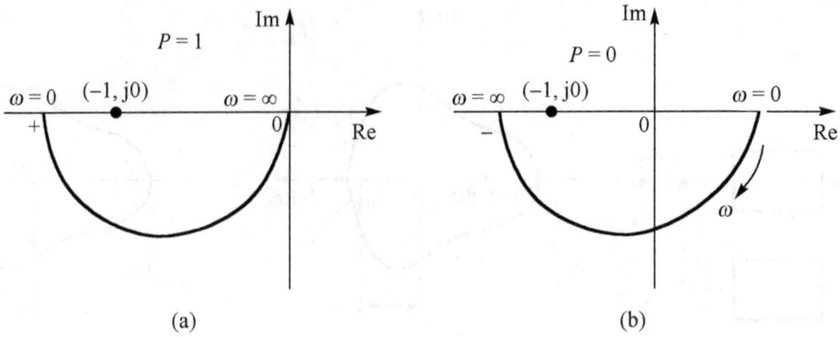

图 4.6　奈奎斯特曲线穿越次数为 1/2 的情况

这样，奈奎斯特稳定性判据可表述成：当 ω 从 0 变到 $+\infty$ 时，开环幅相频率特性 $G_k(j\omega)$ 在 $(-1, j0)$ 点以左实轴上的正负穿越次数之差等于 $P/2$（其中 P 是系统开环右极点数），那么闭环是稳定的。否则闭环系统不稳定。即

$$N = P/2$$

应用这个判据可知图 4.5 所示的闭环系统是稳定的，因为它有 2 次正穿越、1 次负穿越，穿越的次数为 1。图 4.6(a)所示的系统，开环传递函数在复平面的右半面有一个极点，即 $P=1$，因而开环是不稳定的；而开环传递函数的奈奎斯特曲线穿越次数为 1/2，闭环系统是稳定的。图 4.6(b)所示的系统，同样是开环传递函数的奈奎斯特曲线穿越次数为 1/2，虽然开环在复平面的右半面没有极点，是稳定的，但闭环系统不稳定。

2) 对数频率特性稳定性判据的原理

根据奈奎斯特稳定性判据，若一个控制系统，其开环是稳定的，闭环系统稳定的充分必要条件是开环奈奎斯特特性 $G(j\omega)$ 不包围 $(-1, j0)$ 点。图 4.7 中的特性曲线 1 对应的闭环系统是稳定的，而特性曲线 2 对应的闭环系统是不稳定的。

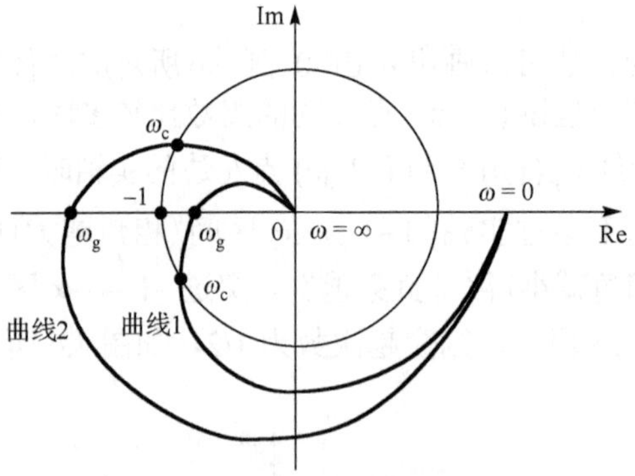

图 4.7　表示稳定性的奈奎斯特曲线

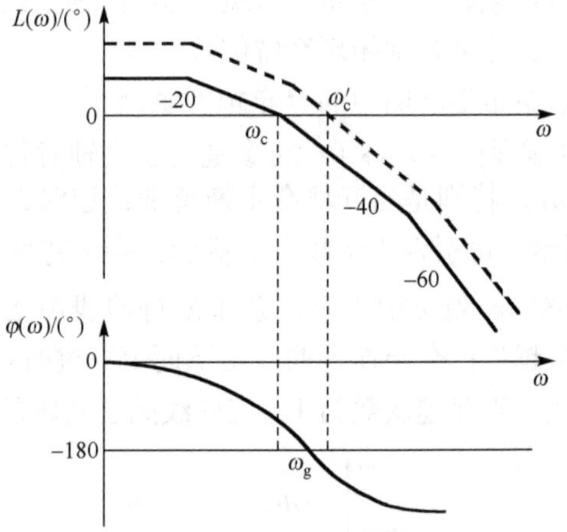

图 4.8　与图 4.7 对应的伯德图

系统开环频率特性的奈奎斯特图和伯德图之间存在着一定的对应关系。如果开环频率特性 $G(j\omega)$ 与单位圆相交的一点频率为 ω_c，而与实轴相交的一点频率为 ω_g，当幅值 $A(\omega)\geqslant 1$ 时(在单位圆上或在单位圆外)就相当于

$$20\lg A(\omega)\geqslant 0$$

当幅值 $A(\omega)<1$ 时(在单位圆内)就相当于

$$20\lg A(\omega) < 0$$

所以，对应图 4.7 特性曲线(闭环系统是稳定的)，在 ω_c 点处

$$L(\omega_g) = 20\lg A(\omega_c) = 0 \tag{4.15}$$

$$\varphi(\omega_c) > -\pi \tag{4.16}$$

而在 ω_g 点处

$$L(\omega_g) = 20\lg A(\omega_g) < 0 \tag{4.17}$$

$$\varphi(\omega_g) = -\pi \tag{4.18}$$

由此可知：奈奎斯特图上的单位圆与伯德图(图 4.8)对数幅频特性的零分贝线相对应，单位圆与负实轴的交点与伯德图对数相频特性的 $-\pi$ 轴对应。

因此，开环奈奎斯特曲线与 $(-1, \mathrm{j}0)$ 点以左实轴的穿越就相当于 $L(\omega) \geqslant 0$ 的所有频率范围内的对数相频特性曲线与 $-180°$ 的穿越点。由穿越的定义可知，当 ω 增加时相角增大为正穿越，所以，在对数相频特性图中，$L(\omega) \geqslant 0$ 范围内开环对数相频特性曲线由下而上穿过 $-180°$ 线时为正穿越，反之，为负穿越。

3) 对数频率特性的稳定性判据

如果系统开环是稳定的(即 $P = 0$)(通常是最小相位系统)，则在 $L(\omega) \geqslant 0$ 的所有频率值 ω 下，相角 $\varphi(\omega)$ 不超过 $-\pi$ 线或正负穿越之差为零，那么闭环系统是稳定的。

如果系统在开环状态下的特征方程式有 P 个根在复平面的右边(即为非最小相位系统)，它在闭环状态下稳定的充分必要条件是：在所有 $L(\omega) \geqslant 0$ 的频率范围内，相频特性曲线 $\varphi(\omega)$ 在 $-\pi$ 线上的正负穿越之差为 $P/2$。

例 4.9　已知系统开环特征方程的右根数 P，以及开环伯德图如图 4.9(a)、(b)、(c)所示，试判断闭环系统的稳定性。

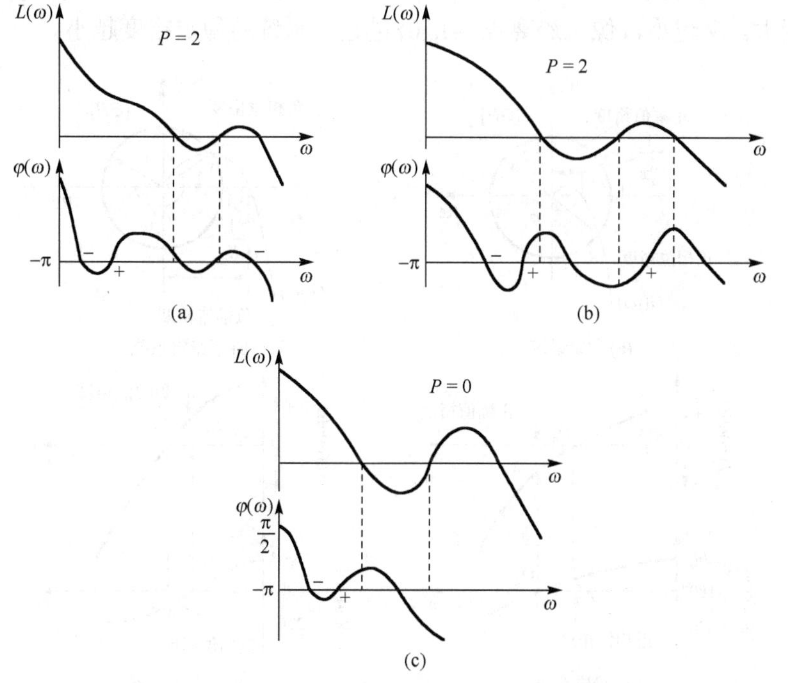

图 4.9　例 4.9 的伯德图

解：从图 4.9(a)知正负穿越之差为$1-2=-1\neq P/2$（其中$P=2$），所以这个系统在闭环状态下是不稳定的。

对于图 4.9(b)，正负穿越之差为$2-1=1=P/2$（其中$P=2$），所以这个系统在闭环状态下是稳定的。

在图 4.9(c)中，正负穿越之差为$1-1=0=P/2$（其中$P=0$），所以这个系统在闭环状态下是稳定的。

4.2.3　系统的相对稳定性

用奈奎斯特稳定性判据只能判断系统是否稳定，但不能知道稳定的程度。如果一个系统的稳定裕度小，那么当系统受到干扰时，可能使系统成为不稳定的，因此需要对系统的稳定性进行定量分析。由于实际的大多数系统是最小相位系统，所以本节讨论最小相位系统的稳定裕度问题。

由于最小相位系统开环传递函数在$[s]$平面右半面无极点，如果闭环系统是稳定的，则其开环传递函数的像轨迹不包围$[L(s)]$平面上的点$(-1,\mathrm{j}0)$，并且像轨迹离点$(-1,\mathrm{j}0)$越远，系统的稳定性越高，或者说系统的稳定裕度越大。通常，用相位稳定裕度和幅值稳定裕度描述像轨迹离点$(-1,\mathrm{j}0)$的远近，进而描述系统稳定的程度。

1. 相位稳定裕度γ

在$[L(s)]$平面上，系统开环传递函数$L(s)$的像轨迹与复平面上以原点为中心的单位圆相交的频率称为幅值交界频率，用ω_c表示。定义交点的矢量与负实轴的夹角为相位稳定裕度，即

$$\gamma=180^\circ+\phi(\omega_c) \tag{4.19}$$

显然，γ在第二象限为负，在第三象限为正，分别如图 4.10(a)、(b)所示。$\gamma>0$时，系统稳定；$\gamma<0$时，系统不稳定。由图 4.10(a)可见，γ越大，像轨迹离点$(-1,\mathrm{j}0)$越远，系统的稳定裕度越大。γ越小，像轨迹离点$(-1,\mathrm{j}0)$越近，系统的稳定裕度越小。

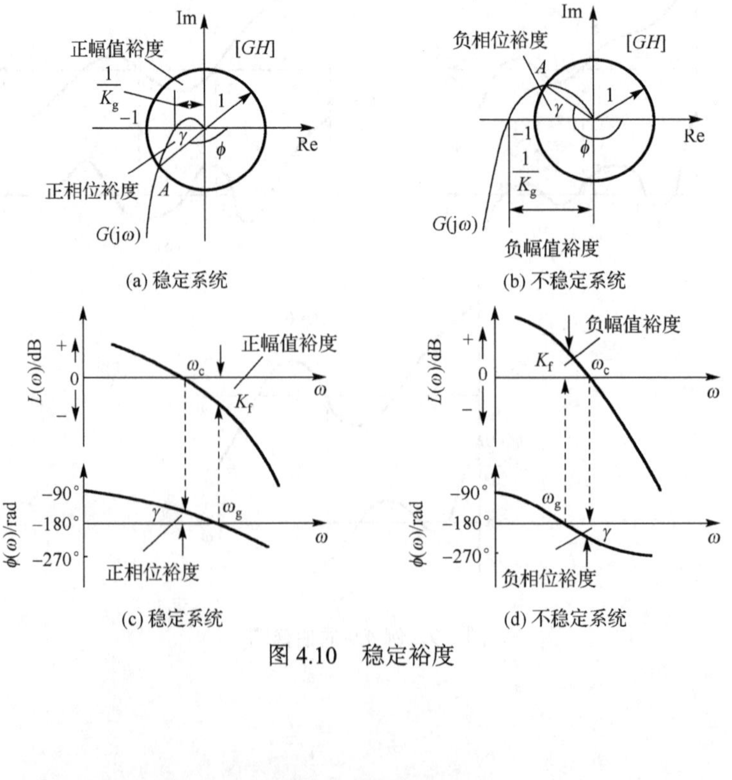

图 4.10　稳定裕度

注意到，$[L(s)]$ 平面上的单位圆对应伯德图上的零分贝线，所以系统开环传递函数 $L(s)$ 的奈奎斯特图与单位圆的交点对应其幅频曲线与零分贝线的交点。在伯德图上幅值交界频率 ω_c 常称为剪切频率。在相频特性图上，相位稳定裕度 γ 是相频特性在 $\omega = \omega_c$ 时与 $-180°$ 的相位差，如图 4.10(c) 和 (d) 所示。

2. 幅值稳定裕度 K_g

在 $[L(s)]$ 平面上，$L(s)$ 的奈奎斯特图与负实轴相交的频率称为相位交界频率，用 ω_g 表示。交点处幅值的倒数称为幅值稳定裕度，用 K_g 表示，即

$$K_g = \frac{1}{\left|G(j\omega_g)H(j\omega_g)\right|} \tag{4.20}$$

如图 4.10(a) 和 (b) 所示。

$L(s)$ 平面上的负实轴对应伯德图上的 $-180°$ 线，所以系统开环传递函数 $L(s)$ 的奈奎斯特图线与负实轴的交点对应其相频特性曲线与 $-180°$ 线交点。在伯德图上，幅值稳定裕度以分贝表示时，记为 K_f，如图 4.10 (c) 和 (d) 所示。用公式表示为

$$K_f = 20\lg K_g = 20\lg\frac{1}{\left|G(j\omega_g)H(j\omega_g)\right|} = -20\lg\left|G(j\omega_g)H(j\omega_g)\right| \tag{4.21}$$

对于最小相位开环系统，若相位稳定裕度 $\gamma > 0$，且幅值稳定裕度 $K_f > 0$，则对应的闭环系统稳定；否则，不一定稳定。在工程实践中，对于开环最小相位系统，应选取：$30° < \gamma < 60°$，$6\,\text{dB} < K_f < 20\,\text{dB}$。

例 4.10　已知单位负反馈系统的闭环传递函数为

$$G_b(s) = \frac{K}{0.1s^3 + 0.7s^2 + s + K}$$

求使此闭环系统稳定时 K 的取值范围；当 $K = 4$ 时，求闭环系统的相位稳定裕度 γ 和幅值稳定裕度 K_f。

解： 此闭环系统的特征方程为

$$0.1s^3 + 0.7s^2 + s + K = 0$$

按赫尔维茨稳定性判据判断 K 的取值范围。此特征方程的系数为

$$a_3 = 0.1, a_2 = 0.7, a_1 = 1, a_0 = K$$

因为要求 $a_i > 0$，所以 $K > 0$。

由于其二阶主子式大于零，得

$$\Delta_2 = \begin{vmatrix} a_2 & a_0 \\ a_3 & a_1 \end{vmatrix} = \begin{vmatrix} 0.7 & K \\ 0.1 & 1 \end{vmatrix} = 0.7 - 0.1K > 0$$

所以 $0 < K < 7$。

当 $K = 4$ 时，其闭环传递函数为

$$G_b(s) = \frac{4}{0.1s^3 + 0.7s^2 + s + 4}$$

开环传递函数为 $$G_k(s)=\frac{G_b(s)}{1-G_b(s)}=\frac{4}{0.1s^3+0.7s^2+s}$$

开环频率特性为

$$G_k(j\omega)=\frac{4}{0.1(j\omega)^3+0.7(j\omega)^2+j\omega}=\frac{4}{\omega\sqrt{(0.7\omega)^2+(0.1\omega^2-1)^2}}e^{-180°+\arctan\frac{1-0.1\omega^2}{0.7\omega}}$$

(1) 求幅值交界频率 ω_c 和 0 相位稳定裕度 γ。令 $|G_k(j\omega_c)|=1$，即

$$\frac{4}{\omega_c\sqrt{(0.7\omega_c)^2+(0.1\omega_c{}^2-1)^2}}=1$$

解此方程，得 $$\omega_c^2=5.5,\quad \omega_c=2.345$$

由系统开环频率特性的表达式可知

$$\varphi(\omega_c)=-180°+\arctan\left(\frac{1-0.1\omega_c{}^2}{0.7\omega_c}\right)=-180°+15.33°$$

显然 $$\gamma=180°+\varphi(\omega_c)=15.33°$$

(2) 求相位交界频率 ω_g 和幅值稳定裕度 K_f。根据相位交界频率 ω_g 的定义，有

$$1-0.1\omega_g^2=0,\quad \omega_g^2=10,\quad \omega_g=3.162$$

根据幅值稳定裕度的定义，有

$$K_f=20\lg K_g=20\lg\frac{1}{|G_k(j\omega_g)|}=20\lg 1.75=4.86(\text{dB})$$

由此可见，当 $K=4$ 时，系统的稳定裕度较小。

值得注意的是，在求系统稳定裕度时，应根据系统开环频率特性 $G_k(j\omega)$ 确定幅值交界频率 ω_c 和相位交界频率 ω_g。

3. 关于相位裕度和幅值裕度的几点说明

(1) 控制系统的相位裕度和幅值裕度是极坐标图对 $(-1, j0)$ 点靠近程度的度量。因此，可以用这两个裕量来作为设计准则。为了确定系统的相对稳定性，两个量必须同时给出。

(2) 对于最小相位系统，只有当相位裕度和幅值裕度都是正值时，系统才是稳定的。负的稳定裕度表示系统是不稳定的。

(3) 为了得到满意的性能，相位裕度应当在 30° 和 60° 之间，而幅值裕度应当大于 6dB，当对最小相位系统按此数值设计，即使开环增益和元件的时间常数在一定范围内发生变化，也能保证系统的稳定性。

4.2.4 稳态误差分析

对于控制系统只有在满足要求的控制精度的前提条件下，才有工程意义。对于稳定的控制系统，评价它的稳态性能一般是根据系统在阶跃、斜坡或加速度等典型输入信号作用下引起的稳态误差，因此，稳态误差是系统控制精确度的一种度量。

1. 系统稳态误差的基本概念

控制系统的方框图如图 4.11 所示。$X_i(s)$ 为系统的输入，也是期望输出，$X_o(s)$ 为实际的输出，反馈通道传递函数为 $H(s)$。当 $H(s) \neq 1$ 时（一般来说，$H(s)$ 为一比例常数），可将图 4.11 改画成图 4.12。此时框图的输出为 $H(s)X_o(s)$，是与输入量纲相同的物理量，因而它可以和输入进行比较。$H(s)X_o(s)$ 为检测到的实际输出。在此意义下，系统的复域误差可以表示为

$$E(s) = X_i(s) - H(s)X_o(s) = X_i(s) - H(s)G(s)E(s) = \frac{1}{1+H(s)G(s)}X_i(s) \tag{4.22}$$

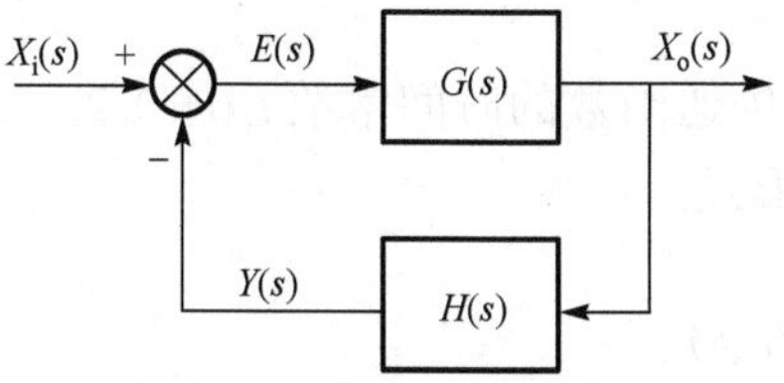

图 4.11　系统误差信号方框图

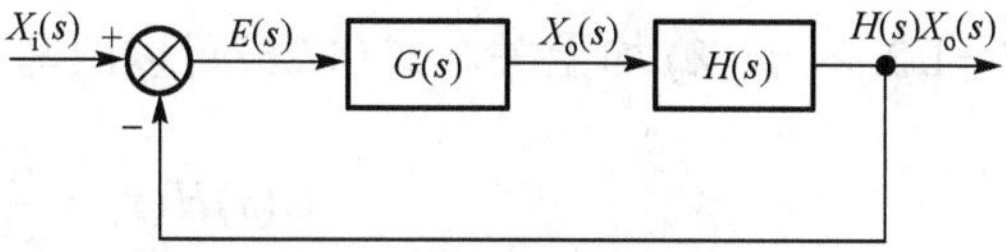

图 4.12　变换后的方框图

由式(4.22)可知，系统复域误差与系统的开环传递函数和输入有关。

在时域中，误差是时间的函数，用 $e(t)$ 表示。所谓稳态误差是误差信号的稳态分量，用 e_{ss} 表示。当 $t \to \infty$ 时，如果 $e(t)$ 有极限存在，则稳态误差定义为

$$e_{ss} = \lim_{t\to\infty} e(t) \tag{4.23}$$

可利用拉普拉斯变换的终值定理来计算稳态误差。

$$e_{ss} = \lim_{t\to\infty} e(t) = \lim_{s\to 0} sE(s) \tag{4.24}$$

若满足 $sE(s)$ 的所有极点都在 s 平面的左半部，则由输入信号引起的系统稳态误差为

$$e_{ss} = \lim_{s\to 0} sE(s) = \lim_{s\to 0}\frac{sX_i(s)}{1+G(s)H(s)} \tag{4.25}$$

由此可见，系统的稳态误差与系统开环传递函数的结构和输入信号的形式有关。当输入信号一定时，系统的稳态误差取决于开环传递函数所描述的系统结构。

2. 系统稳态误差的计算

1) 系统的类型

一般系统的开环传递函数 $G(s)H(s)$ 可以写成如下形式

$$G(s)H(s) = \frac{K\prod_{i=1}^{m}(\tau_i s+1)}{s^{\lambda}\prod_{j=1}^{n-\lambda}(T_j s+1)} \tag{4.26}$$

其中，K 为系统的开环增益；$\tau_i (i=1,2,\cdots,m)$，$T_j (j=1,2,\cdots,n-\lambda)$ 分别为各环节的时间常数；λ 为开环系统中积分环节的个数。

由于稳态误差与系统开环传递函数中所含积分环节的数量密切相关，所以将系统按开环传递函数所含积分环节的个数进行分类：

$\lambda=0$，无积分环节，称为 0 型系统；

$\lambda=1$，有一个积分环节，称为Ⅰ型系统；

$\lambda=2$，有两个积分环节，称为Ⅱ型系统。依次类推，一般$\lambda>2$的系统难以稳定，实际上很少见。

注意，系统的类型与系统的阶数是完全不同的两个概念。例如，设某系统的开环传递函数为

$$G(s)H(s)=\frac{10(0.5s+1)}{s(s+1)(2s+1)}$$

由于$\lambda=1$，有一个积分环节，故为Ⅰ型系统，但就其阶次而言，由分母部分可知是三阶系统。

从下面的分析可以看出：稳态误差的大小与开环传递函数的时间常数$\tau_i(i=1,2,\cdots,m)$, $T_j(j=1,2,\cdots,n-\lambda)$均无关。式(4.26)可以改写成如下形式。

$$G(s)H(s)=\frac{K}{s^{\lambda}}G_0(s)H_0(s)$$

其中，$G_0(s)H_0(s)=\dfrac{\prod\limits_{i=1}^{m}(\tau_i s+1)}{\prod\limits_{j=1}^{n-\lambda}(T_j s+1)}$。

当$s\to 0$时，$G_0(s)H_0(s)\to 1$，故式(4.26)所表示系统的稳态误差表达式为

$$e_{ss}=\lim_{s\to 0}sE(s)=\lim_{s\to 0}\frac{sX_i(s)}{1+G(s)H(s)}=\lim_{s\to 0}\frac{sX_i(s)}{1+\dfrac{K}{s^{\lambda}}}=\lim_{s\to 0}\frac{s^{\lambda+1}X_i(s)}{s^{\lambda}+K} \tag{4.27}$$

由式(4.27)可见，与系统稳态误差有关的因素有系统的开环增益K、系统类型及输入信号$X_i(s)$等。

2) 系统的误差传递函数

在图 4.12 中，以误差(偏差)信号$E(s)$为输出量，以$X_i(s)$为输入量的误差传递函数称为误差传递函数，以$\Phi_e(s)$表示

$$\Phi_e(s)=\frac{E(s)}{X_i(s)}=\frac{1}{1+G(s)H(s)} \tag{4.28}$$

对于单位负反馈系统，误差传递函数为

$$\Phi_e(s)=\frac{E(s)}{X_i(s)}=\frac{1}{1+G(s)} \tag{4.29}$$

由式(4.28)同样可得

$$E(s)=\frac{1}{1+G(s)H(s)}X_i(s)$$

例 4.11　设某单位负反馈系统的开环传递函数为

$$G(s)=\frac{20}{(0.5s+1)(0.04s+1)}$$

求输入信号为单位阶跃函数和单位斜坡函数时的稳态误差e_{ss}。

解：按式(4.27)，系统的稳态误差为

$$e_{ss}=\lim_{s\to 0}s\cdot E(s)=\lim_{s\to 0}s\cdot\frac{(0.5s+1)(0.04s+1)}{20+(0.5s+1)(0.04s+1)}X_i(s)$$

输入为单位阶跃函数时，$X_i(s)=1/s$，从而

$$e_{ss}=\lim_{s\to 0}s\cdot\frac{(0.5s+1)(0.04s+1)}{20+(0.5s+1)(0.04s+1)}\cdot\frac{1}{s}=\frac{1}{21}\approx 0.05$$

输入为单位斜坡函数时，$X_i(s)=1/s^2$，从而

$$e_{ss}=\lim_{s\to 0}s\cdot\frac{(0.5s+1)(0.04s+1)}{20+(0.5s+1)(0.04s+1)}\cdot\frac{1}{s^2}=\infty$$

由本例可以看出，对于同一系统，如果输入信号不同，其稳态误差也不同，并且稳态误差有限值与开环放大系数有关。

由上述分析可知，既然稳态误差与开环增益 K、系统类型 λ 和输入信号种类有关，那么能否用简单的数学形式把它们的内在规律表示出来呢？回答是肯定的，可以用静态误差系数表示它们的内在规律。

3) 静态误差系数

(1) 位置误差系数 K_p。系统对单位阶跃输入的稳态误差称为静态位置误差，即

$$e_{ss}=\lim_{s\to 0}s\cdot\frac{1}{1+G(s)H(s)}\cdot\frac{1}{s}=\frac{1}{1+\lim\limits_{s\to 0}G(s)H(s)}$$

位置误差系数 K_p 的定义是

$$K_p=\lim_{s\to 0}G(s)H(s) \tag{4.30}$$

于是，如将 K_p 代入单位阶跃输入时的稳态误差，则

$$e_{ss}=\frac{1}{1+K_p} \tag{4.31}$$

对于 0 型系统：

$$K_p=\lim_{s\to 0}G(s)H(s)=\lim_{s\to 0}\frac{K(\tau_1 s+1)(\tau_2 s+1)\cdots(\tau_m s+1)}{s^{\lambda}(T_1 s+1)(T_2 s+1)\cdots(T_{n-\lambda}s+1)}=K$$

所以，0 型系统的位置误差系数 K_p 就是系统的开环放大倍数 K。

对于 I 型或高于 I 型的系统：

$$K_p=\lim_{s\to 0}G(s)H(s)=\lim_{s\to 0}\frac{K(\tau_1 s+1)(\tau_2 s+1)\cdots(\tau_m s+1)}{s^{\lambda}(T_1 s+1)(T_2 s+1)\cdots(T_{n-\lambda}s+1)}=\infty$$

于是，对于单位阶跃输入，稳态误差 e_{ss} 可以概括如下。

对于 0 型系统：　$e_{ss}=\dfrac{1}{1+K}$

对于 I 型或高于 I 型的系统：　$e_{ss}=0$

注意，此时 K_p 是无量纲的。

由以上分析可以看出，如果系统的开环传递函数中没有积分环节，那么系统对阶跃输入有有限的稳态误差。只要系统的开环增益足够大，那么 0 型系统的稳态位置误差可以足够小。

但开环增益过大会给系统的稳定性带来不好的影响。因此，如果控制系统要求对阶跃输入只有很小的稳态误差或没有稳态误差，则必须采用Ⅰ型或高于Ⅰ型的系统。

(2) 速度误差系数 K_v。系统对单位斜坡输入时引起的误差称为静态速度误差，此时

$$e_{ss}=\lim_{s\to 0}s\cdot\frac{1}{1+G(s)H(s)}\cdot\frac{1}{s^2}=\frac{1}{\lim\limits_{s\to 0}sG(s)H(s)}$$

若定义速度误差系数 K_v 为

$$K_v=\lim_{s\to 0}\cdot sG(s)H(s)$$

则

$$e_{ss}=\frac{1}{\lim\limits_{s\to 0}sG(s)H(s)}=\frac{1}{K_v} \tag{4.32}$$

对于 0 型系统

$$K_v=\lim_{s\to 0}sG(s)H(s)=\lim_{s\to 0}s\frac{K(\tau_1 s+1)(\tau_2 s+1)\cdots(\tau_m s+1)}{s^{\lambda}(T_1 s+1)(T_2 s+1)\cdots(T_{n-\lambda}s+1)}=0$$

对于Ⅰ型系统

$$K_v=\lim_{s\to 0}sG(s)H(s)=\lim_{s\to 0}s\frac{K(\tau_1 s+1)(\tau_2 s+1)\cdots(\tau_m s+1)}{s^{\lambda}(T_1 s+1)(T_2 s+1)\cdots(T_{n-\lambda}s+1)}=K$$

对于Ⅱ型或高于Ⅱ型的系统

$$K_v=\lim_{s\to 0}sG(s)H(s)=\lim_{s\to 0}s\frac{K(\tau_1 s+1)(\tau_2 s+1)\cdots(\tau_m s+1)}{s^{\lambda}(T_1 s+1)(T_2 s+1)\cdots(T_{n-\lambda}s+1)}=\infty$$

所以在单位斜坡输入时，稳态误差如下。

对 0 型系统：　$e_{ss}=\dfrac{1}{K_v}=\infty$

对Ⅰ型系统：　$e_{ss}=\dfrac{1}{K_v}=\dfrac{1}{K}$

对Ⅱ型系统或高于Ⅱ型的系统：　$e_{ss}=\dfrac{1}{K_v}=0$

0 型系统在稳定状态时不能跟踪斜坡输入。Ⅰ型系统虽能跟踪斜坡输入，但存在着一定的误差。在稳态工作时，输出速度等于输入速度，但有一个误差。此误差与输入量变化率(斜率)成正比，与系统的开环增益 K 成反比。对于Ⅱ型和高于Ⅱ型的系统，其稳态速度误差为零，因此能准确地跟踪斜坡输入。

Ⅰ型系统跟踪斜坡输入的情况如图 4.13 所示。

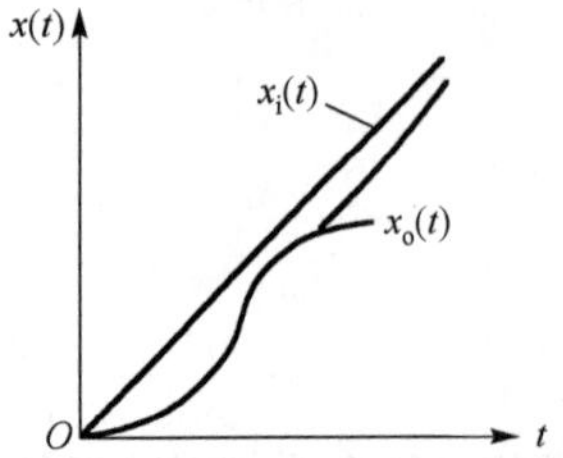

图 4.13　Ⅰ型系统单位斜坡响应

(3) 加速度误差系数 K_a。系统对等加速度输入引起的稳态误差称为静态加速度误差，即

$$e_{ss}=\lim_{s\to 0}s\cdot\frac{1}{1+G(s)H(s)}\cdot\frac{1}{s^3}=\frac{1}{\lim\limits_{s\to 0}s^2G(s)H(s)}$$

若定义加速度误差系数 K_a 为

$$K_a=\lim_{s\to 0}s^2\cdot G(s)H(s)$$

则可得静态加速度误差为

$$e_{ss} = \lim_{s\to 0} s \cdot \frac{1}{1+G(s)H(s)} \cdot \frac{1}{s^3} = \frac{1}{\lim\limits_{s\to 0} s^2 G(s)H(s)} = \frac{1}{K_a} \tag{4.33}$$

对于 0 型和 Ⅰ 型系统

$$K_a = \lim_{s\to 0} s^2 G(s)H(s) = \lim_{s\to 0} s^2 \frac{K(\tau_1 s+1)(\tau_2 s+1)\cdots(\tau_m s+1)}{s^\lambda (T_1 s+1)(T_2 s+1)\cdots(T_{n-\lambda} s+1)} = 0$$

对于 Ⅱ 型系统

$$K_a = \lim_{s\to 0} s^2 G(s)H(s) = \lim_{s\to 0} s^2 \frac{K(\tau_1 s+1)(\tau_2 s+1)\cdots(\tau_m s+1)}{s^\lambda (T_1 s+1)(T_2 s+1)\cdots(T_{n-\lambda} s+1)} = K$$

对于 Ⅲ 型或高于 Ⅲ 型以上系统

$$K_a = \lim_{s\to 0} s^2 G(s)H(s) = \lim_{s\to 0} s^2 \frac{K(\tau_1 s+1)(\tau_2 s+1)\cdots(\tau_m s+1)}{s^\lambda (T_1 s+1)(T_2 s+1)\cdots(T_{n-\lambda} s+1)} = \infty$$

所以在单位加速度输入时，稳态误差如下。

对 0 型和 Ⅰ 型系统：　$e_{ss} = \infty$

对 Ⅱ 型系统：　$e_{ss} = \dfrac{1}{K}$

对于 Ⅲ 型或高于 Ⅲ 型以上系统：　$e_{ss} = 0$

所以，0 型和 Ⅰ 型系统在稳定状态下都不能跟踪加速度输入信号。而 Ⅱ 型系统在稳定状态下能够跟踪加速度输入信号。但有一定的稳态误差。高于 Ⅱ 型以上的系统，虽然稳态误差为零，但因稳定性差，故一般不采用。Ⅱ 型系统跟踪等加速度输入的稳态误差如图 4.14 所示。

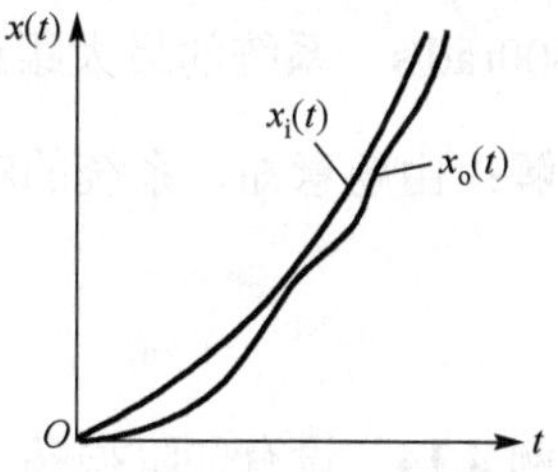

图 4.14　Ⅱ 型系统单位加速度响应

从以上的分析中可以得到如下结论。

(1) 同一个系统对于不同的输入信号，就有不同的稳态误差。同一个输入信号对于不同的系统也引起不同的稳态误差。即系统的稳态误差取决于系统的结构和输入函数的性质。

(2) 系统的稳态误差有限值与系统的开环放大倍数 K 有关，K 值越大，稳态误差有限值越小。K 值越小，稳态误差越大。

(3) 表 4.1 概括了 0 型、Ⅰ 型和 Ⅱ 型系统在各种输入量作用下的稳态误差；从表中可见，对角线以上稳态误差为无穷大；对角线以下稳态误差为零。

(4) 上述结论是在以单位阶跃函数、单位斜坡函数等典型输入信号作用下得到的，但有普遍意义。这是因为控制系统输入信号变化往往是比较缓慢的，可把输入信号 $x_i(t)$ 在 $t=0$ 点附近展开成泰勒级数

$$x_i(t) = x_i(0) + x_i^{(1)}(0)t + \frac{1}{2!} x_i^{(2)}(0)t^2 + \cdots$$

由于 $x_i(t)$ 的变化是比较缓慢的，它的高阶导数是微量，即泰勒级数收敛很快，一般取到 t 的二次项即可。这样，就可以把输入信号 $x_i(t)$ 看成阶跃函数、斜坡函数和加速度函数的叠加，故系统的总稳态误差可以看成上述信号作用下产生的误差的总和。

表 4.1　典型输入信号下各型系统的稳态误差

系统类型	输入信号		
	单位阶跃输入	单位等速输入	单位等加速输入
	$\frac{1}{1+K}$	∞	∞
Ⅰ型系统	0	$\frac{1}{K}$	∞
Ⅱ型系统	0	0	$\frac{1}{K}$

例 4.12　一负反馈系统的开环传递函数为

$$G(s)H(s)=\frac{10H_0}{s+1}$$

试分别确定 $H_0=0.1$ 和 $H_0=1$ 时，系统在单位阶跃信号作用下的稳态误差。

解：该系统为 0 型系统，系统的开环增益为 $K=10H_0$，所以系统对单位阶跃输入的稳态误差为

$$e_{ss}=\frac{1}{1+10H_0}$$

当 $H_0=0.1$ 时，$e_{ss}=\frac{1}{1+10\times0.1}=0.5$。

当 $H_0=1$ 时，$e_{ss}=\frac{1}{1+10\times1}=0.1$。

例 4.13　已知一个具有单位负反馈的自动跟踪系统（Ⅰ型系统），系统的开环放大倍数 K=600rad/s，系统的最大跟踪速度 $\omega_{max}=24\text{rad/s}$，求系统在最大跟踪速度下的稳态误差。

解：由题意知，系统的输入为恒速输入，输入信号 $X_i(s)=\frac{24}{s^2}$，系统的稳态误差为

$$e_{ss}=\frac{24}{K}=\frac{24}{600}=0.04$$

例 4.14　设有二阶振荡系统，其方框图如图 4.15 所示。试求系统在单位阶跃、单位恒速和单位恒加速度输入时的稳态误差。

解：由于是单位负反馈系统，由图可得系统的开环传递函数为

$$G(s)H(s)=\frac{\omega_n^2}{s(s+2\zeta\omega_n)}=\frac{\frac{\omega_n}{2\zeta}}{s\left(\frac{s}{2\zeta\omega_n}+1\right)}$$

可见该系统是Ⅰ型系统，其开环增益 $K=\frac{\omega_n}{2\zeta}$。由表 7-1 可知，该系统在单位阶跃输入时

$$e_{ss}=0$$

在单位恒速输入时

$$e_{ss}=\frac{1}{K}=\frac{2\zeta}{\omega_n}$$

在单位恒加速度输入时

$$e_{ss}=\infty$$

所以系统不能承受恒加速度输入。

4)用伯德图确定误差常数

从上面的讨论可知，对于单位负反馈系统，静态位置、速度和加速度误差常数分别描述了 0 型、Ⅰ型和Ⅱ型系统的低频特性。而系统的类型确定了低频时对数幅值曲线的斜率。因此，对于给定的输入信号，控制系统是否存在稳态误差，以及稳态误差的大小，都可以通过观察对数幅值曲线的低频区特性来确定。

(1)静态位置误差常数的确定。

图 4.16 为单位反馈控制系统。假设系统的开环传递函数为

$$G(s)=\frac{Q(s)}{s^{\lambda}P(s)}=\frac{K(\tau_1 s+1)(\tau_2 s+1)\cdots(\tau_m s+1)}{s^{\lambda}(T_1 s+1)(T_2 s+1)\cdots(T_{n-\lambda}s+1)} \tag{4.34}$$

$$G(\mathrm{j}\omega)=\frac{K(\tau_1\mathrm{j}\omega+1)(\tau_2\mathrm{j}\omega+1)\cdots(\tau_m\mathrm{j}\omega+1)}{(\mathrm{j}\omega)^{\lambda}(T_1\mathrm{j}\omega+1)(T_2\mathrm{j}\omega+1)\cdots(T_{n-\lambda}\mathrm{j}\omega+1)} \tag{4.35}$$

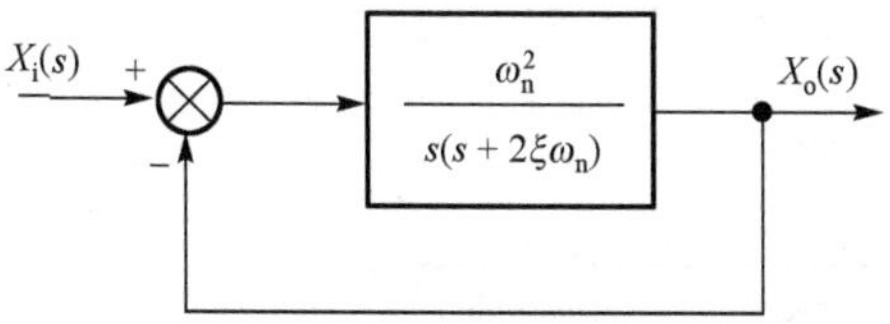

图 4.15　例 4.14 图

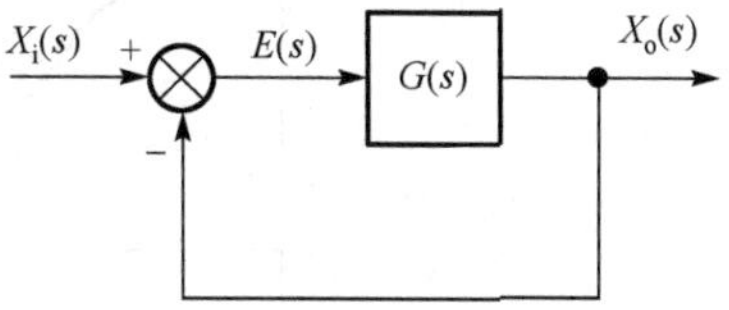

图 4.16　单位负反馈控制系统

图 4.17 所示为一个 0 型系统对数幅值曲线的例子。在这个系统中，$G(\mathrm{j}\omega)$ 的幅值在低频时等于 K_p，即

$$\lim_{\omega\to 0}\left|G(\mathrm{j}\omega)\right|=K_p \tag{4.36}$$

由此可知，低频渐近线是一条幅值为 $20\lg K_p$ dB 的水平线。

(2)静态速度误差常数的确定。

图 4.18 所示为一个Ⅰ型系统的对数幅值曲线的例子。斜率为−20dB/dec 的起始线段(或其延长线)，与 $\omega=1$ 的直线的交点具有的幅值 $20\lg K_v$。这是因为在Ⅰ型系统中

$$\left|G(\mathrm{j}\omega)\right|=\frac{K_v}{\omega},\quad \omega\ll 1$$

因此

$$20\lg\left|\frac{K_v}{\omega}\right|_{\omega=1}=20\lg K_v$$

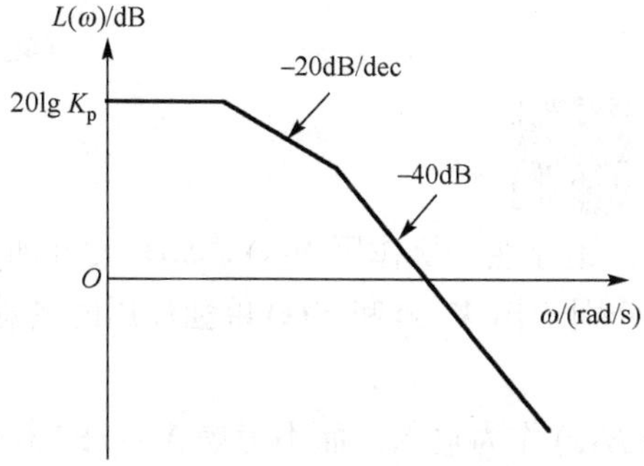

图 4.17　0 型系统的对数幅值曲线

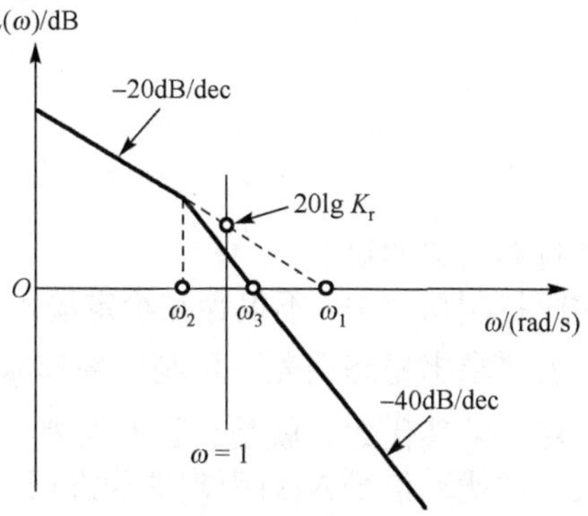

图 4.18　Ⅰ型系统的对数幅值曲线

斜率为–20dB/dec 的起始线段（或其延长线）与零分贝直线交点的频率在数值 K_v。为了证明这一点，假设该交点上的频率为 ω_1，于是

$$\left|G(j\omega)\right| = \frac{K_v}{j\omega} = 1$$

即
$$K_v = \omega_1 \tag{4.37}$$

(3) 静态加速度误差常数的确定。

图 4.19 所示为一个Ⅱ型系统开环对数幅频特性曲线的例子。斜率为–40dB/dec 的起始线段（或其延长线）与 $\omega=1$ 的直线的交点上的幅值为 $20\lg K_a$。

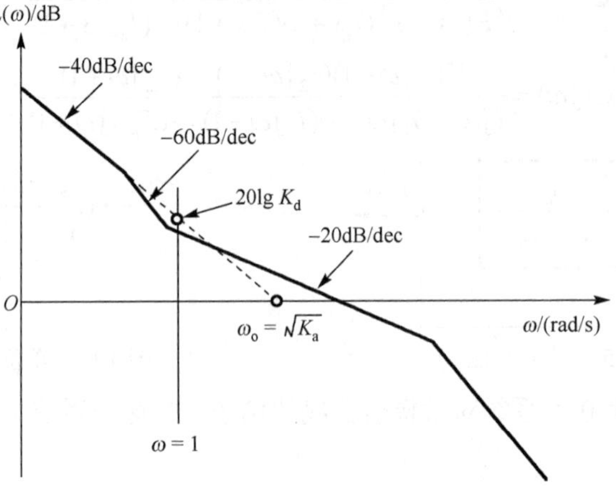

图 4.19　Ⅱ型系统的对数幅值曲线

由于低频时
$$\left|G(j\omega)\right| = \frac{K_a}{\omega^2},\quad \omega \ll 1$$

所以
$$20\lg\frac{K_a}{\omega^2}\bigg|_{\omega=1} = 20\lg K_a$$

斜率为–40dB/dec 的起始线段（或其延长线）与 0dB 直线交点处的频率为 ω_a，它在数值上等于 K_a 的平方根。这可以证明如下

$$20\lg\left|\frac{K_a}{\omega_a^2}\right| = 20\lg 1 = 0$$

于是
$$K_a = \omega_a^2 \tag{4.38}$$

5）扰动引起的误差

实际控制系统中，不仅存在给定输入信号 $X_i(s)$，还存在干扰作用 $N(s)$，如图 4.20 所示，此时，若要求出稳态误差，可利用叠加原理。首先分别求出 $X_i(s)$ 和 $N(s)$ 单独作用时的稳态误差，然后求其代数和就是总稳态误差。

仅考虑扰动信号 $N(s)$ 引起的稳态误差时，可将 $N(s)$ 作为输入，而不考虑 $X_i(s)$ 的影响，即令 $x_i(t)=0$，此时系统框图改画成如图 4.21 所示。

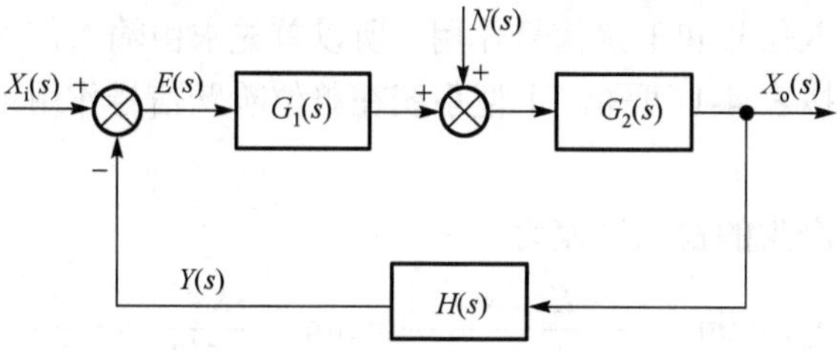

图 4.20　扰动信号产生的误差

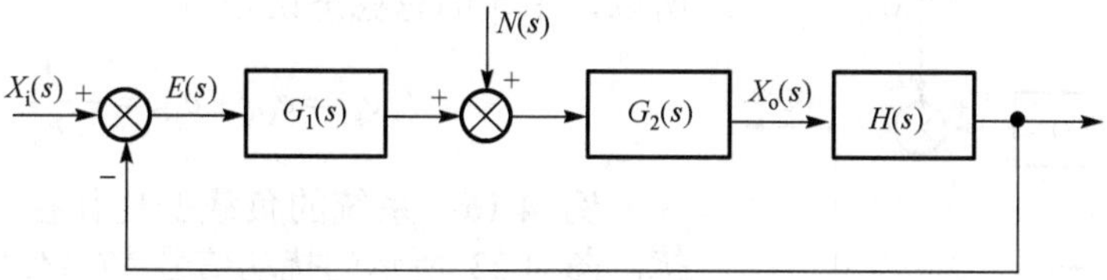

图 4.21　变换后的框图

由于 $X_{\mathrm{i}}(s)=0$，根据图 4.21 可计算出由干扰信号引起的误差信号为

$$E(s)=-H(s)X_{\mathrm{o}}(s)=-\frac{G_2(s)H(s)}{1+G_1(s)G_2(s)H(s)}\cdot N(s)$$

而稳态误差为

$$e_{\mathrm{ss}}=\lim_{s\to 0}s\cdot\left[-\frac{G_2(s)H(s)}{1+G_1(s)G_2(s)H(s)}\cdot N(s)\right] \tag{4.39}$$

当输入信号与干扰信号同时作用时，总稳态误差是两信号分别作用时的稳态误差之和，即由输入信号 $x_{\mathrm{i}}(t)$ 单独作用引起的稳态误差为

$$e_{\mathrm{ss1}}=\lim_{s\to 0}s\cdot\frac{1}{1+G_1(s)G_2(s)H(s)}X_{\mathrm{i}}(s) \tag{4.40}$$

干扰信号 $n(t)$ 单独作用引起的稳态误差为

$$e_{\mathrm{ss2}}=\lim_{s\to 0}s\cdot\left[-\frac{G_2(s)H(s)}{1+G_1(s)G_2(s)H(s)}\cdot N(s)\right] \tag{4.41}$$

因此，总稳态误差为

$$e_{\mathrm{ss}}=e_{\mathrm{ss1}}+e_{\mathrm{ss2}} \tag{4.42}$$

例 4.15　系统方框图 4.22 所示，当输入信号 $x_{\mathrm{i}}(t)=1(t)$，干扰 $n(t)=1(t)$ 时，求系统总的稳态误差 e_{ss}。

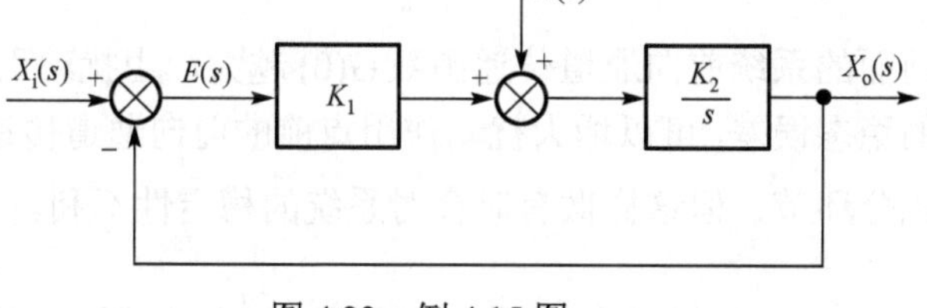

图 4.22　例 4.15 图

解：首先要判别系统的稳定性，因为对于不稳定的系统讨论误差是没有意义的。由于是一阶系统，所以只要参数 K_1 和 K_2 大于零系统就稳定。

由于系统同时受输入信号和干扰信号作用，所以首先求由输入信号引起的稳态误差 e_{ss1}。该系统是 I 系统，按表 4-1 可知，I 型系统在单位阶跃信号作用下的稳态误差为零，即 $e_{ss1}=0$。

在干扰信号作用下产生的稳态误差为

$$e_{ss2}=\lim_{s\to 0} s\cdot\frac{-K_2/s}{1+K_1K_2/s}\cdot\frac{1}{s}=\lim_{s\to 0}\frac{-K_2}{s+K_1K_2}=-\frac{1}{K_1}$$

所以，系统的总稳态误差为

$$e_{ss}=e_{ss1}+e_{ss2}=-\frac{1}{K_1}$$

例 4.16　系统的负载变化往往是系统的主要干扰。图 4.23 所示的扰动信号 $N(s)$ 使实际输出发生变化。试分析扰动信号 $N(s)$ 对系统稳态误差的影响。

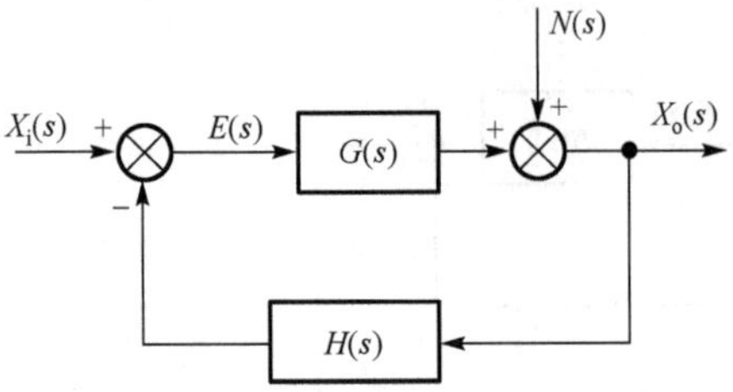

图 4.23　例 4.16 图

解： 由系统方框图得到系统输出为

$$X_o(s)=N(s)+G(s)E(s)=N(s)+\left[X_i(s)-H(s)X_o(s)\right]G(s)$$

整理后得

$$X_o(s)=\frac{N(s)}{1+G(s)H(s)}+\frac{G(s)X_i(s)}{1+G(s)H(s)}$$

其中第一项即为扰动信号对输出的影响，由于只考虑扰动的影响，所以令 $X_i(s)=0$，则系统的误差为

$$E(s)=\frac{-H(s)}{1+G(s)H(s)}N(s)$$

稳态误差为

$$e_{ss}=\lim_{s\to 0} sE(s)=\lim_{s\to 0}\frac{-sH(s)}{1+G(s)H(s)}N(s)$$

若扰动信号为单位阶跃函数，即 $N(s)=\dfrac{1}{s}$，上式可表示为

$$e_{ss}=\lim_{s\to 0}\frac{-sH(s)}{1+G(s)H(s)}\frac{1}{s}=\frac{-H(0)}{1+G(0)H(0)}$$

如果系统 $G(0)H(0)>>1$，则

$$e_{ss}=-\frac{1}{G(0)}$$

其中，

$$G(0)=\lim_{s\to 0}G(s)$$

显然，扰动点前面的系统前向通道传递函数 $G(0)$ 越大，由扰动引起的稳态误差就越小。为了降低扰动引起的稳态误差，可以增大扰动作用点前的前向通道传递函数 $G(0)$ 的值或者在扰动作用点前引入积分环节，但这样做有时会对系统的稳定性不利。

4.3　多输入多输出系统的稳定性分析

对多输入多输出系统的稳定性分析，常采用李雅普诺夫稳定性分析方法，该方法不仅适用于线性定常系统，还适用于线性时变系统和非线性系统，并且还是一些先进的控制系统设计方法的基础。包括李雅普诺夫第一方法和李雅普诺夫第二方法。

4.3.1　李雅普诺夫第一方法

李雅普诺夫第一方法通过求解系统状态方程，然后根据解的性质来判定系统的稳定性。

1. 平衡状态

稳定性问题是系统自身的一种动态属性，与外部输入无关。考察系统自由运动状态，令输入 $\boldsymbol{u}=0$，设系统的状态方程为

$$\dot{\boldsymbol{x}}=\boldsymbol{f}(\boldsymbol{x},\ t) \tag{4.43}$$

其中，$\boldsymbol{x}$ 为 n 维状态向量，且显含时间变量 t；$\boldsymbol{f}(\boldsymbol{x},\ t)$ 为线性或非线性，定常或时变的 n 维函数，其展开式为

$$\dot{x}_i=f_i(x_1,x_2,\cdots,x_n,t)\text{，}\quad i=1,2,\cdots,n \tag{4.44}$$

在上述状态方程(4.43)中，必存在一些状态点 $\boldsymbol{x}_{\mathrm{e}}$，当系统运动到达该点时，系统状态各分量将维持平衡，不再随时间发生变化，即 $\dot{\boldsymbol{x}}\big|_{\boldsymbol{x}=\boldsymbol{x}_{\mathrm{e}}}=0$，该类状态点 $\boldsymbol{x}_{\mathrm{e}}$ 即为系统的平衡状态。即

$$\boldsymbol{f}(\boldsymbol{x}_{\mathrm{e}},\ t)=0\ (\text{或}\ \dot{\boldsymbol{x}}_{\mathrm{e}}=0) \tag{4.45}$$

由平衡状态在状态空间中所确定的点，称为平衡点。

由定义可见，如式(4.43)的线性定常系统的平衡状态 $\boldsymbol{x}_{\mathrm{e}}$ 应满足代数方程 $\boldsymbol{A}\boldsymbol{x}_{\mathrm{e}}=0$。解此方程，若 $\boldsymbol{A}$ 是非奇异的，则系统存在唯一的一个平衡状态 $\boldsymbol{x}_{\mathrm{e}}=0$。可见，对线性定常系统，只有坐标原点处是系统仅有的一处平衡状态。而非线性系统的平衡点的解可能有多个，要视系统方程而定。

例 4.17　系统的状态方程为

$$\begin{aligned}\dot{x}_1&=-x_1\\ \dot{x}_2&=x_1+x_2-x_2^3\end{aligned}$$

求此系统的平衡状态。

解：根据定义式(4.44)，令 $\dot{x}_1=\dot{x}_2=0$，解得此系统的平衡状态为

$$\boldsymbol{x}_{\mathrm{e}_1}=\begin{bmatrix}0\\0\end{bmatrix},\quad \boldsymbol{x}_{\mathrm{e}_2}=\begin{bmatrix}0\\1\end{bmatrix},\quad \boldsymbol{x}_{\mathrm{e}_3}=\begin{bmatrix}0\\-1\end{bmatrix}$$

显然，系统有三个孤立的平衡点。

2. 范数的概念

李雅普诺夫稳定性定义中采用了范数的概念，因此在介绍李雅普诺夫稳定性定义之前，首先复习一下范数的概念。

1) 范数的定义

n 维状态空间中，向量 $\boldsymbol{x}$ 的长度称为向量 $\boldsymbol{x}$ 的范数，用 $\|\boldsymbol{x}\|$ 表示。则

$$\|\boldsymbol{x}\|=\sqrt{x_1^2+x_2^2+\cdots+x_n^2}=(\boldsymbol{x}^{\mathrm{T}}\boldsymbol{x})^{\frac{1}{2}} \tag{4.46}$$

2) 向量的距离

长度$\|\boldsymbol{x}-\boldsymbol{x}_{\mathrm{e}}\|$称为向量$\boldsymbol{x}$与$\boldsymbol{x}_{\mathrm{e}}$的距离，写成

$$\|\boldsymbol{x}-\boldsymbol{x}_{\mathrm{e}}\|=\sqrt{(x_1-x_{\mathrm{e}_1})^2+(x_2-x_{\mathrm{e}_2})^2+\cdots+(x_n-x_{\mathrm{e}_n})^2} \tag{4.47}$$

当$\boldsymbol{x}-\boldsymbol{x}_{\mathrm{e}}$的范数限定在某一范围之内时，记

$$\|\boldsymbol{x}-\boldsymbol{x}_{\mathrm{e}}\|\leqslant\varepsilon,\quad \varepsilon>0 \tag{4.48}$$

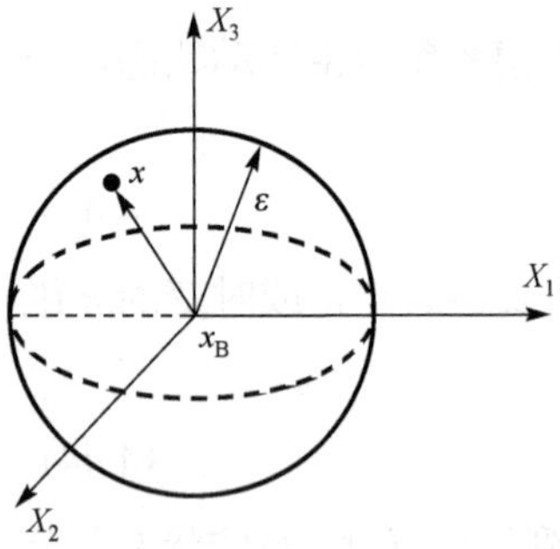

图 4.24　球域$S(\varepsilon)$

式(4.48)有其几何意义，在三维状态空间中表示以$\boldsymbol{x}_{\mathrm{e}}$为球心、以$\varepsilon$为半径的一个球域，可记为$S(\varepsilon)$，如图 4.24 所示。

利用范数的概念，讨论李雅普诺夫稳定性问题是非常方便的。

3. 李雅普诺夫稳定性定义

一般来说，状态向量$\boldsymbol{x}$与其平衡状态的距离可用范数$\|\boldsymbol{x}-\boldsymbol{x}_{\mathrm{e}}\|$表示，可以把平衡状态通过适当的坐标变换，转换到状态空间的原点，即$\boldsymbol{x}_{\mathrm{e}}=0$，这样状态向量$\boldsymbol{x}$到平衡状态的距离可表示为范数$\|\boldsymbol{x}\|=\sqrt{\boldsymbol{x}^{\mathrm{T}}\cdot\boldsymbol{x}}$。下面的讨论设定平衡状态为坐标原点，则状态向量至原点的距离可用范数$\|\boldsymbol{x}\|$表示。

另外，对于任意给定实数δ和ε，且$\delta>0$，$\varepsilon>0$。设$S(\delta)$是包含所有满足方程(4.49)的点的一个“球”域，式中$\boldsymbol{x}_0$是$t=t_0$时的状态变量。

$$\|\boldsymbol{x}_0\|\leqslant\delta \tag{4.49}$$

设$S(\varepsilon)$是包含所有满足方程(4.50)的点的一个“球”域，式中，$\boldsymbol{x}$是$t>t_0$时的状态变量，则有

$$\|\boldsymbol{x}\|\leqslant\varepsilon \tag{4.50}$$

1) 稳定

设系统初始状态满足式(4.49)，当系统受到一扰动时，系统的响应有界，即满足式(4.50)，则称此系统稳定。其几何意义是指从$S(\delta)$出发的轨线，在$t>t_0$的任何时刻总不会超出$S(\varepsilon)$。在二维空间中，轨迹变化如图 4.25(a)所示。

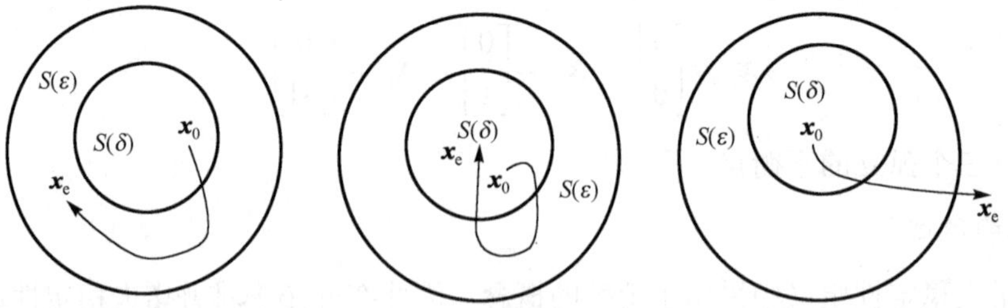

(a) 稳定　　(b) 渐近稳定　　(c) 不稳定

图 4.25　系统稳定性的三种情况

对于实际的控制系统(如图 4.26 所示的单摆系统)，假设没有空气阻力，如将其稍微拉离平衡位置，单摆将永远在平衡状态周围不停地来回摆动，不会回到初始状态，也不会超出初始拉开的振幅幅度，为稳定系统。

2) 渐近稳定

设系统初始状态满足式(4.49)，当系统受到一扰动时，系统的响应不但满足式(4.50)，而且满足

$$\lim_{t\to\infty}\|\boldsymbol{x}(t)\|=0 \tag{4.51}$$

则称此系统为渐近稳定系统。

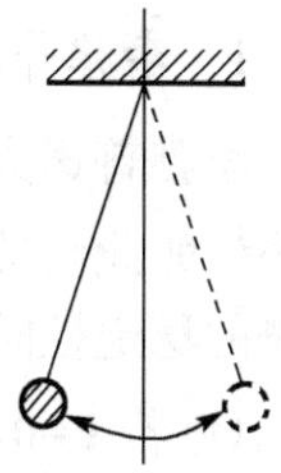

图 4.26　稳定系统

其几何意义是指从球域 $S(\delta)$ 出发的轨线，在 $t>t_0$ 的任何时刻，不仅不会超出 $S(\varepsilon)$，而且最终又回到平衡点。在二维空间中，轨迹变化如图 4.25(b)所示。

渐近稳定分为大范围渐近稳定和小范围渐近稳定。大范围渐近稳定的含义，再回到图 4.26 所示的单摆系统，如果存在空气阻力，不论初始外部作用引起的摆幅多大，单摆的振幅随时间将逐渐减小，最终将会静止，即回到平衡位置，这是一种大范围的渐近稳定系统。小范围渐近稳定系统如图 4.27 所示三角锥体，加上外部作用后使其倾斜，只要倾斜时通过其重心的垂直线不超过底面，外部作用去掉后它将返回初始平衡状态，但只要超过这一范围，即便外部作用去掉后三角锥也不能再回初始状态，这是一种小范围的渐近稳定系统。

3) 不稳定

设系统初始状态满足式(4.49)，当系统受到一扰动时，系统的响应无界，即不满足式(4.50)，则称此系统不稳定。

其几何意义是指从球域 $S(\delta)$ 出发的轨线最终会超出球域 $S(\varepsilon)$。在二维空间中，不稳定的几何轨线变化如图 4.25(c)所示。

对于实际的控制系统(图 4.28 所示的倒立三角锥)，由于与底面接触的只有一点，对于任何微小的倾斜，通过重心 G 的垂线就不再过顶点，三角锥必然翻倒，这种平衡状态则为不稳定平衡状态。

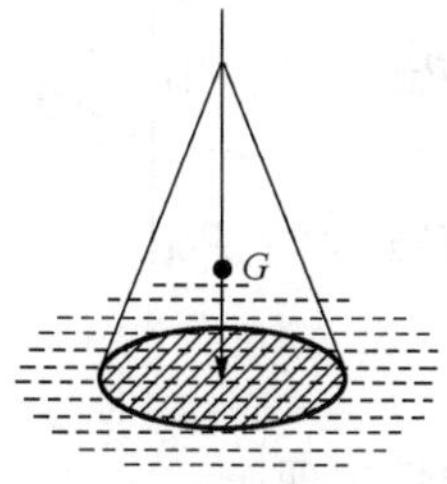

图 4.27　小范围渐近稳定系统

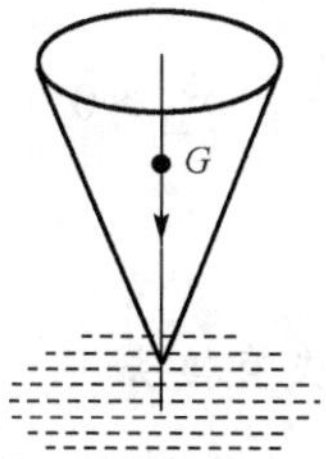

图 4.28　不稳定系统

对于不稳定平衡状态的轨迹，虽然越出了 $S(\varepsilon)$，但是并不意味着轨迹一定趋向无穷远处。例如，对于非线性系统，轨迹还可能趋于 $S(\varepsilon)$ 以外的某个平衡点。当然，对于线性系统，从不稳定平衡状态出发的轨迹，理论上一定趋于无穷远。

在经典控制理论中，只有线性系统稳定性才有明确的意义，对于非线性系统，只能研究一些局部具体问题。李雅普诺夫给运动稳定性下了严格的定义，概括了线性及非线性等各类系统的一般情况。

4.3.2　李雅普诺夫第二方法

李雅普诺夫第二方法从能量观点进行稳定性分析，通过引入李雅普诺夫函数，可以建立判断稳定性的充分条件。

1. 李雅普诺夫函数$V(\boldsymbol{x})$的符号定义

李雅普诺夫函数$V(\boldsymbol{x})$是状态变量的函数。由于此函数中只有状态变量，并没有体现特定系统，即此函数中未含系统矩阵$\boldsymbol{A}$，所以似乎没有与特定系统有关。但是，当用此函数判断系统的稳定性时，用到此函数的导数$\dot{V}(\boldsymbol{x})$，这样就会引入系统矩阵$\boldsymbol{A}$。

(1)若$\boldsymbol{x}=0$，$V(\boldsymbol{x})=0$；$\boldsymbol{x}\neq 0$，$V(\boldsymbol{x})>0$，则$V(\boldsymbol{x})$称为正定，如$V(\boldsymbol{x})=x_1^2+2x_2^2$就是正定的。

(2)若$\boldsymbol{x}=0$及存在某一种或者某几种状态使$V(\boldsymbol{x})=0$，其余状态使$V(\boldsymbol{x})$都是正的，则$V(\boldsymbol{x})$称为半正定。如$V(\boldsymbol{x})=(x_1+x_2)^2$，除了$x_1=x_2=0$外，$x_1=-x_2$也使$V(\boldsymbol{x})=0$，而其他状态都使$V(\boldsymbol{x})>0$，所以$V(\boldsymbol{x})$是半正定的。

(3)若$-V(\boldsymbol{x})$是正定的，则$V(\boldsymbol{x})$就是负定的，如$V(\boldsymbol{x})=-(x_1^2+2x_2^2)$。

(4)若$-V(\boldsymbol{x})$是半正定的，则$V(\boldsymbol{x})$就是半负定的，如$V(\boldsymbol{x})=-(x_1+x_2)^2$。

(5)若$V(\boldsymbol{x})$既可为正，也可为负，则$V(\boldsymbol{x})$就是不定的，如$V(\boldsymbol{x})=x_1+x_2$。

2. 二次型标量函数的正定性

二次型标量函数$V(\boldsymbol{x})$可以表示为

$$V(\boldsymbol{x})=\boldsymbol{x}^{\mathrm{T}}\boldsymbol{P}\boldsymbol{x}=\begin{bmatrix}x_1 & x_2 & \cdots & x_n\end{bmatrix}\begin{bmatrix}p_{11} & p_{12} & \cdots & p_{1n}\\ p_{21} & p_{22} & \cdots & p_{2n}\\ \cdots & \cdots & & \cdots\\ p_{n1} & p_{n2} & \cdots & p_{nn}\end{bmatrix}\begin{bmatrix}x_1\\ x_2\\ \vdots\\ x_n\end{bmatrix} \tag{4.52}$$

其中，$\boldsymbol{P}$为对称矩阵，二次型函数$V(\boldsymbol{x})$的正定性可用西尔维斯特准则来判断：二次型函数$V(\boldsymbol{x})$正定的充要条件是$\boldsymbol{P}$为正定，即$\boldsymbol{P}$的所有主子行列式为正，即

$$p_{11}>0,\qquad \begin{vmatrix}p_{11} & p_{12}\\ p_{21} & p_{22}\end{vmatrix}>0,\cdots,\begin{vmatrix}p_{11} & p_{12} & \cdots & p_{1n}\\ p_{21} & p_{22} & \cdots & p_{2n}\\ \cdots & \cdots & & \cdots\\ p_{n1} & p_{n2} & \cdots & p_{nn}\end{vmatrix}>0$$

3. 李雅普诺夫直接法

针对判断系统的稳定性，给出李雅普诺夫的三个稳定性定理。

定理 4.1 如果存在一个李雅普诺夫函数$V(\boldsymbol{x})$，它满足：

(1) $V(\boldsymbol{x})$对于所有的$\boldsymbol{x}$具有连续的一阶偏导数；

(2) $V(\boldsymbol{x})$是正定的，即$V(\boldsymbol{x})\big|_{x=0}=0$，$V(\boldsymbol{x})\big|_{x\neq 0}>0$；

(3) $\dot{V}(\boldsymbol{x})$是半负定的，即$\boldsymbol{x}\neq 0$时$\dot{V}(\boldsymbol{x})\leqslant 0$。

那么，由状态方程$\dot{\boldsymbol{x}}=f(\boldsymbol{x})$所描述的系统在原点附近就是稳定的。其中$\dot{V}(\boldsymbol{x})$为纯量函数$V(\boldsymbol{x})$沿$\dot{\boldsymbol{x}}=f(\boldsymbol{x})$的状态轨迹方向计算的时间导数，即

$$\dot{V}(\boldsymbol{x})=\frac{\mathrm{d}V(\boldsymbol{x})}{\mathrm{d}t}=\frac{\mathrm{d}V}{\mathrm{d}\boldsymbol{x}}\frac{\mathrm{d}\boldsymbol{x}}{\mathrm{d}t}=\frac{\mathrm{d}V}{\mathrm{d}\boldsymbol{x}}f(\boldsymbol{x})=f(\boldsymbol{x})\Delta V \tag{4.53}$$

其中，$\Delta V=\mathrm{d}V/\mathrm{d}\boldsymbol{x}$为$\boldsymbol{x}$的梯度。

定理 4.2 如果存在一个李雅普诺夫函数$V(\boldsymbol{x})$，它满足：

(1) $V(\boldsymbol{x})$ 对于所有的 $\boldsymbol{x}$ 具有连续的一阶偏导数；

(2) $V(\boldsymbol{x})$ 是正定的；

(3) $\dot{V}(\boldsymbol{x})$ 是负定的。

那么，这个系统就是渐近稳定的。若除了满足以上条件外，当 $\|\boldsymbol{x}\| \to \infty$ 时，$V(\boldsymbol{x}) \to \infty$，系统就是大范围渐近稳定的。

定理 4.3　如果存在一个李雅普诺夫函数 $V(\boldsymbol{x})$，它满足：

(1) $V(\boldsymbol{x})$ 对于所有的 $\boldsymbol{x}$ 具有连续的一阶偏导数；

(2) $V(\boldsymbol{x})$ 是正定的；

(3) $\dot{V}(\boldsymbol{x})$ 是正定的。

那么，这个系统就是不稳定的。

以上三个定理是判断系统稳定性的充分条件，但不是必要条件。也就是说，如果找不到满足这些条件的李雅普诺夫函数，并不等于系统不是稳定的，或者不是渐近稳定的。

例 4.18　用李雅普诺夫法分析下列系统的稳定性

$$\begin{bmatrix} \dot{x}_1 \\ \dot{x}_2 \end{bmatrix} = \begin{bmatrix} 0 & 1 \\ -1 & -1 \end{bmatrix} \begin{bmatrix} x_1 \\ x_2 \end{bmatrix}$$

解：系统的平衡点为 $x_1 = x_2 = 0$，选李雅普诺夫函数 $V(x)$ 为 $V(x) = x_1^2 + x_2^2$，显然它为正定的；它对时间的导数为

$$\dot{V}(x) = 2x_1\dot{x}_1 + 2x_2\dot{x}_2$$

利用已知的系统状态方程，将上式中系统变量的一阶导数消掉，即

$$\dot{V}(x) = 2x_1x_2 + 2x_2(-x_1 - x_2) = -2x_2^2$$

显然，李雅普诺夫函数的导数是负定的；并且当 $\|\boldsymbol{x}\| \to \infty$ 时，$V(\boldsymbol{x}) \to \infty$，所以此系统是大范围渐近稳定的。

4.3.3　系统稳定性分析

本节采用系统状态二次型函数作为李雅普诺夫函数来判断系统稳定性，这种方法不仅简单，还可作为解参数优化及系统设计问题的基础。

设线性定常系统为

$$\dot{\boldsymbol{x}} = \boldsymbol{A}\boldsymbol{x} \tag{4.54}$$

如果采用二次型函数作为李雅普诺夫函数，即

$$V(\boldsymbol{x}) = \boldsymbol{x}^{\mathrm{T}}\boldsymbol{P}\boldsymbol{x} \tag{4.55}$$

其中，$\boldsymbol{P}$ 为正定实对称矩阵，对式(4.55)求导得

$$\dot{V}(\boldsymbol{x}) = \dot{\boldsymbol{x}}^{\mathrm{T}}\boldsymbol{P}\boldsymbol{x} + \boldsymbol{x}^{\mathrm{T}}\boldsymbol{P}\dot{\boldsymbol{x}} \tag{4.56}$$

将式(4.54)代入式(4.56)得

$$\dot{V}(\boldsymbol{x}) = \boldsymbol{x}^{\mathrm{T}}\boldsymbol{A}^{\mathrm{T}}\boldsymbol{P}\boldsymbol{x} + \boldsymbol{x}^{\mathrm{T}}\boldsymbol{P}\boldsymbol{A}\boldsymbol{x} = \boldsymbol{x}^{\mathrm{T}}(\boldsymbol{P}\boldsymbol{A} + \boldsymbol{A}^{\mathrm{T}}\boldsymbol{P})\boldsymbol{x} \tag{4.57}$$

显然，通过 $\dot{V}(\boldsymbol{x})$ 引入了系统矩阵 $\boldsymbol{A}$，即进入了特定的系统。令

$$-\boldsymbol{Q} = \boldsymbol{P}\boldsymbol{A} + \boldsymbol{A}^{\mathrm{T}}\boldsymbol{P} \tag{4.58}$$

将式(4.58)代入式(4.57)得
$$\dot{V}(\boldsymbol{x}) = -\boldsymbol{x}^{\mathrm{T}}\boldsymbol{Q}\boldsymbol{x} \tag{4.59}$$
从式(4.59)可见，要判断$\dot{V}(\boldsymbol{x})$是否负定，只要判断$\boldsymbol{Q}$是否正定。

由上可知，在判断线性定常系统的稳定性时，可选定一个实对称矩阵$\boldsymbol{P}$，按式(4.58)计算$\boldsymbol{Q}$，如果$\boldsymbol{Q}$是正定的，则由式(4.55)表示的李雅普诺夫函数证明系统是稳定的。

在实际应用此法时常常先选一正定矩阵$\boldsymbol{Q}$，如取$\boldsymbol{Q}=\boldsymbol{I}$，然后按式(4.58)计算$\boldsymbol{P}$，再用西尔维斯特法检验$\boldsymbol{P}$是否正定。如果$\boldsymbol{P}$是正定的，则系统是渐近稳定的。如果$\dot{V}(\boldsymbol{x}) = -\boldsymbol{x}^{\mathrm{T}}\boldsymbol{Q}\boldsymbol{x}$沿任意一条轨迹不恒等于零，那么$\boldsymbol{Q}$可取半正定的。

例 4.19　设系统的状态方程为
$$\begin{bmatrix} \dot{x}_1 \\ \dot{x}_2 \\ \dot{x}_3 \end{bmatrix} = \begin{bmatrix} 0 & 1 & 0 \\ 0 & -2 & 1 \\ -k & 0 & -1 \end{bmatrix} \begin{bmatrix} x_1 \\ x_2 \\ x_3 \end{bmatrix}$$
利用李雅普诺夫法求使系统稳定的k值。

解：设
$$\boldsymbol{Q} = \begin{bmatrix} 0 & 0 & 0 \\ 0 & 0 & 0 \\ 0 & 0 & 1 \end{bmatrix}$$
由式(4.56)得
$$\dot{V}(\boldsymbol{x}) = -\begin{bmatrix} x_1 & x_2 & x_3 \end{bmatrix} \begin{bmatrix} 0 & 0 & 0 \\ 0 & 0 & 0 \\ 0 & 0 & 1 \end{bmatrix} \begin{bmatrix} x_1 \\ x_2 \\ x_3 \end{bmatrix} = -x_3^2$$

上式$V(\boldsymbol{x})$不恒为零，所以这样选$\boldsymbol{Q}$是合适的。再按式(4.58)计算$\boldsymbol{P}$
$$\begin{bmatrix} p_{11} & p_{12} & p_{13} \\ p_{21} & p_{22} & p_{23} \\ p_{31} & p_{32} & p_{33} \end{bmatrix} \begin{bmatrix} 0 & 1 & 0 \\ 0 & -2 & 1 \\ -k & 0 & -1 \end{bmatrix} + \begin{bmatrix} 0 & 0 & -k \\ 1 & -2 & 0 \\ 0 & 1 & -1 \end{bmatrix} \begin{bmatrix} p_{11} & p_{12} & p_{13} \\ p_{21} & p_{22} & p_{23} \\ p_{31} & p_{32} & p_{33} \end{bmatrix} = \begin{bmatrix} 0 & 0 & 0 \\ 0 & 0 & 0 \\ 0 & 0 & -1 \end{bmatrix}$$
解上式得
$$\boldsymbol{P} = \begin{bmatrix} \dfrac{k^2+12k}{12-2k} & \dfrac{6k}{12-2k} & 0 \\ \dfrac{6k}{12-2k} & \dfrac{3k}{12-2k} & \dfrac{k}{12-2k} \\ 0 & \dfrac{k}{12-2k} & \dfrac{6k}{12-2k} \end{bmatrix}$$
根据西尔维斯特法则，如果$\boldsymbol{P}$是正定的，需要$12-2k>0,\ k>0$，所以$0<k<6$。

李雅普诺夫稳定性分析法：线性定常系统$\dot{\boldsymbol{x}} = \boldsymbol{A}\boldsymbol{x}$在平衡状态$\boldsymbol{x}=0$处渐近稳定的充要条件为：给定一个正定对称矩阵$\boldsymbol{Q}$，就存在一个正定对称矩阵$\boldsymbol{P}$，使得满足
$$-\boldsymbol{Q} = \boldsymbol{P}\boldsymbol{A} + \boldsymbol{A}^{\mathrm{T}}\boldsymbol{P}$$

系统的李雅普诺夫函数为　$V(\boldsymbol{x}) = \boldsymbol{x}^{\mathrm{T}}\boldsymbol{P}\boldsymbol{x}$

应用此定理应注意以下几点。

(1) 如果$V(\boldsymbol{x}) = \boldsymbol{x}^{\mathrm{T}}\boldsymbol{P}\boldsymbol{x}$沿任一条轨迹不恒等于零，那么$\boldsymbol{Q}$可取半正定的。

(2) 取一个任意的正定矩阵 $\boldsymbol{Q}$，或当 $\dot{V}(\boldsymbol{x})$ 沿任一轨迹不恒等于零时，取半正定矩阵 $\boldsymbol{Q}$，并解方程 $-\boldsymbol{Q}=\boldsymbol{PA}+\boldsymbol{A}^{\mathrm{T}}\boldsymbol{P}$ 以确定 $\boldsymbol{P}$，那么对于平衡状态 $\boldsymbol{x}_{\mathrm{e}}=0$ 的渐近稳定性，$\boldsymbol{P}$ 的正定性是充要条件。

(3) 只要特殊的矩阵 $\boldsymbol{Q}$ 选成是正定的，那么最终结果与 $\boldsymbol{Q}$ 的选择无关。

4.4 离散控制系统的稳定性分析

离散控制系统的稳定性分析方法与连续控制系统的稳定性分析方法一样，单输入单输出离散控制系统可通过极点的分布来判断，多输入多输出离散控制系统的稳定性通过李雅普诺夫稳定性分析方法进行分析。

4.4.1 单输入单输出离散控制系统的稳定性分析

线性连续系统的稳定性取决于系统传递函数极点是否全部在[s]平面的左半平面。为了给线性离散控制系统建立类似的判据，首先建立离散控制系统极点的概念。

1. *稳定性分析方法*

在得到离散控制系统的脉冲传递函数后，便可在 Z 域内对系统的稳定性、瞬时特性及稳态误差等进行分析。

线性离散控制系统脉冲传递函数可写为

$$G(z)=\frac{Y(z)}{X(z)}=\frac{b_0+b_1z^{-1}+\cdots+b_mz^{-m}}{1+a_1z^{-1}+\cdots+a_nz^{-n}},\quad n\geqslant m \tag{4.60}$$

线性离散控制系统特征方程由式 (4.60) 的分母为零构成

$$1+a_1z^{-1}+\cdots+a_nz^{-n}=0 \tag{4.61}$$

此方程的根称为特征方程的特征根，即离散控制系统脉冲传递函数的极点，简称离散控制系统极点。

在连续系统中，如果系统传递函数的极点位于[s]的左半平面，则系统是稳定的。为了考察离散控制系统极点在[z]平面上的位置与系统稳定性的关系，需要考察[z]平面与[s]平面间的映射关系。

根据 Z 变换的定义为 $\mathrm{e}^{Ts}=z$，如果[s]平面中的点为 $s=\sigma+\mathrm{j}\omega$，则

$$z=\mathrm{e}^{\sigma T}\cdot\mathrm{e}^{\mathrm{j}\omega T} \tag{4.62}$$

式 (4.62) 是复数 Z 的极坐标表达式，它可写成

$$|z|=\mathrm{e}^{\sigma T},\qquad \angle z=\omega T \tag{4.63}$$

显然，当 $\sigma=0\to-\infty$ 时，$|z|=1\to0$。它表明，s 的左半平面映射到[z]平面中，是以原点为圆心的单位圆的内部，如图 4.29 (a) 所示。

在图 4.29 (b) 中，在[s]平面上，直线 $s=\sigma_1$ 以左的半平面映射到[z]平面上，其图像是以原点为圆心、以 e^{σ_1T} 为半径圆的内部。

由以上映射关系可见，如果离散控制系统极点位于单位圆内，则系统是稳定的；否则，

系统不稳定。所以离散控制系统稳定的充要条件为

$$|z|<1 \tag{4.64}$$

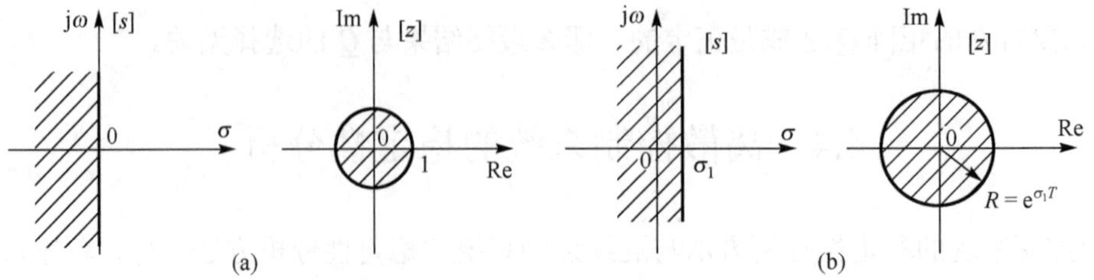

图 4.29 由[s]平面到[z]平面的映射

另一种说法是，如果离散控制系统特征根满足式(4.64)，则系统是稳定的。但当特征方程是高次方程时，用解方程的方法来判断系统的稳定性是很不方便的。在连续系统中，曾用劳斯-赫尔维茨稳定性判据，但它不能直接用于方程(4.64)。可对[z]平面再做一次线性变换，称为 W 变换。通过 W 变换，将[z]平面中单位圆内部映射成为[w]平面左半平面，脉冲传递函数变为 W 传递函数。如果 W 传递函数的特征根均在[w]平面的左半平面，这相当于 Z 传递函数的特征根都在[z]平面单位圆内部，那么系统是稳定的；否则，不稳定。由于经过 W 变换后，问题变成判别 w 特征根是否在[w]左半平面上，因而可用赫尔维茨方法来进行判别。

W 变换表达式为

$$w=\frac{z-1}{z+1} \quad 或 \quad z=\frac{1+w}{1-w} \tag{4.65}$$

经过上述变换，将[z]平面的单位圆内部映射成[w]平面的左半部。证明如下。设

$$z=x+\mathrm{j}y,\ \ w=u+\mathrm{j}v \tag{4.66}$$

其中，x、y、u、v 分别为 z、w 域的实部和虚部。把式(4.66)第一式代入式(4.65)第一式得

$$w=\frac{x+\mathrm{j}y-1}{x+\mathrm{j}y+1}=\frac{x^2+y^2-1}{(x+1)^2+y^2}+\mathrm{j}\frac{2y}{(x+1)^2+y^2}$$

与式(4.66)第二式比较，知

$$u=\frac{x^2+y^2-1}{(x+1)^2+y^2}, \quad v=\frac{2y}{(x+1)^2+y^2}$$

由上式可知：

当$|z|=x^2+y^2=1$ 时，$u=0$，即[z]平面上的单位圆映射成[w]平面的虚轴；

当$|z|=x^2+y^2<1$ 时，$u<0$，即[z]平面上的单位圆内部映射成[w]平面的左半平面；

当$|z|=x^2+y^2>1$ 时，$u>0$，即[z]平面上的单位圆外部映射成[w]平面的右半平面。

下面举例说明这种方法的应用。

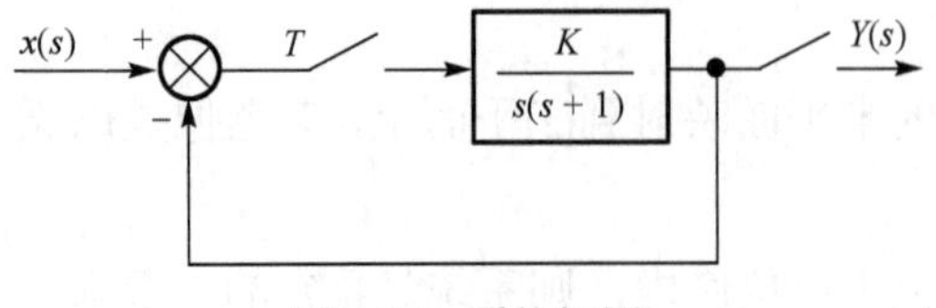

图 4.30 系统框图

例 4.20 分析图 4.30 所示系统当 K=10 时的稳定性，求出能使系统稳定的 K 值范围(T=1s)。

解：当 K=10 时，系统的开环脉冲传递函数为

$$G(z)=\frac{10(1-\mathrm{e}^{-T})z}{(z-1)(z-\mathrm{e}^{-T})}$$

闭环系统的特征方程为

$$1+G(z)=0$$

$$(z-1)(z-e^{-T})+10(1-e^{-T})z=0$$

把 $T=1s$ 代入上式，整理得　$z^2+5.95z+0.368=0$

解之得　$z_1=-0.076,\quad z_2=-5.90$

因为 $|z_2|>1$，所以系统是不稳定的。

为了求出使系统稳定的 K 值范围，将闭环系统的特征方程写成

$$(z-1)(z-e^{-1})+K(1-e^{-1})z=0$$

经整理，得特征方程　$z^2-(1.37-0.63K)z+0.368=0$

令

$$z=\frac{1+w}{1-w}$$

将此变换代入特征方程，经整理得

$$(2.736-0.63K)w^2+1.364w+0.63K=0$$

$$a_2=2.736-0.632K,\quad a_1=1.364,\quad a_0=0.632K$$

由 $a_2>0$，得 $K<4.33$；由 $a_0>0$，得 $K>0$，$\Delta_2=\begin{vmatrix}a_1 & 0\\ a_2 & a_0\end{vmatrix}=a_1a_0>0$。

所以 K 值的范围是　$0<K<4.33$

2. 极点分布与瞬态响应的关系

离散控制系统的极点相对[z]平面单位圆的位置对其瞬态响应有重要影响。设系统的输入为单位阶跃函数，则输出的 Z 变换为

$$Y(z)=G_b(z)X(z)=\frac{z}{z-1}G_b(z)$$

设 $G_b(z)$ 没有重复极点，将上式展开成部分分式，得系统瞬态响应分量的 Z 变换为

$$Y(z)=\sum_{k=1}^{n}\frac{b_kz}{z-a_k}$$

其中，a_k 为系统的极点。如果 a_k 在实轴上，则 a_k 对应的瞬态响应分量为

$$y(n)=Z^{-1}\left[\frac{b_kz}{z-a_k}\right]=b_ka_k^n \tag{4.67}$$

根据极点 a_k 的位置，可有下列六种情况，如图 4.31 所示。

(1) 当 $a_k>1$ 时，$y(n)$ 是发散序列，如图 4.31(a) 所示。

(2) 当 $a_k=1$ 时，$y(n)$ 是幅值为 b_k 的等幅脉冲序列，如图 4.31(b) 所示。

(3) 当 $0<a_k<1$ 时，$y(n)$ 是单调衰减序列，a_k 离原点越近，$y(n)$ 衰减越快，如图 4.31(c) 所示。

(4) 当 $-1<a_k<0$ 时，$y(n)$ 是交替变号的衰减序列，a_k 离原点越近，$y(n)$ 衰减越快，如图 4.31(d) 所示。

(5) 当 $a_k = -1$ 时，$y(n)$ 是交替变号的幅值为 b_k 的等幅脉冲序列，如图 4.31(e) 所示。

(6) 当 $a_k < -1$ 时，$y(n)$ 是交替变号的发散序列，如图 4.31(f) 所示。

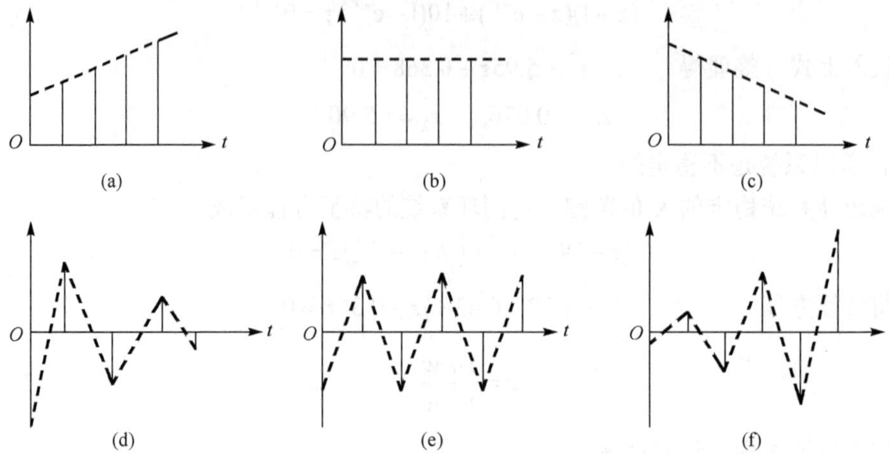

图 4.31　瞬态响应与极点 a_k 之间的关系

3. 离散控制系统的稳态误差

如果离散控制系统是稳定的，那么其稳态误差可以用 Z 变换的终值定理来计算。设单位负反馈离散控制系统如图 4.32 所示。

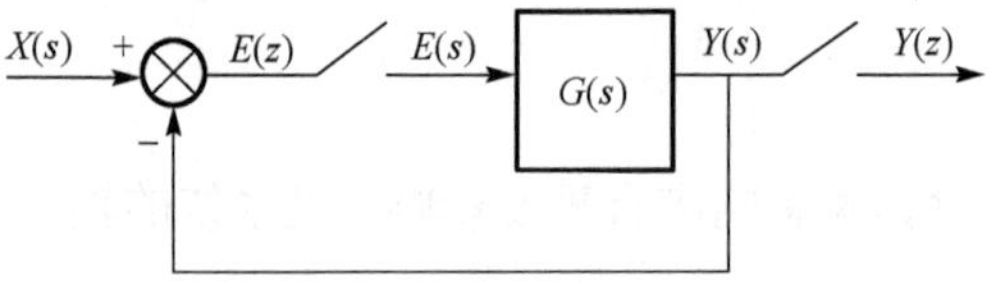

图 4.32　离散控制系统的误差

系统开环脉冲传递函数为 $G(z)$，由图 4.32 和第 2 章的式(2.73)可求其误差信号的 Z 变换 $E(z)$ 为

$$E(z) = \frac{X(z)}{1+G(z)} \tag{4.68}$$

利用 Z 变换终值定理，可得稳态误差

$$e_{ss} = \lim_{n\to\infty} e(nT) = \lim_{z\to 1}(z-1)E(z) = \lim_{z\to 1}(z-1)\frac{X(z)}{1+G(z)} \tag{4.69}$$

由式(4.69)可知，稳态误差 e_{ss} 与系统的输入 $X(z)$ 有关，即不同类型的系统输入使系统产生不同的稳态误差。此外，稳态误差 e_{ss} 与系统的脉冲传递函数 $G(z)$ 有关。由于在式(4.69)中 $z\to 1$，所以在 $G(z)$ 中，$z=1$ 的极点个数对稳态误差 e_{ss} 至关重要。离散控制系统的类型就是按系统中极点 $z=1$ 个数分的：如果 $G(z)$ 中没有 $z=1$ 的极点，则称为 0 型系统；如果在 $G(z)$ 中有一个 $z=1$ 的极点，则称为 I 型系统；如果有两个 $z=1$ 的极点，则称为 II 型系统等。

下面就几种典型的输入信号讨论不同类型系统的稳态误差。

1) 单位阶跃函数输入

$$X(z) = \frac{z}{z-1}$$

代入式(4.69)，得

$$e_{ss} = \lim_{z\to 1}(z-1)\frac{z}{(z-1)[1+G(z)]} = \lim_{z\to 1}\frac{1}{1+G(z)} = \frac{1}{K_p} \tag{4.70}$$

其中，K_p 为位置误差系数 $$K_p=\lim_{z\to1}[1+G(z)] \tag{4.71}$$

对于 0 型系统：K_p 为有限值，稳态误差为 $e_{ss}=1/K_p$。

对于 I 型以上系统：$K_p=\infty$，所以稳态误差 $e_{ss}=0$。

2) 单位斜坡函数输入

$$X(z)=\frac{Tz}{(z-1)^2}$$

代入式(4.69)，得 $$e_{ss}=\lim_{z\to1}(z-1)\frac{Tz}{(z-1)^2[1+G(z)]}=T\lim_{z\to1}\frac{1}{(z-1)G(z)}=\frac{1}{K_v} \tag{4.72}$$

其中，K_v 为速度误差系数 $$K_v=\frac{1}{T}\lim_{z\to1}(z-1)G(z) \tag{4.73}$$

对于 0 型系统：$K_v=0$，$e_{ss}=\infty$。

对于 I 型系统：K_v 为有限值，$e_{ss}=1/K_v$。

对于 II 型系统：$K_v=\infty$，$e_{ss}=0$。

3) 单位抛物线函数输入

$$X(z)=\frac{T^2z(z+1)}{2(z-1)^3}$$

代入式(4.69)，得 $$e_{ss}=\lim_{z\to1}\frac{z-1}{1+G(z)}\cdot\frac{T^2z(z+1)}{2(z-1)^3}=T^2\lim_{z\to1}\frac{1}{(z-1)^2G(z)}=\frac{1}{K_a} \tag{4.74}$$

其中，K_a 为加速度误差系数 $$K_a=\frac{1}{T^2}\lim_{z\to1}(z-1)^2G(z) \tag{4.75}$$

对于 0 型及 I 型系统：$K_a=0$，$e_{ss}=\infty$。

对于 II 型系统，K_a 为有限值，$e_{ss}=1/K_a$。

例 4.21　求图 4.33 中离散控制系统的稳态误差(T=0.1s)。

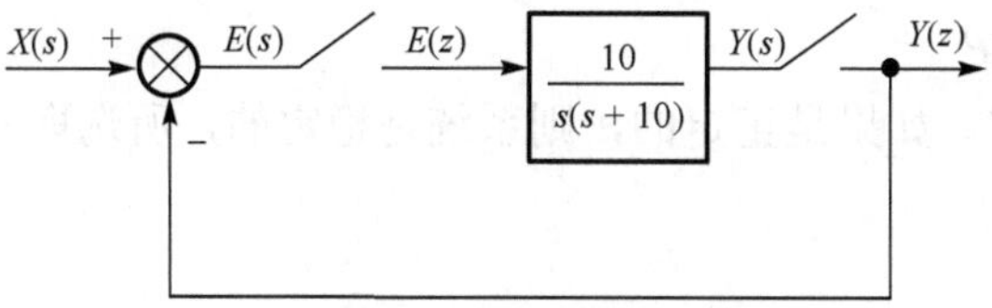

图 4.33　系统框图

解：开环脉冲传递函数为(可查表 4.1)

$$G(z)=\frac{(1-e^{-10T})z}{(z-1)(z-e^{-10T})}=\frac{0.632z}{(z-1)(z-0.368)}$$

由此式可见，此系统为 I 型系统，其稳态误差系数为

$$K_p=\lim_{z\to1}[1+\frac{0.632z}{(z-1)(z-0.368)}]=\infty$$

$$K_v=\frac{1}{T}\lim_{z\to1}(z-1)[\frac{0.632z}{(z-1)(z-0.368)}]=10$$

$$K_a = \frac{1}{T^2}\lim_{z\to 1}(z-1)^2[\frac{0.632z}{(z-1)(z-0.368)}] = 0$$

稳态位置误差 $e_{ss}=1/K_p=0$。

稳态速度误差 $e_{ss}=1/K_v=0.1$。

稳态加速度误差 $e_{ss}=1/K_a=\infty$。

4.4.2　多输入多输出离散控制系统的稳定性分析

设齐次离散状态方程为　　$\boldsymbol{x}(k+1) = \boldsymbol{G}\boldsymbol{x}(k)$

在原点 $\boldsymbol{x}(0)=0$ 是平衡状态，本节用李雅普诺夫方法分析系统在原点的稳定性。

取李雅普诺夫函数为　　$V[\boldsymbol{x}(k)] = \boldsymbol{x}^{\mathrm{T}}(k)\boldsymbol{P}\boldsymbol{x}(k)$

其中，$\boldsymbol{P}$ 为正定实对称矩阵。

对离散控制系统用 V 的差分

$$\Delta V[\boldsymbol{x}(k)] = V[\boldsymbol{x}(k+1)] - V[\boldsymbol{x}(k)]$$

代替连续系统 V 的导数 $\dot{V}[\boldsymbol{x}]$

$$\begin{aligned}\Delta V[\boldsymbol{x}(k)] &= V[\boldsymbol{x}(k+1)] - V[\boldsymbol{x}(k)] = \boldsymbol{x}^{\mathrm{T}}(k+1)\boldsymbol{P}\boldsymbol{x}(k+1) - \boldsymbol{x}^{\mathrm{T}}(k)\boldsymbol{P}\boldsymbol{x}(k)\\ &= \boldsymbol{x}^{\mathrm{T}}(k)\boldsymbol{G}^{\mathrm{T}}\boldsymbol{P}\boldsymbol{G}\boldsymbol{x}(k) - \boldsymbol{x}^{\mathrm{T}}(k)\boldsymbol{P}\boldsymbol{x}(k) = \boldsymbol{x}^{\mathrm{T}}(k)[\boldsymbol{G}^{\mathrm{T}}\boldsymbol{P}\boldsymbol{G} - \boldsymbol{P}]\boldsymbol{x}(k)\end{aligned} \tag{4.76}$$

系统在原点处渐近稳定的条件是 $\Delta V[\boldsymbol{x}(k)]$ 必须是负定的。

令

$$\Delta V[\boldsymbol{x}(k)] = -\boldsymbol{x}^{\mathrm{T}}(k)\boldsymbol{Q}\boldsymbol{x}(k) \tag{4.77}$$

其中，$\boldsymbol{Q}$ 为正定矩阵。

由式(4.76)和式(4.77)得

$$\boldsymbol{Q} = -[\boldsymbol{G}^{\mathrm{T}}\boldsymbol{P}\boldsymbol{G} - \boldsymbol{P}] \tag{4.78}$$

用李雅普诺夫方法判断离散控制系统稳定性的步骤如下。

(1) 选正定矩阵 $\boldsymbol{Q}$。如果式(4.77)不恒等于零，则 $\boldsymbol{Q}$ 可取为半正定矩阵。

(2) 按式(4.78)解出 $\boldsymbol{P}$。

(3) 检查 $\boldsymbol{P}$ 是否正定。如果是正定的，则系统是稳定的，所选取的 $V[\boldsymbol{x}(k)]$ 是李雅普诺夫函数。

4.5　MATLAB 在系统稳定性分析中的应用

利用李雅普诺夫稳定性分析方法分析线性定常连续系统和线性定常离散控制系统的稳定性，可以借助 MATLAB 工具箱内部函数进行，常用的函数有 lyap()和 dlyap()函数。这两个函数分别针对线性定常连续系统和线性定常离散控制系统进行稳定性分析。

4.5.1　连续系统的李雅普诺夫稳定性分析

MATLAB 提供了求解连续李雅普诺夫矩阵代数方程的函数 lyap()。基于此函数求解李雅普诺夫方程得出对称矩阵解后，通过判定该解矩阵的正定性来判定线性定常连续系统的李雅普诺夫稳定性。函数 lyap()的主要调用格式为

```
>> P=lyap(A, Q)
```

其中，矩阵 $\boldsymbol{A}$ 和 $\boldsymbol{Q}$ 分别为连续时间李雅普诺夫矩阵代数方程 $\boldsymbol{PA}+\boldsymbol{A}^{\mathrm{T}}\boldsymbol{P}=-\boldsymbol{Q}$ 的已知矩阵，即输入条件；而 $\boldsymbol{P}$ 为该矩阵代数方程的对称矩阵解。在求得对称矩阵 $\boldsymbol{P}$ 后，通过判定 $\boldsymbol{P}$ 是否正定，可以判定系统的李雅普诺夫稳定性。现举例说明。

例 4.22　设线性定常连续系统的系数矩阵为

$$\boldsymbol{A}=\begin{bmatrix}-2 & 1 & 1\\ 0 & -1 & 0\\ 1 & 1 & -2\end{bmatrix}$$

试利用李雅普诺夫稳定性分析方法分析系统的稳定性。

解：在 MATLAB 命令窗(Command Window)依次写入下列程序

```
>> A =[-2 1 1; 0 -1 0; 1 1 -2];        %输入矩阵 A
>> Q =[1 0 0; 0 1 0; 0 0 1];           %取 Q 矩阵为与 A 矩阵同维的单位矩阵
>> P=lyap(A, Q)                        %解李雅普诺夫代数方程，得对称矩阵 P
>> K= -( P *A + A'*P)                  %解代数矩阵，观测 K 是否等于 Q
```

执行该程序后，输出结果为

```
P= 0.5833   0.2500   0.4167
   0.2500   0.5000   0.2500
   0.4167   0.2500   0.5833
K= 1.0000  -0.0000  -0.0000
  -0.0000   1.0000  -0.0000
  -0.0000  -0.0000   1.0000
```

由输出结果可以清楚地看出，系统是稳定的。这是因为对于给定的单位矩阵 $\boldsymbol{Q}$，找到正定矩阵 $\boldsymbol{P}$，使得连续系统李雅普诺夫方程 $\boldsymbol{PA}+\boldsymbol{A}^{\mathrm{T}}\boldsymbol{P}=-\boldsymbol{Q}$ 得到满足。

例 4.23　设线性定常连续系统的状态方程为

$$\dot{\boldsymbol{x}}=\begin{bmatrix}0 & 1\\ -1 & -1\end{bmatrix}\boldsymbol{x}$$

试利用李雅普诺夫稳定性分析方法分析系统的稳定性。

解：在 MATLAB 命令窗(Command Window)依次写入下列程序

```
>> A =[0 1; -1 -1];                %输入矩阵 A
>> Q =eye(size(A, 1));             %取 Q 矩阵为与 A 矩阵同维的单位矩阵
>> P=lyap(A, Q);                   %解李雅普诺夫代数方程，得对称矩阵 P
>> P_eig=eig(P);                   %求 P 的所有特征值
>> if min(P_eig)>0                 %若 P 的所有特征值大于 0，则 P 正定，即系统稳定
      disp('The system is Lypunov stable')
>> else                            %否则系统不稳定
      disp('The system is not Lypunov stable')
>> end
```

执行该程序后，输出结果为

```
The system is Lypunov stable
```

4.5.2　离散控制系统的李雅普诺夫稳定性分析

与连续系统一样，MATLAB 提供了求解离散控制系统李雅普诺夫矩阵代数方程的函数 dlyap()。与连续系统的李雅普诺夫矩阵代数方程函数的调用格式类似，函数 dlyap()的主要调用格式为

```
>> P=dlyap(G, Q)
```

其中，矩阵 $\boldsymbol{G}$ 和 $\boldsymbol{Q}$ 分别为离散时间李雅普诺夫矩阵代数方程 $\boldsymbol{G}^{\mathrm{T}}\boldsymbol{PG}-\boldsymbol{P}=-\boldsymbol{Q}$ 的已知矩阵，即输入条件；而 $\boldsymbol{P}$ 为该矩阵代数方程的对称矩阵解。现举例说明。

例 4.24　设线性定常离散控制系统的系数矩阵为

$$\boldsymbol{G}=\begin{bmatrix} 0.8 & 0 & 0 \\ 0 & 0.6 & 0 \\ 1 & 1 & -0.2 \end{bmatrix}$$

试利用李雅普诺夫稳定性分析方法分析系统的稳定性。

解： 在 MATLAB 命令窗(Command Window)依次写入下列程序

```
>> G =[0.8 0 0; 0 0.6 0; 1 1 -0.2];     %输入矩阵 G
>> Q =[1 0 0; 0 1 0; 0 0 1];            %取 Q 矩阵为与 A 矩阵同维的单位矩阵
>> P=dlyap(G, Q)                        %解李雅普诺夫代数方程，得对称矩阵 P
>> K= -(G'*P*G - P)                     %解代数矩阵，观测 K 是否等于 Q
```

执行该程序后，输出结果为

```
P =
     2.7778     0          1.9157
     0          1.5625     0.8371
     1.9157     0.8371     4.4158
K =
     1.0000     0         -0.0000
     0          1.0000     0
    -0.0000    -0.0000     1.0000
```

由输出结果可以清楚地看出，系统是稳定的。这是因为对于给定的单位矩阵 $\boldsymbol{Q}$，找到正定矩阵 $\boldsymbol{P}$，使得连续系统李雅普诺夫方程 $\boldsymbol{G}^{\mathrm{T}}\boldsymbol{PG}-\boldsymbol{P}=-\boldsymbol{Q}$ 得到满足。

例 4.25　设线性定常离散控制系统的状态方程为

$$\begin{bmatrix} x_1(k+1) \\ x_2(k+1) \end{bmatrix}=\begin{bmatrix} 0 & 1 \\ -0.5 & -1 \end{bmatrix}\begin{bmatrix} x_1(k) \\ x_2(k) \end{bmatrix}$$

试利用李雅普诺夫稳定性分析方法分析系统的稳定性。

解： 在 MATLAB 命令窗(Command Window)依次写入下列程序

```
>> G =[0 1; -0.5 -1];                   %输入矩阵 G
>> Q =eye(size(G, 1));                  %取 Q 矩阵为与 A 矩阵同维的单位矩阵
>> P=dlyap(G, Q);                       %解李雅普诺夫代数方程，得对称矩阵 P
>> result_state=posit_def(P);           %求 P 的所有特征值
>> switch result_state(1:5)             %若 P 的所有特征值大于 0，则 P 正定，即系统稳定
```

```
        case'posit'
            disp('The system is Lypunov stable')
        otherwise
            disp('The system is not Lypunov stable')
>> end
```

执行该程序后，输出结果为

```
The system is Lypunov stable
```

表明系统是稳定的。

4.6　工程实例中的稳定性分析

下面通过几个工程实例来熟悉控制系统的稳定性分析方法。

4.6.1　工作台位置自动控制系统

前面给出了工作台位置自动控制系统的数学模型建立和时域分析。下面对系统的稳定性方面进行分析。

系统开环传递函数为　$$G_k(s)=\frac{U_b(s)}{X_i(s)}=\frac{K_pK_qK_gK_fK}{s(Ts+1)}$$

系统闭环传递函数为　$$G_b(s)=\frac{K_pK_qK_gK}{Ts^2+s+K_qK_gK_fK}$$

由 3.7.1 节知，$T=0.32$，$K=0.001$。

所以，系统的开环传递函数为

$$G_k(s)=\frac{K_pK_qK_gK_fK}{s(Ts+1)}=\frac{K_q}{0.32s^2+s}$$

此外，K_q 为前置放大系数，在控制系统中常制成可调的，以便在系统调试时调整。我们暂时先不规定它的大小，以后将赋予它不同的值，考察对系统性能的影响。

系统闭环传递函数为

$$G_b(s)=\frac{K_pK_qK_gK}{Ts^2+s+K_qK_gK_fK}=\frac{0.1K_q}{0.32s^2+s+0.1K_q}$$

由于 $K_q>0$，所以，系统总是稳定的。

下面来考虑系统的稳定裕度。

系统的开环频率特性为　$$G_k(j\omega)=\frac{K_q}{j\omega(0.32j\omega+1)}$$

幅频特性为　$$|G_k(j\omega)|=\frac{K_q}{\omega\sqrt{(0.32\omega)^2+1}}$$

相频特性为　$$\varphi(\omega)=\angle G_k(j\omega)=-90^\circ-\arctan(0.32\omega)$$

可见，相位交界频率为无穷大，从而幅值稳定裕度为

$$K_g = \frac{1}{\left|G_k(j\omega)\right|} = \infty$$

幅值交界频率满足
$$\frac{K_q}{\omega_c\sqrt{\left(0.32\omega_c\right)^2+1}} = 1$$

即
$$0.1024\omega_c^4 + \omega_c^2 - K_q = 0$$

相位稳定裕度为
$$\gamma = 180° + \varphi\left(\omega_c\right) = 15.33°$$

从而，可以计算出 $K_q = 1$，$\omega_c = 0.95$，$\gamma = 73.1°$；$K_q = 10$，$\omega_c = 2.48$，$\gamma = 51.56°$；$K_q = 100$，$\omega_c = 5.17$，$\gamma = 31.15°$。

可见，随着前置放大器放大倍数增大，相位交界频率增大，相位稳定裕度降低。

4.6.2 倒立振子/台车控制系统

对于可控系统，通过状态反馈可实现稳定的系统控制，首先给出倒立振子/台车系统的参数。

振子的质量 $m = 1\text{kg}$，长度 $2L = 2\text{m}$，进而得知 $I = \dfrac{mL^2}{3} = \dfrac{1}{3}\text{kg}\cdot\text{m}^2$；

台车的质量 $M = 1\text{kg}$，重力加速度 $g \approx 10\,\text{m/s}^2$ 。

把以上给出的数值代入第 2 章的式(2.119)和式(2.120)，系统矩阵 $\boldsymbol{A}$ 和输入矩阵 $\boldsymbol{B}$ 为

$$\boldsymbol{A} = \begin{bmatrix} 0 & 1 & 0 & 0 \\ 12 & 0 & 0 & 0 \\ 0 & 0 & 0 & 1 \\ -6 & 0 & 0 & 0 \end{bmatrix}, \quad \boldsymbol{B} = \begin{bmatrix} 0 \\ -0.6 \\ 0 \\ 0.8 \end{bmatrix}$$

因为倒立振子只要有一点点倾斜马上就会倒下去，所以当控制力 $\boldsymbol{u}$ 为零时，倒立振子 / 台车系统是不稳定的。

下面用具体求得的矩阵 $\boldsymbol{A}$ 和 $\boldsymbol{B}$ 计算系统的特征根，来确认当 $\boldsymbol{u}=0$ 时倒立振子 / 台车系统是不稳定的。

只要给出状态方程，系统的特征根为系统矩阵 $\boldsymbol{A}$ 的特征值。矩阵 $\boldsymbol{A}$ 的特征值是方程 $\left|\boldsymbol{I}s - \boldsymbol{A}\right| = 0$ 的根。计算后为

$$\left|\boldsymbol{I}s - \boldsymbol{A}\right| = \begin{vmatrix} s & -1 & 0 & 0 \\ -12 & s & 0 & 0 \\ 0 & 0 & s & -1 \\ 6 & 0 & 0 & s \end{vmatrix} = s^4 - 12s^2 = 0$$

因此，该系统的特征根 $s_1 \sim s_4$ 分别为

$$s_1 = 0, \quad s_2 = 0, \quad s_3 = 2\sqrt{3}, \quad s_4 = -2\sqrt{3}$$

特征根 s_3 的实部是正值，所以该系统是不稳定的。由此可知当 $u=0$ 时，倒立振子系统是个不稳定的系统。

对这样一个不稳定系统应用状态反馈，可使振子垂直（$\psi=0$）且使台车处于基准位置（$y=0$），即达到稳定状态。

4.6.3 简单机械手

如第 2 章的图 2.31 所示，关节型机械手的运动学方程为

$$\boldsymbol{M}(\boldsymbol{\theta})\ddot{\boldsymbol{\theta}}+\boldsymbol{c}(\boldsymbol{\theta},\dot{\boldsymbol{\theta}})+\boldsymbol{g}(\boldsymbol{\theta})=\boldsymbol{\tau} \tag{4.79}$$

其中，$\boldsymbol{M}(\boldsymbol{\theta})\ddot{\boldsymbol{\theta}}$ 为惯性力；$\boldsymbol{c}(\boldsymbol{\theta},\dot{\boldsymbol{\theta}})$ 为离心力；$\boldsymbol{g}(\boldsymbol{\theta})$ 为加在末端执行器上的重力。即

$$\boldsymbol{M}(\boldsymbol{\theta})=\begin{bmatrix} M_{11} & M_{12} \\ M_{21} & M_{22} \end{bmatrix},\quad \boldsymbol{c}(\boldsymbol{\theta},\dot{\boldsymbol{\theta}})=\begin{bmatrix} c_1 \\ c_2 \end{bmatrix},\quad \boldsymbol{g}(\boldsymbol{\theta})=\begin{bmatrix} g_1 \\ g_2 \end{bmatrix}$$

$$M_{11}=m_1L_{\mathrm{C1}}^2+I_{\mathrm{C1}}+m_2(L_1^2+L_{\mathrm{C2}}^2+2L_1L_{\mathrm{C2}}\cos\theta_2)+I_{\mathrm{C2}}$$

$$M_{12}=m_2(L_{\mathrm{C2}}^2+L_1L_{\mathrm{C2}}\cos\theta_2)+I_{\mathrm{C2}}$$

$$M_{21}=M_{12}$$

$$M_{22}=m_2L_{\mathrm{C2}}^2+I_{\mathrm{C2}}$$

$$c_1=-m_2L_1L_{\mathrm{C2}}\sin\theta_2(\dot{\theta}_2^2+2\dot{\theta}_1\dot{\theta}_2)$$

$$c_2=m_2L_1L_{\mathrm{C2}}\dot{\theta}_1^2\sin\theta_2$$

$$g_1=m_1gL_{\mathrm{C1}}\cos\theta_1+m_2g[L_1\cos\theta_1+L_{\mathrm{C2}}\cos(\theta_1+\theta_2)]$$

$$g_2=m_2gL_{\mathrm{C2}}\cos(\theta_1+\theta_2)$$

考查一个由 PD（比例加微分）项与一个重力补偿项组成的简单控制器

$$\boldsymbol{\tau}=-\boldsymbol{K}_{\mathrm{D}}\dot{\boldsymbol{\theta}}-\boldsymbol{K}_{\mathrm{P}}\boldsymbol{\theta}+\boldsymbol{g}(\boldsymbol{\theta}) \tag{4.80}$$

其中，$\boldsymbol{K}_{\mathrm{D}}$ 和 $\boldsymbol{K}_{\mathrm{P}}$ 为 2×2 正定常矩阵。

根据物理意义不难对此类机器人系统找到一个李雅普诺夫函数。首先，惯性矩阵 $\boldsymbol{M}(\boldsymbol{\theta})$ 对一切 $\boldsymbol{\theta}$ 是正定的，这是由于机械手的动能（类似于一个单自由度系统的动能 $mv^2/2$）为

$$T=\frac{1}{2}\dot{\boldsymbol{\theta}}^{\mathrm{T}}\boldsymbol{M}(\boldsymbol{\theta})\dot{\boldsymbol{\theta}} \tag{4.81}$$

式（4.81）说明了惯性矩阵 $\boldsymbol{M}(\boldsymbol{\theta})$ 是正定的。事实上，对于任意的关节位置 $\boldsymbol{\theta}$ 和任意的非零关节速度 $\dot{\boldsymbol{\theta}}$，动能一定是严格正的。

这样可以考虑如下的李雅普诺夫函数

$$V=\frac{1}{2}(\dot{\boldsymbol{\theta}}^{\mathrm{T}}\boldsymbol{M}\dot{\boldsymbol{\theta}}+\boldsymbol{\theta}^{\mathrm{T}}\boldsymbol{K}_{\mathrm{P}}\boldsymbol{\theta}) \tag{4.82}$$

其中，第一项为机械手的动能，第二项为模拟的势能。

计算这个函数的导数时，可以应用力学中的能量定理，即一个力学系统的动能变化等于外力所做的功。因此

$$\dot{V}=\dot{\boldsymbol{\theta}}^{\mathrm{T}}(\boldsymbol{\tau}-\boldsymbol{g})+\dot{\boldsymbol{\theta}}^{\mathrm{T}}\boldsymbol{K}_{\mathrm{P}}\boldsymbol{\theta} \tag{4.83}$$

将控制律式（4.80）代入式（4.83）可得

$$\dot{V}=-\dot{\boldsymbol{\theta}}^{\mathrm{T}}\boldsymbol{K}_{\mathrm{D}}\dot{\boldsymbol{\theta}} \tag{4.84}$$

显然，该双关节机械手系统是渐近稳定的。

习　题

4.1　系统的特征方程如下，试用赫尔维茨稳定判据确定使系统稳定的 K 值。

(1) $s^4+20Ks^3+5s^2+(10+K)s+1=0$；(2) $s^4+Ks^3+s^2+s+1=0$；

(3) $s^3+(0.8+K)s^2+4Ks+26=0$。

4.2　单位负反馈系统的开环传递函数为

(1) $G(s)=\dfrac{100}{s(0.2s+1)}$；(2) $G(s)=\dfrac{50}{(0.2s+1)(s+2)(s+0.5)}$；

(3) $G(s)=\dfrac{100}{s(0.8s+1)(0.25s+1)}$。

试判定闭环系统的稳定性，并确定稳定系统的稳定裕度。

4.3　单位负反馈系统的开环传递函数为

$$G_k(s)=\frac{10(1+K)}{s(s+1)}$$

求使闭环系统稳定的 K 值范围。

4.4　假设 $\boldsymbol{x}$ 为二维向量，判断下列函数的正定性。

(1) $V(\boldsymbol{x})=x_1^2+2x_2^2$；(2) $V(\boldsymbol{x})=(x_1+x_2)^2$；(3) $V(\boldsymbol{x})=-x_1^2-(3x_1+2x_2)^2$；

(4) $V(\boldsymbol{x})=x_1x_2+x_2^2$；(5) $V(\boldsymbol{x})=x_1^2+\dfrac{2x_2^2}{1+x_2^2}$。

4.5　证明下列二次型是正定的：

$$V(\boldsymbol{x})=10x_1^2+4x_2^2+x_3^2+2x_1x_2-2x_2x_3-4x_1x_3$$

4.6　试用李雅普诺夫稳定性分析法确定系统的稳定性，并用 MATLAB 编写其程序。设系统状态方程如下：

$$\dot{\boldsymbol{x}}=\begin{bmatrix}-1 & -1\\ 1 & -4\end{bmatrix}\boldsymbol{x}$$

4.7　已知非线性系统状态方程

$$\dot{x}_1=x_2-x_1(x_1^2+x_2^2)$$
$$\dot{x}_2=-x_1-x_2(x_1^2+x_2^2)$$

试分析其平衡状态的稳定性。

4.8　试分析下述系统平衡状态的稳定性：

$$\dot{x}_1=x_2$$
$$\dot{x}_2=-x_1^3-x_2$$

4.9　设系统的状态方程为

$$\dot{x}_1=x_2$$
$$\dot{x}_2=-(1-|x_1|)x_2-x_1$$

试确定平衡状态的稳定性。

4.10　设系统的状态方程为　$\dot{\boldsymbol{x}}=\begin{bmatrix}0 & 1\\ -2 & -3\end{bmatrix}\boldsymbol{x}$

试分析平衡点的稳定性。

4.11　设系统的状态方程为　$\dot{\boldsymbol{x}}=\begin{bmatrix}0 & 1 & 0\\ 0 & -2 & 1\\ -K & 0 & -1\end{bmatrix}\boldsymbol{x}$

试确定系统增益 K 的稳定范围。

4.12　设二阶系统为　$\begin{bmatrix}\dot{x}_1\\ \dot{x}_2\end{bmatrix}=\begin{bmatrix}0 & 1\\ -1 & -1\end{bmatrix}\begin{bmatrix}x_1\\ x_2\end{bmatrix}$

试确定该状态的稳定性。

4.13　考虑由 $\dot{\boldsymbol{x}}=\begin{bmatrix}0 & 1\\ -1 & -2\end{bmatrix}\boldsymbol{x}$ 描述的系统，试确定平衡状态 $\boldsymbol{x}=0$ 的稳定性。

4.14　确定下列系统平衡状态的稳定性：

$$\begin{bmatrix}\dot{x}_1\\ \dot{x}_2\end{bmatrix}=\begin{bmatrix}-2 & -1-\mathrm{j}\\ -1+\mathrm{j} & -3\end{bmatrix}\begin{bmatrix}x_1\\ x_2\end{bmatrix}$$

4.15　已知线性定常系统的状态方程为

$$\dot{\boldsymbol{x}}=\begin{bmatrix}-1 & -2\\ 1 & -4\end{bmatrix}\boldsymbol{x}$$

试用李雅普诺夫稳定性分析法判断系统平衡状态的稳定性。

4.16　已知线性定常系统的状态方程为

$$\dot{\boldsymbol{x}}=\begin{bmatrix}-1 & 1\\ 2 & 3\end{bmatrix}\boldsymbol{x}$$

试用李雅普诺夫稳定性分析法判断系统平衡状态的稳定性。

4.17　设系统的状态方程为　$\dot{\boldsymbol{x}}=\begin{bmatrix}0 & 1\\ -1 & -1\end{bmatrix}\boldsymbol{x}$

试应用李雅普诺夫稳定性分析法分析系统平衡状态的稳定性。

4.18　试求下列系统的平衡状态和李雅普诺夫函数。

$$\dot{\boldsymbol{x}}=\begin{bmatrix}-1 & 2\\ 1 & -3\end{bmatrix}\boldsymbol{x}$$

4.19　设系统方程为

$$\dot{x}_1=x_2$$

$$\dot{x}_2=-x_1^3-x_2$$

试用李雅普诺夫稳定性分析法分析系统的稳定性。

4.20　研究宇宙飞船围绕惯性主轴的运动。欧拉方程为

$$A\dot{\omega}_x - (B - C)\omega_y\omega_z = T_x$$
$$B\dot{\omega}_y - (C - A)\omega_z\omega_x = T_y$$
$$C\dot{\omega}_z - (A - B)\omega_x\omega_y = T_z$$

其中，A、B、C 分别为围绕三个主轴的转动惯量；ω_x、ω_y、ω_z 分别为围绕三个主轴的角速度；T_x、T_y、T_z 分别为控制力矩。假设宇宙飞船在轨道上翻滚，希望通过施加控制力矩使其停止翻滚。假设控制力矩为

$$T_x = k_1 A\omega_x$$
$$T_y = k_2 B\omega_y$$
$$T_z = k_3 C\omega_z$$

确定该系统为渐近稳定的充分条件。

第 5 章　机械控制系统校正与设计

学习控制理论的主要目的包括两方面：对现有的系统进行分析看其是否满足基本要求，即稳定性、准确性和快速性要求，如果不满足则需要对其进行校正；另外，为了完成一项工作或任务，需要设计一套机械控制系统，这就需要有控制理论指导其进行系统设计。系统校正和设计要求一般指对系统相对稳定性、稳态精度、瞬态响应和频率响应等特性要求。除了这些一般特性外，在某些应用中往往还有一些特殊要求，如鲁棒性或抗干扰性，这种表示对参数变化敏感度的特性，在系统设计时也要加以考虑。

常用的控制系统结构图如图 5.1 所示。

(1) 串联校正。图 5.1 (a) 给出了一种最常用的控制系统结构，在主通道比较环节后面串联一个控制器，以改善全系统性能为目的来设计此控制器，这种结构称为串联校正。

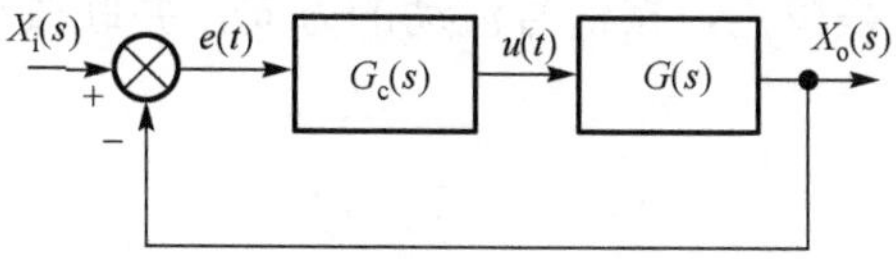

(a) 串联校正

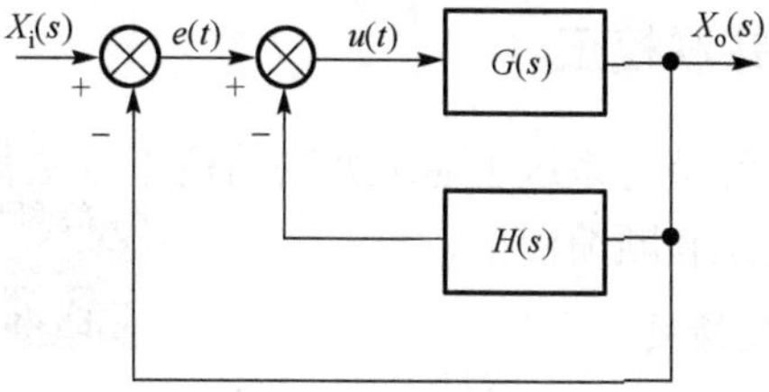

(b) 反馈校正

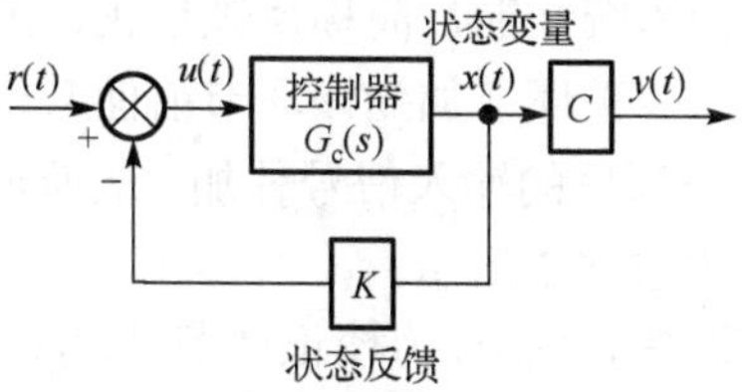

(c) 状态反馈校正

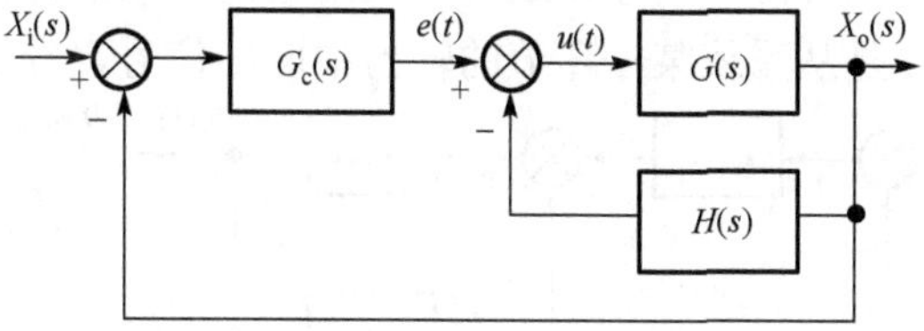

(d) 串联反馈校正(带二阶自由度)

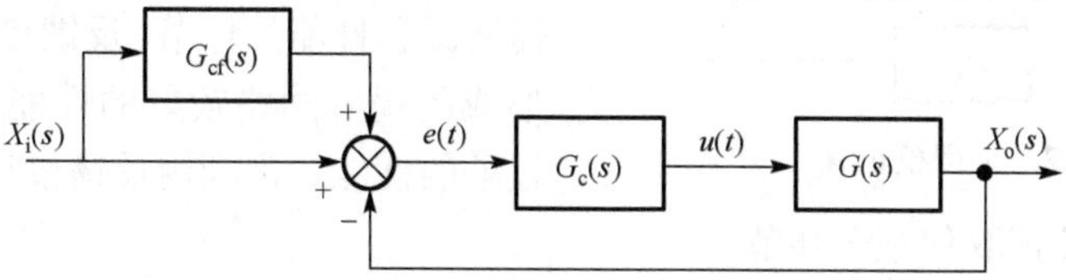

(e) 带有串联校正的前馈校正(带二阶自由度)

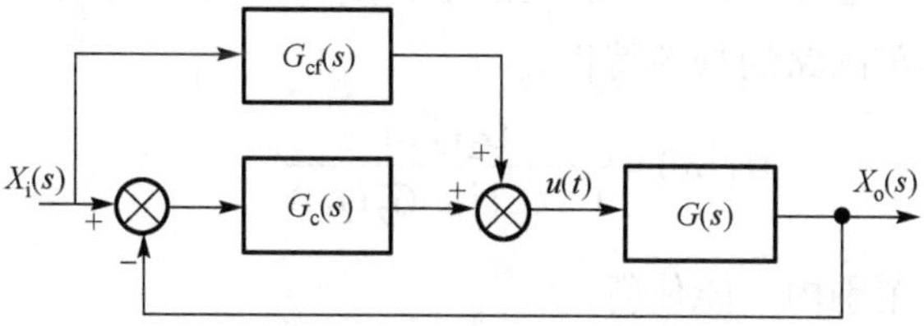

(f) 前反馈校正(带二阶自由度)

图 5.1　校正控制系统中的几种控制器结构图

(2) 反馈校正。对主通道上的某一环节实施反馈，形成局部或全局反馈回路，以改善该局部环节或系统的性能，如图 5.1 (b) 所示。

(3) 状态反馈校正。该结构形式适用于现代控制理论，主要针对用状态空间表达式描述的控制系统，系统的状态变量经定常增益反馈得到控制信号，称为状态反馈，见图 5.1 (c)。

(4) 串联反馈校正。图 5.1 (d) 是由一个串联控制器和一个反馈控制器构成的串联校正结构。

(5) 顺馈校正。图 5.1 (e) 和图 5.1 (f) 所示都是顺馈校正。图 5.1 (e) 中，顺馈控制器 $G_{cf}(s)$ 在前向通道中与由控制器 $G_c(s)$ 和受控过程组成的闭环系统串联在一起。图 5.1 (f) 中，顺馈控制器 $G_{cf}(s)$ 没有在控制系统回路中，而是与前向通道平行，这样就不会影响原系统特征方程的特征根，而 $G_{cf}(s)$ 的零极点就可以用来增加或抵消系统闭环传递函数的零极点。

图 5.1 表示的系统结构不仅适用于连续系统控制，也适用于离散系统控制。

5.1　单输入单输出控制系统校正

单输入单输出控制系统的校正方式通常包括两类：并联校正和串联校正。

5.1.1　并联校正

校正环节与系统主通道并联的校正方法称为并联校正。按信号流动的方向，并联校正分为反馈校正和顺馈校正。

1. 反馈校正

对系统控制量进行检测，将检测到的输出量反馈回去与给定量比较而形成闭环控制。除了采用全局外环反馈，还可以采用局部反馈的方法改善系统性能，简称反馈校正。所谓反馈校正，是从系统某一环节的输出中取出信号，经过反馈校正环节加到该环节前面某一环节的输入端，与那里的输入信号叠加，从而形成一个内回路，如图 5.2 所示。

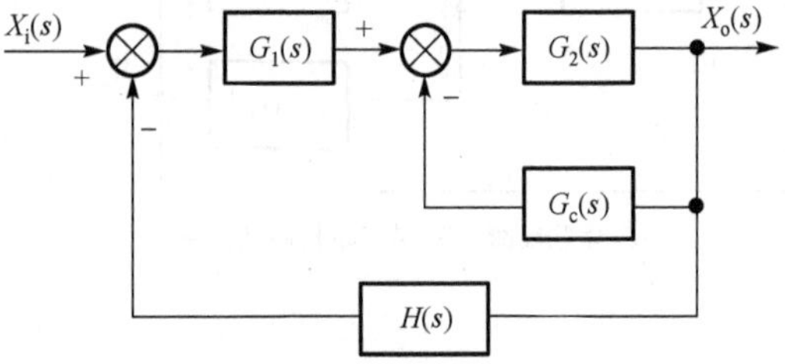

图 5.2　反馈校正

图 5.2 中，$G_c(s)$ 为校正环节，$G_2(s)$ 常称为被包围环节。被包围环节常常是未校正系统中最需要改善性能的环节。反馈校正的目的就是用所形成的局部回路较好的性能来替换被包围环节较差的性能。常利用反馈校正实现如下目的。

1) 利用反馈校正取代某一环节

如图 5.2 所示局部反馈回路中，若环节 $G_2(s)$ 的性能是不希望的，如存在非线性因素、结构参数易变、易受干扰等，现引入局部反馈校正环节 $G_c(s)$，拟用此局部回路消除环节 $G_2(s)$ 对系统的不良影响。此局部回路的频率特性为

$$G(j\omega)=\frac{G_2(j\omega)}{1+G_c(j\omega)G_2(j\omega)} \tag{5.1}$$

如果在系统主要工作频率范围内，能使得

$$\left|G_2(j\omega)G_c(j\omega)\right|>>1$$

则式(5.1)可近似表示为

$$G(\mathrm{j}\omega) \approx \frac{1}{G_{\mathrm{c}}(\mathrm{j}\omega)} \tag{5.2}$$

相当于局部回路的频率特性，完全取决于校正环节的频率特性，而与被包围环节 $G_2(\mathrm{j}\omega)$ 无关。

2) 减小时间常数

时间常数大，对系统的性能常产生不良影响，利用反馈校正可减小时间常数。图 5.3(a)是对惯性环节接入比例反馈，局部回路的传递函数为

$$G(s) = \frac{\dfrac{K}{Ts+1}}{1+\dfrac{KK_{\mathrm{H}}}{Ts+1}} = \frac{\dfrac{K}{1+KK_{\mathrm{H}}}}{\dfrac{T}{1+KK_{\mathrm{H}}}s+1}$$

结果仍然是惯性环节，但时间常数由原来的 T 减少到 $T/(1+KK_{\mathrm{H}})$。反馈系数 K_{H} 越大，时间常数变得越小。

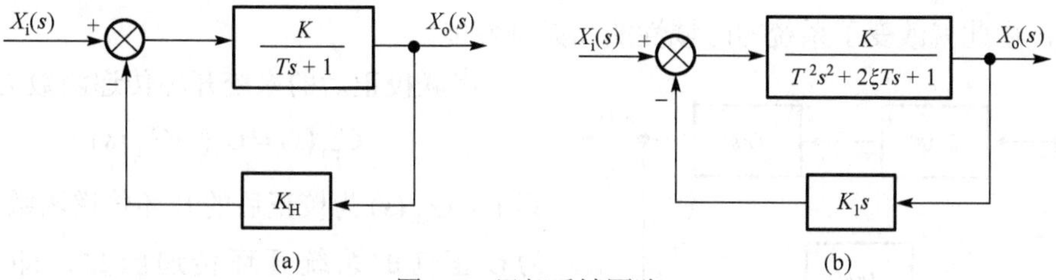

图 5.3　局部反馈回路

3) 对振荡环节接入速度反馈

对振荡环节接入速度反馈可以增大阻尼比，这对小阻尼振荡环节减小谐振幅值有利。图 5.3(b)所示的局部回路传递函数为

$$G(s) = \frac{K}{T^2s^2 + (2\xi T + KK_1)s + 1}$$

由上式可知，校正的结果仍为振荡环节，但阻尼比显著增大，无阻尼固有频率未变。

2. 顺馈校正

在高精度控制系统中，保证系统稳定的同时，还要减小甚至消除系统误差和干扰的影响。为此，在反馈控制回路中加上顺馈环节，组成一个复合校正系统，如图 5.4 所示。顺馈校正是一种输入补偿的校正，它不取决于系统的输出。

由于此系统为单位负反馈系统，系统的误差与偏差相同，所以系统的误差可写为

$$E(s) = X_{\mathrm{i}}(s) - X_{\mathrm{o}}(s) \tag{5.3}$$

图 5.4 所示系统的输出为

$$X_{\mathrm{o}}(s) = \frac{[1+G_{\mathrm{c}}(s)]G(s)}{1+G(s)}X_{\mathrm{i}}(s) \tag{5.4}$$

将式(5.4)代入式(5.3)中，得

$$E(s) = \frac{1-G_{\mathrm{c}}(s)G(s)}{1+G(s)}X_{\mathrm{i}}(s)$$

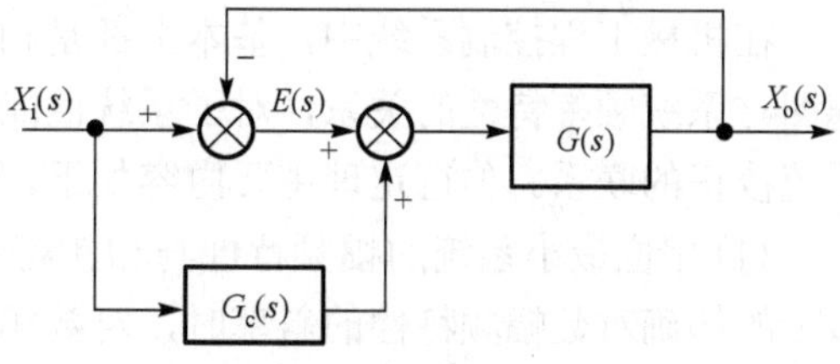

图 5.4　顺馈校正

为使 $E(s)=0$，应使$1-G_{c}(s)G(s)=0$，即

$$G_{c}(s)=\frac{1}{G(s)} \tag{5.5}$$

将式(5.5)代入式(5.4)，得　　$X_{o}(s)=X_{i}(s)$

上式表明，当顺馈校正环节 $G_{c}(s)$ 按式(5.5)设计时，系统的输出量在任何时刻都可以完全无误地复现输入量，具有理想的时间响应特性。这种顺馈校正，实际上是在系统中增加一个输入信号 $G_{c}(s)X_{i}(s)$，它产生的误差抵消了原输入量 $X_{i}(s)$ 所产生的误差。但在工程实际中，$G(s)$ 常较复杂，故完全实现式(5.5)所表示的补偿条件较困难。

5.1.2　串联校正

最常见、最主要的串联校正就是在主通道上、比较环节后面串联校正环节，此校正环节称为控制器，如图 5.5 所示。由图可见，加入校正环节就改变了系统的开环传递函数和闭环传递函数，由此就改变了系统的时域性能和频域性能。

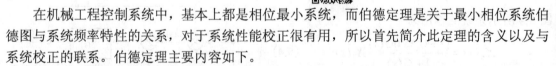

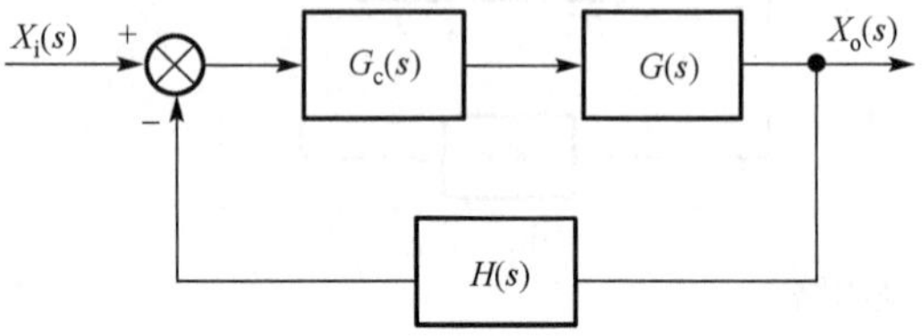

图 5.5　串联校正

串联校正后的系统开环传递函数为

$$G_{kh}(s)=G_{c}(s)G_{kq}(s) \tag{5.6}$$

其中，$G_{kh}(s)$ 为校正后的开环传递函数；$G_{kq}(s)$ 为校正前的系统开环传递函数，即 $G_{kq}(s)=G(s)H(s)$；$G_{c}(s)$ 为校正环节的传递函数。

本节讨论如何通过串联校正的方法满足系统对精度、快速性和稳定性的要求。这里，系统精度以系统稳态精度表征；快速性以系统开环剪切频率 ω_{c} 表征；稳定性以相位稳定裕度 γ 和幅值稳定裕度 K_{f} 表征。系统的性能指标常以频域特征量给出，以频域校正法为主要讨论内容。串联校正后的系统开环频率特性为

$$G_{kh}(j\omega)=G_{c}(j\omega)G_{kq}(j\omega) \tag{5.7}$$

伯德图以分贝为单位表示系统的幅频特性，即对数幅频特性，用式(5.7)表示的串联校正关系可写为

$$L(j\omega)=20\lg\left|G_{kh}(j\omega)\right|=20\lg\left|G_{c}(j\omega)\right|+20\lg\left|G_{kq}(j\omega)\right| \tag{5.8}$$

显然在伯德图中，由式(5.7)表示的乘法关系就变成了用式(5.8)表示的加法关系，这给系统的校正带来了很大的方便，所以在系统校正中常采用伯德图作为工具。

1. 伯德定理简介及应用

在机械工程控制系统中，基本上都是相位最小系统，而伯德定理是关于最小相位系统伯德图与系统频率特性的关系，对于系统性能校正很有用，所以首先简介此定理的含义以及与系统校正的联系。伯德定理主要内容如下。

(1) 相位最小系统的幅频特性与相频特性关于频率一一对应。具体地说，当给定整个频域上的精确对数幅频特性的斜率时，对数相频特性就唯一确定。同样，当给定整个频域上的精确对数相频特性时，对数幅频特性的斜率就唯一确定。

(2) 在某一频率上相位移，主要取决于同一频率上的对数幅频特性的斜率，它们的对应

关系是：$\pm 20n$ dB/dec 的斜率对应大约 $\pm n90^\circ$ 的相位移，这里 $n=0,1,2,\cdots$。例如，如果在剪切频率 ω_c 上的系统开环幅频特性渐近线斜率为 -20 dB/dec，则 ω_c 上的相位移大约为 -90°，系统将具有较大的稳定裕度；如果在剪切频率 ω_c 上的系统开环幅频特性渐近线斜率为 -40 dB/dec，则 ω_c 上的相位移大约为 -180°，系统将具有较小的稳定裕度，或者不稳定。

为了使系统具有适当的稳定裕度，在设计系统开环频率特性时应使：①幅频渐近线以 -20dB/dec 的斜率穿越零分贝线。②此段渐近线的频率具有足够的宽度。为此，当 ω_c 右边有最近的转折频率 ω_2 时，应使 $\omega_2 \geqslant 2\omega_c$，如果 ω_c 左边有转折频率 ω_1，应让它与 ω_c 有足够的距离，可取 $2\omega_1 \leqslant \omega_c$。

一般来说，开环频率特性的低频段表征闭环系统的稳态性能，所以低频增益要足够大，以保证稳态精度的要求；中频段表征闭环系统的动态性能，中频段对数幅频特性曲线应以 -20dB/dec 的斜率穿越零分贝线，并具有一定的宽度，以保证足够的相位裕度和幅值裕度，使系统具有良好的动态性能；高频段表征系统的复杂性及噪声抑制性能，高频增益应尽可能小，以便减小系统噪声影响。若系统原有高频段已符合要求，则校正时可保持高频段不变，以简化校正装置。

根据上述原则，下面分别介绍相位超前、相位滞后、相位滞后—超前三种校正方式。

2. 相位超前校正

相位超前环节的相频特性是 $\angle G_c(j\omega)>0$，如果把它作为校正环节串联在主通道上，能使系统的相位稳定裕度增大。超前校正环节的传递函数为

$$G_c(s)=\frac{Ts+1}{\alpha Ts+1}, \qquad \alpha<1 \tag{5.9}$$

对应的频率特性为

$$G_c(j\omega)=\frac{1+j\omega T}{1+j\alpha\omega T}=\frac{1+\alpha\omega^2T^2+j(1-\alpha)\omega T}{1+\alpha^2\omega^2T^2}=\sqrt{\frac{1+\omega^2T^2}{1+\alpha^2\omega^2T^2}}\,e^{j\varphi_c(\omega)}$$

显然，此校正环节的相频特性为

$$\varphi_c(\omega)=\arctan\frac{(1-\alpha)\omega T}{1+\alpha\omega^2T^2}>0 \tag{5.10}$$

幅频特性为

$$|G_c(j\omega)|=\sqrt{\frac{1+\omega^2T^2}{1+\alpha^2\omega^2T^2}} \tag{5.11}$$

对应的伯德图为图 5.6。

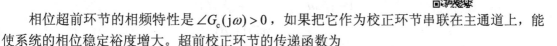

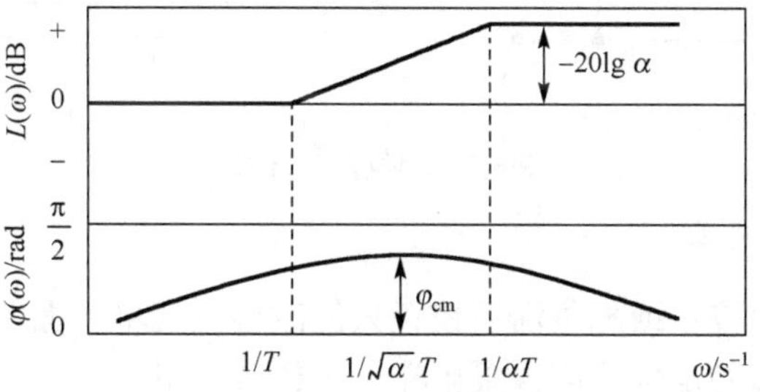

图 5.6　相位超前环节

为了充分发挥相位超前环节的相位超前作用，应求出其最大相位超前量。

将式(5.10)代入　　$$\frac{\partial \varphi_c(\omega)}{\partial \omega}=0$$

利用公式 $(\arctan x)'=\dfrac{x'}{1+x^2}$，由上式可求得

$$\omega_{\rm m}=\frac{1}{\sqrt{\alpha}T} \tag{5.12}$$

此环节能提供的最大相位超前量为　$$\varphi_{\rm cm}=\arctan\frac{1-\alpha}{2\sqrt{\alpha}} \tag{5.13}$$

3. 相位滞后校正

相位滞后环节的传递函数为

$$G_{\rm c}(s)=\frac{Ts+1}{\beta Ts+1},\qquad \beta>1 \tag{5.14}$$

滞后环节的频率特性为

$$G_{\rm c}({\rm j}\omega)=\frac{1+{\rm j}\omega T}{1+{\rm j}\beta\omega T}=\frac{1+\beta\omega^2T^2+{\rm j}\omega T(1-\beta)}{1+(\beta\omega T)^2} \tag{5.15}$$

$$\varphi_{\rm c}(\omega)=\arctan\frac{\omega T(1-\beta)}{1+\beta\omega^2T^2} \tag{5.16}$$

$$\left|G_{\rm c}({\rm j}\omega)\right|=\sqrt{\frac{1+\omega^2T^2}{1+(\beta\omega T)^2}} \tag{5.17}$$

校正后的频率特性为　$$G_{\rm kh}({\rm j}\omega)=\left|G_{\rm k}({\rm j}\omega)\right|\cdot\left|G_{\rm c}({\rm j}\omega)\right|{\rm e}^{{\rm j}[\varphi_{\rm k}(\omega)+\varphi_{\rm c}(\omega)]} \tag{5.18}$$

由图 5.7 可见，相位滞后环节在高频段产生较大的衰减，而相位滞后作用较小。利用相位滞后环节的这一特性，使校正后的系统具有较大的相位稳定裕度。

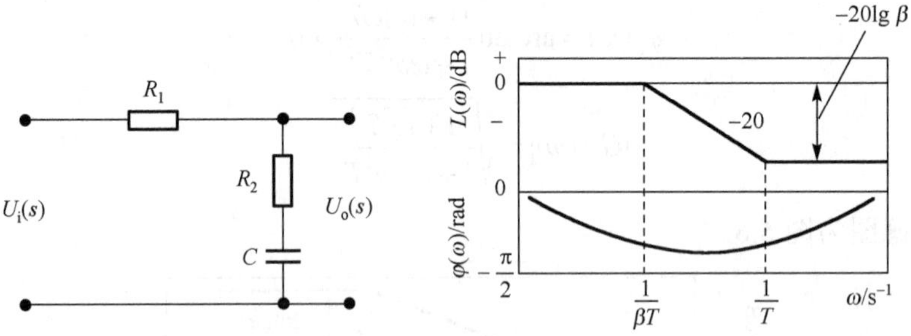

(a)　　　　　　　　　　(b)

图 5.7　相位滞后环节

4. 相位滞后—超前校正

单纯地采用相位超前校正或相位滞后校正只能改善系统单方面的性能。如果要使系统同时具有较好的动态性能和稳定性，应该采用滞后—超前校正。

图 5.8(a)所示的 *RC* 网络为一滞后—超前网络，图 5.8(b)为其频率特性。其传递函数为

$$G_c(s)=\frac{X_o(s)}{X_i(s)}=\frac{(R_1C_1s+1)(R_2C_2s+1)}{(R_1C_1s+1)(R_2C_2s+1)+R_1C_2s}$$

可写成如下形式
$$G_c(s)=\frac{\alpha T_1s+1}{T_1s+1}\cdot\frac{\frac{T_2}{\alpha}s+1}{T_2s+1} \tag{5.19}$$

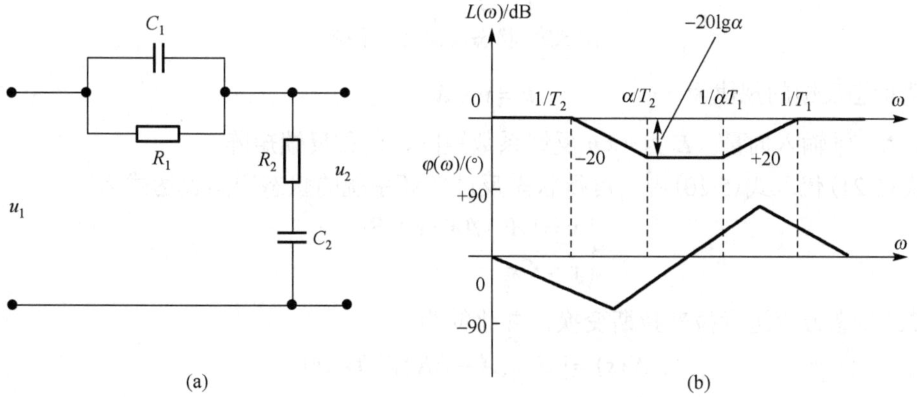

图 5.8　滞后—超前网络

设定$\alpha>1$，则其中$\frac{\alpha T_1s+1}{T_1s+1}$就是前面讲过的相位超前环节的传递函数；$\frac{\frac{T_2}{\alpha}s+1}{T_2s+1}$为相位滞后环节的传递函数。其中，$\alpha T_1=R_1C_1$，$T_1=\frac{R_1C_1}{\alpha}$；$\frac{T_2}{\alpha}=R_2C_2$，$T_2=\alpha R_2C_2$；$T_2>\frac{T_2}{\alpha}>\alpha T_1>T_1$。由图 5.8 可见，曲线的低频部分为负斜率、负相移，起滞后校正作用；高频部分为正斜率、正相移，起超前校正作用。

以上校正所采用的校正环节均为无源网络，即在网络中没有电源。采用无源网络作为校正环节，常常由于负载效应的影响而削弱校正作用，而且参数选择和网络计算较复杂，因而在实际控制系统中多采用有源校正装置。

5.2　多输入多输出控制系统控制器设计

5.2.1　系统的状态反馈

对于具有可控性的多自由度系统，如何进行控制才能构成稳定的、能够达到控制目标的系统呢？最具有代表性、应用最广泛的方法是状态反馈控制法。所谓状态反馈是指将系统的状态变量通过一定的比例关系，反馈到系统的输入端，从而构成闭环控制。通过适当地选择反馈比例系数，可以将系统的极点配置在希望的位置上，从而使系统具有希望的性能。

如图 5.9 所示系统的状态空间表达式为

$$\begin{cases}\dot{\boldsymbol{x}}=\boldsymbol{A}\boldsymbol{x}+\boldsymbol{B}\boldsymbol{u}\\ \boldsymbol{y}=\boldsymbol{C}\boldsymbol{x}\end{cases} \tag{5.20}$$

其中，$\boldsymbol{A}$ 为 $n\times n$ 系数矩阵；$\boldsymbol{B}$ 为 $n\times r$ 输入矩阵；$\boldsymbol{C}$ 为 $m\times n$ 输出矩阵。

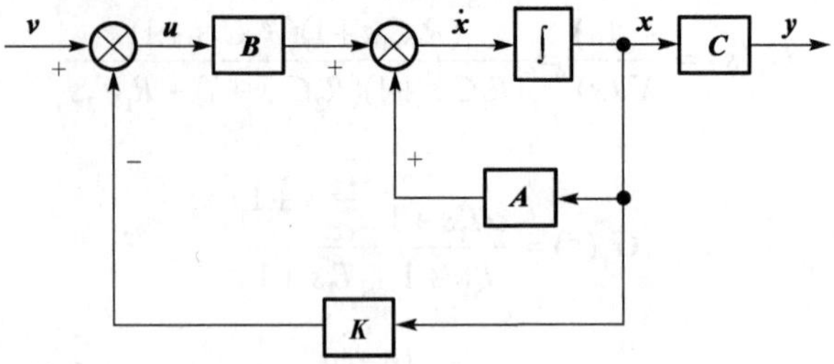

图 5.9　状态反馈闭环系统

线性状态反馈的规律为

$$u = v - Kx \tag{5.21}$$

其中，$\boldsymbol{v}$ 为 r 维输入向量；$\boldsymbol{K}$ 为 $r \times n$ 反馈系数矩阵，简称反馈矩阵。

将式(5.21)代入式(5.20)中，可得状态反馈闭环系统的状态空间表达式为

$$\begin{cases} \dot{\boldsymbol{x}} = (\boldsymbol{A} - \boldsymbol{BK})\boldsymbol{x} + \boldsymbol{Bv} \\ \boldsymbol{y} = \boldsymbol{Cx} \end{cases} \tag{5.22}$$

对式(5.22)状态方程进行拉普拉斯变换，并化简为

$$\boldsymbol{X}(s) = [s\boldsymbol{I} - (\boldsymbol{A} - \boldsymbol{BK})]^{-1}\boldsymbol{BV}(s) \tag{5.23}$$

将式(5.23)代入式(5.22)输出方程的拉普拉斯变换式中，得

$$\boldsymbol{Y}(s) = \boldsymbol{CX}(s) = \boldsymbol{C}[s\boldsymbol{I} - (\boldsymbol{A} - \boldsymbol{BK})]^{-1}\boldsymbol{BV}(s) \tag{5.24}$$

若令

$$\boldsymbol{Y}(s) = \boldsymbol{W}_{\mathrm{K}}(s)\boldsymbol{V}(s) \tag{5.25}$$

那么

$$\boldsymbol{W}_{\mathrm{K}}(s) = \boldsymbol{C}[s\boldsymbol{I} - (\boldsymbol{A} - \boldsymbol{BK})]^{-1}\boldsymbol{B} \tag{5.26}$$

$\boldsymbol{W}_{\mathrm{K}}(s)$ 就是线性状态反馈闭环系统的传递函数矩阵。

由于反馈矩阵 $\boldsymbol{K}$ 为 $r \times n$ 的矩阵，故可以设

$$\boldsymbol{K} = \begin{bmatrix} \boldsymbol{k}_1 & \boldsymbol{k}_2 & \cdots & \boldsymbol{k}_n \end{bmatrix} \tag{5.27}$$

其中，$\boldsymbol{k}_i\ (i=1, 2, \cdots, n)$ 为 $r \times 1$ 的向量。将式(5.27)代入式(5.21)并写成展开形式，得

$$\boldsymbol{u} = \boldsymbol{v} - \boldsymbol{k}_1 x_1 - \boldsymbol{k}_2 x_2 - \cdots - \boldsymbol{k}_n x_n \tag{5.28}$$

由式(5.28)可见，$\boldsymbol{K}$ 的分量 $\boldsymbol{k}_i\ (i=1, 2, \cdots, n)$ 就是各状态变量 $x_i\ (i=1, 2, \cdots, n)$ 的放大系数。由式(5.28)可见，反馈向量是状态向量的线性组合，因而称这种反馈为线性状态反馈。在机械控制系统中常取位移、速度和加速度为状态变量，用相应的传感器将这些量测量出来，调节这些量的放大比，与输入量相减作为控制量，便成为线性状态反馈。

应用线性状态反馈，不影响系统的可控性与可观测性。由于线性状态反馈易于实现、装置简单、计算和分析都较方便，因而得到广泛的应用，在构成最优控制系统时，也采用这种反馈方式。

5.2.2　系统的输出反馈

所谓输出反馈是将系统的输出向量通过反馈矩阵作为反馈向量构成闭环系统。

如图 5.10 所示系统的状态空间表达式为

$$\begin{cases} \dot{\boldsymbol{x}} = \boldsymbol{Ax} + \boldsymbol{Bu} \\ \boldsymbol{y} = \boldsymbol{Cx} \end{cases} \tag{5.29}$$

其中，$\boldsymbol{A}$ 为 $n \times n$ 系数矩阵；$\boldsymbol{B}$ 为 $n \times r$ 输入矩阵；$\boldsymbol{C}$ 为 $m \times n$ 输出矩阵。

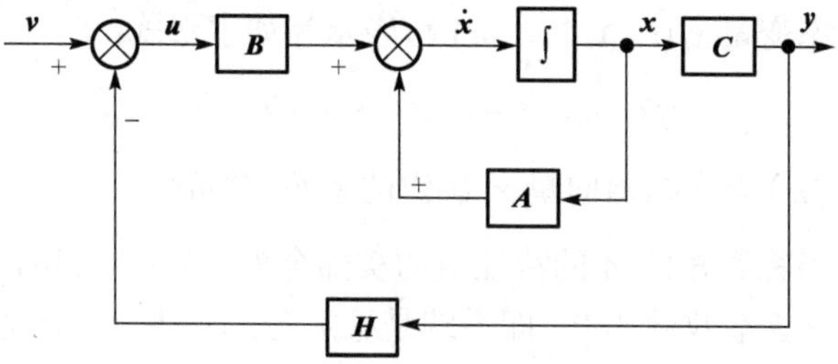

图 5.10　系统的输出反馈

线性输出反馈的控制规律为

$$\boldsymbol{u} = \boldsymbol{v} - \boldsymbol{H}\boldsymbol{y} \tag{5.30}$$

其中，$\boldsymbol{H}$ 为 $r \times m$ 反馈矩阵。

将式(5.30)代入式(5.29)的状态方程，并注意到输出方程的表达形式，得闭环系统的状态方程为

$$\dot{\boldsymbol{x}} = \boldsymbol{A}\boldsymbol{x} + \boldsymbol{B}\boldsymbol{v} - \boldsymbol{B}\boldsymbol{H}\boldsymbol{C}\boldsymbol{x} = (\boldsymbol{A} - \boldsymbol{B}\boldsymbol{H}\boldsymbol{C})\boldsymbol{x} + \boldsymbol{B}\boldsymbol{v} \tag{5.31}$$

将式(5.31)作拉普拉斯变换得

$$\boldsymbol{X}(s) = (s\boldsymbol{I} - \boldsymbol{A} + \boldsymbol{B}\boldsymbol{H}\boldsymbol{C})^{-1}\boldsymbol{B}\boldsymbol{V}(s) \tag{5.32}$$

将式(5.32)代入式(5.29)的输出方程并作拉普拉斯变换，得

$$\boldsymbol{Y}(s) = \boldsymbol{C}(s\boldsymbol{I} - \boldsymbol{A} + \boldsymbol{B}\boldsymbol{H}\boldsymbol{C})^{-1}\boldsymbol{B}\boldsymbol{V}(s) \tag{5.33}$$

令

$$\boldsymbol{Y}(s) = \boldsymbol{W}_{\mathrm{H}}(s)\boldsymbol{V}(s) \tag{5.34}$$

所以，线性输出反馈闭环系统的传递函数矩阵为

$$\boldsymbol{W}_{\mathrm{H}}(s) = \boldsymbol{C}(s\boldsymbol{I} - \boldsymbol{A} + \boldsymbol{B}\boldsymbol{H}\boldsymbol{C})^{-1}\boldsymbol{B} \tag{5.35}$$

由此可见，与状态反馈一样，经过输出反馈后，闭环系统同样没有引入新的状态变量，仅仅是系统矩阵 $\boldsymbol{A}$ 变成了 $(\boldsymbol{A} - \boldsymbol{B}\boldsymbol{H}\boldsymbol{C})$。比较这两种反馈形式，若令 $\boldsymbol{K} = \boldsymbol{H}\boldsymbol{C}$，则 $\boldsymbol{K}\boldsymbol{x} = \boldsymbol{H}\boldsymbol{C}\boldsymbol{x} = \boldsymbol{H}\boldsymbol{y}$。因此输出反馈可看作只是状态反馈的一种特殊情况。

5.2.3　系统极点的配置

控制系统的稳定性和动态特性主要取决于系统的特征值，即系统的闭环极点在根平面上的分布。反馈的引入使系统矩阵发生了变化，因而它的特征值也发生了变化。因此在进行系统设计时，可以根据对系统性能的要求，规定系统的闭环极点应有的位置。所谓极点配置，就是通过选择适当的反馈形式和反馈矩阵，使系统的闭环极点恰好配置在所希望的位置上，以获得所希望的动态性能。

1. 齐次状态方程的极点配置

在没有控制力的情况下，系统由非零初始条件而产生运动，其状态方程和初始条件为

$$\dot{\boldsymbol{x}} = \boldsymbol{A}\boldsymbol{x}\,, \quad \boldsymbol{x}(0) = \boldsymbol{x}_0 \tag{5.36}$$

此时，系统的特征值就是系统矩阵 $\boldsymbol{A}$ 的特征值。若设系统矩阵 $\boldsymbol{A}$ 的特征值为 $\lambda_1, \lambda_2, \cdots, \lambda_n$，线性定常系统齐次状态方程的解为

$$\boldsymbol{x}(t) = \mathrm{e}^{\boldsymbol{A}t}\boldsymbol{x}_0$$

故状态方程(5.36)的状态变量 $x_i\ (i=1,2,\cdots,n)$ 可表示为如下形式：

$$x_i(t)=c_{i1}e^{\lambda_1 t}+c_{i2}e^{\lambda_2 t}+\cdots+c_{in}e^{\lambda_n t} \tag{5.37}$$

其中，$c_{ij}\ (i,j=1,2,\cdots,n)$ 为由初始向量 $\boldsymbol{x}_0$ 决定的系数(常量)。

由式(5.36)可见，当系数矩阵 $\boldsymbol{A}$ 的特征值的实部全为负数时，由指数函数的性质知，所有的状态变量将随时间 t 逐渐收敛为 0，即系统是稳定的。所以，对于线性定常齐次状态方程的极点配置的实质就是通过选择适当的反馈矩阵 $\boldsymbol{K}$ 或 $\boldsymbol{H}$，使系统的特征值全为小于零的某些数值。

2. 非齐次状态方程的极点配置

对于线性定常非齐次状态方程，若系统的输入向量为 $\boldsymbol{v}$，以引入状态反馈为例，即通过状态反馈构成闭环系统，其状态方程为式(5.20)所示的形式，此时系数矩阵由 $\boldsymbol{A}$ 变成 $\boldsymbol{A}-\boldsymbol{BK}$，对应的特征多项式为

$$\boldsymbol{F}(\lambda)=\left|\lambda\boldsymbol{I}-(\boldsymbol{A}-\boldsymbol{BK})\right| \tag{5.38}$$

其中，设反馈矩阵 $\boldsymbol{K}$ 为

$$\boldsymbol{K}=\begin{bmatrix} k_{11} & k_{12} & \cdots & k_{1n} \\ k_{21} & k_{22} & \cdots & k_{2n} \\ \vdots & \vdots & & \vdots \\ k_{r1} & k_{r2} & \cdots & k_{rn} \end{bmatrix}$$

如果希望系统具有的特征值为 $\lambda_1,\lambda_2,\cdots,\lambda_n$，则系统的特征多项式为

$$\begin{aligned}\boldsymbol{F}(\lambda)&=(\lambda-\lambda_1)(\lambda-\lambda_2)\cdots(\lambda-\lambda_n)\\&=\lambda^n+(-1)(\lambda_1+\lambda_2+\cdots+\lambda_n)\lambda^{n-1}+\cdots+(-1)^n(\lambda_1\lambda_2\cdots\lambda_n)\end{aligned} \tag{5.39}$$

为了使闭环系统具有希望的特征值，应使式(5.39)与式(5.38)相同。将这两式进行比较，通过让 λ 的同次幂系数相同，解出 $k_{ij}\ (i=1,2,\cdots,r;\ j=1,2,\cdots,n)$，从而确定反馈矩阵 $\boldsymbol{K}$。

同理，如果引入输出反馈，利用以上原理确定反馈矩阵 $\boldsymbol{H}$ 就可以了。

例 5.1　求下列系统的线性状态反馈矩阵 $\boldsymbol{K}$，使闭环系统的特征值为 -2，$-1+\mathrm{j}$，$-1-\mathrm{j}$。

$$\begin{bmatrix}\dot{x}_1\\ \dot{x}_2\\ \dot{x}_3\end{bmatrix}=\begin{bmatrix}0&1&0\\0&-1&1\\0&0&-2\end{bmatrix}\begin{bmatrix}x_1\\x_2\\x_3\end{bmatrix}+\begin{bmatrix}0\\0\\1\end{bmatrix}u,\qquad y=\begin{bmatrix}10&0&0\end{bmatrix}\begin{bmatrix}x_1\\x_2\\x_3\end{bmatrix}$$

解：设状态反馈矩阵为　$\boldsymbol{K}=[k_1\quad k_2\quad k_3]$

线性状态反馈系统的特征多项式为

$$\boldsymbol{F}(\lambda)=\left|\lambda\boldsymbol{I}-(\boldsymbol{A}-\boldsymbol{BK})\right|=\lambda^3+(3+k_3)\lambda^2+(2+k_2+k_3)\lambda+k_1$$

希望的特征多项式为

$$\boldsymbol{F}(\lambda)=(\lambda+2)(\lambda+1+j)(\lambda+1-j)=\lambda^3+4\lambda^2+6\lambda+4$$

比较上面两式的各项系数，可得　$\boldsymbol{K}=[4\quad 3\quad 1]$

由以上分析可见，由于可控系统通过线性状态反馈可使闭环系统的特征值任意配置，那么，原来不稳定的系统，即存在于复平面右半平面的特征值，就可以通过线性状态反馈而使其都配置在左半平面上，使不稳定的系统变为稳定系统。

5.2.4　状态反馈解耦

本节简要介绍状态反馈在系统解耦控制问题中的应用。引入状态反馈来实现解耦的，称为状态反馈解耦。

1．问题的提出

对于一个线性定常系统，其状态空间表达式为

$$\begin{cases}\dot{\boldsymbol{x}}=\boldsymbol{A}\boldsymbol{x}+\boldsymbol{B}\boldsymbol{u}\\ \boldsymbol{y}=\boldsymbol{c}\boldsymbol{x}\end{cases} \tag{5.40}$$

其中，$\boldsymbol{x}$ 为 n 维状态向量；$\boldsymbol{u}$ 为 p 维输入向量；$\boldsymbol{y}$ 为 q 维输出向量；$\boldsymbol{A}$、$\boldsymbol{B}$ 和 $\boldsymbol{C}$ 分别为 $n\times n$，$n\times p$ 及 $p\times n$ 的实数常量矩阵。

在零初始条件下，对式(5.40)进行拉普拉斯变换，可以得到

$$\begin{aligned}s\boldsymbol{X}(s)&=\boldsymbol{A}\boldsymbol{X}(s)+\boldsymbol{B}\boldsymbol{U}(s)\\ \boldsymbol{Y}(s)&=\boldsymbol{C}\boldsymbol{X}(s)\end{aligned}$$

整理状态方程后，代入输出方程可得

$$\boldsymbol{Y}(s)=\boldsymbol{G}(s)\boldsymbol{U}(s)=\boldsymbol{C}(s\boldsymbol{I}-\boldsymbol{A})^{-1}\boldsymbol{B}\boldsymbol{U}(s)$$

进一步整理得到系统的传递函数

$$\boldsymbol{G}(s)=\frac{\boldsymbol{Y}(s)}{\boldsymbol{U}(s)}=\boldsymbol{C}(s\boldsymbol{I}-\boldsymbol{A})^{-1}\boldsymbol{B} \tag{5.41}$$

$\boldsymbol{G}(s)$ 为 $q\times p$ 的矩阵，一般具有如下形式

$$\boldsymbol{G}(s)=\begin{bmatrix}g_{11}(s) & g_{12}(s) & \cdots & g_{1p}(s)\\ g_{21}(s) & g_{22}(s) & \cdots & g_{2p}(s)\\ \vdots & \vdots & & \vdots\\ g_{q1}(s) & g_{q2}(s) & \cdots & g_{qp}(s)\end{bmatrix}$$

所以，系统的输入和输出满足如下关系

$$\begin{aligned}y_1(s)&=g_{11}(s)\,u_1(s)+g_{12}(s)\,u_2(s)+\cdots+g_{1p}(s)\,u_p(s)\\ y_2(s)&=g_{21}(s)\,u_1(s)+g_{22}(s)\,u_2(s)+\cdots+g_{2p}(s)\,u_p(s)\\ &\vdots\\ y_q(s)&=g_{q1}(s)\,u_1(s)+g_{q2}(s)\,u_2(s)+\cdots+g_{qp}(s)\,u_p(s)\end{aligned}$$

其中，$g_{ij}(s)$ 与 $\boldsymbol{G}(s)$ 中的第 i 行第 j 列一一对应。

可见，一个输入会控制多个输出，而一个输出被多个输入所控制，这种交互作用的现象称为耦合。一般来说，控制具有耦合现象的多输入多输出系统是有难度的。通常情况下，人们还是希望一个输入只影响一个输出，且一个输出仅受一个输入控制，这时控制问题可大为简化，这种问题称为解耦问题。设法找到一组输入，如果也能找出一些控制规律，使每个输出受且只受一个输入的控制，这样的控制称为解耦控制，或者简称为解耦。

实现系统解耦的常用方法有两种。一种是串联解耦：这是一种最简单的方法，只需在待解耦系统中串接一个补偿器，使串联组合系统的传递函数阵成为对角型矩阵，但是这种方式

会使系统的级数增加。另一种是状态反馈解耦：应用状态反馈可以实现系统解耦控制，且不会使系统的维数增加，但是采用状态反馈解耦需要满足的条件要相对苛刻。

接下来，介绍应用状态反馈实现解耦控制的方法。

首先，待应用状态反馈解耦的系统要满足三个基本假设。

(1) 系统的输入矢量和输出矢量的维数相同，即 $p=q\leqslant n$。

(2) 假定系统是能控的，且可以采用一个线性状态变量反馈控制律 $\boldsymbol{u}=\boldsymbol{L}\boldsymbol{v}-\boldsymbol{K}\boldsymbol{x}$。其中，$\boldsymbol{K}$ 为 $p\times n$ 的实数常量矩阵；$\boldsymbol{L}$ 为 $p\times p$ 的实数常量矩阵；$\boldsymbol{v}$ 为新的 p 维输入向量。

(3) 输入变换矩阵 $\boldsymbol{L}$ 是非奇异矩阵。

采用状态反馈控制律后的系统用 $\sum_{\mathrm{k}}$ 表示，其方框图如图 5.11 所示，其中虚线方框内为原待解耦系统用 $\sum$ 表示。

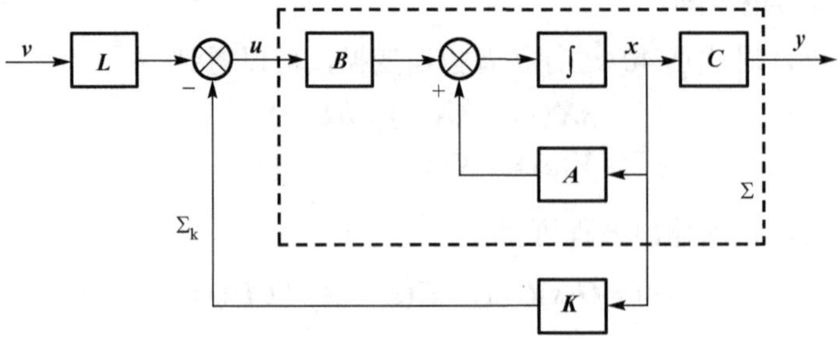

图 5.11 采用状态反馈控制律后的系统 $\sum_{\mathrm{k}}$ 的方框图

系统 $\sum_{\mathrm{k}}$ 的传递函数阵为

$$\boldsymbol{G}_{\mathrm{KL}}(s)=\boldsymbol{C}[s\boldsymbol{I}-(\boldsymbol{A}-\boldsymbol{B}\boldsymbol{K})^{-1}]\boldsymbol{B}\boldsymbol{L} \tag{5.42}$$

因此，解耦控制问题实际上就是寻求适当的输入变换矩阵和状态反馈增益矩阵对 $\{\boldsymbol{K},\boldsymbol{L}\}$，使得系统 $\sum_{\mathrm{k}}$ 的传递函数阵 $\boldsymbol{G}_{\mathrm{KL}}(s)$ 是一个对角阵，即

$$\boldsymbol{G}_{\mathrm{KL}}(s)=\mathrm{diag}\{g_{11}(s),g_{22}(s),\cdots,g_{pp}(s)\},\qquad g_{ii}(s)\neq 0,\ i=1,2,\cdots,p \tag{5.43}$$

此时，系统从输入到输出就是解耦的。系统每一个输入只与一个输出有关，即解耦后的系统，其输入输出之间形成了互相独立的 p 个子系统，如图 5.12 所示。

接下来，要研究系统的可解耦条件，同时求解可解耦系统的矩阵对 $\{\boldsymbol{K},\boldsymbol{L}\}$。

2. 系统可解耦的条件

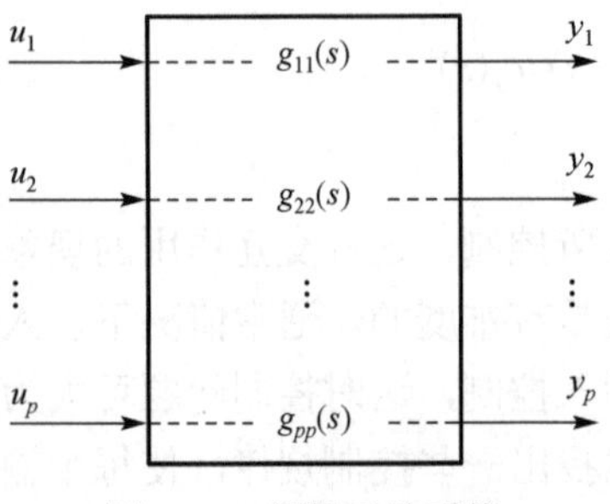

图 5.12 解耦后的系统

通过状态反馈来使系统解耦，给定的系统需要满足一定的条件。在论述实现解耦控制的条件之前，先介绍下面两个特征量。

由前面的讨论，已知待解耦系统的传递函数阵 $\boldsymbol{G}(s)$

$$\boldsymbol{G}(s)=\begin{bmatrix} g_{11}(s) & g_{12}(s) & \cdots & g_{1p}(s) \\ g_{21}(s) & g_{22}(s) & \cdots & g_{2p}(s) \\ \cdots & \cdots & & \cdots \\ g_{p1}(s) & g_{p2}(s) & \cdots & g_{pp}(s) \end{bmatrix}$$

其中，每一个 $g_{ij}(s)$ 都是严格真的有理分式或为零。

(1) 特征量 d_i

$$d_i \triangleq \min\{d_{i1}, d_{i2}, \cdots, d_{ip}\} - 1 \tag{5.44}$$

上面式子中的 d_{ij} 是 $g_{ij}(s)$ 的分母 s 多项式的次数和分子 s 多项式的次数之差。可见，d_i 为非负整数，且 $\{d_1, d_2, \cdots, d_p\}$ 是由 $\boldsymbol{G}(s)$ 唯一确定的。

(2) 特征量 E_i

$$E_i \triangleq \lim_{s\to\infty} s^{d_i+1} g_i(s), \qquad i = 1,2,\cdots,p \tag{5.45}$$

E_i ($i = 1,2,\cdots,p$) 是一个 p 维的非零向量，它相当于将一个 $g_i(s)$ 的 p 个元素中，以 s 次数最高的分子多项式为基准按 s 降幂次排列后，由各个分子多项式的首项系数组成的向量。同样，E_i 也是由 $\boldsymbol{G}(s)$ 唯一确定的。

以上两个特征量，也可以直接由系统 Σ 的 $\boldsymbol{A}$、$\boldsymbol{B}$ 和 $\boldsymbol{C}$ 矩阵得到。表达式分别为

$$d_i = \begin{cases} \mu, & c_i\boldsymbol{A}^k\boldsymbol{B} = 0,\ k = 0,1,2,\cdots,\mu-1,\ c_i\boldsymbol{A}^{\mu}\boldsymbol{B} \neq 0 \\ n-1, & c_i\boldsymbol{A}^k\boldsymbol{B} = 0,\ k = 0,1,2,\cdots,n-1 \end{cases} \tag{5.46}$$

$$E_i = c_i\boldsymbol{A}^{d_i}\boldsymbol{B} \tag{5.47}$$

假定对系统 Σ 引入状态反馈 $\{\boldsymbol{K},\boldsymbol{L}\}$，则可以计算出此时闭环系统 Σ_{k} 的相应特征量 d_i' 和 E_i'，可以证明有这样的结论，无论 $\{\boldsymbol{K},\boldsymbol{L}\}$ 如何取值，系统 Σ 的特征量和 Σ_{k} 的特征量始终存在如下关系

$$d_i = d_i', \quad i = 1,2,\cdots,p \tag{5.48}$$

$$E_i\boldsymbol{L} = E_i', \quad i = 1,2,\cdots,p \tag{5.49}$$

也就是说，d_i 是对状态反馈 $\{\boldsymbol{K},\boldsymbol{L}\}$ 的不变量。下面给出一个定理。

定理 5.1：系统 Σ 在状态反馈律 $\boldsymbol{u} = \boldsymbol{L}\boldsymbol{v} - \boldsymbol{K}\boldsymbol{x}$ 下实现解耦的充要条件是 $\boldsymbol{E}$ 矩阵非奇异。此时

$$\boldsymbol{K} = \boldsymbol{E}^{-1}\boldsymbol{F}, \qquad \boldsymbol{L} = \boldsymbol{E}^{-1} \tag{5.50}$$

其中

$$\boldsymbol{E} = \begin{bmatrix} E_1 \\ E_2 \\ \vdots \\ E_p \end{bmatrix}, \qquad \boldsymbol{F} = \begin{bmatrix} F_1 \\ F_2 \\ \vdots \\ F_p \end{bmatrix} = \begin{bmatrix} c_1\boldsymbol{A}^{d_1+1} \\ c_2\boldsymbol{A}^{d_2+1} \\ \vdots \\ c_p\boldsymbol{A}^{d_p+1} \end{bmatrix} \tag{5.51}$$

证明：对等式 $\boldsymbol{y}_i = c_i\boldsymbol{x}$，$i = 1,2,\cdots,p$ 两边分别求导，根据 d_i 和 E_i 的定义可知

$$\begin{aligned} &\dot{y}_i = \boldsymbol{cAx} \\ &\vdots \\ &y_i^{(d_i)} = \boldsymbol{cA}^{d_i}\boldsymbol{x} \\ &y_i^{(d_i+1)} = \boldsymbol{cA}^{d_i+1}\boldsymbol{x} + \boldsymbol{cA}^{d_i}\boldsymbol{Bu}, \qquad i = 1,2,\cdots,p \end{aligned}$$

当且仅当矩阵 E 为非奇异时，由方程组

$$c_i\boldsymbol{A}^{d_i}\boldsymbol{BKx} = E_i\boldsymbol{Kx} = -c_i\boldsymbol{A}^{d_i+1}\boldsymbol{x} = -F_i\boldsymbol{x}$$

$$c_i\boldsymbol{A}^{d_i}\boldsymbol{Lv} = E_i\boldsymbol{Lv} = \boldsymbol{v}, \quad i = 1,2,\cdots,p$$

可唯一确定出 $\boldsymbol{K}=\boldsymbol{E}^{-1}\boldsymbol{F}$ ， $\boldsymbol{L}=\boldsymbol{E}^{-1}$ 在状态反馈律 $\boldsymbol{u}=\boldsymbol{L}\boldsymbol{v}-\boldsymbol{K}\boldsymbol{x}$ 下，有

$$\begin{aligned}\dot{y}_i &= \boldsymbol{cAx}\\ &\vdots\\ y_i^{(d_i)} &= \boldsymbol{cA}^{d_i}\boldsymbol{x}\\ y_i^{(d_i+1)} &= v_i, \quad i=1,2,\cdots,p\end{aligned}$$

输出 y_i 仅与输入 v_i 有关，且 v_i 仅能控制 y_i ，定理得证。

在状态反馈律 $\boldsymbol{u}=\boldsymbol{L}\boldsymbol{v}-\boldsymbol{K}\boldsymbol{x}$ 下，系统 $\sum_{\mathrm{k}}$ 的状态空间表达式为

$$\sum\nolimits_{\mathrm{k}}:\begin{cases}\dot{\boldsymbol{x}}=(\boldsymbol{A}-\boldsymbol{BE}^{-1}\boldsymbol{F})\boldsymbol{x}+\boldsymbol{BE}^{-1}\boldsymbol{v}\\ \boldsymbol{y}=\boldsymbol{cx}\end{cases} \tag{5.52}$$

其传递函数矩阵为

$$\boldsymbol{G}_{\mathrm{KL}}(s)=\boldsymbol{C}[s\boldsymbol{I}-(\boldsymbol{A}-\boldsymbol{BE}^{-1}\boldsymbol{F})]^{-1}\boldsymbol{BE}^{-1}=\begin{bmatrix}\dfrac{1}{s^{d_1+1}} & & & 0\\ & \dfrac{1}{s^{d_2+1}} & & \\ & & \ddots & \\ 0 & & & \dfrac{1}{s^{d_p+1}}\end{bmatrix} \tag{5.53}$$

这个定理可以用来判断一个系统是否能够解耦。如果能够解耦，就可以依此设计反馈控制律，使系统成为 p 个独立的子系统。

3. *解耦控制算法*

综上，可得出实现系统解耦控制的算法如下。

(1) 求出系统 $\sum$ 的 d_i 和 E_i ， $i=1,2,\cdots,p$ 。

(2) 构建矩阵 $\boldsymbol{E}$，检验 $\boldsymbol{E}$ 的非奇异性。若 $\boldsymbol{E}$ 为非奇异的，则系统可实现状态反馈解耦；否则不能状态反馈解耦。

(3) 求取矩阵 $\boldsymbol{K}$ 和 $\boldsymbol{L}$，则 $\boldsymbol{u}=\boldsymbol{L}\boldsymbol{v}-\boldsymbol{K}\boldsymbol{x}$ 就是所需的状态反馈控制律。

(4) 求出此时闭环系统 $\sum_{\mathrm{k}}$ 的状态空间表达式和传递函数矩阵 $\boldsymbol{G}_{\mathrm{KL}}(s)$ 。

例 5.2　给定系统

$$\dot{\boldsymbol{x}}=\begin{bmatrix}0&0&0\\0&0&1\\-1&-2&-3\end{bmatrix}\boldsymbol{x}+\begin{bmatrix}1&0\\0&0\\0&1\end{bmatrix}\boldsymbol{u},\qquad \boldsymbol{y}=\begin{bmatrix}1&1&0\\0&0&1\end{bmatrix}\boldsymbol{x}$$

试求系统的特征量，及使其实现解耦控制的状态反馈控制律和解耦后的传递函数矩阵。

解： (1) 求特征量 d_i 和 E_i 。系统的 $\boldsymbol{A}$、$\boldsymbol{B}$ 和 $\boldsymbol{C}$ 矩阵分别为

$$\boldsymbol{A}=\begin{bmatrix}0&0&0\\0&0&1\\-1&-2&-3\end{bmatrix},\qquad \boldsymbol{B}=\begin{bmatrix}1&0\\0&0\\0&1\end{bmatrix},\qquad \boldsymbol{C}=\begin{bmatrix}1&1&0\\0&0&1\end{bmatrix}$$

其传递函数矩阵为

$$G(s)=C(sI-A)^{-1}B=\begin{bmatrix}\dfrac{s^2+3s+1}{s(s+1)(s+2)} & \dfrac{1}{(s+1)(s+2)}\\ \dfrac{-1}{(s+1)(s+2)} & \dfrac{s}{(s+1)(s+2)}\end{bmatrix}$$

分别由两种方法求得的 d_i 相同，为

$$d_1=\min\{d_{11}\quad d_{12}\}-1=\min\{1,2\}-1=0$$
$$d_2=\min\{d_{21}\quad d_{22}\}-1=\min\{2,1\}-1=0$$

由 $c_1B=[1\quad 0]\neq 0$，$c_2B=[0\quad 1]\neq 0$，也可以得到 $d_1=0$，$d_2=0$。

同样，分别由两种方法求得的 E_i 也相同，为

$$E_1=\lim_{s\to\infty}sg_1(s)=\lim_{s\to\infty}s\begin{bmatrix}\dfrac{s^2+3s+1}{s(s+1)(s+2)} & \dfrac{1}{(s+1)(s+2)}\end{bmatrix}=[1\quad 0]$$

$$E_2=\lim_{s\to\infty}sg_2(s)=\lim_{s\to\infty}s\begin{bmatrix}\dfrac{-1}{(s+1)(s+2)} & \dfrac{s}{(s+1)(s+2)}\end{bmatrix}=[0\quad 1]$$

$$E_1=c_1A^{d_1}B=[1\quad 0\quad 0]A^0B=[1\quad 0]$$

$$E_2=c_2A^{d_2}B=[0\quad 0\quad 1]A^0B=[0\quad 1]$$

所以，特征量 $d_1=d_2=0$，$E_1=[1\quad 0]$，$E_2=[0\quad 1]$。

(2) 判断系统的可解耦性。由上面的结果可知

$$E=\begin{bmatrix}E_1\\E_2\end{bmatrix}=\begin{bmatrix}1&0\\0&1\end{bmatrix}=I$$

为非奇异矩阵，所以可应用状态反馈解耦。

(3) 求解 K 和 L

$$F_1=c_1A^{d_1+1}=c_1A=[0\quad 0\quad 1]$$
$$F_2=c_2A^{d_2+1}=c_2A=[-1\quad -2\quad -3]$$

所以有
$$K=E^{-1}F=\begin{bmatrix}0&0&1\\-1&-2&-3\end{bmatrix},\qquad L=E^{-1}=I$$

于是
$$u=v+\begin{bmatrix}0&0&1\\1&2&3\end{bmatrix}x$$

(4) 得到 $\sum_k$ 的状态空间表达式和 $G_{KL}(s)$ 表达式。反馈后，对于闭环系统 $\sum_k$ 的状态空间表达式为

$$\dot{x}=(A-BK)x+Bv=\begin{bmatrix}0&0&-1\\0&0&1\\0&0&0\end{bmatrix}x+\begin{bmatrix}1&0\\0&0\\0&1\end{bmatrix}u$$

$$y=\begin{bmatrix}1&1&0\\0&0&1\end{bmatrix}x$$

传递函数矩阵 $\boldsymbol{G}_{\mathrm{KL}}(s)$ 为

$$\boldsymbol{G}_{\mathrm{KL}}(s)=\boldsymbol{C}[s\boldsymbol{I}-(\boldsymbol{A}-\boldsymbol{B}\boldsymbol{K})]^{-1}\boldsymbol{B}\boldsymbol{L}=\begin{bmatrix}\dfrac{1}{s} & 0\\ 0 & \dfrac{1}{s}\end{bmatrix}$$

总结解耦算法内容如下。

(1)系统的解耦问题就是把输入输出信号数目相同的多输入多输出系统变成一个具有对角型传递函数矩阵的系统，即把系统中输入输出信号间的耦合去掉，变成一个输出只与一个输入有关的互相独立的子系统问题。

(2)可以引入状态反馈控制率 $\boldsymbol{u}=\boldsymbol{L}\boldsymbol{v}-\boldsymbol{K}\boldsymbol{x}$ 对系统进行解耦。对于一个输入输出信号数目相等的系统 Σ 能否应用反馈实现解耦控制取决于 d_i 和 E_i。这两个特征量既可以由系统 Σ 的传递函数矩阵求取，也可以由状态空间表达式求取。Σ 可解耦的充要条件是：$\boldsymbol{E}$ 矩阵非奇异。

(3)求得 d_i（$i=1,2,\cdots,p$），则解耦系统的传递函数矩阵即可确定。

(4)系统解耦后，每个单输入单输出系统的传递函数均为 d_i+1 重积分形式。所有极点都处在原点的位置上，系统的动态性能不能令人满意，所以应该用极点配置的方法改善性能。另外，还应该要求系统 Σ 能控或者至少能镇定，否则不能保证闭环系统的稳定性。

5.2.5　状态观测器及其设计

由前面内容可知，对于线性定常系统，在一定条件下，可以通过状态反馈实现任意的极点配置。但是由于在系统建模时状态变量选择的任意性，通常并不是全部的状态变量都是能直接测量到的，从而给状态反馈的实现带来了困难。为此，人们提出了状态观测的问题，也就是设法利用系统中可以测量的变量来重构状态变量，从而实现状态反馈。为了构成线性状态反馈控制，必须检测出所有的状态变量。当有的状态变量不能直接检测时，可通过状态观测器获得，如图 5.13 所示。

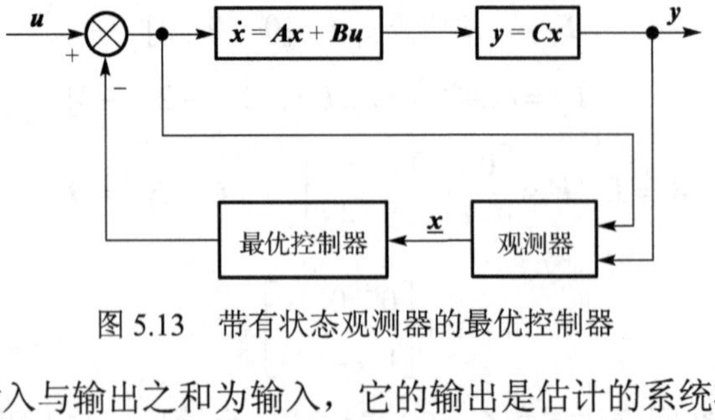

图 5.13　带有状态观测器的最优控制器

观测器以系统的输入与输出之和为输入，它的输出是估计的系统状态 $\underline{\boldsymbol{x}}$。状态观测器根据其维数的不同可分成两类。一类是观测器的维数与受控系统的维数 n 相同，称为全维状态观测器或 n 维状态观测器。另一类是观测器的维数小于受控系统的维数，称为降维状态观测器。

1. 全维状态观测器的设计

当系统的 $\boldsymbol{A}$、$\boldsymbol{B}$、$\boldsymbol{C}$ 矩阵已知时，为了得到系统的估计状态 $\underline{\boldsymbol{x}}$，可以用计算机模拟原系统，即构成一个与实际系统具有同样状态方程与输出方程的模型，从模型中获得状态的估计值 $\underline{\boldsymbol{x}}$，图 5.14 表示一个观测器的模型。

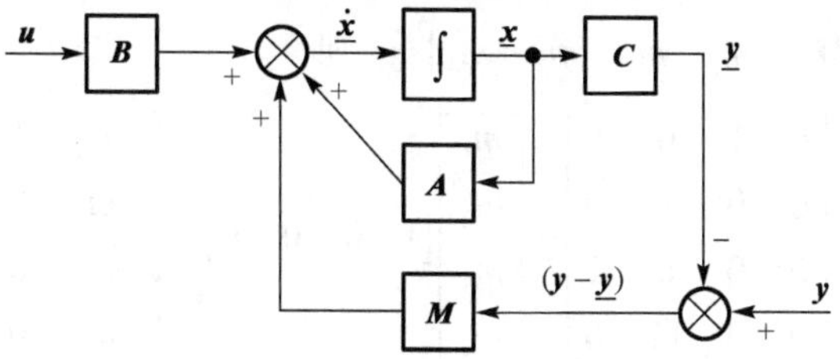

图 5.14　观测器模型的方框图

在此模型中，系统的实际输出 $\boldsymbol{y}$ 与模型的输出 $\underline{\boldsymbol{y}}$ 相比较，得到输出误差 $\boldsymbol{y}-\underline{\boldsymbol{y}}$，经反馈矩阵 $\boldsymbol{M}$ 反馈回去作为修正。显然，此观测器的状态方程和输出方程分别为

$$\dot{\underline{\boldsymbol{x}}}=\boldsymbol{A}\underline{\boldsymbol{x}}+\boldsymbol{M}(\boldsymbol{y}-\underline{\boldsymbol{y}})+\boldsymbol{B}\boldsymbol{u} \tag{5.54}$$

$$\underline{\boldsymbol{y}}=\boldsymbol{C}\underline{\boldsymbol{x}} \tag{5.55}$$

将式(5.55)代入式(5.54)，得

$$\dot{\underline{\boldsymbol{x}}}=(\boldsymbol{A}-\boldsymbol{M}\boldsymbol{C})\underline{\boldsymbol{x}}+\boldsymbol{B}\boldsymbol{u}+\boldsymbol{M}\boldsymbol{y} \tag{5.56}$$

所以误差方程为

$$\begin{aligned}\dot{\bar{\boldsymbol{x}}}&=\dot{\boldsymbol{x}}-\dot{\underline{\boldsymbol{x}}}=\boldsymbol{A}\boldsymbol{x}+\boldsymbol{B}\boldsymbol{u}-[(\boldsymbol{A}-\boldsymbol{M}\boldsymbol{C})\underline{\boldsymbol{x}}+\boldsymbol{B}\boldsymbol{u}+\boldsymbol{M}\boldsymbol{y}]\\&=\boldsymbol{A}(\boldsymbol{x}-\underline{\boldsymbol{x}})-\boldsymbol{M}\boldsymbol{C}(\boldsymbol{x}-\underline{\boldsymbol{x}})=\boldsymbol{A}\bar{\boldsymbol{x}}-\boldsymbol{M}\boldsymbol{C}\,\bar{\boldsymbol{x}}=(\boldsymbol{A}-\boldsymbol{M}\boldsymbol{C})\bar{\boldsymbol{x}}\end{aligned} \tag{5.57}$$

由式(5.57)可见，误差衰减的快慢取决于 $(\boldsymbol{A}-\boldsymbol{M}\boldsymbol{C})$ 的特征值。现在的问题就是能否通过 $\boldsymbol{M}$ 的设计使 $(\boldsymbol{A}-\boldsymbol{M}\boldsymbol{C})$ 的极点配置在任意位置上，这与利用反馈而使极点配置在任意位置上类似。

根据线性代数的知识，矩阵的特征值与其转置的特征值是一样的，则有

$$\left|s\boldsymbol{I}-(\boldsymbol{A}-\boldsymbol{M}\boldsymbol{C})\right|=\left|s\boldsymbol{I}-(\boldsymbol{A}-\boldsymbol{M}\boldsymbol{C})^{\mathrm{T}}\right| \tag{5.58}$$

而

$$(\boldsymbol{A}-\boldsymbol{M}\boldsymbol{C})^{\mathrm{T}}=(\boldsymbol{A}^{\mathrm{T}}-\boldsymbol{C}^{\mathrm{T}}\boldsymbol{M}^{\mathrm{T}}) \tag{5.59}$$

令

$$\bar{\boldsymbol{A}}=\boldsymbol{A}^{\mathrm{T}},\quad \bar{\boldsymbol{B}}=\boldsymbol{C}^{\mathrm{T}},\quad \bar{\boldsymbol{K}}=\boldsymbol{M}^{\mathrm{T}} \tag{5.60}$$

则

$$(\boldsymbol{A}-\boldsymbol{M}\boldsymbol{C})^{\mathrm{T}}=(\bar{\boldsymbol{A}}-\bar{\boldsymbol{B}}\bar{\boldsymbol{K}}) \tag{5.61}$$

这样，就可以用上面介绍的方法设计 $\bar{\boldsymbol{K}}$，然后使 $\boldsymbol{M}=\bar{\boldsymbol{K}}^{\mathrm{T}}$，求出 $\boldsymbol{M}$。

所以，当系统是可观测的，可仿照极点配置的方法来设计 $\boldsymbol{M}$，使模型的估计误差满足给定的动态要求，称为观测器设计。观测器设计往往不是硬件，而是使用计算机估计状态的一个计算机程序。

例 5.3　已知系统的状态方程和输出方程为

$$\dot{\boldsymbol{x}}=\begin{bmatrix}0&1&1&0\\0&0&-1&0\\0&0&0&1\\0&0&11&0\end{bmatrix}\boldsymbol{x}+\begin{bmatrix}0\\1\\1\\-1\end{bmatrix}\boldsymbol{u}$$

$$\boldsymbol{y}=\begin{bmatrix}1&0&0&0\end{bmatrix}\boldsymbol{x}$$

试为系统设计一个观测器，使其极点配置在−2，−3，−2+j，−2−j 处。

解：对于给定的系统，可证明是可控的和可观测的。对于可控系统可通过设计矩阵 $\boldsymbol{M}$ 来

配置观测器的极点，令 $\boldsymbol{M}=\begin{bmatrix} m_1 & m_2 & m_3 & m_4 \end{bmatrix}^{\mathrm{T}}$，则

$$\boldsymbol{A}-\boldsymbol{MC}=\begin{bmatrix} 0 & 1 & 0 & 0 \\ 0 & 0 & -1 & 0 \\ 0 & 0 & 0 & 1 \\ 0 & 0 & 11 & 0 \end{bmatrix}-\begin{bmatrix} m_1 \\ m_2 \\ m_3 \\ m_4 \end{bmatrix}\begin{bmatrix} 1 & 0 & 0 & 0 \end{bmatrix}=\begin{bmatrix} -m_1 & 1 & 0 & 0 \\ -m_2 & 0 & -1 & 0 \\ -m_3 & 0 & 0 & 1 \\ -m_4 & 0 & 11 & 0 \end{bmatrix}$$

进而

$$\begin{aligned} \left|s\boldsymbol{I}-(\boldsymbol{A}-\boldsymbol{MC})\right| &= \begin{vmatrix} s+m_1 & -1 & 0 & 0 \\ m_2 & s & 1 & 0 \\ m_3 & 0 & s & -1 \\ m_4 & 0 & -11 & s \end{vmatrix} \\ &= s^4+m_1 s^3+(m_2-11)s^2+(-m_3-11m_1)s+(-m_4-11m_2) \end{aligned}$$

能满足极点配置要求的特征多项式为

$$\left|s\boldsymbol{I}-(\boldsymbol{A}-\boldsymbol{MC})\right|=(s+2)(s+3)(s+2+\mathrm{j})(s+2-\mathrm{j})=s^4+9s^3+31s^2+49s+30$$

对比以上两式得　　　$m_1=9$，$m_2=42$，$m_3=-148$，$m_4=-492$

所以　　　$\boldsymbol{M}=\begin{bmatrix} 9 & 42 & -148 & -492 \end{bmatrix}^{\mathrm{T}}$

所设计的观测器如图 5.15 所示。

2. 带有状态观测器的闭环控制系统

要构成带状态观测器的闭环控制系统，需要考虑以下几个问题。

(1) 若系统是可控的，可通过设计系统状态反馈矩阵 $\boldsymbol{M}$，使系统的极点满足给定的极点配置要求。若状态 $\boldsymbol{x}$ 全部能够直接获得，问题就此解决。

(2) 若状态不能直接获得，当系统可观测时，可构成一个状态观测器，并通过设计观测器的反馈矩阵 $\boldsymbol{M}$，使观测器的极点配置在给定位置上。

(3) 综合以上两项结果便可得到带有状态观测器的闭环控制系统，如图 5.16 所示。由图可见，实际系统的反馈是状态估计值 $\underline{\boldsymbol{x}}$，而不是 $\boldsymbol{x}$，且整个系统的阶数为 $2n$。由状态反馈增益矩阵 $\boldsymbol{K}$ 和状态观测器构成了整个闭环控制系统，下面对整个系统进行分析。

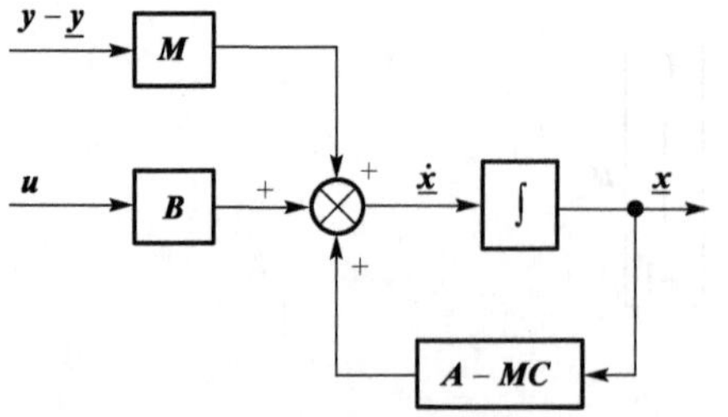

图 5.15　观测器方框图

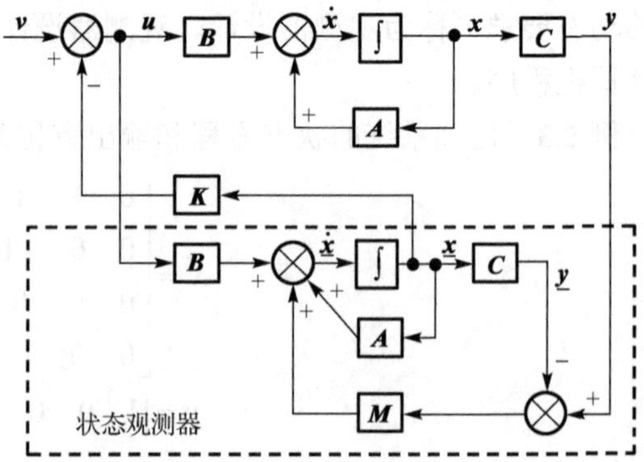

图 5.16　带有状态反馈器的闭环系统

由图 5.16 可知

$$\boldsymbol{u}=\boldsymbol{v}-\boldsymbol{K}\underline{\boldsymbol{x}} \tag{5.62}$$

代入式(5.20)的状态方程，得

$$\dot{\boldsymbol{x}}=\boldsymbol{A}\boldsymbol{x}-\boldsymbol{B}\boldsymbol{K}\underline{\boldsymbol{x}}+\boldsymbol{B}\boldsymbol{v} \tag{5.63}$$

而由式(5.54)和式(5.55)知，观测器的状态方程和输出方程为

$$\dot{\underline{\boldsymbol{x}}}=\boldsymbol{A}\underline{\boldsymbol{x}}+\boldsymbol{B}\boldsymbol{u}+\boldsymbol{M}(\boldsymbol{y}-\underline{\boldsymbol{y}}) \tag{5.64}$$

$$\underline{\boldsymbol{y}}=\boldsymbol{C}\underline{\boldsymbol{x}} \tag{5.65}$$

将式(5.20)输出方程、式(5.62)和式(5.65)代入式(5.64)得

$$\dot{\underline{\boldsymbol{x}}}=\boldsymbol{M}\boldsymbol{C}\boldsymbol{x}+\left(\boldsymbol{A}-\boldsymbol{M}\boldsymbol{C}-\boldsymbol{B}\boldsymbol{K}\right)\underline{\boldsymbol{x}}+\boldsymbol{B}\boldsymbol{v} \tag{5.66}$$

设整个系统的状态变量为 $\boldsymbol{x}_1$，则它是 2n 维的，综合式(5.63)、式(5.66)得

$$\begin{cases}\dot{\boldsymbol{x}}_1=\begin{bmatrix}\dot{\boldsymbol{x}}\\ \dot{\underline{\boldsymbol{x}}}\end{bmatrix}=\begin{bmatrix}\boldsymbol{A} & -\boldsymbol{B}\boldsymbol{K}\\ \boldsymbol{M}\boldsymbol{C} & \boldsymbol{A}-\boldsymbol{M}\boldsymbol{C}-\boldsymbol{B}\boldsymbol{K}\end{bmatrix}\begin{bmatrix}\boldsymbol{x}\\ \underline{\boldsymbol{x}}\end{bmatrix}+\begin{bmatrix}\boldsymbol{B}\\ \boldsymbol{B}\end{bmatrix}\boldsymbol{v}\\ \boldsymbol{y}=[\boldsymbol{C}\quad \boldsymbol{0}]\begin{bmatrix}\boldsymbol{x}\\ \underline{\boldsymbol{x}}\end{bmatrix}\end{cases} \tag{5.67}$$

下面证明，增设观测器不会影响系统的传递函数和输出特性。

设

$$\boldsymbol{Z}=\boldsymbol{P}\boldsymbol{x}_1\ (\text{或 } \boldsymbol{x}_1=\boldsymbol{P}^{-1}\boldsymbol{Z}) \tag{5.68}$$

式中

$$\boldsymbol{P}=\begin{bmatrix}\boldsymbol{I} & \boldsymbol{0}\\ \boldsymbol{I} & -\boldsymbol{I}\end{bmatrix}=\boldsymbol{P}^{-1} \tag{5.69}$$

则

$$\boldsymbol{Z}=\begin{bmatrix}\boldsymbol{I} & \boldsymbol{0}\\ \boldsymbol{I} & -\boldsymbol{I}\end{bmatrix}\begin{bmatrix}\boldsymbol{x}\\ \underline{\boldsymbol{x}}\end{bmatrix}=\begin{bmatrix}\boldsymbol{x}\\ \boldsymbol{x}-\underline{\boldsymbol{x}}\end{bmatrix}=\begin{bmatrix}\boldsymbol{x}\\ \bar{\boldsymbol{x}}\end{bmatrix} \tag{5.70}$$

由式(5.67)得

$$\begin{cases}\dot{\boldsymbol{Z}}=\boldsymbol{P}\begin{bmatrix}\boldsymbol{A} & -\boldsymbol{B}\boldsymbol{K}\\ \boldsymbol{M}\boldsymbol{C} & \boldsymbol{A}-\boldsymbol{M}\boldsymbol{C}-\boldsymbol{B}\boldsymbol{K}\end{bmatrix}\boldsymbol{P}^{-1}\boldsymbol{Z}+\boldsymbol{P}\begin{bmatrix}\boldsymbol{B}\\ \boldsymbol{B}\end{bmatrix}\boldsymbol{v}\\ \boldsymbol{y}=[\boldsymbol{C}\quad \boldsymbol{0}]\boldsymbol{P}^{-1}\boldsymbol{Z}\end{cases} \tag{5.71}$$

令

$$\begin{cases}\boldsymbol{A}_1=\boldsymbol{P}\begin{bmatrix}\boldsymbol{A} & -\boldsymbol{B}\boldsymbol{K}\\ \boldsymbol{M}\boldsymbol{C} & \boldsymbol{A}-\boldsymbol{M}\boldsymbol{C}-\boldsymbol{B}\boldsymbol{K}\end{bmatrix}\boldsymbol{P}^{-1}=\begin{bmatrix}\boldsymbol{A}-\boldsymbol{B}\boldsymbol{K} & \boldsymbol{B}\boldsymbol{K}\\ \boldsymbol{0} & \boldsymbol{A}-\boldsymbol{M}\boldsymbol{C}\end{bmatrix}\\ \boldsymbol{B}_1=\boldsymbol{P}\begin{bmatrix}\boldsymbol{B}\\ \boldsymbol{B}\end{bmatrix}=\begin{bmatrix}\boldsymbol{B}\\ \boldsymbol{0}\end{bmatrix}\\ \boldsymbol{C}_1=[\boldsymbol{C}\quad \boldsymbol{0}]\boldsymbol{P}^{-1}=[\boldsymbol{C}\quad \boldsymbol{0}]\end{cases} \tag{5.72}$$

则系统的状态方程与输出方程为

$$\begin{cases}\dot{\boldsymbol{Z}}=\boldsymbol{A}_1\boldsymbol{Z}+\boldsymbol{B}_1\boldsymbol{v}\\ \boldsymbol{y}=\boldsymbol{C}_1\boldsymbol{Z}\end{cases} \tag{5.73}$$

而系统的传递函数为

$$G(s)=C_1(sI-A_1)^{-1}B_1 \tag{5.74}$$

而

$$(sI-A_1)^{-1}=\begin{bmatrix} sI-(A-BK) & -BK \\ 0 & sI-(A-MC) \end{bmatrix}^{-1}=\begin{bmatrix} A_{11} & A_{12} \\ 0 & A_{22} \end{bmatrix} \tag{5.75}$$

其中

$$A_{11}=[sI-(A-BK)]^{-1} \tag{5.76}$$

若令

$$A=\begin{bmatrix} B_{11} & B_{12} \\ B_{21} & B_{22} \end{bmatrix}$$

其中，B_{11}、B_{22} 为方子矩阵，则有

$$A^{-1}=\begin{bmatrix} C_{11} & C_{12} \\ C_{21} & C_{22} \end{bmatrix} \tag{5.77}$$

其中

$$\begin{cases} C_{11}=B_{11}{}^{-1}C_{12}B_{21}B_{11}{}^{-1} \\ C_{12}=-B_{11}{}^{-1}B_{12}C_{22} \\ C_{21}=-C_{22}B_{21}B_{11}{}^{-1} \\ C_{22}=(B_{22}-B_{21}B_{11}{}^{-1}B_{12})^{-1} \end{cases} \tag{5.78}$$

从而式(5.74)为

$$G(s)=[C\quad 0]\begin{bmatrix} A_{11} & A_{12} \\ 0 & A_{22} \end{bmatrix}\begin{bmatrix} B \\ 0 \end{bmatrix}=[C\quad 0]\begin{bmatrix} A_{11}B \\ 0 \end{bmatrix}=CA_{11}B=C[sI-(A-BK)]^{-1}B \tag{5.79}$$

由式(5.79)可见，带有状态观测器的系统与直接反馈状态 x 的系统具有完全相同的传递函数，即增设观测器不会影响系统的输出特性。这也说明，系统极点配置与观测器设计可分别考虑。

系统的特征多项式为

$$|sI-A_1|=\begin{vmatrix} sI-(A-BK) & -BK \\ 0 & sI-(A-MC) \end{vmatrix}=|sI-(A-BK)|\cdot|sI-(A-MC)| \tag{5.80}$$

其中，$|sI-(A-BK)|$ 为状态反馈系统的特征多项式；$|sI-(A-MC)|$ 为观测器子系统的特征多项式。

由式(5.80)可见，状态反馈系统与观测器子系统的动态特性是独立的，即它们之间互不影响。

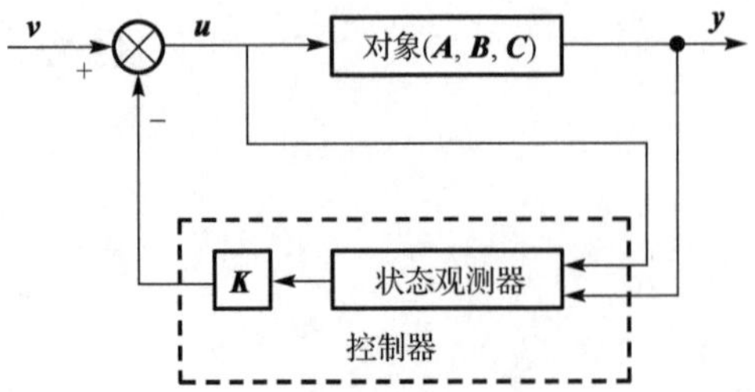

图 5.17　对象与控制器

经常把反馈增益矩阵 K 与观测器子系统集合在一起，称为控制器，如图 5.17 所示。

3. 降维状态观测器的设计

上面讨论的观测器是 n 维的，且所有 n 个状态变量都需要估计。若已有 m 个输出恰好就是其中 m 个状态变量，那么这 m 个状态变量可直接用

来反馈，只需要估计剩余的 $n-m$ 个状态变量，因此观测器的维数可降到 $n-m$ 维，这种观测器称为降维观测器。

若系统的状态变量为 $\boldsymbol{x}$，它可分为两部分：$\boldsymbol{x}_1$ 和 $\boldsymbol{x}_2$，$\boldsymbol{x}_2$ 为输出部分，$\boldsymbol{x}_1$ 为需要估计的部分，所以有

$$\dot{\boldsymbol{x}}=\begin{bmatrix}\dot{\boldsymbol{x}}_1\\ \dot{\boldsymbol{x}}_2\end{bmatrix}=\begin{bmatrix}\boldsymbol{A}_{11} & \boldsymbol{A}_{12}\\ \boldsymbol{A}_{21} & \boldsymbol{A}_{22}\end{bmatrix}\begin{bmatrix}\boldsymbol{x}_1\\ \boldsymbol{x}_2\end{bmatrix}+\begin{bmatrix}\boldsymbol{B}_1\\ \boldsymbol{B}_2\end{bmatrix}\boldsymbol{u} \tag{5.81}$$

$$\boldsymbol{y}=\begin{bmatrix}\boldsymbol{0} & \boldsymbol{I}\end{bmatrix}\begin{bmatrix}\boldsymbol{x}_1\\ \boldsymbol{x}_2\end{bmatrix}=\boldsymbol{x}_2 \tag{5.82}$$

即

$$\dot{\boldsymbol{x}}_1=\boldsymbol{A}_{11}\boldsymbol{x}_1+\boldsymbol{A}_{12}\boldsymbol{x}_2+\boldsymbol{B}_1\boldsymbol{u} \tag{5.83}$$

$$\dot{\boldsymbol{x}}_2=\boldsymbol{A}_{21}\boldsymbol{x}_1+\boldsymbol{A}_{22}\boldsymbol{x}_2+\boldsymbol{B}_2\boldsymbol{u} \tag{5.84}$$

将式(5.82)代入式(5.83)和式(5.84)，则

$$\dot{\boldsymbol{x}}_1=\boldsymbol{A}_{11}\boldsymbol{x}_1+\boldsymbol{A}_{12}\boldsymbol{y}+\boldsymbol{B}_1\boldsymbol{u} \tag{5.85}$$

$$\dot{\boldsymbol{x}}_2=\dot{\boldsymbol{y}}=\boldsymbol{A}_{21}\boldsymbol{x}_1+\boldsymbol{A}_{22}\boldsymbol{y}+\boldsymbol{B}_2\boldsymbol{u} \tag{5.86}$$

由式(5.86)得

$$\boldsymbol{A}_{21}\boldsymbol{x}_1=\dot{\boldsymbol{y}}-\boldsymbol{A}_{22}\boldsymbol{y}-\boldsymbol{B}_2\boldsymbol{u} \tag{5.87}$$

由于降维观测器只是为了估计 $\boldsymbol{x}_1$，因此可把 $\boldsymbol{A}_{21}\underline{\boldsymbol{x}_1}$ 看作观测器的输出，记为 $\underline{\boldsymbol{Z}}$，而用 $\boldsymbol{Z}$ 表示 $\boldsymbol{A}_{21}\boldsymbol{x}_1$，所以可得如图 5.18 所示的降维观测器框图。

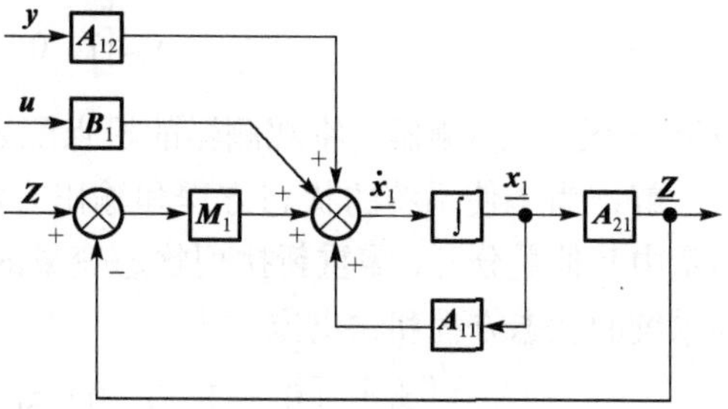

图 5.18　降维观测器

其中，$\boldsymbol{M}_1$ 为把观测器极点配置在给定位置的反馈矩阵。因此

$$\begin{aligned}\underline{\dot{\boldsymbol{x}}_1}&=(\boldsymbol{A}_{11}-\boldsymbol{M}_1\boldsymbol{A}_{21})\underline{\boldsymbol{x}_1}+\boldsymbol{A}_{12}\boldsymbol{y}+\boldsymbol{B}_1\boldsymbol{u}+\boldsymbol{M}_1\boldsymbol{Z}\\ &=(\boldsymbol{A}_{11}-\boldsymbol{M}_1\boldsymbol{A}_{21})\underline{\boldsymbol{x}_1}+\boldsymbol{A}_{12}\boldsymbol{y}+\boldsymbol{B}_1\boldsymbol{u}+\boldsymbol{M}_1(\dot{\boldsymbol{y}}-\boldsymbol{A}_{22}\boldsymbol{y}-\boldsymbol{B}_2\boldsymbol{u})\end{aligned} \tag{5.88}$$

若令

$$\boldsymbol{w}=\underline{\boldsymbol{x}_1}-\boldsymbol{M}_1\boldsymbol{y} \tag{5.89}$$

则

$$\underline{\boldsymbol{x}_1}=\boldsymbol{w}+\boldsymbol{M}_1\boldsymbol{y},\qquad \underline{\dot{\boldsymbol{x}}_1}=\dot{\boldsymbol{w}}+\boldsymbol{M}_1\dot{\boldsymbol{y}}$$

将式(5.89)代入式(5.88)，可得

$$\dot{\boldsymbol{w}}=(\boldsymbol{A}_{11}-\boldsymbol{M}_1\boldsymbol{A}_{21})\boldsymbol{w}+(\boldsymbol{B}_1-\boldsymbol{M}_1\boldsymbol{B}_2)\boldsymbol{u}+[\boldsymbol{A}_{12}-\boldsymbol{M}_1\boldsymbol{A}_{22}+(\boldsymbol{A}_{11}-\boldsymbol{M}_1\boldsymbol{A}_{21})\boldsymbol{M}_1]\boldsymbol{y} \tag{5.90}$$

由式(5.89)得 $\underline{\boldsymbol{x}}_1=\boldsymbol{w}+\boldsymbol{M}_1\boldsymbol{y}$，于是可得

$$\underline{\boldsymbol{x}}=\begin{bmatrix}\underline{\boldsymbol{x}}_1\\ \boldsymbol{x}_2\end{bmatrix}=\begin{bmatrix}\boldsymbol{w}+\boldsymbol{M}_1\boldsymbol{y}\\ \boldsymbol{y}\end{bmatrix}=\begin{bmatrix}\boldsymbol{I}\\ \boldsymbol{0}\end{bmatrix}\boldsymbol{w}+\begin{bmatrix}\boldsymbol{M}_1\\ \boldsymbol{I}\end{bmatrix}\boldsymbol{y} \tag{5.91}$$

最后的实用的降维状态观测器如图 5.19 所示。

应提到的是，在此讨论的状态观测器没有考虑噪声对状态的影响。考虑噪声的情况下估计状态值时，要用卡尔曼滤波器。

例 5.4　系统的状态变量为 $\boldsymbol{x}=[Z\quad \dot{Z}\quad \theta\quad \dot{\theta}]^{\mathrm{T}}$，输入为 u，输出为 $\boldsymbol{Z}$，系统的状态方程和输出方程为

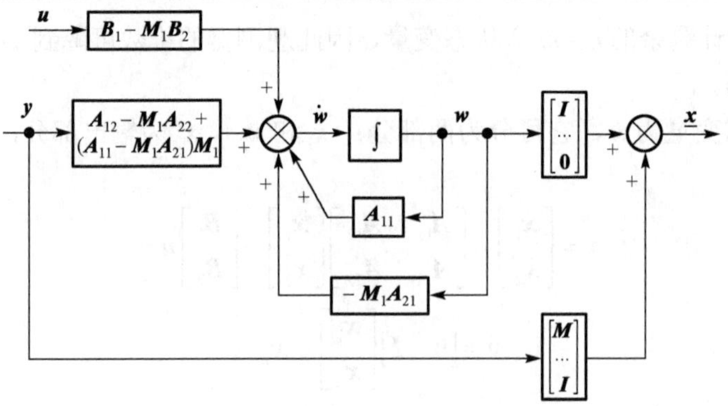

图 5.19　实用降维状态观测器

$$\dot{\boldsymbol{x}}=\begin{bmatrix}0&1&0&0\\0&0&-1&0\\0&0&0&1\\0&0&11&0\end{bmatrix}\boldsymbol{x}+\begin{bmatrix}0\\1\\0\\-1\end{bmatrix}u$$

$$\boldsymbol{y}=\begin{bmatrix}1&0&0&0\end{bmatrix}\boldsymbol{x}$$

设计一个三维观测器，将观测器的极点配置在–3，–2+j，–2–j 处。

解：为了使系统的状态方程和输出方程具有式(5.81)、式(5.82)的形式，将输出与状态向量中其他量分开，需重新排列状态变量的顺序，取 $\boldsymbol{x}=[x_1\quad x_2\quad x_3\quad x_4]^{\mathrm{T}}=[\dot{Z}\quad \theta\quad \dot{\theta}\quad Z]^{\mathrm{T}}$，则系统的状态方程和输出方程为

$$\begin{bmatrix}\dot{x}_1\\\dot{x}_2\\\dot{x}_3\\\dot{x}_4\end{bmatrix}=\begin{bmatrix}0&-1&0&0\\0&0&1&0\\0&11&0&0\\1&0&0&0\end{bmatrix}\begin{bmatrix}x_1\\x_2\\x_3\\x_4\end{bmatrix}+\begin{bmatrix}1\\0\\-1\\0\end{bmatrix}u\text{，}\quad y=\begin{bmatrix}0&0&0&1\end{bmatrix}\begin{bmatrix}x_1\\x_2\\x_3\\x_4\end{bmatrix}$$

根据式(5.90)和式(5.91)，考虑到 $\boldsymbol{A}_{12}$、$\boldsymbol{A}_{22}$ 和 $\boldsymbol{B}_2$ 都为零，为了方便起见用 $\boldsymbol{m}$ 代替 $\boldsymbol{M}_1$，并有

$$\boldsymbol{m}=[m_1\quad m_2\quad m_3]^{\mathrm{T}}$$

故有

$$\dot{\boldsymbol{w}}=(\boldsymbol{A}_{11}-\boldsymbol{m}\boldsymbol{A}_{21})\boldsymbol{w}+\boldsymbol{B}_1\boldsymbol{u}+(\boldsymbol{A}_{11}-\boldsymbol{m}\boldsymbol{A}_{21})\boldsymbol{m}\boldsymbol{y}$$

$$\underline{\boldsymbol{x}}=\begin{bmatrix}\boldsymbol{I}\\\boldsymbol{0}\end{bmatrix}\boldsymbol{w}+\begin{bmatrix}\boldsymbol{m}\\\boldsymbol{I}\end{bmatrix}\boldsymbol{y}$$

为了配置观测器的极点，必须选下列矩阵的特征多项式

$$\boldsymbol{A}_{11}-\boldsymbol{m}\boldsymbol{A}_{21}=\begin{bmatrix}0&-1&0\\0&0&1\\0&11&0\end{bmatrix}-\begin{bmatrix}m_1\\m_2\\m_3\end{bmatrix}\begin{bmatrix}1&0&0\end{bmatrix}=\begin{bmatrix}-m_1&-1&0\\-m_2&0&1\\-m_3&11&0\end{bmatrix}$$

此矩阵的特征多项式为

$$\left|s\boldsymbol{I}-(\boldsymbol{A}_{11}-\boldsymbol{m}\boldsymbol{A}_{21})\right|=s^3+m_1s^2+(-m_2-11)s+(-11m_1-m_3)$$

而满足极点配置的特征多项式应为

$$(s+3)(s+2-\mathrm{j})(s+2+\mathrm{j}) = s^3+7s^2+17s+15$$

比较上两式得　　$m_1 = 7$，$m_2 = -28$，$m_3 = -92$

将这些数代入，得状态观测器

$$\dot{\boldsymbol{w}} = \begin{bmatrix} -7 & -1 & 0 \\ 28 & 0 & 1 \\ 92 & 11 & 0 \end{bmatrix}\boldsymbol{w} + \begin{bmatrix} 1 \\ 0 \\ -1 \end{bmatrix}u + \begin{bmatrix} -21 \\ 104 \\ 336 \end{bmatrix}y$$

$$\underline{\boldsymbol{x}} = \begin{bmatrix} 1 & 0 & 0 \\ 0 & 1 & 0 \\ 0 & 0 & 1 \\ 0 & 0 & 0 \end{bmatrix}\boldsymbol{w} + \begin{bmatrix} 7 \\ -28 \\ -92 \\ 1 \end{bmatrix}y$$

5.3　离散控制系统的校正与设计

离散控制系统的校正和设计是设计一个数字控制器 $D(z)$，使系统达到一定的性能指标，数字控制器的功能是由计算机通过执行控制程序完成的，不是通过硬件实现的。

由于在计算机控制系统中既存在连续信号也存在离散信号，所以可以对系统在 Z 域上直接进行校正及设计，称为离散设计法。当采样频率远远大于系统工作频率时，也可以把离散系统近似看作连续系统进行设计。首先设计出模拟校正装置 $D(s)$，再将其转化成数字控制器的脉冲传递函数 $D(z)$，最后用数字控制器实现。这种方法称为模拟化设计法。

5.3.1　模拟化设计法

模拟化设计法适合采样频率远远大于系统工作频率的情况。将控制系统表示成如图 5.20 所示的形式，并将“A/D, $D^*(s)$, D/A”作为一个“连续校正环节”看待，其传递函数用 $D(s)$ 表示。如图 5.20 所示，这个“连续校正环节”的输入和输出都是连续量。

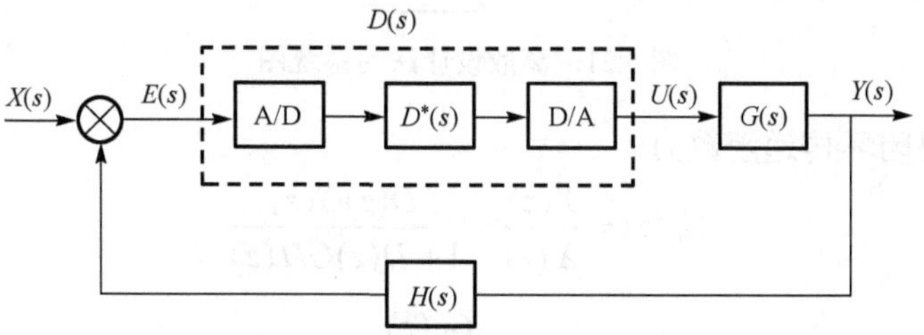

图 5.20　模拟化设计法的系统图

根据系统要求的性能指标设计校正环节的方法在前面已讨论过，本节只讨论如何把 $D(s)$ 转化为脉冲传递函数 $D(z)$，进而变为可以用计算机进行数字计算的形式。

在 Z 变换中曾设 $z = \mathrm{e}^{sT}$，应用泰勒级数展开可得

$$z = \frac{\mathrm{e}^{Ts/2}}{\mathrm{e}^{-Ts/2}} = \frac{1+Ts/2}{1-Ts/2}$$

由上式解出变换式
$$s=\frac{2}{T}\frac{z-1}{z+1}=\frac{2}{T}\frac{1-z^{-1}}{1+z^{-1}} \tag{5.92}$$

式(5.92)所表示的变换称为双线性变换法。在工程上，常采用此变换将 $D(s)$ 转换成 $D(z)$。

例 5.5　已知求得的模拟校正装置为

$$D(s)=\frac{U(s)}{E(s)}=\frac{0.2s+1}{0.02s+1}$$

求数字控制器 $D(z)$。采样周期 T=0.01s。

解：利用变换式(5.92)对 $D(s)$ 进行变换

$$D(z)=\frac{U(z)}{E(z)}=\frac{0.2\dfrac{2}{0.01}\cdot\dfrac{1-z^{-1}}{1+z^{-1}}+1}{0.02\dfrac{2}{0.01}\cdot\dfrac{1-z^{-1}}{1+z^{-1}}+1}=\frac{41-39z^{-1}}{5-3z^{-1}}=\frac{41z-39}{5z-3}$$

由上式可得　$5zU(z)-3U(z)=41zE(z)-39E(z)$

对上式进行 Z 逆变换　$5u(k)-3u(k-1)=41e(k)-39e(k-1)$

整理成编程用的差分方程　$u(k)=0.6u(k-1)+8.2e(k)-7.8e(k-1)$

5.3.2　离散设计法

在离散校正中，重要的是确定校正环节的脉冲传递函数 $D(z)$。如果根据离散系统的要求已经确定出所希望的系统脉冲传递函数 $G_b(z)$，则可用倒推的方法求得控制器的脉冲传递函数 $D(z)$。将系统表示成如图 5.21 所示的形式。其中，$D(z)$ 为数字控制器脉冲传递函数，$G(s)$ 为保持器和被控对象的传递函数，$H(s)$ 为反馈通道的传递函数。

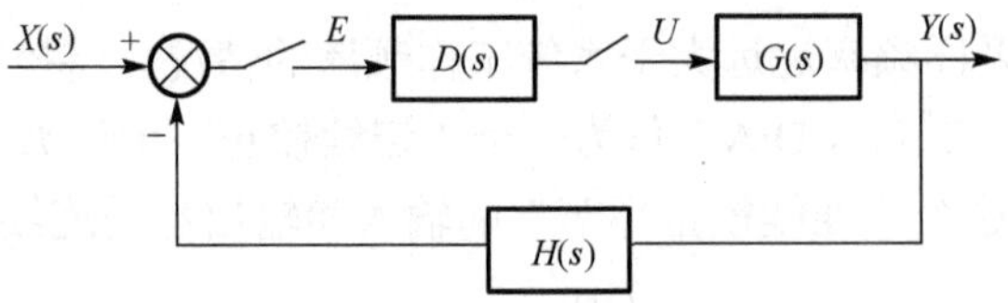

图 5.21　离散设计法的系统图

由图 5.21 可得闭环传递函数为

$$G_b(z)=\frac{Y(z)}{X(z)}=\frac{D(z)G(z)}{1+D(z)GH(z)}$$

由上式解出 $D(z)$
$$D(z)=\frac{G_b(z)}{G(z)-G_b(z)GH(z)} \tag{5.93}$$

将式(5.93)写成差分方程形式，由计算机实现这一差分方程的运算，便可完成校正装置的功能。下面举例说明。

例 5.6　确定图 5.22 所示系统的离散校正环节的脉冲传递函数 $D(z)$，希望的闭环传递函数为

$$G_b(z)=\frac{10}{z^2+2z+3}$$

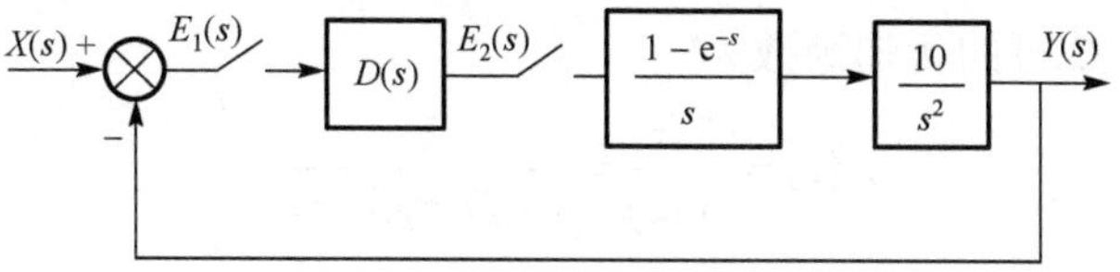

图 5.22　系统框图

解：系统连续部分的传递函数为

$$G(s)=\frac{1-e^{-s}}{s}\frac{10}{s^2}$$

其 Z 变换为
$$G(z)=\frac{5(z+1)}{(z-1)^2}$$

按式(5.93)确定校正环节的脉冲传递函数为

$$D(z)=\frac{2(z-1)^2}{(z+1)}\cdot\frac{1}{z^2+2z-7}=\frac{2z^{-1}-4z^{-2}+2z^{-3}}{1+3z^{-1}-5z^{-2}-7z^{-3}}=\frac{E_2(z)}{E_1(z)}$$

其中，$E_2(z)$ 及 $E_1(z)$ 分别为 $e_2(s)$ 和 $e_1(s)$ 的 Z 变换。根据上式，得数字控制器的差分方程为

$$e_2(n)+3e_2(n-1)-5e_2(n-2)-7e_2(n-3)=2e_1(n-1)-4e_1(n-2)+2e_1(n-3)$$

或写为

$$e_2(n)=2e_1(n-1)-4e_1(n-2)+2e_1(n-3)-3e_2(n-1)+5e_2(n-2)+7e_2(n-3) \tag{5.94}$$

由图 5.22 可知

$$e_1(i)=x(i)-y(i),\qquad i=n,n-1,n-2,n-3,\cdots \tag{5.95}$$

应用数字控制器完成校正装置的功能，就是由计算机按式(5.94)及式(5.95)计算得 $e_2(n)$,并在第 n 个采样时间由计算机输出控制量 $e_2(n)$。

5.3.3　最少拍设计

为了使系统具有最快的响应速度，使系统经过最少个采样周期(拍)达到输出的稳态误差为零的校正，称为离散系统的最少拍设计。

设离散系统如图 5.23 所示。其中，$G_p(s)$ 为被控对象的传递函数，被控对象与零阶保持器合在一起的传递函数为 $G_1(s)$；$D(z)$ 为校正装置的脉冲传递函数。

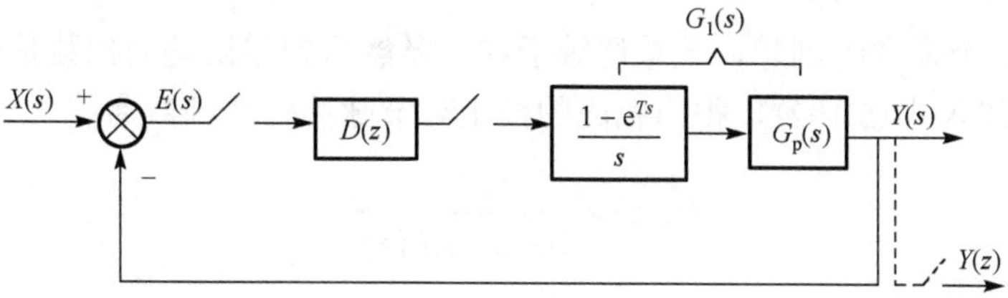

图 5.23　最少拍设计

含校正装置的系统开环脉冲传递函数为

$$G(z)=D(z)G_1(z)$$

闭环系统的脉冲传递函数为
$$G_b(z)=\frac{G(z)}{1+G(z)}=\frac{D(z)G_1(z)}{1+D(z)G_1(z)} \tag{5.96}$$

由图 5.23 可见，误差 $E(z)$ 的传递函数为

$$G_e(z) = \frac{E(z)}{X(z)} = \frac{1}{1 + D(z)G_1(z)} \tag{5.97}$$

误差 $E(z)$ 的表达式可写为

$$E(z) = G_e(z)X(z) \tag{5.98}$$

误差 $E(z)$ 不仅与误差传递函数 $G_e(z)$ 有关，而且与输入 $X(z)$ 有关。仅考虑三种典型输入所引起的误差。分别将单位阶跃、单位斜坡、单位抛物线输入的 Z 变换代入式(5.98)，得

(1) 单位阶跃函数：

$$E_p(z) = G_e(z) \cdot \frac{1}{1 - z^{-1}} \tag{5.99}$$

(2) 单位斜坡函数：

$$E_v(z) = G_e(z) \cdot \frac{Tz^{-1}}{(1 - z^{-1})^2} \tag{5.100}$$

(3) 单位抛物线函数：

$$E_a(z) = G_e(z) \cdot \frac{T^2 z^{-1}(1 + z^{-1})}{2(1 - z^{-1})^3} \tag{5.101}$$

由式(5.99)～式(5.101)可知，为了实现最少拍设计，只要适当选择误差传递函数 $G_e(z)$ 即可。由式(5.97)解出用 $G_e(z)$ 表达的校正装置脉冲传递函数为

$$D(z) = \frac{1 - G_e(z)}{G_e(z)G_1(z)} \tag{5.102}$$

将选择好的误差传递函数 $G_e(z)$ 代入式(5.102)，即可确定校正环节脉冲传递函数 $D(z)$。下面分别介绍针对上述三种典型输入的最少拍设计过程。为此，首先按 Z 变换的定义写出 $E(z)$ 为

$$E(z) = \sum_{n=0}^{\infty} e(n)z^{-n} = e(0) + e(1)z^{-1} + e(2)z^{-2} + \cdots \tag{5.103}$$

1. 针对单位阶跃输入的最少拍设计

观察式(5.99)可知，应选择误差传递函数为

$$G_e(z) = 1 - z^{-1} \tag{5.104}$$

这样，使位置误差为

$$E_p(z) = 1$$

将式(5.104)与式(5.103)比较，得　$e(0) = 1$，$e(1) = e(2) = \cdots = 0$

上式表明，从第二个采样时刻起，误差便等于零，显然达到零误差的拍数是最少的。

将式(5.104)代入式(5.102)，得出相应的校正环节脉冲传递函数为

$$D_p(z) = \frac{z^{-1}}{(1 - z^{-1})G_1(z)} \tag{5.105}$$

2. 针对单位斜坡输入的最少拍设计

观察式(5.100)可知，应选择误差传递函数为

$$G_e(z) = (1 - z^{-1})^2 \tag{5.106}$$

这样，使速度误差为

$$E_p(z) = Tz^{-1}$$

将式(5.106)与式(5.103)比较，得

$$e(0)=0,\quad e(1)=T,\quad e(2)=e(3)=\cdots=0$$

上式表明，从第三个采样时刻起，误差为零，为最少拍设计。

将式(5.106)代入式(5.102)，得出相应的校正环节脉冲传递函数为

$$D_{\mathrm{v}}(z)=\frac{2z^{-1}-z^{-2}}{(1-z^{-1})^2G_1(z)} \tag{5.107}$$

3. 针对单位抛物线输入的最少拍设计

观察式(5.101)可知，应选择误差传递函数为

$$G_{\mathrm{e}}(z)=(1-z^{-1})^3 \tag{5.108}$$

这样，使加速度误差为

$$E_{\mathrm{a}}(z)=\frac{T^2z^{-1}(1+z^{-1})}{2}=0+\frac{T^2}{2}z^{-1}+\frac{T^2}{2}z^{-2}+0+\cdots$$

将式(5.108)与式(5.103)比较，得

$$e(0)=0,\ e(1)=T^2/2,\ e(2)=T^2/2,\ e(3)=e(4)=\cdots=0$$

由上式可见，从第四个采样时刻起，误差为零，也为最少拍设计。

将式(5.108)代入式(5.102)，得出相应的校正环节脉冲传递函数为

$$D_{\mathrm{a}}(z)=\frac{1-(1-z^{-1})^3}{(1-z^{-1})^3G_1(z)}=\frac{3z^{-1}-3z^{-2}+z^{-3}}{(1-z^{-1})^3G_1(z)} \tag{5.109}$$

将式(5.105)、式(5.107)、式(5.109)分别代入式(5.96)得三种典型输入时，按最少拍设计的闭环脉冲传递函数为

$$G_{\mathrm{bp}}(z)=z^{-1},\quad G_{\mathrm{bv}}(z)=2z^{-1}-z^{-2},\quad G_{\mathrm{ba}}(z)=3z^{-1}-3z^{-2}+z^{-3} \tag{5.110}$$

例 5.7　在图 5.24 中

$$G_{\mathrm{p}}(s)=\frac{1}{s(s+1)}$$

采样周期 T=1s。求在单位斜坡输入时，使输出的稳态误差为零，调整时间最短(最少拍)的校正装置的传递函数 $D(z)$，并求在此 $D(z)$ 下，系统在单位阶跃函数输入时的输出。

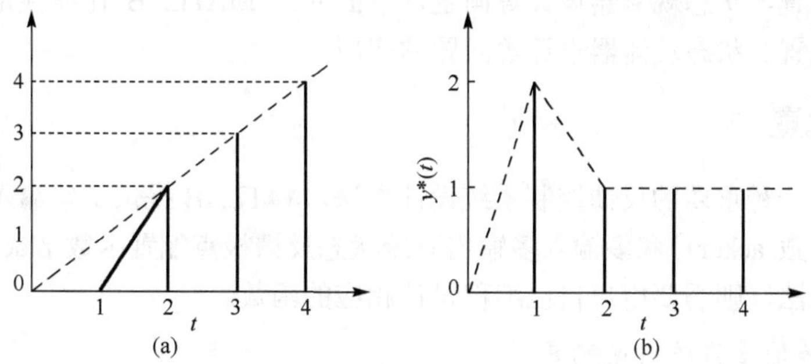

图 5.24　系统响应结果图

解：系统连续部分的传递函数为

$$G_1(z) = z\left[\frac{(1-e^{-\tau s})}{s^2(s+1)}\right] = \frac{3.7z^{-1}(1+0.72z^{-1})}{(1-z^{-1})(1-0.37z^{-1})}$$

由式(5.107)得针对单位斜坡输入的最少拍校正装置的脉冲传递函数

$$D_v(z) = \frac{2z^{-1}-z^{-2}}{(1-z^{-1})^2}\cdot\frac{(1-z^{-1})(1-0.37z^{-1})}{0.37z^{-1}(1+0.72z^{-1})} = \frac{5.4(1-0.5z^{-1})(1-0.37z^{-1})}{(1-z^{-1})(1+0.72z^{-1})}$$

由式(5.110)得系统闭环脉冲传递函数为

$$G_{bv}(z) = 2z^{-1} - z^{-2}$$

系统在单位速度输入下，系统输出的 Z 变换为

$$Y(z) = G_{bv}(z)X(z) = (2z^{-1}-z^{-2}) = \frac{z^{-1}}{2(1-z^{-1})^2} = 2z^{-2} + 3z^{-3} + 4z^{-4} + 5z^{-5} + \cdots$$

对应的响应为　　$y(0)=0,\quad y(1)=0,\quad y(2)=2,\quad y(3)=3,\quad y(4)=4,\ \cdots$

如图 5.24(a)所示，其过渡过程在第二拍结束。

下面考察此设计好的系统对单位阶跃输入的响应。响应的 Z 变换为

$$Y(z) = (2z^{-1}-z^{-2})\frac{1}{1-z^{-1}} = 2z^{-1} + z^{-2} + z^{-3} + z^{-4} + \cdots$$

对应的响应为

$$y(0)=0,\quad y(1)=2,\quad y(2)=y(3)=\cdots=1$$

其过渡过程在第二拍结束，如图 5.24(b)所示，但超调量达到 100%。从这个例子可见，按某一输入选取的 $D(z)$ 对其他输入并不一定理想。

最少拍系统虽然调整时间最短，但它可能会出现很强的控制作用，从能量角度看，是无法实现的。因此，在编制程序时，要根据具体情况，使系统在一定的采样周期内实现误差为零的结果。

5.4　MATLAB 在系统控制器设计中的应用

本章讨论现代机械自动控制系统的设计问题，涉及的主要内容有线性定常连续系统的状态反馈、极点配置、状态观测器设计等问题，下面介绍 MATLAB 在线性定常连续系统中状态反馈、极点配置、状态观测器设计等问题的应用。

5.4.1　极点配置

极点配置是一种重要的反馈控制系统设计方法。MATLAB 提供了单输入单输出系统状态反馈极点配置函数 acker()和多输入多输出系统状态反馈极点配置函数 place()，若需要进行其他极点配置方法，则需要用户自己编程设计相应的函数。

1. 单输入单输出系统极点配置

单输入单输出系统极点配置函数 acker( )的调用格式为

```
>> K=acker (A, B, P)
```

其中，A、B 分别为系统的系数矩阵和输入矩阵；P 为期望极点向量；K 为所求的状态反馈矩阵。

由于单输入单输出系统状态反馈极点配置问题的反馈矩阵 K 的解具有唯一性，因此，MATLAB 在求得反馈矩阵后，就可以构造反馈系统，进而进行反馈系统的仿真与分析了。

例 5.8　已知控制系统的系数矩阵和输入矩阵为

$$\boldsymbol{A}=\begin{bmatrix}-2.0 & -2.5 & -0.5\\ 1 & 0 & 0\\ 0 & 1 & 0\end{bmatrix},\quad \boldsymbol{B}=\begin{bmatrix}1\\0\\0\end{bmatrix}$$

期望的闭环系统极点为−1, −2 和−3，试对其进行极点配置。

解：在 MATLAB 命令窗(Command Window)依次写入下列程序

```
>> A=[-2, -2.5, -0.5; 1, 0, 0; 0, 1, 0];    %输入矩阵 A
>> B=[1; 0; 0];                              %输入矩阵 B
>> P=[-1, -2, -3];                           %输入期望的闭环极点
>> K=acker(A, B, P);                         %计算基于极点配置的状态反馈矩阵
>> Ac= A -B*K;                               %计算闭环系统的系数矩阵
```

程序运行结果

```
K=
    4.0000   8.5000   5.5000
Ac=
      -6   -11   -6
       1     0    0
       0     1    0
```

例 5.9　试在 MATLAB 中计算下列系统在期望的闭环极点为 $-1\pm \mathrm{j}2$ 时的状态反馈矩阵，计算闭环系统的初始状态响应并绘出响应曲线。

$$\dot{\boldsymbol{x}}=\begin{bmatrix}-1 & -2\\ -1 & 3\end{bmatrix}\boldsymbol{x}+\begin{bmatrix}2\\1\end{bmatrix}u$$

已知系统的初始状态为 $\boldsymbol{x}_0=[2\quad -3]^{\mathrm{T}}$。

解：在 MATLAB 命令窗(Command Window)依次写入下列程序：

```
>> A=[-1, -2; -1, 3];                  %输入矩阵 A
>> B=[2; 1];                           %输入矩阵 B
>> x0 =[2; -3];                        %输入初始状态
>> P=[-1+2j, -1-2j];                   %输入期望的闭环极点
>> K=acker(A, B, P)                    %计算基于极点配置的状态反馈矩阵
>> Ac= A -B*K;                         %计算闭环系统的系数矩阵
>> sys=ss(Ac, B, [ ], [ ]);            %定义系统
>> [y, t, x]=initial(sys, x0);         %求系统在[0, 0.5s]的初始状态响应
>> plot(t, x)                          %绘制以时间为横坐标的状态响应曲线图
```

程序运行结果

```
K=
   -2.3333   8.6667
```

输出的闭环系统初始状态响应曲线如图 5.25 所示。

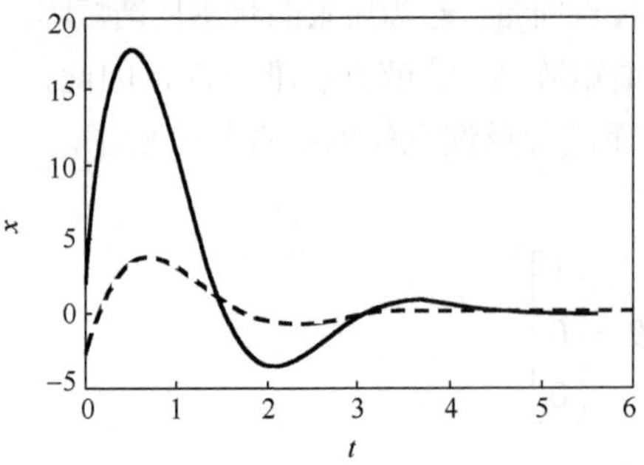

图 5.25　系统响应曲线

2. 多输入多输出系统极点配置

由于多输入多输出系统极点配置问题求得的状态反馈矩阵解可能不唯一，因此根据不同的设计要求与目的，存在多种多输入系统极点配置方法，如化为单输入单输出系统的极点配置、鲁棒特征结构配置的极点配置等。MATLAB 的函数 place( )提供了一种使闭环特征值对系数矩阵 $\boldsymbol{A}$ 和输入矩阵 $\boldsymbol{B}$ 的扰动的敏感性最小的鲁棒特征结构极点配置方法。多输入多输出系统极点配置函数 place( )的调用格式为

```
>> K=place(A, B, P)
```

其中，A、B 分别为系统的系数矩阵和输入矩阵；P 为期望极点向量；K 为所求的状态反馈矩阵。

例 5.10　已知控制系统的系数矩阵和输入矩阵为

$$\boldsymbol{A}=\begin{bmatrix}-0.1 & 5 & 0.1\\ -5 & -0.1 & 5\\ 0 & 0 & -10\end{bmatrix},\quad \boldsymbol{B}=\begin{bmatrix}0\\0\\10\end{bmatrix}$$

期望的闭环系统极点为−1+j5、−1−j5、−10，试对其进行极点配置。

解：在 MATLAB 命令窗(Command Window)依次写入下列程序：

```
>> A=[-0.1, 5, 0.1; -5, -0.1, 5; 0, 0, -10];   %输入矩阵 A
>> B=[0; 0; 10];                               %输入矩阵 B
>> P=[-1+5j, -1-5j, -10];                      %输入期望的闭环极点
>> K=place(A, B, P);                           %计算基于极点配置的状态反馈矩阵
>> ceig=eig(A -B*K);                           %检验计算闭环系统的特征值
```

程序运行结果

```
K =
      -0.1404    0.3754    0.1800
ceig =
      -1.0000 + 5.0000i
      -1.0000 - 5.0000i
     -10.0000
```

计算结果表明闭环系统的极点准确配置在期望的极点位置上。

5.4.2　状态观测器设计

状态观测器是实现状态反馈控制系统的关键环节。MATLAB 没有提供直接设计状态观测器的函数，需要用户自己设计相应的程序和函数。

例 5.11　设系统的状态空间表达式为

$$\dot{\boldsymbol{x}}=\begin{bmatrix}0 & 0 & 2\\ 1 & 0 & 9\\ 0 & 1 & 0\end{bmatrix}\boldsymbol{x}+\begin{bmatrix}3\\2\\1\end{bmatrix}u,\quad y=\begin{bmatrix}0 & 0 & 1\end{bmatrix}\boldsymbol{x}$$

试设计一个状态观测器，使极点为−3、−4、−5。

解：程序如下。

(1) 首先判断可观测性。

```
A=[0 0 2; 1 0 9; 0 1 0];            %输入矩阵 A
B=[3; 2; 1];                         %输入矩阵 B
C=[0, 0, 1];                         %输入矩阵 C
Ob=obsv(A, C);                       %求可观测性判断矩阵
Roam=rank (Ob);                      %求可观测性判断矩阵的秩
n=3;
if Roam==n                           %根据可观测性判断矩阵的秩判断是否可观测
      disp('系统可观测');
else
      disp('系统不可观测');
End
```

程序运行结果：

```
系统可观测
```

(2) 设计状态观测器。

```
A=[0, 0, 2; 1, 0, 9; 0, 1, 0];          %输入矩阵 A
B=[3; 2; 1];                             %输入矩阵 B
C=[0, 0, 1];                             %输入矩阵 C
P=[-3, -4, -5];                          %输入期望的闭环极点
A1=A';                                   %求矩阵 A 的转置
B1=C';                                   %求矩阵 C 的转置
K=acker(A1, B1, P);                      %计算基于极点配置的状态反馈矩阵
M=K'                                     %求反馈矩阵 M
ahc=A-H*C                                %验证极点配置后的系数矩阵
```

程序运行结果：

```
  M=
       62
       56
       12
  ahc=
        0    0    -60
        1    0    -47
        0    1    -12
```

5.5　工程实例中的系统校正与设计

5.5.1　工作台位置自动控制系统

第 1 章描述了工作台位置自动控制系统的基本结构和工作原理。第 2 章对系统物理模型作了简化，即在系统中没有含控制器，并建立了它的数学模型和传递函数。在此基础上，分析了该系统的时域特性。为了进一步改善系统性能，对该系统进行校正。采用的校正方法如下。

(1) 串联校正。在比较放大环节的后面加一个控制器。根据校正前系统开环传递函数的特点，采用 PI 控制器，将系统校正成典型Ⅱ型系统。

(2) 并联校正。采用局部反馈，将工作台的速度信号反馈到功率放大器前面，用来减小直流电动机至工作台这一部分的时间常数，可有效地提高系统响应速度。

校正后的系统框图如图 5.26 所示。

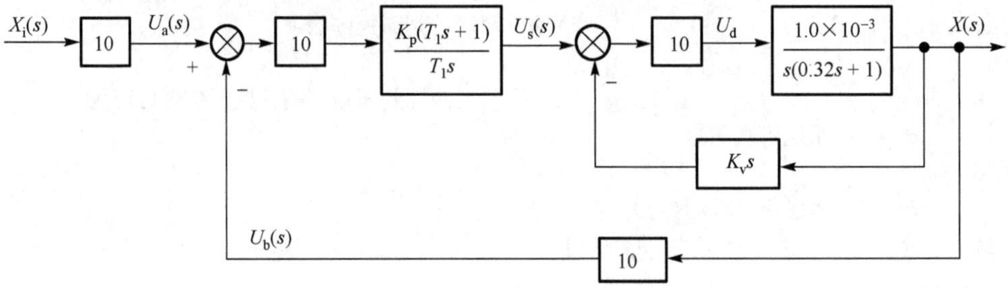

图 5.26　用传递函数表示的位置控制系统框图

速度环的传递函数为

$$G_{xb}(s)=\frac{X(s)}{U_s(s)}=\frac{1}{100+K_v}\cdot\frac{1}{s\left(\frac{32}{100+K_v}s+1\right)}=\frac{K_1}{s(T_2s+1)}$$

其中

$$K_1=\frac{1}{100+K_v},\quad T_2=\frac{32}{100+K_v} \tag{5.111}$$

此系统的开环传递函数为

$$G_k(s)=\frac{1000K_pK_1}{T_1}\cdot\frac{T_1s+1}{s^2(T_2s+1)}=\frac{K(T_1s+1)}{s^2(T_2s+1)} \tag{5.112}$$

其中开环总增益：

$$K=\frac{1000K_pK_1}{T_1} \tag{5.113}$$

这属于典型Ⅱ型系统，由典型Ⅱ型动态特性指标与参数 h 的关系表可知，t_s/T_2=12.25，取 t_s=1，则 T_2=1/12.25=0.0816。由式(5.111)的第二式，可解出 K_v=292。再代入式(5.111)的第一式，得 $K_1=2.55\times10^{-3}$。又由于 $h=T_1/T_2$，所以 $T_1=hT_2=8\times0.0816=0.653$，根据公式得

$$K=\frac{h+1}{2h^2T_2^2}=\frac{8+1}{2\times8^2\times0.0816^2}=10.56$$

由式(5.113)解，得

$$K_p=\frac{KT_1}{1000K_1}=\frac{10.56\times0.653}{1000\times2.55\times10^{-3}}=2.70$$

校正装置的传递函数为

$$G_c(s)=\frac{2.70(0.653s+1)}{0.653s}$$

把 K、T_1、T_2 的值代入式(5.112)，得此系统的开环传递函数

$$G_k(s)=\frac{10.56(0.653s+1)}{s^2(0.0816s+1)}$$

最后的系统框图如图 5.27 所示。

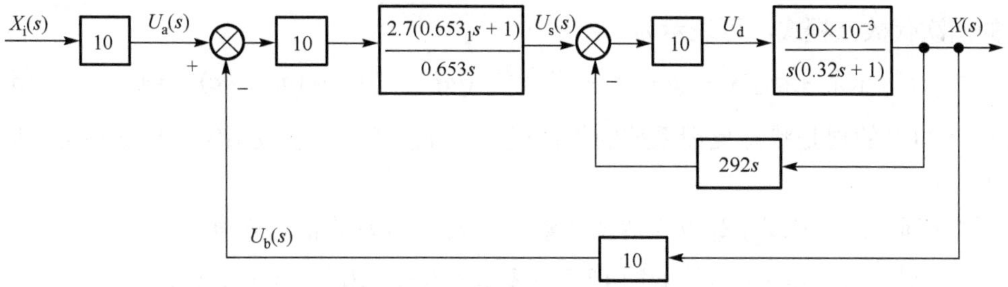

图 5.27　位置控制系统的最后框图

由于 $\omega_1=1/T_1=1/0.653=1.53$，$\omega_2=1/T_2=1/0.0816=12.25$，又由于

$$\omega_c=\frac{h+1}{2}\omega_1=\frac{8+1}{2}\times1.53=6.89\ (\text{rad/s})$$

可计算出系统的相位稳定裕度

$$\gamma=\arctan\omega_c T_1-\arctan\omega_c T_2=\arctan(6.89\times0.653)-\arctan(6.89\times0.0816)=48.12^\circ$$

由前面已知系统调整时间 $t_s=1\text{s}$。查表可知系统超调量为 27.2%，又可计算其上升时间 $t_s=3.2\times T_2=3.2\times0.0816\text{s}=0.26\text{ s}$。

5.5.2　倒立振子/台车控制系统

对于可控制系统，通过状态反馈可实现稳定的系统控制。这里用状态向量与一个系数矩阵的积作为控制向量。

$$\boldsymbol{u}=\boldsymbol{kx} \tag{5.114}$$

控制力 u 是一个加给台车水平方向的力，状态变量有四个，所以反馈系数是 1×4 的矩阵

$$\boldsymbol{k}=\begin{bmatrix}k_1 & k_2 & k_3 & k_4\end{bmatrix} \tag{5.115}$$

根据方程(5.114)该系统状态反馈控制力为

$$u=k_1x_1+k_2x_2+k_3x_3+k_4x_4=k_1\psi+k_2\dot{\psi}+k_3y+k_4\dot{y} \tag{5.116}$$

反馈系统矩阵 K 的元素——四个系数 k_1,k_2,k_3,k_4 的值应根据极点配置法进行选择，才能控制倒立振子垂直竖立，而且使台车位置保持某基准位置。

由第 4 章的分析知，系统的有特征根的实部是正值，所以系统是不稳定的。即当 $u=0$ 时，倒立振子系统是不稳定的系统。对这样一个不稳定系统应用状态反馈，可使振子垂直($\psi=0$)且使台车处于基准位置($y=0$)，即达到稳定状态。

在用第 2 章状态方程式(2.119)表示的系统中，应用状态反馈式(5.114)所构成的状态方程为

$$\dot{\boldsymbol{x}}=(\boldsymbol{A}+\boldsymbol{BK})\boldsymbol{x} \tag{5.117}$$

所以闭环控制系统的特征根以矩阵($\boldsymbol{A}+\boldsymbol{BK}$)的特征值给出。系统稳定的充要条件是所有特征值都要处于复平面的左半平面。矩阵($\boldsymbol{A}+\boldsymbol{BK}$)的特征值是方程式 $|s\boldsymbol{I}-(\boldsymbol{A}+\boldsymbol{BK})|=0$ 的根，可用下式表示

$$\left|\begin{bmatrix}s&0&0&0\\0&s&0&0\\0&0&s&0\\0&0&0&s\end{bmatrix}-\begin{bmatrix}0&1&0&0\\a&0&0&0\\0&0&0&1\\b&0&0&0\end{bmatrix}-\begin{bmatrix}0\\c\\0\\d\end{bmatrix}\times\begin{bmatrix}k_1&k_2&k_3&k_4\end{bmatrix}\right|=0 \tag{5.118}$$

这是 s 的四次代数方程式，可表示为

$$s^4-(ck_2+dk_4)s^3-(a+ck_1+dk_3)s^2+(ad-bc)k_4s+(ad-bc)k_3=0 \tag{5.119}$$

方程(5.119)的根是状态反馈系统的特征根，适当选择反馈系数系统的特征根可以取得所希望的值。

把四个特征值 $\lambda_1,\lambda_2,\lambda_3,\lambda_4$ 设为四次代数方程式(5.119)的根，则有

$$\begin{aligned}&s^4-(\lambda_1+\lambda_2+\lambda_3+\lambda_4)s^3+(\lambda_1\lambda_2+\lambda_2\lambda_3+\lambda_3\lambda_4+\lambda_4\lambda_1+\lambda_1\lambda_3+\lambda_2\lambda_4)s^2\\&-(\lambda_1\lambda_2\lambda_3+\lambda_2\lambda_3\lambda_4+\lambda_3\lambda_4\lambda_1+\lambda_4\lambda_1\lambda_2)s+\lambda_1\lambda_2\lambda_3\lambda_4=0\end{aligned} \tag{5.120}$$

比较式(5.119)和式(5.120)可知，为使控制系统的特征根为任意指定的特征值 $\lambda_1,\lambda_2,\lambda_3,\lambda_4$，式(5.119)的各项系数必须与对应的式(5.120)的系数一致，因此有下列联立方程式

$$\begin{cases}ck_2+dk_4=\lambda_1+\lambda_2+\lambda_3+\lambda_4\\-(a+ck_1+dk_3)=\lambda_1\lambda_2+\lambda_2\lambda_3+\lambda_3\lambda_4+\lambda_4\lambda_1+\lambda_1\lambda_3+\lambda_2\lambda_4\\-(ad-bc)k_4=\lambda_1\lambda_2\lambda_3+\lambda_2\lambda_3\lambda_4+\lambda_3\lambda_4\lambda_1+\lambda_4\lambda_1\lambda_2\\(ad-bc)k_3=\lambda_1\lambda_2\lambda_3\lambda_4\end{cases} \tag{5.121}$$

若把该联立方程式的状态反馈系数 k_1、k_2、k_3、k_4 作为未知数解出，就会得到特征根为 λ_1、λ_2、λ_3、λ_4 的闭环控制系统。

极点配置法是以用可控线性状态方程表示的系统为对象，当进行状态反馈控制时，让控制系统的特征根(极点)成为指定值的反馈系数矩阵的设计方法。上面以倒立振子 / 台车系统为例说明了极点配置法的原理。在存在多控制力的控制系统中，存在着满足指定极点的无数组反馈系数。在此，我们只要能理解极点配置法的原理就足够了。

作为研究对象的倒立振子/台车系统是个四阶系统，需给出四个特征根，其值应是实数或共轭复数。

当将特征根指定为 $\lambda_1,\lambda_2,\lambda_3,\lambda_4=-1\pm 2\mathrm{j},\ -2\pm\mathrm{j}$ 时，利用方程式(5.121)可得下列方程组

$$\begin{aligned}&-0.6k_2+0.8k_4=-3\\&-12+0.6k_1-0.8k_3=18\\&-3k_4=-15\\&6k_3=25\end{aligned}$$

求解后得 $k_1=55.6, k_2=16.7, k_3=4.17, k_4=5.0$。

根据式(5.114)，施加在台车水平方向的控制力为

$$u=55.6\psi+16.7\dot{\psi}+4.17y+5.0\dot{y},\quad \mathrm{N} \tag{5.122}$$

进行状态反馈，可以使处于任意初始状态的系统稳定在平衡状态，即所有的状态变量都可稳定在零的状态。这就意味着即使在初始状态或因存在外扰时，振子稍有倾斜或台车偏离基准位置，依靠该状态反馈控制也可以使振子垂直竖立，使台车保持在基准位置。

相对平衡状态的偏移，得到迅速修正的程度要依赖于指定的特征根的值。一般来说，将指定的特征根配置在原点的左侧，离原点越远，控制动作就越迅速，但相应地需要更大的控制力和快速的灵敏度。

图 5.28 表示在复平面上指定的特征根配置成三种情况分别得到的反馈系数 k_1、k_2、k_3、k_4。这显示出特征根越往复平面的左侧配置，k_1、k_2、k_3、k_4 的值就越大这一倾向。但无论什么情况，k_1、k_2、k_3、k_4 都取正值。

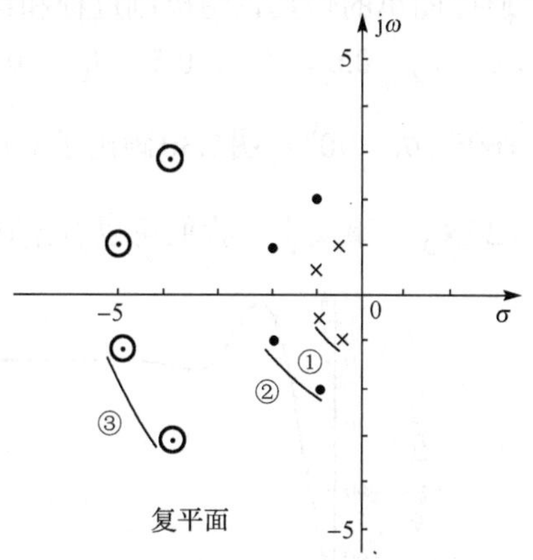

符号	指定特征根	反馈系数
① ×	$\lambda_{1,2}=-0.5\pm j$ $\lambda_{3,4}=-1\pm 0.5j$	$k_1=27.8,\ k_2=5.83$ $k_3=0.26,\ k_4=0.625$
② •	$\lambda_{1,2}=-1\pm 2j$ $\lambda_{3,4}=-2\pm j$	$k_1=55.6,\ k_2=16.7$ $k_3=4.17,\ k_4=5.0$
③ ⊙	$\lambda_{1,2}=-4\pm 3j$ $\lambda_{3,4}=-5\pm j$	$k_1=383,\ k_2=132$ $k_3=108,\ k_4=76.3$

图 5.28　极点配置法指定的特征根和得到的反馈系数

那么，对于倒立振子/台车的状态反馈控制系统，在应用极点配置法求得以上反馈系数时，振子角度和台车位置在时域上具有怎样的特性，才能使系统处在平衡状态，用仿真法来确认一下。

5.5.3　简单机械手

设图 5.29 中的机械手在水平面上（$\boldsymbol{g}(\boldsymbol{\theta})=0$），则系统动力学方程为

$$\boldsymbol{M}(\boldsymbol{\theta})\ddot{\boldsymbol{\theta}}+\boldsymbol{c}(\boldsymbol{\theta},\dot{\boldsymbol{\theta}})=\boldsymbol{\tau} \tag{5.123}$$

其中，$\boldsymbol{M}(\boldsymbol{\theta})\ddot{\boldsymbol{\theta}}$ 为惯性力；$\boldsymbol{c}(\boldsymbol{\theta},\dot{\boldsymbol{\theta}})$ 为离心力；惯性矩阵 $\boldsymbol{M}(\boldsymbol{\theta})$ 与关节位置 $\boldsymbol{\theta}$ 有关，这与物理理解是一致的(因为伸长的臂比折叠的臂惯性大)，离心力随着每个关节速度平方的变化和两个不同关节速度乘积的变化而变化。其具体值为

$$\boldsymbol{M}(\boldsymbol{\theta})=\begin{bmatrix} M_{11} & M_{12} \\ M_{21} & M_{22} \end{bmatrix},\quad \boldsymbol{c}(\boldsymbol{\theta},\dot{\boldsymbol{\theta}})=\begin{bmatrix} c_1 \\ c_2 \end{bmatrix}$$

$$M_{11}=m_1L_{C1}^2+I_{C1}+m_2(L_1^2+L_{C2}^2+2L_1L_{C2}\cos\theta_2)+I_{C2}\text{；}\quad M_{12}=m_2(L_{C2}^2+L_1L_{C2}\cos\theta_2)+I_{C2}$$

$$M_{21}=M_{12}\text{；}\quad M_{22}=m_2L_{C2}^2+I_{C2}$$

$$c_1=-m_2L_1L_{C2}\sin\theta_2(\dot{\theta}_2^2+2\dot{\theta}_1\dot{\theta}_2)\text{；}\quad c_2=m_2L_1L_{C2}\dot{\theta}_1^2\sin\theta_2$$

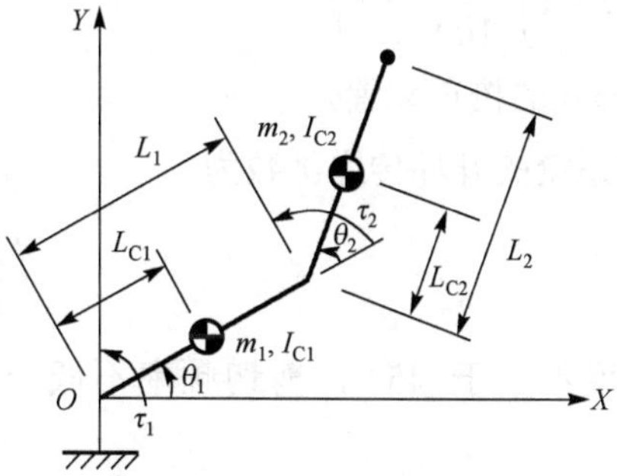

图 5.29　二自由度机械手

并且任务就是把它移动到给定的目标位置，如有一个期望的关节角的向量 $\boldsymbol{\theta}_d$ 所确定的最后位置。把能量守恒写为如下的形式

$$\frac{1}{2}\frac{d}{dt}[\dot{\boldsymbol{\theta}}^T\boldsymbol{M}\dot{\boldsymbol{\theta}}]=\dot{\boldsymbol{\theta}}^T\boldsymbol{\tau} \tag{5.124}$$

式(5.124)中左边是机械手动能的导数，右边表示执行器的功率输入。当然，式(5.124)并不说明离心力消失了，而是它们现在被隐含在惯性矩阵 $\boldsymbol{M}(\boldsymbol{\theta})$ 的时间导数中了。很容易证明比例-微分控制器的稳定性和收敛性。控制输入

$$\boldsymbol{\tau}=-\boldsymbol{K}_P\tilde{\boldsymbol{\theta}}-\boldsymbol{K}_D\dot{\tilde{\boldsymbol{\theta}}} \tag{5.125}$$

其中，$\boldsymbol{K}_P$ 和 $\boldsymbol{K}_D$ 为正常对称正定矩阵；$\tilde{\boldsymbol{\theta}}=\boldsymbol{\theta}-\boldsymbol{\theta}_d$。

通过简单的仿真说明控制过程和结果，仿真中使用$m_1=1$，$L_1=1$，$L_{C1}=0.5$，$I_{C1}=0.12$，$m_2=2$，$L_2=0.6$，$L_{C2}=0.5$，$I_{C2}=0.25$。要求机器人开始静止在（$\theta_1=0$，$\theta_2=0$），运动到（$\theta_1=60°$，$\theta_2=90°$）。图5.30画出了对应的暂态位置误差和控制力矩，其中，$\boldsymbol{K}_{\mathrm{D}}=\begin{bmatrix}100 & 0\\0 & 100\end{bmatrix}$，$\boldsymbol{K}_{\mathrm{P}}=20\boldsymbol{K}_{\mathrm{D}}$。事实上，我们可以看出在暂态稳定后，比例-微分控制器完成了位置控制。

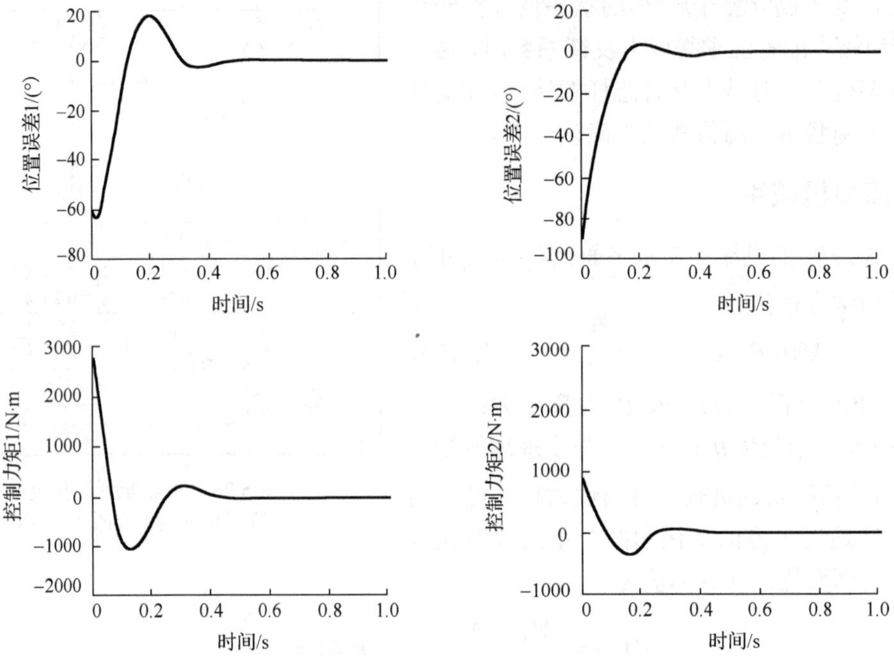

图 5.30　在比例-微分控制下的位置误差和控制力矩

习　　题

5.1　某单位负反馈系统的开环传递函数为$G(s)=\dfrac{1}{\left(\dfrac{1}{3.6}s+1\right)\left(\dfrac{1}{100}s+1\right)}$，要使系统的速度误差系统$K_{\mathrm{v}}=10$，相位裕度$\gamma\geqslant 25°$。试设计一个最简单形式的校正装置。

5.2　为满足要求的稳态性能指标，一单位负反馈伺服系统的开环传递函数为

$$G(s)=\frac{200}{s(0.1s+1)}$$

试设计一个无源校正网络，使已校正系统的相位裕度不小于 45°，剪切频率不低于50rad/s。

5.3　单位负反馈最小相位系统校正前、后的开环对数幅频特性如题 5.3 图所示。

(1) 求串联校正装置的传递函数$G_{\mathrm{c}}(s)$。

(2) 求串联校正后，使闭环系统稳定的开环增益$\boldsymbol{K}$的值。

5.4　已知控制系统的系数矩阵为

$$A=\begin{bmatrix}-2.0 & -2.5 & -0.5\\ 1 & 0 & 0\\ 0 & 1 & 0\end{bmatrix},\quad B=\begin{bmatrix}1\\0\\0\end{bmatrix}$$

闭环系统的极点为 $s=-1,-2,-3$，对其进行极点配置。

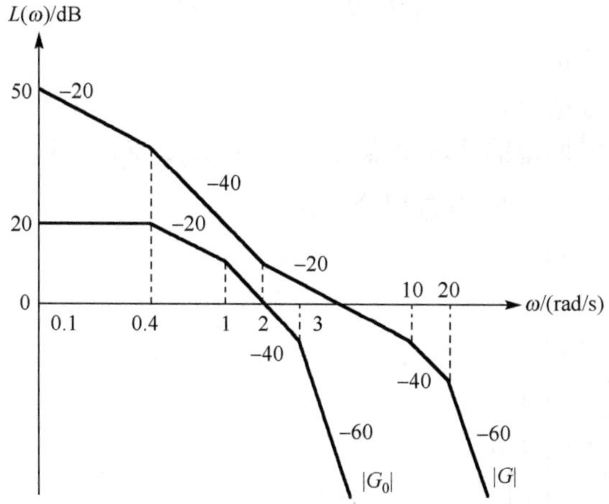

题 5.3 图

5.5　已知欠阻尼模态的系数矩阵为

$$A=\begin{bmatrix}-0.1 & 5 & 0.1\\ -5 & -0.1 & 5\\ 0 & 0 & -10\end{bmatrix},\quad B=\begin{bmatrix}0\\0\\10\end{bmatrix}$$

闭环系统的极点为 $s=-1\pm 5\mathrm{j},\ -10$，对其进行极点配置。

5.6　已知受控系统的系数矩阵为

$$A=\begin{bmatrix}0 & 1\\ -3 & -4\end{bmatrix},\quad B=\begin{bmatrix}0\\1\end{bmatrix}$$

设计状态反馈矩阵 K 使闭环极点为−4 和−5。

5.7　设受控系统传递函数为 $\dfrac{Y(s)}{U(s)}=\dfrac{10}{s(s+2)(s+5)}$，试用状态反馈使闭环极点配置在 $-4,\ -1\pm\mathrm{j}$。

5.8　已知单输入、单输出线性定常连续系统的开环传递函数为

$$\frac{Y(s)}{U(s)}=\frac{1}{s(s+2)(s+3)}$$

试确定状态反馈矩阵 K，将闭环极点配置在 $s_{1,2}=-1\pm\mathrm{j},\ s_3=-6$ 的位置上。

5.9　已知一个简谐振子的状态方程为

$$\dot{x}=\begin{bmatrix}0 & 1\\ -1 & 0\end{bmatrix}x+\begin{bmatrix}1\\0\end{bmatrix}u$$

$$y=\begin{bmatrix}0 & 1\end{bmatrix}x$$

(1) 讨论系统的稳定性。

(2) 加输出反馈可否使系统稳定？

(3) 加状态反馈可否使系统稳定？

5.10　系统状态方程为

$$\dot{\boldsymbol{x}}=\begin{bmatrix}1&0&0\\0&2&1\\0&0&-5\end{bmatrix}\boldsymbol{x}+\begin{bmatrix}1\\1\\0\end{bmatrix}u$$

(1) 该系统是否渐近稳定？

(2) 该系统是否状态反馈稳定？

(3) 设计状态反馈，使期望的闭环极点为 $\lambda_{1,2}=-2\pm \mathrm{j}2,\ \lambda_3=-5$。

5.11　两个线性定常系统的状态方程分别为

(1) $\dot{\boldsymbol{x}}=\begin{bmatrix}2&0&0\\0&2&0\\0&0&1\end{bmatrix}\boldsymbol{x}+\begin{bmatrix}1\\1\\1\end{bmatrix}u$

(2) $\dot{\boldsymbol{x}}=\begin{bmatrix}0&1&0\\0&0&1\\0&-2&-3\end{bmatrix}\boldsymbol{x}+\begin{bmatrix}0\\0\\1\end{bmatrix}u$

选出一个可以实施状态反馈的系统，设计状态反馈矩阵 $\boldsymbol{K}$，要求反馈系统的特征值为 $\lambda_1=-5$，$\lambda_{2,3}=-1\pm \mathrm{j}$。

5.12　设二阶系统为

$$\dot{\boldsymbol{x}}=\begin{bmatrix}-1&1\\-4&-1\end{bmatrix}\boldsymbol{x}+\begin{bmatrix}0\\1\end{bmatrix}u$$

(1) 该系统能否通过状态反馈来实现闭环极点任意配置，为什么？

(2) 设希望闭环极点为 $\lambda_1=-6, \lambda_2=-7$，试设计状态反馈矩阵 $\boldsymbol{K}$。

5.13　已知受控系统的开环传递函数为 $G(s)=\dfrac{2s+3}{s^2+4s+3}$，设计状态反馈矩阵 K 使闭环极点为−4 和−5，并求其闭环系统状态系数矩阵。

5.14　已知倒立摆杆的线性化模型如下。设计状态反馈矩阵 $\boldsymbol{K}$ 使闭环极点为 $-1,-2,\ -1\pm \mathrm{j}$，并计算闭环系统状态系数矩阵。

$$\boldsymbol{A}=\begin{bmatrix}0&1&0&0\\0&0&-1&0\\0&0&0&1\\0&0&11&0\end{bmatrix},\quad \boldsymbol{B}=\begin{bmatrix}0\\1\\0\\-1\end{bmatrix}$$

5.15　给定受控系统的传递函数为 $G(s)=\dfrac{10}{s(s+1)(s+2)}$，设计状态反馈矩阵 $\boldsymbol{K}$ 使闭环极点为 $-2,-1\pm \mathrm{j}$，并计算闭环系统状态系数矩阵。

5.16　已知系统的状态方程为

$$\dot{\boldsymbol{x}}=\begin{bmatrix}-2&-1&1\\1&0&1\\-1&0&1\end{bmatrix}\boldsymbol{x}+\begin{bmatrix}1\\1\\1\end{bmatrix}u$$

采用状态反馈，将系统的极点配置到–1，–2，–3，求状态反馈矩阵 $\boldsymbol{K}$。

5.17　已知系统的状态方程为

$$\dot{\boldsymbol{x}}=\begin{bmatrix}0 & 0 & 4 & 1\\ 10 & 13 & 2 & 8\\ -3 & -3 & 0 & -2\\ -10 & -14 & -5 & -9\end{bmatrix}\boldsymbol{x}+\begin{bmatrix}-2 & 0\\ 4 & -3\\ -1 & 1\\ -3 & 3\end{bmatrix}\boldsymbol{u}$$

求使状态反馈系统的闭环极点为 $-2,-3,(-1\pm \mathrm{j}\sqrt{3})/2$ 的状态反馈矩阵 $\boldsymbol{K}$。

5.18　已知线性系统的状态方程和输出方程为

$$\dot{\boldsymbol{x}}=\begin{bmatrix}0 & 1\\ -3 & -4\end{bmatrix}\boldsymbol{x}+\begin{bmatrix}0\\ 1\end{bmatrix}u$$

$$y=\begin{bmatrix}2 & 0\end{bmatrix}\boldsymbol{x}$$

试设计一观测器，使观测器的极点配置在 $s_1=s_2=-10$ 。

5.19　线性系统的状态方程与输出方程为

$$\dot{\boldsymbol{x}}=\begin{bmatrix}0 & 1\\ 0 & -5\end{bmatrix}\boldsymbol{x}+\begin{bmatrix}0\\ 100\end{bmatrix}u$$

$$y=\begin{bmatrix}1 & 0\end{bmatrix}\boldsymbol{x}$$

状态 $x_1(t)$、$x_2(t)$ 不可观测。试设计一状态观测器，并用观测器估计出的状态进行状态反馈，使系统的闭环极点为 $-5\pm \mathrm{j}4$，观测器的极点为–20，–25。

5.20　系统状态空间表达式为

$$\dot{\boldsymbol{x}}=\begin{bmatrix}-2 & 2 & -1\\ 0 & -2 & 0\\ 1 & -4 & 0\end{bmatrix}\boldsymbol{x}+\begin{bmatrix}0\\ 0\\ 1\end{bmatrix}u$$

$$y=\begin{bmatrix}0 & 0 & 1\end{bmatrix}\boldsymbol{x}$$

(1) 设计全维状态观测器，要求观测器的极点为–5。

(2) 设状态反馈增益矩阵 $\boldsymbol{K}=\begin{bmatrix}-1 & 5 & 5\end{bmatrix}$，求带观测器的状态反馈系统从 u 到 y 的传递函数。

5.21　已知开环系统

$$\dot{\boldsymbol{x}}=\begin{bmatrix}0 & 1 & 0\\ 0 & 0 & 1\\ -6 & -11 & -6\end{bmatrix}\boldsymbol{x}+\begin{bmatrix}0\\ 0\\ 1\end{bmatrix}u$$

$$y=\begin{bmatrix}1 & 0 & 0\end{bmatrix}\boldsymbol{x}$$

设计全维状态观测器，使观测器的闭环极点为 $-2\pm \mathrm{j}2\sqrt{3}$，$-5$ 。

5.22　系统的状态空间表达式如下

$$\dot{\boldsymbol{x}}=\begin{bmatrix}1 & 0\\ 0 & 0\end{bmatrix}\boldsymbol{x}+\begin{bmatrix}1\\ 1\end{bmatrix}u$$

$$y=\begin{bmatrix}2 & -1\end{bmatrix}\boldsymbol{x}$$

试设计降维观测器，使观测器的极点为–10。

5.23　已知开环系统

$$\dot{\boldsymbol{x}} = \begin{bmatrix} 0 & 1 & 0 \\ 0 & 0 & 1 \\ -6 & -11 & -6 \end{bmatrix} \boldsymbol{x} + \begin{bmatrix} 0 \\ 0 \\ 1 \end{bmatrix} u$$

$$y = \begin{bmatrix} 1 & 0 & 0 \end{bmatrix} \boldsymbol{x}$$

试设计降维状态观测器，使观测器的闭环极点为 $-2 \pm \mathrm{j}2\sqrt{3}$ 。

5.24　已知开环系统

$$\dot{\boldsymbol{x}} = \begin{bmatrix} 0 & 1 \\ 20.6 & 0 \end{bmatrix} \boldsymbol{x} + \begin{bmatrix} 0 \\ 1 \end{bmatrix} u$$

$$y = \begin{bmatrix} 1 & 0 \end{bmatrix} \boldsymbol{x}$$

设计状态反馈，使闭环极点为 $-1.8 \pm \mathrm{j}2.4$ ，而且状态不可观测；设计状态观测器使其闭环极点为−8，−8。

第 6 章　最优控制理论基础

近年来，由于对系统控制质量的要求越来越高，并且计算机在控制领域的应用越来越广泛，所以最优控制系统受到很大重视。最优控制的目的是使系统的某种性能指标达到最佳，也就是说，利用控制作用可按照人们的愿望选择一条能达到目标的最佳途径。至于哪一途径为最优，对于不同的系统有不同的要求。而且对于同一系统，也可能有不同的要求。例如，在机床加工中，可能要求加工效率最高、加工成本最低为最优；在导弹飞行控制中可能要求制导精度最高、燃料消耗最少为最优；在截击问题中可选时间最短为最优等。

一般来讲，达到一个目标的控制方式很多，但实际上，经济、时间、环境、制造等方面有各种限制，因此可实行的控制方式是有限的。考虑这些情况，引入控制的性能指标概念，使这种指标达到最优值(指标可以是极大值或极小值)就是一种选择方法。这样的问题就是最优控制。但一般来讲不是把经济、时间等方面的要求全部表示为这种性能指标，而是把其中的一部分用这种指标来表示，其余部分用系统工作范围中的约束来表示。

6.1　最优控制理论概述

最优控制理论就是在已知系统状态方程、初始条件及约束条件的情况下，寻求一个最优控制向量或寻求系统的最优参数，使系统的状态或输出满足某种最佳准则。因此，最优控制问题包含最优性能指标选择和最优控制系统设计两部分。最优性能指标是根据对控制系统的要求选择的，常用一个函数表示，称为性能指标函数；最优控制系统设计可分为系统最优参数设计和最优控制设计，它们都是使性能指标函数取最小或最大的设计。下面介绍最优控制的实现问题。如果系统不可控，则系统最优控制问题是不能实现的。如果提出的性能指标超出给定系统所能达到的程度，则系统最优控制问题同样是不能实现的。

以升降机快速下降为例说明最优控制问题。如图 6.1 所示，设升降台的质量为 m，伺服电动机的输出转矩为 $M(t)$，绞盘的半径为 r，转动惯量为 J，分别用 $x_1(t)$ 和 $x_2(t)$ 表示升降台的位置和速度，忽略钢丝绳等的弹性变形。

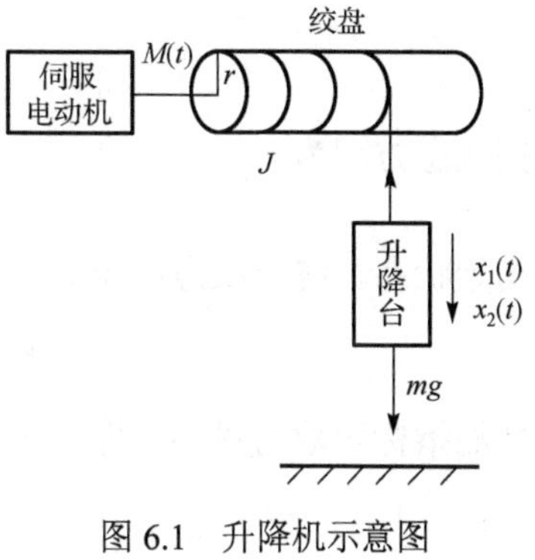

图 6.1　升降机示意图

设升降台的初始状态为

$$x_1(0) = x_0\,,\quad x_2(0) = \dot{x}_0 \tag{6.1}$$

其中，x_0、$\dot{x}_0$ 分别为 $t = 0$ 时升降台距地面的距离和速度。

现在我们研究的问题是，如何控制 $M(t)$ 能使此升降台在最短的时间 t_e 到达地面，并且在到达地面时，其速度正好为零。

要描述此问题，首先要建立此系统的数学模型。根据牛顿第二定律可得

$$M(t) = J\frac{\dot{x}_2(t)}{r} + mr\dot{x}_2(t) + mgr \tag{6.2}$$

写成状态方程为
$$\begin{cases}\dot{x}_1(t)=x_2(t)\\ \dot{x}_2(t)=\dfrac{M(t)r-mgr^2}{J+mr^2}\end{cases} \tag{6.3}$$
其中，g 为重力加速度。

因为驱动伺服电动机存在最大输出转矩，设为 M_m(对转速无限制)，则此问题的约束条件为
$$M \leqslant M_\mathrm{m},\quad M_\mathrm{m} > mgr \tag{6.4}$$

显然，升降台运动的总路程为 x_0，向下运动的最大加速度为 g，向下运动的最大反向加速度(减速度)为
$$\dot{x}_{2\mathrm{m}}=\frac{M_\mathrm{m}r-mgr^2}{J+mr^2} \tag{6.5}$$
为了使 t_e 最小，就是求一个最优运动规划问题。根据最优运动规划，进行最优控制。

再如，电枢控制的他励直流电动机的动态方程为
$$J\frac{\mathrm{d}\omega}{\mathrm{d}t}+M_\mathrm{L}=C_\mathrm{M}I_\mathrm{a} \tag{6.6}$$
其中，M_L 为恒定负载转矩；J 为转动惯量；I_a 为电枢电流；ω 为电机的角速度；C_M 为转矩系数。要求电动机在 t_f 时间内，从静止状态启动，转过一定的角度 θ 后停止，即有
$$\omega(0)=0,\quad \omega(t_\mathrm{f})=0,\quad \int_0^{t_\mathrm{f}}\omega\mathrm{d}t=\theta \tag{6.7}$$
在时间 $[0,\ t_\mathrm{f}]$ 内，使电枢绕组上的损耗为最小，即最优控制问题表示为
$$J=\int_0^{t_\mathrm{f}}RI_\mathrm{a}^2\mathrm{d}t \tag{6.8}$$
其中，R 为绕组电阻。

将上述最优控制问题写为标准形式：设状态变量 $x_1(t)=\theta$，$x_2(t)=\omega$，令
$$u(t)=\frac{J\dfrac{\mathrm{d}\omega}{\mathrm{d}t}}{C_\mathrm{M}}$$

则状态方程为
$$\dot{\boldsymbol{x}}(t)=\begin{bmatrix}0 & 1\\ 0 & 0\end{bmatrix}\boldsymbol{x}(t)+\begin{bmatrix}0\\ C_\mathrm{M}/J\end{bmatrix}u(t) \tag{6.9}$$

初始状态、终点状态给定为
$$x_1(0)=x_2(0)=x_2(t_\mathrm{f})=0,\quad x_1(t_\mathrm{f})=\theta \tag{6.10}$$

性能指标函数为最小，即 $J=\int_0^{t_f}R[u(t)+M_\mathrm{L}/C_\mathrm{M}]^2\,\mathrm{d}t$ 为最小。

6.2　最优性能指标

最优控制在航空、航天及工业过程控制等许多领域得到了广泛应用，难以详尽归纳最优

控制在工程实践中的应用类型。最优控制的应用类型与性能指标的形式密切相关，因而可按性能指标的数学形式进行大致的区分。

6.2.1　积分型最优性能指标

采用积分型最优性能指标的最优控制系统分为以下两种应用类型。

1. 最优调节系统

以图 6.2(a)所示的单输入单输出调节系统为例，被调节对象的输出的过渡过程如图 6.2(b)所示。

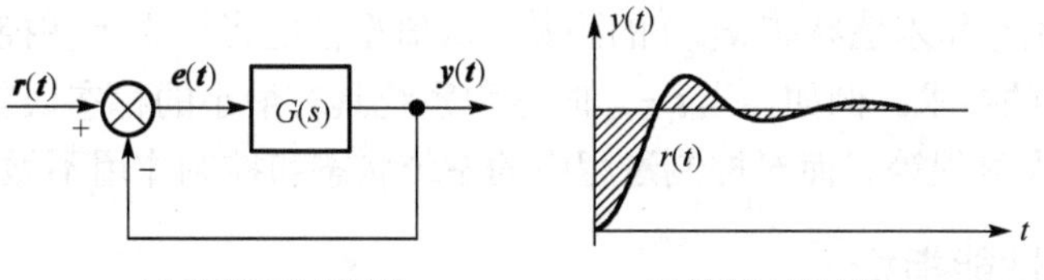

(a) 调节系统方框图　　(b) 输出过渡过程

图 6.2　调节系统

调节系统的误差为 $e(t)=r(t)-y(t)$。我们希望误差 $e(t)$ 很小，从而希望取一个性能指标来表示误差 $e(t)$ 的大小。如图 6.2(b)所示，取 $y(t)$ 与 $r(t)$ 所包围的阴影面积为性能指标，用 J 来表示，则有

$$J=\int_0^{\infty}\left|e(t)\right|\mathrm{d}t \tag{6.11}$$

J 最小即阴影面积最小，表示误差 $e(t)$ 在整个过渡过程中的误差最小。为了计算方便，取误差平方的积分为性能指标，有

$$J=\int_0^{\infty}e^2(t)\,\mathrm{d}t \tag{6.12}$$

当 $J=0$ 时，表示输出 $y(t)$ 在整个过渡过程中无误差，即无延时地跟踪控制作用量 $r(t)$，这种情况在实际系统中是不存在的。式(6.12)中的 J 是函数 $e(t)$ 的函数，称函数的函数为泛函。J 为积分型性能指标，又可称为代价函数。

将上面误差推广至 n 维状态的偏差，设 n 维状态偏差为 $\boldsymbol{e}$，则积分型性能指标为

$$J=\int_0^{\infty}\boldsymbol{e}^{\mathrm{T}}\boldsymbol{Q}\,\boldsymbol{e}\,\mathrm{d}t \tag{6.13}$$

其中，$\boldsymbol{Q}$ 为对角矩阵，称为权矩阵。它表示 $\boldsymbol{e}$ 的各分量在指标中的重要程度，所以 $\boldsymbol{Q}$ 的对角线元素 $q_i\geqslant 0$（$i=1,2,\cdots,n$），$\boldsymbol{Q}$ 可以是正定的，也可以是半正定的。若 t_{e} 为终止时刻，积分指标可写为

$$J=\int_0^{t_{\mathrm{e}}}\boldsymbol{e}^{\mathrm{T}}\boldsymbol{Q}\,\boldsymbol{e}\,\mathrm{d}t \tag{6.14}$$

2. 最优随动系统

轨迹跟踪系统，如智能焊接机器人，设机器人末端执行器(即焊枪)的实际焊缝的轨迹线为 $\boldsymbol{x}$，期望的焊缝轨线为 $\boldsymbol{x}_{\mathrm{d}}$，则它们的偏差为 $\boldsymbol{x}-\boldsymbol{x}_{\mathrm{d}}$。对于类似这样的系统，可取积分性能指标为

$$J = \int_0^{t_e} (\boldsymbol{x} - \boldsymbol{x}_d)^T \boldsymbol{Q} (\boldsymbol{x} - \boldsymbol{x}_d)\, dt \tag{6.15}$$

式(6.15)的含义与式(6.14)一样，$(\boldsymbol{x} - \boldsymbol{x}_d)$ 就相当于式(6.14)中的 $\boldsymbol{e}$ 。由于式(6.12)～式(6.15)的积分函数均为实二次齐次型，因此 $\boldsymbol{J}$ 又称为二次型性能指标。

6.2.2　末值型最优性能指标

末值型最优性能指标的数学描述为

$$J = \boldsymbol{S}[\boldsymbol{x}(t_e), t_e] \tag{6.16}$$

其中，$\boldsymbol{S}$ 为终止时刻 t_e 和末值状态 $\boldsymbol{x}(t_e)$ 的函数。末值型性能指标表示在控制过程结束后，对系统末值状态 $\boldsymbol{x}(t_e)$ 的要求。例如，当 $t = t_e$ 时导弹系统具有最小的稳态误差、最准确的定位、最大的末速度或最大射程等。而对控制过程中的系统状态和控制作用不做任何要求。

6.2.3　综合最优性能指标

综合最优系统指标的目标函数定义为

$$J = \boldsymbol{S}[\boldsymbol{x}(t_e), t_e] + \int_{t_0}^{t_e} \boldsymbol{F}[\boldsymbol{x}(t), t] dt \tag{6.17}$$

式(6.17)表明，综合最优系统指标的目标函数是最一般的性能指标形式，表示对整个控制过程和末端状态都有要求。因此它包含了二次型积分性能指标和末值型最优性能指标，在某些情况下，需要建立这样的目标函数。

6.2.4　最优控制的约束条件

1. 对系统的最大控制作用或控制容量的限制

在工程实际问题中，控制矢量往往不能取任意值。例如，在前面的升降机快速下降的例子中，电动机所产生的最大扭矩是有限的。所以对于有 r 个输入的一般情况，这种约束的表达式为

$$|\boldsymbol{u}_i| \leqslant \boldsymbol{u}_{i\max} \quad (i = 1, 2, \dots, r) \tag{6.18}$$

或写成

$$\boldsymbol{u} \in U \in R^r$$

其中，$\in$ 为所属；U 为闭域；R^r 为 r 维空间。

2. 终止状态 $\boldsymbol{x}(t_e)$ 的约束条件

如果最优控制系统的终止时刻 t_e 是给定的，且终止状态 $\boldsymbol{x}(t_e)$ 也是给定的，则称为固定终止状态。相反，如果终止状态不是固定的，且满足 l 个约束方程

$$\boldsymbol{\Phi}_k\left[\boldsymbol{x}(t_e),\ t_e\right] = 0, \quad k = 1, 2, \cdots, l \tag{6.19}$$

式中，$\boldsymbol{\Phi} \in R^l$ 。满足上述条件的终止状态的集合称为目标集。

6.3　系统的最优参数问题

设系统为

$$\dot{\boldsymbol{x}} = \boldsymbol{A}\boldsymbol{x} \tag{6.20}$$

初值为 $\boldsymbol{x}(0)$。系统是稳定的，即 $\boldsymbol{A}$ 的特征值都在复平面的左半部，原点 $\boldsymbol{x}=0$ 是渐近稳定的，二次型性能指标为

$$J=\int_0^{\infty}\boldsymbol{x}^{\mathrm{T}}\boldsymbol{Q}\,\boldsymbol{x}\,\mathrm{d}t \tag{6.21}$$

其中，$\boldsymbol{Q}$ 为正定或半正定实对称矩阵。

最优参数问题就是确定系统矩阵 $\boldsymbol{A}$ 中的参数值，使性能指标 J 最小。为此目的，应首先找出 J 与 $\boldsymbol{A}$ 之间的关系。它的方法如下。

选择一个正定的二次型函数 $V=\boldsymbol{x}^{\mathrm{T}}\boldsymbol{P}\boldsymbol{x}$ 作为李雅普诺夫函数，其中 $\boldsymbol{P}$ 为正定实对称矩阵，待求。

根据李雅普诺夫直接法，由于系统是稳定的，则可取

$$\dot{V}=\frac{\mathrm{d}}{\mathrm{d}t}\boldsymbol{x}^{\mathrm{T}}\boldsymbol{P}\boldsymbol{x}=-\boldsymbol{x}^{\mathrm{T}}\boldsymbol{Q}\boldsymbol{x} \tag{6.22}$$

因为
$$\frac{\mathrm{d}}{\mathrm{d}t}(\boldsymbol{x}^{\mathrm{T}}\boldsymbol{P}\boldsymbol{x})=\dot{\boldsymbol{x}}^{\mathrm{T}}\boldsymbol{P}\boldsymbol{x}+\boldsymbol{x}^{\mathrm{T}}\boldsymbol{P}\dot{\boldsymbol{x}}=\boldsymbol{x}^{\mathrm{T}}\boldsymbol{A}^{\mathrm{T}}\boldsymbol{P}\boldsymbol{x}+\boldsymbol{x}^{\mathrm{T}}\boldsymbol{P}\boldsymbol{A}\boldsymbol{x}=\boldsymbol{x}^{\mathrm{T}}(\boldsymbol{A}^{\mathrm{T}}\boldsymbol{P}+\boldsymbol{P}\boldsymbol{A})\boldsymbol{x} \tag{6.23}$$

将式(6.22)与式(6.23)比较可得
$$\boldsymbol{A}^{\mathrm{T}}\boldsymbol{P}+\boldsymbol{P}\boldsymbol{A}=-\boldsymbol{Q} \tag{6.24}$$

由式(6.21)与式(6.22)得

$$J=\int_0^{\infty}\boldsymbol{x}^{\mathrm{T}}\boldsymbol{Q}\,\boldsymbol{x}\,\mathrm{d}t=-\boldsymbol{x}^{\mathrm{T}}\boldsymbol{P}\,\boldsymbol{x}\Big|_0^{\infty}=-\boldsymbol{x}^{\mathrm{T}}(\infty)\boldsymbol{P}\boldsymbol{x}(\infty)+\boldsymbol{x}^{\mathrm{T}}(0)\boldsymbol{P}\boldsymbol{x}(0)$$

因为系统是稳定的，即 $\boldsymbol{x}(\infty)\to 0$，所以

$$J=\boldsymbol{x}^{\mathrm{T}}(0)\boldsymbol{P}\,\boldsymbol{x}(0) \tag{6.25}$$

式(6.24)表示系数矩阵 $\boldsymbol{A}$、矩阵 $\boldsymbol{P}$ 与矩阵 $\boldsymbol{Q}$ 之间的关系，从中可解出 $\boldsymbol{P}$。$\boldsymbol{P}$ 为系统参数的函数，将 $\boldsymbol{P}$ 代入式(6.25)中，使性能指标 J 成为系统参数的函数，根据 J 成为极小值的条件便可求得最优参数值。上面的处理，可通过式(6.25)表达 J，避免了积分的困难。

6.4　连续系统的二次型最优控制

线性二次型最优控制设计方法是 20 世纪 60 年代发展起来的一种应用较多的最优控制系统设计方法。控制对象是以状态空间形式给出的线性系统，而目标函数为对象状态和控制输入的二次型函数。二次型问题就是线性系统在约束条件下，选择控制输入使得二次型目标函数达到最小。

各种问题的二次型目标函数的优点是它们可以导出易于实现和分析的线性控制律。本节主要考虑调节器型的问题。假定系统在平衡点处工作，并期望在有干扰的情况下，也能维持在平衡点(即设定点)。所以，控制目标就是用最小的控制能量使干扰对系统的影响最小化。

设线性定常系统的方程为

$$\dot{\boldsymbol{x}}=\boldsymbol{A}\boldsymbol{x}+\boldsymbol{B}\boldsymbol{u} \tag{6.26}$$

$$\boldsymbol{y}=\boldsymbol{C}\boldsymbol{x} \tag{6.27}$$

初始时间为 t_0，初始条件为 $\boldsymbol{x}(0)$，终止时间为 t_{e}，采用二次型性能指标 J

$$J=\int_{t_0}^{t_e}\left(\boldsymbol{x}^{\mathrm{T}}\boldsymbol{Q}\boldsymbol{x}+\boldsymbol{u}^{\mathrm{T}}\boldsymbol{R}\boldsymbol{u}\right)\mathrm{d}t \tag{6.28}$$

其中，$\boldsymbol{Q}$ 为正定或半正定实对称矩阵；$\boldsymbol{R}$ 为正定实对称矩阵。

性能指标的被积分函数中有两项，这两项的含义如下：如果系统的平衡点取为零，性能指标 J 中 $\boldsymbol{x}^{\mathrm{T}}\boldsymbol{Q}\boldsymbol{x}$ 的积分趋于最小，表示系统要求状态变量偏离平衡点的积累误差最小，这意味着由于某种原因，若系统的状态偏离平衡点，控制作用使它很快地恢复到平衡点，调节器的名称也由此而来。性能指标中 $\boldsymbol{u}^{\mathrm{T}}\boldsymbol{R}\boldsymbol{u}$ 的积分趋于极小，意味着在控制过程中消耗的能量为最小。状态变量与控制变量在性能指标中所占的比重由权矩阵 $\boldsymbol{R}$ 及 $\boldsymbol{Q}$ 来确定。

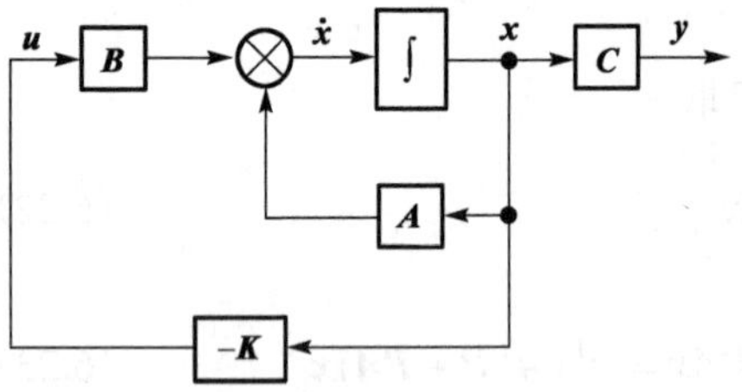

图 6.3　用线性状态反馈实现的最优控制系统

所谓最优调节器问题就是确定使性能指标为最小的控制规律 $\boldsymbol{u}$。

如果采用线性状态反馈

$$\boldsymbol{u}=-\boldsymbol{K}\boldsymbol{x} \tag{6.29}$$

来实现最优控制，系统结构如图 6.3 所示。

显然问题就变成了寻求使性能指标达到极小的线性反馈系数 $\boldsymbol{K}$。

6.4.1　连续系统二次型调节器问题的求解

下面就推导 $\boldsymbol{K}$ 的表达式，将式(6.29)代入式(6.26)得

$$\dot{\boldsymbol{x}}=\left(\boldsymbol{A}-\boldsymbol{B}\boldsymbol{K}\right)\boldsymbol{x}$$

代入式(6.28)性能指标 J 中

$$J=\int_0^{\infty}(\boldsymbol{x}^{\mathrm{T}}\boldsymbol{Q}\boldsymbol{x}+\boldsymbol{x}^{\mathrm{T}}\boldsymbol{K}^{\mathrm{T}}\boldsymbol{R}\boldsymbol{K}\boldsymbol{x})\,\mathrm{d}t=\int_0^{\infty}\boldsymbol{x}^{\mathrm{T}}(\boldsymbol{Q}+\boldsymbol{K}^{\mathrm{T}}\boldsymbol{R}\boldsymbol{K})\,\boldsymbol{x}\mathrm{d}t$$

取

$$\boldsymbol{x}^{\mathrm{T}}(\boldsymbol{Q}+\boldsymbol{K}^{\mathrm{T}}\boldsymbol{R}\boldsymbol{K})\boldsymbol{x}=-\frac{\mathrm{d}}{\mathrm{d}t}(\boldsymbol{x}^{\mathrm{T}}\boldsymbol{P}\boldsymbol{x}) \tag{6.30}$$

其中，$\boldsymbol{P}$ 为正定实对称矩阵。

因为

$$-\frac{\mathrm{d}}{\mathrm{d}t}(\boldsymbol{x}^{\mathrm{T}}\boldsymbol{P}\boldsymbol{x})=-\dot{\boldsymbol{x}}^{\mathrm{T}}\boldsymbol{P}\boldsymbol{x}-\boldsymbol{x}^{\mathrm{T}}\boldsymbol{P}\dot{\boldsymbol{x}}=-\boldsymbol{x}^{\mathrm{T}}[(\boldsymbol{A}-\boldsymbol{B}\boldsymbol{K})^{\mathrm{T}}\boldsymbol{P}+\boldsymbol{P}(\boldsymbol{A}-\boldsymbol{B}\boldsymbol{K})]\boldsymbol{x} \tag{6.31}$$

将式(6.30)与式(6.31)比较得

$$-(\boldsymbol{Q}+\boldsymbol{K}^{\mathrm{T}}\boldsymbol{R}\boldsymbol{K})=(\boldsymbol{A}-\boldsymbol{B}\boldsymbol{K})^{\mathrm{T}}\boldsymbol{P}+\boldsymbol{P}(\boldsymbol{A}-\boldsymbol{B}\boldsymbol{K}) \tag{6.32}$$

因为权矩阵 $\boldsymbol{R}$ 为正定实对称矩阵，可写成

$$\boldsymbol{R}=\boldsymbol{T}^{\mathrm{T}}\boldsymbol{T}$$

式中，$\boldsymbol{T}$ 为非奇异矩阵，将上式代入式(6.32)得

$$(\boldsymbol{A}^{\mathrm{T}}-\boldsymbol{K}^{\mathrm{T}}\boldsymbol{B}^{\mathrm{T}})\boldsymbol{P}+\boldsymbol{P}(\boldsymbol{A}-\boldsymbol{B}\boldsymbol{K})+(\boldsymbol{Q}+\boldsymbol{K}^{\mathrm{T}}\boldsymbol{T}^{\mathrm{T}}\boldsymbol{T}\boldsymbol{K})=0$$

将上式展开得

$$\boldsymbol{A}^{\mathrm{T}}\boldsymbol{P}-\boldsymbol{K}^{\mathrm{T}}\boldsymbol{B}^{\mathrm{T}}\boldsymbol{P}+\boldsymbol{P}\boldsymbol{A}-\boldsymbol{P}\boldsymbol{B}\boldsymbol{K}+\boldsymbol{Q}+\boldsymbol{K}^{\mathrm{T}}\boldsymbol{T}^{\mathrm{T}}\boldsymbol{T}\boldsymbol{K}=0$$

上式可写成

$$\boldsymbol{A}^{\mathrm{T}}\boldsymbol{P}+\boldsymbol{P}\boldsymbol{A}+[\boldsymbol{T}\boldsymbol{K}-(\boldsymbol{T}^{\mathrm{T}})^{-1}\boldsymbol{B}^{\mathrm{T}}\boldsymbol{P}]^{\mathrm{T}}[\boldsymbol{T}\boldsymbol{K}-(\boldsymbol{T}^{\mathrm{T}})^{-1}\boldsymbol{B}^{\mathrm{T}}\boldsymbol{P}]-\boldsymbol{P}^{\mathrm{T}}\boldsymbol{B}\boldsymbol{R}^{-1}\boldsymbol{B}^{\mathrm{T}}\boldsymbol{P}+\boldsymbol{Q}=0$$

由于上式第三项为平方形式，总为正或为零，设其为零，则

$$A^{\mathrm{T}}P + PA - P^{\mathrm{T}}BR^{-1}B^{\mathrm{T}}P + Q = 0 \tag{6.33}$$

$$TK - (T^{\mathrm{T}})^{-1}B^{\mathrm{T}}P = 0 \tag{6.34}$$

由式(6.34)可得线性反馈系数矩阵

$$K = R^{-1}B^{\mathrm{T}}P \tag{6.35}$$

进而得最优控制规律为

$$u = -Kx = -R^{-1}B^{\mathrm{T}}Px \tag{6.36}$$

上式的 P 由式(6.33)求得，式(6.33)称为退化的里卡提(Riccati)方程，它将一个由积分求 K 的问题变成了由式(6.33)、式(6.34)求 K 的代数问题。

归纳上述推导结果，最优调节器的设计步骤分为两步。

(1) 按式(6.33)计算矩阵 P。

(2) 由式(6.35)计算反馈矩阵 K。

加上线性反馈后，系统的状态方程为

$$\dot{x} = Ax + Bu = (A - BK)x \tag{6.37}$$

这是闭环系统状态方程，是最优控制系统的基本形式。

具有线性状态反馈构成的最优控制系统是渐近稳定的，这可由李雅普诺夫稳定定理得到证明如下，取李雅普诺夫函数 V

$$V = x^{\mathrm{T}}Px$$

式中，P 为由式(6.33)解得的正定实对称矩阵，为了判别系统的稳定性，将 V 求导

$$\dot{V} = \frac{\mathrm{d}}{\mathrm{d}t}(x^{\mathrm{T}}Px) = \dot{x}^{\mathrm{T}}Px + x^{\mathrm{T}}P\dot{x} = (Ax + Bu)^{\mathrm{T}}Px + x^{\mathrm{T}}P(Ax + Bu)$$

将式(6.33)和式(6.36)代入上式得

$$\dot{V} = -x^{\mathrm{T}}PBR^{-1}B^{\mathrm{T}}Px - x^{\mathrm{T}}Qx \tag{6.38}$$

作线性变换，设

$$z = R^{-1}B^{\mathrm{T}}Px$$

代入式(6.38)得

$$\dot{V} = -(z^{\mathrm{T}}Rz + x^{\mathrm{T}}Qx)$$

因为 R 及 Q 都是正定的，所以由上式可见 $\dot{V}$ 为负值，由此可知系统是渐近稳定的。

6.4.2 连续系统二次型调节器问题的拓展

二次型调节器问题可以从多方面拓展。这里将讨论其中的两种，即在目标函数中带有交叉乘积项及带有预置稳定度的调节器。

1. 交叉乘积项

考虑如下更一般化的目标函数

$$J = \int_0^{\infty} \begin{bmatrix} x \\ u \end{bmatrix}^{\mathrm{T}} \begin{bmatrix} Q & N \\ N^{\mathrm{T}} & R \end{bmatrix} \begin{bmatrix} x \\ u \end{bmatrix} \mathrm{d}t = \int_0^{\infty} (x^{\mathrm{T}}Qx + u^{\mathrm{T}}Ru + x^{\mathrm{T}}Nu + u^{\mathrm{T}}N^{\mathrm{T}}x)\,\mathrm{d}t \tag{6.39}$$

当非线性系统进行线性化，或者将一个非线性目标函数用一个二次型函数近似时，就会出现如上的目标函数形式。当考虑进入系统的功率时，也会用到这种目标函数。另外，在目标函数中包括 $y^{\mathrm{T}}y$ 项（$y = Cx + Du$）时，也会有如上表达形式的 J。

对于这种形式的目标函数，修正后的里卡提方程和最优控制器由下式给出：

$$A^{\mathrm{T}}P + PA - (PB + N)R^{-1}(PB + N)^{\mathrm{T}} + Q = 0 \tag{6.40}$$

$$u = -Kx = -R^{-1}(B^{\mathrm{T}}P + N^{\mathrm{T}})x \tag{6.41}$$

其中，稳定的最优控制存在且唯一的条件为(A, B)完全可控，$(A - BR^{-1}N^{\mathrm{T}}, W)$完全可观测，而$W$是使$WW^{\mathrm{T}} = Q - NR^{-1}N^{\mathrm{T}}$成立的任一矩阵。

2. 带预置稳定度的调节器

若设计一个调节器时，预先给定一个正的标量值α，要求系统的极点位于虚轴左侧，距虚轴为α的地方，则要对目标函数进行修正。修正后的目标函数为

$$J = \int_0^{\infty} \mathrm{e}^{2\alpha t}(x^{\mathrm{T}}Qx + u^{\mathrm{T}}Ru)\mathrm{d}t \tag{6.42}$$

对应的里卡提方程修正为

$$(A + \alpha I)^{\mathrm{T}}P + P(A + \alpha I) + Q - PBR^{-1}B^{\mathrm{T}}P = 0 \tag{6.43}$$

6.4.3 MATLAB 实现

命令 lqr 和 lqry 可以直接求解二次型调节器问题，以及相关的里卡提方程。这两个命令的格式如下：

$[K, P, E]$ = lqr(A，B，Q，R，N)

$[K, P, E]$ = lqry(A，B，C，D，Q，R)

其中，K为最优反馈增益矩阵；P为对应里卡提方程的唯一正定解(若矩阵A-BK是稳定矩阵，则总有P的正定解存在)；E为A-BK的特征值。式中的N为可选项，其代表交叉乘积项的加权矩阵。lqry 命令用于求解二次型调节器问题的特例，即目标函数中用输出y来代替状态x，即目标函数为

$$J = \int_0^{\infty} (y^{\mathrm{T}}Qy + u^{\mathrm{T}}Ru)\mathrm{d}t \tag{6.44}$$

命令 are 用来求解由下式给出的一般形式的代数里卡提方程：

$$A^{\mathrm{T}}x + xA - xBx + C = 0$$

命令的格式为

x=are(A，B，C)

它返回对应里卡提方程的正定解。这个正定解的存在条件为：B为半正定对称矩阵，C为对称矩阵。

值得注意的是，有的系统矩阵A-BK无论K如何选取，也不能稳定。在这种情况下，就不存在里卡提方程的正定矩阵P。对于这种情况，lqr 命令就给不出解。

例 6.1 给定如下系统：

$$\dot{x} = \begin{bmatrix} 0 & 1 & 0 \\ 0 & 0 & 1 \\ -20 & -11 & -6 \end{bmatrix} x + \begin{bmatrix} 0 \\ 0 \\ 1 \end{bmatrix} u$$

性能指标为

$$J = \int_0^{\infty} (\boldsymbol{x}^{\mathrm{T}}\boldsymbol{Q}\boldsymbol{x} + \boldsymbol{u}^{\mathrm{T}}\boldsymbol{R}\boldsymbol{u})\mathrm{d}t$$

其中

$$\boldsymbol{Q} = \begin{bmatrix} 1 & 0 & 0 \\ 0 & 1 & 0 \\ 0 & 0 & 1 \end{bmatrix}, \qquad \boldsymbol{R} = [1]$$

试用 MATLAB 来求解 $\boldsymbol{K}$、$\boldsymbol{P}$、$\boldsymbol{E}$。

解：可用 MATLAB 程序来求解，程序及运行结果如下：

```
>> A=[0 1 0;0 0 1;-20 -11 -6];
>> B=[0;0;1];
>> Q=[1 0 0;0 1 0;0 0 1];
>> R=1;
>> [K, P, E] = lqr(A, B, Q, R)
K =
     0.0250  0.2933  0.1308
P =
     6.1474  2.7689  0.0250
     2.7689  3.2116  0.2933
     0.0250  0.2933  0.1308
E =
     -4.6252
     -0.7528 + 1.9398i
     -0.7528 - 1.9398i
```

6.5　离散系统的二次型最优控制

6.5.1　离散系统二次型最优控制问题的求解

给定线性离散系统

$$\boldsymbol{x}(k+1) = \boldsymbol{A}\boldsymbol{x}(k) + \boldsymbol{B}\boldsymbol{u}(k), \quad \boldsymbol{x}(0) = \boldsymbol{x}_0, \quad k = 0, 1, \cdots, N-1 \tag{6.45}$$

其中，$\boldsymbol{x}(k)$ 为 n 维状态矢量；$\boldsymbol{u}(k)$ 为 r 维控制矢量；$\boldsymbol{A}$ 为 $n \times n$ 非奇异矩阵；$\boldsymbol{B}$ 为 $n \times r$ 矩阵。且假定该系统是状态完全可控的。给出性能指标为

$$J = \frac{1}{2}\boldsymbol{x}^{\mathrm{T}}(N)\boldsymbol{S}\boldsymbol{x}(N) + \frac{1}{2}\sum_{k=0}^{N-1}[\boldsymbol{x}^{\mathrm{T}}(k)\boldsymbol{Q}\boldsymbol{x}(k) + \boldsymbol{u}^{\mathrm{T}}(k)\boldsymbol{R}\boldsymbol{u}(k)] \tag{6.46}$$

其中，$\boldsymbol{Q}$ 为 $n \times n$ 正定或半正定实对称矩阵：$\boldsymbol{R}$ 为 $r \times r$ 正定实对称矩阵；$\boldsymbol{S}$ 为 $n \times n$ 正定或半正定实对称矩阵。$\boldsymbol{Q}$、$\boldsymbol{R}$、$\boldsymbol{S}$ 为加权矩阵，反映了状态矢量 $\boldsymbol{x}(k)$、控制矢量 $\boldsymbol{u}(k)$、终端矢量 $\boldsymbol{x}(N)$ 的重要性。

离散系统最优控制的要求是，求取最优控制序列 $\{\boldsymbol{u}(k)\}$，使得性能指标 J 达到极小值。

系统的初始状态为某个任意状态 $\boldsymbol{x}(0) = \boldsymbol{x}_0$。终端状态 $\boldsymbol{x}(N)$ 可以是固定的，此时应将式(6.46)中右端第一项 $(1/2)\boldsymbol{x}^{\mathrm{T}}(N)\boldsymbol{S}\boldsymbol{x}(N)$ 去掉。若终端状态 $\boldsymbol{x}(N)$ 自由，则式(6.46)右端第一项表达了对终端状态的加权，这意味着希望 $\boldsymbol{x}(N)$ 尽可能地接近原点。

6.5.2 采用离散极小值原理的求解

引入拉格朗日乘子 $\lambda(k)$，将约束条件即离散状态方程(6.45)结合到性能指标式(6.46)中，构成了新的性能指标：

$$L=\frac{1}{2}\boldsymbol{x}^{\mathrm{T}}(N)\boldsymbol{S}\boldsymbol{x}(N)+\frac{1}{2}\sum_{k=0}^{N-1}\{[\boldsymbol{x}^{\mathrm{T}}(k)\boldsymbol{Q}\boldsymbol{x}(k)+\boldsymbol{u}^{\mathrm{T}}(k)\boldsymbol{R}\boldsymbol{u}(k)]+2\boldsymbol{\lambda}^{\mathrm{T}}(k+1)[\boldsymbol{A}\boldsymbol{x}(k)+\boldsymbol{B}\boldsymbol{u}(k)-\boldsymbol{x}(k+1)]\} \tag{6.47}$$

定义哈密尔顿函数为

$$\boldsymbol{H}(k)=\frac{1}{2}[\boldsymbol{x}^{\mathrm{T}}(k)\boldsymbol{Q}\boldsymbol{x}(k)+\boldsymbol{u}^{\mathrm{T}}(k)\boldsymbol{R}\boldsymbol{u}(k)]+\boldsymbol{\lambda}^{\mathrm{T}}(k+1)[\boldsymbol{A}\boldsymbol{x}(k)+\boldsymbol{B}\boldsymbol{u}(k)+\boldsymbol{x}(k+1)]$$

则式(6.47)可改写成

$$L=\frac{1}{2}\boldsymbol{x}^{\mathrm{T}}(N)\boldsymbol{S}\boldsymbol{x}(N)+\sum_{k=0}^{N-1}\{\boldsymbol{H}(k)-2\boldsymbol{\lambda}^{\mathrm{T}}(k+1)\boldsymbol{x}(k+1)]\} \tag{6.48}$$

为使 L 达到极小值，要使 L 对 $\boldsymbol{x}(k)$、$\boldsymbol{u}(k)$、$\lambda(k)$ 求偏导数，并令结果为 0，即

$$\frac{\partial L}{\partial \boldsymbol{x}(k)}=0,\quad k=1,2,\cdots,N \tag{6.49}$$

$$\frac{\partial L}{\partial \boldsymbol{u}(k)}=0,\quad k=1,2,\cdots,N-1 \tag{6.50}$$

$$\frac{\partial L}{\partial \boldsymbol{\lambda}(k)}=0,\quad k=1,2,\cdots,N \tag{6.51}$$

由此可得到求最优解的必要条件：

$$\frac{\partial L}{\partial \boldsymbol{\lambda}(k)}=0:\qquad \boldsymbol{A}\boldsymbol{x}(k-1)+\boldsymbol{B}\boldsymbol{u}(k-1)-\boldsymbol{x}(k)=0,\quad k=1,2,\cdots,N \tag{6.52}$$

$$\frac{\partial L}{\partial \boldsymbol{x}(k)}=0:\qquad \boldsymbol{Q}\boldsymbol{x}(k)+\boldsymbol{A}^{\mathrm{T}}\boldsymbol{\lambda}(k+1)-\boldsymbol{\lambda}(k)=0,\quad k=1,2,\cdots,N-1 \tag{6.53}$$

$$\frac{\partial L}{\partial \boldsymbol{u}(k)}=0:\qquad \boldsymbol{R}\boldsymbol{u}(k)+\boldsymbol{B}^{\mathrm{T}}\boldsymbol{\lambda}(k+1)=0,\quad k=1,2,\cdots,N-1 \tag{6.54}$$

$$\frac{\partial L}{\partial \boldsymbol{x}(N)}=0:\boldsymbol{S}\boldsymbol{x}(N)-\boldsymbol{\lambda}(N)=0 \tag{6.55}$$

式(6.52)即为离散系统状态方程；式(6.53)又可写成

$$\boldsymbol{\lambda}(k)=\boldsymbol{Q}\boldsymbol{x}(k)+\boldsymbol{A}^{T}\boldsymbol{\lambda}(k+1) \tag{6.56}$$

这一方程称为协态方程。式(6.54)由于 $\boldsymbol{R}^{-1}$ 存在，可写成

$$\boldsymbol{u}(k)=-\boldsymbol{R}^{-1}\boldsymbol{B}^{\mathrm{T}}\boldsymbol{\lambda}(k+1) \tag{6.57}$$

这是极值条件。式(6.55)可写成　$\boldsymbol{\lambda}(N)=\boldsymbol{S}\boldsymbol{x}(N)$　(6.58)

这是横截条件。

将式(6.57)代入离散系统状态方程式(6.52)或式(6.45)，并考虑到式(6.56)、式(6.58)及初始条件 $\boldsymbol{x}(0)=\boldsymbol{x}_0$，可得到如下两点边值问题：

$$\begin{cases}\boldsymbol{x}(k+1)=\boldsymbol{A}\boldsymbol{x}(k)-\boldsymbol{B}\boldsymbol{R}^{-1}\boldsymbol{B}^{\mathrm{T}}\boldsymbol{\lambda}(k+1)\\ \boldsymbol{\lambda}(k)=\boldsymbol{Q}\boldsymbol{x}(k)+\boldsymbol{A}^{\mathrm{T}}\boldsymbol{\lambda}(k+1)\\ \boldsymbol{x}(0)=\boldsymbol{x}_0\\ \boldsymbol{\lambda}(N)=\boldsymbol{S}\boldsymbol{x}(N)\end{cases}\tag{6.59}$$

求解式(6.59)的两点边值问题，并将求得的 $\boldsymbol{\lambda}(k+1)$ 代入式(6.57)，即可得到最优控制序列。这是一种开环控制结构。但是，对于实际应用而言，更希望得到闭环控制结构，以实现性能良好的最优反馈控制。

为此，可用数学归纳法来求得 $\boldsymbol{\lambda}(N)$ 与 $\boldsymbol{x}(N)$ 之间的关系，即求得 $\boldsymbol{\lambda}(k)$ 与 $\boldsymbol{x}(k)$ 之间的关系($k=N$)。设

$$\boldsymbol{\lambda}(k+1)=\boldsymbol{P}(k+1)\boldsymbol{x}(k+1)\tag{6.60}$$

将式(6.60)代入式(6.59)，则有

$$\boldsymbol{x}(k+1)=\boldsymbol{A}\boldsymbol{x}(k)-\boldsymbol{B}\boldsymbol{R}^{-1}\boldsymbol{B}^{\mathrm{T}}\boldsymbol{P}(k+1)\boldsymbol{x}(k+1)\tag{6.61}$$

从而得到

$$\boldsymbol{x}(k+1)=[\boldsymbol{I}+\boldsymbol{B}\boldsymbol{R}^{-1}\boldsymbol{B}^{\mathrm{T}}\boldsymbol{P}(k+1)]^{-1}\boldsymbol{A}\boldsymbol{x}(k)\tag{6.62}$$

其中，$\boldsymbol{I}$ 为单位矩阵。将式(6.62)代入式(6.60)，则有

$$\boldsymbol{\lambda}(k+1)=\boldsymbol{P}(k+1)[\boldsymbol{I}+\boldsymbol{B}\boldsymbol{R}^{-1}\boldsymbol{B}^{\mathrm{T}}\boldsymbol{P}(k+1)]^{-1}\boldsymbol{A}\boldsymbol{x}(k)=[\boldsymbol{P}^{-1}(k+1)+\boldsymbol{B}\boldsymbol{R}^{-1}\boldsymbol{B}^{\mathrm{T}}]^{-1}\boldsymbol{A}\boldsymbol{x}(k)\tag{6.63}$$

将式(6.63)代入式(6.56)，可得

$$\boldsymbol{\lambda}(k)=\boldsymbol{Q}\boldsymbol{x}(k)+\boldsymbol{A}^{\mathrm{T}}[\boldsymbol{P}^{-1}(k+1)+\boldsymbol{B}\boldsymbol{R}^{-1}\boldsymbol{B}^{\mathrm{T}}]^{-1}\boldsymbol{A}\boldsymbol{x}(k)=\{\boldsymbol{Q}+\boldsymbol{A}^{\mathrm{T}}[\boldsymbol{P}^{-1}(k+1)+\boldsymbol{B}\boldsymbol{R}^{-1}\boldsymbol{B}^{\mathrm{T}}]^{-1}\boldsymbol{A}\}\boldsymbol{x}(k)\tag{6.64}$$

令

$$\boldsymbol{P}(k)=\boldsymbol{Q}+\boldsymbol{A}^{\mathrm{T}}[\boldsymbol{P}^{-1}(k+1)+\boldsymbol{B}\boldsymbol{R}^{-1}\boldsymbol{B}^{\mathrm{T}}]^{-1}\boldsymbol{A}\tag{6.65}$$

则有

$$\boldsymbol{\lambda}(k)=\boldsymbol{P}(k)\boldsymbol{x}(k)\tag{6.66}$$

由式(6.66)可见，$\boldsymbol{\lambda}(k)$ 与 $\boldsymbol{x}(k)$ 之间存在线性关系。

将式(6.63)代入式(6.57)，可得

$$\boldsymbol{u}(k)=-\boldsymbol{R}^{-1}\boldsymbol{B}^{\mathrm{T}}[\boldsymbol{P}^{-1}(k+1)+\boldsymbol{B}\boldsymbol{R}^{-1}\boldsymbol{B}^{\mathrm{T}}]^{-1}\boldsymbol{A}\boldsymbol{x}(k)\tag{6.67}$$

由式(6.65)，有

$$[\boldsymbol{P}^{-1}(k+1)+\boldsymbol{B}\boldsymbol{R}^{-1}\boldsymbol{B}^{\mathrm{T}}]^{-1}\boldsymbol{A}=(\boldsymbol{A}^{\mathrm{T}})^{-1}[\boldsymbol{P}(k)-\boldsymbol{Q}]\tag{6.68}$$

将式(6.68)代入式(6.67)，则有

$$\boldsymbol{u}(k)=-\boldsymbol{R}^{-1}\boldsymbol{B}^{\mathrm{T}}(\boldsymbol{A}^{\mathrm{T}})^{-1}[\boldsymbol{P}(k)-\boldsymbol{Q}]\boldsymbol{x}(k)=-\boldsymbol{K}(k)\boldsymbol{x}(k)\tag{6.69}$$

其中

$$\boldsymbol{K}(k)=\boldsymbol{R}^{-1}\boldsymbol{B}^{\mathrm{T}}(\boldsymbol{A}^{\mathrm{T}})^{-1}[\boldsymbol{P}(k)-\boldsymbol{Q}]\tag{6.70}$$

式(6.69)为最优控制的闭环形式，它表明 $\boldsymbol{u}(k)$ 与 $\boldsymbol{x}(k)$ 之间存在线性关系。

最优控制矢量 $\boldsymbol{u}(k)$ 可以有几种不同的表达形式。参考式(6.57)和式(6.63)，有

$$\boldsymbol{u}(k)=-\boldsymbol{R}^{-1}\boldsymbol{B}^{\mathrm{T}}\boldsymbol{\lambda}(k+1)=-\boldsymbol{R}^{-1}\boldsymbol{B}^{\mathrm{T}}[\boldsymbol{P}^{-1}(k+1)+\boldsymbol{B}\boldsymbol{R}^{-1}\boldsymbol{B}^{\mathrm{T}}]^{-1}\boldsymbol{A}\boldsymbol{x}(k)=-\boldsymbol{K}(k)\boldsymbol{x}(k)\tag{6.71}$$

其中
$$K(k) = R^{-1}B^{\mathrm{T}}[P^{-1}(k+1) + BR^{-1}B^{\mathrm{T}}]^{-1}A \tag{6.72}$$

$u(k)$ 的另一种表达形式为

$$u(k) = -[R + B^{\mathrm{T}}P(k+1)B]^{-1}B^{\mathrm{T}}P(k+1)Ax(k) = -K(k)x(k) \tag{6.73}$$

其中
$$K(k) = [R + B^{\mathrm{T}}P(k+1)B]^{-1}B^{\mathrm{T}}P(k+1)A \tag{6.74}$$

式(6.74)的推导如下，由于

$$\begin{aligned}&[R + B^{\mathrm{T}}P(k+1)B]^{-1}B^{\mathrm{T}}P(k+1)[P^{-1}(k+1) + BR^{-1}B^{\mathrm{T}}]\\ &= [R + B^{\mathrm{T}}P(k+1)B]^{-1}B^{\mathrm{T}}[I + P(k+1)BR^{-1}B^{\mathrm{T}}]\\ &= [R + B^{\mathrm{T}}P(k+1)B]^{-1}[R + B^{\mathrm{T}}P(k+1)B]R^{-1}B^{\mathrm{T}} = R^{-1}B^{\mathrm{T}}\end{aligned}$$

因此有
$$R^{-1}B^{\mathrm{T}}[P^{-1}(k+1) + BR^{-1}B^{\mathrm{T}}]^{-1} = [R + B^{\mathrm{T}}P(k+1)B]^{-1}B^{\mathrm{T}}P(k+1)$$

由式(6.70)、式(6.72)、式(6.74)给出的 $K(k)$ 表达式是相等的。而且 $K(k)$ 具有这样一个性质，即其在临近终端时刻是时变的，在其他情况下，几乎是一个常数。

实际上，式(6.75)是一个 $n \times n$ 维矩阵一阶非线性差分方程，通常称为里卡提差分方程。

6.5.3　最小性能指标的计算

$$\min J = \min\{\frac{1}{2}x^{\mathrm{T}}(N)Sx(N) + \frac{1}{2}\sum_{k=0}^{N-1}[x^{\mathrm{T}}(k)Qx(k) + u^{\mathrm{T}}(k)Ru(k)]\}$$

由式(6.59)和式(6.60)可得

$$P(k)x(k) = Qx(k) + A^{\mathrm{T}}P(k+1)x(k+1)$$

上式等号两边左乘 $x^{\mathrm{T}}(k)$，有

$$x^{\mathrm{T}}(k)P(k)x(k) = x^{\mathrm{T}}(k)Qx(k) + x^{\mathrm{T}}(k)A^{\mathrm{T}}P(k+1)x(k+1)$$

再将式(6.63)代入上式，有

$$\begin{aligned}x^{\mathrm{T}}(k)P(k)x(k) &= x^{\mathrm{T}}(k)Qx(k) + x^{\mathrm{T}}(k+1)[I + BR^{-1}B^{\mathrm{T}}P(k+1)]^{\mathrm{T}} \times P(k+1)x(k+1)\\ &= x^{\mathrm{T}}(k)Qx(k) + x^{\mathrm{T}}(k+1)[I + P(k+1)BR^{-1}B^{\mathrm{T}}] \times P(k+1)x(k+1)\end{aligned}$$

因此

$$\begin{aligned}&x^{\mathrm{T}}(k)Qx(k)\\ &= x^{\mathrm{T}}(k)P(k)x(k) - x^{\mathrm{T}}(k+1)P(k+1)x(k+1) - x^{\mathrm{T}}(k+1)P(k+1)BR^{-1}B^{\mathrm{T}}P(k+1)x(k+1)\end{aligned} \tag{6.75}$$

再由式(6.57)，可导出

$$\begin{aligned}u^{\mathrm{T}}(k)Ru(k) &= [-x^{\mathrm{T}}(k+1)P(k+1)BR^{-1}]R[-R^{-1}B^{\mathrm{T}}P(k+1)x(k+1)]\\ &= x^{\mathrm{T}}(k+1)P(k+1)BR^{-1}B^{\mathrm{T}}P(k+1)x(k+1)\end{aligned} \tag{6.76}$$

将式(6.75)与式(6.76)相加，得

$$x^{\mathrm{T}}(k)Qx(k) + u^{\mathrm{T}}(k)Bu(k) = x^{\mathrm{T}}(k)P(k)x(k) - x^{\mathrm{T}}(k+1)P(k+1)x(k+1) \tag{6.77}$$

将式(6.77)代入性能指标式(6.46)，得

$$\begin{aligned}
J_{\min} &= \frac{1}{2}\boldsymbol{x}^{\mathrm{T}}(N)\boldsymbol{S}\boldsymbol{x}(N)+\frac{1}{2}\sum_{k=0}^{N-1}[\boldsymbol{x}^{\mathrm{T}}(k)\boldsymbol{P}(k)\boldsymbol{x}(k)-\boldsymbol{x}^{\mathrm{T}}(k+1)\boldsymbol{P}(k+1)\boldsymbol{x}(k+1)] \\
&= \frac{1}{2}\boldsymbol{x}^{\mathrm{T}}(N)\boldsymbol{S}\boldsymbol{x}(N)+\frac{1}{2}[\boldsymbol{x}^{\mathrm{T}}(0)\boldsymbol{P}(0)\boldsymbol{x}(0)-\boldsymbol{x}^{\mathrm{T}}(1)\boldsymbol{P}(1)\boldsymbol{x}(1)+\boldsymbol{x}^{\mathrm{T}}(1)\boldsymbol{P}(1)\boldsymbol{x}(1)-\boldsymbol{x}^{\mathrm{T}}(2)\boldsymbol{P}(2)\boldsymbol{x}(2) \\
&\quad +\cdots-\boldsymbol{x}^{\mathrm{T}}(N)\boldsymbol{P}(N)\boldsymbol{x}(N)] \\
&= \frac{1}{2}\boldsymbol{x}^{\mathrm{T}}(N)\boldsymbol{S}\boldsymbol{x}(N)+\frac{1}{2}\boldsymbol{x}^{\mathrm{T}}(0)\boldsymbol{P}(0)\boldsymbol{x}(0)-\frac{1}{2}\boldsymbol{x}^{\mathrm{T}}(N)\boldsymbol{P}(N)\boldsymbol{x}(N)
\end{aligned} \tag{6.78}$$

再由式(6.58)和式(6.66)，$\boldsymbol{P}(N)=\boldsymbol{S}$。因此，式(6.78)就变成

$$J_{\min}=\frac{1}{2}\boldsymbol{x}^{\mathrm{T}}(0)\boldsymbol{P}(0)\boldsymbol{x}(0) \tag{6.79}$$

例 6.2　给定离散时间系统

$$\boldsymbol{x}(k+1)=0.3679\boldsymbol{x}(k)+0.6321\boldsymbol{u}(k)，\quad \boldsymbol{x}(0)=1$$

试决定最优控制律，使得下列性能指标达到极小。

$$J=\frac{1}{2}[\boldsymbol{x}(10)]^2+\frac{1}{2}\sum_{k=0}^{9}[\boldsymbol{x}^2(k)+\boldsymbol{u}^2(k)]$$

并求出 J 的最小值。

解：在本题中，$\boldsymbol{S}=1$、$\boldsymbol{Q}=1$、$\boldsymbol{R}=1$。由式(6.65)里卡提差分方程可得

$$\begin{aligned}
\boldsymbol{P}(k) &= 1+(0.3679)\boldsymbol{P}(k+1)[1+(0.6321)(1)(0.6321)\boldsymbol{P}(k+1)]^{-1}(0.6379) \\
&= 1+0.1354\boldsymbol{P}(k+1)[1+0.3996\boldsymbol{P}(k+1)]^{-1}
\end{aligned}$$

边界条件为

$$\boldsymbol{P}(N)=\boldsymbol{P}(10)=\boldsymbol{S}=1$$

由 k=9 到 k=0，求出 $P(k)$ 为

$$\begin{aligned}
&P(9)=1+0.1354\times(1+0.3996\times1)^{-1}=1.0967 \\
&P(8)=1+0.1354\times1.0967\times(1+0.3996\times1.0967)^{-1}=1.1032 \\
&P(7)=1+0.1354\times1.1032\times(1+0.3996\times1.1032)^{-1}=1.1036 \\
&P(6)=1+0.1354\times1.1036\times(1+0.3996\times1.1036)^{-1}=1.1037 \\
&P(k)=1.1037,\quad k=5,4,3,2,1,0
\end{aligned}$$

可以看出，$P(k)$ 迅速地趋近其稳态值。稳态值 P_{ss} 可由下式得到：

$$P_{ss}=1+0.1354P_{ss}(1+0.3996P_{ss})^{-1}$$

或

$$0.3996P_{ss}^{\ 2}+0.4650P_{ss}-1=0$$

解得

$$P_{ss1}=1.1037，\quad P_{ss2}=-2.2674$$

由于 $P(k)$ 必须是正定的，因此 $P(k)$ 的稳态值应为 1.1037。

反馈增益可由式(6.70)得到。

$$\boldsymbol{K}(k)=1\times0.6321\times(0.3679)^{-1}[\boldsymbol{P}(k)-1]=1.7181\times[\boldsymbol{P}(k)-1]$$

将 $\boldsymbol{P}(k)$ 值代入上式，得

$$\boldsymbol{K}(10)=1.7181\times(1-1)=0$$
$$\boldsymbol{K}(9)=1.7181\times(1.0967-1)=0.1662$$
$$\boldsymbol{K}(8)=1.7181\times(1.1032-1)=0.1773$$
$$\boldsymbol{K}(7)=1.7181\times(1.1036-1)=0.1781$$
$$\boldsymbol{K}(6)=\boldsymbol{K}(5)=\cdots=\boldsymbol{K}(0)=0.1781$$

由于

$$\boldsymbol{x}(k+1)=0.3679\boldsymbol{x}(k)+0.6321\boldsymbol{u}(k)=[0.3679-0.6321\boldsymbol{K}(k)]\boldsymbol{x}(k)$$
$$\boldsymbol{x}(1)=[0.3679-0.6321\boldsymbol{K}(0)]\boldsymbol{x}(0)=(0.3679-0.6321\times0.1781)\times1=0.2553$$
$$\boldsymbol{x}(2)=(0.3679-0.6321\times0.1781)\times0.2553=0.0652$$
$$\boldsymbol{x}(3)=(0.3679-0.6321\times0.1781)\times0.0652=0.0166$$
$$\boldsymbol{x}(4)=(0.3679-0.6321\times0.1781)\times0.0166=0.00424$$
$$\boldsymbol{x}(i)\approx0,\qquad i=5,6,\cdots,10$$

最优控制序列 $\boldsymbol{u}(k)$ 为

$$\boldsymbol{u}(0)=-\boldsymbol{K}(0)\boldsymbol{x}(0)=-0.1781\times1=-0.1781$$
$$\boldsymbol{u}(1)=-\boldsymbol{K}(1)\boldsymbol{x}(1)=-0.1781\times0.2553=-0.0455$$
$$\boldsymbol{u}(2)=-\boldsymbol{K}(2)\boldsymbol{x}(2)=-0.1781\times0.0625=-0.0116$$
$$\boldsymbol{u}(3)=-\boldsymbol{K}(3)\boldsymbol{x}(3)=-0.1781\times0.0166=-0.00296$$
$$\boldsymbol{u}(4)=-\boldsymbol{K}(4)\boldsymbol{x}(4)=-0.1781\times0.00424=-0.000756$$
$$\boldsymbol{u}(k)\approx0,\qquad k=5,6,\cdots,10$$

最后，J 的最小值为

$$J_{\min}=\frac{1}{2}\boldsymbol{x}^{\mathrm{T}}(0)\boldsymbol{P}(0)\boldsymbol{x}(0)=\frac{1}{2}(1\times1.1037\times1)=0.5518$$

用MATLAB程序可以求出本例题的解，包括 $\boldsymbol{K}(k)$、$\boldsymbol{x}(k)$、$\boldsymbol{u}(k)$ 及 $J_{\min}$，并可绘制出 $\boldsymbol{P}(k)$、$\boldsymbol{K}(k)$ 对于 k 的曲线，如图 6.4 和图 6.5 所示。具体程序及运行结果如下：

```
>> A=[0.3679]; B=[0.6321]; S=[1]; Q=[1]; R=[1]; P=[1];
>> P10=P;
>> K=inv(R)*B'*inv(A')*(P-Q); K10=K;
>> P=Q+A'*P*A-A'*P*B*inv(R+B'*P*B)*B'*P*A; P9=P;
% Compute K, P until K=K0, P=P0
>> K=inv(R)*B'*inv(A')*(P-Q); K9=K;
>> P=Q+A'*P*A-A'*P*B*inv(R+B'*P*B)*B'*P*A; P8=P;
>> K=inv(R)*B'*inv(A')*(P-Q); K8=K;
>> P=Q+A'*P*A-A'*P*B*inv(R+B'*P*B)*B'*P*A; P7=P;
>> K=inv(R)*B'*inv(A')*(P-Q); K7=K;
>> P=Q+A'*P*A-A'*P*B*inv(R+B'*P*B)*B'*P*A; P6=P;
>> K=inv(R)*B'*inv(A')*(P-Q); K6=K;
>> P=Q+A'*P*A-A'*P*B*inv(R+B'*P*B)*B'*P*A; P5=P;
>> K=inv(R)*B'*inv(A')*(P-Q); K5=K;
>> P=Q+A'*P*A-A'*P*B*inv(R+B'*P*B)*B'*P*A; P4=P;
>> K=inv(R)*B'*inv(A')*(P-Q); K4=K;
```

```
>> P=Q+A'*P*A-A'*P*B*inv(R+B'*P*B)*B'*P*A; P3=P;
>> K=inv(R)*B'*inv(A')*(P-Q); K3=K;
>> P=Q+A'*P*A-A'*P*B*inv(R+B'*P*B)*B'*P*A; P2=P;
>> K=inv(R)*B'*inv(A')*(P-Q); K2=K;
>> P=Q+A'*P*A-A'*P*B*inv(R+B'*P*B)*B'*P*A; P1=P;
>> K=inv(R)*B'*inv(A')*(P-Q); K1=K;
>> P=Q+A'*P*A-A'*P*B*inv(R+B'*P*B)*B'*P*A; P0=P;
>> K=inv(R)*B'*inv(A')*(P-Q); K0=K;
>> P=Q+A'*P*A-A'*P*B*inv(R+B'*P*B)*B'*P*A;
>> P=[P0  P1  P2  P3  P4  P5  P6  P7  P8  P9  P10]'
P =
   1.1037
   1.1037
   1.1037
   1.1037
   1.1037
   1.1037
   1.1037
   1.1036
   1.1032
   1.0967
   1.0000
>> K=[K0  K1  K2  K3  K4  K5  K6  K7  K8  K9  K10]'
K =
   0.1781
   0.1781
   0.1781
   0.1781
   0.1781
   0.1781
   0.1781
   0.1781
   0.1773
   0.1662
        0
>> x=[1];
>> x0=x;
>> u=-K0*x;
>> u0=u;
>> x=A*x+B*u; x1=x; u=-K1*x; u1=u;
>> x=A*x+B*u; x2=x; u=-K2*x; u2=u;
>> x=A*x+B*u; x3=x; u=-K3*x; u3=u;
>> x=A*x+B*u; x4=x; u=-K4*x; u4=u;
>> x=A*x+B*u; x5=x; u=-K5*x; u5=u;
>> x=A*x+B*u; x6=x; u=-K6*x; u6=u;
>> x=A*x+B*u; x7=x; u=-K7*x; u7=u;
>> x=A*x+B*u; x8=x; u=-K8*x; u8=u;
```

```
>> x=A*x+B*u; x9=x; u=-K9*x; u9=u;
>> x=A*x+B*u; x10=x; u=-K10*x; u10=u;
>> [x0 x1 x2 x3 x4 x5 x6 x7 x8 x9 x10]'
ans =
    1.0000
    0.2553
    0.0652
    0.0166
    0.0042
    0.0011
    0.0003
    0.0001
    0.0000
    0.0000
    0.0000
>> [u0 u1 u2 u3 u4 u5 u6 u7 u8 u9 u10]'
ans =
    -0.1781
    -0.0455
    -0.0116
    -0.0030
    -0.0008
    -0.0002
    -0.0000
    -0.0000
    -0.0000
    -0.0000
          0
% Compute Jmin
>> Jmin=0.5*x0'*P0*x0
Jmin =
0.5518
% Plot
>> k=0:10;
>> v=[0 10 0 1.2];
>> axis(v);
>> plot(k, P, 'o')
>> grid
>> title('Plot of P(k) versus k');
>> xlabel('k')
>> ylabel('P(k)')
>> figure
>> v=[0 10 0 0.2];
>> axis(v);
>> plot(k, K, 'o')
>> grid
>> title('Plot of K(k) versus k');
```

```
>> xlabel ('k');
>> ylabel ('K(k)');
```

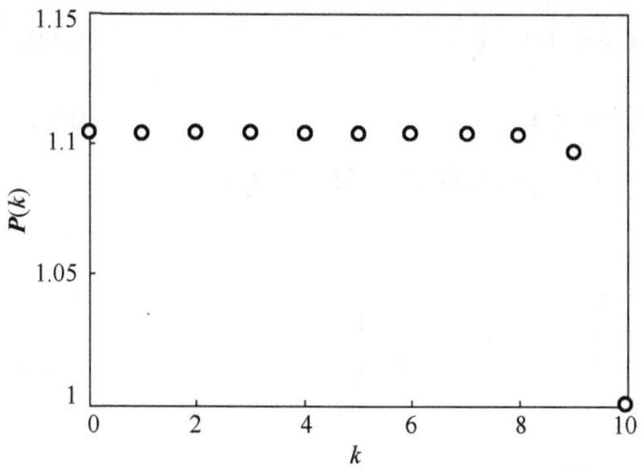

图 6.4　**P**(*k*)对 *k* 点绘图

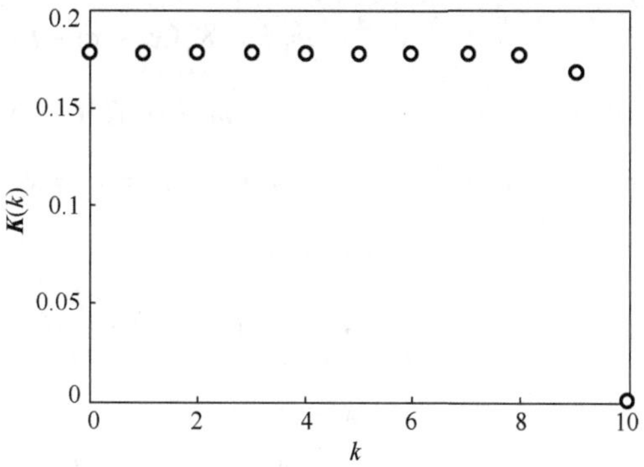

图 6.5　**K**(*k*)对 *k* 点绘图

6.6　动力减振器的最优控制

如图 6.6 所示，图 6.6(a)为汽车悬挂系统原理图，图 6.6(b)为汽车悬挂系统四分之一简化模型。一般认为，影响汽车舒适性的主要因素是车身的垂直方向的振动。以往对车身垂直方向振动的控制主要采取被动隔振措施，即在车身与车轮轴之间安装弹簧和阻尼器，以达到减小车身垂直方向振动量的目的。汽车运行的舒适性是典型的振动控制问题，使用振动主动控制的方法提高舒适度已被人们所重视，并成为汽车舒适性问题研究的热点。

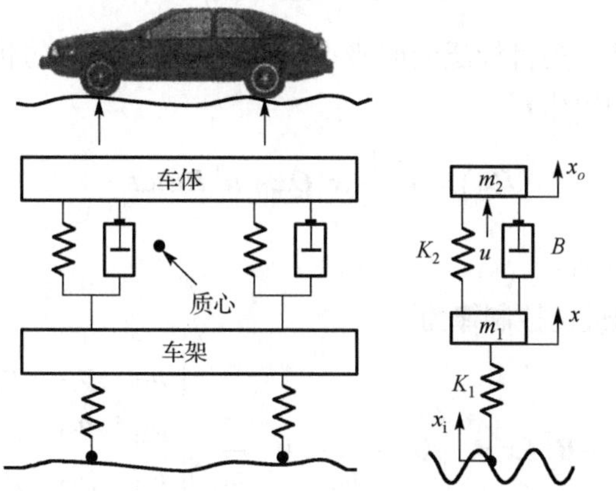

(a) 悬挂系统原理图　　(b) 简化的悬挂系统

图 6.6　汽车悬挂系统

由图 6.6(b)入手来研究其主动控制的规律，然后再扩展至四轮悬挂的完整结构。图中 u 为施加的主动控制力，其完整装置应由振动检测装置、控制装置和执行装置构成。m_2 为车身质量，x_o 为车身相对平衡位置的位移，K_2 为悬挂系统刚度，B 为悬挂系统阻尼，m_1 为车轮质量，x 为车轮轴垂直方向上的位移，K_1 为轮胎刚度，x_i 为路面不平引起的位移输入。轮胎受到路面不平引起的位移 x_i 作用，从而引起车身的垂直方向的振动。在车身与车轮之间加入一个主动控制的执行装置，与原悬挂装置构成并联系统。要求确定最佳控制规律 u^*，使得车身的振动响应及消耗的主动控制能量为最小。

由图 6.6(b)可得系统的动力学方程为

$$m_1\ddot{x}_1 = K_1(x_i - x) - B(\dot{x} - \dot{x}_o) - K_2(x - x_o) - u \tag{6.80}$$

$$m_2\ddot{x}_2 = K_2(x - x_o) + B(\dot{x} - \dot{x}_o) + u \tag{6.81}$$

令 $x_1 = x$， $x_2 = \dot{x}_1 = \dot{x}$， $x_3 = x_o$， $x_4 = \dot{x}_3 = \dot{x}_o$ 。可将动力学方程改写成状态方程

$$\left.\begin{aligned}
&\dot{x}_1 = x_2\\
&\dot{x}_2 = \frac{K_1}{m_1}(x_i - x_1) - \frac{B}{m_1}(x_2 - x_4) - \frac{K_2}{m_1}(x_1 - x_3) - \frac{u}{m_1}\\
&\dot{x}_3 = x_4\\
&\dot{x}_4 = \frac{K_2}{m_2}(x_1 - x_3) + \frac{B}{m_2}(x_2 - x_4) + \frac{u}{m_2}
\end{aligned}\right\} \tag{6.82}$$

写成矩阵形式则为

$$\begin{bmatrix}\dot{x}_1\\ \dot{x}_2\\ \dot{x}_3\\ \dot{x}_4\end{bmatrix} = \begin{bmatrix} 0 & 1 & 0 & 0\\ \dfrac{-K_1 - K_2}{m_1} & \dfrac{B}{m_1} & \dfrac{K_2}{m_1} & \dfrac{B}{m_1}\\ 0 & 0 & 0 & 1\\ \dfrac{K_2}{m_2} & \dfrac{B}{m_2} & -\dfrac{K_2}{m_2} & -\dfrac{B}{m_2}\end{bmatrix}\begin{bmatrix}x_1\\ x_2\\ x_3\\ x_4\end{bmatrix} + \begin{bmatrix}0\\ -\dfrac{1}{m_1}\\ 0\\ \dfrac{1}{m_2}\end{bmatrix}u + \begin{bmatrix}0\\ \dfrac{K_1}{m_1}\\ 0\\ 0\end{bmatrix}x_i \tag{6.83}$$

简记为

$$\dot{\boldsymbol{x}} = \boldsymbol{Ax} + \boldsymbol{Bu} + \boldsymbol{G}\boldsymbol{x}_i \tag{6.84}$$

最优控制的目的是使下列目标泛函取极小值。根据最优控制的状态调节器原理，可以用如下的方法求解最优控制规律 $\boldsymbol{u}^*$ 。

性能指标函数为

$$J(\boldsymbol{u}) = \int_0^{\infty} \frac{1}{2}(\boldsymbol{x}^{\mathrm{T}}\boldsymbol{Qx} + \boldsymbol{u}^{\mathrm{T}}\boldsymbol{Ru})\mathrm{d}t \tag{6.85}$$

其中， $\boldsymbol{Q}$ 、 $\boldsymbol{R}$ 均为单位矩阵。

由式(6.36)知系统的最优控制律为

$$\begin{aligned}
\boldsymbol{u} &= -\boldsymbol{R}^{-1}\boldsymbol{B}^{\mathrm{T}}\boldsymbol{Px} = -\boldsymbol{B}^{\mathrm{T}}\boldsymbol{Px} = -\begin{pmatrix}0 & -\dfrac{1}{m_1} & 0 & \dfrac{1}{m_2}\end{pmatrix}\begin{bmatrix}p_{11} & p_{12} & p_{13} & p_{14}\\ p_{21} & p_{22} & p_{23} & p_{24}\\ p_{31} & p_{32} & p_{33} & p_{34}\\ p_{41} & p_{42} & p_{43} & p_{44}\end{bmatrix}\begin{bmatrix}x_1\\ x_2\\ x_3\\ x_4\end{bmatrix}\\
&= \left(-\frac{1}{m_1}p_{21} + \frac{1}{m_2}p_{41}\right)x_1 + \left(-\frac{1}{m_1}p_{22} + \frac{1}{m_2}p_{42}\right)x_2\\
&\quad + \left(-\frac{1}{m_1}p_{23} + \frac{1}{m_2}p_{43}\right)x_3 + \left(-\frac{1}{m_1}p_{24} + \frac{1}{m_2}p_{44}\right)x_4
\end{aligned} \tag{6.86}$$

其中， p_{21}、 p_{22}、 p_{23}、 p_{24}、 p_{41}、 p_{42}、 p_{43}、 p_{44} 是下列里卡提方程的解。

由式(6.33)的里卡提方程得

$$\boldsymbol{A}^{\mathrm{T}}\boldsymbol{P}+\boldsymbol{P}\boldsymbol{A}-\boldsymbol{P}^{\mathrm{T}}\boldsymbol{B}\boldsymbol{R}^{-1}\boldsymbol{B}^{\mathrm{T}}\boldsymbol{P}+\boldsymbol{Q}$$

$$=\begin{bmatrix} 0 & \dfrac{-K_1-K_2}{m_1} & 0 & \dfrac{K_2}{m_2} \\ 1 & -\dfrac{B}{m_1} & 0 & \dfrac{B}{m_2} \\ 0 & \dfrac{K_2}{m_1} & 0 & -\dfrac{K_2}{m_2} \\ 0 & \dfrac{B}{m_1} & 1 & -\dfrac{B}{m_2} \end{bmatrix}\begin{bmatrix} p_{11} & p_{12} & p_{13} & p_{14} \\ p_{21} & p_{22} & p_{23} & p_{24} \\ p_{31} & p_{32} & p_{33} & p_{34} \\ p_{41} & p_{42} & p_{43} & p_{44} \end{bmatrix}$$

$$+\begin{bmatrix} p_{11} & p_{12} & p_{13} & p_{14} \\ p_{21} & p_{22} & p_{23} & p_{24} \\ p_{31} & p_{32} & p_{33} & p_{34} \\ p_{41} & p_{42} & p_{43} & p_{44} \end{bmatrix}\begin{bmatrix} 0 & 1 & 0 & 0 \\ \dfrac{-K_1-K_2}{m_1} & \dfrac{B}{m_1} & \dfrac{K_2}{m_1} & \dfrac{B}{m_1} \\ 0 & 0 & 0 & 1 \\ \dfrac{K_2}{m_2} & \dfrac{B}{m_2} & -\dfrac{K_2}{m_2} & -\dfrac{B}{m_2} \end{bmatrix}$$

$$-\begin{bmatrix} p_{11} & p_{12} & p_{13} & p_{14} \\ p_{21} & p_{22} & p_{23} & p_{24} \\ p_{31} & p_{32} & p_{33} & p_{34} \\ p_{41} & p_{42} & p_{43} & p_{44} \end{bmatrix}\begin{bmatrix} 0 \\ -\dfrac{1}{m_1} \\ 0 \\ \dfrac{1}{m_2} \end{bmatrix}\begin{pmatrix} 0 & -\dfrac{1}{m_1} & 0 & \dfrac{1}{m_2} \end{pmatrix}\begin{bmatrix} p_{11} & p_{12} & p_{13} & p_{14} \\ p_{21} & p_{22} & p_{23} & p_{24} \\ p_{31} & p_{32} & p_{33} & p_{34} \\ p_{41} & p_{42} & p_{43} & p_{44} \end{bmatrix}+\begin{bmatrix} 1 & 0 & 0 & 0 \\ 0 & 1 & 0 & 0 \\ 0 & 0 & 1 & 0 \\ 0 & 0 & 0 & 1 \end{bmatrix}=0 \tag{6.87}$$

解此方程求得 p_{21}、 p_{22}、 p_{23}、 p_{24}、 p_{41}、 p_{42}、 p_{43}、 p_{44}，再将其代入式(6.36)进而可求得最优控制规律 $\boldsymbol{u}^*$。

习　　题

6.1　已知控制系统为
$$\dot{\boldsymbol{x}}=\begin{bmatrix} 0 & 1 \\ 0 & 0 \end{bmatrix}\boldsymbol{x}+\begin{bmatrix} 0 \\ 1 \end{bmatrix}u$$

假设控制信号为：$u(t)=-\boldsymbol{K}\boldsymbol{x}(t)$，试确定最佳反馈增益矩阵 $\boldsymbol{K}$，使得下列性能指标达到极小：

$$J=\int_0^{\infty}(\boldsymbol{x}^{\mathrm{T}}\boldsymbol{Q}\boldsymbol{x}+u^2)\mathrm{d}t$$

式中，$\boldsymbol{Q}=\begin{bmatrix} 1 & 0 \\ 0 & \mu \end{bmatrix}, \mu\geqslant 0$。

6.2　考虑由下列描述的系统：
$$\dot{\boldsymbol{x}}=\begin{bmatrix} 0 & 1 \\ 0 & -1 \end{bmatrix}\boldsymbol{x}+\begin{bmatrix} 0 \\ 1 \end{bmatrix}u$$

性能指标 J 为
$$J=\int_0^{\infty}(\boldsymbol{x}^{\mathrm{T}}\boldsymbol{Q}\boldsymbol{x}+u^{\mathrm{T}}\boldsymbol{R}u)\mathrm{d}t$$

式中，$\boldsymbol{Q}=\begin{bmatrix}1 & 0\\0 & 1\end{bmatrix}$，$\boldsymbol{R}=[1]$。假设采用下列控制$u$：$u(t)=-\boldsymbol{K}\boldsymbol{x}(t)$，试确定最佳反馈增益矩阵$\boldsymbol{K}$。

6.3　考虑由下列给出的系统：

$$\dot{\boldsymbol{x}}=\begin{bmatrix}0 & 1 & 0\\0 & 0 & 1\\-35 & -27 & -9\end{bmatrix}\boldsymbol{x}+\begin{bmatrix}0\\0\\1\end{bmatrix}u$$

性能指标J由下式给出：
$$\boldsymbol{J}=\int_0^\infty(\boldsymbol{x}^{\mathrm{T}}\boldsymbol{Q}\boldsymbol{x}+u^{\mathrm{T}}\boldsymbol{R}u)\mathrm{d}t$$

式中，$\boldsymbol{Q}=\begin{bmatrix}1 & 0 & 0\\0 & 1 & 0\\0 & 0 & 1\end{bmatrix}$，$\boldsymbol{R}=[1]$。试求里卡提方程的正定解矩阵$\boldsymbol{P}$，最佳反馈增益矩阵$\boldsymbol{K}$和矩阵$\boldsymbol{A}-\boldsymbol{B}\boldsymbol{K}$的特征值。

6.4　考虑由下列状态空间方程定义的系统：

$$\dot{\boldsymbol{x}}=\begin{bmatrix}0 & 1 & 0\\0 & 0 & 1\\0 & -2 & -3\end{bmatrix}\boldsymbol{x}+\begin{bmatrix}0\\0\\1\end{bmatrix}u$$
$$y=\begin{bmatrix}1 & 0 & 0\end{bmatrix}\boldsymbol{x}$$

控制信号u由下式给出

$$u=k_1(r-x_1)-(k_2x_2+k_3x_3)=k_1r-(k_1x_1+k_2x_2+k_3x_3)$$

在确定最佳控制系统时，假设输入量为零，即$r=0$。试确定状态反馈增益矩阵$\boldsymbol{K}=[k_1\quad k_2\quad k_3]$使得下列性能指标为极小

$$J=\int_0^\infty(\boldsymbol{x}^{\mathrm{T}}\boldsymbol{Q}\boldsymbol{x}+u^{\mathrm{T}}\boldsymbol{R}u)\mathrm{d}t$$

式中，$\boldsymbol{Q}=\begin{bmatrix}q_{11} & 0 & 0\\0 & q_{22} & 0\\0 & 0 & q_{33}\end{bmatrix}$，$\boldsymbol{R}=[1]$，$\boldsymbol{x}=\begin{bmatrix}x_1\\x_2\\x_3\end{bmatrix}=\begin{bmatrix}y\\\dot{y}\\\ddot{y}\end{bmatrix}$。

6.5　给定离散控制系统　$\boldsymbol{x}(k+1)=\boldsymbol{A}\boldsymbol{x}(k)+\boldsymbol{B}\boldsymbol{u}(k)$

式中，$\boldsymbol{A}=\begin{bmatrix}1 & 1\\1 & 0\end{bmatrix}$，$\boldsymbol{B}=\begin{bmatrix}1\\0\end{bmatrix}$，$\boldsymbol{x}(0)=\begin{bmatrix}1\\0\end{bmatrix}$。

性能指标为
$$J=\frac{1}{2}\boldsymbol{x}^{\mathrm{T}}(8)\boldsymbol{S}\boldsymbol{x}(8)+\frac{1}{2}\sum_{k=0}^{7}[\boldsymbol{x}^{\mathrm{T}}(k)\boldsymbol{Q}\boldsymbol{x}(k)+\boldsymbol{u}^{\mathrm{T}}(k)\boldsymbol{R}\boldsymbol{u}(k)]$$

式中
$$\boldsymbol{Q}=\begin{bmatrix}1 & 0\\0 & 1\end{bmatrix},\quad R=1,\quad \boldsymbol{S}=\begin{bmatrix}1 & 0\\0 & 1\end{bmatrix}$$

求系统最优控制序列$\boldsymbol{u}(k)$。

第 7 章　智能控制理论基础

现代机械工程自动控制在科学技术中得到了广泛的应用，科学技术的发展和工业的进步对自动控制不断地提出更新更高的要求，促使控制理论和技术不断地发展。前面所讲述的经典控制论和现代控制理论，都需要在建立系统数学模型的基础上才能对系统进行分析和设计。但在许多实际系统中，特别是现代科学技术中的复杂系统，常存在非线性、时变性、不确定性以及复杂到无法用确切的数学模型来描述，或者由于数学模型过于复杂而无法在实时控制中应用。面对这些情况，控制理论必须发展，产生新的理论，在新的理论中，不需要精确的数学模型就能对系统进行精确的控制，这种新理论就是智能控制理论。基于智能控制理论的智能机器就是智能机器人。智能机器的控制系统就是智能控制系统。智能控制具有类似人类的各种智慧，例如，为达到任务目标进行的规划、逻辑推理、判断或估计、学习及进化、记忆及经验积累等。

7.1　智能控制的结构

智能控制是现代科学技术发展的综合产物，具有多学科交叉的特点。为了描述这种多学科交叉的结构特点，将智能控制表达成其他相关学科的交集形式：

$$\mathrm{IC} = \mathrm{AI} \cap \mathrm{AC} \tag{7.1}$$

$$\mathrm{IC} = \mathrm{AI} \cap \mathrm{CT} \cap \mathrm{OR} \tag{7.2}$$

$$\mathrm{IC} = \mathrm{AI} \cap \mathrm{CT} \cap \mathrm{IT} \cap \mathrm{OR} \tag{7.3}$$

其中各子集的含义如下：AI 为人工智能(Artificial Intelligence)；AC 为自动控制(Automatic Control)；CT 为控制论(Control Theory, Cybernetics)；OR 为运筹学(Operation Research)；IT 为信息论(Information Theory, Informatics)；IC 为智能控制(Intelligent Control)；$\cap$ 为交集。

式(7.1)表示的智能控制结构称为二元结构。由傅京孙于 1971 年提出，这种结构把智能控制看成是人工智能与自动控制的交叉。用人工智能做高层次的规划和决策，由低层控制器执行上层所做的规划和决策。

式(7.2)表示的智能控制结构称为三元结构。由萨里迪斯于 1977 年提出，这种结构把智能控制看成是人工智能、控制论及运筹学的交叉。

式(7.3)表示的智能控制结构称为四元结构。由蔡自兴于 1986 年提出，此结构在三元结构的基础上加入了信息论。其特点是强调了三元论中三级间的信息流通。信息在智能控制系统中的流通就像人类身体中的神经一样，智能控制也是靠信息将系统的各个部分连接起来成为一个智能整体。所以，四元结构更完整地描述了智能控制的特点。

智能控制系统发展到现在，已经形成了若干个分支，下面将分别就主要的几个分支做简要的介绍。

7.2　学习控制系统

学习控制是指能够在系统进行过程中估计未知信息，并据之进行最优控制，以便逐步改进系统性能。在控制过程中，通过控制效果总结经验，这些经验对修改控制参数和算法起作用。如果一个系统能够用所得的经验进行估计、分类、决策或控制，使系统的品质得到改善，那么称该系统为学习系统。如果一个学习系统利用所学得的信息来控制某个具有未知特征的过程，则称该系统为学习控制系统。

7.2.1　学习控制的发展

工程上对于学习的研究起源于人工智能中对学习机制的模拟，从学习控制概念的提出，到它逐渐形成一个比较完整的智能控制的体系经历了 60 多年的发展历程，表 7.1 列出了 20 世纪 90 年代之前的主要研究状况。当然，随着计算机技术的发展以及实际控制系统变得越来越复杂，关于学习控制新的课题和新的研究越来越多，如涉及离散系统、在线参数估计、轨迹跟踪、多维模型和非线性系统等内容。

表 7.1　学习控制的发展历程

时间	主要研究者	研究状况
1943	McCulloch、Pitts	提出一种最基本的神经元突触模型
1962	Narendra 等	提出一种基于性能反馈的校正方法
1964	Smith	提出一种应用模式识别自适应技术的开关式控制方法
		研究了可训练飞行控制系统
1965	Waltz、Fu	提出把启发式方法用于再励学习控制系统
1969	Wee、Fu	提出模糊学习控制系统
1977	Saridis	提出了递阶语义学习方法
1978	内山	提出重复学习控制方法
1984	有本、川村、宫崎等	提出反复控制学习法
1986	古田等	提出一种多变量的最优反复学习控制法
1987	Gu、Loh	提出一种多步反复学习控制方法

7.2.2　学习控制的基本原理

自 20 世纪 70 年代初以来，研究学者提出了各种各样的学习控制方案，主要包括基于模式识别的学习控制、迭代和重复自学习控制、基于神经网络的学习控制、拟人自学习控制、状态学习控制、基于模糊规则的学习控制以及联结主义学习控制等。现以迭代和重复自学习控制方案为例，介绍学习控制的基本原理。

迭代和重复自学习控制方法是一种学习控制策略，它重复应用先前试验得到的信息，以获得能够产生期望输出轨迹的控制输入，改善控制质量。迭代和重复自学习控制的任务如下：给出系统的当前输入和期望输出，确定下一个周期的输入，使得系统的实际输出逼近期望输出。因此，在可能存在参数不确定的情况下，可通过实际运行的输入输出数据获得好的控制信号。具体分析如下：

考虑线性定常系统
$$\begin{cases} \boldsymbol{R}\ddot{\boldsymbol{x}}(t)+\boldsymbol{Q}\dot{\boldsymbol{x}}(t)+\boldsymbol{P}\boldsymbol{x}(t)=\boldsymbol{u}(t) \\ \boldsymbol{y}(t)=\dot{\boldsymbol{x}}(t) \end{cases} \tag{7.4}$$

其中，$\boldsymbol{x}(t)$ 为 n 维状态变量；$\boldsymbol{u}(t)$ 为 n 维输入变量；$\boldsymbol{y}(t)$ 为 n 维输出变量；$\boldsymbol{R}$、$\boldsymbol{Q}$、$\boldsymbol{P}$ 分别为 $n\times n$ 的对称正定实矩阵。

已知系统的初始条件为　$\boldsymbol{x}(0)=\boldsymbol{x}_0$，$\dot{\boldsymbol{x}}(0)=\dot{\boldsymbol{x}}_0=\boldsymbol{y}_\mathrm{d}(0)$　(7.5)

其中，$\boldsymbol{y}_\mathrm{d}(0)$ 为定义在有限区间$[0,T]$上的期望轨迹输出。

图 7.1 给出了迭代和重复自学习控制的原理图，图中，$\boldsymbol{y}_\mathrm{d}(t)$ 为有限区间上的期望输出；$\boldsymbol{u}_k(t)$、$\boldsymbol{u}_{k+1}(t)$ 分别为第 k、k+1 次迭代的参考输入，分别由第 k–1、k 次迭代产生的；$\boldsymbol{y}_k(t)$、$\boldsymbol{y}_{k+1}(t)$ 分别为系统第 k、k+1 次迭代的实际输出；$\boldsymbol{e}_k(t)$、$\boldsymbol{e}_{k+1}(t)$ 分别表示第 k、k+1 次迭代的期望输出与实际输出的误差，即 $\boldsymbol{e}_k(t)=\boldsymbol{y}_\mathrm{d}(t)-\boldsymbol{y}_k(t)$，$\boldsymbol{e}_{k+1}(t)=\boldsymbol{y}_\mathrm{d}(t)-\boldsymbol{y}_{k+1}(t)$。

从图 7.1 可见，第 k+1 次迭代的控制输入 $\boldsymbol{u}_{k+1}(t)$ 为第 k 次迭代的控制输入 $\boldsymbol{u}_k(t)$ 与输出误差 $\boldsymbol{e}_k(t)$ 的加权和：

$$\boldsymbol{u}_{k+1}(t)=\boldsymbol{u}_k(t)+\omega\boldsymbol{e}_k(t) \tag{7.6}$$

迭代自学习控制方法已经被证明，设每次重复训练时都满足初始条件 $\boldsymbol{e}_k(0)=0$，当 $k\to\infty$ 时，即重复训练次数足够多时，可有 $\boldsymbol{e}_k(t)\to 0$，即实际输出能逼近期望输出：

$$\boldsymbol{y}_k(t)\to\boldsymbol{y}_\mathrm{d}(t) \tag{7.7}$$

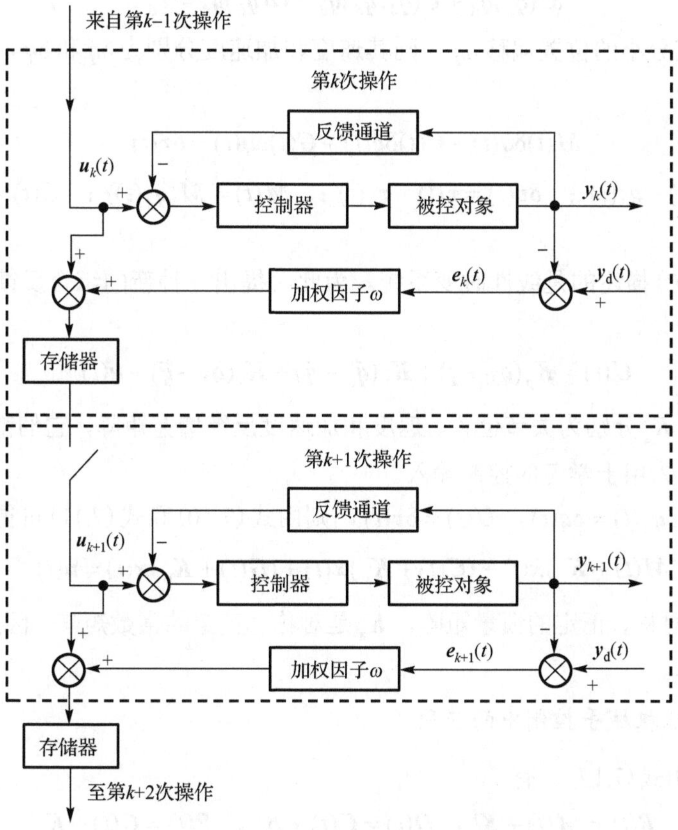

图 7.1　迭代和重复自学习控制原理图

在迭代和重复自学习控制系统中，控制算法的收敛性依赖于加权因子ω的确定。它的学习控制规律简单，不但有较好的实时性，而且对干扰和系统模型的变化具有一定的鲁棒性。

7.2.3 学习控制的应用举例

1. 应用背景

机器人的轨迹跟踪控制问题是研究机器人运动控制的主要问题之一，即使期望轨迹被确切描述，精确地实现跟踪也很不容易。主要有两个原因：一是机器人机械关节之间的干扰；二是机器人运动过程中的外界扰动。实际上，实时得到其干扰和扰动的定量估计数据是不可能的，但是如果干扰和扰动呈周期出现，运用迭代和重复自学习控制方法对机器人进行精确轨迹跟踪控制显得非常有效。

一个n关节机器人的非线性动力学方程可表示为

$$\boldsymbol{M}(\boldsymbol{q})\ddot{\boldsymbol{q}}+\boldsymbol{C}(\boldsymbol{q},\dot{\boldsymbol{q}})\dot{\boldsymbol{q}}+\boldsymbol{G}(\boldsymbol{q})=\boldsymbol{\tau} \tag{7.8}$$

其中，$\boldsymbol{q}\in R^{n\times1}$为机械手的关节坐标；$\boldsymbol{\tau}\in R^{n\times1}$为关节驱动力矩矢量；$\boldsymbol{M}(\boldsymbol{q})\in R^{n\times n}$为正定、对称的惯量矩阵；$\boldsymbol{G}(\boldsymbol{q})\in R^{n\times1}$为重力力矩矢量；$\boldsymbol{C}(\boldsymbol{q},\dot{\boldsymbol{q}})\in R^{n\times n}$为哥氏矩阵。

在计算力矩控制法中，把期望关节位置$\boldsymbol{q}_{\mathrm{d}}$，期望关节速度$\dot{\boldsymbol{q}}_{\mathrm{d}}$，期望关节加速度$\ddot{\boldsymbol{q}}_{\mathrm{d}}$代入式(7.8)中得到相应于期望轨迹的期望关节力矩$\boldsymbol{\tau}_{\mathrm{d}}$

$$\boldsymbol{M}(\boldsymbol{q}_{\mathrm{d}})\ddot{\boldsymbol{q}}_{\mathrm{d}}+\boldsymbol{C}(\boldsymbol{q}_{\mathrm{d}},\dot{\boldsymbol{q}}_{\mathrm{d}})\dot{\boldsymbol{q}}_{\mathrm{d}}+\boldsymbol{G}(\boldsymbol{q}_{\mathrm{d}})\boldsymbol{q}_{\mathrm{d}}=\boldsymbol{\tau}_{\mathrm{d}} \tag{7.9}$$

同样，对于充分小的位置偏移$\delta\boldsymbol{q}$，则其速度和加速度分别为$\delta\dot{\boldsymbol{q}}$和$\delta\ddot{\boldsymbol{q}}$，所需的校正力矩$\delta\boldsymbol{\tau}$可表示为

$$\boldsymbol{M}(t)\delta\ddot{\boldsymbol{q}}(t)+\boldsymbol{C}(t)\delta\dot{\boldsymbol{q}}(t)+\boldsymbol{G}(t)\delta\boldsymbol{q}(t)=\delta\boldsymbol{\tau}(t) \tag{7.10}$$

其中，$\delta\boldsymbol{q}(t)=\boldsymbol{q}(t)-\boldsymbol{q}_{\mathrm{d}}(t)$；$\delta\boldsymbol{\tau}(t)=\boldsymbol{\tau}(t)-\boldsymbol{\tau}_{\mathrm{d}}(t)$；$\boldsymbol{M}(t)=\boldsymbol{M}(\boldsymbol{q}_{\mathrm{d}}(t))$；$\boldsymbol{C}(t)=(\boldsymbol{q}_{\mathrm{d}}(t),\dot{\boldsymbol{q}}_{\mathrm{d}}(t))$；$\boldsymbol{G}(t)=\boldsymbol{G}(\boldsymbol{q}_{\mathrm{d}}(t))$。

显然，式(7.10)描述的是线性时变系统。为此，提出一种新的综合反馈控制和学习控制的控制法

$$\boldsymbol{U}(t)=\boldsymbol{K}_{\mathrm{p}}(\boldsymbol{q}_{\mathrm{d}}-\boldsymbol{q})+\boldsymbol{K}_{\mathrm{v}}(\dot{\boldsymbol{q}}_{\mathrm{d}}-\dot{\boldsymbol{q}})+\boldsymbol{K}_{\mathrm{a}}(\ddot{\boldsymbol{q}}_{\mathrm{d}}-\ddot{\boldsymbol{q}})+\boldsymbol{u}(t) \tag{7.11}$$

其中，$\boldsymbol{K}_{\mathrm{p}}$、$\boldsymbol{K}_{\mathrm{v}}$和$\boldsymbol{K}_{\mathrm{a}}$分别为关节位置、速度和加速度反馈增益矩阵，它们都是对角的、正定的常数矩阵；$\boldsymbol{u}(t)$为用于学习的控制输入。

令$\boldsymbol{x}(t)=\boldsymbol{q}(t)-\boldsymbol{q}_{\mathrm{d}}(t)=\delta\boldsymbol{q}(t)$，$\boldsymbol{U}(t)=\delta\boldsymbol{\tau}(t)$，则由式(7.10)和式(7.11)可得

$$(\boldsymbol{M}(t)+\boldsymbol{K}_{\mathrm{a}})\ddot{\boldsymbol{x}}(t)+(\boldsymbol{C}(t)+\boldsymbol{K}_{\mathrm{v}})\dot{\boldsymbol{x}}(t)+(\boldsymbol{G}(t)+\boldsymbol{K}_{\mathrm{p}})\boldsymbol{x}(t)=\boldsymbol{u}(t) \tag{7.12}$$

因为$\boldsymbol{M}(t)$是对称、正定的惯量矩阵，$\boldsymbol{K}_{\mathrm{a}}$是对称、正定的常数矩阵。因此，$\boldsymbol{M}(t)+\boldsymbol{K}_{\mathrm{a}}$也是对称的正定矩阵。

2. 学习控制在机械手控制中的应用

对照式(7.4)和式(7.12)，有

$$\boldsymbol{R}(t)=\boldsymbol{M}(t)+\boldsymbol{K}_{\mathrm{a}},\quad \boldsymbol{Q}(t)=\boldsymbol{C}(t)+\boldsymbol{K}_{\mathrm{v}},\quad \boldsymbol{P}(t)=\boldsymbol{G}(t)+\boldsymbol{K}_{\mathrm{p}}$$

令$\boldsymbol{x}(0)=\boldsymbol{x}_0$，$\dot{\boldsymbol{x}}(0)=\dot{\boldsymbol{x}}_0=\boldsymbol{y}_{\mathrm{d}}(0)$。所以，该机械手控制系统满足迭代和重复学习控制方案。

所以，可以按图 7.2 的学习控制原理实现跟踪控制。

第 k+1 次迭代的控制输入 $\boldsymbol{u}_{k+1}(t)$ 为第 k 次迭代的控制输入 $\boldsymbol{u}_k(t)$ 与输出误差 $\boldsymbol{e}_k(t)$ 的加权和：

$$\boldsymbol{u}_{k+1}(t)=\boldsymbol{u}_k(t)+\omega\boldsymbol{e}_k(t)$$

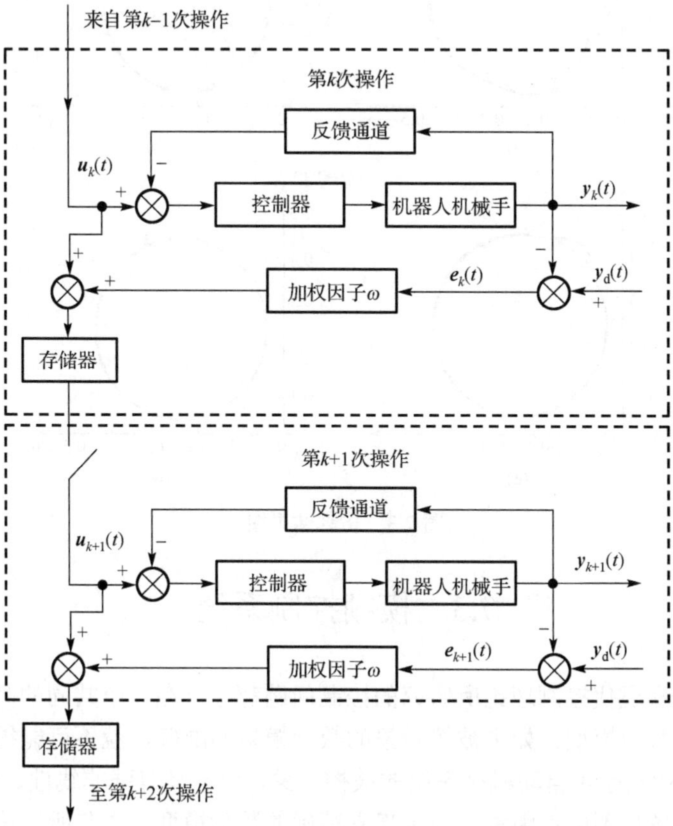

图 7.2　机器人机械手学习控制原理图

3. 计算机仿真和结论

为了证实学习控制方案的实际有效性，把该方法应用到 PUMA562 机器人机械手，机器人的物理参数给定如下。

采样时间：$t=6\,\text{ms}$。

反馈增益：$\boldsymbol{K}_\text{p}=\text{diag}(64,64,64)$ N/rad；$\boldsymbol{K}_\text{v}=\text{diag}(32,32,32)$ N·s/rad；$\boldsymbol{K}_\text{a}=\text{diag}(16,16,16)$ N·s^2/rad。

初始条件：$(x_\text{d}(0),y_\text{d}(0),z_\text{d}(0))=(0.45，0.25，0.04)$ m。

终止条件：$(x_\text{d}(T),y_\text{d}(T),z_\text{d}(T))=(0.45，0.25，0.04)$ m。

终止时间：T=2s。

期望运动：$x_\text{d}(t)=0.25+0.2\cos(\pi t)$，$y_\text{d}(t)=0.25+0.2\sin(\pi t)$，$z_\text{d}(t)=0.04$ m。

学习增益：$\boldsymbol{\omega}=\text{diag}(32,32,32)$ N·s/rad。图 7.3 为仿真曲线，图 7.3(a)、(b)、(c)和(d)分别是第一次至第四次学习跟踪的仿真结果，其中虚线表示期望轨迹，实线表示实际跟踪轨迹，从图示可以看出，经过四次试验跟踪误差趋近于零。可见，学习控制法具有快速的收敛性。

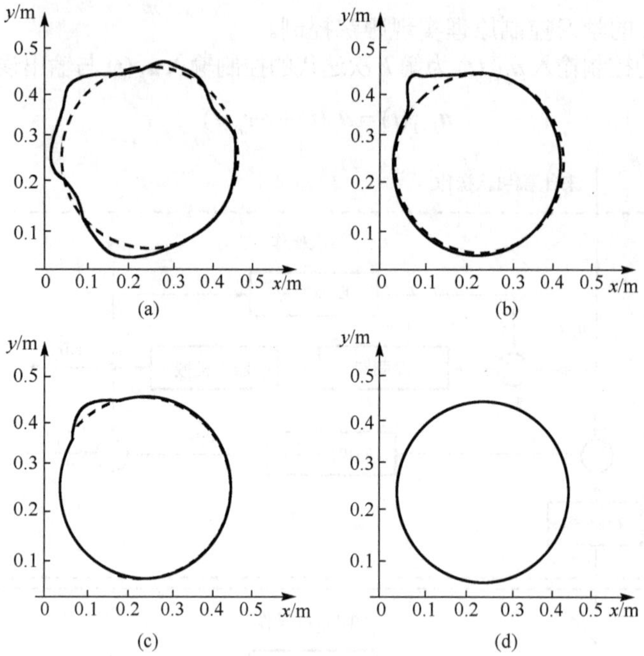

图 7.3　仿真结果图

7.3　模糊控制系统

经典控制理论和现代控制理论所研究的控制问题都建立在一个共同的基础上，即必须知道被控对象精确的数学模型。如果被控对象的数学模型不准确，就不可能得到预期的控制效果。然而，许多工业及家用自动机械系统的被控对象，由于具有强非线性、时变性、大时滞、变结构及多干扰等各种不确定因素，很难建立精确的数学模型。本节所讨论的模糊控制方法不要求建立被控对象的精确模型就能对被控对象实行控制，并能达到较好的控制效果。模糊控制是多种智能控制方法中最成熟、实际应用最广泛的一种。讨论模糊控制系统需要一些集合的基本概念和术语。

7.3.1　集合的基本概念和术语

集合论分为两大类：清晰集合论和模糊集合论。清晰集合论是经典集合论，模糊集合论是清晰集合论的外延。下面介绍有关的基本概念和术语。

1. 清晰集合论中有关的基本概念和术语

(1) 元素。组成集合的各个事物称为集合内的元素。通常用英文小写字母表示。

(2) 属于。若事物 x 是集合 $\boldsymbol{A}$ 的元素，则称元素 x 属于集合 $\boldsymbol{A}$，表示为 $x\in\boldsymbol{A}$；若元素 x 不属于集合 $\boldsymbol{A}$，则表示为 $x\notin\boldsymbol{A}$。

(3) 论域。由被研究对象的所有元素的全体组成的基本集合称为论域，又称为全域或空间，常用 $\boldsymbol{E}$ 表示。

(4) 包含。设 $\boldsymbol{A}$ 和 $\boldsymbol{B}$ 是论域中的两个子集，当所有 x 属于 $\boldsymbol{A}$ 时 $(\forall x\in\boldsymbol{A})$，必定有 $x\in\boldsymbol{B}$，则称 $\boldsymbol{B}$ 包含 $\boldsymbol{A}$，用 $\boldsymbol{A}\subseteq\boldsymbol{B}$ 表示。若 $\boldsymbol{A}\subseteq\boldsymbol{B}$ 且 $\boldsymbol{A}\neq\boldsymbol{B}$，则称 $\boldsymbol{A}$ 为 $\boldsymbol{B}$ 的真子集，表示为 $\boldsymbol{A}\subset\boldsymbol{B}$。

(5) 交集。设有任意两个集合 $\boldsymbol{A}$ 和 $\boldsymbol{B}$，若集合 $\boldsymbol{S}$ 是由同时属于集合 $\boldsymbol{A}$ 和 $\boldsymbol{B}$ 的所有元素组成的新集合，则称 $\boldsymbol{S}$ 为 $\boldsymbol{A}$ 和 $\boldsymbol{B}$ 的交集，表示为 $\boldsymbol{S}=\boldsymbol{A}\cap\boldsymbol{B}$。

(6) 并集。设有任意两个集合 $\boldsymbol{A}$ 和 $\boldsymbol{B}$，若集合 $\boldsymbol{S}$ 是由所有属于集合 $\boldsymbol{A}$ 或 $\boldsymbol{B}$ 的元素组成的新集合，则称 $\boldsymbol{S}$ 为 $\boldsymbol{A}$ 和 $\boldsymbol{B}$ 的并集，表示为 $\boldsymbol{S}=\boldsymbol{A}\cup\boldsymbol{B}$。

(7) 补集。设 $\boldsymbol{A}$ 为论域 $\boldsymbol{E}$ 中的集合，$\boldsymbol{A}^{\mathrm{c}}$ 是由论域 $\boldsymbol{E}$ 中不属于集合 $\boldsymbol{A}$ 的所有元素组成的新集合，则称 $\boldsymbol{A}^{\mathrm{c}}$ 为 $\boldsymbol{A}$ 关于 $\boldsymbol{E}$ 的补集，表示为 $\boldsymbol{A}^{\mathrm{c}}=\boldsymbol{E}-\boldsymbol{A}$。

(8) 序偶。序偶是由两个有固定次序和对应关系的元素组成的集合，如由元素 x 和 y 组成的序偶记为 $\langle x, y\rangle$。

(9) 直积。设有任意两个集合 $\boldsymbol{A}$ 和 $\boldsymbol{B}$，如果序偶的第一个元素取自 $\boldsymbol{A}$，第二个元素取自 $\boldsymbol{B}$，所有这样的序偶组成的集合称为集合 $\boldsymbol{A}$ 和 $\boldsymbol{B}$ 的直积，亦称叉积或笛卡儿积，记作 $\boldsymbol{A}\times\boldsymbol{B}$。

(10) 映射。设有两个非空集合，对于集合 $\boldsymbol{A}$ 中的每个元素 x，都可以按一定的法则 f 在 $\boldsymbol{B}$ 中找到一个确定的元素 y 与之对应，则称法则 f 为集合 $\boldsymbol{A}$ 在 $\boldsymbol{B}$ 中的映射，表示为 f: $\boldsymbol{A}\rightarrow\boldsymbol{B}$。

2. 模糊集合论中有关的基本概念和术语

(1) 模糊集。设有论域 $\boldsymbol{E}=\{e_1, e_2, \cdots, e_n\}$，$\boldsymbol{E}$ 的一个模糊子集 $\boldsymbol{A}_{\mathrm{m}}$ 是按如下方法构成的：

$$\boldsymbol{A}_{\mathrm{m}}=\{\mu_{\mathrm{A}}(e_1), \mu_{\mathrm{A}}(e_2), \cdots, \mu_{\mathrm{A}}(e_n)\} \tag{7.13}$$

其中，$\mu_{\mathrm{A}}(e_i)$ 为元素 e_i 隶属于该模糊子集 $\boldsymbol{A}_{\mathrm{m}}$ 的程度，简称为隶属度。$\mu_{\mathrm{A}}(e_i)$ 在范围 [0, 1] 内取值。

(2) 模糊集合的表示法。

第一，当 $\boldsymbol{E}$ 为离散有限域 $\{e_1,e_2,\cdots,e_n\}$ 时，有

$$\boldsymbol{A}_{\mathrm{m}}=\frac{\mu_{\mathrm{A}}(e_1)}{e_1}+\frac{\mu_{\mathrm{A}}(e_2)}{e_2}+\cdots+\frac{\mu_{\mathrm{A}}(e_n)}{e_n} \tag{7.14}$$

式中，$\mu_{\mathrm{A}}(e_i)/e_i$ 并不代表分式，而表示元素 e_i 对于集合 $\boldsymbol{A}_{\mathrm{m}}$ 的隶属度 $\mu_{\mathrm{A}}(e_i)$ 和元素本身的对应关系，同样“+”也不表示“加”，而是表示元素 e_i 组成集合 $\boldsymbol{A}_{\mathrm{m}}$ 的关系。

第二，序偶表示法。用论域中的元素 e_i 与其对应的隶属度 $\mu_{\mathrm{A}}(e_i)$ 组成序偶 $\langle e_i, \mu_{\mathrm{A}}(e_i)\rangle$ 表示模糊集：

$$\boldsymbol{A}_{\mathrm{m}}=\{\langle e_1, \mu_{\mathrm{A}}(e_1)\rangle, \langle e_2, \mu_{\mathrm{A}}(e_2)\rangle, \cdots, \langle e_n, \mu_{\mathrm{A}}(e_n)\rangle\} \tag{7.15}$$

第三，矢量表示法。用论域中的元素 e_i 所对应的隶属度 $\mu_{\mathrm{A}}(e_i)$ 组成矢量表示模糊集：

$$\boldsymbol{A}_{\mathrm{m}}=\{\mu_{\mathrm{A}}(e_1), \mu_{\mathrm{A}}(e_2), \ldots, \mu_{\mathrm{A}}(e_n)\} \tag{7.16}$$

(3) $\boldsymbol{F}$ 集包含。设论域 $\boldsymbol{E}$ 上有两个模糊子集 $\boldsymbol{A}_{\mathrm{m}}$ 和 $\boldsymbol{B}_{\mathrm{m}}$，对于每个元素 e，都有

$$\mu_{\mathrm{A}}(e)\geqslant\mu_{\mathrm{B}}(e)$$

则称 $\boldsymbol{A}_{\mathrm{m}}$ 包含 $\boldsymbol{B}_{\mathrm{m}}$，记作 $\boldsymbol{A}_{\mathrm{m}}\supseteq\boldsymbol{B}_{\mathrm{m}}$ 或 $\boldsymbol{B}_{\mathrm{m}}\subseteq\boldsymbol{A}_{\mathrm{m}}$。

(4) $\boldsymbol{F}$ 交集。模糊集合 $\boldsymbol{A}_{\mathrm{m}}$ 和 $\boldsymbol{B}_{\mathrm{m}}$ 的交集 $(\boldsymbol{A}_{\mathrm{m}}\cap\boldsymbol{B}_{\mathrm{m}})$ 定义为由下列隶属函数式决定的模糊集

$$\boldsymbol{A}_{\mathrm{m}}\cap\boldsymbol{B}_{\mathrm{m}}\leftrightarrow\mu_{\mathrm{A}\cap\mathrm{B}}(e)=\mu_{\mathrm{A}}(e)\wedge\mu_{\mathrm{B}}(e) \tag{7.17}$$

其中，算子 $\wedge$ 表示取 $\mu_{\mathrm{A}}(e)$ 和 $\mu_{\mathrm{B}}(e)$ 中的最小值。

(5) $\boldsymbol{F}$ 并集。模糊集合 $\boldsymbol{A}_{\mathrm{m}}$ 和 $\boldsymbol{B}_{\mathrm{m}}$ 的并集 $(\boldsymbol{A}_{\mathrm{m}}\cup\boldsymbol{B}_{\mathrm{m}})$ 定义为由下列隶属函数式决定的模糊集

$$\boldsymbol{A}_{\mathrm{m}}\cup\boldsymbol{B}_{\mathrm{m}}\leftrightarrow\mu_{\mathrm{A}\cup\mathrm{B}}(e)=\mu_{\mathrm{A}}(e)\vee\mu_{\mathrm{B}}(e) \tag{7.18}$$

其中，算子 $\vee$ 表示取 $\mu_{\mathrm{A}}(e)$ 和 $\mu_{\mathrm{B}}(e)$ 中的最大值。

(6) $\boldsymbol{F}$ 补集。模糊集合 $\boldsymbol{A}_{\mathrm{m}}$ 的补集（$\boldsymbol{A}_{\mathrm{m}}^{\mathrm{c}}$）定义为由下列隶属函数式决定的模糊集

$$\boldsymbol{A}_{\mathrm{m}}^{\mathrm{c}} \leftrightarrow \mu_{\mathrm{A^c}}(e)=1-\mu_{\mathrm{A}}(e) \tag{7.19}$$

7.3.2　模糊控制的理论基础

1. 模糊关系

(1) 模糊关系的定义。两个非空集合 $\boldsymbol{U}$ 与 $\boldsymbol{V}$ 的直积

$$\boldsymbol{U}\times\boldsymbol{V}=\{<u, v> \mid u\in\boldsymbol{U}, v\in\boldsymbol{V}\}$$

构成的一个模糊子集 $\boldsymbol{R}_{\mathrm{m}}$，称为 $\boldsymbol{U}$ 到 $\boldsymbol{V}$ 的模糊关系。其特性用隶属函数描述

$$\mu_{\mathrm{R}}:\ \boldsymbol{U}\times\boldsymbol{V}\to[0,\ 1]$$

$\mu_{\mathrm{R}}(u, v)$ 表示序偶 $<u, v>$ 的隶属度。

(2) 模糊关系的矩阵表示。当 $\boldsymbol{X}=\{x_i \mid i=1, 2, \cdots, m\}$, $\boldsymbol{Y}=\{y_j \mid j=1, 2, \cdots, n\}$，则 $\boldsymbol{X}\times\boldsymbol{Y}$ 的模糊关系 $\boldsymbol{R}$ 可用下列 $m\times n$ 阶矩阵表示：

$$\boldsymbol{R}=\begin{bmatrix} r_{11} & r_{12} & \cdots & r_{1n} \\ r_{21} & r_{22} & \cdots & r_{2n} \\ \vdots & \vdots & & \vdots \\ r_{m1} & r_{m2} & \cdots & r_{mn} \end{bmatrix} \tag{7.20}$$

此矩阵称为模糊矩阵。其中，元素 $r_{ij}=\mu_R(x_i,\ y_j)$ 表示 $<x_i,\ y_j>$ 的隶属度。由于 μ_{R} 的取值范围是[0，1]，所以模糊矩阵元素 r_{ij} 的取值范围也是[0，1]。

(3) 模糊矩阵的运算。对于任意两个模糊矩阵 $\boldsymbol{R}=(r_{ij})_{m\times n}$, $\boldsymbol{Q}=(q_{ij})_{m\times n}$，则它们有如下运算：

模糊矩阵交运算 $\boldsymbol{R}\cap\boldsymbol{Q}=(r_{ij}\wedge q_{ij})_{m\times n}$。

模糊矩阵并运算 $\boldsymbol{R}\cup\boldsymbol{Q}=(r_{ij}\vee q_{ij})_{m\times n}$。

模糊矩阵补运算 $\boldsymbol{R}^{\mathrm{c}}=(1-r_{ij})_{m\times n}$。

(4) 模糊关系的合成。设 $\boldsymbol{P}$ 为 $\boldsymbol{U}\times\boldsymbol{V}$ 上的模糊关系矩阵，$\boldsymbol{Q}$ 为 $\boldsymbol{V}\times\boldsymbol{W}$ 上的模糊关系矩阵，模糊关系的合成表示为矩阵

$$\boldsymbol{R}=\boldsymbol{P}\circ\boldsymbol{Q} \tag{7.21}$$

其中，模糊关系矩阵 $\boldsymbol{P}=(p_{ij})_{m\times n}$，$\boldsymbol{Q}=(q_{ij})_{n\times l}$。合成后的模糊关系矩阵 $\boldsymbol{R}=(r_{ij})_{m\times l}$ 中的元素为

$$r_{ij}=\bigvee_{k=1}^{n}(p_{ik}\wedge q_{kj}),\quad i=1,2,\cdots,m;\ j=1,2,\cdots,l$$

上式的含义是：模糊矩阵的合成运算 $\boldsymbol{Q}\circ\boldsymbol{P}$ 类似两个普通矩阵相乘，只是将普通矩阵相乘运算中对应元素相乘用取小运算∧代替，元素相加用取大∨代替。

2. 模糊逻辑

(1) 模糊序列。设有 n 个模糊量 $u_i(i=1, 2, \cdots, n)$ 组成一个有序的数组，且 $\forall u_i\in[0, 1]$，则称该数组 $u=(u_1, u_2, \cdots, u_n)$ 为模糊序列。

(2) 模糊逻辑函数。设模糊变量集合为 $\{u_1, u_2, \cdots, u_n\}$，且 $\forall u_i\in[0,1]$，则用 $f=(u_1, u_2, \cdots, u_n)$ 表示模糊函数。它是由 u_i，0，1 和有限次∧，∨，－ 运算等组成的函数。每个模糊函数 f 都有一个真值，记作 $T(f)$，且真值函数 T：$\boldsymbol{F}\to[0,\ 1]$。全体 f 的集合用 $\boldsymbol{F}$ 表示。

3. 模糊语言及模糊语句

含有模糊概念的语言称为模糊语言。模糊语言含单词、词组及语言算子。语言算子是指语言系统中的一类前缀词，如非常、很、大约、比较、略微、倾向等。

将含有模糊概念的、按给定语法规则构成的语句称为模糊语句。模糊语句分模糊陈述句、模糊条件句、模糊判断句及模糊推理句等。

(1) 模糊判断句。模糊判断句的句型为：“e 是 a”。e 表示论域 $\boldsymbol{E}$ 中的一个对象，a 是表示概念的词或词组。例如，e 为学生王强，a 表示“好学生”。因为“好学生”是个模糊概念，所以此句为模糊判断句。常把“e 是 a”这种判断句记为 (a)。(a) 为真的隶属度用 $T((a),(e))$ 表示，取值域为[0, 1]。

(2) 模糊推理句。模糊推理句的句型为：“若 e 是 a，则 e 是 b”，并记为 $(a)\to(b)$。其中，(a) 表示“e 是 a”，(b) 表示“e 是 b”。$(a)\to(b)$ 为真的隶属度用 $T((a\to b),(e))$ 表示，取值域为[0，1]。

(3) 多论域中的模糊推理句。多论域中模糊推理句的句型为：“若 u 是 a，则 v 是 b”，并记为 $(a(u)\to b(v))$。其中，u 和 v 可以属于两个不同的论域 $\boldsymbol{U}$ 和 $\boldsymbol{V}$。其真域是 $\boldsymbol{U}\times\boldsymbol{V}$ 的子集，表示 $\boldsymbol{U}$ 到 $\boldsymbol{V}$ 的关系。

(4) 模糊条件句。模糊条件句的句型为：“若……则……，否则……”。其符号表示为“$(a)\to(b)$，$(a^c)\to(c)$”。

(5) 多重模糊条件句。常用的双重模糊条件句的句型为：“若 u 是 a_1，则 v 是 b_1，否则(若 u 是 a_2，则 v 是 b_2，否则 v 是 b_3)”。也可写成“若 u 是 a_1，则 v 是 b_1，若 u 是 a_2，则 v 是 b_2，若 u 是 a_3，则 v 是 b_3)”。

上述模糊条件语句可用图 7.4 表示。设 a_1、a_2、a_3 在论域 $\boldsymbol{U}$ 上的真域分别为子集 $\boldsymbol{A}_{\mathrm{m1}}$、$\boldsymbol{A}_{\mathrm{m2}}$、$\boldsymbol{A}_{\mathrm{m3}}$，而 b_1、b_2、b_3 在论域 $\boldsymbol{V}$ 上的真域分别为子集 $\boldsymbol{B}_{\mathrm{m1}}$、$\boldsymbol{B}_{\mathrm{m2}}$、$\boldsymbol{B}_{\mathrm{m3}}$，则双重条件句从 $\boldsymbol{U}$ 映射到 $\boldsymbol{V}$ 上的模糊关系 $\boldsymbol{R}_{\mathrm{m}}$ 是 $\boldsymbol{U}\times\boldsymbol{V}$ 上的模糊子集。因此双重模糊条件句的模糊关系 $\boldsymbol{R}_{\mathrm{m}}$ 可定义为

$$\boldsymbol{R}_{\mathrm{m}} \overset{\mathrm{def}}{=} (\boldsymbol{A}_1^{(u)}\times\boldsymbol{B}_1^{(v)})\cup(\boldsymbol{A}_2^{(u)}\times\boldsymbol{B}_2^{(v)})\cup(\boldsymbol{A}_3^{(u)}\times\boldsymbol{B}_3^{(v)}) \tag{7.22}$$

将上面结论推广到 n 重模糊条件语句为：“若 u 是 a_1，则 v 是 b_1；否则(若 u 是 a_2，则 v 是 b_2；否则(…)，否则 v 是 b_n)”,且 $\boldsymbol{A}_{\mathrm{m}k}\in\boldsymbol{F}(\boldsymbol{U})$，$\boldsymbol{B}_{\mathrm{m}k}\in\boldsymbol{F}(\boldsymbol{V})$ $(k=1, 2, \cdots, n+1)$，$\boldsymbol{R}_{\mathrm{m}}\in\boldsymbol{F}(\boldsymbol{U}\times\boldsymbol{V})$，则有

$$\boldsymbol{R}_{\mathrm{m}} \overset{\mathrm{def}}{=} \bigcup_{k=1}^{n+1}(\boldsymbol{A}_{\mathrm{m}k}(u)\times\boldsymbol{B}_{\mathrm{m}k}(v)) \tag{7.23}$$

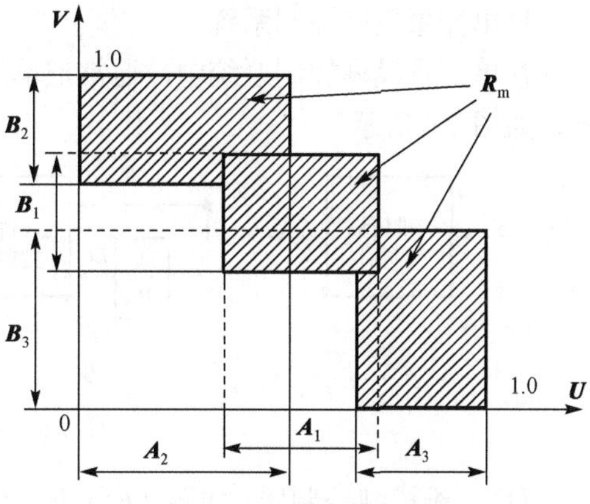

图 7.4　双重条件语句真域

7.3.3 模糊控制的基本原理

在介绍了模糊数学的基本知识后，就可以讲述模糊控制的基本原理了。模糊控制应用人类的思维方法对系统进行控制，具有以下主要特点。

(1) 引入了语言变量。

(2) 用模糊条件语句描述变量间的函数关系。

(3)用模糊来处理复杂的控制逻辑问题。

模糊控制的基本思想是利用计算机来实现人的控制经验，而这些经验多是用语言表达的，具有模糊性的控制规则。模糊控制是一种基于规则的控制，它直接采用语言型控制规则，出发点是现场操作人员的控制经验或相关专家的知识。模糊控制系统的鲁棒性强，干扰和参数变化对控制效果的影响被大大减弱，尤其适合于非线性、时变及滞后系统的控制。

模糊控制是以模糊集合论、模糊语言变量及模糊逻辑推理为基础的一类计算机控制方法。模糊控制系统的基本原理如图 7.5 所示。

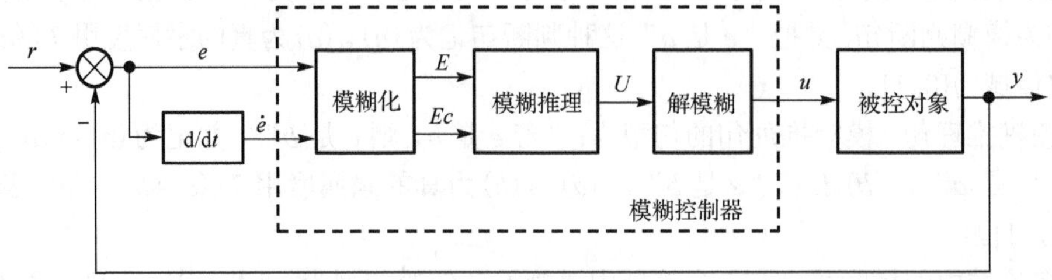

图 7.5　模糊控制原理图

其中，r 为系统的设定值；y 为系统输出；e 和 $\dot{e}$ 分别为系统偏差和偏差的变化率，也就是模糊控制器的输入；u 为模糊控制器的输出；E、Ec、U 分别为对应 e、$\dot{e}$ 和 u 的模糊变量。由图可知模糊控制器主要包含三个功能环节：用于输入信号处理的模糊化环节，模糊推理环节以及解模糊环节。

1. 模糊控制器结构

在控制系统中，通常将具有一个输入变量和一个输出变量(即一个控制量和一个被控制量)的系统称为单变量系统，而将多于一个输入 / 输出变量的系统称为多变量控制系统。在模糊控制论中，也可以类似地分别定义为单变量模糊控制系统和多变量模糊控制系统。所不同的是，模糊控制系统往往把一个被控制量(通常是系统输出量)的偏差、偏差变化以及偏差变化的变化率作为模糊控制器的输入。因此，从形式上看，这时输入量应该是三个，但是人们也习惯于称它为单变量模糊控制系统。

1)单变量模糊控制系统

在单变量模糊控制系统中，通常把单变量模糊控制器的输入量个数称为模糊控制器的维数，如图 7.6 所示。

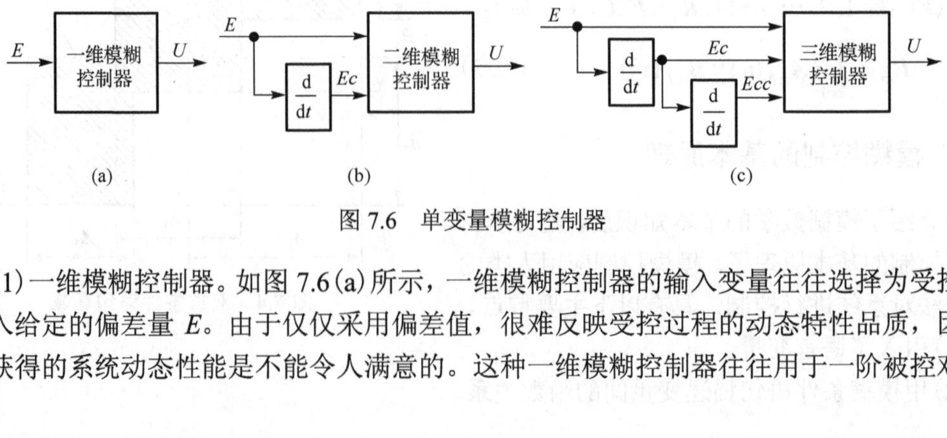

图 7.6　单变量模糊控制器

(1)一维模糊控制器。如图 7.6(a)所示，一维模糊控制器的输入变量往往选择为受控变量和输入给定的偏差量 E。由于仅仅采用偏差值，很难反映受控过程的动态特性品质，因此，所能获得的系统动态性能是不能令人满意的。这种一维模糊控制器往往用于一阶被控对象。

(2) 二维模糊控制器。如图 7.6(b)所示，二维模糊控制器的两个输入变量基本上都选用受控变量和输入给定的偏差 E 和偏差变化 Ec，由于它们能够较严格地反映受控过程中输出变量的动态特性，因此在控制效果上要比一维模糊控制器好得多，也是目前采用较广泛的一类模糊控制器。

(3) 三维模糊控制器。如图 7.6(c)所示，三维模糊控制器的三个输入变量分别为系统偏差量 E、偏差变化量 Ec 和偏差变化的变化率 Ecc。由于这类模糊控制器结构较复杂，推理运算时间长，因此除非对动态特性的要求特别高的场合，一般较少选用三维模糊控制器。

上述三类模糊控制器的输出变量，均选择了受控变量的变化值。从理论上讲，模糊控制系统所选用的模糊控制器维数越高，系统的控制精度也就越高。但是维数选择太高，模糊控制规律就过于复杂，基于模糊合成推理的控制算法的计算机实现，也就更加困难，这也许是人们在设计模糊控制系统时，多数采用二维控制器的原因。在需要时，为了获得较好的上升段特性和改善控制器的动态品质，也可以对模糊控制器的输出量作分段选择，即在偏差 E“大”时，以控制量的绝对量为输出，而当偏差 E“小”或“中等”时，则仍以控制量的增量为输出。

2) 多变量模糊控制系统

一个多变量模糊控制系统所采用的模糊控制器，往往具有多变量结构，如图 7.7 所示，称为多变量模糊控制器。

图 7.7　多变量模糊控制器

(1) 结构解耦。要直接设计一个多变量模糊控制器是相当困难的，因此首先要知道如何利用模糊控制器本身的解耦性特点，通过模糊关系方程分解，在控制器结构上实现解耦，即将一个多输入多输出的模糊控制器，分解成若干个多输入单输出的模糊控制器，这样在模糊控制器的设计和实现上带来很大方便，并得到大大简化。

定义 7.1　设多变量模糊控制器有 m 个输入 v_k (k=1, 2, $\cdots$, m) 和 n 个输出 u_j (j=1, 2, $\cdots$, n)，它的模糊关系可以表示为

$$\tilde{R}_M = \{\tilde{R}_{M1}, \tilde{R}_{M2}, \cdots, \tilde{R}_{Ml}\} \tag{7.24}$$

其第 i 条规则为

$$R_M^i : \text{if}\,(V_1 \text{ is } \tilde{A}_{1i} \text{ and } V_2 \text{ is } \tilde{A}_{2i} \text{ and} \cdots \text{and } V_m \text{ is } \tilde{A}_{mi} \text{ then}\,(U_1 \text{ is } \tilde{B}_{1i} \text{ and } \cdots \text{ and } U_n \text{ is } \tilde{B}_{ni}))$$

表示成模糊蕴含式为　$R_M^i : (\tilde{A}_{1i} \times \tilde{A}_{2i} \times \cdots \times \tilde{A}_{mi}) \to (U_1 + U_2 + \cdots + U_n)$

其中，×为直积；+为并运算。因此

$$\begin{aligned}\tilde{R}_M &= \{\bigcup_{i=1}^{l} R_M^i\} = \{\bigcup_{i=1}^{l}[(\tilde{A}_{1i} \times \tilde{A}_{2i} \times \cdots \times \tilde{A}_{mi}) \to (U_1 + U_2 + \cdots + U_n)]\} \\ &= \{\bigcup_{i=1}^{l}[(\tilde{A}_{1i} \times \tilde{A}_{2i} \times \cdots \times \tilde{A}_{mi}) \to U_1, \cdots, \bigcup_{i=1}^{l}[(\tilde{A}_{1i} \times \tilde{A}_{2i} \times \cdots \times \tilde{A}_{mi}) \to U_n]\} \\ &= \{\bigcup_{j=1}^{n}\bigcup_{i=1}^{l}[(\tilde{A}_{1i} \times \tilde{A}_{2i} \times \cdots \times \tilde{A}_{mi}) \to U_j]\} = \{RB_{MS}^1, RB_{MS}^2, \cdots, RB_{MS}^n\}\end{aligned}$$

其中，l 为规则总数。由上式分析可知：多变量模糊控制器规则库 R 可以由一系列子规则库 RB_{MS}^j 组成，每一个子规则库 RB_{MS}^j 由 l 条模糊规则构成。其中子规则库 RB_{MS}^k 中第 i 条规则可表示为

$$RB_{MS_i}^{k}\ \text{if}\,(V_1 \text{ is } \tilde{A}_{1i} \text{ and } V_2 \text{ is } \tilde{A}_{2i} \text{ and} \cdots \text{and } V_m \text{ is } \tilde{A}_{mi} \text{ then}\,(U_k \text{ is } \tilde{B}_i)$$

这样可构成为多输入单输出模糊控制器的多变量结构，其近似推理

前提 1：V_1 is $\tilde{A}_1'$ and V_2 is $\tilde{A}_2'$ and$\cdots$and V_m is $\tilde{A}_m'$

前提 2：if V_1 is $\tilde{A}_{11}$ and V_2 is $\tilde{A}_{21}$ and$\cdots$and V_m is $\tilde{A}_{m1}$ then U is $\tilde{B}_1$

also if V_1 is $\tilde{A}_{12}$ and V_2 is $\tilde{A}_{22}$ and$\cdots$and V_m is $\tilde{A}_{m2}$ then U is $\tilde{B}_2$

$\vdots$

also if V_1 is $\tilde{A}_{1i}$ and V_2 is $\tilde{A}_{2i}$ and$\cdots$and V_m is $\tilde{A}_{mi}$ then U is $\tilde{B}_i$

$\vdots$

also if V_1 is $\tilde{A}_{1n}$ and V_2 is $\tilde{A}_{2n}$ and$\cdots$and V_m is $\tilde{A}_{mn}$ then U is $\tilde{B}_n$

结论：U is $\tilde{B}'$

(2) 多输入单输出模糊控制器。由定义 7.1 可知，一个多输入多输出的模糊控制器可以通过结构解耦成为 n 个(原输出变量个数)多输入单输出模糊控制器。对此进一步作如下讨论。

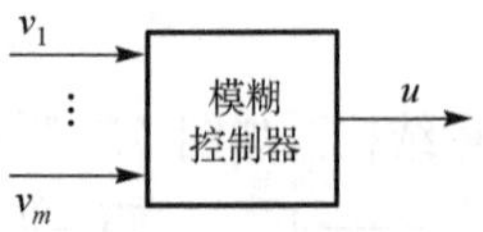

图 7.8 多输入单输出模糊控制器

定义 7.2 设有一个 m 个输入单输出的模糊控制器，如图 7.8 所示。这类模糊控制器的模糊关系为

$$\tilde{\boldsymbol{R}} = \bigvee_{i=1}^{l}\{V_{1i} \wedge V_{2i} \wedge \cdots \wedge V_{mi} \wedge U_i\} \tag{7.25}$$

其中，规则数为 l，$\tilde{\boldsymbol{R}}$ 的维数 $\dim \tilde{\boldsymbol{R}} = d_1 \times d_2 \times \cdots \times d_m \times d_u$，其中 $d_1 \sim d_m$ 分别为输入 $v_1 \sim v_m$ 的论域量化等级数；d_u 为输出 u 的论域量化等级数。

由此控制量的输出

$$\boldsymbol{U} = \boldsymbol{V}_1 \circ \boldsymbol{V}_2 \circ \cdots \circ \boldsymbol{V}_m \circ \tilde{\boldsymbol{R}} \tag{7.26}$$

令

$$\boldsymbol{U} = \boldsymbol{V}_1 \circ \tilde{\boldsymbol{R}}_1\ \Delta\ \boldsymbol{V}_2 \circ \tilde{\boldsymbol{R}}_2\ \Delta\ \cdots\ \Delta\ \boldsymbol{V}_m \circ \tilde{\boldsymbol{R}}_m \tag{7.27}$$

其中，Δ 代表某一种合成规则，每个 $\tilde{\boldsymbol{R}}_k$ (k=1, 2, …, m) 为二维模糊关系，仅有 $(d_1 + d_2 + \cdots + d_m)d_u$ 个元素。在某些近似条件下，认为式(7.27)中算符 Δ 可以由 $\wedge$ 运算来代表，即

$$\boldsymbol{U} = \boldsymbol{V}_1 \circ \tilde{\boldsymbol{R}}_1 \wedge \boldsymbol{V}_2 \circ \tilde{\boldsymbol{R}}_2 \wedge \cdots \wedge \boldsymbol{V}_m \circ \tilde{\boldsymbol{R}}_m \tag{7.28}$$

其中，模糊关系定义为

$$\tilde{\boldsymbol{R}}_k = \bigvee_{i=1}^{l}\{V_{ki} \wedge \boldsymbol{U}_i\}, \quad k = 1, 2, \cdots, m \tag{7.29}$$

式(7.29)表示构成多输入多输出模糊控制器的子控制器的关系矩阵算法。从而式(7.28)可以直观地由图 7.9 表示。多输入单输出子模糊控制器多变量结构的确定，克服了仅用式(7.24)表示的一个模糊关系 $\tilde{\boldsymbol{R}}_m$ 来进行多变量模糊控制器设计、分析的困难，增强了其实现的可能性和实用功能。

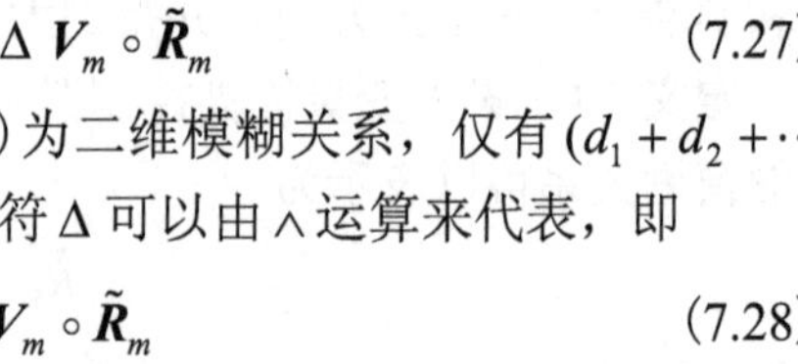

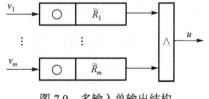

图 7.9 多输入单输出结构

2. 控制系统实例

下面通过工作台位置控制说明模糊控制系统的工作原理，其系统框图如图 7.10 所示。

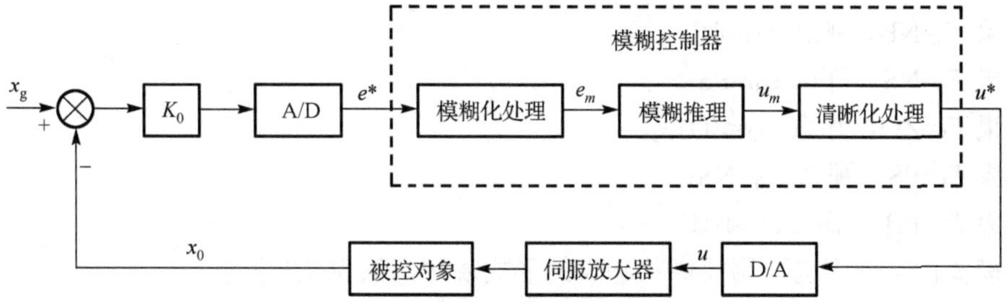

图 7.10　工作台位置模糊控制系统原理图

系统的输入为给定位置 x_g，是一模拟量。被控对象的输出量为工作台的实际位置 x_o，它由位置传感器检测并反馈，与给定量比较，得误差 $e = x_g - x_o$，经 A/D 转换得误差的数字量。为方便起见，把 A/D 转换得到的误差数字量变号，即 $e^* = x_o^* - x_g^*$（上标*表示数字量）。这样，当误差 e^*为正数时，表示系统的输出偏大，即工作台的实际位置超过了给定值；当误差 e^*为负数时，表示系统的输出偏小，即工作台的实际位置小于给定值。做此处理后，将使模糊控制规律更合乎人们的思维规律。

变了号的数字式误差在模糊控制器中要进行模糊量化处理，使其变成用语言表示的模糊子集：

$$e_m=\{负大，负小，零，正小，正大\}$$

用模糊语言符号表示：

①NB (Negative Big) =负大；

②NS (Negative Small) =负小；

③ZO (Zero) =零；

④PS (Positive Small) =正小；

⑤PB (Positive Big) =正大。

从而得到模糊语言集合的子集：

$$e_m=\{NB，NS，ZO，PS，PB\}$$

将误差 e^*的大小量化为 9 个等级：−4, −3, −2, −1, 0, +1, +2, +3, +4。其论域为

$$\boldsymbol{E} = \{-4，-3，-2，-1，0，1，2，3，4\}$$

如果将控制量 u^*的大小也量化成上述 9 个等级，则其论域 $\boldsymbol{U}$ 也与 $\boldsymbol{E}$ 一样，即

$$\boldsymbol{U} = \{-4，-3，-2，-1，0，1，2，3，4\}$$

根据专家经验，这些等级对于模糊集合 e_m 和 u_m 的隶属度列于表 7.2 中。

表 7.2　量化等级对模糊语言变量的隶属度

语言变量	−4	−3	−2	−1	0	+1	+2	+3	+4
PB	0	0	0	0	0	0.4	0.7	1	1
PS	0	0	0	0.4	0.7	1	0.7	0.4	0
ZO	0	0	0.4	0.7	1	0.7	0.4	0	0
NS	0	0.4	0.7	1	0.7	0.4	0	0	0
NB	1	1	0.7	0.4	0	0	0	0	0

根据熟练操作人员手动控制原则，若用 E_0 和 U_0 分别表示输入输出的语言变量，则一种模糊控制规则的语言表达如下：

①如果 E_0=NB，那么 U_0=PB；

②如果 E_0=NS，那么 U_0=PS；

③如果 E_0=ZO，那么 U_0=ZO；

④如果 E_0=PS，那么 U_0=NS；

⑤如果 E_0=PB，那么 U_0=NB。

上述模糊控制规则也可用模糊状态表的形式表达，如表 7.3 所示。

表 7.3　模糊状态表

E_m	NB	NS	ZO	PS	PB
U_m	PB	PS	ZO	NS	NB

这种模糊控制规则只是模糊控制规律的一种，对于具体问题要具体分析确定。

由表 7.3 表示的模糊控制规则是一个多重条件语句，可以用误差论域 $\boldsymbol{E}$ 到控制量论域 $\boldsymbol{U}$ 的模糊关系 $\boldsymbol{R}_{\mathrm{m}}$ 表示。

$$\begin{aligned} R_{\mathrm{m}} = &(\mathrm{NB_e} \times \mathrm{PB_u}) \cup (\mathrm{NS_e} \times \mathrm{PS_u}) \cup (\mathrm{ZO_e} \times \mathrm{ZO_u}) \\ &(\mathrm{PS_e} \times \mathrm{NS_u}) \cup (\mathrm{PB_e} \times \mathrm{NB_u}) \end{aligned} \tag{7.30}$$

根据表 7.2 中所列的隶属度值计算式(7.30)中的直积，例如

$$\mathrm{NB_e} \times \mathrm{PB_u} = (1, 1, 0.7, 0.4, 0, 0, 0, 0, 0) \times (0, 0, 0, 0, 0, 0.4, 0.7, 1, 1)$$

$$= \begin{bmatrix} 0 & 0 & 0 & 0 & 0 & 0.4 & 0.7 & 1 & 1 \\ 0 & 0 & 0 & 0 & 0 & 0.4 & 0.7 & 1 & 1 \\ 0 & 0 & 0 & 0 & 0 & 0.4 & 0.7 & 0.7 & 0.7 \\ 0 & 0 & 0 & 0 & 0 & 0.4 & 0.4 & 0.4 & 0.4 \\ 0 & 0 & 0 & 0 & 0 & 0 & 0 & 0 & 0 \\ 0 & 0 & 0 & 0 & 0 & 0 & 0 & 0 & 0 \\ 0 & 0 & 0 & 0 & 0 & 0 & 0 & 0 & 0 \\ 0 & 0 & 0 & 0 & 0 & 0 & 0 & 0 & 0 \\ 0 & 0 & 0 & 0 & 0 & 0 & 0 & 0 & 0 \end{bmatrix}$$

同样，可计算出其他各项直积，然后代入式(7.30)，按模糊矩阵和运算法则可得模糊关系

$$\boldsymbol{R}_{\mathrm{m}} = \begin{bmatrix} 0 & 0 & 0 & 0 & 0 & 0.4 & 0.7 & 1 & 1 \\ 0 & 0 & 0 & 0.4 & 0.4 & 0.4 & 0.7 & 1 & 1 \\ 0 & 0 & 0.4 & 0.4 & 0.7 & 0.7 & 0.7 & 0.7 & 0.7 \\ 0 & 0.4 & 0.4 & 0.7 & 0.7 & 1 & 0.7 & 0.4 & 0.4 \\ 0 & 0.4 & 0.7 & 0.7 & 1 & 0.7 & 0.7 & 0.4 & 0 \\ 0.4 & 0.4 & 0.7 & 1 & 0.7 & 0.7 & 0.4 & 0.4 & 0 \\ 0.7 & 0.7 & 0.7 & 0.7 & 0.7 & 0.4 & 0.4 & 0 & 0 \\ 1 & 1 & 0.7 & 0.4 & 0.4 & 0.4 & 0 & 0 & 0 \\ 1 & 1 & 0.7 & 0.4 & 0 & 0 & 0 & 0 & 0 \end{bmatrix}$$

在本问题中，模糊控制矢量 $\boldsymbol{u}_{\mathrm{m}}$ 就是由误差模糊矢量 $\boldsymbol{e}_{\mathrm{m}}$ 与模糊关系 $\boldsymbol{R}_{\mathrm{m}}$ 按推理的合成规则确定的(参见定义式(7.29))。例如，若取误差模糊矢量 $\boldsymbol{e}_{\mathrm{m}}$ = NS(在本问题中，它表示工作台

的位置 x_o 与给定位置 x_g 相比偏小），则模糊控制矢量 $\boldsymbol{u}_m$ 为

$$\boldsymbol{u}_m = \boldsymbol{e}_m \circ \boldsymbol{R}_m$$

$$= (0,\ 0.4,\ 0.7,\ 1,\ 0.7,\ 0.4,\ 0,\ 0,\ 0) \circ \begin{bmatrix} 0 & 0 & 0 & 0 & 0 & 0.4 & 0.7 & 1 & 1 \\ 0 & 0 & 0 & 0.4 & 0.4 & 0.4 & 0.7 & 1 & 1 \\ 0 & 0 & 0.4 & 0.4 & 0.7 & 0.7 & 0.7 & 0.7 & 0.7 \\ 0 & 0.4 & 0.4 & 0.7 & 0.7 & 1 & 0.7 & 0.4 & 0.4 \\ 0 & 0.4 & 0.7 & 0.7 & 1 & 0.7 & 0.7 & 0.4 & 0 \\ 0.4 & 0.4 & 0.7 & 1 & 0.7 & 0.7 & 0.4 & 0.4 & 0 \\ 0.7 & 0.7 & 0.7 & 0.7 & 0.7 & 0.4 & 0.4 & 0 & 0 \\ 1 & 1 & 0.7 & 0.4 & 0.4 & 0.4 & 0 & 0 & 0 \\ 1 & 1 & 0.7 & 0.4 & 0 & 0 & 0 & 0 & 0 \end{bmatrix}$$

$$= (0.4,\ 0.4,\ 0.7,\ 0.7,\ 0.7,\ 1,\ 0.7,\ 0.7,\ 0.7)$$

模糊控制量矢量要通过清晰化处理变成精确数字控制量。再经 D/A 转换为模拟控制量，放大后控制被控对象。为此，将模糊控制矢量写成

$$\boldsymbol{u}_m = \left(\frac{0.4}{-4},\ \frac{0.4}{-3},\ \frac{0.7}{-2},\ \frac{0.7}{-1},\ \frac{0.7}{0},\ \frac{1}{+1},\ \frac{0.7}{+2},\ \frac{0.7}{+3},\ \frac{0.7}{+4}\right)$$

在此矢量中的元素并不是分数，横线上面的数为隶属度，横线下面的数是对应的控制量级。其中，最大隶属度是 1，它对应的控制量级别是“+1”级。假如输给 D/A 转换器的数字量范围是[−40, +40]，对应控制量级为−40，−30，−20，−11，0，11，20，30，40。又因为误差和控制量都分成了 9 级，即−4，−3，−2，−1，0，+1，+2，+3，+4。所以“+1”级对应的数字量为+11。这样，就把模糊控制矢量 $\boldsymbol{u}_m$ 变成了确切的控制量 $u^*=11$。这一过程称为模糊矢量的清晰化处理。确切控制量 u^* 经 D/A 转换变成模拟控制量 u，u 再经伺服放大器放大，驱动直流伺服电动机转动，使工作台向着给定位置运动。表 7.3 是用语言变量描述的模糊控制规则。相应地，可用表 7.4 描述模糊控制器输入与输出的等级关系。

表 7.4　模糊控制器输入、输出关系表

e^*	−4	−3	−2	−1	0	+1	+2	+3	+4
u^*	+4	+3	+2	+1	0	−1	−2	−3	−4

7.3.4　模糊控制的应用举例

1. 应用背景

图 7.11 所示是一个微波催化连续反应的智能过程控制实验系统。微波催化实验的基本过程为：化学反应试剂由液压泵打入反应釜内，流经反应釜内的蛇形管路，在微波的照射催化下进行反应。控制目标是使反应在某一最佳温度条件下进行。该系统必须具备以下功能和性能：适应各种各样的化学实验，如不同的化学试剂、不同的流量要求、自动适应不同的化学反应过程中放热或吸热的特点等。由于无法建立该系统的数学模型，所以采用传统的自动控制理论所设计的控制程序无法满足上述要求。在这种情况下，就必须采用智能控制的方法。该例采用模糊控制理论实现系统控制。

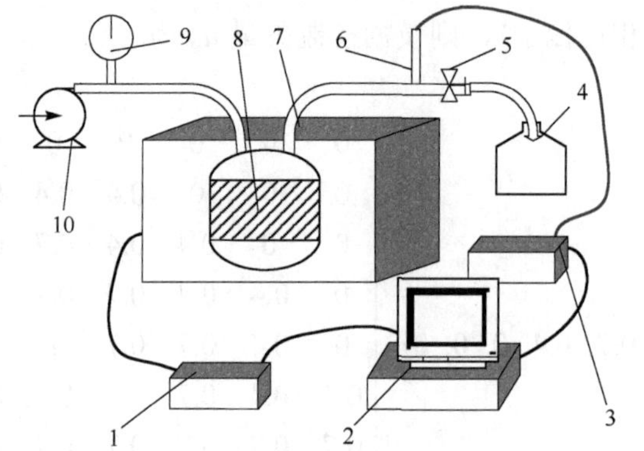

图 7.11 控制系统的组成简图

1．交流调压器；2．工业计算机；3．温度变送器；4．容器；5．阀门；
6．Pt110 热电阻温度传感器；7．微波炉；8．反应釜；9．压力表；10．液压泵

对于一般的温度控制系统来说，系统的热容量必须是已知的才能够建立起温度控制系统的数学模型。然而，微波实验系统实验的化学药剂和流量都不是确定的，所以无法预先知道被加热物质的热容量。通过在系统运行过程中能够自动检测系统本身的参数，如本例中系统自动检测等效热容量，是智能控制系统的结构特点之一。具体做法是：在进行某一种化学物质的催化连续反应实验时，首先在反应开始后的几秒钟，通过读取热电阻温度传感器的反馈数据，并进行相关计算来确定系统的等效热容量，即根据微波输入功率、该种化学物质的流量和温升来计算等效热容量。这种自动检测自身参数的功能通常都是通过软件实现的。

该控制系统的硬件结构及其工作原理为：温度传感器测试的温度信号经变送器补偿并变成标准信号送入工控机，由插在工控机 ISA 总线上的 PCL-812 数据采集卡按一定的频率进行采集，由控制程序进行滤波处理。经过模糊控制软件计算，输出控制电压信号给电子交流调压器，改变施加在微波炉磁控管上的电压，调节微波炉的实际加热功率。采用模糊控制理论实现系统智能化控制，控制器设计如下。

2. 模糊控制器的设计

1) 模糊控制器结构

参看图 7.5，选取温度误差信号 e 和误差变化率 $\dot{e}$ 作为模糊控制器的输入变量，模糊控制器的输出变量为 u，对应的模糊变量分别为 E、Ec 和 U。

2) 模糊集与量化等级的隶属度值

对于温度误差 E 取七个模糊状态，即正大(PB)、正中(PM)、正小(PS)、负小(NS)、负中(NM)、负大(NB)、零(ZO)，构成模糊子集 $\boldsymbol{A}_m$，该集合对应 13 个量化等级 $\{-6,-5,-4,\cdots,0,\cdots,4,5,6\}$。误差变化率 Ec 和输出量 U 也分别分为七个模糊状态，分别构成模糊子集 $\boldsymbol{B}_{\mathrm{m}}$ 和模糊子集 $\boldsymbol{C}_{\mathrm{m}}$。各个模糊子集与量化等级之间的隶属度由经验确定，如表 7.5 所示。

3) 确定模糊控制状态规则

关于微波催化连续反应温度控制的经验知识可定性归纳如下。

如果反应釜内温度低于给定值，就需要增大微波炉磁控管上的电压，使反应釜升高温度；反之，如果反应釜内温度偏高，则停止给微波炉磁控管上加电压，使反应釜内温度降下来。

表 7.5　模糊子集与量化等级的隶属度关系

E	−6	−5	−4	−3	−2	−1	0	1	2	3	4	5	6
PB	0	0	0	0	0	0	0	0	0	0.1	0.4	0.8	1.0
PM	0	0	0	0	0	0	0	0	0.2	0.7	1.0	0.7	0.2
PS	0	0	0	0	0	0	0	0.8	1.0	0.5	0.1	0	0
ZO	0	0	0	0	0	0.6	1.0	0.6	0	0	0	0	0
NS	0	0	0.1	0.5	1.0	0.8	0.3	0	0	0	0	0	0
NM	0.2	0.7	1.0	0.7	0.2	0	0	0	0	0	0	0	0
NB	1.0	0.8	0.4	0.1	0	0	0	0	0	0	0	0	0

如果反应釜内温度低于给定值，且温度的变化率是正值，即温度越来越低，则需要很大程度的增大微波炉磁控管上的电压，使温度不再呈下降的趋势；如果温度的变化率为负值，说明温度有升高的趋势。这时根据具体情况保持微波炉磁控管上的电压不变或适当加大一点。反之，如果反应釜内温度高于给定值，根据温度变化率的正负和大小也需要对加在微波炉磁控管上的电压作出相应的调整。

根据上述先验知识，设计模糊控制器。由于化学反应试剂种类、液压泵流量和反应类型(吸热反应或放热反应)的不确定性，化学反应进行过程中状态的时变性，测温的滞后等因素，使系统变得复杂，无法建立精确的数学模型。针对上述特点，采用离线推理模糊控制表，在线查询该控制表的控制策略。根据人的实际经验，写成一个模糊控制状态表，如表 7.6 所示。

表 7.6　模糊控制状态规则(*U*)

Ec	*E*						
	PB	PM	PS	ZO	NS	NM	NB
PB	PB	PM	PM	PS	ZO	NS	NB
PM	PB	PM	PM	PS	ZO	NS	NB
PS	PB	PM	PS	ZO	ZO	NM	NB
ZO	PB	PM	PS	ZO	NS	NM	NB
NS	PB	PM	ZO	ZO	NS	NM	NB
NM	PB	PS	ZO	NS	NM	NM	NB
NB	PB	PS	ZO	NS	NM	NM	NB

一般说来，模糊控制器控制规则的设计原则为：当误差较大时，控制量应当尽可能大，快速减小误差；当误差较小时，除了消除误差外，还必须考虑系统的稳定性，以避免不必要的超调和振荡。

根据表 7.6 能够写出相应的模糊关系。

$$R_1 = A_1 \times C_1 \cap (\bigcup_{j=1}^{7} B_j \times C_1),\quad R_2 = A_2 \times C_2 \cap (\bigcup_{j=1}^{5} B_j \times C_2),\quad R_3 = A_2 \times C_3 \cap (\bigcup_{j=6}^{7} B_j \times C_3)$$

$$R_4 = A_3 \times C_2 \cap (\bigcup_{j=1}^{2} B_j \times C_2),\quad R_5 = A_3 \times C_3 \cap (\bigcup_{j=3}^{4} B_j \times C_3),\quad R_6 = A_3 \times C_4 \cap (\bigcup_{j=5}^{7} B_j \times C_4)$$

$$R_7 = A_4 \times C_3 \cap (\bigcup_{j=1}^{2} B_j \times C_3),\quad R_8 = A_4 \times C_4 \cap (\bigcup_{j=3}^{5} B_j \times C_4),\quad R_9 = A_4 \times C_5 \cap (\bigcup_{j=6}^{7} B_j \times C_5)$$

$$R_{10} = A_5 \times C_4 \cap (\bigcup_{j=1}^{3} B_j \times C_4),\quad R_{11} = A_5 \times C_5 \cap (\bigcup_{j=4}^{5} B_j \times C_5),\quad R_{12} = A_5 \times C_6 \cap (\bigcup_{j=6}^{7} B_j \times C_6)$$

$$R_{13} = A_6 \times C_5 \cap (\bigcup_{j=1}^{2} B_j \times C_5),\quad R_{14} = A_6 \times C_6 \cap (\bigcup_{j=3}^{7} B_j \times C_6),\quad R_{15} = A_7 \times C_7 \cap (\bigcup_{j=1}^{7} B_j \times C_7)$$

4) 确定模糊控制表

将上述模糊关系写成通式 $R_l = R_{Al} \cap R_{Bl}$，并设某一时刻的温度偏差的模糊值为 e^*，温度偏差变化率 ec^*，即可根据各条控制规则给出的模糊关系进行合成推理运算，得到相应的输出控制量的模糊值

$$U_l = e^* \circ R_{Al} \cap ec^* \circ R_{Bl},\qquad l = 1, 2, \cdots, 15 \tag{7.31}$$

由此，模糊控制器总输出的模糊值为

$$U = \bigcup_{l=1}^{15} U_l = \bigvee_{l=1}^{15} U_l \tag{7.32}$$

由于式(7.32)所得到的是一个输出量模糊矢量，而被控对象(微波炉磁控管)只能接收一个确切的控制量，为此，必须经过解模糊接口，将该模糊矢量清晰化，得到一个确切的控制量输出。运用加权平均法对总输出模糊控制量 U 解模糊，清晰化的控制量 z^* 按如下公式求出

$$z^* = \frac{\sum_{j=1}^{15} \mu_{c_j}(\omega_j)\omega_j}{\sum_{j=1}^{15} \mu_{c_j}(\omega_j)} \tag{7.33}$$

其中，ω_j 为 U 的第 j 个等级值；$\mu_{c_j}(\omega_j)$ 为 U 对应 ω_j 的隶属度。

对模糊控制器来说，要完成一个周期控制动作，只要将温度误差和误差变化率输入控制器，经模糊化、模糊推理和解模糊之后，得到一个确切的控制量，并作用于被控对象上。然而在很多情况下，为了减少在线控制计算时间，往往通过离线计算推理，形成模糊控制表。运用式(7.32)和式(7.33)，推出控制表 7.7。

表 7.7　模糊控制表

ec^*	e^*												
	−6	−5	−4	−3	−2	−1	0	1	2	3	4	5	6
−6	−5.4	−4.4	−4.0	−4.0	−4.0	−3.3	−2.2	−1.2	0	1.2	2.2	3.5	5.4
−5	−5.4	−4.4	−4.0	−4.0	−4.0	−3.3	−2.2	−1.2	0	1.3	2.3	3.5	5.4
−4	−5.4	−4.4	−4.0	−3.8	−3.8	−2.8	−1.8	−1.2	0	1.7	2.7	3.5	5.4
−3	−5.4	−4.4	−4.0	−3.3	−3.3	−2.3	−1.3	−1.3	0	2.3	3.3	3.6	5.4
−2	−5.4	−4.4	−4.0	−3.2	−2.7	−1.7	−0.7	−0.8	0	2.3	3.8	4.1	5.4
−1	−5.4	−4.4	−4.0	−3.2	−2.2	−1.2	0	1.2	1.2	2.3	4.0	4.3	5.4
0	−5.4	−4.4	−4.0	−2.8	−1.8	−1.2	0	1.2	2.0	2.8	4.0	4.4	5.4
1	−5.4	−4.3	−4.0	−2.3	−1.2	−1.2	0	1.3	2.0	3.2	4.0	4.4	5.4
2	−5.4	−4.1	−3.8	−2.3	0	0.8	0.7	1.2	2.0	3.2	4.0	4.4	5.4
3	−5.4	−3.6	−3.3	−2.3	0	1.3	1.3	1.3	2.0	3.3	4.0	4.4	5.4
4	−5.4	−3.5	−2.7	−1.7	0	1.2	1.8	2.8	2.5	3.8	4.0	4.4	5.4
5	−5.4	−3.5	−2.3	−1.3	0	1.2	2.2	3.3	3.0	4.0	4.0	4.4	5.4
6	−5.4	−3.5	−2.2	−1.2	0	1.2	2.2	3.3	3.5	4.0	4.0	4.4	5.4

5) 确定模糊控制器的参数

由于模糊控制器的输入、输出均为模糊量，增加了系统的鲁棒性。但也使控制器存在控制死区，这将导致整个控制系统的控制精度降低。根据温度偏差和温差变化率将控制过程分为两个级别：粗调(非稳定区)和微调(稳定区)。根据当前温度偏差和温差变化率的大小，控制器自动选择对应级别的量化因子和比例因子，使控制系统在不降低鲁棒性的前提下，增加快速性，提高控制精度。两级的基本论域对应关系原理如图 7.12 所示。其具体对应关系由两级的温差量化因子 k_e 和温差变化率量化因子 k_{ec} 决定。各个因子由实验确定，即进行某一种化学物质的催化连续反应实验时，首先在反应开始后的第 1 秒，通过读取热电阻温度传感器的反馈数据和相关计算来确定系统的等效热容量(即该种化学物质的流量变化对温度的影响)，根据等效热容量确定模糊控制器的量化因子和比例因子。这些因子随参与化学反应物质的不同能实现自调节，这对于提高系统的控制精度和响应速度非常关键。

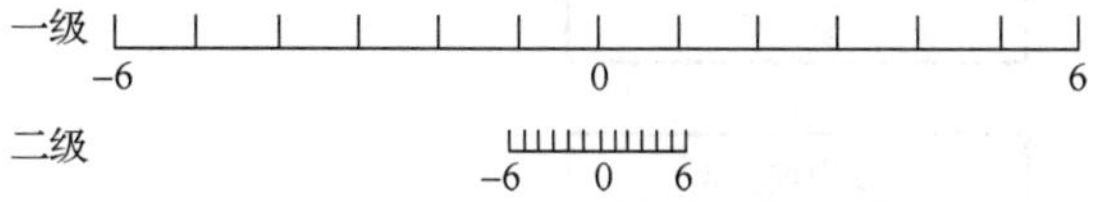

图 7.12　两级基本论域对应示意图

控制系统中误差和误差变化的实际范围称为量化变量的基本论域。在设计某个具体的模糊控制器过程中，所有输入变量和输出变量的论域都必须予以确定。例如，温度误差的基本论域为[$-x$，$+x$]，误差的模糊集论域为$\{-n, -n+1, \cdots, 0, \cdots, n-1, n\}$，那么，温度误差量化因子 k_e 可由下式确定

$$k_e = \frac{n}{x} \tag{7.34}$$

温度变化率量化因子 k_{ec} 按上述同样的方法确定。

6) 解模糊

由控制表 7.7 知，控制量 z^* 的基本论域为[−5.4，5.4]，并且控制电压是 0～10.8V。所以系统输出控制电压可用下式计算

$$y = (z^* + 5.4) \times 10 = 10z^* + 54\text{，V} \tag{7.35}$$

3. 控制软件设计

用 Visual Basic 语言编写了控制软件，实现了实验条件设定、数据采集卡输入和输出、数据采集信号滤波、模糊控制算法、实验数据记录和显示。工作人员只需设定反应的基本条件，即可进行化学反应。模糊控制子函数流程图如图 7.13 所示。

4. 实验及其结果

设实验要求控制温度为 80℃。通过实验确定出，控制周期 T_s=10s，各量化因子和比例因子分别为 k_{e1}=1.5；k_{e2}=6；k_{ec1}=30；k_{ec2}=60。通过选择两组因子来调节控制系统的性能，提高控制精度，取得了良好的控制效果。其实验结果如图 7.14 所示。温度偏差控制在±1℃。

实验证明，采用模糊控制方法设计的微波催化连续反应的实验系统，对时变的、不确定的、大时滞的微波催化反应温度控制问题是很有效的。这种量化因子和比例因子自调节的方法，在不降低控制系统鲁棒性的前提下，减小了模糊控制的控制死区，提高了控制精度。

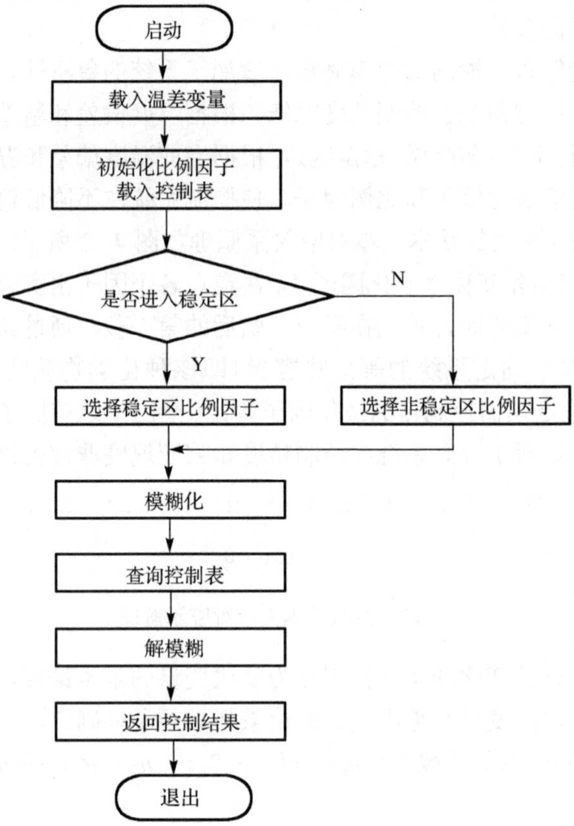

图 7.13　模糊控制子函数流程图

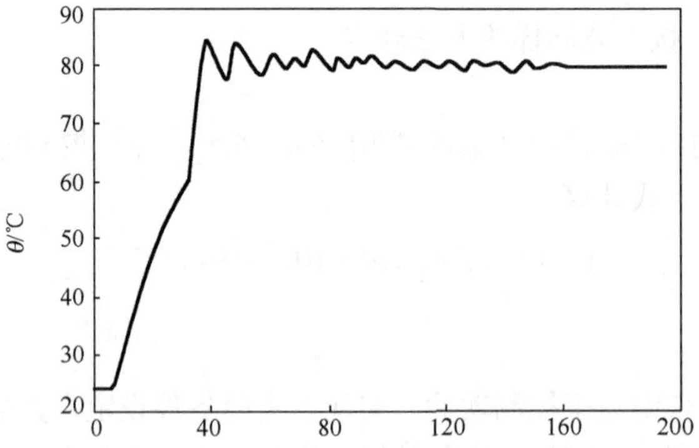

图 7.14　控制系统的温度变化曲线图

7.4　专家控制系统

专家一般指那些对解决专门问题具有扎实的理论基础和丰富的实践经验的专门人才。关于专家控制系统的定义，至今尚无统一的概念。费根鲍姆给出的定义是，专家控制系统是一个智能计算机程序系统，其内部含有大量的某个领域专家水平的知识与经验，能够利用人类专家的知识和解决问题的经验方法来处理该领域的高水平难题。也就是说，专家控制系统是一个具有大量的专门知识与经验的程序系统，它应用人工智能技术和计算机技术，根据某领域一个或多个专家提供的知识和经验，进行推理和判断，模拟人类专家的决策过程，以便解决那些需要人类专家才能处理好的复杂问题。简而言之，专家控制系统是一种模拟人类专家解决复杂控制问题的计算机程序系统。

7.4.1　专家控制系统的结构

专家控制系统的结构是指专家控制系统各组成部分的构造方法和组织形式。图 7.15 则为专家控制系统的典型结构图。由于每个专家系统所需完成的任务和特点不同，其系统结构也不尽相同，一般只具有图中部分模块。

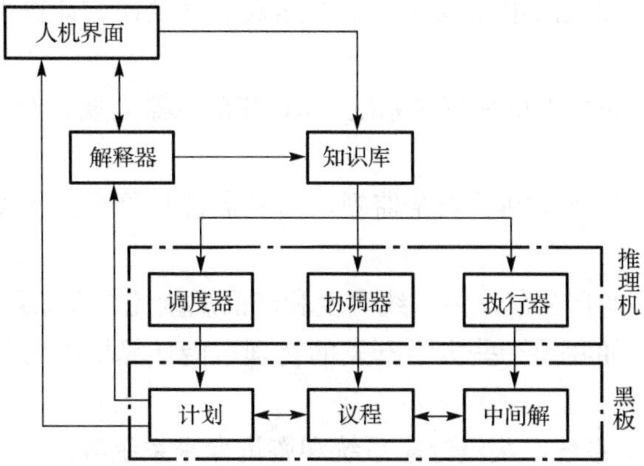

图 7.15　专家控制系统典型结构图

专家系统的主要组成部分如下。

(1) 人机界面：用于控制人机交互过程，使用户能够方便、直观地进行人机对话，充分发挥用户在人机对话中的主观能动性，尽可能地避免用户的误操作。它既可以把用户通过输入装置(如键盘、鼠标、扫描仪等)输入的信息经过变换送给系统，也可以把系统的提示信息、中间及最终的推理结果等信息转换成用户能够接受的形式达到屏幕或其他输出装置。

(2) 知识库：用于存储某领域专家系统的专门知识，包括事实、可行操作与规则等。为了建立知识库，要解决知识获取和知识表示问题。知识获取涉及知识库如何从专家那里获得专门知识的问题，知识表示则要解决如何用计算机能够理解的形式表达和存储知识的问题。

(3) 解释器：能够向用户解释专家系统的行为，包括解释推理结论的正确性及系统输出其他候选解的原因。

(4) 黑板：用来记录系统推理过程中用到的控制信息、中间假设和中间结果的数据库。它包括计划、议程和中间解三部分。计划记录了当前问题总的处理计划、目标、问题的当前状态和问题背景。议程记录了一些待执行的动作，这些动作大多是由黑板中已有结果与知识库中的规则作用而得到的。中间解区域中存放当前系统已产生的结果和候选假设。

(5) 推理机：用于记忆所采用的推理规则和控制策略的程序，使整个专家系统能够以逻辑方式协调地工作。推理机能够根据知识进行推理和导出结论，而不是简单地搜索现成的答案。它包括调度器、协调器和执行器三部分。调度器按照系统建造者所给出的控制知识(通常使用优先权办法)，从议程中选择一项作为系统下一步要执行的动作。执行器应用知识库及黑板中记录的信息，执行调度器所选定的动作。协调器的主要作用就是当得到新数据或新假设时，对已得到的结果进行修正，以保持结果前后的一致性。

7.4.2 专家系统的类型

按照专家系统所求解问题的性质，可分为下列几种类型。

(1) 解释专家系统。如卫星图像(云图等)分析、集成电路分析、染色体分类和丘陵找水等实用系统。

(2) 预测专家系统。如恶劣气候预报、战场前景预测和农作物病虫害预报等专家系统。

(3) 诊断专家系统。如医疗诊断、机械电子和软件故障诊断及材料失效诊断。

(4) 设计专家系统。如集成电路设计、土木建筑工程设计、计算机结构设计、机械产品设计。

(5) 规划专家系统。如军事指挥调度系统、ROPES 机器人规划专家系统和火车运行调度专家系统。

(6) 监视专家系统。如核电站的安全监视、防空监视与警报、国家财政的监控、传染病疫情监视。

(7) 控制专家系统。如自主车、生产线调度和产品质量控制专家系统。

(8) 教学专家系统。如我国一些大学开发的物理智能计算机辅助教学系统及聋哑人语言训练系统。

此外，还有调试专家系统、决策专家系统和咨询专家系统等。

7.4.3 专家控制系统的应用举例

1. 工程背景

水泥粉磨生产过程是理化反应过程，工艺过程具有大惯性、大滞后、非线性等特点，系统工况复杂多变，过程控制难以获得精确的数学模型。其中，粉磨机是水泥生产的主要设备，被磨物料通过粉磨机粉磨后获得要求粒度特性的粉体产品。物料粉磨生产过程复杂，磨机要适应各种工况条件下的物料粉碎，并保证产品的质量和产量，使磨机保持稳定的负荷状态是一个关键的因素。本例结合水泥粉磨厂的生产实际情况，设计一套专家控制系统以改善水泥粉磨生产控制的稳定性及提高水泥的产量和质量，说明专家系统的实际应用。水泥粉磨生产工艺流程如图 7.16 所示，在生产过程中主要有两个控制要求。

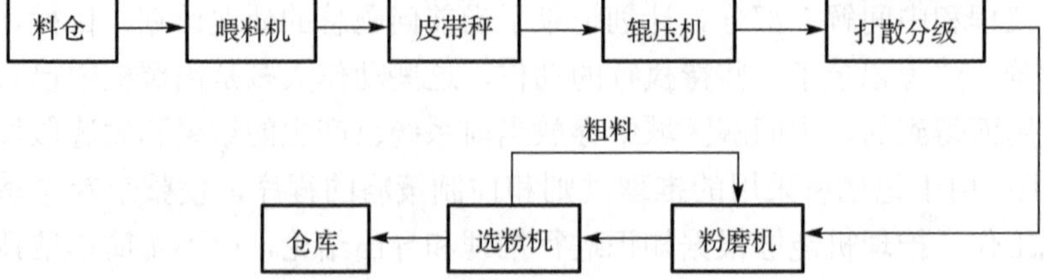

图 7.16 水泥粉磨生产工艺流程

(1) 设备稳定运行控制：保证设备正常运行，避免粉磨机满磨和空磨以及辅助设备发生故障。生产控制人员根据操作指导和经验进行设备运行的维护。

(2) 质量和产量控制：保证磨出的水泥符合相应的质量指标。生产中操作员根据定时取样化验的结果调整物料的给定值。

2. 专家系统模块的设计

根据现场考察，水泥粉磨厂磨机采用分散控制系统。整个系统分为上位机部分和下位机部分。下位机选用 PLC 来实现。上位机系统选用计算机和组态王软件来组态实现。在生产过程中，操作员要对分散控制系统中许多设定值进行调整，同时要监视运行状态参数的变化。考虑在现有的分散控制系统的基础上，在上位机添加一个专家系统模块，使两级分散控制系统具有专家系统功能，能够根据系统运行状态参数和定时取样的化验结果调整物料的配比和喂料量。根据粉磨机的运行特性和操作指导及生产经验，设计在上位机建立采用专家系统技术的粉磨机负荷子系统。专家系统原理图如图 7.17 所示。

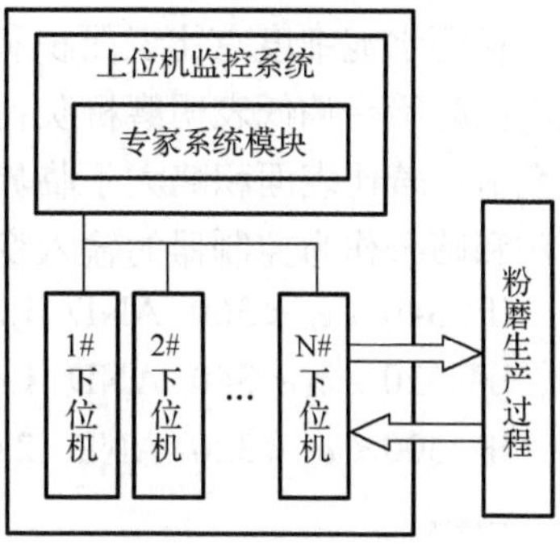

图 7.17　专家系统原理图

专家系统分成两个模块：SO_3 模块和喂料量控制模块。其中，SO_3 的量直接反映水泥粉中石膏的含量，因为工业石膏化学成分是含水硫酸钙。SO_3 的含量只反映到物料的配比，而与粉末细度指标相对独立。粉磨机的状态参数反映磨机的负荷状况，磨机负荷则与细度指标关系密切，对其有显著影响。

1) SO_3 模块

水泥化验 SO_3 的含量直接反映石膏的配比情况。石膏的配比偏大则 SO_3 的含量偏高，反之则偏低。故根据化验 SO_3 的含量对石膏的配比进行调整。SO_3 的含量作为控制器的输入变量，输出变量为石膏的配比，其控制规则集为

IF　$2.0 \leqslant e_1 < 2.2$　THEN　$u_1 = a\%V$；

IF　$2.2 \leqslant e_1 < 2.4$　THEN　$u_1 = 0$；

IF　$2.4 \leqslant e_1 < 2.6$　THEN　$u_1 = -a\%V$；

……

其中，e_1 为 SO_3 的含量；u_1 为石膏的配比变化量；$a\%$ 为石膏的配比变化调整率，具体值应根据运行人员积累的经验和工作点状态整定；V 为混合粉料总体积。

2) 喂料量控制模块

表征粉磨机负荷状况的参数有粉磨机的磨音、进出口差压、电机电流、斗提机功率等，粉磨机的状态参数反映粉磨机的负荷状况。粉磨机有满磨趋势时，磨音下降，磨机入口负压减小，磨机出口负压增大，电机电流上升，同时粉磨机斗提机的电流上升。相反，粉磨机有空磨趋势时，磨音上升，磨机入口负压增大，磨机出口负压减小，电机电流下降，粉磨机斗提机的电流下降。由以上分析可知，根据粉磨机的状态参数可以推断粉磨机的负荷状况，所以制定以下规则。

如果磨音上升，斗提机电流低，其他参数正常则粉磨机有空磨的趋势，需要增加喂料量。

如果磨音下降，电机电流上升，斗提机电流上升，磨入口负压减少，磨出口负压增大则磨机有满磨的趋势，需要减少喂料。

如果斗提机功率过高，检查喂料是否过大，过大适当减少喂料量；若喂料量不大，则检查入选粉机斜槽是否堵塞，检查回粉有无过多，必要时调节选粉机转速。出磨水泥温度过高时，若喂料量偏少，增加喂料；否则增加磨内通风。

产生式规则如下：

IF $135 \leqslant e_2$ AND $20 \leqslant e_3 \leqslant 35$ AND $e_4 \leqslant 15$ AND $219 \leqslant e_5 \leqslant 221$ THEN $u_2 = u_2 \times (1 + b\%)$；

IF $e_2 \leqslant 115$ AND $e_3 \leqslant 15$ AND $e_4 \geqslant 15$ AND $e_5 \geqslant 225$ THEN $u_2 = u_2 \times (1 - b\%)$；

……

其中，e_2为磨音值；e_3为进出口差压；e_4为斗提机功率；e_5为主电机电流；u_2为喂料量；$b\%$为磨机喂料量给定值调整量，具体值应根据运行人员积累的经验和工作点状态整定。

检测水泥细度有比表面积和筛余两个指标。在没有达到磨机的负荷上限时，当比表面积偏高同时筛余偏低表明磨机负荷还可以增加；若比表面积偏低同时筛余偏高则表明应减少磨机负荷；若比表面积略大于临界值且筛余略低于临界值则表明磨机负荷处于最佳状态。比表面积和筛余作为控制器的输入变量，输出变量为磨机喂料量给定值，其控制规则集为

IF $340 \leqslant e_6 < 360$ AND $1.2 < e_7 \leqslant 1.6$ THEN $u_3 = c\%$；

IF $320 \leqslant e_6 < 340$ AND $1.6 < e_7 \leqslant 2.0$ THEN $u_3 = 0\%$；

IF $300 \leqslant e_6 < 320$ AND $2.0 < e_7 \leqslant 2.4$ THEN $u_3 = -c\%$；

……

其中，e_6为比表面积；e_7为筛余；u_3为磨机喂料量的调整量；$c\%$为磨机负荷给定值调整量，具体值应根据运行人员积累的经验和工作点状态整定。

3. 专家系统模块的实现

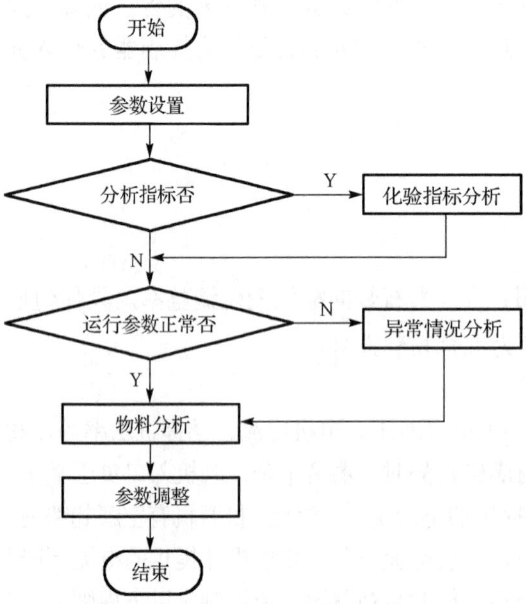

图 7.18 程序流程图

采用 PLC 作为控制站，组态软件作为人机界面的分布式控制系统。上位机已有水泥粉磨生产过程较完善的监视、操作界面。上述专家系统模块亦采用组态王软件来实现，并嵌入控制系统的上位机监控系统中。组态王软件的程序开发分两部分：编辑图形用户界面和编写命令语言程序。组态王图形用户界面采用可视化开发。组态王命令语言的语法和C语言非常类似，是C的一个子集。程序流程图如图 7.18 所示。

本专家系统依据操作指导和专家经验形成产生式规则，采用正向推理来调整磨机运行参数。它模拟了操作员对 DCS 系统设定值的调整和监视判断运行状态的变化。在应用于水泥厂的上位机监控系统中，可以有效地解决这一问题。系统可以根据检测的状态参数和操作员的录入数据，完成对负荷的优化调整，从而起到减轻操作员的劳动强度，优化磨机负荷，提高水泥的质量和产量的效果。

7.5　人工神经网络控制系统

生物的神经网络是由很多神经元相互连接起来的庞大、复杂而具有智慧性能的自动控制系统。人工神经网络是在研究神经网络中对人脑神经网络的某种简化、抽象和模拟。人工神经网络的研究始于 20 世纪 40 年代。经过了复杂、曲折的发展道路，如今已成为人工智能领域的重要分支。由于人工神经网络的特点，它的发展给自动控制领域的研究带来了生机，主要体现在以下几方面。

(1) 人工神经网络能以任意精度逼近任意非线性函数，并能对复杂不确定问题具有自适应和自学习能力，它适合解决复杂非线性系统的自适应控制问题。

(2) 人工神经网络具有信息处理的并行机制。这个特性对解决控制系统中大规模实时计算问题具有重要意义；同时，并行机制中的冗余性可以使控制系统具有容错能力。

(3) 人工神经网络具有很强的信息综合能力，能同时处理多种信息，适用于多信息融合和多媒体技术。

下面介绍人工神经网络控制中的一些基础知识。

7.5.1　人工神经元模型

神经网络由大量神经元连接而成，作为模拟大脑神经网络的人工神经网络由大量人工神经元组成。人工神经元模型是按照模拟生物神经元的信息传递特性建立的，它描述单个神经元输入输出间的关系。人工神经元有多种模型，图 7.19 表示其中一种。图中，$x_1, x_2, \cdots, x_n$ 为 n 个输入信号；$w_1, w_2, \cdots, w_n$ 为输入加权系数，此系数的大小决定对应输入对此神经元输出影响的大小；$\sum$为信号的叠加；s 为输入信号的总和：

$$s=\sum_{i=1}^{n} w_i x_i \tag{7.36}$$

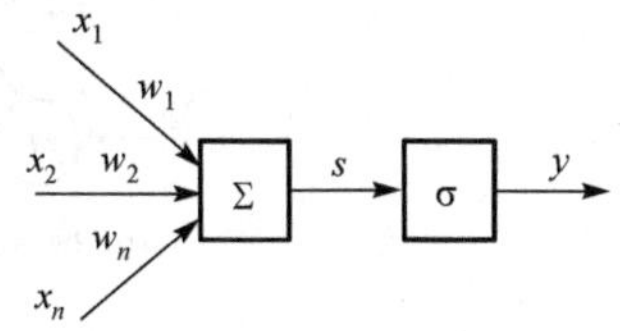

图 7.19　人工神经元网络模型

图中模型显示，神经元的输出 y 与此神经元的总输入 s 有关，即输出 y 是总输入 s 的函数。如果用σ表示神经元输出 y 与总输入 s 间的这种函数关系，则称σ为神经元的响应函数：

$$y=\sigma(s) \tag{7.37}$$

在人工神经元的研究中，提出了多种响应函数，由于实际的神经元响应具有对总输入 s 的压缩功能及非线性，所以常将人工神经元的响应函数选为

$$\sigma(s)=\frac{1}{1+\mathrm{e}^{-(s-\theta)}} \tag{7.38}$$

其中，θ 为神经元的阈值，是神经元结构参数，按实际问题选择 θ 的大小，它决定图线在水平方向的位置，如果将$\sigma(s)$看成时间响应，则 θ 表示响应的滞后时间。由于此函数的图像为 S 形，所以也称为 S 形响应函数，如图 7.20 所示。

由此模型可见，一个神经元接受 n 个输入信息，并形成总输入 s，再经过非线性响应函数的作用，形成这个神经元的输出 y。

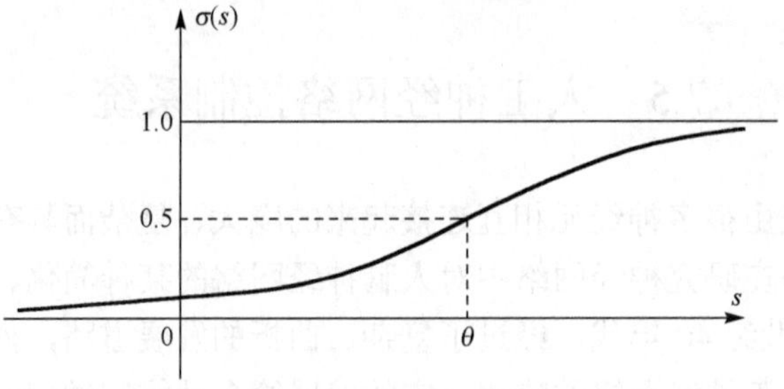

图 7.20　指数型响应函数

7.5.2　人工神经网络的构成

单个神经元的功能是很有限的，只有用大量的神经元按一定规则连接构成一个极为庞大而复杂的神经网络系统才会有高级功能。神经元模型确定后，一个神经网络的特性及功能主要取决于网络的结构及学习方法。人工神经网络结构有几种基本形式，如向前网络、有反馈的向前网络、层内互连向前网络、互连网络等。本节介绍其中最基本的一种，即向前神经网络的基本结构，如图 7.21 所示。

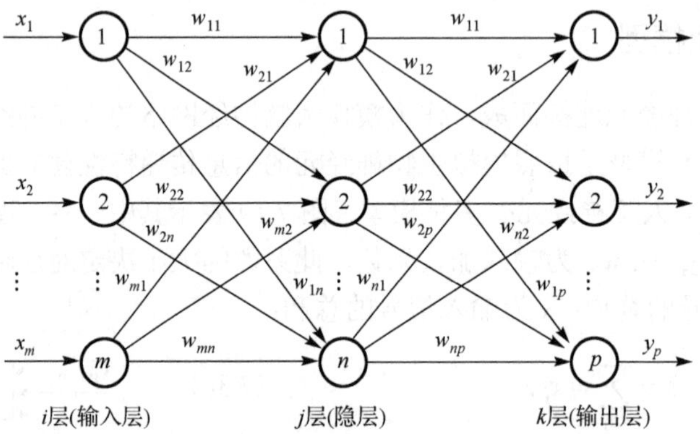

图 7.21　向前神经网络的基本结构

向前网络的神经元是分层排列的，每个神经元的输出只与前一层的神经元相连接，并且与前一层中的每个神经元连接。最前一层为输出层，最后一层为输入层，中间层称为隐层。隐层可以是一层或多层，图 7.21 所示的向前网络有一层由 n 个神经元组成的隐层。其输入层和输出层分别由 m 个和 p 个神经元组成，它们的个数分别取决于输入和输出变量的个数。图中 w_{ij} 表示第 j 个神经元对来自其后一层中第 i 个神经元信息的输入加权因子，用 $\boldsymbol{W}$ 表示由各个加权因子组成的加权矩阵。

7.5.3　人工神经网络的学习算法

研究神经网络的目的是将神经网络作为控制器应用在控制系统中。作为控制器它应完成正确的输入与输出间的映射，人工神经网络只有通过一个学习过程才能具有这种能力，才能在给定输入的情况下，产生对应的希望输出。人工神经网络的学习算法已有几十种，但总的来说分两大类：有导师学习和无导师学习，分别如图 7.22 和图 7.23 所示。

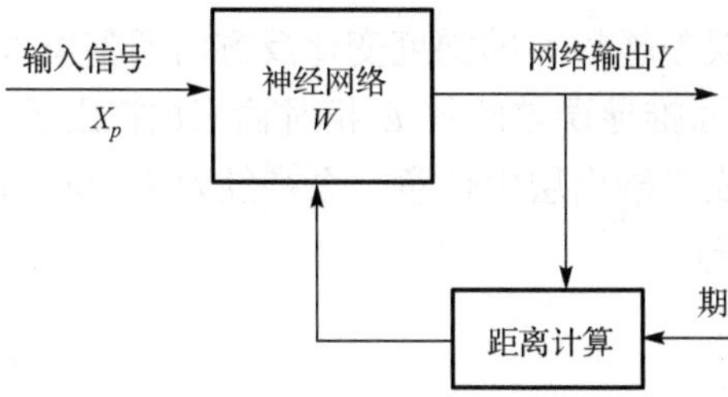

图 7.22　有导师神经网络学习方式

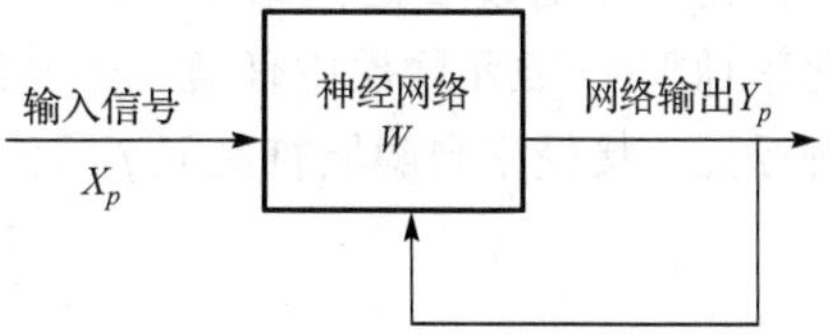

图 7.23　无导师神经网络学习方式

所谓有导师学习就是通过“样本集”对神经网络进行训练，当然样本集对所设计的控制系统是适宜的。样本集由输入输出矢量对$(\boldsymbol{X}_p, \boldsymbol{Y}_p)$ $(p=1, 2, \cdots, n)$组成。$\boldsymbol{X}_p$为输入向量，作为训练的输入，$\boldsymbol{Y}_p$为输出向量，训练时作为期望的输出。网络训练的实质是调整网络的加权矩阵，使网络在输入$\boldsymbol{X}_p$的作用下的实际输出无限靠近期望输出$\boldsymbol{Y}_p$。由于训练的样本集是外部导师给定的，所以称这种学习方法为有导师学习。

而无导师学习时，网络不存在期望的输出，即没有训练样本集，因而没有直接的误差信息。为了实现网络的训练，需建立一个间接的评价函数，以对网络的行为趋向作出评价。

本节以图 7.22 中表示的向前网络和图 7.23 表示的有导师神经网络学习方式为例，介绍一种最基本的学习算法，称为反向传播法，也称 BP(Back Propagation) 学习算法，它是一种向前网络的有导师学习算法。

由图 7.22 可见，隐层中任意一个神经元j的总输入均可表示为

$$s_j = \sum_{i=1}^{m} w_{ij} x_i, \quad j = 1, 2, \cdots, n \tag{7.39}$$

隐层中任何一个神经元j的输出均可表示为

$$O_j = \sigma(s_j), \quad j = 1, 2, \cdots, n \tag{7.40}$$

类似地，输出层中任何一个神经元k的总输入可写为

$$s_k = \sum_{j=1}^{n} w_{jk} O_j, \quad k = 1, 2, \cdots, p \tag{7.41}$$

输出层中任何一个神经元 k 的输出可写为

$$y_k = \sigma(s_k), \quad k = 1, 2, \cdots, p \tag{7.42}$$

所谓神经网络的“学习”，就是调整各层的输入加权因子，使系统的输出达到最佳状态，也就是使设网络输出层神经元上的实际输出与期望输出的偏差最小，设其期望输出为$d_i (i=1, 2, \cdots, p)$，则网络的误差定义为

$$E = \frac{1}{2} \sum_{k=1}^{p} (d_k - y_k)^2 \tag{7.43}$$

调整各层的输入加权因子的目标是使由式(7.43)表示的网络误差最小。调整层的次序是从前向后。首先考虑输出层的输入加权因子的调整，其增量形式为

$$\Delta w_{jk} = -\eta \frac{\partial E}{\partial w_{jk}} \tag{7.44}$$

其中，η 为学习率($\eta>0$)。式(7.44)中的负号表示按误差函数 E 的梯度变化反方向调整输入加权因子，使误差函数 E 达到最小，即网络收敛。下面推导误差函数 E 相对输入加权因子 w_{jk} 的变化率(脚标 j 表示隐层中任意一个神经元 j，k 表示输出层中任意一个神经元 k，w_{jk} 为输出层神经元 k 接受来自隐层神经元 j 的信息加权因子)：

$$\frac{\partial E}{\partial w_{jk}}=\frac{\partial E}{\partial s_k}\cdot\frac{\partial s_k}{\partial w_{jk}} \tag{7.45}$$

由式(7.41)可得

$$\frac{\partial s_k}{\partial w_{jk}}=\frac{\partial}{\partial w_{jk}}\left(\sum_{j=1}^{n}w_{jk}O_j\right)=O_j \tag{7.46}$$

设

$$\delta_{jk}=-\frac{\partial E}{\partial s_k}=-\frac{\partial E}{\partial y_k}\cdot\frac{\partial y_k}{\partial s_k}=(d_k-y_k)y_k(1-y_k) \tag{7.47}$$

显然，δ_{jk} 为误差传递项，表示误差由输出层向隐层的传递。由式(7.47)可见，δ_{jk} 的表达式与 j 无关。

将式(7.45)～式(7.47)代入式(7.44)，可得

$$\Delta w_{jk}=\eta\delta_k O_j=\eta y_k(1-y_k)(d_k-y_k)O_j,\quad j=1,2,\cdots,n;\ k=1,2,\cdots,p \tag{7.48}$$

利用式(7.48)，将输出层的输入加权因子写成递推形式为

$$w_{jk}(n+1)=w_{jk}(n)+\Delta w_{jk}(n) \tag{7.49}$$

隐层输入加权因子的调整与输出层的输入加权因子的调整过程一样，只是隐层神经元 j 的误差是由输出层得来的。隐层神经元 j 的误差可写为

$$E_j=\sum_{k=1}^{p}\delta_k w_{jk} \tag{7.50}$$

与推导式(7.44)的过程一样，可推导出隐层向输入层的误差传递

$$\delta_j=O_j(1-O_j)\left(\sum_{k=1}^{p}\delta_k w_{jk}\right),\quad j=1,2,\cdots,n \tag{7.51}$$

隐层输入加权因子修正量为

$$\Delta w_{ij}=\eta\delta_{ij}y_i \tag{7.52}$$

写成递推形式为

$$w_{ij}(n+1)=w_{ij}(n)+\Delta w_{ij},\quad i=1,2,\cdots,m;\ j=1,2,\cdots,n \tag{7.53}$$

由此可知 BP 算法的学习过程如下。

(1)用小的随机数初始化 w_{jk}，w_{ij}。

(2)取样本集中的一个样本：输入$[x_1, x_2, \cdots, x_m]$ 及期望输出$[d_1, d_2, \cdots, d_p]$。

(3)按式(7.40)～式(7.42)计算各神经元的实际输出。

(4)按式(7.43)、式(7.44)计算误差 E。

(5)按式(7.48)、式(7.49)计算输出层的输入加权因子。

(6)按式(7.51)～式(7.53)计算隐层的输入加权因子。

(7)退回步骤(2)，用另一个样本重复计算，直到误差 E 达到满意值。

由上面的论述可见，人工神经网络控制是通过“学习”建立系统控制机制的(并未通过

系统的数学模型)。这对解决控制算法非常复杂的控制问题具有重要意义。如对机器人进行动力学控制的问题。

7.5.4　人工神经网络应用举例

1. 工程背景

注塑机是将热塑性或热固性塑料制成各种塑料制品的主要成形设备。其工作过程是一个复杂的循环过程。在实际注塑过程中，影响塑料制品质量的因素是复杂的、非线性的，比较难以控制。而人工神经网络作为一个具有高度非线性映射能力的计算模型，广泛应用于模式识别、自动控制等许多领域。本例是分析人工神经网络在注塑机控制中的应用，以注塑制品的张力系数为研究对象，将人工神经网络中的 BP 算法应用于张力系数的预测。

2. 神经网络训练算法的选择

BP 算法是一种比较成熟的有导师的训练方法，网络的学习过程包括网络的内部向前计算和误差的反向传播计算，BP 算法的训练学习过程前面已作了详细的阐述，大致分为七个循环步骤。在该例中为加快学习效率和减少振荡，在权值调整算法中加入阻尼项，这也是经常采用的一种做法，于是有

$$w_{ij}(n+1)=w_{ij}(n)-\eta\frac{\partial J(n)}{\partial w_{ij}(n)}+\beta[w_{ij}(n)-w_{ij}(n-1)] \tag{7.54}$$

其中，η 为学习率($\eta>0$)；$J(n)$ 为网络总目标函数；β 为惯性系数，$0<\beta<1$。

3. 张力系数预测神经网络的建立

基于上述算法，建立塑料制品张力系数的预测模型。由于塑料制品的张力系数和模具温度、熔体温度、充模压力、注射时间、冷却时间等因素有关，采用神经网络为 5×6×1 三层 BP 网络结构，如图 7.24 所示，输入层有五个节点，输出层有一个节点。

其中，T_{m} 为模具温度；T_{r} 为熔体温度；P 为充模压力；t_{z} 为注射时间；t_{1} 为冷却时间；k_{t} 为网络的张力系数。

隐层节点数的选取由于目前没有理论依据，通过对网络反复学习，认为隐层节点数取 6 比较合理，既能缩短时间，又能取得较好的效果。

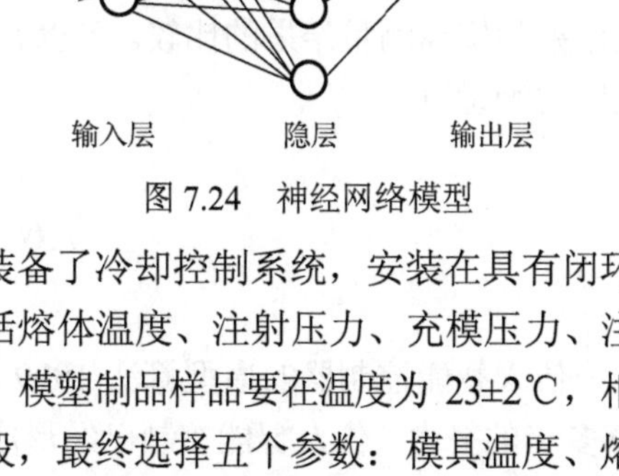

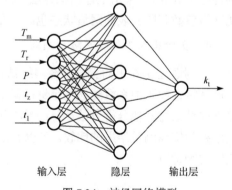

图 7.24　神经网络模型

实验选择的材料为聚碳酸酯，是一种无定形的聚合体。实验内容就是把聚碳酸酯注入有特殊几何形状的模具里面，依照有关标准测量分子张力。模具装备了冷却控制系统，安装在具有闭环控制系统的注塑机上。抽取了实验中的不同变量，包括熔体温度、注射压力、充模压力、注射速度和冷却时间。在用机械检测仪测量分子张力以前，模塑制品样品要在温度为 23±2℃，相对湿度为(50±11)%的环境中放置 24 小时。在实验阶段，最终选择五个参数：模具温度、熔体温度、充模压力、注射时间、冷却时间。表 7.8 描述了实验运行的条件和从实验中得到的实测数据。将这些数据样本集分为学习和测试两个样本子集，其中一部分数据分布于训练样

本空间内，将其作为学习样本，另外一部分数据作为测试样本，网络经过学习样本集训练后输入测试样本集，以检验网络的预测值与测试样本目标函数的一致性。

表 7.8　实验运行的条件及实验中得到的实测数据

序号	熔体温度/℃	模具温度/℃	充模压力/$\times10^3$Pa	注射时间/s	冷却时间/s	张力系数/MPa
1	280	67.5	900	1	12.5	2517
2	280	82.5	900	1	7.5	2751
3	280	82.5	900	2	7.5	2559
4	280	82.5	1350	2	7.5	2650
5	280	82.5	1350	2	12.5	2430
6	280	67.5	1350	2	12.5	2136
7	280	82.5	1350	1	12.5	2099
8	280	67.5	900	2	12.5	2064
9	280	82.5	1350	1	7.5	1933
10	260	82.5	900	2	12.5	2081
11	260	67.5	1350	2	7.5	2137
12	280	67.5	1350	1	12.5	2195
13	260	82.5	900	1	12.5	2012
14	260	67.5	900	2	7.5	2295
15	260	67.5	1350	1	7.5	2064
16	260	67.5	900	1	7.5	2088
17	250	75	1200	1.5	10	2296
18	290	75	1200	1.5	10	2175
19	270	60	1200	1.5	10	2175
20	270	90	1200	1.5	10	1953

为了模拟生物神经元的非线性特性，传递函数采用 S 形的双曲正切函数，取学习率为 0.9，惯性因子为 0.7。采用上述训练方法，经 2050 次以上训练，误差训练曲线已趋于稳定，这说明网络参数和所代表的网络状态也趋于稳定。

4. 实验及人工神经网络预测结果

本例通过 5×6×1 的三层神经网络结构，采用权值调整的方法，通过实验证明了高度非线性产品特性如张力系数能够在足够准确的范围内被很好地预测。将人工神经网络预测出来的样本的结果与其他分析方法计算的结果进行比较，显示了人工神经网络经过测试样本集的预测结果和实际测量结果的比较。可以看出，在大多数的实验中，BP 网络的预测值都非常逼近实验的测量值。

7.6　仿人智能控制

仿人智能控制器的原型算法 1979 年由周其鉴等提出，1983 年在国际上正式发表。经过 20 多年的努力，仿人智能控制已经形成了基本理论体系和较系统的设计方法，并在大量的实际应用中获得成功。仿人智能控制理论认为，智能控制为对控制问题求解的二次映射的信息处理过程，即从“认知”到“判断”的定性推理过程和从“判断”到“操作”的定量控制过程。仿人智能控制不仅具有其他智能控制方法那样的并行、逻辑控制和语言控制的特点，而且还具有以数学模型为基础的传统控制的解析定量控制的特点。总结人的控制经验，模仿人的控制行为，以产生式规则描述其在控制方面的启发与直觉推理行为。

7.6.1　仿人智能控制的基本思想

传统的 PID 是一种反馈控制，存在着按偏差的比例、积分和微分三种控制作用。比例控制的特点是，偏差一旦产生，控制器立即就有控制作用，使被控量朝着减小偏差方向变化，控制作用的强弱取决于比例系数 K_p。但 K_p 过大时，会使闭环系统不稳定。积分控制的特点是，它能对偏差进行记忆并积分，有利于消除静态误差，但作用太强会使控制的动态性能变差，以至于使系统不稳定。微分控制的特点是，它能敏感出偏差的变化趋势。增大微分控制作用可以加快系统响应，使超调量减少，但会使系统抑制干扰的能力降低。可以看出，根据不同被控对象适当地整定 PID 的控制参数，可以获得比较满意的控制效果。对于大多数工业被控对象来说，由于它本身固有的惯性、纯滞后特性，参数时变的不确定性和外部环境扰动的不确定性，使控制问题复杂化，采用上述线性组合的 PID 控制难以取得满意的控制效果。

我们知道，控制系统的动态过程是不断变化的。在系统的动态过程中，对于比例控制、积分控制和微分控制作用的要求是不同的。为了获得良好的控制性能，控制器必须根据控制系统的动态特征和行为，采取灵活机动的有效控制模式，如采取变增益控制(增益适应)、智能积分(非线性积分)控制等，以使控制器本身的非线性控制作用适应于系统的需要。实现这些方法的重要途径是借助基于规则的专家经验、启发式直观判断和直觉推理规则。这样的控制决策有利于解决控制中的稳定性与准确性的矛盾，又能增强系统对不确定性因素的适应性，即鲁棒性。这样的 PID 控制器已同常规 PID 控制器有了质的区别。这一类别的 PID 控制已成为智能或专家自适应 PID 控制，即基于规则的仿人智能控制。它是一种精度高、鲁棒性强、能实时运行的控制算法，可用于实际控制系统。

7.6.2　仿人智能控制的原型算法

PID 调节器未能妥善地解决闭环系统的稳定性和准确性、快速性之间的矛盾；采用积分作用消除稳态偏差必然增大系统的相位滞后；削弱系统的响应速度；采用非线性控制也只能在特定条件下改善系统的动态品质，其应用范围十分有限。基于上述分析，运用“保持”特性取代积分作用，有效地消除了积分作用带来的相位滞后和积分饱和问题。把线性与非线性的特点有机地融合为一体，使人为的非线性元件能适用于叠加原理，并提出了用“抑制”作用来解决控制系统的稳定性与准确性、快速性之间的矛盾。在半比例调节器的基础上，提出了一种新的、具有极值采样保持形式的调节器，并以此为基础发展成为一种仿人控制器。仿人控制器的基本算法以熟练操作者的观察、决策等智能行为为基础，根据被调量偏差及变化趋势决定控制策略。因此，它接近于人的思维方式。当控制系统的控制误差趋于增大时，人控制器发出强烈的控制作用，抑制误差的增加；而当误差有回零趋势并开始下降时，人控制器减小控制作用，等待观察系统的变化；同时，控制器不断地记录偏差的极值，校正控制器的控制点，以适应变化的要求。仿人控制器的原型算法如下所示：

$$u=\begin{cases}K_{\mathrm{p}}e-kK_{\mathrm{p}}\sum\limits_{i=1}^{n-1}e_{m,i}, & e\cdot\dot{e}>0\cup e=0\cap\dot{e}\neq 0\\ kK_{\mathrm{p}}\sum\limits_{i=1}^{n}e_{m,i}, & e\cdot\dot{e}>0\cup\dot{e}\neq 0\end{cases}\tag{7.55}$$

其中，u 为控制输出；K_{p} 为比例系数；k 为抑制系数；e 为误差；$\dot{e}$ 为误差变化率；$e_{m,i}$ 为误差的第 i 次峰值。

如图 7.25 所示，给出的误差相平面上的特征及相应的控制模态。

当系统误差处于误差相平面的第一与第三象限，$e\cdot\dot{e}>0$ 或 $e=0$ 且 $\dot{e}\neq 0$ 时，仿人智能控制器工作于比例控制模态为 $u_n(t)=u_0(n-1)+K_{\mathrm{p}}e$；当误差处于误差相平面的第二与第四象限，即 $e\cdot\dot{e}<0$ 或 $\dot{e}\neq 0$ 时，仿人智能控制器工作于保持控制模态为 $u_n(t)=u_0(n-1)+kK_{\mathrm{p}}e=\sum\limits_{i=0}^{n}kK_{\mathrm{p}}e_{m,i}$。

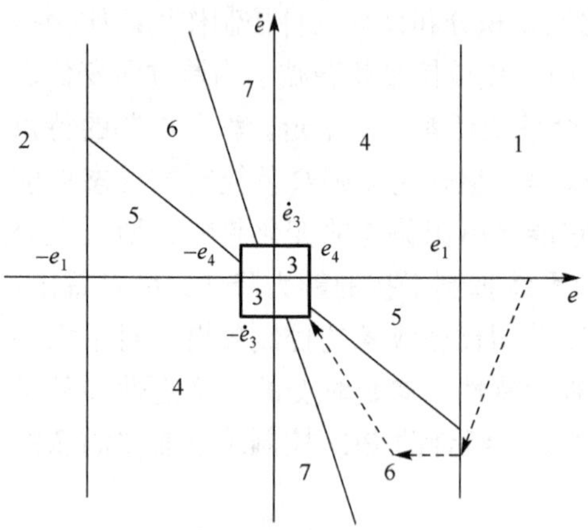

图 7.25　运行控制级特征模型

7.6.3　仿人智能控制器设计的基本步骤

(1) 设计目标轨迹的确立。根据用户对控制性能指标(如上升时间、超调量、稳态精度等)的要求，确定理想的单位阶跃响应过程，并把它变换到 $(e-\dot{e}-t)$ 时相空间中，构成理想的误差时相轨迹。我们以这条理想轨迹作为设计仿人智能控制器的目标轨迹，轨迹上的每一点都可视为控制过程中的瞬态指标。这条理想轨迹可以分别向 $(e-t)$、$(\dot{e}-t)$ 和 $(e-\dot{e})$ 三个平面投影，根据分析的侧重点，考虑这三条投影曲线中的一条或几条，作为设计仿人智能控制器特征模型和控制、校正模态的目标轨迹，以简化设计目标。

(2) 特征模型的建立。依据目标轨迹在误差相平面 $(e-\dot{e})$ 上的位置，或者在误差时间平面 $(e-t)$ 上的位置，以及控制器的不同级别，确定特征基元集，划分出特征状态集，从而构成不同级别的特征模型。

(3) 控制规则与控制模态集的设计。针对系统运动状态处于特征模型中某特征状态时与瞬态指标(理想轨迹)之间的差距，以及理想轨迹的运动趋势，模仿人的控制决策行为，设计控制或校正模态，并设计出模态中的具体参数。

7.6.4　仿人智能控制的应用举例

1. 工程背景

工作在未知环境下的机器人系统，如用于精密装配、复杂空间表面打磨、切削、擦洗和抛光等机器人，要实现在未知和不确定环境下作业，必须具备自动探测和轨迹跟踪的功能。同时，对于机器人接触力控制系统，希望末端操作器的运动轨迹与工作环境表面轮廓完全一致，且接触力总能保持恒定。但由于探测误差、工作环境复杂等一些不确定因素的影响，机器人末端操作器的运动轨迹和实际的环境表面轮廓之间总存在一定的误差，这时可利用仿人智能控制方法，根据被控量(即接触力)偏差的变化和变化率等，及时调整控制量的大小，来抑制偏差的增大，从而最终实现接触力的一致性。

2. 特征变量的确定

机器人的接触力控制和位置控制都可简化为二阶系统，所以，可以用典型二阶系统阶跃响应曲线来说明机器人系统仿人智能控制的特征变量表现形式，如图 7.26 所示，特征变量的符号变化见表 7.9。

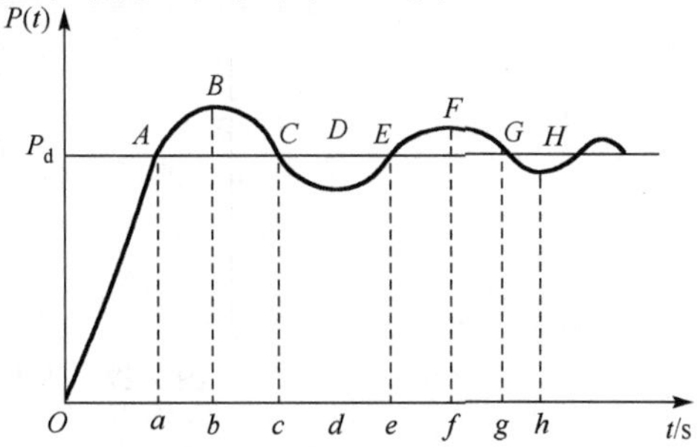

图 7.26　典型二阶系统阶跃响应曲线

为了全面细致地刻画动态特征，定义下列特征变量。

(1) 识别位置与末端执行器实际位置的偏差值 e： $e = P_d - P_e$。

(2) 位置偏差值的变化 Δe：设 e_n 为当前采样时刻的偏差值， e_{n-1}、 e_{n-2} 分别为前一个和前两个采样时刻偏差值，则有

$$\Delta e_n = e_n - e_{n-1},\quad \Delta e_{n-1} = e_{n-1} - e_{n-2}$$

其中，P_d 为机器人系统通过环境识别得到的参考轨迹，这里作为期望位置；P_e 为机器人末端执行器的实际运动到达的位置。

表 7.9　特征变量的符号变化

	OA 段	*AB* 段	*BC* 段	*CD* 段	*DE* 段	*EF* 段	*FG* 段	*GH* 段
e_n	>0	<0	<0	>0	<0	<0	<0	>0
Δe_n	<0	<0	>0	>0	>0	<0	>0	>0
$e_n \cdot \Delta e_n$	<0	>0	<0	>0	<0	>0	<0	>0

利用以上特征变量的取值是否大于零，可以描述和预测接触力变化的趋势。当 $e_n \cdot \Delta e_n < 0$ 时，如 *OA* 段、*BC* 段、*DE* 段和 *FG* 段，表示系统的动态过程向着偏差减小的方向变化，即偏差的绝对值逐渐减小。当 $e_n \cdot \Delta e_n > 0$ 时，如 *AB* 段、*CD* 段、*EF* 段和 *GH* 段，表示系统的动态过程向着偏差变大的方向变化，即偏差的绝对值逐渐增大。若 $\Delta e_n \cdot \Delta e_{n-1} < 0$ 表征出现极值，若 $\Delta e_n \cdot \Delta e_{n-1} > 0$ 表征无极值。$\Delta e_n \cdot \Delta e_{n-1}$ 和 $e_n \cdot \Delta e_n$ 联合使用，可以判断动态过程出现误差极值后的变化趋势。$|\Delta e_n / e_n|$ 描述了系统动态过程中误差变化的姿态，与 $e_n \cdot \Delta e_n$ 联合使用，可捕捉动态过程不同姿态，能对 *BC* 段、*DE* 段中间部分进行描述。$|\Delta e_n / \Delta e_{n-1}|$ 反映了误差的局部变化趋势，也间接表示前期控制效果，如该值大，表示前期控制效果不显著。$\Delta(\Delta e_n)$ 为误差变化的变化率，即二次差分，它是描述动态过程的一个特征量，如图 7.26 所示，*ABC* 段，$\Delta(\Delta e_n) > 0$，处于超调段。*CDE* 段，$\Delta(\Delta e_n) < 0$，处于回调段。

在建立轨迹模型过程中，计算机很容易识别 e_n、 $e_n \cdot e_{n-1}$ 和 Δe_n 的符号，从而掌握未知环境轨迹曲线动态过程的行为特征。

3. 智能控制策略

仿人智能控制，是通过对被控量偏差的变化和变化率进行监测与判断系统的动态过程，不同的动态过程采取不同控制算法，从而提高控制效果。理想误差目标轨迹如图 7.27 所示。

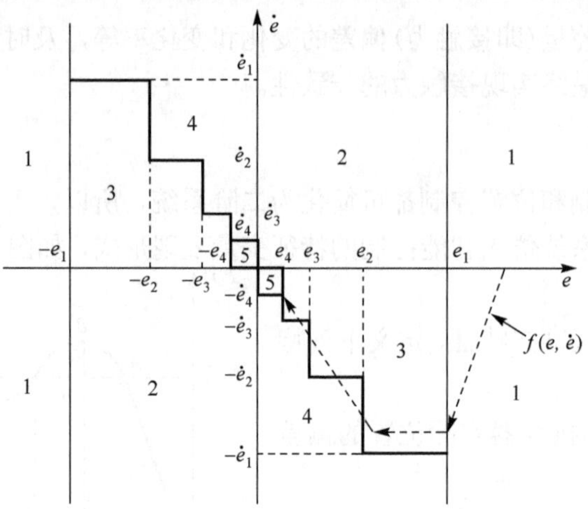

图 7.27　仿人智能控制误差目标轨迹

图中虚线所示轨迹为理想误差目标轨迹 $f(e, \dot{e})$、e_1、e_2、e_3、e_4 为位置偏差的阈值，$\dot{e}_1$、$\dot{e}_2$、$\dot{e}_3$、$\dot{e}_4$ 为位置偏差变化率阈值。上述八个参数根据实际机器人系统控制要求确定。当位置误差和误差变化率进入图 7.27 所示的不同区域时，采取不同的控制方法。本系统分为五个区域。

根据以上分析，为了便于描述五个不同区域的控制级特征模型，确定出包含九个元素的特征基元集 $\boldsymbol{Q}$ 为

$$\boldsymbol{Q} = [q_1 \quad q_2 \quad q_3 \quad q_4 \quad q_5 \quad q_6 \quad q_7 \quad q_8 \quad q_9]$$

其中，q_1：$e_n \cdot \Delta e_n \leqslant 0$；$q_2$：$|e_n| \geqslant e_1$；$q_3$：$|e_n| \geqslant e_2$；$q_4$：$|e_n| \geqslant e_3$；$q_5$：$|e_n| \geqslant e_4$；$q_6$：$|\dot{e}_n| \geqslant \dot{e}_1$；$q_7$：$|\dot{e}_n| \geqslant \dot{e}_2$；$q_8$：$|\dot{e}_n| \geqslant \dot{e}_3$；$q_9$：$|\dot{e}_n| \geqslant \dot{e}_4$。

根据图 7.27 的区域划分，五个区域的控制特征集 $\boldsymbol{\Phi}$ 为

$$\boldsymbol{\Phi} = [\phi_1 \quad \phi_2 \quad \phi_3 \quad \phi_4 \quad \phi_5]$$

其中，$\phi_1 \Rightarrow [q_2]$；$\phi_2 \Rightarrow [\overline{q}_1 \cap \overline{q}_2]$；

$\phi_3 \Rightarrow [(q_1 \cap \overline{q}_2 \cap q_5 \cap \overline{q}_8) \cup (q_1 \cap \overline{q}_2 \cap q_4 \cap \overline{q}_7 \cap q_8) \cup (q_1 \cap \overline{q}_2 \cap q_3 \cap \overline{q}_6 \cap q_7)]$；

$\phi_4 \Rightarrow [(q_1 \cap \overline{q}_2 \cap q_3 \cap q_6) \cup (q_1 \cap \overline{q}_3 \cap q_7) \cup (q_1 \cap \overline{q}_4 \cap \overline{q}_7 \cap q_8) \cup (q_1 \cap \overline{q}_5 \cap \overline{q}_8 \cap q_9)]$；

$\phi_5 \Rightarrow [q_1 \cap \overline{q}_5 \cap \overline{q}_9]$。

其中，$\overline{q}_i (i = 1, 2, \cdots, 9)$ 为 $q_i (i = 1, 2, \cdots, 9)$ 的补集。

与控制特征集相对应的控制模态集 $\boldsymbol{\Psi}$ 为

$$\boldsymbol{\Psi} = [\psi_1 \quad \psi_2 \quad \psi_3 \quad \psi_4 \quad \psi_5]$$

其中，$\psi_1 \Rightarrow u_n = K_{\mathrm{p}} \cdot e_n + K_{\mathrm{d}} \cdot \dot{e}_n + K_{\mathrm{i}} \int e_n \mathrm{d}t$；$\psi_2 \Rightarrow u_n = \mathrm{sgn}(e_n) \cdot U_{\max}$；$\psi_3 \Rightarrow u_n = K_{\mathrm{p}} \cdot e_n + K_{\mathrm{d}} \cdot \dot{e}_n$；$\psi_4 \Rightarrow u_n = K_{\mathrm{p}} \cdot e_n$；$\psi_5 \Rightarrow u_n = u_{n-1}$。

式中，u_n 为机器人系统位置控制器的第 n 次采样周期的输出；u_{n-1} 为位置控制器的第 n–1 次采样周期的输出；e_n 为第 n 次采样周期的位置偏差值，即 $e_n = P_{\mathrm{d}n} - P_{\mathrm{e}n}$；$P_{\mathrm{d}n}$ 为第 n 次采样周期的期望输出；$\dot{e}_n$ 为第 n 次采样周期位置偏差的变化率；$P_{\mathrm{e}n}$ 为第 n 次采样时刻末端执行器的实际位置；K_{p} 为比例系数；K_{d} 为微分系数；K_{i} 为积分系数；$U_{\max}$ 为控制器输出最大值。

由控制特征集和控制模态集，得推理规则集 $\boldsymbol{\Omega}$ 为

$$\boldsymbol{\Omega}=[\omega_1 \quad \omega_2 \quad \omega_3 \quad \omega_4 \quad \omega_5]$$

其中，$\omega_1:\phi_1 \Rightarrow \psi_2$；$\omega_2:\phi_2 \Rightarrow \psi_1$；$\omega_3:\phi_3 \Rightarrow \psi_4$；$\omega_4:\phi_4 \Rightarrow \psi_3$；$\omega_5:\phi_5 \Rightarrow \psi_5$。

4. 实验结果

以一个三阶被控系统为例，研究仿人智能控制策略的控制效果。被控系统的传递函数为

$$G(s)=\frac{523500}{s^3+87.35s^2+10470s}$$

设定被控对象采样时间为 1ms，采用 Z 变换进行离散化，得

$$\begin{aligned}y(k)=&-\text{den}(2)y(k-1)-\text{den}(3)y(k-2)-\text{den}(4)y(k-3)\\&+\text{num}(2)u(k-1)+\text{num}(3)u(k-2)+\text{num}(4)u(k-3)\end{aligned}$$

在进行仿人智能控制跟踪实验与仿真中，实验环境曲面如图 7.28 所示，探测时采用的是超声波传感器，探测结果拟合曲线如图 7.29 所示。PID 参数的设定为：比例系数 $K_\text{p}=0.5$，积分系数 $K_\text{i}=0.001$，微分系数 $K_\text{d}=0.001$。此外，根据仿人智能控制的控制策略和控制规则，四个跟踪偏差的阈值分别选定为：$e_1=15\text{ mm}$，$e_2=10\text{ mm}$，$e_3=5\text{ mm}$，$e_4=1\text{ mm}$。四个跟踪偏差的变化率阈值分别选定为：$\dot{e}_1=10\text{ mm}$，$\dot{e}_2=5\text{ mm}$，$\dot{e}_3=1\text{ mm}$，$\dot{e}_4=0.5\text{ mm}$。控制器输出最大值为：$U_{\max}=10\text{ mm}$。在所有这些设定条件下，仿真结果如图 7.30 所示，由图可看出，在位置跟踪过程中，平均跟踪误差值 $\Delta y_\text{ave}=1.51\text{ mm}$。

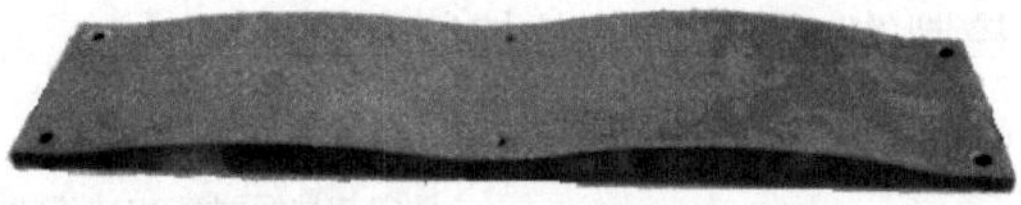

图 7.28　被测环境曲面外形图

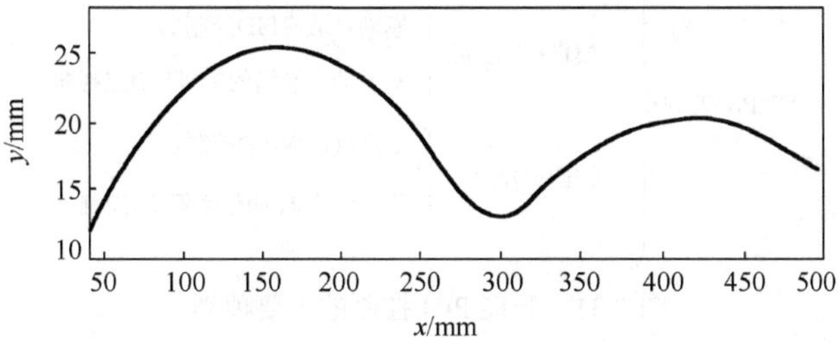

图 7.29　探测得到的拟合曲线

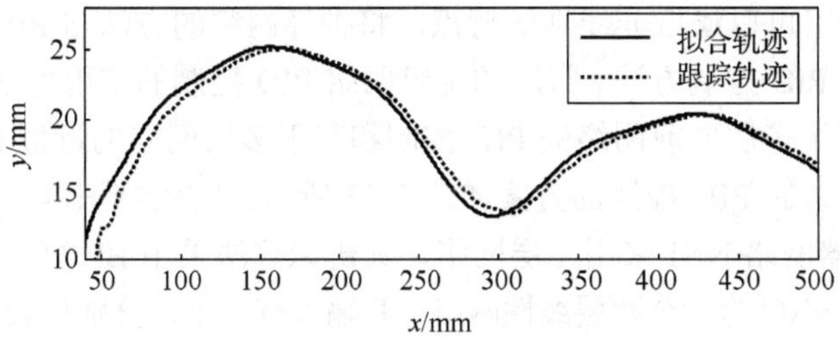

图 7.30　仿人智能控制跟踪仿真曲线

通过上面的仿真分析，可看出仿人智能控制策略的优越性。对于未知环境下机器人系统，只要根据实际的系统和工艺工作要求，通过实验确定出 PID 控制器的三个参数、跟踪偏差的

阈值、跟踪偏差的变化率阈值以及控制器输出最大值等参数，就可以实现通过仿人控制，使机器人系统具有较好的跟踪控制效果，从而提高系统的效率和精度。

7.7　其他智能控制方法

7.7.1　智能 PID 控制

常规 PID 控制作为一种传统的控制方法，以其计算量小、实时性好、易于实现等特点作为控制器广泛应用于控制系统。PID 控制中的一个关键问题是 PID 参数的确定。传统 PID 控制器的设计需要建立系统的数学模型。但在自动机械系统设计时，许多被控对象工作机理复杂，系统具有高度非线性、时变性和不确定性等特点，在噪声、负载扰动等因素的影响下，系统参数甚至模型结构均会随时间的变化而变化。这就要求在 PID 控制中，不仅 PID 参数的确定不能依赖于被控对象模型，并且需要 PID 参数能在线调整，以满足实时控制的要求。在这种情况下，传统的 PID 控制往往难以获得理想的控制效果。

为了解决这一问题，将智能控制理论与常规的 PID 控制方法融合在一起，形成了许多智能 PID 控制器，如图 7.31 所示。它吸收了智能控制与常规 PID 控制两者的优点：既具备自学习、自适应、自组织的能力，能够自动辨识被控过程参数、自动调整控制参数，又具备结构简单、鲁棒性强、可靠性高、为现场工程设计人员所熟悉等优点。正是这两大优势，使得智能 PID 控制成为众多过程控制的一种较理想的控制方法。

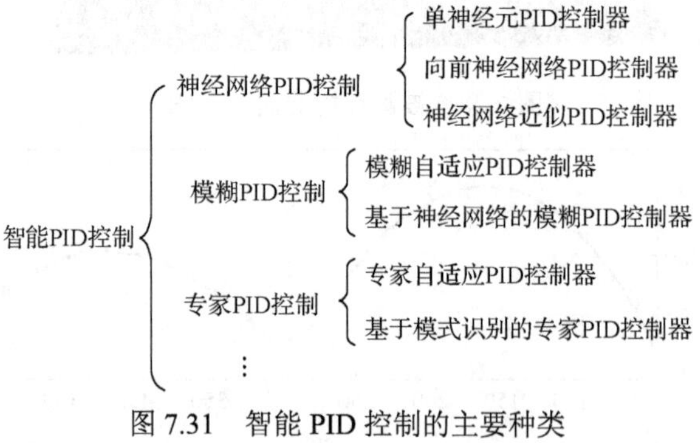

图 7.31　智能 PID 控制的主要种类

1. 神经网络 PID 控制

由于利用神经网络可以逼近非线性的特点，将神经网络的方法与 PID 控制结构相结合，构成基于神经网络的 PID 控制方法。常用的神经网络 PID 控制的实现方法有基于单个神经元的直接 PID 控制、基于多层向前网络的 PID 控制和基于多层网络的近似 PID 控制。

基于多层向前网络的 PID 控制的方案如图 7.32 所示，它由辨识器网络 NNI 和控制器网络 NNC 组成。辨识器网络 NNI 采用三层网络，其辨识算法采用 BP 算法。

神经网络控制器 NNC 为一个两层线性网络，其输入有三个，分别代表比例、积分和微分

$$\begin{cases} h_1(t) = e(t) \\ h_2(t) = \sum_{i=0}^{t} e(i) \\ h_3(t) = e(t) - e(t-1) \end{cases} \tag{7.56}$$

网络的输出为

$$u(t)=K_1h_1(t)+K_2h_2(t)+K_3h_3(t) \tag{7.57}$$

由此可见，控制器具有 PID 控制结构。

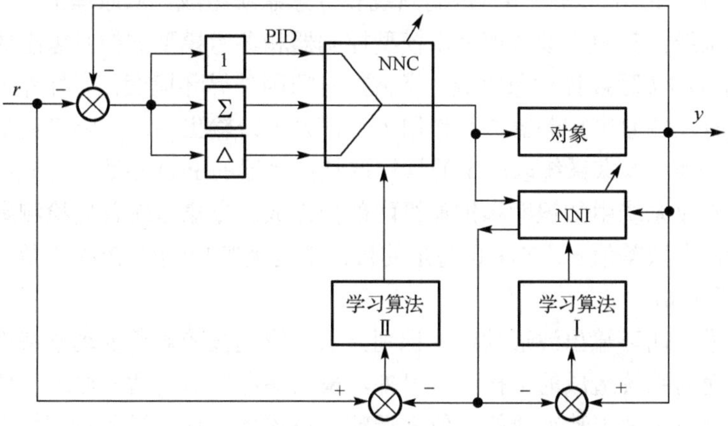

图 7.32　基于多层向前网络的 PID 控制

2. 模糊 PID 控制

目前，模糊 PID 控制器有多种结构形式，但基本工作原理是一致的。运用模糊数学的基本原理和方法，把规则的条件和操作用模糊集表示，并把这些模糊控制规则及其有关信息作为知识存入知识库中，然后控制器根据系统的实际响应情况运用模糊推理，即可自动实现对 PID 参数的最佳调整，这就是模糊自适应 PID 控制器。

模糊 PID 控制器是模糊控制器与传统 PID 控制器的结合，利用模糊推理判断的思想，根据不同的偏差和偏差变化率对 PID 的参数 K_P、K_I 和 K_D 进行在线自整定，传统 PID 控制器在获得新的 K_P、K_I 和 K_D 后，对控制对象输出控制量。模糊自适应 PID 控制器的结构框图如图 7.33 所示。

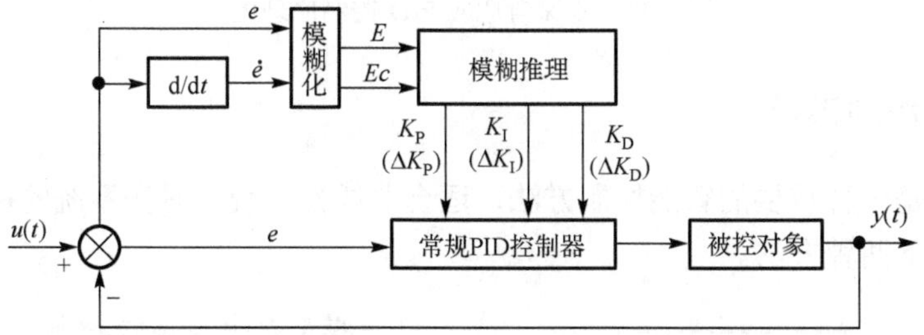

图 7.33　模糊自适应 PID 控制器结构框图

3. 专家 PID 控制

专家 PID 控制采用规则 PID 控制形式，通过对系统误差和系统输出的识别，以了解被控对象动态特性的变化，在线整定 PID 三个参数，直到控制过程的响应曲线为某种最佳响应曲线。它是一种基于启发式规则推理的自适应技术，其目的就是克服控制过程中出现的不确定性。

专家 PID 控制有专家自适应 PID 控制器和基于模式识别的专家 PID 控制器。基于模式识别的专家 PID 控制器，不必精确地辨识被控对象的数学模型，也不必对被控过程施以任何激励信号，就可以对 PID 参数进行自整定。利用控制系统建立控制过程中可能获得的被控对象的先验信息，可加快整定过程的收敛速度，减轻自整定控制器中专家系统工作的负担。对常规数字 PID 控制器进行改造，即可实现控制器的自整定。具有专家系统的自适应 PID 控制器结构如图 7.34 所示。它由参考模型、可调系统和专家系统组成。从原理上看，它是一种模型参考自适应控制系统。其中，参考模型由模型控制器和参考模型被控对象组成，可调系统由数字式 PID 控制器和实际被控对象组成。当被控对象因外界环境变化、外界干扰等因素导致其特性有所改变时，在原来控制器参数作用下，可调系统输出 $y(t)$ 的响应波形将偏离理想的动态特性。这时，利用专家系统以一定的规律调整控制器的 PID 参数，使 $y(t)$ 的动态特性恢复到理想状态。专家系统由知识库和推理机两部分组成。专家系统首先检测参考模型和可调系统输出波形特征参数差值 e。PID 自整定的目标就是调整控制器 PID 参数使 θ 值逐渐趋近于 θ_m（即 e 值趋近于 0）。

该系统由于采用闭环输出波形的模式识别方法来辨别被控对象的动态特性，不必加持续的激励信号，因而对系统造成的干扰小。另外，采用参考模型自适应原理，使得自整定过程可以根据参考模型输出波形特征值的差值来调整 PID 参数，这个过程物理概念清楚，并且避免了被控对象动态特性计算错误而带来的偏差。

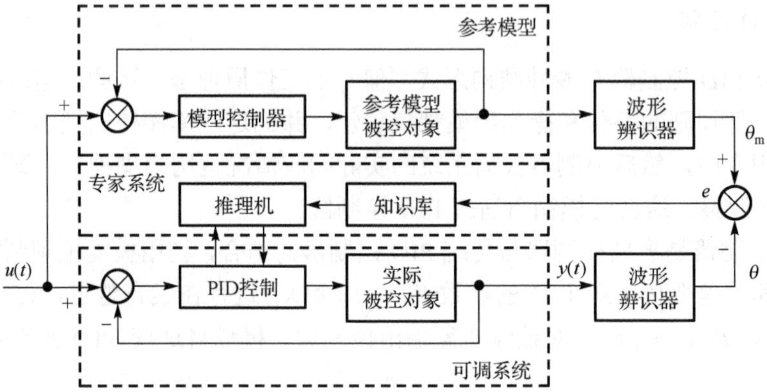

图 7.34　专家自适应 PID 控制原理图

7.7.2　自适应控制系统

自适应控制是一种重要的智能控制方法，适合非线性系统和时变系统的控制。自适应控制目前主要有如下两种方法。

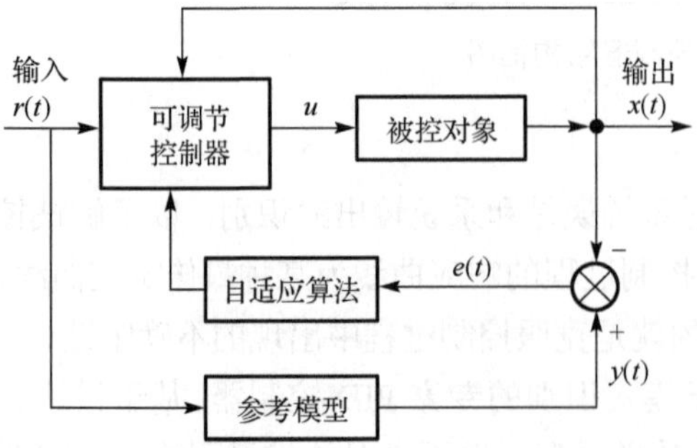

图 7.35　模型参考自适应控制系统

1. 模型参考自适应控制

在控制系统中建立一个理想的参考模型，该模型能对给定的输入产生所希望的输出。它并不是实际的硬件设备，而是在控制计算机内被模拟的一个数学模型。在控制系统中，将系统的实际输出与理想参考模型的输出进行比较，所产生的偏差信号 $e(t)$ 作为自适应算法的输入信号，如图 7.35 所示。

假设被控对象的状态方程为

$$\dot{\boldsymbol{x}} = \boldsymbol{f}(\boldsymbol{x},\boldsymbol{u},t) \tag{7.58}$$

其中，$\boldsymbol{x}$ 为状态向量；$\boldsymbol{u}$ 为控制向量；$\boldsymbol{f}$ 为向量函数。

希望控制系统紧紧地跟踪某一模型系统。现在设计的问题就是要综合一个控制器，使得控制器经常产生一个信号，迫使对象的状态接近于模型的状态，如图 7.35 所示。

假设模型参考系统是线性的，并由下式来描述

$$\dot{\boldsymbol{y}}(t) = \boldsymbol{A}\boldsymbol{y}(t) + \boldsymbol{B}\boldsymbol{r}(t) \tag{7.59}$$

其中，$\boldsymbol{y}(t)$ 为模型的状态向量；$\boldsymbol{r}(t)$ 为输入向量；$\boldsymbol{A}$ 为系数矩阵；$\boldsymbol{B}$ 为输入矩阵。

假设 $\boldsymbol{A}$ 的所有特征值的实部都是负的，则这种模型参考系统就具有一个渐近稳定的平衡状态。

令误差向量为

$$\boldsymbol{e}(t) = \boldsymbol{y}(t) - \boldsymbol{x}(t) \tag{7.60}$$

在这个问题中，希望通过一个合适的控制向量，使得误差向量减小到零。由式(7.58)～式(7.60)可得

$$\dot{\boldsymbol{e}} = \dot{\boldsymbol{y}} - \dot{\boldsymbol{x}} = \boldsymbol{A}\boldsymbol{y} + \boldsymbol{B}\boldsymbol{r} - \boldsymbol{f}(\boldsymbol{x},\boldsymbol{u},t) = \boldsymbol{A}\boldsymbol{e} + \boldsymbol{A}\boldsymbol{x} - \boldsymbol{f}(\boldsymbol{x},\boldsymbol{u},t) + \boldsymbol{B}\boldsymbol{r} \tag{7.61}$$

式(7.61)就是误差向量的微分方程。

现在设计一个控制器，使得在稳态时，$\boldsymbol{x} = \boldsymbol{y}$ 和 $\dot{\boldsymbol{x}} = \dot{\boldsymbol{y}}$，或 $\boldsymbol{e} = \dot{\boldsymbol{e}} = 0$。因此原点 $\boldsymbol{e} = 0$ 是一个平衡状态。

在综合控制向量时，一种比较好的方法就是对式(7.61)所给出的系统，组成一个李雅普诺夫函数。假设李雅普诺夫函数的形式为

$$V(\boldsymbol{e}) = \boldsymbol{e}'\boldsymbol{P}\boldsymbol{e}$$

其中，$\boldsymbol{P}$ 为正定的实对称矩阵。求出 $V(\boldsymbol{e})$ 对 t 的导数，可得

$$\begin{aligned}\dot{V}(\boldsymbol{e}) &= \dot{\boldsymbol{e}}'\boldsymbol{P}\boldsymbol{e} + \boldsymbol{e}'\boldsymbol{P}\dot{\boldsymbol{e}} \\ &= [\boldsymbol{e}'\boldsymbol{A}' + \boldsymbol{x}'\boldsymbol{A}' - \boldsymbol{f}'(\boldsymbol{x},\boldsymbol{u},t) + \boldsymbol{r}'\boldsymbol{B}']\boldsymbol{P}\boldsymbol{e} + \boldsymbol{e}'\boldsymbol{P}[\boldsymbol{A}\boldsymbol{e} + \boldsymbol{A}\boldsymbol{x} - \boldsymbol{f}(\boldsymbol{x},\boldsymbol{u},t) + \boldsymbol{B}\boldsymbol{r}] \\ &= \boldsymbol{e}'(\boldsymbol{A}\boldsymbol{P} + \boldsymbol{P}\boldsymbol{A})\boldsymbol{e} + 2M\end{aligned} \tag{7.62}$$

其中

$$M = \boldsymbol{e}'\boldsymbol{P}[\boldsymbol{A}\boldsymbol{x} - \boldsymbol{f}(\boldsymbol{x},\boldsymbol{u},t) + \boldsymbol{B}\boldsymbol{r}] = \text{纯量值}$$

如果：① $\boldsymbol{A}'\boldsymbol{P} + \boldsymbol{P}\boldsymbol{A} = -\boldsymbol{Q}$ 是一个负定的矩阵；②控制向量 $\boldsymbol{u}$ 可选择使得 M 为非正的纯量值，那么，所假设的 $V(\boldsymbol{e})$ 函数就是一个李雅普诺夫函数。

注意到，随着 $\|\boldsymbol{e}\| \to \infty$，$V(\boldsymbol{e}) \to \infty$，就可看出：平衡状态 $\boldsymbol{e} = \boldsymbol{0}$ 是在大范围内渐近稳定的。条件①常常可以通过选择适当的 $\boldsymbol{P}$ 而得到满足，因为 $\boldsymbol{A}$ 的所有特征值都假设具有负实部，因此，现在的问题就是选择一个合适的控制向量，使得 M 或者等于零，或者为负值。

2. 自校正自适应控制

自校正自适应控制系统如图 7.36 所示，假设被控对象的状态方程为

$$\dot{\boldsymbol{x}} = \boldsymbol{f}(\boldsymbol{x},\boldsymbol{u},t) \tag{7.63}$$

式中，$\boldsymbol{x}$ 为状态向量，令其为 $2n$ 维向量；$\boldsymbol{u}$ 为控制向量，令其为 n 维向量；$\boldsymbol{f}$ 为向量函数。

用泰勒级数将式(7.63)在目标轨迹附近展开，得系统的线性状态方程

$$\delta\dot{\boldsymbol{x}}(t) = \boldsymbol{A}(t)\delta\boldsymbol{x}(t) + \boldsymbol{B}(t)\delta\boldsymbol{u}(t) \tag{7.64}$$

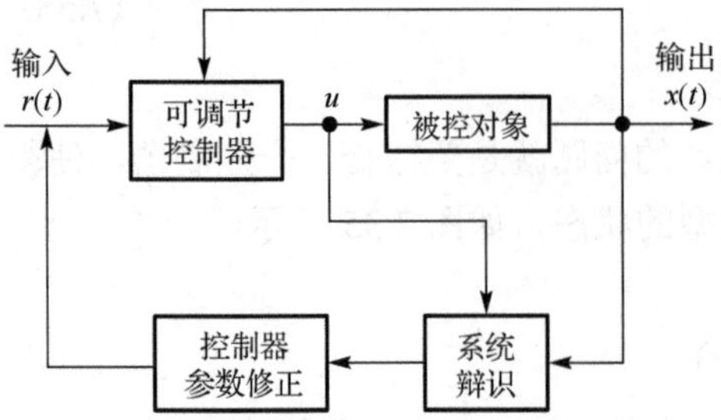

图 7.36　自校正自适应控制系统

其中，$A(t)$ 和 $B(t)$ 为系统的时变参数矩阵，即

$$A(t)=\frac{\partial \boldsymbol{f}}{\partial \boldsymbol{x}},\quad \boldsymbol{B}(t)=\frac{\partial \boldsymbol{f}}{\partial \boldsymbol{u}}$$

在实际的控制系统中，用参数辨识技术确定其中的未知元素。将方程式(7.64)离散化为

$$\boldsymbol{x}(k+1)=\boldsymbol{A}(k)\boldsymbol{x}(k)+\boldsymbol{B}(k)\boldsymbol{u}(k),\quad k=0,1,\cdots,n-1 \tag{7.65}$$

由于 $A(t)$ 和 $B(t)$ 的阶数分别为 $2n\times 2n$ 和 $2n\times n$，所以在此模型中有 $6n^2$ 个参数需要辨识。在辨识中作以下假设：①当采样间隔取得足够小时，系统参数变化速度小于自适应的调节速度；②测量噪声可忽略；③式(7.69)表示的系统状态变量可测。

在式(7.65)中第 k 时刻未知参数组成一个向量

$$\boldsymbol{v}_{i,k}=[a_{i,1}(k),a_{i,2}(k),\cdots,a_{i,2n}(k),b_{i,1}(k),b_{i,2}(k),\cdots,b_{i,n}(k)]^{\mathrm{T}} \tag{7.66}$$

将 k 时刻的状态和输入也组成一个向量：

$$\boldsymbol{\varphi}_k=[x_1(k),x_2(k),\cdots,x_{2n}(k),u_1(k),u_2(k),\cdots,u_n(k)]^{\mathrm{T}} \tag{7.67}$$

式(7.65)中的状态向量可写为

$$\boldsymbol{x}(k)=[x_1(k),x_2(k),\cdots,x_{2n}(k)]^{\mathrm{T}}=[x_{1,k},x_{2,k},\cdots,x_{2n,k}]^{\mathrm{T}} \tag{7.68}$$

则式(7.65)的第 i 行可写成　$x_{i,k+1}=\boldsymbol{\varphi}_k^{\mathrm{T}}\boldsymbol{v}_{i,k}$，　i=1, 2, …, $2n$　(7.69)

此式为辨识参数的标准形式。递推最小二乘参数辨识的算法为

$$\hat{\boldsymbol{v}}_{i,k+1}=\hat{\boldsymbol{v}}_{i,k}-\boldsymbol{P}_k\boldsymbol{\varphi}_k[\boldsymbol{\varphi}_k^{\mathrm{T}}\boldsymbol{P}_k\boldsymbol{\varphi}_k+r]^{-1}[\boldsymbol{\varphi}_k^{\mathrm{T}}\hat{\boldsymbol{v}}_{i,k}-x_{i,k+1}] \tag{7.70}$$

其中，r 为大于零小于 1 的加权因子；$\boldsymbol{P}_k$ 为 $3n\times 3n$ 维对称正定矩阵，它的递推形式为

$$\boldsymbol{P}_{k+1}=[\boldsymbol{P}_k-\boldsymbol{P}_k\boldsymbol{\varphi}_k[\boldsymbol{\varphi}_k^{\mathrm{T}}\boldsymbol{P}_k\boldsymbol{\varphi}_k+r]^{-1}\boldsymbol{\varphi}_k^{\mathrm{T}}\boldsymbol{P}_k] \tag{7.71}$$

线性化状态系统的控制问题可化为一个线性二次性问题，在确定 $A(t)$ 和 $B(t)$ 之后，可寻求一个最优控制，使如下性能指标最小

$$\boldsymbol{J}(k)=\frac{1}{2}[\boldsymbol{x}^{\mathrm{T}}(k+1)\boldsymbol{Q}\boldsymbol{x}(k+1)+\boldsymbol{u}^{\mathrm{T}}(k)\boldsymbol{R}\boldsymbol{u}(k)] \tag{7.72}$$

其中，$\boldsymbol{Q}$ 为 $2n\times 2n$ 的半正定矩阵；$\boldsymbol{R}$ 为 $n\times n$ 的正定矩阵。

满足式(7.65)和性能指标式(7.72)为最小的最优控制为

$$\boldsymbol{u}(k)=-[\boldsymbol{R}+\boldsymbol{B}^{\mathrm{T}}(k)\boldsymbol{Q}\boldsymbol{B}(k)]^{-1}\boldsymbol{B}^{\mathrm{T}}\boldsymbol{Q}\boldsymbol{A}(k)\boldsymbol{x}(k) \tag{7.73}$$

一般选取 $\boldsymbol{Q}$、$\boldsymbol{R}$ 以及 $\boldsymbol{P}_k$ 的初值为常数乘以单位矩阵。

7.7.3　深度学习

人类发明机器的初衷是希望机器能够代替人类从事各种工作。因此，最理想的机器应该具备与人脑一样的功能，即学习、分析和决策等。伴随着计算机技术及信息技术的不断飞跃，人工智能(Artificial Intelligence, AI)相关问题再次成为人们关注的焦点。其中，深度学习(Deep

Learning，DL）作为机器学习（Machine Learning，ML）领域的一个新的研究方向，其方法突破了传统机器学习的瓶颈，在多个领域中应用不俗。

1. 深度学习简介

近年来，在谈及人工智能问题时，人们的首选技术大多数从传统的机器学习转为深度学习。人工智能是计算机模仿人类智能的一种尝试，是研究、开发用于模拟、延伸和扩展人的智能的理论、方法、技术及应用系统的一门新的技术科学。机器学习是人工智能的核心，属于人工智能的子类，其设计和分析一些算法，使计算机能够模拟人类的学习行为来获取新的知识，并不断提高自身性能。机器学习侧重于分析大量数据并从中学习。深度学习属于机器学习的子类，它学习样本数据的内在规律和表示层次，这些学习过程获得的信息对如文字、图像和声音等数据的解释有很大的帮助。它的最终目标是让机器能够像人一样具有分析学习能力，能够识别文字、图像和声音等数据，即让机器学习更接近于人的智能。

深度学习理论最初创立于 20 世纪 80 年代，限于当时计算机的计算能力和相关技术水平，并没有优异表现。2006 年，加拿大多伦多大学的教授 Hinton 和他的学生 Salakhutdinov 在学术期刊 *Science* 发表的文章中正式提出了深度学习的概念，给出了深层网络训练中梯度消失问题的解决方案。自此，深度学习在学术界及工业界得以重视。

深度学习的概念源于人工神经网络的研究。其基本结构就是深度神经网络，包含输入层、多个隐层和输出层，通过组合低层特征，形成更加抽象的高层特征，以此发现数据的分布式特征表示。深度学习强调模型结构的深度，通常有至少五层的隐层节点。它明确了特征学习的重要性，即通过逐层特征变换，将样本在原空间的特征表示变换到一个有利于分类或预测的新特征空间。与传统的机器学习方法相比，深度学习不需要人工提取特征，能够很好地应对维数杂难问题，适合应用在数据量大的情况下，用大数据来自动学习特征，更利于刻画数据丰富的内在信息。深度学习的分层结构和对数据信息的分级处理方式更接近于人类的大脑，在复杂函数的表示及学习上，比传统的机器学习要更有效。

2. 深度学习的基本模型

目前，较为公认的深度学习的基本模型有：深度信念网络（Deep Belief Network，DBN）；堆叠自动编码器（Stacked Auto Encoders，SAE）；卷积神经网络（Convolutional Neural Networks，CNN）和循环神经网络（Recurrent Neural Networks，RNN）。

1）深度信念网络（DBN）

DBN 是由多个受限玻尔兹曼机（Restricted Boltzmann Machine，RBM）堆叠组成的。RBM 包含可视层、隐层和偏置层。其中可视层（输入数据层）和隐层均为一个，层内的节点间没有连接，层间节点完全连接，所有节点的取值都是随机二进制数，且全概率分布满足玻尔兹曼分布。在结构上，DBN 相当于把 RBM 隐层的层数增加，在靠近可视层的部分使用贝叶斯信念网络，而在远离可视层的部分使用 RBM 得到。其典型结构如图 7.37 所示，包含一个可视层和多个隐层。

由于 BP 算法不适合于训练具有多隐层的深度网络，故深度学习的训练方法与传统的神经网络不同。Hinton 提出采用贪心逐层算法预训练构建深度网络。在逐层构建各层的神经元之后，进行自下而上的无监督学习和自顶向下的监督学习。具体流程如下。

步骤 1：训练最低层的 RBM，输入的原始数据作为其可视层。

步骤 2：使用第一步隐层的输出作为第二层 RBM 的输入数据。

步骤 3：训练第二层 RBM，用第二步的数据作为当前 RBM 的可视层。

步骤 4：重复步骤 2、步骤 3，每次前向传播训练数据，直至最高层 RBM。

步骤 5：按照监督训练的方法，以训练好的 RBM 之间的权重和偏置作为深度信念网络的初始权重和偏置，以数据的标签作为监督信号计算网络误差，利用 BP 算法计算各层误差，使用梯度下降法完成各层权重和偏置的调节。

由于自下而上的无监督学习过程相当于特征学习，因此构建的深度学习网络效果更好。

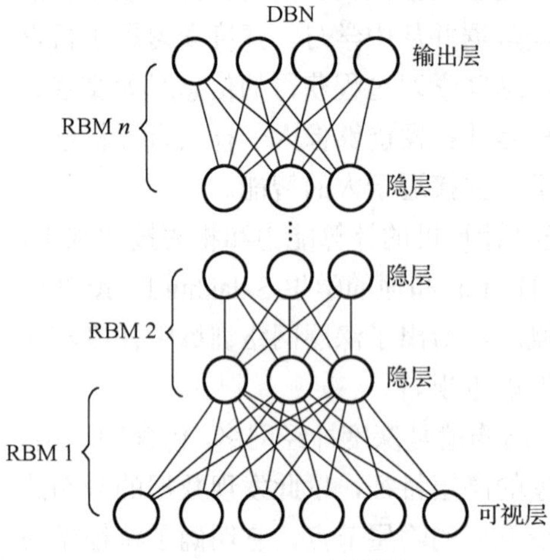

图 7.37　DBN 结构图

2) 堆叠自动编码器(SAE)

SAE 网络是由多个自动编码器(Auto Encoder，AE)堆叠而成的，类似于 DBN 的结构，如图 7.38 所示。

一个 AE 就是一个具有三层结构的无监督的神经网络，其输出几乎与输入数据一致。它包含两部分结构：编码器网络和解码器网络。编码器网络将高维空间中的输入数据转换成低维空间中的编码，解码器网络将相应编码中的输入重构。因此，自动编码器可以看作将输入数据编码压缩成码向量的非线性函数，码向量包含了输入数据的大部分信息，从而可以对其进行重构。

第一自动编码器 AE_1 将输入实例 x 映射到压缩表示的码向量 h_1，该压缩表示 h_1 用于重构输入数据。在训练 AE_1 之后，h_1 用作训练 AE_2 的输入，生成 h_2。对所有的自动编码器重复该过程。压缩的码向量 $h_1, h_2, \cdots, h_n$ 形成了 SAE 的堆叠结构。同 DBN 一样，SAE 的预训练阶段也只使用了输入数据，属于无监督学习。通常使用传统的反向传播算法进行全局微调，以提高分类性能。

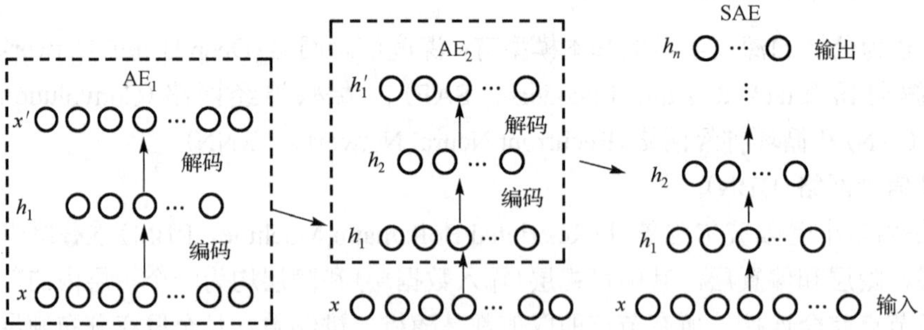

图 7.38　SAE 结构图

3) 卷积神经网络(CNN)

卷积神经网络是人工神经网络的一种，是为识别二维形状而特殊设计的一个多层感知器。在这种方式下，图像可以直接作为网络的输入，避免了传统识别算法中复杂的特征提取和数据重建过程。它的权值共享网络结构更类似于生物神经网络，其神经元或者处理单元能够访问到最基础的特征，如定向边缘或者角点，使其对平移、比例缩放、倾斜等变形具有高度不变性。

如图 7.39 所示，卷积神经网络是多层的神经网络，每层由多个二维平面组成，而每个平面由多个独立神经元组成。层分为特征提取层 C 和特征映射层 S 两类。一般地，C 层的每个神经元的输入与前一层的局部感受野相连，并提取该局部的特征，一旦局部特征被提取，它与其他特征间的位置关系也随之确定；S 层由多个特征映射组成，每个特征映射为一个平面，平面上所有神经元的权值相等。特征映射结构采用 Sigmoid 函数作为卷积网络的激活函数，使得特征映射具有位移不变性。每一个 C 层都紧跟着一个用来求局部平均与二次提取的 S 层，这种特有的二次特征提取结构，使网络在识别时对输入样本有较高的畸变容忍力。

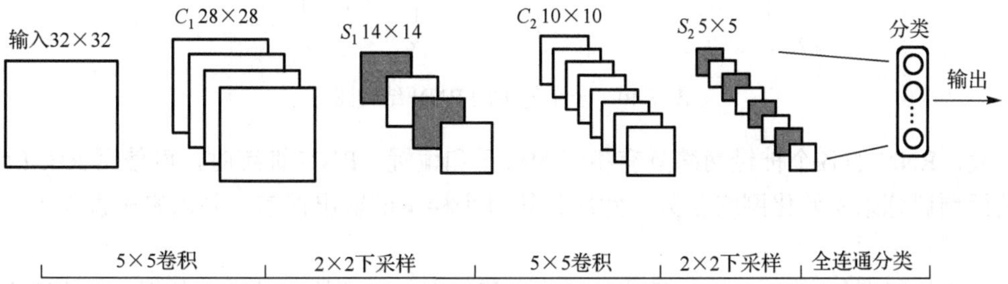

图 7.39　一个卷积神经网络(CNN)

输入图像通过四个 5×5 的滤波器和可加偏置卷积后，在 C_1 层生成四个特征映射图，然后特征映射图中每组的四个像素再进行求和、加权、加偏置，通过一个 Sigmoid 函数得到四个 S_1 层的特征映射图。这些映射图再经过卷积得到 C_2 层，然后进行和 S_1 一样的下采样产生 S_2。最终，这些像素值组成一个向量输入到全连通层，分类后得到输出。

卷积网络在本质上是一种输入到输出的映射，它能够学习大量的输入与输出之间的映射关系，而不需要任何输入和输出之间的精确的数学表达式，只要用已知的模式对卷积网络加以训练，网络就具有输入输出间的映射能力。卷积网络执行的是有监督训练，训练算法与传统的 BP 算法差不多。主要包括两个阶段：前向计算阶段，从样本集中取一个样本(输入向量，理想输出向量)输入网络，经过逐级的变换，到达输出层，得到实际输出；对比实际输出与理想值，再反向传播误差，更新权值。

卷积神经网络较一般神经网络在图像处理方面有如下优点：更善于处理多维输入图像，图像和网络的拓扑结构能很好地吻合；特征提取和分类同时在训练中进行；权重共享可以减少网络的训练参数，使网络结构变得简单，BP 训练性能高，适应性更强。

4) 循环神经网络(RNN)

传统的人工神经网络没有任何记忆，即输入和输出是独立的。当需要预测时间序列或句子时，网络无法知道历史数据或过去的信息，预测任务很难完成。为了解决这个问题，循环神经网络(RNN)的方法被提出。

循环神经网络是一类节点间的连接按时间序列形成有向图的人工神经网络。它能够显示时序动态行为。如图 7.40 是一个简单的 RNN，神经元 A 的输入为 x，输出为 h，信息通过循环回路从当前状态传递至下一个状态。将循环展开，相当于多个时刻的相同的神经网络的时间链结构，每一时刻的神经网络都会传递信息给下一时刻的网络。

RNN 考虑了样本之间的关联关系。并将这种关联关系以神经网络之间的连接体现出来，恰好能够处理前后具有关联性的数据。一般情况下，可分为单向 RNN 和双向 RNN。单向 RNN 中，单个神经网络的隐层连接至下一个神经网络的隐层。这种连接方式考虑了前面样本对后面样本的影响。双向 RNN 的连接方式，单个神经网络的隐层连接了其前后神经网络的隐层，这种连接方式考虑了前后样本对当前样本的影响。

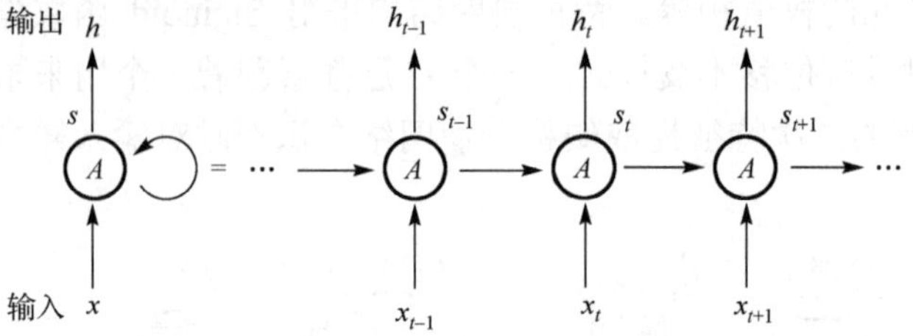

图 7.40　一个简单的 RNN 结构图

一般，RNN 的各个神经网络具有相同的权重和偏置。RNN 训练时，可使用 RBM 或 AE 对其进行预训练来初始化网络参数，然后计算每个样本的输出误差，并以累积误差训练网络参数。

与前馈神经网络相比，RNN 可以利用其内部状态来处理输入的序列数据，因此适用于未分段的、连续的手写识别或语音识别等任务。

3. 深度学习的应用

目前，深度学习已经在多个领域中应用。在人际交互上，深度学习正用于自动听力和语音翻译。在自动驾驶领域，深度学习用于检测行人、停车标志和红绿灯等物体上。在航天与国防领域，深度学习用于从卫星上识别目标，定位感兴趣的区域，以及识别部队的安全或不安全区域。在医学研究中，癌症研究人员正在利用深度学习自动检测癌细胞。

在工业自动控制领域中，深度学习主要在涉及视觉的控制系统中具有应用的优势。比如，在工业生产中，深度学习通过自动检测人或物体是否在机器的不安全距离内，提高工人在重型机械周围的安全性。

结合控制领域的研究问题来看，深度学习因其在特征提取以及模型拟合等方面的优点，在控制目标识别，状态特征提取以及系统参数辨识问题的研究上，是具有一定优势的。目前，虽然深度学习在控制领域的研究报道相对较少。但是，不可否认，深度学习在未来的仿人感知与控制，无人系统和强化自适应控制等方面的研究前景仍然十分广阔。

除了上面介绍的几种智能控制方法外，智能控制还包括递阶控制、进化控制、免疫控制、容错控制和混沌控制等。在实际工程应用中，这些控制方法的运用不是绝对独立的，有时一个问题用到两种或两种以上智能控制方法。智能控制已初具科学体系，包括基础理论、技术方法和实际应用诸方面，随着智能控制应用方法的日益成熟，智能控制的应用领域必将进一步扩大，而只有将智能控制方法广泛地应用到实践中，才会有更多新的理论和新的方法得以发现，这也是事物的发展规律。可以预言，智能控制一定能够得到更大的发展，一定会比传统的计算机控制有更广泛的应用领域。当然，这需要我们付出更辛勤的劳动和更昂贵的代价，需要我们有脚踏实地的毅力和坚持不懈的努力，需要我们有科学的思维和勇于创新的精神！

习　题

7.1　智能控制系统由哪几部分组成？各组成部分的作用是什么？

7.2　智能控制系统的特点是什么？

7.3　智能控制与常规控制相比较有什么不同？在什么场合下应该选用智能控制策略？

7.4　学习控制的基本原理是什么？

7.5　模糊逻辑控制器由哪几部分组成？各完成什么功能？

7.6　模糊逻辑控制器常规设计的步骤怎样？应该注意哪些问题？

7.7　专家控制系统的特点有哪些？常应用于哪些领域？

7.8　神经网络控制系统的结构有哪几种？在设计神经控制系统时如何选择最佳的控制结构？

7.9　实现神经控制器有导师学习的关键是什么？

7.10　仿人智能控制的基本思想是什么？

7.11　深度学习的基本原理是什么？

部分习题参考答案

第 2 章　机械控制系统的数学模型

2.1　$J\ddot{\theta}(t)+B_t\dot{\theta}(t)+K_t\theta(t)=T(t)$

2.2　$J_{eq}\ddot{\theta}_1+B_{eq}\dot{\theta}_1=T_m-T_{eq}$

式中，$J_{eq}=J_1+\frac{1}{i_1^2}J_2+\frac{1}{i_1^2i_2^2}J_3$，$B_{eq}=B_1+\frac{1}{i_1^2}B_2+\frac{1}{i_1^2i_2^2}B_3$，$T_{eq}=\frac{1}{i_1^2i_2^2}T_L$

2.3　取状态变量和输入变量分别为：$x_1=\dot{\theta}_1=y_1$，$x_2=\dot{\theta}_2=y_2$，$x_3=\dot{\theta}_3=y_3$；$u_1=L_1$，$u_2=L_2$，$u_3=L_3$，则

$$\begin{bmatrix}\dot{x}_1(t)\\\dot{x}_2(t)\\\dot{x}_3(t)\end{bmatrix}=\begin{bmatrix}0&0&-\omega_0\\0&0&0\\\omega_0&0&0\end{bmatrix}\begin{bmatrix}x_1(t)\\x_2(t)\\x_3(t)\end{bmatrix}+\frac{1}{J}\begin{bmatrix}u_1(t)\\u_2(t)\\u_3(t)\end{bmatrix},\quad \begin{bmatrix}y_1(t)\\y_2(t)\\y_3(t)\end{bmatrix}=\begin{bmatrix}1&0&0\\0&1&0\\0&0&1\end{bmatrix}\begin{bmatrix}x_1(t)\\x_2(t)\\x_3(t)\end{bmatrix}$$

2.4　**解法一**：取状态变量 $x_1=i_L$，$x_2=u_C$，则

$$\begin{bmatrix}\dot{x}_1\\\dot{x}_2\end{bmatrix}=\begin{bmatrix}-\frac{R_1R_2}{L(R_1+R_2)}&-\frac{R_1}{L(R_1+R_2)}\\\frac{R_1}{C(R_1+R_2)}&-\frac{1}{C(R_1+R_2)}\end{bmatrix}\begin{bmatrix}x_1\\x_2\end{bmatrix}+\begin{bmatrix}\frac{1}{L}\\0\end{bmatrix}u,\quad y=\begin{bmatrix}0&1\end{bmatrix}\begin{bmatrix}x_1\\x_2\end{bmatrix}$$

解法二：取状态变量为 $x_1=i_L$，$x_2=\int i_C\mathrm{d}t$，则 $y=u_C=\frac{1}{C}x_2$，则

$$\begin{bmatrix}\dot{x}_1\\\dot{x}_2\end{bmatrix}=\begin{bmatrix}-\frac{R_1R_2}{L(R_1+R_2)}&-\frac{R_1}{L(R_1+R_2)}\\\frac{R_1}{R_1+R_2}&-\frac{1}{C(R_1+R_2)}\end{bmatrix}\begin{bmatrix}x_1\\x_2\end{bmatrix}+\begin{bmatrix}\frac{1}{L}\\0\end{bmatrix}u,\quad y=\begin{bmatrix}0&\frac{1}{C}\end{bmatrix}\begin{bmatrix}x_1\\x_2\end{bmatrix}$$

2.5　取状态变量为 $x_1=y_1$，$x_2=\dot{y}_1=\dot{x}_1$，$x_3=y_2$，$x_4=\dot{y}_2=\dot{x}_3$。则

$$\begin{bmatrix}\dot{x}_1\\\dot{x}_2\\\dot{x}_3\\\dot{x}_4\end{bmatrix}=\begin{bmatrix}0&1&0&0\\-\frac{1}{M_1}(K_1+K_2)&-\frac{1}{M_1}(B_1+B_2)&\frac{K_2}{M_1}&\frac{B_2}{M_1}\\0&0&0&1\\\frac{K_2}{M_2}&\frac{B_2}{M_2}&-\frac{K_2}{M_2}&-\frac{B_2}{M_2}\end{bmatrix}\begin{bmatrix}x_1\\x_2\\x_3\\x_4\end{bmatrix}+\begin{bmatrix}0\\0\\0\\\frac{1}{M_2}\end{bmatrix}f,\quad \begin{bmatrix}y_1\\y_2\end{bmatrix}=\begin{bmatrix}1&0&0&0\\0&0&1&0\end{bmatrix}\begin{bmatrix}x_1\\x_2\\x_3\\x_4\end{bmatrix}$$

2.6　$\begin{bmatrix}\dot{x}_1\\\dot{x}_2\end{bmatrix}=\begin{bmatrix}0&1\\-2&-3\end{bmatrix}\begin{bmatrix}x_1\\x_2\end{bmatrix}+\begin{bmatrix}1\\0\end{bmatrix}u$，$y=\begin{bmatrix}1&0\end{bmatrix}\begin{bmatrix}x_1\\x_2\end{bmatrix}$

2.7 $\begin{bmatrix}\dot{x}_1\\ \dot{x}_2\\ \dot{x}_3\end{bmatrix}=\begin{bmatrix}0 & 0 & 1\\ -2 & -3 & 0\\ 0 & 2 & -3\end{bmatrix}\begin{bmatrix}x_1\\ x_2\\ x_3\end{bmatrix}+\begin{bmatrix}0\\ 2\\ 0\end{bmatrix}u$，$y=\begin{bmatrix}1 & 0 & 0\end{bmatrix}\begin{bmatrix}x_1\\ x_2\\ x_3\end{bmatrix}$

2.8 选状态变量为

$$x_1=y，\quad x_2=\frac{\mathrm{d}y}{\mathrm{d}t}=\dot{x}_1，\quad \cdots，\quad x_n=\frac{\mathrm{d}^{n-1}y}{\mathrm{d}t^{n-1}}=\dot{x}_{n-1}$$

则状态空间表达式为

$$\begin{bmatrix}\dot{x}_1\\ \dot{x}_2\\ \vdots\\ \dot{x}_{n-1}\\ \dot{x}_n\end{bmatrix}=\begin{bmatrix}0 & 1 & 0 & \cdots & 0\\ 0 & 0 & 1 & \cdots & 0\\ \vdots & \vdots & \vdots & & \vdots\\ 0 & 0 & 0 & \cdots & 1\\ -\frac{a_0}{a_n} & -\frac{a_1}{a_n} & -\frac{a_2}{a_n} & \cdots & -\frac{a_{n-1}}{a_n}\end{bmatrix}\begin{bmatrix}x_1\\ x_2\\ \vdots\\ x_{n-1}\\ x_n\end{bmatrix}+\begin{bmatrix}0\\ 0\\ 0\\ 0\\ \frac{1}{a_n}\end{bmatrix}u，\quad y=\begin{bmatrix}1 & 0 & \cdots & 0 & 0\end{bmatrix}\begin{bmatrix}x_1\\ x_2\\ \vdots\\ x_{n-1}\\ x_n\end{bmatrix}$$

2.9 令 $x_1=\dot{y}_1$，$x_2=y_1$，$x_3=\dot{y}_2$，$x_4=y_2$，则可得状态空间表达式为

$$\begin{bmatrix}\dot{x}_1\\ \dot{x}_2\\ \dot{x}_3\\ \dot{x}_4\end{bmatrix}=\begin{bmatrix}-3 & 0 & -2 & 0\\ 1 & 0 & 0 & 0\\ -1 & 0 & 0 & 3\\ 0 & 0 & 1 & 0\end{bmatrix}\begin{bmatrix}x_1\\ x_2\\ x_3\\ x_4\end{bmatrix}+\begin{bmatrix}1 & 0\\ 0 & 0\\ 0 & 1\\ 0 & 0\end{bmatrix}\begin{bmatrix}u_1\\ u_2\end{bmatrix}，\quad \begin{bmatrix}y_1\\ y_2\end{bmatrix}=\begin{bmatrix}0 & 1 & 0 & 0\\ 0 & 0 & 0 & 1\end{bmatrix}\begin{bmatrix}x_1\\ x_2\\ x_3\\ x_4\end{bmatrix}$$

2.10 状态方程为

$$\begin{cases}\dot{x}_1=x_2\\ \dot{x}_2=-\dfrac{k}{x_3}x_2{}^2-g+\dfrac{u}{x_3}\\ \dot{x}_3=-\dfrac{1}{c}u\end{cases}$$

输出方程为

$$y=x_2$$

2.11 令 $\boldsymbol{x}=\begin{bmatrix}i\\ q\end{bmatrix}$，$u=e$，$y=i_0$，则

$$\begin{bmatrix}\dot{i}\\ \dot{q}\end{bmatrix}=\begin{bmatrix}-\frac{R}{L} & 0\\ 0 & -\frac{1}{RC}\end{bmatrix}\begin{bmatrix}i\\ q\end{bmatrix}+\begin{bmatrix}\frac{1}{L}\\ \frac{1}{R}\end{bmatrix}u，\quad y=\begin{bmatrix}1 & -\frac{1}{RC}\end{bmatrix}\begin{bmatrix}i\\ q\end{bmatrix}+\frac{1}{R}u$$

2.12 $$\begin{bmatrix}\dot{x}_1\\ \dot{x}_2\\ \dot{x}_3\\ \dot{x}_4\end{bmatrix}=\begin{bmatrix}0 & 1 & 0 & 0\\ \frac{3(m+M)g}{l(m+4M)} & 0 & 0 & 0\\ 0 & 0 & 0 & 1\\ -\frac{3mg}{m+4M} & 0 & 0 & 0\end{bmatrix}\begin{bmatrix}x_1\\ x_2\\ x_3\\ x_4\end{bmatrix}+\begin{bmatrix}0\\ -\frac{3}{l(m+4M)}\\ 0\\ \frac{4}{m+4M}\end{bmatrix}u$$

2.13 $\begin{bmatrix}\dot{x}_1\\\dot{x}_2\\\dot{x}_3\end{bmatrix}=\begin{bmatrix}0&1&0\\0&0&1\\0&-2&-3\end{bmatrix}\begin{bmatrix}x_1\\x_2\\x_3\end{bmatrix}+\begin{bmatrix}0\\10\\10\end{bmatrix}u$，$y=\begin{bmatrix}1&0&0\end{bmatrix}\begin{bmatrix}x_1\\x_2\\x_3\end{bmatrix}$

2.14 $\begin{bmatrix}\dot{x}_1\\\dot{x}_2\end{bmatrix}=\begin{bmatrix}0&1\\-3&-4\end{bmatrix}\begin{bmatrix}x_1\\x_2\end{bmatrix}+\begin{bmatrix}0\\1\end{bmatrix}u$，$y=\begin{bmatrix}1&0\end{bmatrix}\begin{bmatrix}x_1\\x_2\end{bmatrix}$

2.15 $\begin{bmatrix}\dot{x}_1\\\dot{x}_2\end{bmatrix}=\begin{bmatrix}0&1\\-\dfrac{k}{m}&-\dfrac{f}{m}\end{bmatrix}\begin{bmatrix}x_1\\x_2\end{bmatrix}+\begin{bmatrix}0\\\dfrac{1}{m}\end{bmatrix}F$，$y=\begin{bmatrix}1&0\end{bmatrix}\begin{bmatrix}x_1\\x_2\end{bmatrix}$

2.16 $\begin{bmatrix}\dot{x}_1\\\dot{x}_2\\\dot{x}_3\end{bmatrix}=\begin{bmatrix}-3&-2&-1\\1&0&0\\0&1&0\end{bmatrix}\begin{bmatrix}x_1\\x_2\\x_3\end{bmatrix}+\begin{bmatrix}1\\0\\0\end{bmatrix}u$，$y=\begin{bmatrix}0&0&1\end{bmatrix}\begin{bmatrix}x_1\\x_2\\x_3\end{bmatrix}$

2.17 $\begin{bmatrix}\dot{x}_1\\\dot{x}_2\\\dot{x}_3\end{bmatrix}=\begin{bmatrix}-8&-16&0\\1&0&0\\0&1&0\end{bmatrix}\begin{bmatrix}x_1\\x_2\\x_3\end{bmatrix}+\begin{bmatrix}1\\0\\0\end{bmatrix}u$，$y=\begin{bmatrix}1&4&3\end{bmatrix}\begin{bmatrix}x_1\\x_2\\x_3\end{bmatrix}$

2.18 $\begin{bmatrix}\dot{x}_1\\\dot{x}_2\\\dot{x}_3\end{bmatrix}=\begin{bmatrix}-5.0325&-25.1026&-5.008\\1&0&0\\0&1&0\end{bmatrix}\begin{bmatrix}x_1\\x_2\\x_3\end{bmatrix}+\begin{bmatrix}1\\0\\0\end{bmatrix}u$，$y=\begin{bmatrix}0&25.04&5.008\end{bmatrix}\begin{bmatrix}x_1\\x_2\\x_3\end{bmatrix}$

第 3 章　机械控制系统数学模型求解及分析

3.1　上升时间：$t_r=2.42\text{s}$，峰值时间：$t_p=3.63\text{s}$，超调量：$M_p=16.4\%$，调整时间：$t_s=8\text{s}\,(\varDelta=0.02)$，$t_s=6\text{s}\,(\varDelta=0.05)$。

3.2　(a)阻尼比 $\xi=\dfrac{1}{10}$，无阻尼固有频率 $\omega_n=1$，超调量 $M_p=72.9\%$，上升时间 $t_r=1.679\text{s}$，峰值时间 $t_p=3.157\text{s}$，调整时间 $t_s=30\text{s}(\varDelta=0.05)$，$t_s=40\text{s}(\varDelta=0.02)$。

(b)阻尼比 $\xi=0.5$，无阻尼固有频率 $\omega_n=1$，超调量 $M_p=16.3\%$，上升时间 $t_r=2.42\text{s}$，峰值时间 $t_p=3.63\text{s}$，调整时间 $t_s=6\text{s}(\varDelta=0.05)$，$t_s=8\text{s}(\varDelta=0.02)$。

由以上结果可得如下结论：图(b)比图(a)增大了阻尼比 ξ，因而降低了系统的超调量 M_p 并加强了系统的快速性。但要选取适当的环节，不是 ξ 越大越好。

3.3　(1) $\boldsymbol{x}(t)=\begin{bmatrix}\dfrac{3}{2}e^{-t}-\dfrac{1}{2}e^{-3t} & \dfrac{1}{2}e^{-t}-\dfrac{1}{2}e^{-3t}\\-\dfrac{3}{2}e^{-t}+\dfrac{1}{2}e^{-3t} & -\dfrac{1}{2}e^{-t}+\dfrac{3}{2}e^{-3t}\end{bmatrix}\boldsymbol{x}(0)$；

(2) $\boldsymbol{x}(t)=\begin{bmatrix}1 & \dfrac{3}{2}-2e^{-t}+\dfrac{1}{2}e^{-2t} & \dfrac{1}{2}-e^{-t}+\dfrac{1}{2}e^{-2t}\\0 & 2e^{-t}-e^{-2t} & e^{-t}-e^{-2t}\\0 & -2e^{-t}+2e^{-2t} & -e^{-t}+2e^{-2t}\end{bmatrix}\boldsymbol{x}(0)$

3.4 $$\begin{bmatrix} x_1(t) \\ x_2(t) \end{bmatrix} = \begin{bmatrix} \left(\frac{3}{2}e^{-t} - \frac{1}{2}e^{-3t}\right)x_1(0) + \left(\frac{1}{2}e^{-t} - \frac{1}{2}e^{-3t}\right)x_2(0) \\ \left(-\frac{3}{2}e^{-t} + \frac{3}{2}e^{-3t}\right)x_1(0) + \left(-\frac{1}{2}e^{-t} + \frac{3}{2}e^{-3t}\right)x_2(0) \end{bmatrix} + \begin{bmatrix} \frac{1}{3} - \frac{1}{2}e^{-t} + \frac{1}{6}e^{-3t} \\ \frac{1}{2}e^{-t} - \frac{1}{2}e^{-3t} \end{bmatrix}$$

3.5 $$\boldsymbol{x}(t) = \begin{bmatrix} 1 & \frac{3}{2} - 2e^{-t} + \frac{1}{2}e^{-2t} & \frac{1}{2} - e^{-t} + \frac{1}{2}e^{-2t} \\ 0 & 2e^{-t} - e^{-2t} & e^{-t} - e^{-2t} \\ 0 & -2e^{-t} + 2e^{-2t} & -e^{-t} + 2e^{-2t} \end{bmatrix} \boldsymbol{x}(0) + \begin{bmatrix} \frac{1}{2}t - \frac{3}{4} + e^{-t} - \frac{1}{4}e^{-2t} \\ \frac{1}{2} - e^{-t} + \frac{1}{2}e^{-2t} \\ e^{-t} - e^{-2t} \end{bmatrix}$$

3.6

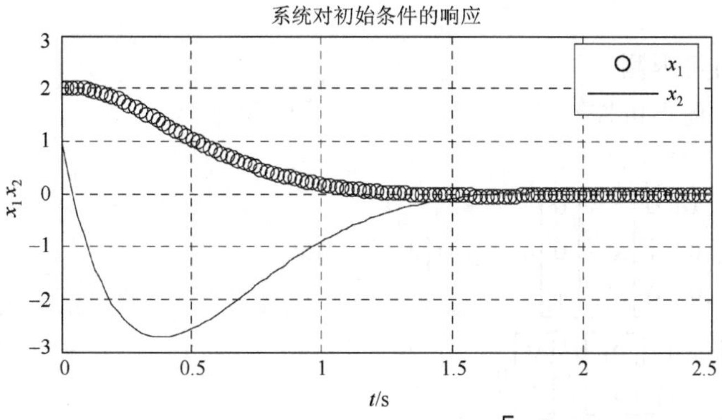

3.7 $$x(t) = e^{At}x(0) + \int_0^t e^{A\tau}b\,d\tau = \begin{bmatrix} -e^{-2t}(\sin t + \cos t) \\ e^{-2t}\sin t \end{bmatrix} + \begin{bmatrix} -\frac{2}{5}e^{-2t}(2\sin t + \cos t) + \frac{2}{5} \\ \frac{1}{5}e^{-2t}(3\sin t - \cos t) + \frac{1}{5} \end{bmatrix}$$

3.8 略

3.9 利用矩阵指数函数的性质

$$\begin{bmatrix} \lambda & 1 & 0 & 0 \\ 0 & \lambda & 0 & 0 \\ 0 & 0 & \sigma & 1 \\ 0 & 0 & 0 & \sigma \end{bmatrix} = \begin{bmatrix} \lambda & 0 & 0 & 0 \\ 0 & \lambda & 0 & 0 \\ 0 & 0 & \sigma & 0 \\ 0 & 0 & 0 & \sigma \end{bmatrix} + \begin{bmatrix} 0 & 1 & 0 & 0 \\ 0 & 0 & 0 & 0 \\ 0 & 0 & 0 & 1 \\ 0 & 0 & 0 & 0 \end{bmatrix} = \boldsymbol{A} + \boldsymbol{B}$$

经验证 $\boldsymbol{AB} = \boldsymbol{BA}$，则有

$$\boldsymbol{\Phi}(t) = \exp\left\{\begin{bmatrix} \lambda & 1 & 0 & 0 \\ 0 & \lambda & 0 & 0 \\ 0 & 0 & \sigma & 1 \\ 0 & 0 & 0 & \sigma \end{bmatrix}\right\} = \exp\left\{\begin{bmatrix} \lambda & 0 & 0 & 0 \\ 0 & \lambda & 0 & 0 \\ 0 & 0 & \sigma & 0 \\ 0 & 0 & 0 & \sigma \end{bmatrix}\right\} \exp\left\{\begin{bmatrix} 0 & 1 & 0 & 0 \\ 0 & 0 & 0 & 0 \\ 0 & 0 & 0 & 1 \\ 0 & 0 & 0 & 0 \end{bmatrix}\right\}$$

最终系统的响应为

$$x(t) = \boldsymbol{\Phi}(t)x(0) = \begin{bmatrix} e^{\lambda t} & te^{\lambda t} & 0 & 0 \\ 0 & e^{\lambda t} & 0 & 0 \\ 0 & 0 & e^{\sigma t} & te^{\sigma t} \\ 0 & 0 & 0 & e^{\sigma t} \end{bmatrix} \begin{bmatrix} 2 \\ 0 \\ 1 \\ 1 \end{bmatrix} = \begin{bmatrix} 2e^{\lambda t} \\ 0 \\ e^{\sigma t}(1+t) \\ e^{\sigma t} \end{bmatrix}$$

3.10　$\Phi(t)=\begin{bmatrix} 2\mathrm{e}^{-t}-\mathrm{e}^{-2t} & \mathrm{e}^{-t}-\mathrm{e}^{-2t} \\ -2\mathrm{e}^{-t}+2\mathrm{e}^{-2t} & -\mathrm{e}^{-t}+2\mathrm{e}^{-2t} \end{bmatrix}$

3.11　(1)不可控；(2)不可控；(3)可控；(4)不可控；(5)可控；(6)可控

3.12　(1)不可控；(2)不可控；(3)可控；(4)不可控；(5)可控；(6)不可控；(7)可控；(8)不可控

3.13　不可控

3.14　可控

3.15　(1)不可观测；(2)不可观测；(3)可观测

3.16　(1)可观测；(2)可观测；(3)可观测

3.17　(1)不可观测；(2)不可观测；(3)不可观测

3.18　略

3.19　可控，且可观测

3.20　可观测，但不可控

3.21　略

3.22　$\dot{\boldsymbol{x}}=\begin{bmatrix} 0 & 1 & 0 \\ 0 & 0 & 1 \\ -2 & 9 & 0 \end{bmatrix}\boldsymbol{x}+\begin{bmatrix} 0 \\ 0 \\ 1 \end{bmatrix}u$，$y=\begin{bmatrix} 3 & 2 & 1 \end{bmatrix}\boldsymbol{x}$

3.23　$\begin{bmatrix} \dot{x}_1 \\ \dot{x}_2 \end{bmatrix}=\begin{bmatrix} 0 & 1 \\ 1 & -1 \end{bmatrix}\begin{bmatrix} x_1 \\ x_2 \end{bmatrix}+\begin{bmatrix} 0 \\ 1 \end{bmatrix}u$

3.24　(1) $\dot{\boldsymbol{x}}=\begin{bmatrix} 0 & 1 \\ -2 & -3 \end{bmatrix}\boldsymbol{x}+\begin{bmatrix} 0 \\ 1 \end{bmatrix}u$；(2) $\dot{\boldsymbol{x}}=\begin{bmatrix} 0 & 1 & 0 \\ 0 & 0 & 1 \\ -2 & -5 & -4 \end{bmatrix}\boldsymbol{x}+\begin{bmatrix} 0 \\ 0 \\ 1 \end{bmatrix}u$

3.25　$\begin{bmatrix} \dot{x}_1 \\ \dot{x}_2 \end{bmatrix}=\begin{bmatrix} 0 & 2 \\ 1 & -1 \end{bmatrix}\begin{bmatrix} x_1 \\ x_2 \end{bmatrix}+\begin{bmatrix} 0 \\ 1 \end{bmatrix}u$，$y=\begin{bmatrix} 0 & 1 \end{bmatrix}\begin{bmatrix} x_1 \\ x_2 \end{bmatrix}$

第 4 章　机械控制系统的稳定性分析

4.1　(1) $0.11<K<3.15$；(2) K 无解；(3) $K>2.18$

4.2　(1)系统稳定，相位稳定裕度 $\gamma=12.75^{\circ}$，幅值稳定裕度 $K_f=\infty$；(2)系统不稳定；(3)系统不稳定

4.3　$K>-1$

4.4　(1)正定；(2)正半定；(3)负定；(4)不定；(5)正定

4.5　略

4.6　MATLAB 程序代码：

```
syms x1 x2 v;
A=[-1 -1;1 -4];                                 %设置系统矩阵 A
v=x1^2+x2^2;                                    %选取李雅普诺夫函数
v1=A(1,1)*x1+A(1,2)*x2;                         %计算状态方程导数项
v2=A(2,1)*x1+A(2,2)*x2;                         %计算状态方程导数项
vder=simplify(jacobian([v],[x1])*v1+jacobian([v],[x2])*v2)
```

```
                                          %计算李雅普诺夫函数的导数
```

结果：

```
vder =
        -2*x1^2-8*x2^2
```

即 $\dot{V}(x)=-2x_1^2-8x_2^2$，表明系统是渐近稳定的。

4.7　大范围渐近稳定

4.8　大范围渐近稳定

4.9　系统在单位圆外是不稳定的，但在单位圆内是渐近稳定的

4.10　大范围渐近稳定

4.11　$0<K<6$ 时，系统大范围渐近稳定

4.12　大范围渐近稳定

4.13　渐近稳定

4.14　渐近稳定

4.15　大范围内渐近稳定

4.16　不稳定

4.17　大范围渐近稳定

4.18　稳定

4.19　大范围渐近稳定

4.20　$k_1<0,k_2<0,k_3<0$

第 5 章　机械控制系统校正与设计

5.1　$G_c(s)=\dfrac{10}{s}$

5.2　$G_c(s)=\dfrac{0.034s+1}{0.007s+1}$

5.3　(1) $G_c(s)=\dfrac{3.162(s+1)\left(\dfrac{s}{2}+1\right)\left(\dfrac{s}{3}+1\right)}{s\left(\dfrac{s}{10}+1\right)\left(\dfrac{s}{20}+1\right)}$；(2) $0<K<75.6$

5.4　$\boldsymbol{K}=[4\quad 8.5\quad 5.5]$

5.5　$\boldsymbol{K}=[-0.1404\quad 0.3754\quad 0.18]$

5.6　$\boldsymbol{K}=[17\quad 5]$

5.7　$\boldsymbol{K}=[0.8\quad 0\quad -0.1]$

5.8　$\boldsymbol{K}=[12\quad 8\quad 3]$

5.9　(1) 系统不稳定；(2) 加输出反馈不能使系统稳定；(3) 加状态反馈 $\boldsymbol{K}=[k_1\quad k_2]$，当 $k_1>0$ 且 $k_2<1$ 时系统稳定

5.10　(1) 否；(2) 是；(3) $k_1=-13$，$k_2=20$，k_3 可取任意值

5.11　(1) 不可控；(2) $\boldsymbol{K}=[10\quad 10\quad 4]$

5.12　(1)能，可控；(2) $\boldsymbol{K}=\begin{bmatrix}52 & -15\end{bmatrix}$

5.13　$\boldsymbol{K}=\begin{bmatrix}\dfrac{19}{3} & \dfrac{23}{15}\end{bmatrix}$；$\boldsymbol{A}_{\mathrm{b}}=\begin{bmatrix}-\dfrac{38}{3} & -\dfrac{31}{15}\\ \dfrac{86}{3} & \dfrac{11}{3}\end{bmatrix}$

5.14　$\boldsymbol{K}=\begin{bmatrix}-0.4 & -1 & -22.4 & -3\end{bmatrix}$；$\boldsymbol{A}_{\mathrm{b}}=\begin{bmatrix}0 & 1 & 0 & 0\\ 0.4 & 1 & 21.4 & 3\\ 0 & 0 & 0 & 1\\ -0.4 & -1 & -33.4 & 3\end{bmatrix}$

5.15　$\boldsymbol{K}=\begin{bmatrix}0.4 & 0.8 & 0.1\end{bmatrix}$；$\boldsymbol{A}_{\mathrm{b}}=\begin{bmatrix}0 & 1 & 0\\ 0 & 0 & 1\\ -4 & -10 & -4\end{bmatrix}$

5.16　$\boldsymbol{K}=[-1 \quad 2 \quad 4\,]$

5.17　$\boldsymbol{K}=\begin{bmatrix}32.5923 & 65.6844 & 58.8332 & 46.6557\\ 55.4594 & 111.8348 & 103.6800 & 81.0239\end{bmatrix}$

5.18　$\boldsymbol{M}=[8 \quad 16.5]^{\mathrm{T}}$

5.19　$\boldsymbol{M}=\begin{bmatrix}40 & 300\end{bmatrix}^{\mathrm{T}}$；$\boldsymbol{K}=[-0.41 \quad 0.05]$

5.20　(1) $\boldsymbol{M}=\begin{bmatrix}22 & 11/2 & -2\end{bmatrix}$；(2) $G(s)=\dfrac{s+2}{s^2+7s+12}$

5.21　$\boldsymbol{M}=\begin{bmatrix}3 & -7 & 93\end{bmatrix}$

5.22　$\dot{w}=-10w+10u+200y$，$\underline{\boldsymbol{x}}=\begin{bmatrix}1\\0\end{bmatrix}w+\begin{bmatrix}-10\\1\end{bmatrix}y$

5.23　$\dot{\boldsymbol{w}}=\begin{bmatrix}-2 & 1\\ 6 & -6\end{bmatrix}\boldsymbol{w}+\begin{bmatrix}1\\0\end{bmatrix}u+\begin{bmatrix}-21\\114\end{bmatrix}y$，$\underline{\boldsymbol{x}}=\begin{bmatrix}1 & 0\\ 0 & 1\\ 0 & 0\end{bmatrix}\boldsymbol{w}+\begin{bmatrix}2\\-17\\1\end{bmatrix}y$

5.24　$\dot{\underline{\boldsymbol{x}}}=\begin{bmatrix}-29.6 & 1\\ 17 & 0\end{bmatrix}\underline{\boldsymbol{x}}+\begin{bmatrix}0\\1\end{bmatrix}u+\begin{bmatrix}29.6\\3.6\end{bmatrix}y$

第 6 章　最优控制理论基础

6.1　$\boldsymbol{K}=\begin{bmatrix}1 & \sqrt{2+\mu}\end{bmatrix}$

6.2　$\boldsymbol{K}=\begin{bmatrix}1 & 1\end{bmatrix}$

6.3　$\boldsymbol{P}=\begin{bmatrix}4.2625 & 2.4957 & 0.0143\\ 2.4957 & 2.8150 & 0.1107\\ 0.0143 & 0.1107 & 0.0676\end{bmatrix}$；$\boldsymbol{K}=\begin{bmatrix}0.0143 & 0.1107 & 0.0676\end{bmatrix}$；

$s_1=-1.9859+\mathrm{j}1.7110$，$s_2=-1.9859-\mathrm{j}1.7110$，$s_3=-5.0958$

6.4　$\boldsymbol{K}=\begin{bmatrix}100.0000 & 53.1200 & 11.6711\end{bmatrix}$

6.5　$\boldsymbol{u}=[0.9999 \quad -2.7905 \quad -1.7902 \quad -0.5813 \quad -0.3704 \quad -0.1163 \quad -0.0617 \quad 0]$

参 考 文 献

蔡自兴，2019. 智能控制导论[M]. 3 版. 北京：中国水利水电出版社.

蔡自兴，2004. 智能控制[M]. 2 版. 北京：电子工业出版社.

常春馨，1988. 现代控制理论基础[M]. 北京：机械工业出版社.

丛爽，李泽湘，2006. 实用运动控制技术[M]. 北京：电子工业出版社.

董海鹰，2016. 智能控制理论及应用[M]. 北京：中国铁道出版社.

段艳杰，吕宜生，张杰，等，2016. 深度学习在控制领域的研究现状与展望[J]. 自动化学报，42(5)：643-654.

高钟毓，2002. 机电控制工程[M]. 北京：清华大学出版社.

胡家耀，1990. 现代控制理论基础[M]. 北京：轻工业出版社.

康晓明，2005. 电动机与拖动[M]. 北京：国防工业出版社.

刘金琨，2004. 先进 PID 控制 MATLAB 仿真[M]. 2 版. 北京：电子工业出版社.

柳洪义，罗忠，王菲，2008. 现代机械工程自动控制[M]. 北京：科学出版社.

罗旋，陈新楚，2005. 专家系统技术在水泥粉磨机负荷控制中的应用[J]. 福建电脑，(2):53-54.

罗忠，宋伟刚，郝丽娜，等，2018. 机械工程控制基础[M]. 3 版. 北京：科学出版社.

罗忠，王菲，马树军，等，2017. 机械工程控制基础学习辅导与习题解答[M]. 2 版. 北京：科学出版社.

SLOTINE J E, Li W，2006. 应用非线性控制[M]. 程代展，等译. 北京：机械工业出版社.

汪东方，孙锡红，井维峰，2004. 人工神经网络在注塑机控制中的应用[J]. 机械工程与自动化，127(6):23-25.

王宏华，2018. 现代控制理论[M]. 北京：电子工业出版社.

王积伟，2003. 现代控制理论与工程[M]. 北京：高等教育出版社.

魏克新，王云亮，陈志敏，1997. MATLAB 语言与自动控制系统设计[M]. 北京：机械工业出版社.

吴岸城，2016. 神经网络与深度学习[M]. 北京：电子工业出版社.

谢少荣，蒋蓁，罗均，等，2005. 现代控制与驱动技术[M]. 北京：化学工业出版社.

杨益强，李长虹，江明明，2005. 控制器件[M]. 北京：中国水利水电出版社.

雨宫好文，松井信行，2000. 控制用电动机入门[M]. 王棣棠，译. 北京：科学出版社.

张嗣瀛，高立群，2017. 现代控制理论基础[M]. 北京：清华大学出版社.

HIBBELER R C，2015. Engineering Mechanics: Dynamics [M].14th ed. Hoboken：Pearson Prentice Hall.

IC, Y, BENGIO Y, HINTON G，2015. Deep Learning[J]. Nature，521:436-444.

LEI Y，2017. Intelligent Fault Diagnosis and Remaining Useful Life Prediction of Rotating Machinery[M]. 西安：西安交通大学出版社.